Die Kulturpflanze

Mitteilungen aus dem Zentralinstitut

für Genetik und Kulturpflanzenforschung

Gatersleben

der Akademie der Wissenschaften der DDR

Band XXIV

Herausgegeben von

H. Böhme, W. R. Müller-Stoll,

K. Müntz, R. Rieger, A. Rieth,

H. Sagromsky, H. Stubbe

Schriftleitung: A. Rieth

Mit 87 Abbildungen, 3 Tafeln, davon 1 farbig,
38 Tabellen und 1 Porträt

AKADEMIE-VERLAG · BERLIN

1976

Erschienen im Akademie-Verlag, 108 Berlin, Leipziger Straße 3–4

Lizenznummer: 202 · 100/531/76
Gesamtherstellung: IV/2/14 VEB Druckerei »Gottfried Wilhelm Leibniz«,
445 Gräfenhainichen/DDR · 4761
Bestellnummer: 762 308 8 (2052/24) · LSV 1355
Printed in GDR
DDR 70,– M

Inhalt

1. Originalarbeiten

Content

I. Original Papers

Содержание

I. Оригинальные статьи

Dem langjährigen Mitherausgeber und jetzigen Schriftleiter der „Kulturpflanze", Professor Dr. ALFRED RIETH, einen sehr herzlichen Glückwunsch zum 65. Geburtstag verbunden mit dem Dank für die bisher an der „Kulturpflanze" geleistete Arbeit.

I. Originalarbeiten

Kulturpflanze XXIV · 1976 · S. 13–51

Einfluß einiger Klima- und Anbaufaktoren auf die Ertragsbildung der Reissort e 'IR-8' in Cuba
I. Standweite und Stickstoffdüngung

GERHARD LERCH

(Eingegangen am 15. August 1975)

I. Einleitung

Im Zuge der ausgedehnten, von der Revolutionären Regierung in Cuba veranlaßten Maßnahmen zur Steigerung der Reisproduktion wurde dort erstmals 1967 auch Saatgut der am Internationalen Reisforschungsinstitut (International Rice Research Institute – IRRI) in Los Baños auf den Philippinen neugezüchteten Hochleistungssorten eingeführt, an erster Stelle die Sorte 'IR-8'.

'IR-8' entstammt einer Kreuzung zwischen der hochwüchsigen tropischen Sorte 'Peta' (einer typischen „indica"-Form) und dem chinesischen Zwergreis Dee-Geo-Woo-Gen. Das Kreuzungsprodukt, zunächst als Linie IR 8-288-3 weiterselektioniert, entsprach dagegen weit mehr einem „japonica"-Typ (JENNINGS 1964): Halbzwergform von etwa 1 m Wuchshöhe, mit kräftigen, standfesten Stengeln sowie kurzen, steifen, steil aufragenden dunkelgrünen Blättern, gutem Ansprechvermögen auf Stickstoffdüngung bei gleichzeitig geringer Lagerneigung, und hohem Korn-Stroh-Verhältnis bei der Reife. Photoperiodisch weitgehend unempfindlich und resistent gegenüber den meisten herkömmlichen Pflanzenkrankheiten, bot diese Linie die Voraussetzungen zum Anbau in allen Tropenländern und die Möglichkeit von zwei bis drei Ernten im Jahr. Die aufsehenerregend hohen Erträge – bis zu zehn Tonnen Rohreis je Hektar (IRRI 1967 a) – übertrafen um das Zwei- bis Dreifache die bis dahin im engeren Tropengürtel Ostasiens bei den traditionellen Sorten des „indica"-Typs gewohnte niedrige Produktivität. 1966 wurde die Linie IR 8-288-3 unter dem Sortennamen 'IR = 8' für den kommerziellen Anbau freigegeben (ATHWAL 1971).

Obwohl in der Folgezeit zahlreiche weitere IR-Sorten am Internationalen Reisforschungsinstitut gezüchtet wurden, die sich teils durch verbesserte Kornqualität, teils durch erhöhte und spezialisierte Krankheitsresistenz auszeichneten, blieb der Prototyp 'IR-8' Maßstab und Vergleichsgrundlage und markiert bis heute die nicht mehr unterschreitbaren Produktivitäts-Kennziffern für die moderne Reiszüchtung in den Tropen.

Das nach Cuba eingeführte Saatgut dieser Sorte wurde zunächst vermehrt und auf der Reisversuchsstation der Universität von Santa Clara in der Provinz Las Villas erneut selektioniert (FUCHS 1972). Ende 1969 waren etwa 80% der damaligen Reisanbaufläche von Cuba mit 'IR-8' kultiviert (LERCH & al. 1972a). Die Sorte erwies sich auch hier als anpassungsfähig an Klima und Boden, doch schwankten die Erträge erheblich auf den Großflächen der Produktion. Daraus ergab sich die Notwendigkeit, diesen neuen Grundtyp von tropischen Hochleistungssorten, dessen außergewöhnliche Ertragsfähigkeit mehrfach aus anderen Ländern berichtet worden war (Irri 1967a, b; 1968), sorgfältiger auf seine Eignung unter den kubanischen Anbauverhältnissen zu prüfen, um daraus Kennziffern für die optimalen Anbaubedingungen in der kubanischen Reisproduktion zu gewinnen und potentielle Ertragsziele vorgeben zu können.

Außerdem bot sich hierbei die Möglichkeit, den ökologischen Einfluß des kubanischen Klimas auf eine genetisch gut definierte Kulturpflanzensorte zu studieren, die in einem tropischen Land mit andersartigem Klimacharakter geschaffen worden war und an die dortigen Klimaverhältnisse angepaßt sein mußte.

Mit diesem zweifachen Ziel wurde 1970 ein dreijähriges Forschungsvorhaben zwischen der Kubanischen Akademie der Wissenschaften und der „Gruppe Reis“ bei der kubanischen Landwirtschaftsleitung (Inra) vereinbart, das in Form einer Kooperation mit folgender Arbeitsteilung durchgeführt wurde: Der agrotechnische Anteil (Bearbeitung der Versuchsfelder, Aussaat und Pflege des Pflanzgutes, Bewässerung und chemischer Pflanzenschutz, sowie Wartung der agrometeorologischen Meßstation) wurde von der Reis-Versuchsstation des Inra, „Niña Bonita“, übernommen. Die wissenschaftliche Auswertung (Probenahme mit nachfolgender Wachstums- und Ertragsanalyse) sowie zusätzliche physiologische Untersuchungen an einem gesonderten Reis-Versuchsbeet erfolgten an der Abteilung für Pflanzenphysiologie der Akademie der Wissenschaften von Cuba in Havanna. Die wissenschaftliche Leitung und Gesamtverantwortung wurde dem Verfasser übertragen.

Die zuständigen Leitungsorgane des Inra sowie der Kubanischen Akademie der Wissenschaften haben den Verlauf des Forschungsprojekts stets mit großem Interesse verfolgt und die Arbeiten in vorbildlicher Weise gefördert.

Für das Experiment wurden drei Hauptfaktoren der Ertragsbildung ausgewählt: Standweite, Stickstoffdüngung und jahreszeitlicher Aussaat-Termin. Die Teilergebnisse der einzelnen Versuchsjahre wurden inzwischen in Cuba veröffentlicht (Lerch & al. 1972 a-f; 1973; Lerch 1974 a-c). An dieser Stelle soll das Gesamtresultat in zusammenfassender Form dargestellt werden, besonders im Vergleich mit den für die Sorte 'IR-8' aus deren Ursprungsland berichteten Daten.

II. Versuchsanordnung und Methodik

1. Versuchsprogramm

Für jeden Jahreszyklus wurden vier Versuchspflanzungen zu folgenden Terminen ausgesät:

S – I Sommer-Aussaat	– Ende Juli bis Mitte August
S – II Herbst-Aussaat	– Mitte Oktober
S – III Winter-Aussaat	– Mitte Dezember bis Mitte Januar
S – IV Frühjahrs-Aussaat	– Anfang April

In den beiden ersten Jahren (1970/71 und 1971/72) wurde für jeden dieser Aussaat-Termine ein Versuchsfeld in Spaltanlage (Jakob & al. 1961) mit vier Wiederholungen und folgender Variantenverteilung angelegt:

Großteilstücke:		Kleinteilstücke:	
Stickstoffdüngung		Standweite	
N_0 – 0	kg/ha N	D_1 – 10 × 10	cm
N_1 – 60		D_2 – 20 × 20	
N_2 – 120		D_3 – 30 × 30	
N_3 – 180		D_4 – 40 × 40	

Mit dieser Anordnung umfaßte das Gesamtfeld 64 Parzellen, aufgeteilt in vier Längsreihen als Wiederholungen. Die Parzellen hatten eine Größe von 5 × 5 m und wurden durch Trennwände aus Aluminium-Wellblech gebildet, die bis zu 40 cm tief in den Boden eingetrieben wurden. Seitliche Öffnungen ermöglichten die gesonderte und regulierbare Bewässerung für jede Einzelparzelle, ohne Beeinflussung von seiten der Nachbarteilstücke.

Die Bewässerung erfolgte durch eine Pumpenanlage mit Verteilungskanälen entlang der Parzellenreihen. Die Versuchsflächen blieben ständig mit einer 3–5 cm hohen Wasserschicht überstaut; lediglich zur Aussaat, zum Überpflanzen und zur Düngung wurde der Wasserspiegel bis zur Bodenoberfläche gesenkt. Etwa zwei Wochen vor Erntereife wurde die Bewässerung eingestellt.

Die Reisversuchsstation „Niña Bonita" liegt etwa 20 km westlich von Groß-Havanna, in einer Niederung mit einem schweren, kalkreichen Lehmboden (Arcilla Bayamo, Typ Herrera), wie er den Reisanbauflächen in der Provinz La Habana entspricht.

Das Saatgut stammte aus einer 1969 an der Reisversuchsstation der Universität von Santa Clara (Provinz Las Villas) vorgenommenen Selektion und wurde zunächst direkt in Breitwurf in die Versuchsparzellen ausgesät. Nach Erreichen des geeigneten Entwicklungsstandes (3 bis 10 Wochen nach Aussaat, je nach Jahreszeit) wurden die Jungpflanzen innerhalb ihrer Parzellen auf die erforderliche genaue Standweite umgesetzt.

An Hauptnährstoffen wurden je 120 kg/ha K_2O und P_2O_5 in Form von Handelsdünger als einmalige Gabe kurz vor der Aussaat in den Boden gebracht.

Die Stickstoffdüngung wurde als Ammoniumsulfat in drei Fraktionen gegeben: Ein Drittel bei Aussaat, ein Drittel etwa eine Woche nach dem Umpflanzen auf die geplante Standweite, und das letzte Drittel etwa zum Zeitpunkt der Rispendifferenzierung im Vegetationspunkt.

Der chemische Pflanzenschutz wurde mit Handelspräparaten nach den in der kubanischen Reisproduktion üblichen Normen durchgeführt. Unkraut wurde durch Jäten von Hand beseitigt.

Im Frühjahr 1972 wurden zusätzlich 16 Parzellen der oben genannten Größe für Standweiten von 7 × 7 cm und 8 × 8 cm angelegt, kombiniert mit den beiden Stickstoffvarianten N_0 und N_3, ebenfalls mit vier Wiederholungen.

Für den Jahreszyklus 1972/73 wurden bei vereinfachtem Versuchsplan nur die beiden extremen Stickstoffvarianten (0 und 180 kg/ha) berücksichtigt und die vier Abstufungen für die Standweite in folgender Weise verteilt: 7 × 7 cm, 10 × 10 cm, 20 × 20 cm und 30 × 30 cm.

2. Wachstums- und Ertragsanalyse

Zur Kontrolle des vegetativen Wachstums wurden in der Regel vier Probenahmen zu folgenden Entwicklungsstadien durchgeführt:

- einen Monat nach Überpflanzung
- Differenzierung des Rispen-Primordiums (50%)
- zwei Wochen später
- Blüte (50%)

Eine fünfte Probenahme erfolgte bei Erntereife.

Bei den Probenahmen wurden aus jeder Versuchsparzelle in zufälliger Verteilung fünf vollständige bestockte Pflanzen entnommen, so daß für jede der insgesamt 16 Kombinationen aus Standweite und Stickstoffgabe 20 Versuchsexemplare vorlagen.

An jeder Pflanze wurden folgende Meßgrößen bestimmt:

(A) Vegetatives Wachstum
- mittlere Wuchshöhe
- Anzahl der Bestockungstriebe
- Anzahl der lebenden, halbtoten und toten Blätter
- Länge und Breite von 10 lebenden Blattspreiten
- Trockenmasse dieser 10 gemessenen Blattspreiten
- Trockenmasse der übrigen lebenden Blattspreiten
- Gesamt-Trockenmasse von Stengeln und Blattscheiden.

(B) Rispen-Entwicklung und Kornertrag
- mittlere Rispenlänge
- Anzahl der Rispen
- Anzahl der tauben und vollen Körner
- Trockenmasse der vollen Körner
- Tausendkornmasse
- Trockenmasse der Rispen ohne Körner
- mittlere Länge und Breite der Fahnenblätter
- Trockenmasse der Fahnenblätter.

Die Trocknung erfolgte bei 105 °C über 24 bis 48 Stunden.

Aus diesen Meßdaten wurden die übrigen Wachstums- und Ertragsgrößen berechnet.

Zur Umrechnung auf die Bodenflächeneinheit (m²) wurden die für die Einzelpflanze erhaltenen Werte mit folgenden Faktoren multipliziert:

Standweite	Pflanzen pro m²
7 × 7 cm	204,08
8 × 8 cm	156,25
10 × 10 cm	100,00
20 × 20 cm	25,00
30 × 30 cm	11,11
40 × 40 cm	6,25

Die Gesamtblattfläche pro Einzelpflanze wurde nach folgender Formel berechnet:

$$F = c \cdot \left[\sum_{1}^{10} (L.B) \right] \cdot \frac{p_{Tot}}{p_{10}} + f_{Fbl} \cdot n_{Fbl}$$

c – konstanter Faktor
L – Länge

B – Breite der 10 gemessenen lebenden Blattspreiten
p_{Tot} – Gesamt-Trockenmasse der lebenden Blattspreiten
p_{10} – Trockenmasse der 10 gemessenen Blattspreiten
f_{Fbl} – mittlere Fläche der Fahnenblätter
n_{Fbl} – Anzahl der Fahnenblätter

Zur Ermittlung des Faktors c wurden tausend grüne Blattspreiten auf Diozalidpapier kopiert, und die mit dem Planimeter direkt ausgemessene Fläche wurde zum Produkt aus Länge und Breite der gleichen Blattspreite in Beziehung gesetzt:

$$c = \frac{\text{planimetrisch bestimmte Fläche}}{\text{Länge} \times \text{Breite}}$$

Die biometrische Analyse dieser Koeffizienten ergab keine signifikanten Unterschiede bei wechselnder Breite der Blattspreiten, so daß mit einem einheitlichen Faktor von $c = 0.80$ für die Berechnung der Stengelblattfläche gearbeitet werden konnte.

Auf ähnliche Weise wurde für die Berechnung der Fahnenblattfläche ein Faktor $c' = 0.761$ bestimmt. (Die Fahnenblätter sind bei der Ermittlung der Gesamtblattfläche während der Blühphase zu berücksichtigen)

Der Kornertrag wurde auf zweifache Weise parallel bestimmt: Neben den genauen Messungen an 20 bestockten Einzelpflanzen im Laboratorium wurden zusätzlich auf dem Versuchsfeld von den einzelnen Parzellen folgende Proben entnommen:

	Standweiten
1 m^2 Pflanzenbestand	– 7 × 7 und 8 × 8 cm
100 Einzelpflanzen	– 10 × 10 und 20 × 20 cm
50 Einzelpflanzen	– 30 × 30 und 40 × 40 cm

Von diesen Proben wurden die Rispen abgeschnitten, in Jutesäcke eingeschlossen und mit Holzschlegeln von Hand ausgedroschen. Dadurch ergab sich für jede Parzelle eine zusätzliche Ertragsziffer (Gesamtgewicht der Körner), d. h. für jede Versuchsvariante vier Vergleichswerte zu den 20 Laboratoriumsbestimmungen. Allerdings mußte bei dieser groben Methode ein gewisser unkontrollierbarer Kornverlust einkalkuliert werden.

3. Agrometeorologische Kontrolle

Zur Registrierung des Temperatur- und Strahlungsverlaufs wurden auf dem Gelände der Versuchsstation „Niña Bonita" folgende Instrumente installiert: Thermohygrograph (Fa. Fischer K.G., Drebach/Erzg.), Bellani-Kugel-Pyranometer (VEB Glaswerke Stützerbach) sowie ein Robitzsch-Aktinograph (Fa. Fuess, Berlin).

Der Robitzsch-Aktinograph war 1967, das Kugelpyranometer 1970 von der Strahlungsabteilung des Meteorologischen Dienstes der DDR in Potsdam geeicht worden. Ihre Funktionstüchtigkeit in Cuba wurde durch ein Sternpyranometer (Philipp Schenk K.G., Wien) kontrolliert, das seinerseits wiederum sowohl in Potsdam wie auch in der Strahlungsabteilung des Instituts für Meteorologie der Kubanischen Akademie der Wissenschaften in Havanna geeicht worden war. Der Thermohygrograph wurde mit Hilfe eines Assmann-Psychrometers (VEB Junkalor Dessau) überprüft.

4. Auswertung und Darstellung der Ergebnisse

Zur Auswertung der etwa hunderttausend Meß- und Verrechnungsdaten, die pro Versuchsjahr anfielen, diente ein programmierbarer elektronischer Tisch-Computer (Typ Commodore AL 1000, Japan), der von der Staatlichen Plankommission der Republik Cuba zur Verfügung gestellt wurde.

Die Daten wurden entsprechend der mehrfaktoriellen Versuchsanordnung in zwei- und dreifacher Varianzanalyse geprüft, die Mittelwerte mit dem DUNCAN-Test verglichen (WEBER 1972).

Die Resultate der Signifikanzprüfungen wurden in Dreieckstafeln grafisch dargestellt (z. B. Abb. 11–13). In diesen Diagrammen wurden nur jene Differenzen zwischen je zwei Mittelwerten berücksichtigt, die eine echte Faktorenanalyse gestatten. So ergeben sich z. B. für die Wechselwirkung zwischen Standweite und Stickstoffdüngung je 16 Versuchsvarianten, mit insgesamt 120 möglichen Differenzen zwischen den jeweiligen Mittelwerten. Hiervon sind jedoch in der Regel nur jene 48 Differenzen für die Auswertung sinnvoll, welche die Unterschiede zwischen den einzelnen Stickstoffgaben bei gleicher Standweite, bzw. die Abweichungen zwischen den Abstufungen der Pflanzdichte bei sonst gleicher Stickstoffdüngung anzeigen. Nur Differenzen dieser Art wurden darum in den Tafeln für die Wechselwirkung in den entsprechenden Feldern gekennzeichnet; die übrigen Felder blieben leer. Für die Anerkennung einer signifikanten Differenz wurde, soweit nicht anders vermerkt, eine Irrtumswahrscheinlichkeit von 1 % angenommen.

Die grafischen Darstellungen enthalten zunächst die Mittelwerte aus den Meßdaten für die Kombinationen aus Standweite und Stickstoffgabe als Versuchsvarianten, z. B. N_1D_1, N_1D_2 usw. Zur genaueren Faktorenanalyse wurden außerdem „Durchschnittswerte" berechnet und meist in Form von Säulendiagrammen wiedergegeben. Diese Durchschnittswerte sind die Gesamt-Mittelwerte für die jeweilige Abstufung des einen Faktors, wobei alle Stufen des anderen Faktors integriert sind. So bedeutet z. B. im Zusammenspiel zwischen Standweite und Stickstoffdüngung der „Durchschnittswert" N_0 den Gesamt-Mittelwert aus den Varianten N_0D_1, N_0D_2, N_0D_3 und N_0D_4 und beruht damit in der Regel auf 80 Einzeldaten.

III. Ergebnisse

Dieser Beitrag soll die Wechselwirkung von Standweite und Stickstoffgaben auf Entwicklung und Ertragsbildung unserer Versuchspflanzen darlegen. Hierbei werden zunächst die Verhältnisse bei größerer Standweite (mindestens 10 cm Abstand zwischen den Pflanzen), anschließend die dichteren Bestände (mehr als 100 Pflanzen je m^2) vorgestellt.

A. Pflanzenabstand 10 bis 40 cm

Die Wirkung der hierfür ausgewählten 16 Versuchsvarianten soll am Beispiel der Wintersaat 1971 veranschaulicht werden. Versuchskalender, Entwicklungsphasen der Pflanzen, sowie die während dieser Periode herrschenden Strahlungs- und Temperaturverhältnisse sind in Abb. 1 zusammengestellt.

Die Aussaat in der kühlen Jahreszeit, mit Temperaturen, die nachts mehrfach unter 10 °C absanken, verzögerte das gesamte Anfangswachstum, und es dauerte fast vier Monate, bis 50 % der Rispen-Primordien ausdifferenziert waren. Die weitere Entwicklung in den nun bereits warmen Monaten verlief jedoch mit 35 Tagen bis zur Blüte und weiteren 42 Tagen bis zur Kornreife normal und entsprach den vergleichbaren Zeitspannen bei den übrigen, zu anderen Jahreszeiten begonnenen Versuchskulturen.

1. Vegetatives Wachstum

a) Wuchshöhe

Abb. 2a zeigt den allgemein langsamen Ablauf des anfänglichen Längenwachstums und dessen zunehmende Beschleunigung in den warmen Monaten. Die hier dargestellten Kurven sind Durchschnittswerte für die einzelnen Standweiten, integriert über alle vier Stickstoffvarianten. Die Wechselwirkung der beiden Faktoren zum Zeitpunkt der Blüte wird in Abb. 2b deutlich: Generell fördern erhöhte Standweite und Stickstoffdüngung auch das Längenwachstum, doch ist die Wirkung der Pflanzdichte merklich stärker. Insbesondere bleiben die Pflanzen bei 10 cm Abstand sichtlich kleiner als bei größerer Standweite; die Durchschnittswerte für die Varianten D_1 sind signifikant niedriger (Abb. 11a-D).

Der Einfluß verringerter Stickstoffgabe ist dagegen so schwach, daß die Durchschnittswerte für die N-Varianten keine gesicherten Unterschiede ergeben (Abb. 11a-N) und sich nur bei Kombination mit der engsten Pflanzdichte (N_0D_1 und N_1D_1) ein deutlicher Effekt abzeichnet (Abb. 2b, 11a-ND).

b) Bestockung

Die Bestockung war stets das von den Versuchsbedingungen am stärksten beeinflußbare Merkmal und bestimmte damit entscheidend sowohl die vegetative Entwicklung wie auch die Ertragsbildung. Vorherrschender Faktor ist hier die Standweite. Je dichter die Pflanzen stehen, desto schwächer wird ihre Bestockung. Die Durchschnittswerte für die maximale Bestockung pro Einzelpflanze ergeben bei den vier Standweiten deutliche, mit weitem Abstand gestaffelte Abstufungen, die von weniger als 8 Trieben bei 10 cm bis auf etwa 40 Triebe bei 40 cm Pflanzdichte ansteigen (Abb. 2c, 11c-D).

Rechnet man jedoch die Bestockung auf die Bodenfläche um, so ergibt sich das umgekehrte Bild, d. h. bei engster Pflanzdichte die größte Zahl von Bestockungstrieben pro m^2, wobei insbesondere die Variante D_1 die anderen weit überragt. Die Durchschnittswerte für D_2 liegen ebenfalls noch wesentlich höher als für die beiden restlichen Standweiten von 30 und 40 cm, bei denen die mittleren Bestockungsziffern sich nicht mehr signifikant unterscheiden (Abb. 2c, 11d-D).

Demgegenüber erscheint der Einfluß der Stickstoffversorgung weit schwächer. Die ansteigende Tendenz in den Durchschnittswerten deutet zwar eine fördernde Wirkung gesteigerter Stickstoffgaben für die Bestockung an, aber die Unterschiede zwischen den drei N-Konzentrationen lassen sich biometrisch nur schwach oder gar nicht sichern. Nur völliger Stickstoffmangel verringerte markant die Bestockung (Abb. 2c, 11cd-N).

Die dominierende Rolle der Standweite wird auch in den Diagrammen für die Einzelkombinationen aus Stickstoffgabe und Pflanzdichte deutlich, sowohl bei den Einzelpflanzen als auch den Flächenbeständen (Abb. 2d, 11cd-ND). Stickstoffmangel wirkte sich vor allem in den dichten Beständen durch merklich niedrigere Werte aus (N_0D_1, N_0D_2).

c) Dynamik der Blattbildung

Die Anzahl lebender und toter Blätter an der Gesamtpflanze steigt als Folge der Bestockung mit zunehmender Standweite an, wobei diese Relationen auch mit dem verstärkten Blattsterben im Verlauf der Rispenentwicklung beibehalten werden (Abb. 3a-oben). Auf den einzelnen Bestockungstrieb bezogen, verstärkt sich jedoch die Blattsterblichkeit mit abnehmendem Abstand zwischen den Pflanzen (Abb. 3bc, 11b). Vor allem gehen bei der Pflanzdichte von 10 cm die Blätter deutlich frühzeitiger zugrunde, was bis zu einem gewissen Grad durch eine erhöhte Anzahl von Blättern ausgeglichen wird, die im Jugendstadium pro Trieb bei dieser Standweite angelegt werden (Abb. 3b).

Steigende Stickstoffgaben förderten mit deutlichen Abstufungen die Blattbildung an den Pflanzen während des vegetativen Wachstums, bei unwesentlichen Unterschieden in der Blattsterblichkeit (Abb. 3a-unten). N-Düngung verstärkt jedoch auch das Blattsterben, das mit einsetzender Blütenentwicklung zunimmt. Die höchste N-Gabe bewirkte während der Blühphase den niedrigsten Anteil an lebenden Blättern und den höchsten Prozentsatz toter Blätter, wogegen bei Stickstoffmangel die Blätter merklich länger grün blieben (Abb. 3bc, 11b-N, ND).

d) Blattgröße

Die Entwicklung des Blattwachstums folgte mit einer schwach sigmoiden Kurve dem langsamen Verlauf bei der Wuchshöhen-Zunahme. Erhöhte Standweite und Stickstoffversorgung förderten dabei die Blattgröße, jedoch blieben die Unterschiede wesentlich geringer als bei der Bestockung.

Die Durchschnittsfläche der Blattspreiten während der Blühphase blieb vor allem bei enger Pflanzdichte (10 und 20 cm) deutlich kleiner als bei den höheren Standweiten (30 und 40 cm), die nur geringfügig voneinander abwichen (Abb. 4b-D; 11ef-D). Die verschiedenen Stickstoffgaben blieben bei den Fahnenblättern ohne merklichen Einfluß, doch wurde das Flächenwachstum der Stengelblätter durch die höchste N-Konzentration (180 kg/ha) sichtlich gefördert (Abb. 4b-N, 11ef-N).

Stärkere Unterschiede zeigten sich jedoch bei der kombinierten Förderung oder Hemmung des Flächenwachstums durch Standweite und Stickstoffdüngung. Die größten Blattspreiten wurden jeweils mit den Stickstoffgaben N_2 und N_3 in Verbindung mit den Standweiten D_3 und D_4 erzielt, die kleinsten Blätter dagegen mit den Kombinationen zwischen N_0/N_1 und D_1/D_2 (Abb. 4c, 11ef-ND).

Die Unterschiede in der Blattfläche wurden in erster Linie durch die Länge der Blattspreiten bedingt, während Breitenunterschiede sich nur bei den Stengelblättern stellenweise auswirkten. Auch hier war der Einfluß der Standweite deutlich größer als der der Stickstoffdüngung (Abb. 4d, 13-links).

e) Gesamtblattfläche

Als Produkt aus Einzelblattgröße und Blattanzahl, die ihrerseits maßgeblich von der Bestockung bestimmt wird, ergeben sich klar abgestufte Werte, in fast linearer Relation, für die Gesamtfläche an lebenden Blattspreiten pro Pflanze, in Abhängigkeit von der Standweite. Mit zunehmender Entfernung zwischen den Einzelpflanzen wächst auch deren Gesamtblattfläche, mit beträchtlichen Unterschieden zwischen allen Durchschnittswerten (Abb. 5a, 11g-D).

Umgekehrt dagegen verhält sich der Blattflächenindex (Leaf Area Index – LAI) als Gesamtfläche der lebenden Blattspreiten pro m^2 Bodenfläche (WATSON 1952, TANAKA & al. 1966). Trotz der bei enger Pflanzdichte merklich kleineren Einzelblätter multiplizieren sich deren Flächenwerte als Folge der hohen Bestockung derart, daß bei der Standweite von 10 cm die Ziffern für den Blattflächenindex während des gesamten vegetativen Wachstums die übrigen Abstufungen der Pflanzdichte weit überragen. Mit deutlich niedrigeren Werten folgen die Varianten D_2, sowie D_3 und D_4, wobei die beiden letzteren nicht mehr signifikant voneinander abweichen (Abb. 5a, 11h-D).

Der fördernde Einfluß der Stickstoffdüngung auf Blattbildung und -größe ergab, wenn auch in seiner Wirkung geringer als bei der Standweite, deutliche Unterschiede in der Gesamtblattfläche (Abb. 11gh-N). Bei den Einzelpflanzen wirkten sich die erhöhten Stickstoffgaben insbesondere in Verbindung mit hoher Standweite aus, im Bestand dagegen bei enger Pflanzdichte. Vor allem bei 10 cm Standweite nahm der Blattflächenindex mit steigender Stickstoffgabe von N_0 bis N_3 außerordentlich stark zu (Abb. 5b, 11gh-ND).

f) Vegetative Trockenmasse

Die Entwicklung der oberirdischen Stoffproduktion als Trockenmasse von Stengeln und Blättern verläuft weitgehend parallel zur Entfaltung der Gesamtblattfläche, zum Teil mit noch stärker ausgeprägten Unterschieden zwischen den Versuchsvarianten (Abb. 6ab).

Bei den Einzelpflanzen stiegen in der Blühphase die Werte für die Pflanzdichte-Abstufungen nahezu linear an, sowohl in den Durchschnittsziffern (Abb. 6a), als auch in den Kombinationen mit den N-Varianten (Abb. 6c-oben), mit signifikanten Unterschieden zwischen allen Standweiten (Abb. 13a-D). Ähnlich steil verlaufen die Kurven bei Umrechnung der Stoffproduktion auf die Bodenfläche, lediglich mit stärkerer Annäherung der Werte zwischen den Varianten D_3 und D_4, doch bleiben alle Differenzen zwischen den Durchschnittswerten für die Standweite biometrisch gut gesichert (Abb. 6c-unten, 13b-D).

Der – wiederum betont schwächere – Einfluß der Stickstoffdüngung führte bei den Einzelpflanzen zu stärkerer Annäherung der Durchschnittswerte zwischen den beiden hohen Konzentrationen (120/180 kg/ha) sowie zwischen den beiden Mangeldosen (0/60 kg/ha), so daß innerhalb dieser Paare die Unterschiede nicht mehr signifikant sind (Abb. 6a, 13a-N). Im Flächenbestand erwies sich die N-Wirkung ausgeglichener; zwischen den jeweils benachbarten Abstufungen gab es keine statistisch gesicherten Differenzen (Abb. 6b, 13b-N).

Bei der Wechselwirkung von Stickstoffgabe und Standweite kommt, ähnlich wie bei der Gesamtblattfläche, die fördernde Wirkung hoher N-Konzentrationen bei den Einzelpflanzen in Verbindung mit großer Standweite, im Flächenbestand dagegen vor allem bei enger Pflanzdichte zum Ausdruck (Abb. 6c, 13ab-ND).

2. Ertragskomponenten

a) Rispenbildung

Die Anzahl der Rispen hängt in erster Linie von der Bestockung ab und zeigt demgemäß sehr ähnliche Züge.

Dominierender Faktor ist die Standweite, mit großen Abstufungen zwischen den niedrigsten Werten bei 10 cm und den höchsten bei 40 cm Abstand zwischen den Einzelpflanzen (Abb. 7a, 12a-D). Für den Bestand ergeben sich jedoch die höchsten Rispenzahlen bei engster Pflanzdichte; deutlich abgesetzt folgen die Werte für 20 cm Standweite, während bei Abständen von 30 und 40 cm zwischen den Pflanzen die Rispenhäufigkeit pro m^2 keine wesentlichen Abweichungen mehr zeigt (Abb. 7b, 12b-D).

Bei den Durchschnittswerten für die Stickstoffdüngung ragt die höchste Konzentration (180 kg/ha) durch ihre betonte Förderwirkung, Stickstoffmangel (N_0) dagegen durch merklich niedrigere Werte für die Rispenhäufigkeit heraus, während die beiden mittleren Varianten (60 und 120 kg/ha) nur wenig voneinander abweichen (Abb. 7ab, 12ab-N). Dieser allgemeine Einfluß der N-Düngung wiederholt sich in allen vier Abstufungen der Standweite (Abb. 7ab, 12ab-ND).

Auch die Rispenlänge hängt maßgeblich von der Standweite ab. Je enger die Pflanzdichte, umso kürzer die Rispen, mit besonders auffälliger Verkürzung bei 10 cm Abstand zwischen den Pflanzen und signifikanten Unterschieden zwischen allen Varianten der Standweite (Abb. 8b-D, 12c-D).

Gesteigerte Stickstoffgaben führten zu verkürzten Rispen. Insbesondere die höchste Konzentration (180 kg/ha) ergab deutlich niedrigere Werte, die sich vor allem bei enger Pflanzdichte auswirkten (Abb. 8b; 12c-N, ND).

b) Körnerzahl pro Rispe

Die Zahl der pro Rispe angelegten Ährchen wächst mit der Standweite. Die niedrigsten Werte liegen bei der Variante D_1; mit deutlichem Abstand folgen die Ziffern für D_2, während die Unterschiede zwischen D_3 und D_4 geringer sind (Abb. 8a-D, 12d-D).

Hohe Stickstoffdüngung führt zu verminderter Ährchendifferenzierung pro Rispe. Bei 180 kg/ha zeigten sich merklich herabgesetzte Werte, insbesondere bei den hohen Standweiten von 30 und 40 cm (Abb. 8a; 12d-N, ND).

c) Gesamtkornzahl

Zunehmende Standweite steigert bei den Einzelpflanzen sowohl die Rispenhäufigkeit als auch die Anzahl der Körner pro Rispe. Dadurch ergeben sich in der Gesamtkornzahl pro Pflanze noch stärkere Unterschiede zwischen den Varianten der Pflanzdichte als bei der Rispenhäufigkeit (Abb. 7c; 12e-D, ND).

Da gesteigerte Stickstoffgaben einerseits die Rispenhäufigkeit erhöhen, andererseits die Körnerzahl pro Rispe senken, werden die Unterschiede in der Gesamtkornzahl pro Pflanze weitgehend ausgeglichen, so daß gut gesicherte Abweichungen bei den Durchschnittswerten nur zwischen N_0 und N_3 nachweisbar sind und bei den Einzelkombinationen fast gar nicht auftreten (Abb. 7c; 12e-N, ND).

Anders dagegen bei der Gesamtkornzahl pro m^2 Bodenfläche. Die bei enger Pflanzdichte verringerte Körnerzahl pro Rispe kompensiert nicht den hohen Bestockungseffekt in der Rispenzahl, so daß die Durchschnittswerte pro m^2 wiederum markante Unterschiede für die Standweite ergeben, nur weichen die Varianten D_3 und D_4 nicht mehr signifikant voneinander ab (Abb. 7d; 12f-D). Insbesondere zeigt sich hier weitaus deutlicher die fördernde Wirkung der hohen Stickstoffgaben (180 kg/ha), sowie die Mangelerscheinung bei fehlender N-Versorgung, wobei die Unterschiede betont stark bei enger Pflanzdichte hervortreten (Abb. 7d; 12f-N, ND).

d) Prozentsatz tauber Körner

Der prozentuale Anteil tauber Körner wurde durch enge Pflanzdichte und hohe Stickstoffdüngung schwach gefördert, so daß die Variante N_3D_1 sich signifikant durch ihre höheren Werte gegenüber den vergleichbaren Kombinationen abhebt. Die übrigen Versuchsvarianten zeigten keine nennenswerten Unterschiede; die Durchschnittswerte liegen innerhalb der Grenzen von 10 und 15% (Abb. 8c, 12h).

e) Tausendkornmasse

Die Tausendkornmasse erwies sich als das stabilste Merkmal, das weder von der Standweite, noch von der Stickstoffdüngung signifikant beeinflußt wurde. Die Mittelwerte bewegen sich innerhalb enger Grenzen zwischen 25 und 30 g Trockenmasse (Abb. 8d, 12g).

f) Kornertrag

Bei weitgehend einheitlicher Tausendkornmasse und nur geringfügigen Unterschieden im Anteil tauber Körner verlaufen die Kurven für die Anzahl voller Körner (Abb. 9ab) sowie für den Kornertrag (Abb. 9cd) im wesentlichen proportional gleichsinnig zu den Werten für die Gesamtkornzahl, und diese ist in erster Linie Produkt der Rispenbildung, als Folge der Bestockung.

So zeigt sich der Kornertrag in dominierender Abhängigkeit von der Pflanzdichte. Die Durchschnittsziffern für die Einzelpflanzen ergeben klare Differenzen, mit steil ansteigenden Werten von der kleinsten bis zur größten Standweite (Abb. 9c-D, 13c-D). Diese markanten Unterschiede im Ertrag der Einzelpflanzen können jedoch nicht den Effekt der Bestandesdichte wettmachen: Die Hektarerträge an Kornmasse sind weitaus am höchsten bei der Pflanzdichte von 10 cm. Mit erheblichem Abstand tiefer folgen die Durchschnittswerte für die Standweite von 20×20 cm, und in gleicher Entfernung nochmals tiefer die Varianten D_3 und D_4, die nicht mehr signifikant voneinander abweichen (Abb. 9d-D, 13d-D).

Die ertragsmindernde Wirkung des Stickstoffmangels trat in allen Fällen deutlich zutage. Der ertragsfördernde Einfluß der verwendeten N-Konzentrationen ergab jedoch nur geringfügige Unterschiede im Kornertrag pro Einzelpflanze (Abb. 9c-N, 13c-N) und wirkte sich im Bestand erst bei enger Pflanzdichte voll aus, wo die beiden hohen Stickstoffgaben (120 und 180 kg/ha) zu beträchtlich gesteigerten Hektarerträgen führten (Abb. 9d; 13d-N, ND).

3. Gesamtvergleich

Abb. 10 stellt in Form eines Stufendiagramms (BARNER 1965) die Auswirkungen der von uns benutzten Varianten für Standweite und Stickstoffdüngung auf die wichtigsten Parameter von Wachstum und Ertragsbildung nebeneinander, wobei nur die Werte für den Pflanzenbestand berücksichtigt wurden. Hieraus ergeben sich folgende zusammenfassenden Gesichtspunkte:

(a) Vorherrschender Faktor ist die Standweite. Sie beeinflußt in erster Linie den Bestockungsgrad, und die Bestockung hat vorrangige Auswirkung auf Blattflächenentwicklung, Stoffproduktion und Kornertrag pro Hektar. Je enger die Pflanzdichte, um so größer war die Flächenproduktion an Pflanzenmasse und Kornertrag. Während bei Abständen von 30 und 40 cm zwischen den Pflanzen die Produktionsziffern relativ niedrig blieben und nur wenig voneinander abwichen, stiegen sie mit zunehmender Bestandsdichte beträchtlich an und waren am höchsten bei 10 cm Standweite.

(b) Zunehmende Pflanzdichte wirkte sich negativ auf folgende Parameter von Stoffproduktion und Ertragsbildung aus: Blattzahl je Bestockungstrieb, Größe der Blattspreiten, Körnerzahl pro Rispe, Prozentsatz voller Körner. Dieser die Stoffproduktion und den Ertrag mindernde Einfluß blieb jedoch relativ gering und beeinträchtigte nicht den hohen positiven Effekt, der durch die Bestockung erzielt wurde.

(c) Der Einfluß der Stickstoffdüngung blieb in jedem Falle geringer als die Auswirkung der Standweite. Innerhalb jeder Standweite förderten erhöhte Stickstoffgaben die Blattflächenentwicklung, sowie Stoffproduktion und Ertrag. Die negative Wirkung des Stickstoffmangels trat deutlich hervor. Als besonders wirksam erwies sich die höchste Versuchskonzentration von 180 kg/ ha N.

(d) Erhöhte Stickstoffdüngung förderte folgende Parameter: Bestockungsgrad und Flächenwachstum der Blätter, sowie auf dem Weg über diese Merkmale auch das Gesamtwachstum, die vegetative Stoffproduktion und den Kornertrag. Dagegen verminderte sich bei gesteigerter N-Versorgung die Korndifferenzierung pro Rispe und stieg die Anzahl tauber Körner sowie die Blattsterblichkeit.

(e) Praktisch unbeeinflußt von Standweite und Stickstoffdüngung blieb die Tausendkornmasse.

B. Pflanzenabstand geringer als 10 cm

Bei allen Versuchskulturen unseres ursprünglichen Programms – soweit sie zu den in Cuba günstigen Aussaatzeiten begonnen wurden – stiegen die Ertragswerte stetig mit zunehmender Dichte des Bestandes an, und die kleinste vorgesehene Standweite von 10×10 cm ergab stets die höchsten Erträge, mit weitem Abstand vor den weniger dicht angelegten Pflanzungen. Die grafischen Darstellungen ergaben keine Optimumkurven; im Gegenteil, die Ertragswerte zeigten den steilsten Anstieg gerade zwischen den Varianten D_2 und D_1 (Abb. 9d). Daher lag die Vermutung nahe, daß die Standweite von 10×10 cm nicht optimal ist, sondern daß bei noch kleinerem Abstand zwischen den Pflanzen die Erträge weiter zunehmen würden.

Aus diesem Grund wurden – erstmalig in Cuba – mit der Frühjahrs-Aussaat 1972 zusätzlich 16 Parzellen mit 'IR-8' bestellt, davon je 8 mit Standweiten von 7×7 cm (204 Pflanzen je m^2) sowie 8×8 cm (156 Pflanzen je m^2). Innerhalb jeder erhöhten Pflanzdichte wurden vier Parzellen mit 180 kg/ha N gedüngt, die anderen vier blieben ohne künstliche Stickstoffversorgung. Die gesamte sonstige Behandlung entsprach dem parallel dazu angelegten ursprünglichen Versuchsprogramm mit seinen größeren Pflanzenabständen von 10 bis 40 cm.

Zur Analyse der Resultate wurden die vergleichbaren Varianten aus dem Normalprogramm mit herangezogen, d. h. die Standweiten D_1, D_2, D_3 und D_4, jeweils in Kombination mit den Varianten N_0 und N_3 der Stickstoffdüngung. Dadurch konnten sechs Abstufungen der Pflanzdichte, jeweils mit und ohne N-Düngung, verglichen werden. Ausgewertet wurden die Gesamtblattfläche zur Blütezeit und die Ertragsparameter.

1. Auswirkungen der Standweite

Bei allen Parametern, wo ein bestimmender Einfluß der Standweite auf die Entwicklung der Pflanzen zu erwarten war (Rispenhäufigkeit, Körnerzahl pro Rispe, Gesamtkörnerzahl Gesamtkornmasse, Gesamtblattfläche), ergab sich übereinstimmend folgendes Bild:

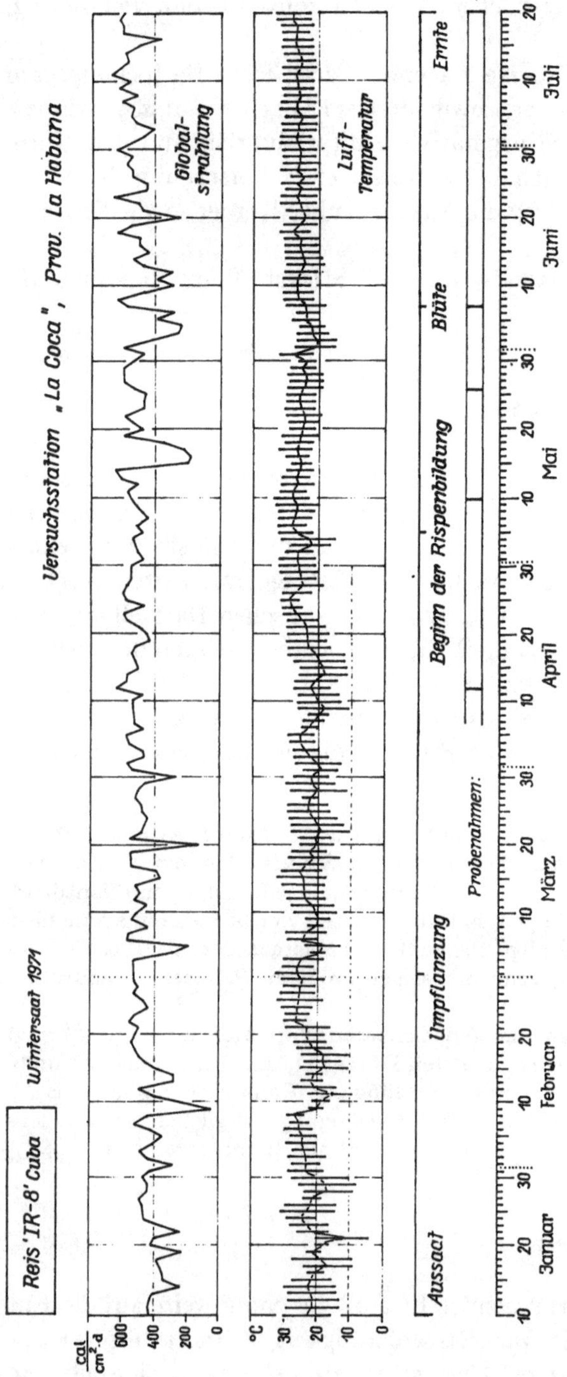

Abb. 1 Wintersaat 1971. Versuchskalender, Pflanzenentwicklung und Klimadaten

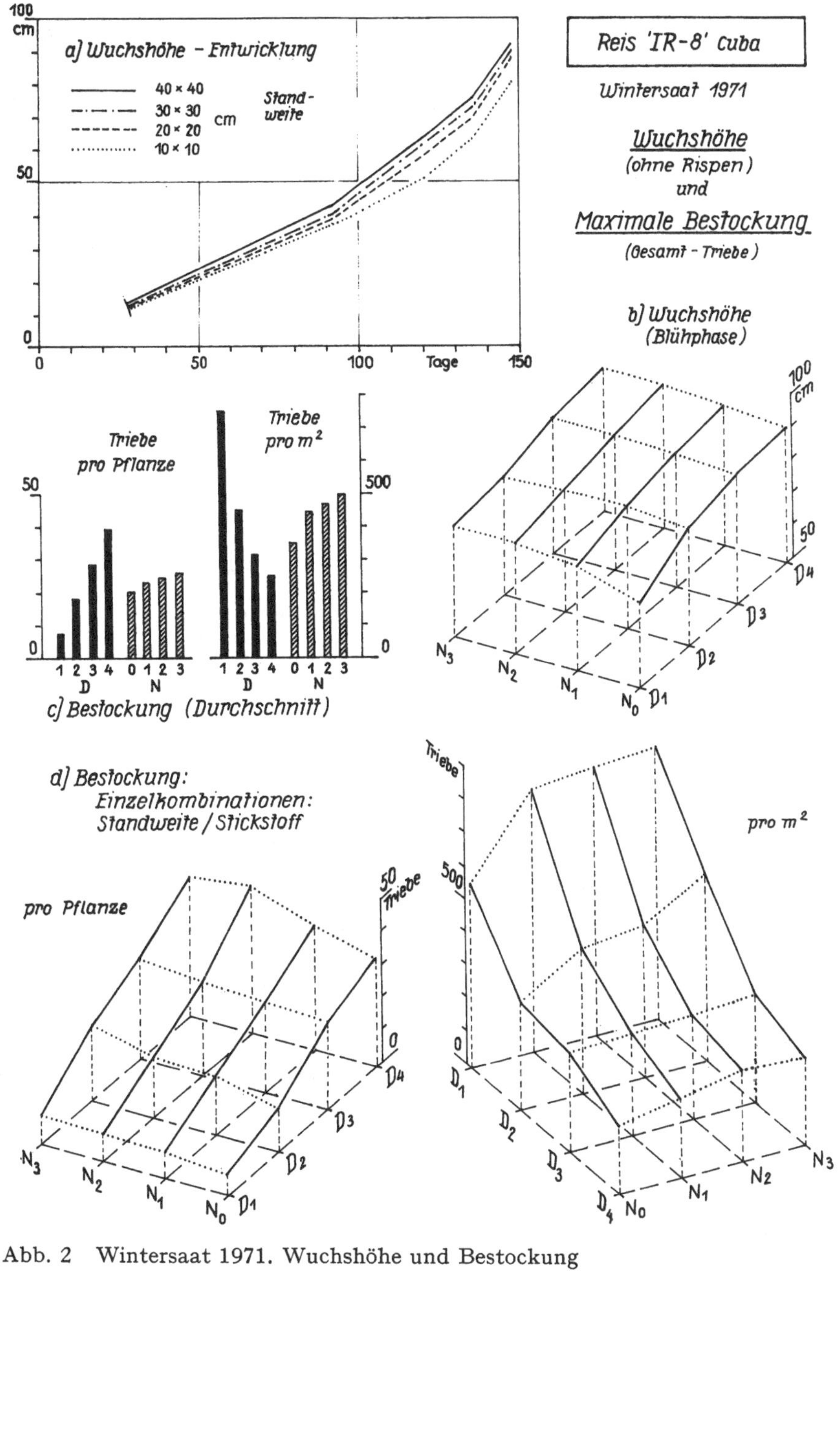

Abb. 2 Wintersaat 1971. Wuchshöhe und Bestockung

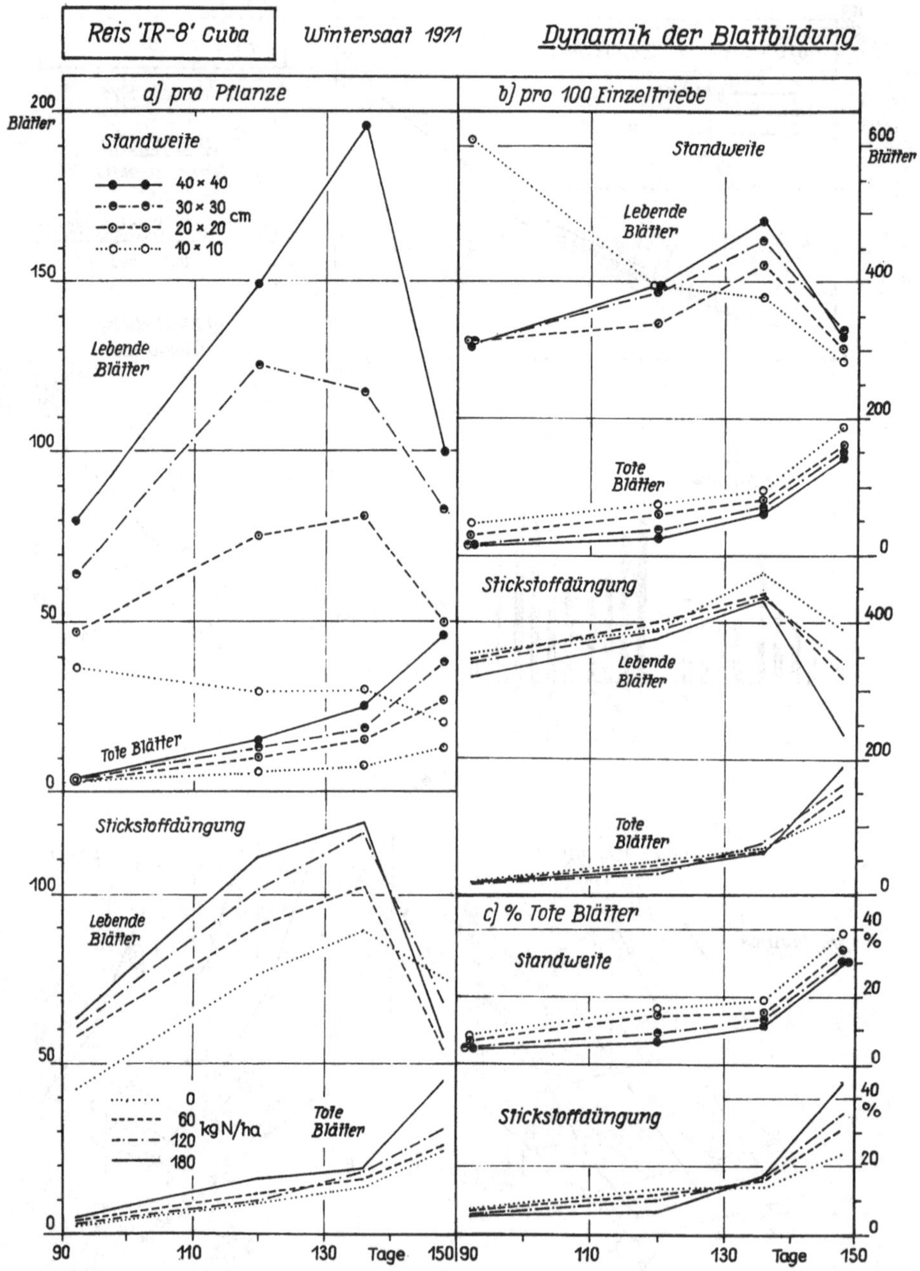

Abb. 3 Wintersaat 1971. Dynamik der Blattbildung

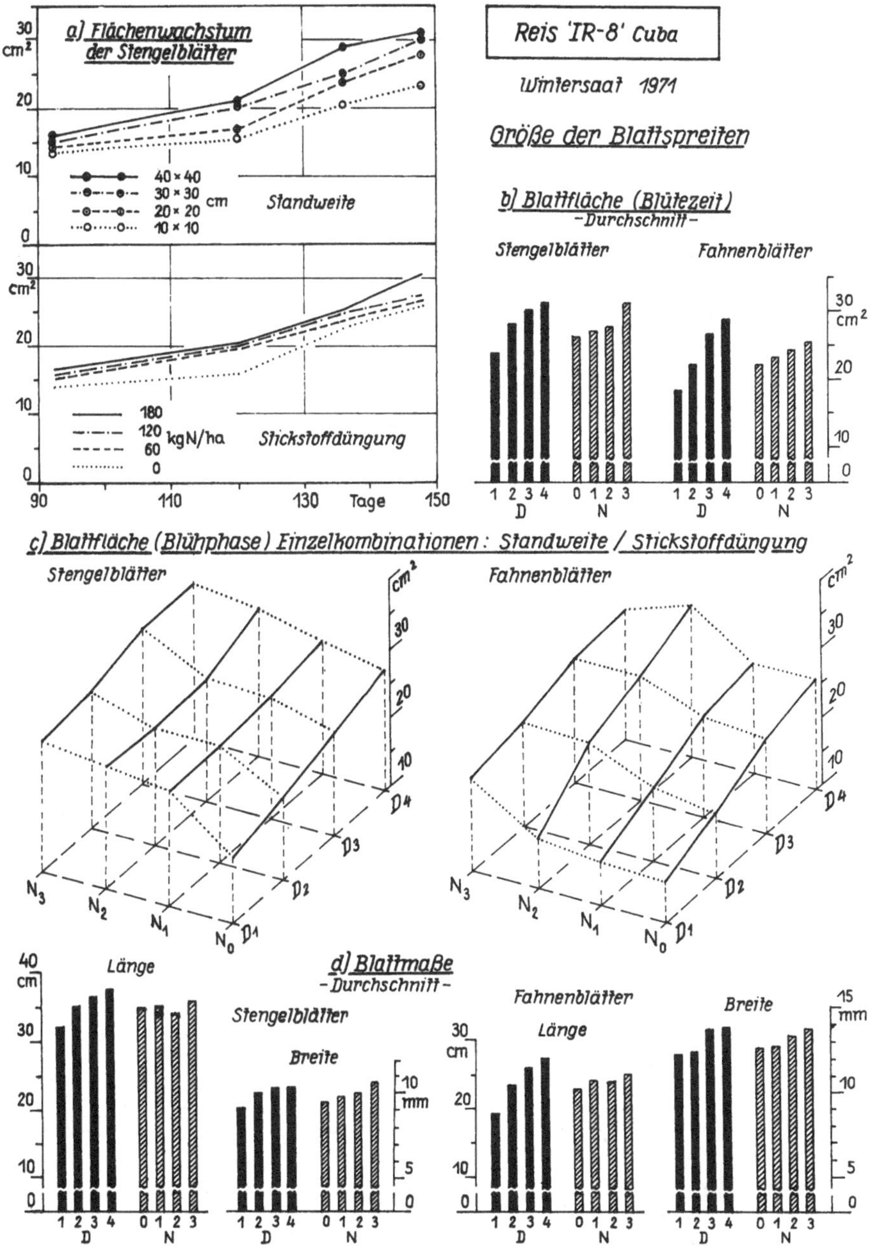

Abb. 4 Wintersaat 1971. Größe der Einzelblätter

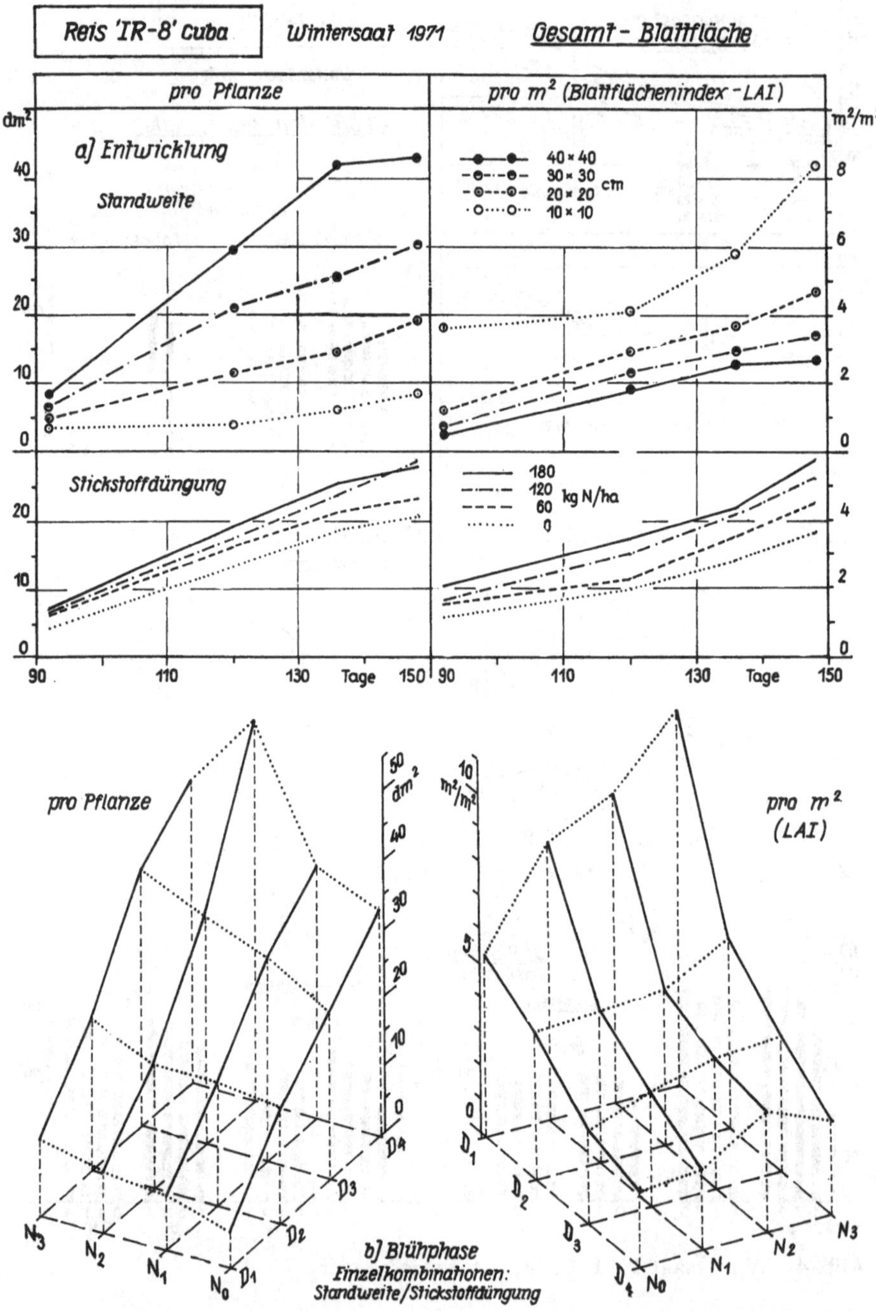

Abb. 5 Wintersaat 1971. Gesamt-Blattfläche

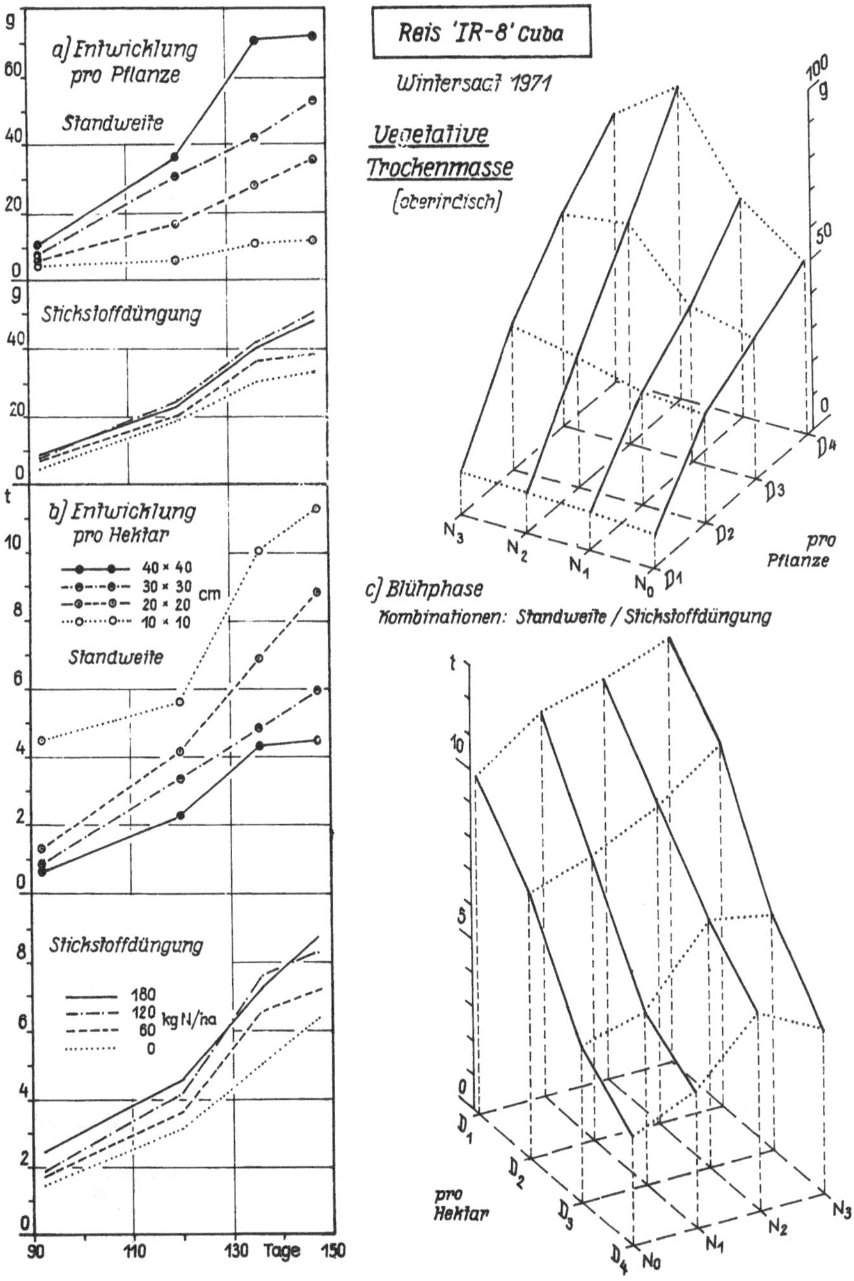

Abb. 6 Wintersaat 1971. Vegetative Trockenmasse

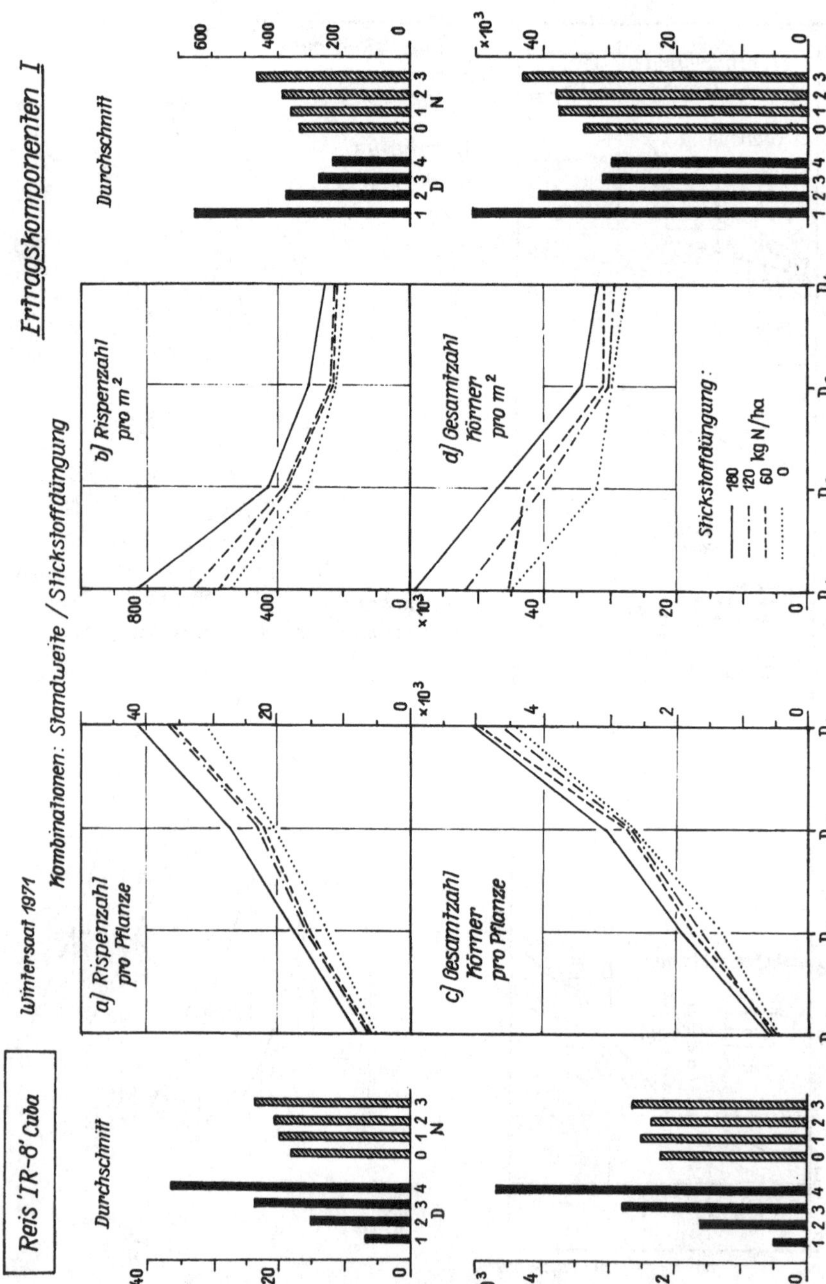

Abb. 7 Wintersaat 1971. Rispenhäufigkeit und Gesamtkornzahl

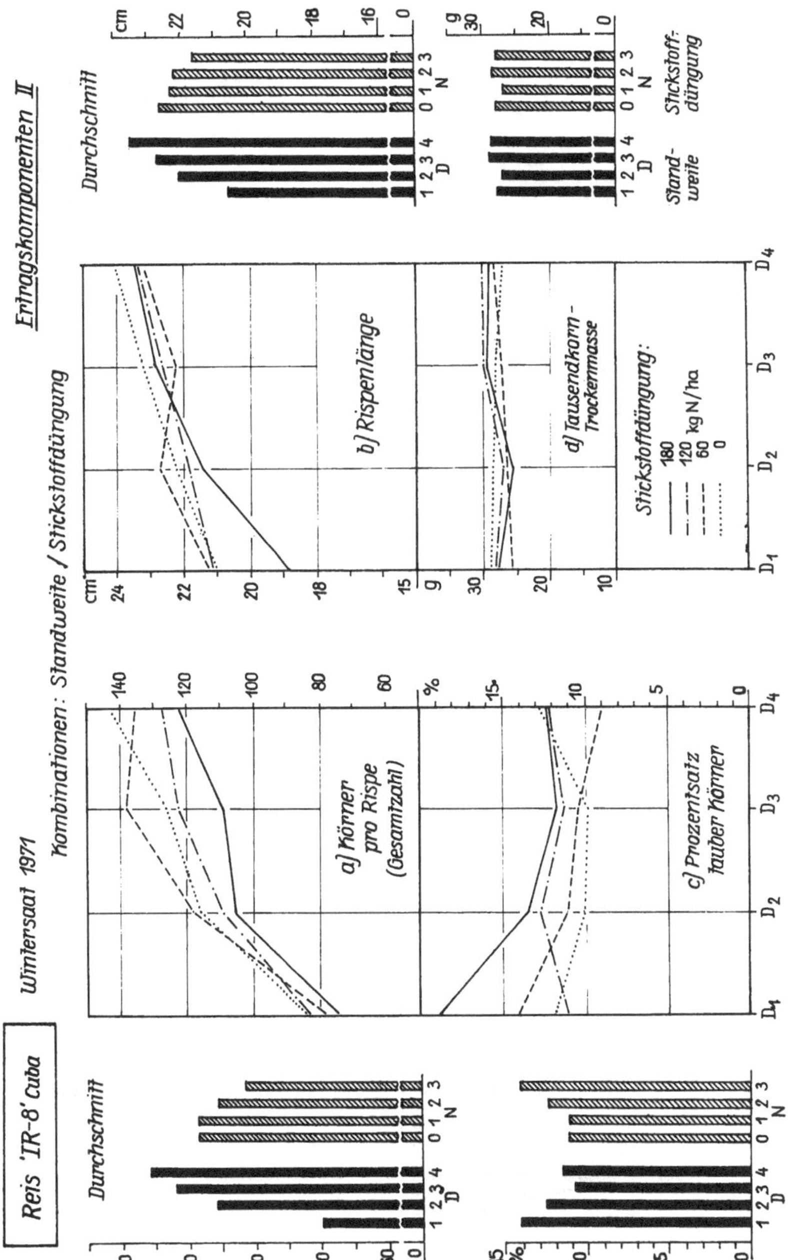

Abb. 8 Wintersaat 1971. Rispenlänge, Kornzahl pro Rispe, Prozentsatz tauber Körner, Tausendkornmasse

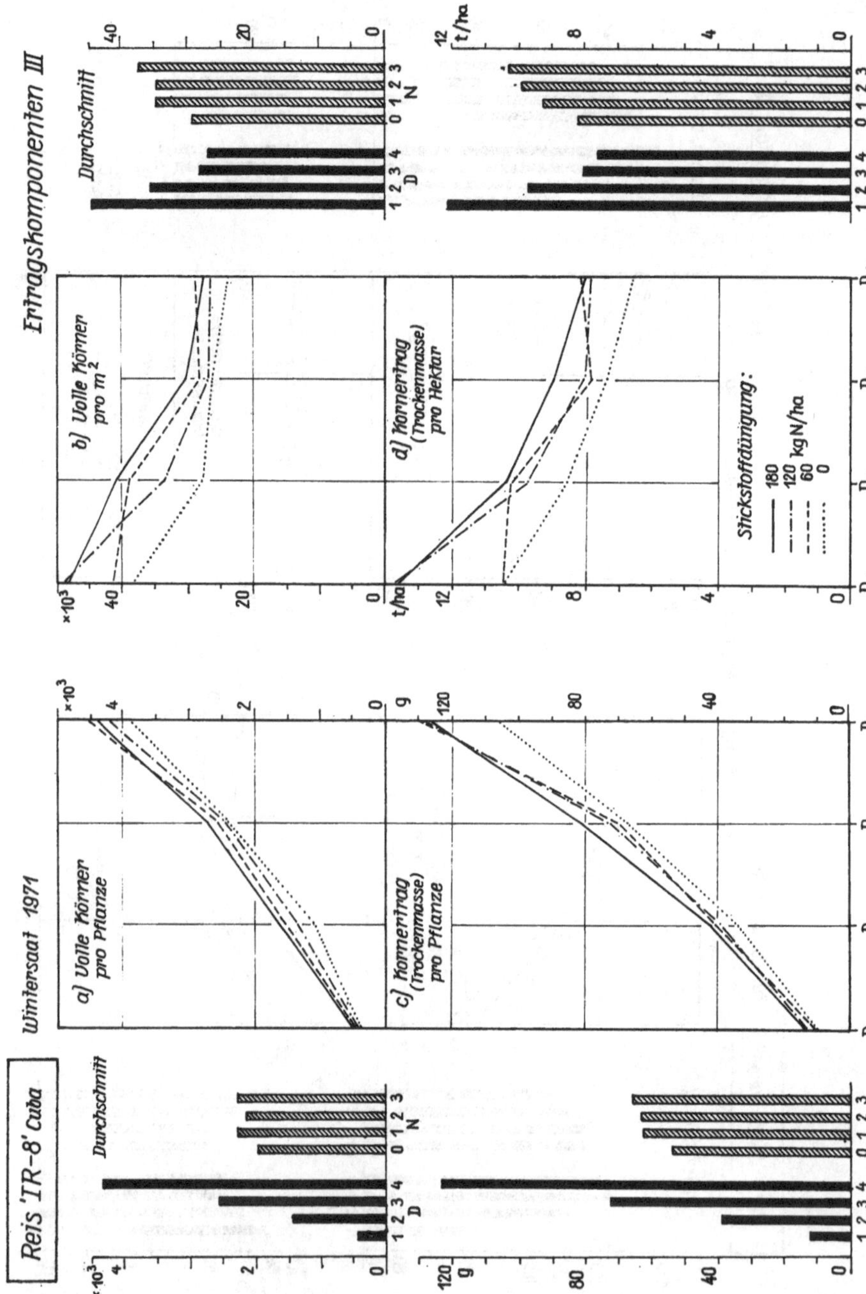

Abb. 9 Wintersaat 1971. Kornertrag

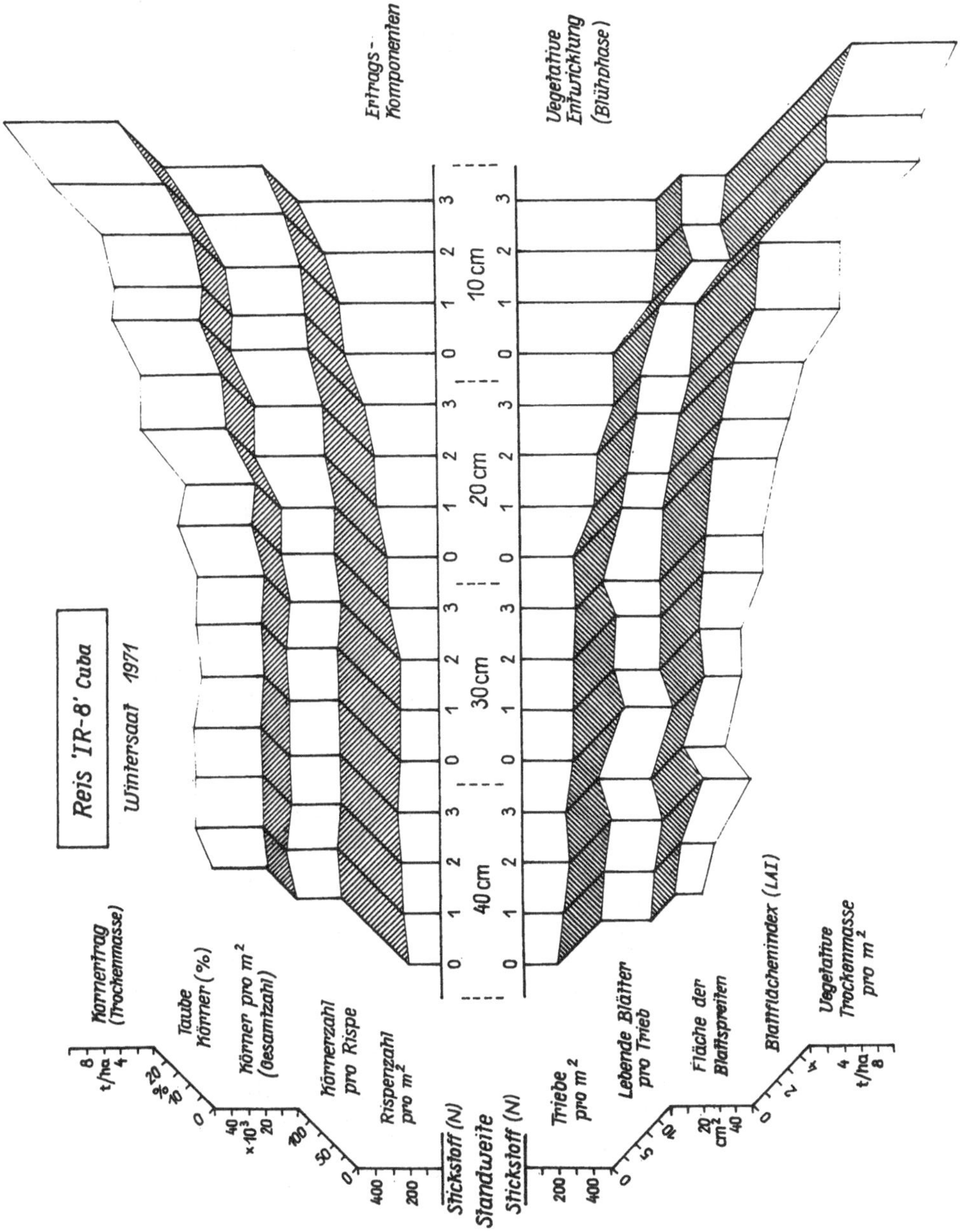

Abb. 10 Wintersaat 1971. Stoffproduktion und Ertrag. Gesamtübersicht

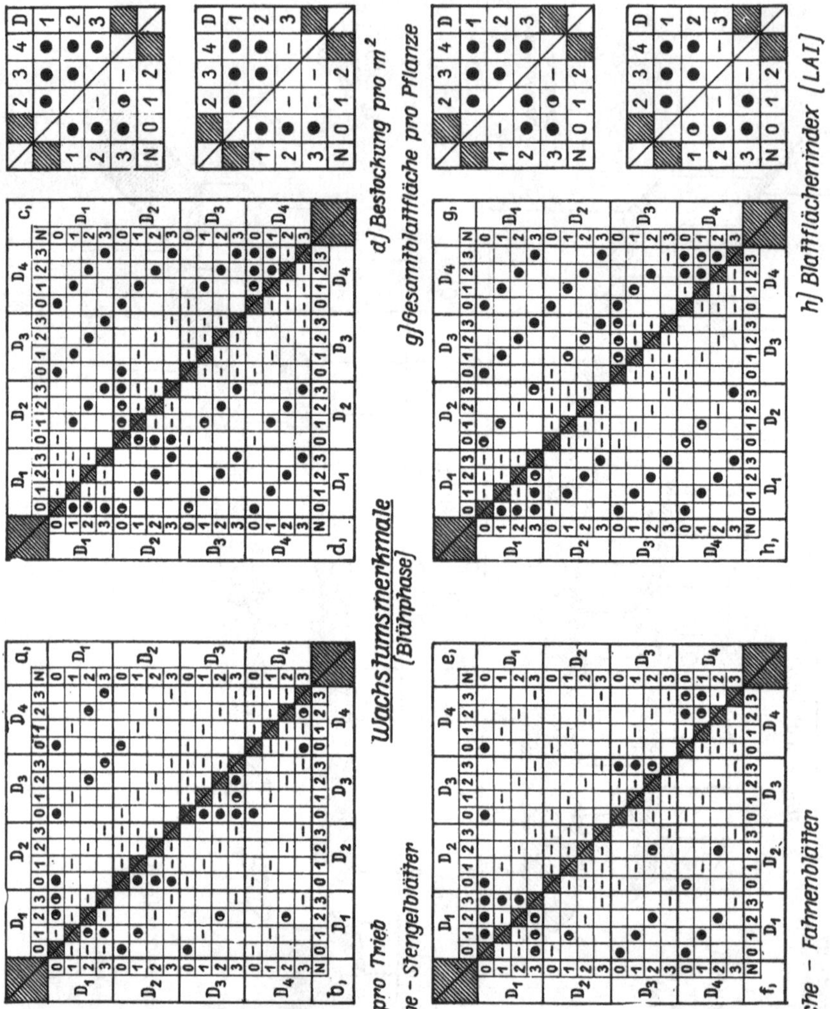

Abb. 11 Wintersaat 1971. Signifikanzprüfung für Wachstumsmerkmale (Signaturen Abb. 13)

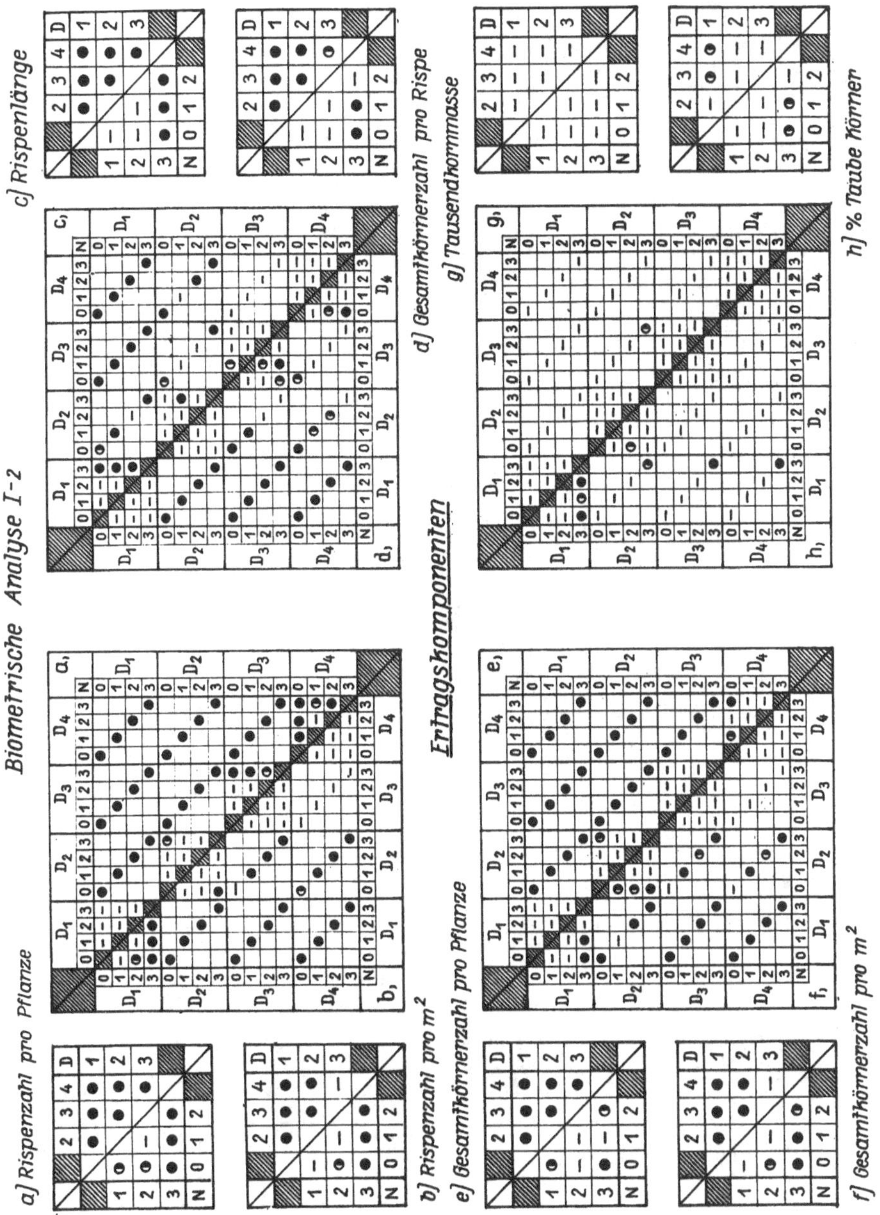

Abb. 12 Wintersaat 1971. Signifikanzprüfung für Ertragskomponenten (Signaturen Abb. 13)

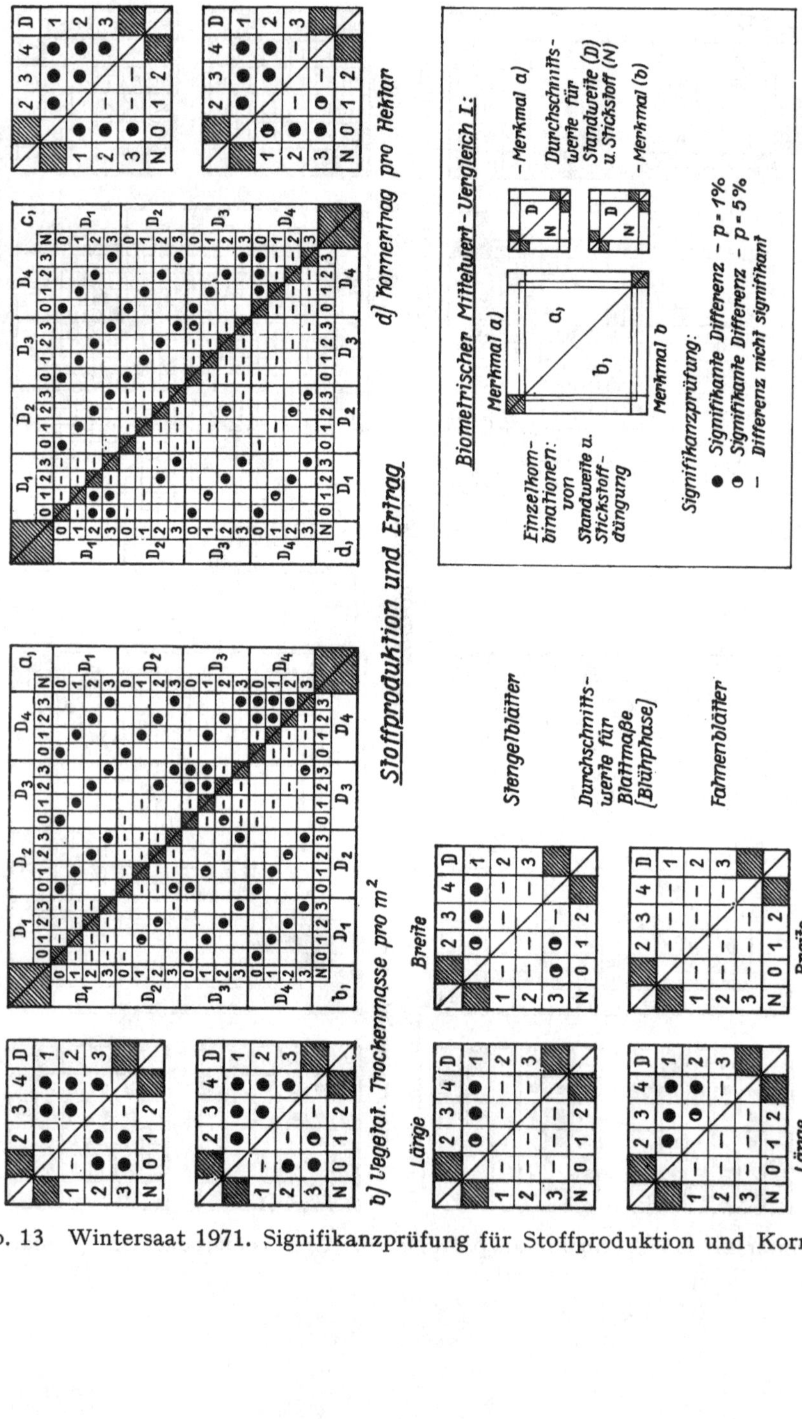

Abb. 13 Wintersaat 1971. Signifikanzprüfung für Stoffproduktion und Kornertrag

Die Kurven für die bestockten Einzelpflanzen lassen sich in zwei Teile gliedern: Ein scharfer Anstieg, bereits aus den früheren Versuchen bekannt, für die Standweiten von 10 bis 40 cm, mit weiten und biometrisch gut gesicherten Unterschieden zwischen den einzelnen Abstufungen der Bestandesdichte. Nach der anderen Seite hin, für die Standweiten von 10 bis 7 cm, ein leichter Abstieg der Werte, jedoch stets ohne signifikante Differenzen innerhalb dieser drei Varianten (D_7, D_8, D_{10}) (Abb. 14a, c; 15a; 16a, c; 17a, c, e, i, l).

Bei Umrechnung der gleichen Daten auf die Bodenfläche verkehrt sich die Lage ins Gegenteil: Die Kurven für die Rispenhäufigkeit pro m^2, Gesamtkornzahl pro m^2 sowie die Hektarerträge zeigen ihre niedrigsten Werte bei der Standweite von 40 cm. Beim Übergang zu engerer Pflanzdichte steigen die Kurven stetig an, mit der stärksten Neigung um die Standweite von 10×10 cm. Jenseits dieser Grenze setzt sich der gleiche steile Anstieg fort, bis zu einem Optimum beim Abstand von 8×8 cm zwischen den Pflanzen, sowie einem leichten Abfall gegen die Standweite von 7×7 cm, jedoch ohne gesicherte Unterschiede zwischen den beiden letztgenannten Pflanzdichte-Varianten (Abb. 14b, d; 16b; 17b, d, k).

Die Werte für die Kornerträge bei guter Stickstoffdüngung (N_3) stiegen von 11.2 t/ha (Trockenmasse) bei einem Abstand von 10×10 cm zwischen den Pflanzen auf 14.4 t/ha bei der Standweite von 8×8 cm, das bedeutet eine Ertragssteigerung von nahezu 30%, wenn man von 100 Pflanzen auf 150 Pflanzen pro m^2 Bodenfläche übergeht.

Anders dagegen verhielt sich der Blattflächenindex (LAI). Seine Kurven zeigen kein Optimum, sondern steigen beständig an, wenn man den Abstand zwischen den Pflanzen von 40 cm auf 7 cm verengt; hier auch mit signifikanten Unterschieden zwischen den Standweiten von 7 und 8 cm, zumindest bei der gut gedüngten Variante N_3 (Abb. 16d, 17 m).

Bei den auf die Bodenfläche berechneten Parametern waren allgemein die Abweichungen zwischen den Mittelwerten für die größeren Pflanzenabstände relativ gering; es gab nur wenige gesicherte Differenzen zwischen den Daten für die Standweiten von 20, 30 und 40 cm (Abb. 14b, d; 16b, d; 17b, d, k, m).

Der Prozentsatz tauber Körner nahm bei erhöhter Bestandesdichte (7 und 8 cm) und guter Stickstoffversorgung (N_3) merklich zu (Abb. 15c, 17g).

Unbeeinflußt, trotz engster Pflanzdichte, blieben die Rispenlänge sowie die Tausendkornmasse bei diesem Aussaat-Termin (Abb. 15bd, 17fh).

2. Einfluß der Stickstoffdüngung

Bei folgenden Parametern ergab sich keine signifikante Differenz zwischen den Gesamtmittelwerten für die beiden Varianten der Stickstoffversorgung: Gesamtkornzahl pro Rispe, Rispenlänge, Prozentsatz tauber Körner, Tausendkornmasse (Abb. 15a, b, c, d; 17e, f, g, h).

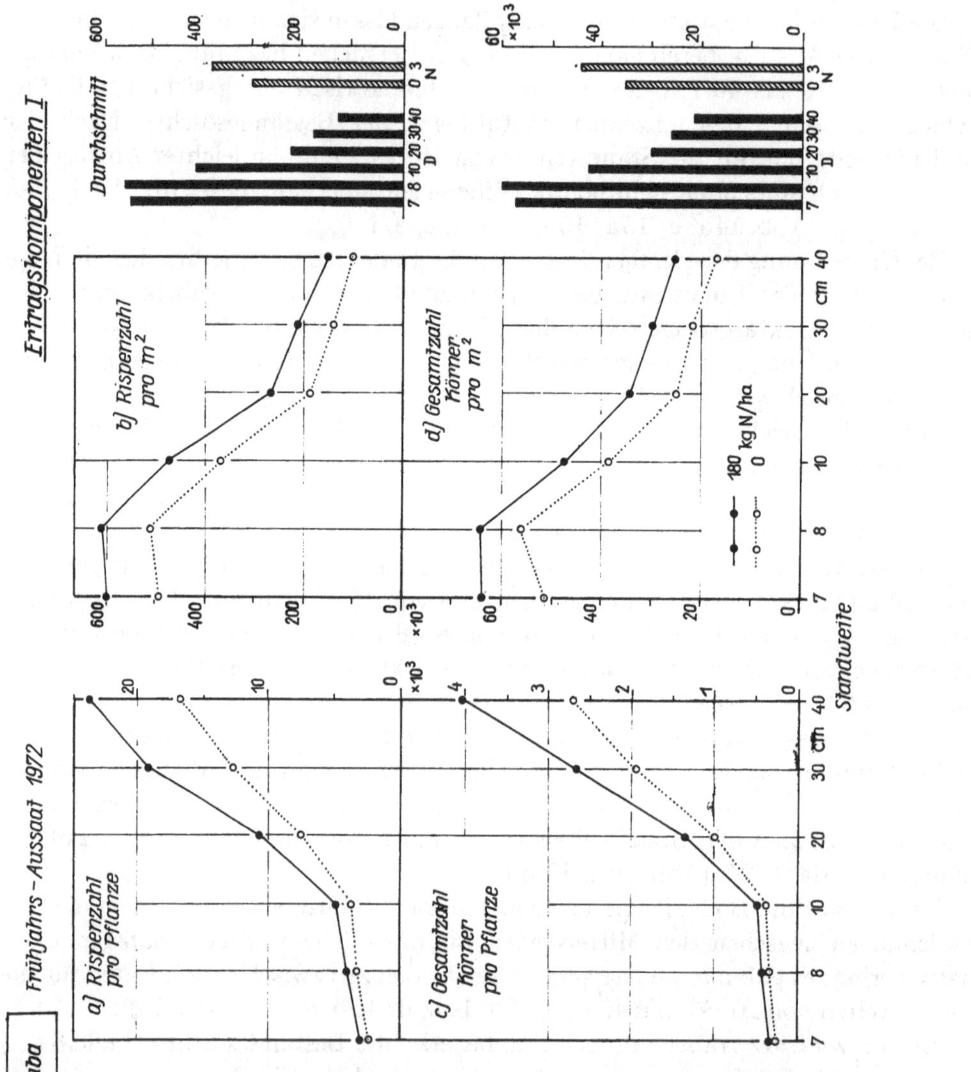

Abb. 14 Frühjahrs-Aussaat 1972. Einfluß hoher Bestandesdichte. – Rispenhäufigkeit und Gesamtkornzahl

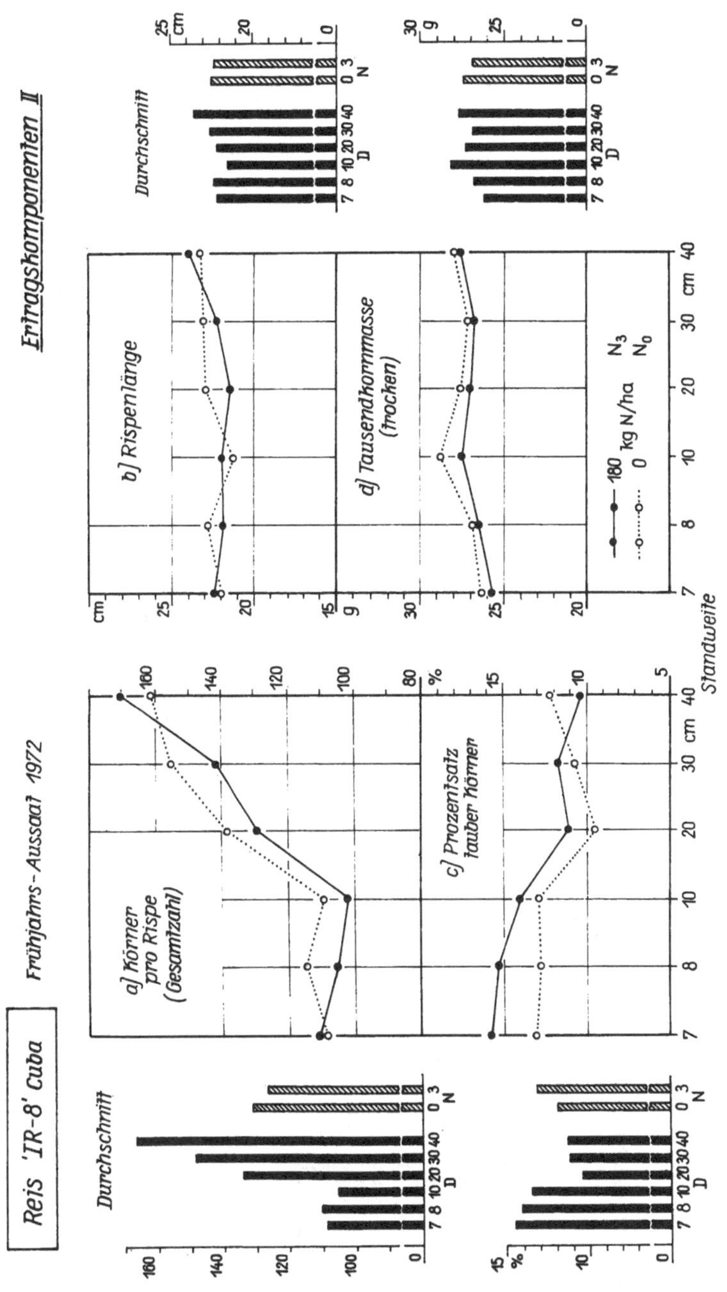

Abb. 15 Frühjahrs-Aussaat 1972. Einfluß hoher Bestandesdichte. – Körnerzahl pro Rispe, Rispenlänge, Prozentsatz tauber Körner, Tausendkornmasse

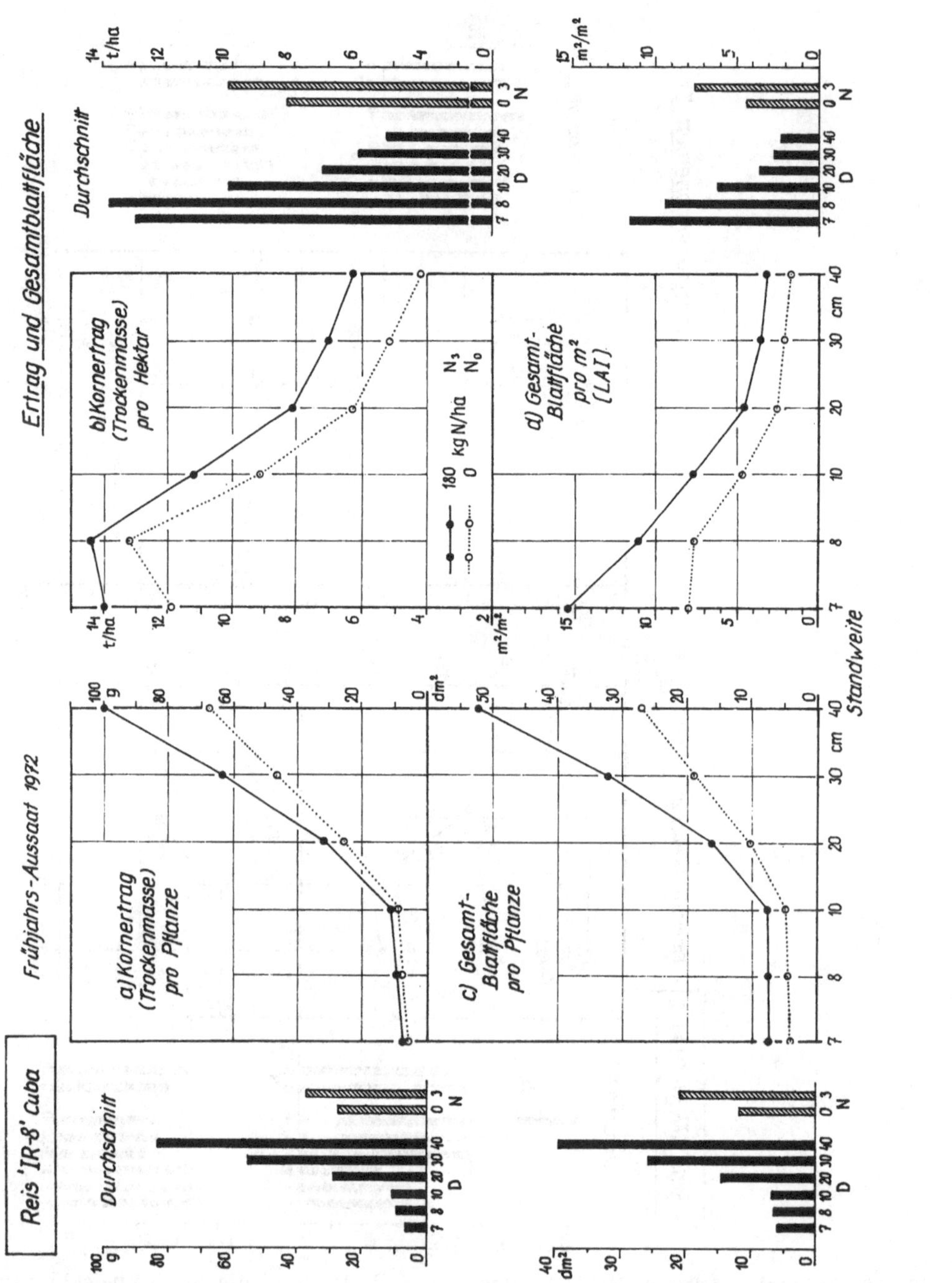

Abb. 16 Frühjahrs-Aussaat 1972. Einfluß hoher Bestandesdichte. – Kornertrag und Gesamtblattfläche

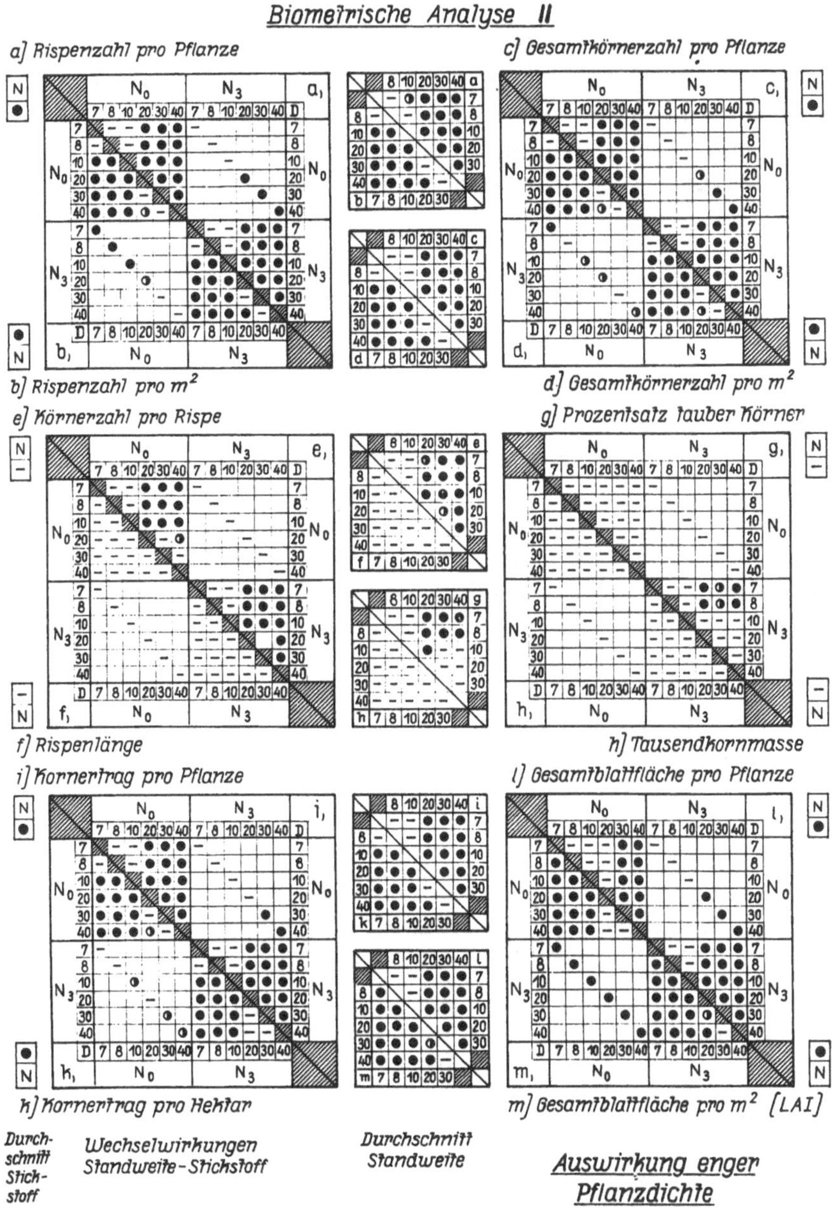

Abb. 17 Frühjahrs-Aussaat 1972. Signifikanzprüfung für den Einfluß hoher Bestandesdichte (Signaturen Abb. 13)

Dagegen zeigten sich deutliche Unterschiede zwischen den Kurven für N_0 und N_3 in der Rispenhäufigkeit pro m^2 bei enger Pflanzdichte (Abb. 14b, 17b), während die Werte für die Gesamtkornzahl pro m^2 sowie die Hektarerträge weniger stark voneinander abwichen (Abb. 14d, 16b, 17dk).

Eindeutig nachweisbar blieb dagegen die fördernde Wirkung der Stickstoffdüngung auf den Blattflächenindex (Lai) bei allen Abstufungen der Standweite (Abb. 16d, 17m).

IV. Diskussion

1. Standweite und Ertragsbildung

Das Untersuchungsprogramm hatte den Einfluß von Standweite, Stickstoffversorgung und Aussaat-Termin auf die Ertragsbildung der Reissorte 'IR-8' zu prüfen, wobei alle übrigen Außenfaktoren, insbesondere die Bewässerung, optimal zu halten waren. Unter dieser Voraussetzung erwies sich die Standweite als das wirkungskräftigste und am einfachsten zu handhabende Mittel für eine Steigerung der Erträge, gleichzeitig aber zeigten sich hier auch nachhaltige und prinzipielle Unterschiede zwischen dem Verhalten dieser Sorte in Cuba und ihrem Herkunftsland, den Philippinen.

Tabelle 1 gibt zunächst die Richtzahlen wieder, die für die Sorte 'IR-8' als Norm auf den Philippinen herausgegeben wurden (IRRI 1968, S. 31).

Tabelle 1

Modell-Ertragskomponenten von 'IR-8' bei Überpflanzung (IRRI 1968)

Ertragskomponenten	Regenzeit	Trockenzeit
Kornertrag (kg/ha)	6163	9244
Rispen pro m^2	250	375
Ährchenzahl pro Rispe	100	100
Gesamtkornzahl pro m^2	25000	37500
Anteil voller Körner (%)	85	85
Tausendkornmasse (g)	29	29

Der höchste bisher auf den Philippinen erreichte Ertrag bei 'IR-8' wurde aus Calamba mit 10,47 t/ha gemeldet, gewonnen in der Trockenzeit 1968 (Irri 1968, S. 150).

Tabelle 2 enthält die Durchschnittswerte für die Ertragskomponenten und den Blattflächenindex aus sieben Ernten unseres Versuchsprogramms 1970–1973, bei den in Cuba üblichen Aussaat-Terminen im Sommer, Winter und Frühjahr (siehe Teil III), und stellt diese Ergebnisse den Daten gegenüber, die unter vergleichbaren Bedingungen der Standweite und Stickstoffdüngung am International Rice Research Institute auf den Philippinen gewonnen wurden (IRRI 1970, S. 149).

Tabelle 2

Ertragskomponenten und Blattflächenindex (Blüte) für die Reissorte 'IR-8' bei verschiedener Standweite in Cuba und auf den Philippinen

	Standort	Standweite (cm)		
		10×10	20×20	30×30
Rispen je m²	Cuba	630	316	251
	IRRI	350	297	271
Ährchenzahl pro Rispe	Cuba	84	112	121
	IRRI	84	102	108
Anteil voller Körner (%)	Cuba	82,1	84,5	86,8
	IRRI	83,8	84,5	85,8
Tausendkornmasse (g) [1]	Cuba	29,4	29,8	30,0
	IRRI	28,4	28,2	28,7
Kornertrag [1] (t/ha)	Cuba	12,80	8,90	7,92
	IRRI	6,99	6,81	6,86
Blattflächenindex (Blüte) LAI	Cuba	8,7	5,2	4,2
	IRRI	11,1	8,9	7,4

„Cuba" – Mittelwerte aus 7 Versuchskulturen, 1970–1973, 180 kg/ha N, Sommer-, Winter-, Frühjahrs-Aussaat
„IRRI" – International Rice Research Institute, Los Baños, Philippinen, Regenzeit 1969; Mittelwerte aus 150 und 200 kg/ha N (IRRI 1970).
[1] – Bei Cuba 12,5% Feuchtigkeit in den Körnern; Für IRRI keine Feuchtigkeits-Angaben.

Diese vergleichende Übersicht läßt sich in vier Hauptpunkten zusammenfassen:

(a) In Cuba wurden höhere Erträge erreicht als auf den Philippinen.
(b) Die Ertragsziffern steigen in Cuba mit zunehmender Bestandesdichte deutlich an, während auf den Philippinen die Werte für den gewählten Standweitenbereich auf gleicher Höhe bleiben.
(c) Die Ertragsdifferenzen beruhen vorrangig auf Unterschieden in der Rispenhäufigkeit, wogegen für die übrigen Ertragskomponenten (Ährchenzahl pro Rispe, Prozentsatz voller Körner, Tausendkornmasse) keine wesentlichen Abweichungen zwischen Cuba und IRRI bestehen.
(d) Der Blattflächenindex zur Blütezeit ist in Cuba merklich kleiner als auf den Philippinen.

Die Ertragswerte für IRRI in Tabelle 2 bedürfen noch einer Korrektur, da sie nur für die Regenzeit auf den Philippinen gelten. Für die Trockenzeit sind dort um etwa 50% höhere Beträge zu erwarten, und für 1969 wurden Ertragswerte um 9 t/ha berichtet (IRRI 1970, S. 147), ebenfalls ohne signifikante Differenzen zwischen den Standweiten von 10 bis 30 cm. Daher müßte, auch in Übereinstimmung mit Tabelle 1, den kubanischen Ertragsziffern ein Wert von etwa 8 t/ha als vergleichbarer Jahresdurchschnitt für die Philippinen gegenübergestellt werden. Das bedeutet, daß bei der Standweite von 30 × 30 cm die Werte für Cuba und IRRI annähernd gleich sind, jedoch in Cuba um so höher über die philippinischen Ertragsziffern ansteigen, je enger der Abstand zwischen den Pflanzen gewählt wird.

Diese Tendenz setzte sich bei unseren Versuchen weiter fort: Die Standweite von 10 × 10 cm war noch nicht optimal, sondern die höchsten Ertragswerte wurden mit einer Bestandesdichte von 150 bis 200 Pflanzen pro m^2 erreicht.

Erneute Experimente mit erhöhter Bestandesdichte (bis zu 400 Pflanzen je m^2) auf den Philippinen bestätigten die dort bereits früher gewonnene Erfahrung: Für die Standweiten von 5×5 cm, 10×10 cm sowie 20×20 cm gab es keine Unterschiede im Hektarertrag (IRRI 1971, S. 26).

Am Internationalen Reisforschungsinstitut auf den Philippinen wird daher die Standweite von 20×20 cm für die Sorte 'IR-8' als Optimum betrachtet und als Kontrollvariante bei Vergleichsversuchen benutzt (z. B. IRRI 1971, S. 31).

Diese grundlegende Diskrepanz zwischen dem Verhalten der Sorte 'IR-8' auf Cuba und den Philippinen wird noch verstärkt, wenn man den Blattflächenindex in die Betrachtung einbezieht. Die höheren Erträge in Cuba gingen nicht parallel mit einer vergrößerten Gesamtblattfläche pro m^2, sondern wurden im Gegenteil mit einem weit kleineren Blattflächenindex erreicht als auf den Philippinen. Auf die möglichen Ursachen für dieses abweichende Ertragsverhalten ein und derselben Sorte in den beiden Tropenländern wird in Teil III eingegangen.

2. Einfluß der Stickstoffdüngung

Während die Standweite nachhaltige, klar ausgeprägte Folgen für die Entwicklung und Ertragsbildung der Sorte 'IR-8' verursachte, blieb die Wirkung der Stickstoffdüngung, trotz der hohen Gaben bis zu 180 kg/ha, auffallend schwach und war auch nicht einheitlich.

Deutlich sichtbar erschien stets die fördernde Wirkung auf das vegetative Wachstum mit erhöhter Bestockung (vgl. IRRI 1968, S. 31) und insbesondere gesteigertem Blattflächenwachstum, das jedoch nicht immer von einer proportionalen Trockenmasseproduktion begleitet war.

Bei den Ertragskomponenten erhöhte sich mit zunehmender Stickstoffgabe die Rispenzahl und Gesamtkornzahl pro m^2, dagegen sank die Ährchenzahl pro Rispe. Der Prozentsatz tauber Körner wurde bei hoher N-Dosis gesteigert und dadurch ebenfalls der positive Bestockungseffekt teilweise ausgeglichen. Am Ende blieb eine ertragsfördernde Wirkung nur bei Aussaat im Winter und Frühjahr deutlich nachweisbar (siehe Teil III).

Unabhängig von diesem oft nur schwach oder gar nicht feststellbaren Einfluß auf den Massenertrag scheint jedoch die Stickstoffdüngung nachhaltig den Proteingehalt in der Kornmasse zu steigern. Im Erntegut der Sommersaat 1971 (LERCH & al. 1972f), wo die N-Düngung keine signifikanten Unterschiede in den Hektarerträgen bewirken konnte, ergab sich trotzdem bei den Varianten mit reichlicher Stickstoffzufuhr (120 und 180 kg/ha) ein beträchtlich erhöhter Gehalt an Reserveprotein je Gramm Korntrockenmasse (TRAVIESO & MÜNTZ 1975). Ähnliche Ergebnisse erzielte Waltraud FUCHS (1972) in Santa Clara.

Tabelle 3 stellt die durchschnittliche ertragsfördernde Wirkung der von uns angewandten Stickstoffgaben den vergleichbaren Daten aus den Philippinen gegenüber, die als Mittelwerte aus fünf Ernten nach Angaben von IRRI berechnet wurden (IRRI 1967a, S. 143; 1968, S. 150ff.; 1970, S. 116).

Tabelle 3:

Ertragsfördernde Wirkung der Stickstoffdüngung bei der Reissorte 'IR-8' in Havanna (Cuba) und Los Baños (Philippinen). – Relativwerte in %, bezogen auf den Kontrollversuch ohne N-Gabe

	Stickstoffgabe kg/ha N			
	0	60	120	180
Havanna				
Sommersaat		102	102	112
Wintersaat	100	106	119	139
Frühjahrs-Saat		105	128	119
Mittel	100	104	116	123
IRRI				
Regenzeit		117	134	122
Trockenzeit	100	129	146	149
Mittel	100	123	140	136

Havanna – Mittelwerte aus 7 Ernten, 1970–1973
IRRI – Mittelwerte aus 5 Ernten, 1966–1969

Die bei unseren Versuchen gemessene Ertragsförderung durch die Stickstoffdüngung blieb somit erheblich hinter der für die Philippinen berichteten Effektivität zurück. An anderen Stellen in Cuba reagierte jedoch die Sorte 'IR-8' weit stärker auf hohe Stickstoffgaben, insbesondere auf weniger schweren Böden. Waltraud FUCHS (1972) konnte bei Santa Clara (Provinz Las Villas) bei 'IR-8' mit 120 kg/ha N den Hektarertrag auf 126%, mit 180 kg/ha sogar auf 170% gegenüber den ungedüngten Kontrollparzellen steigern. Dennoch ist insgesamt der Nutzeffekt der Stickstoffdüngung auf den kubanischen Reisanbauflächen bisher überwiegend unbefriedigend, und trotz großer jährlicher Aufwendungen für den Import an Düngemitteln konnte noch keine durchgreifende Ertragssteigerung auf diesem Wege erreicht werden.

Die Effektivität der Stickstoffdüngung in überfluteten Kulturböden ist generell wegen der hohen Verluste eines der umstrittensten Probleme im Reisanbau.

Von dem als Mineraldünger in den Boden gebrachten Ammonium-Stickstoff (meist Ammoniumsulfat oder Harnstoff) kommt nur wenig den Pflanzen unmittelbar zugute. Die Hauptmenge wird innerhalb weniger Wochen in Nitrifizierungs- und Denitrifizierungsprozessen verbraucht, ein weiterer Teil verflüchtigt sich als Ammoniak, vor allem bei hoher Temperatur und alkalischem pH (IRRI 1967a, S. 129, 131; 1970, S. 19/20; 1971, S. 50). Zusätzlich kann Ammonium in erheblicher Menge zwischen den Schichtpaketen der Tonmineralien fixiert werden (Finck 1963). Mit letzterer Möglichkeit muß insbesondere bei der Versuchsstation „Niña Bonita" gerechnet werden. Selbst eine starke Düngerprobe von 200 kg/ha N im unbepflanzten Boden vermochte dort keine Steigerung des austauschbaren Ammoniumgehalts zu bewirken (mündl. Mitt. v. Dipl.-Landw. Kühn, unveröffentlicht). Die relativ hohen Ertragswerte auf den ungedüngten Parzellen dieser Station lassen auf jeden Fall noch andere N-Quellen im Boden vermuten (Lerch & al. 1972a).

Um die genannten Verluste herabzusetzen, wird die Stickstoffdüngung im Reisanbau meist in mehreren Portionen nacheinander gegeben, doch sind die Ergebnisse der zahlreichen Fraktionierungsversuche (in Cuba u. a. Socorro & Martin 1971, Waltraud Fuchs 1972) gleichermaßen so sehr an Bodentyp und örtliches Mikroklima gebunden, daß bis heute keine befriedigende Allgemeinlösung vorliegt. Die bei unseren Versuchen angewandte Dreiteilung der Gesamtstickstoffgabe folgte der gegenwärtigen empirischen Praxis im Reisanbau von Cuba; nach den vorliegenden Resultaten ist sie ohne Zweifel nicht optimal. Aus diesem Grunde wurden 1975 spezielle Untersuchungen zum Gesamtproblem der Stickstoffdüngung auf den kubanischen Reisböden eingeleitet.

V. Zusammenfassung

In einem dreijährigen Versuchsprogramm (1970–1973) bei Havanna/Cuba wurde der kombinierte Einfluß von Standweite (7×7, 8×8, 10×10, 20×20, 30×30, 40×40 cm Pflanzenabstand) und Stickstoffdüngung (Ammoniumsulfat – 0, 60, 120, 180 kg/ha N) auf Entwicklung und Ertragsbildung der Reissorte 'IR-8' geprüft.

Erhöhte Bestandesdichte beeinträchtigte die Entwicklung der Einzelpflanzen (geringere Bestockung und Rispenbildung, kleinere Blätter, niedrigere Kornproduktion), steigerte jedoch nachhaltig die Produktivität des Pflanzenbestandes, mit zunehmenden Werten für Gesamtzahl an Bestockungstrieben und Rispen, Gesamtblattfläche, Stoffproduktion und Kornertrag pro Bodenflächeneinheit. Vegetatives Wachstum und Blattflächenentwicklung folgten mit guter Annäherung den Standardwerten aus dem Herkunftsland (International Rice Research

Institute, Los Baños, Philippinen). In dichten Beständen (hundert und mehr Pflanzen je m²) waren Rispenzahlen und Kornertrag jedoch bedeutend höher als auf den Philippinen. Höchsterträge bis zu 15 t/ha an Rohreis wurden mit Beständen von 150 bis 200 Pflanzen je m² erreicht.

Die Stickstoffdüngung hatte geringeren Einfluß als die Standweite. Ertragsfördernde Wirkung zeigte sich nur bei hoher Dosis (120 – 180 kg/ha) und blieb insgesamt niedriger als die von den Philippinen berichteten Werte.

Summary

Effect of some climatic and agricultural factors on yield formation by the rice variety 'IR-8' in Cuba I. Population density and nitrogen fertilization

A three-years' investigation programme (1970–1973) near Havana/Cuba checked the influence of population density (seedling distance – 7×7, 8×8, 10×10, 20×20, 30×30, 40×40 cm) and nitrogen fertilization (ammonia sulphate – 0, 60, 120, 180 kg/ha N) on the development and grain yield formation of the rice variety 'IR-8'.

Increasing plant density affected the development of the individual hills (lower, tiller and panicle numbers, smaller leaves, lower grain production), but increased considerably the productivity of the whole population, with ascending values for tillering capacity, total leaf area, dry matter production, and grain yield per unit of land area. Vegetative growth and leaf area development followed, with fair approximation, the standard values published by the International Rice Research Institute (IRRI), Los Baños, Philippines, place of origin of this variety. With high population density (100 and more hills per m²), panicle numbers and grain yield (t/ha) proved to be much higher than the comparable levels reported by IRRI. Highest outstanding grain yields, up to 15 t/ha of paddy, were produced by populations with 150–200 hills per m².

Nitrogen fertilization had less influence than population density. Grain yield was increased only by high dosis (120–180 kg/ha N), and the favorable effect always remained lower than the standard values reported from the Philippines.

Краткое содержание

Влияние некоторых климатических факторов и способа возделывания на компоненты урожайности сорта риса 'IR–8' на Кубе. I. Густота посева и азотное удобрение

В опытах, запрограммированных на три года (1970–1973), в окрестностях Гаваны на Кубе изучалось комбинированное влияние густоты посева (7×7, 8×8, 10×10, 20×20, 30×30, 40×40 см) и азотного удобрения (сульфат аммония 0, 60, 120, 180 кг/га N) на развитие и факторы урожайности сорта риса 'IR–8'.

Загущенные посевы угнетают развитие отдельных растений (слабое кущение и образование метелок, мелкие листья, сниженная продукция зерна), но стойко повышают продуктивность всей делянки путем увеличения общего числа стеблей и метелок, общей площади листьев, продукции вещества и урожая зерна на единицу поверхности поля. Вегетативный рост и развитие площади листьев следовали, в достаточной степени приближения, стандартным величинам, полученным в стране происхождения сорта (Интернациональный н.-и. институт риса, Лос Баньос, Филиппины). Однако в густом посеве (100 и более растений на м^2) число метелок и урожай зерна были значительно выше, чем на филиппинах. Максимальные урожаи, до 15 т/га необработанного риса, удавалось собрать при густоте посева от 150 до 200 растений на квадратный метр.

Азотное удобрение влияло на урожай слабее, чем густота посева. Повышение урожая наблюдалось только при высоких дозах (120 до 180 кг/га) и, в общем, оказывалось ниже, чем на Филиппинах.

VI. Literatur

ATHWAL, D. S.,1971: Semidwarf rice and wheat in global food needs. – Quart. Rev. Biol. *46*, 1–34.

BARNER, J., 1965: Experimentelle Ökologie des Kulturpflanzenbaus. – Hamburg u. Berlin, 231 S.

FINCK, A., 1963: Tropische Böden. – Hamburg u. Berlin, 188 S.

FUCHS, A., 1972: El desarrollo y la estructura del rendimiento de variedades de arroz de porte alto y semi-enanas en Cuba. – Inf. II Seminario Nacional Arroz, INRA, La Habana (Cuba), Nr. *16*, 1–17.

FUCHS, Waltraud, 1972: La formación del rendimiento del arroz en distintas condiciones de la siembra. – Inf. II Seminario Nacional Arroz, INRA, La Habana (Cuba), Nr. *8*, 1–24.

IRRI, International Rice Research Institute, Los Baños, Philippines:
1967a: Annual Report for 1966
1967b: Annual Report for 1967
1968: Annual Report for 1968
1970: Annual Report for 1969
1971: Annual Report for 1970

JACOB, A., H. RÜTHER & W. U. BEHRENS, 1961: Der Feldversuch und seine Technik. – Methodenbuch *10*, hrsg. R. HERRMANN, Radebeul-Berlin.

JENNINGS, P. R., 1964: Plant type as a rice breeding objective. – Crop Sci. *4*, 13–15.

LERCH, G., 1974a: Desarrollo y rendimiento del arroz, var IR-8, en Cuba. VIII. Actividad fotosintética. – Rev. Agricultura (La Habana), *7* (1), 6–14.

–, 1974b: Desarrollo y rendimiento del arroz, var. IR-8, en Cuba. IX. Relaciones entre área foliar, producción de materia seca y rendimiento agrícola. – Rev. Agricultura (La Habana), *7* (1), 15–38.

–, 1974c: Desarrollo y rendimiento del arroz, var. IR-8, en Cuba. X. Efecto de los factores climáticos en la formación del rendimiento. – Rev. Agricultura (La Habana), *7* (2), 1–18.

LERCH, G., J. FONTAINES & M. SOCORRO, 1972a: Desarrollo y rendimiento del arroz, var. IR-8, en Cuba. I. Efecto de la densidad de la población en la siembra de verano de 1970. – Rev. Agricultura (La Habana), *5* (1), 1–23.

–, – & –, 1972b: Desarrollo y rendimiento del arroz, var. IR-8, en Cuba. II. Efecto de la densidad de la población y del clima en el invierno de 1970–71. – Rev. Agricultura (La Habana), *5* (1) 24–44.

LERCH, G., J. FONTAINES & H. BATTLE, 1972c: Desarrollo y rendimiento del arroz, var. IR-8, en Cuba. III. Efecto de la densidad, de la fertilización nitrogenada, y del riego en la siembra de frío de 1971. – Rev. Agricultura (La Habana), *5* (1), 45–65.

–, – & –, 1972d: Desarrollo y rendimiento del arroz, var. IR-8, en Cuba. IV. Efecto de la densidad de la población y de la fertilización nitrogenada en la siembra de primavera de 1971. – Rev. Agricultura (La Habana), *5* (1), 66–81.

LERCH, G., J. FONTAINES, M. SOCORRO & H. BATTLE, 1972e: Desarrollo y rendimiento del arroz, var. IR-8, en Cuba. V. Efecto de la época de siembra en los cultivos del primer ciclo anual de 1970–71. – Rev. Agricultura (La Habana), *5* (1), 82–101.

LERCH, G., J. RAMON & J. HORSFORD, 1972f: Desarrollo y rendimiento del arroz, var. IR-8, en Cuba. VI. Efectos mutuos de la densidad de la población, de la fertilización nitrogenada, y de la época de siembra en el ciclo anual de 1971–1972. – Rev. Agricultura (La Habana), *5* (2), 51–83.

LERCH, G., A. TRAVIESO & G. ANTIGUA, 1973: Desarrollo y rendimiento del arroz, var. IR-8, en Cuba. VII. Efecto de altas densidades en tres épocas de siembra del tercer año experimental de 1972/73. – Rev. Agricultura (La Habana), *6* (1), 1–17.

SOCORRO, M. & D. MARTIN, 1971: Fraccionamiento del nitrogeno en arroz en la variedad IR-160. – Mem. Anual Universidad Las Villas, Cuba, 1970–1971, Fac. Agropec., 192–218.

TANAKA, A., K. KAWANO & J. YAMAGUCHI, 1966: Photosynthesis, respiration and plant type of the tropical rice plant. – IRRI, Techn. Bull. *7*, 1–46, Los Baños, Philippines.

TRAVIESO, A. & K. MÜNTZ, 1975: Contenido y composición de las proteinas en algunas variedades de arroz en Cuba. I. Variación en el contenido y la composición de proteinas entre algunas variedades y efecto de la fertilización nitrogenada en granos de IR-8. – Rev. Agricultura (La Habana), *8* (2), 1–20.

WATSON, D. J., 1962: The physiological basis of variation in yield. – Adv. Agron. *4*, 101–145.

WEBER, Erna, 1972: Grundriß der biologischen Statistik, 7. Aufl., Jena, 706 S.

Kulturpflanze XXIV · 1976 · S. 53–63

Einfluß einiger Klima- und Anbaufaktoren auf die Ertragsbildung der Reissorte 'IR-8' in Cuba
II. Standweite und CO_2-Assimilation

GERHARD LERCH

(Eingegangen am 15. August 1975)

I. Einleitung

Im Verlauf unserer Versuchsreihe über das Verhalten der am Internationalen Reisforschungsinstitut (International Rice Research Institute) auf den Philippinen gezüchteten Sorte 'IR-8' unter kubanischen Klima- und Anbaubedingungen hatten sich bei Kultur in dichten Beständen überraschend höhere Erträge ergeben, als aus dem Ursprungsland berichtet wurde (vgl. Teil I – LERCH 1976). Als Beitrag zur Klärung der Ursachen erschienen Messungen über die Photosynthese-Aktivität dieser Sorte unter unseren Versuchsbedingungen nützlich.

Über die Photosynthese der Reispflanzen liegen zahlreiche Arbeiten vor (Literatur bei MURATA 1958, 1965), sowohl was das Verhalten der Einzelblätter und -pflanzen betrifft, als auch die Zusammenhänge zwischen Photosynthese und Stoffproduktion von Pflanzenbeständen (TAKEDA 1961, TANAKA & al. 1966). Für die in den letzten Jahren an dem oben genannten Internationalen Reisforschungsinstitut neugezüchteten Sorten werden entsprechende Daten fortlaufend veröffentlicht (IRRI 1968, S. 24; 1972, S. 53/54).

Die eigenen Untersuchungen konnten sich somit vorrangig auf den Effekt enger Bestandesdichte konzentrieren, um daraus zusätzliche Anhaltspunkte für die Ursachen der hierbei festgestellten hohen Erträge zu gewinnen.

II. Versuchsanordnung und Methodik

Als Maß für die Photosynthese-Aktivität wurde die CO_2-Nettoassimilation durch Infrarotabsorptionsanalyse (Infralyt III, VEB Junkalor Dessau) im direkten Differenzverfahren bestimmt (GAASTRA 1959, SLAVÍK & ČATSKÝ 1963).

Zu diesem Zweck wurde ein bewässertes Reisversuchsbeet in Form eines Betonbeckens ($5 \times 1{,}3 \times 1$ m) in fünf Meter Entfernung vor unserem Gaswechsel-Laboratorium in Havanna eingerichtet, um die Messungen unter Freilandbedingungen im Pflanzenbestand vornehmen zu können. Hier ließen sich drei Kleinbestände der Sorte 'IR-8' mit einer Fläche von je anderthalb Quadratmetern in den Standweiten 7×7, 10×10 und 20×20 cm kultivieren. Boden und Pflanzgut stammten aus dem Gelände der Reisversuchsstation „Niña Bonita" bei Havanna, wo unser Hauptversuch angelegt war (vgl. Teil I). Zur Stickstoffversorgung wurde mit 180 kg/ha N (Ammoniumsulfat) gedüngt; die gesamte übrige Behandlung erfolgte parallel zum großen Versuchsfeld und wurde zeitlich mit der Sommersaat 1973 gekoppelt. In dem etwa 70×120 cm großen Mittelteil dieser Modellbestände entwickelten sich die Reispflanzen unter gleichen Wettbewerbs- und Beschattungsverhältnissen wie auf den großen Vergleichsparzellen des Hauptversuchsfeldes und ergaben auch gleiche Kennziffern für Wachstum, Stoffproduktion und Kornertrag.

Die zu prüfenden Organe (Blätter, Rispen) wurden in ihrer natürlichen Stellung an der Pflanze in passende Küvetten aus Piacryl (VEB Stickstoffwerke Piesteritz) eingeschlossen. Die Temperatur der Blattunterseite wurde durch Thermoelement-Meßfühler in den Küvetten kontrolliert. Bei einem maximalen Innenraum von 40 cm^3 für die Blattküvetten und einem Luftstrom von 60 Liter/Std. wurde die Küvettenluft mindestens 25 mal pro Minute ausgetauscht. Bei dieser Durchströmungsgeschwindigkeit blieben die Blatt-Temperaturen innerhalb der Küvetten normal und stiegen auch bei stärkster Sonneneinstrahlung auf nicht mehr als 3 °C über die Temperatur der Außenluft an. Der photosynthetisch aktive Anteil des Sonnenspektrums (400–700 nm) wurde durch ein Sternpyranometer (Philipp Schenk K.G., Wien) mit vorgeschaltetem Rotfilter (Schott RG 8) bestimmt (Gaastra 1959).

Der Einfluß der Standweite auf das Photosynthese-Verhalten der Pflanzen konnte nur unter Freilandbedingungen untersucht werden, die naturgemäß dem starken Wechsel der mikroklimatischen Bedingungen, insbesondere Strahlung und Temperatur, unterworfen sind. Die Ergebnisse mußten daher aus möglichst zahlreichen Tagesgängen der CO_2-Assimilation zusammengestellt werden, die während der verschiedenen Entwicklungsphasen registriert wurden. Die verfügbare Apparatur gestattete ein gleichzeitiges Arbeiten an drei Meßstellen, so daß jeweils drei Blätter in verschiedener Position an derselben Pflanze, oder drei Blätter gleichen Typs an verschiedenen Pflanzen verglichen werden konnten.

III. Ergebnisse und Diskussion

Die für die vorliegenden Untersuchungen wichtigsten Resultate seien an zwei beispielgebenden Tagesgängen veranschaulicht (Abb. 1 und 2). Die Daten sind hierbei als halbstündige Mittelwerte aus je sechs Einzelmessungen wiedergegeben, die in Abständen von 5 Minuten erfolgten.

1. Tagesgang der CO_2-Assimilation

Abb. 1 zeigt den Typus eines Schönwettertages, dessen klare Sonnenstrahlung nur mittags durch leichte, rasch wechselnde Bewölkung unterbrochen wurde. Die Kurve für die Beleuchtungsstärke verläuft daher annähernd symmetrisch für Vor- und Nachmittag.

Nach der stets sehr kurzen tropischen Dämmerung setzt die CO_2-Aufnahme sofort mit voller Stärke ein, sobald die Sonnenstrahlen auf die Blätter treffen, und erreicht Maximalwerte bereits in den frühen Morgenstunden. Gegen Mittag fallen die Werte etwas ab und bleiben auch nachmittags eindeutig niedriger als bei gleicher Lichtintensität am Vormittag. Die Höchstwerte für die CO_2-Nettoassimilation wurden bei einer Beleuchtungsstärke (400–700 nm) von 200 W/m^2

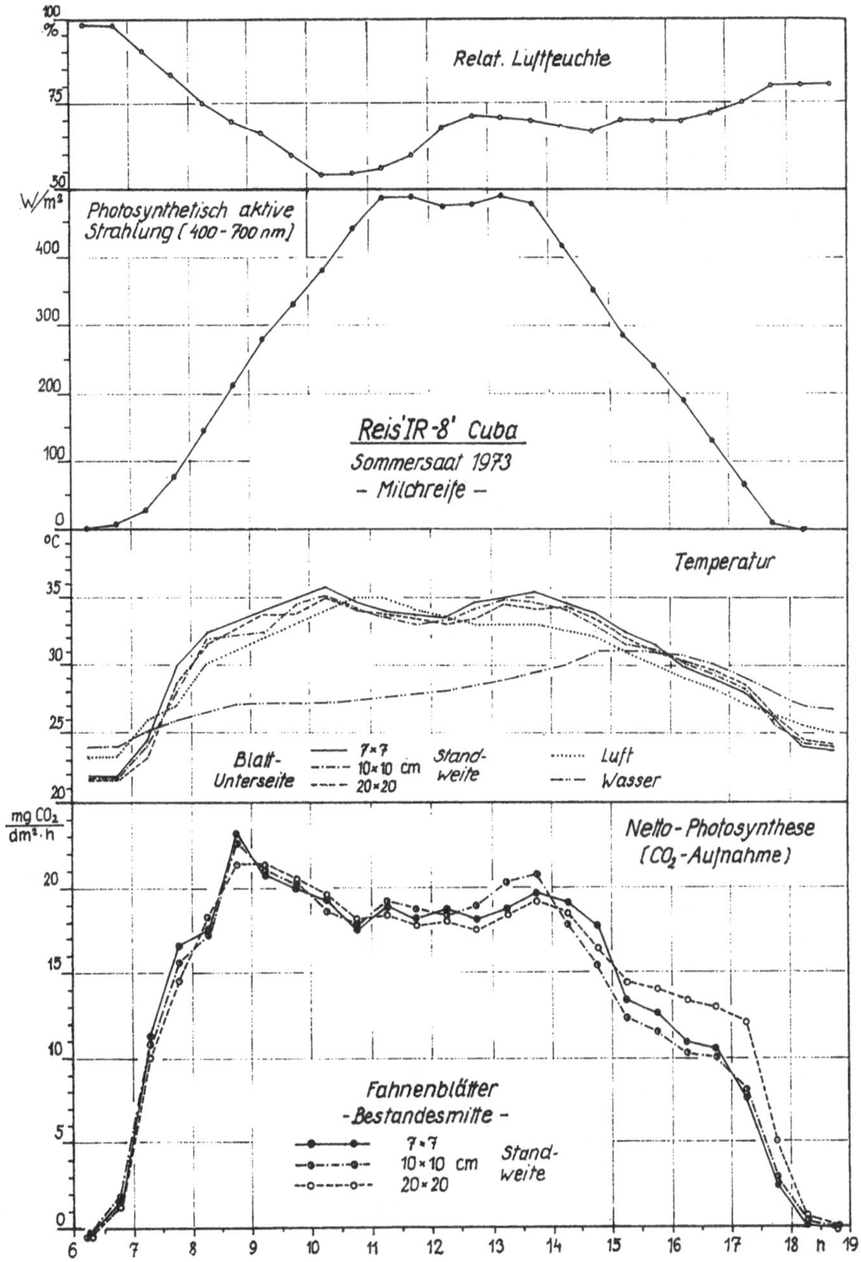

Abb. 1 Tagesgang der CO_2-Nettoassimilation in Fahnenblättern von Reispflanzen ('IR-8') bei verschiedener Bestandesdichte. – Milchreife, Schönwetterlage, Oktober 1973, Havanna/Cuba. – Halbstundenwerte aus je sechs Einzelmessungen

(50 kLux) erreicht; das entspricht der allgemein für Reispflanzen bekannten Lichtsättigung bei etwa der halben Strahlungsintensität der Mittagssonne (Yamada & al. 1955, Murata 1958, Takeda 1961, Osada 1964, Tanaka & al. 1966). Der am Spätvormittag beobachtete Rückgang der Photosyntheserate, sowie die „Mittagsdepression", dürfen in erster Linie als Folge der durch die ansteigende Temperatur erhöhten Atmung gesehen werden (Yamada & al. 1955, Osada 1964; allgemeine Literatur bei Stalfelt 1960 a; b), zusätzlich der um die Mittagsstunden verstärkten Bewölkung. Außerdem empfangen die fast senkrecht aufragenden Blätter der Sorte 'IR-8' bei zenitalem Sonnenstand weniger direkte Strahlung als in den Morgenstunden. Der Wasserhaushalt bleibt hier ohne Einfluß, da bei Wasserreis die Spaltöffnungen mittags nicht geschlossen werden, sondern im Gegenteil die Transpiration dann ihre höchsten Werte erreicht (Mishra & Panda 1970). Auch der um die Mittagsstunden leicht verringerte CO_2-Gehalt der Luft ist für die Photosynthese-Aktivität ohne praktische Bedeutung (Tanaka & al. 1966). Die tieferen Werte der Nachmittagskurve, die auch anderweitig beobachtet, jedoch nicht diskutiert wurden (Tanaka & Kawano 1966, Tanaka & al. 1966), bedürfen noch näherer Untersuchung. Der unterschiedliche Verlauf der Assimilationskurven am Vor- und Nachmittag ist jedenfalls zu berücksichtigen, wenn Lichtabhängigkeitsfunktionen für die Photosynthese aus Freilandmessungen abgeleitet werden.

Am Spätnachmittag bleibt die Assimilationstätigkeit noch so lange relativ hoch, wie die Sonne unmittelbar auf die Blätter scheint. Erst nachher fallen die Werte rasch bis auf Null und darunter.

Dichte Bewölkung, sowie die von Mai bis Oktober in Cuba häufigen Mittagsgewitter, können die Photosynthese dagegen empfindlich beeinträchtigen (Abb. 2). Der starke Rückgang in der Beleuchtungsstärke kann dann die CO_2-Nettoassimilation bis auf den Lichtkompensationspunkt senken (hier z. B. bei 10 W/m^2 für die Fahnenblätter) oder sogar zur Ausscheidung von CO_2, d. h. negativer Stoffbilanz, führen.

2. Heterogenität der Photosynthese

Auch bei gleichen Außenbedingungen bleibt die Photosynthese-Aktivität einer gegebenen Blattfläche nicht konstant, sondern ändert sich mit dem Alter der Blätter, deren physiologischem Entwicklungszustand und ihrer Funktion an der Gesamtpflanze (Literaturübersicht bei Stalfelt 1960 b, Šesták & Čatský 1966).

Reispflanzen erreichen im allgemeinen ihre stärkste Photosynthese-Aktivität zur Zeit der Rispendifferenzierung; später sinken die Werte allmählich ab, steigen jedoch nach der Blüte nochmals leicht an (Takeda 1961, Osada 1964, Tanaka & al. 1966). Weitaus größer sind die Abweichungen bei unterschiedlicher Blattstellung an den Pflanzen, wobei die obersten Blätter fast stets die stärkste Assimilationstätigkeit entfalten (Lizandr & Brovtsyna 1964, Tanaka 1961, Tanaka & als. 1966, IRRI 1972, S. 54).

Bei den eigenen Untersuchungen wurde zunächst die „potentielle Photosynthese-Kapazität" durch Messungen an Schönwettertagen mit Hilfe von Rand-

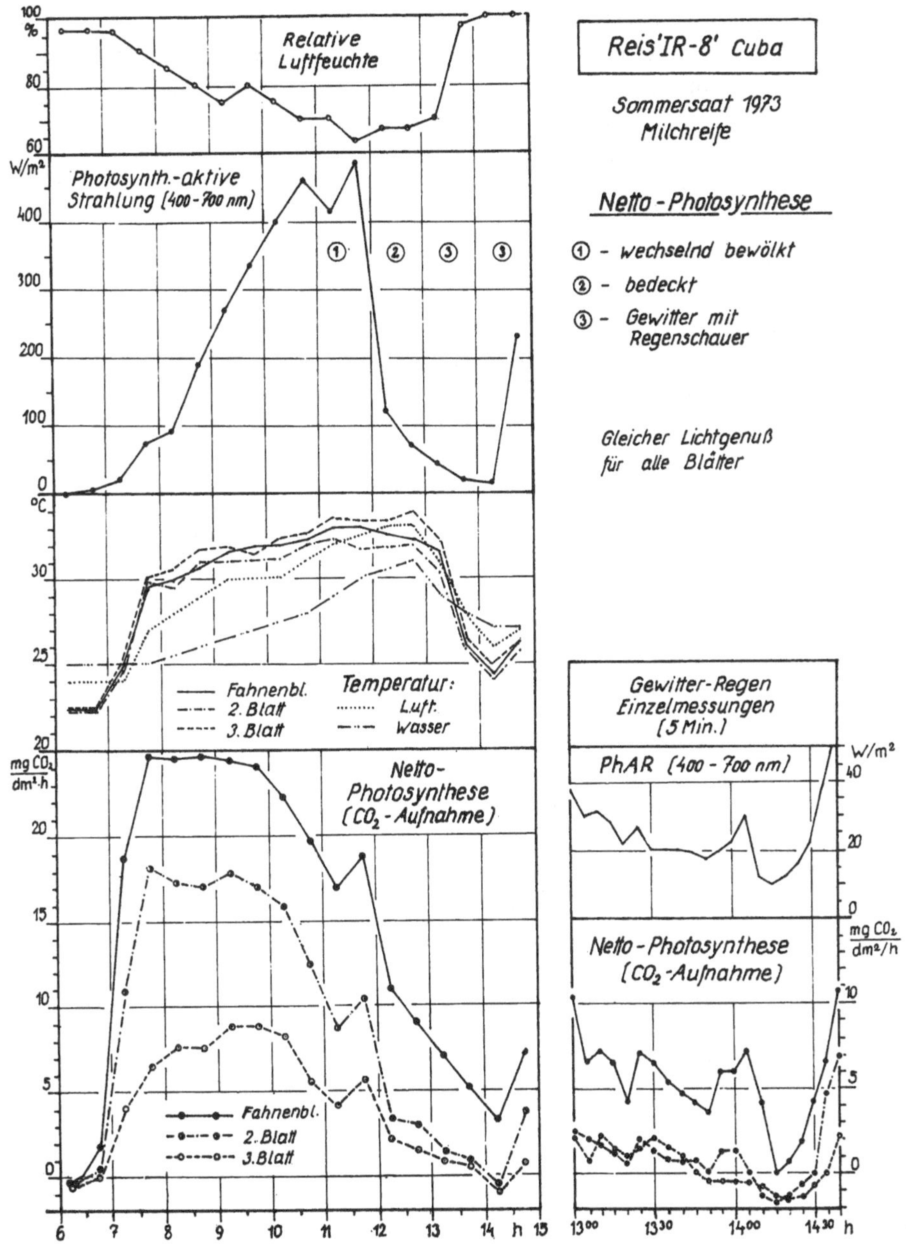

Abb. 2 CO_2-Nettoassimilation in den drei obersten Blättern von Reispflanzen ('IR-8') bei gleicher Lichtexposition. – Tagesgang mit Schönwetter am Vormittag und tropischem Mittagsgewitter. – Milchreife, Oktober 1973, Havanna/Cuba. – Halbstundenwerte aus je sechs Einzelmessungen pflanzen bestimmt, deren Einzelblätter gleichmäßig dem vollen Sonnenlicht ausgesetzt werden konnten. Abb. 2 zeigt die Unterschiede zwischen den drei obersten Blättern im Stadium der Milchreife. Unter den günstigen Bedingungen der Vormittagsstunden betrug die CO_2-Nettoassimilation (pro Blattflächeneinheit) im Fahnenblatt etwa das Anderthalbfache des zweiten Blattes sowie das Vierfache des dritten Blattes, jeweils ohne die sonst im Pflanzenbestand erfolgende Beschattung.

Bei starker Bewölkung behalten die Fahnenblätter noch weitgehend ihre CO_2-Aufnahme und damit positive Stoffbilanz bei, die nur im Extremfall auf Null absinkt, wogegen in den Stengelblättern dann oft der Kompensationspunkt bereits unterschritten wird und mit der überwiegenden Atmungstätigkeit dann die Substanzverluste beginnen.

Die auf Abb. 2 dargestellten Relationen gelten nur für die angegebene Entwicklungsphase und Jahreszeit. Tabelle 1 gibt einen Überblick über die während der einzelnen Hauptentwicklungsstufen an der Sorte 'IR-8' unter Freilandbedingungen von Sommer bis Herbst 1973 gemessenen Größenordnungen:

Tabelle 1

Potentielle Kapazität der CO_2-Nettoassimilation (je Blattflächeneinheit) von Reispflanzen, Sorte 'IR-8', auf verschiedenen Entwicklungsstufen. – Relativwerte, bezogen auf die Photosyntheserate des zweiten Blattes; volle Sonnenstrahlung im Freiland, Sept./Okt. 1973, Havanna/Cuba

Entwicklungsphase	Durchschnittliche relative Assimilations-Intensität (%)				Maximale CO_2-Aufnahme (mg CO_2/dm^2 · h)	
	Fbl.	2. Bl.	3. Bl.	4. Bl.	Fbl.	2. Bl.
20 Tage n. Überpflanzen	–	100	82	52	–	25,5
Rispendifferenzierung	–	100	68	46	–	36,0
Blüte	167	100	48	20	29,0	24,0
Milchreife	148	100	36	–	28,0	20,4
Vollreife	185	100	7	–	25,8	13,9

Vom Zeitpunkt der Blüte an entfalten somit die Fahnenblätter die stärkste Photosynthese-Aktivität, die sie bis zur Kornreife fast voll aufrecht erhalten, während die Stengelblätter in ihrer Leistung ständig nachlassen (vgl. Takeda & Maruta 1955, Sircar 1970, Azmi & Ormrod 1971).

3. Einfluß der Bestandesdichte

Die endogene Heterogenität der potentiellen Photosynthesekapazität bei den einzelnen Blättern der Reispflanzen wird durch die Beschattung im natürlichen Bestand noch verstärkt. Diese gegenseitige Beschattung hängt von einer Vielzahl von Faktoren ab, vor allem von Standweite, Alter des Bestandes, Blattflächen-Entfaltung, tages- und jahreszeitlichem Sonnenstand, Windbewegung der Blätter, Bewölkung u. a. m. Die Sorte 'IR-8', mit ihren steil aufragenden starren Blättern, ist dadurch gegenüber den für die Tropen bislang traditionellen „indica"-Typen (große, herabhängende Blattspreiten) begünstigt, weil die Strahlung der hochstehenden Sonne sich tiefer im Pflanzenbestand verteilen und dort die Photosynthese auch bei den unteren Blättern stärker anregen kann (Kriedemann & al. 1964, Pearce & al. 1967, Sircar 1970, IRRI 1968, S. 22).

Aus unseren eigenen Untersuchungen gibt Tabelle 2 die Beschattungsverhältnisse, Tabelle 3 die Relationen für die CO_2-Assimilation während des Milchreifestadiums im Oktober 1973 wieder:

Tabelle 2

Relativer Lichtgenuß (%) in Reisbeständen ('IR-8') während der Milchreife, mittags, Sonne, Beleuchtungsstärke (400–700 nm) 500 W/m² (125 kLux), Bestandeshöhe 80 cm, Oktober 1973, Havanna/Cuba

Höhe (cm)	Standweite (cm)			
	7×7	10×10	20×20	30×30
80	100	100	100	100
60	40,7	50,0	81,5	100
40	14,4	33,3	47,0	64,0
20	14,2	16,9	20,7	50,0
0	11,2	12,0	13,1	22,0

Tabelle 3

CO_2-Nettoassimilation (je Blattflächeneinheit) der drei obersten Blätter von Reispflanzen ('IR-8') im natürlichen Bestand, Milchreife, Oktober 1973, Havanna/Cuba. – Relativwerte, in Prozent, bezogen auf das Fahnenblatt

Blatt	Potentielle Assimilation (Tabelle 1)	Standweite (cm)		
		7×7	10×10	20×20
Fahnenblatt	100	100	100	100
2. Blatt	67,5	52,5	58,0	60,0
3. Blatt	24,3	5,7	8,9	10,9

Die Werte für die Spreitenfläche der drei obersten Blattkategorien zum genannten Zeitpunkt verhielten sich wie 100 : 119 : 97 (Fahnenblatt : zweites Blatt : drittes Blatt). Unter Berücksichtigung dieser Blattgröße ergibt sich folgende Größenordnung für die tatsächliche Verteilung der Photosynthese-Aktivität der Blattspreiten im Stadium der Milchreife (Tabelle 4):

Tabelle 4

Durchschnittliche prozentuale Verteilung der CO_2-Nettoassimilation in den drei obersten Blättern von Reispflanzen ('IR-8') während der Milchreife, Oktober 1973, Havanna/Cuba

	Standweite (cm)		
Blatt	7×7	10×10	20×20
Fahnenblatt	59,5	56,4	55,0
2. Blatt	37,2	38,8	39,3
3. Blatt	3,3	4,8	5,7

Das vierte Blatt spielt zum Zeitpunkt der Blüte und später gar keine Rolle mehr für die Photosynthese der Reispflanzen, ist auch dann schon meist vertrocknet. Die Hauptlast der photosynthetischen Stoffproduktion während dieser Etappe tragen die Fahnenblätter, die bei der Sorte 'IR-8' steil aufgerichtet bleiben und nur in ihrem untersten Bereich schwach von den Spitzen der oberen Stengelblätter beschattet werden. Daher verliert hier die unterschiedliche Bestandesdichte weitgehend an Wirkung; die CO_2-Assimilation pro Blattflächeneinheit ergab keine signifikanten Differenzen zwischen den Fahnenblättern der drei geprüften Standweiten (Abb. 1).

Die gleiche Erscheinung konnte während des Jugendwachstums für die obersten Stengelblätter (Blatt 2) festgestellt werden. Vom Stadium der Rispendifferenzierung an bis zur Entfaltung der Fahnenblätter überragen die obersten Stengelblätter steil aufgerichtet den Pflanzenbestand und kommen auf diese Weise in den gleichen allseitigen Lichtgenuß wie später die entwickelten Fahnenblätter.

4. CO_2-Assimilation der übrigen Pflanzenorgane

Die Photosynthese-Tätigkeit der Rispen, sowie der Blattscheiden und Stengelteile ist unbedeutend gegenüber den Blattspreiten (Takeda & Maruta 1955, Tanaka 1958, IRRI 1972, S. 54). Bei unseren Untersuchungen ergaben die Rispen zwischen Blütezeit und Milchreife mit durchschnittlich 1,7 mg/g (Trockenmasse) Std. etwa 4 bis 6% der Assimilations-Aktivität im Vergleich zu den Fahnenblättern.

IV. Zusammenfassung

Infrarot-Gasanalyse bei der Reissorte 'IR-8' in Cuba bestätigte deren starke Heterogenität in der Photosynthesekapazität: Trotz gleicher Beleuchtungsstärke übertrifft die CO_2-Assimilation (je Blattflächeneinheit) in den obersten Blättern um ein Mehrfaches die der unteren Blätter.

Im Pflanzenbestand übernehmen die obersten, gut mit Licht versorgten Blätter den Hauptanteil an der Stoffproduktion. Die steil aufgerichteten Fahnenblätter werden auch im dichten Bestand nicht gegenseitig beschattet und behalten ihre Photosynthese-Aktivität fast unvermindert bis zur Kornreife bei. Unterschiedliche Standweite hatte keinen Einfluß auf die einheitliche CO_2-Assimilation der Fahnenblätter.

Starke Bewölkung und Regen können die Netto-Assimilation bis auf den Lichtkompensationspunkt senken und teilweise zu negativer Stoffbilanz in den Blättern führen.

Summary

Effect of Some Climatic and Agricultural Factors on Yield Formation by the Rice Variety 'IR-8' in Cuba.
II. Population Density and Nitrogen Fertilization.

Infrared gas analysis with the rice variety 'IR-8' in Cuba confirmed the strong heterogeneity of photosynthesis: With equal light intensity, CO_2 net assimilation (per unit leaf area) proved to be much higher in the upper leaves than in the lower ones.

Within the rice population, the upper leaves, well provided with light energy, assume the main share for dry matter production. Due to their upright position, the flag-leaves maintain high photosynthetic rates up to grain maturity, without mutual shading. Different levels of population density did not affect their uniform assimilation rate.

Heavy clouds and rainfall may diminish net assimilation down to the light compensation point, and even may cause negative balance in dry matter production of the leaves.

Краткое содержание

Влияние некоторых климатических факторов и способа возделывания на компоненты урожайности сорта риса 'IR–8' на Кубе. II. Густота посева и ассимиляция CO_2

Инфракрасный газовый анализ на сорте риса 'IR–8' на Кубе подтвердил мнение о неоднородности его фотосинтетической активности в пределах растения: ассимиляция CO_2 (на единицу площади листа) в верхних листьях, не смотря на одинаковую силу освещения, превосходила в несколько раз ассимиляцию в нижних листьях.

На делянке, хорошо освещенные, верхние листья берут на себя главную долю продукции вещества. Вертикально поставленные верхние листья не затеняют друг друга, даже в густом посеве, и сохраняют свою фотосинтетическую активность чуть не до созревания зерна. Различная густота посева не оказывала влияния на ассимиляцию CO_2 верхним листом отдельного растения.

Сильная облачность и дождь могут снижать ассимиляцию CO_2 (нетто) до точки световой компенсации и частично быть причиной отрицательного баланса продукции вещества в листьях.

V. Literatur

Azmi, A. R. & D. P. Ormrod, 1971: Rates of net carbon dioxide assimilation in rice as influenced by growth temperature and photoperiod. – Agron. J., *63*, 543–546.

Gaastra, P., 1959: Photosynthesis of crop plants as influenced by light, carbon dioxide, temperature and stomatal resistance. – Meded. Landbouwhoogeschool Wageningen, *59*, 1–68.

IRRI, International Rice Research Institute, Los Baños, Philippines:
1968: Annual Report for 1968.
1972: Annual Report for 1971.

Kriedemann, P. E., T. F. Neales & G. H. Ashton, 1964: Photosynthesis in relation to leaf orientation and light interception. – Aust. J. biol. Sci., *17*, 591–600.

Lerch, G., 1976: Einfluß einiger Klima- und Anbaufaktoren auf die Ertragsbildung der Reissorte 'IR-8' in Cuba. I. Standweite und Stickstoffdüngung. – Die Kulturpflanze, *24*, 13–51.

Lizandr, A. A. & V. L. Brovtsyna, 1964: The physiological role of cauline leaves of rice during the formation and maturing of the caryopses. – Fiziol. Rastenij, *11*, 391–397.

Mishra, S. & K. C. Panda, 1970: Acid phosphatases of rice leaves showing diurnal variation and its relation to stomatal opening . – Biochem. Physiol. Pflanzen (BPP), *161*, 532–536.

Murata, Y., 1958: Studies on the photosynthesis of rice plants and its culture significance. – Bull. Nat. Inst. Agr. Sci. Japan, Ser. D, *9*, 1–169.

–, 1965: Photosynthesis, respiration and nitrogen response. – Proc. Symp. Mineral Nutr. Rice Plants, Los Baños, Philippines, 1964. – Baltimore 1965, pp. 385–400.

OSADA, A., 1964: Studies on the photosynthesis of Indica rice. – Proc. Crop Sci, Soc. Japan, *33*, 69–76.

PEARCE, R. B., R. H. BROWN & R. E. BLASER, 1967: Photosynthesis in plant communities as influenced by leaf angle. – Crop Sci. *7*, 321–324.

ŠESTÁK, Z. & J. ČATSKÝ, 1966: Die photosynthetische Heterogenität der Pflanzen (Fortschrittsbericht). – Studijní Informace UVTI, Praha, Základní a pomocné vědy v zemědělství, Nr. *4*, 1–140.

SIRCAR, S. M., 1970: Impact of light on the rice plant. – J. Indian bot. Soc., *49*, 8–24.

SLAVÍK, B. & J. ČATSKÝ, 1963: Differentially measuring infrared gas analyzer with an airconditioned exposure chamber for photosynthetic rate measurements. – Biol. plantarum (Praha) *5*, 135–142.

STALFELT, M. G., 1960a: Temperatur. – In: Hbd. Pflanzenphysiol., hrsg. W. RUHLAND, V/2, 100–117. – Berlin-Göttingen-Heidelberg, 1960.

–, 1960b: Die Abhängigkeit von zeitlichen Faktoren. In: Hbd. Pflanzenphysiol., hrsg. W. RUHLAND, V/2, 226–254. – Berlin-Göttingen-Heidelberg, 1960.

TAKEDA, T., 1961: Studies on the photosynthesis and production of dry matter in the community of rice plants. – Japan. J. Bot., *17*, 403–437.

TAKEDA, T. & H. MARUTA, 1955: Studies on CO_2 exchange in crop plants. IV. Roles played by the various parts of the photosynthetic organs of rice plants in producing grains during ripening period. – Proc. Crop Sci. Soc. Japan, *24*, 181–184.

TANAKA, A., 1958: Studies on the characteristics of the physiological function of leaf of definite position on stem of rice plant. II. Comparison of photosynthetic activity of leaves at various positions on main stem and translocation of photosynthetic products within the plant. – J. Sci. Soil and Manure, Japan, *29*, 327–333.

–, 1961: Studies on the nutrio-physiology of the leaves of rice plant. – J. Facul. Agr. Hokkaido Univ., *51*, 449–550.

TANAKA, A. & K. KAWANO, 1966: Effect of mutual shading on dry-matter production in the tropical rice plant. – Plant and Soil, *24*, 128–144.

TANAKA, A., K. KAWANO & J. YAMAGUCHI, 1966: Photosynthesis, respiration and plant type of the tropical rice plant. – IRRI, Techn. Bull. *7*, 1–46, Los Baños, Philippines.

YAMADA, N., Y. MURATA, A. OSADA & J. IYAMA, 1955: Photosynthesis of rice plant. – Proc. Crop. Sci. Soc. Japan, *23*, 214–222.

Kulturpflanze XXIV · 1976 · S. 65–117

Einfluß einiger Klima- und Anbaufaktoren auf die Ertragsbildung der Reissorte 'IR-8' in Cuba III. Klimaverhältnisse

GERHARD LERCH

(Eingegangen am 15. August 1975)

I. Einleitung

Im ersten Teil dieser Serie (Seite 13ff.) wurde über die Auswirkungen von Standweite und Stickstoffdüngung auf Entwicklung und Ertragsverhalten der am Internationalen Reisforschungsinstitut (International Rice Research Institute – IRRI) auf den Philippinen gezüchteten Sorte 'IR-8' unter den Klima- und Anbaubedingungen von Cuba berichtet. Diese von 1970 bis 1973 in Zusammenarbeit zwischen der Abteilung für Pflanzenphysiologie an der Kubanischen Akademie der Wissenschaften und der Reisversuchsstation „Niña Bonita" bei Havanna durchgeführte Versuchsreihe hatte außerdem den Effekt des jahreszeitlichen Aussaat-Termins. zu prüfen. Das entsprechende Ergebnis soll hier vorgelegt und darüber hinaus der Gesamteinfluß des Klimas von Cuba auf die Ertragsbildung der genannten Sorte untersucht werden. Versuchsanordnung und Methodik wurden in Teil I beschrieben (LERCH 1976).

II. Einfluß des Jahreszeitenklimas

Der Einfluß der für unser Experiment in vier verschiedene Jahreszeiten verlegten Aussaat-Termine auf das Verhalten der Versuchskulturen soll an Hand der Gesamtergebnisse aus dem Arbeitsjahr 1970/71 dargestellt werden. Abb. 1 zeigt den Versuchskalender, die pflanzlichen Entwicklungsstufen sowie die Monatsmittelwerte für Temperatur- und Strahlungsbedingungen.

Da die Rolle des Jahreszeitenklimas hier in Wechselbeziehung mit der Standweite und Stickstoffversorgung gesehen werden mußte, war die Wirkung von drei Faktoren in je vier Varianten, mit insgesamt 64 Kombinationen zu analysieren. Um die Betrachtung übersichtlicher zu gestalten, wurden für jeden Parameter von Wachstum, Stoffproduktion und Ertragsbildung nur die folgenden fünf Datengruppen grafisch zusammengestellt: „Durchschnittswerte" für Aussaat-Termin, Standweite und Stickstoffdüngung, jeweils in Säulendiagrammen, sowie außerdem je ein Kurvendiagramm für die Wechselwirkung „Aussaat-Termin – Standweite" und „Aussaat-Termin – Stickstoffdüngung".

Als „Durchschnittswerte" (vgl. Teil I, S. 18) gelten hier die Gesamtmittelwerte für die Abstufungen des jeweiligen Versuchsfaktors, wobei alle 16 Kombinationen der beiden anderen Faktoren integriert sind; sie beruhen somit in der Regel auf 320 Einzelmessungen. Die Mittelwerte für die oben erwähnten „Wechselwirkungen" zwischen Aussaat-Termin und Standweite, bzw. Stickstoffversorgung beruhen sinngemäß auf 80 Einzeldaten und enthalten jeweils den Gesamteinfluß des dritten Faktors integriert.

Nachfolgend seien nochmals die Hauptvarianten unserer drei Versuchsfaktoren zusammengefaßt (vgl. Teil I, S. 14ff):

Aussaat-Termine

S I	– Sommer-Aussaat	– 31. Juli 1970
S II	– Herbst-Aussaat	– 15. Oktober 1970
S III	– Winter-Aussaat	– 10. Januar 1971
S IV	– Frühjahrs-Aussaat	– 1. April 1971

Stickstoffdüngung	Standweite
N_0 – 0	D_1 – 10 × 10
N_1 – 60 kg/ha N	D_2 – 20 × 20 cm
N_2 – 120	D_3 – 30 × 30
N_3 – 180	D_4 – 40 × 40

1. Entwicklung von Wachstum und Stoffproduktion

An drei Beispielen soll der allgemeine Entwicklungsverlauf von Wachstum und Stoffproduktion in den vier jahreszeitlichen Versuchskulturen bis zu ihrer Blühphase verglichen werden. Hierbei wurde jeweils mit den Durchschnittswerten für Standweite und Stickstoffdüngung zu den betreffenden Zeitpunkten gearbeitet.

a) Wuchshöhe

Die Kurvenzüge für die Wuchshöhe (ohne Rispen) auf Abb. 2 zeigen eine unterschiedliche Tendenz für jede Jahreszeit.

Auf die Aussaat im Sommer folgte ein rasches Anfangswachstum mit steiler Höhenzunahme, die nach etwa 56 Tagen zusehends abflachte. Die Pflanzen hatten den kürzesten Vegetationszyklus, kamen bereits nach 90 Tagen zur Blüte und erreichten eine Höhe von 90 bis 100 cm (Abb. 2-I).

Die Aussaat im Oktober bewirkte ein sehr schleppendes Anfangswachstum mit nur langsamer Höhenzunahme, die Ende Januar mit einsetzender Rispendifferenzierung fast zum Stillstand kam und erst Mitte Februar mit dem aktiven Wachstum der Rispen einen erneuten schwachen Impuls bekam. Mit 160 Tagen bis zur Blüte hatte diese Kultur den längsten Vegetationszyklus, und trotzdem erreichten die Pflanzen nur etwa zwei Drittel der für die Sommersaat gemessenen Höhe (Abb. 2-II).

Die Wintersaat zeigte zunächst ein langsames Anfangswachstum während der kühlen Monate, später jedoch steigende Beschleunigung der Höhenzunahme mit

Eintritt in die warme Jahreszeit. Die Blüte wurde nach 150 Tagen erreicht; die Pflanzen waren zu diesem Zeitpunkt 80 bis 90 cm hoch (Abb. 2-III).

Dagegen verliefen die Kurven für die Frühjahrs-Aussaat fast gestreckt, mit regelmäßiger Höhenzunahme bis zur Blüte (130 Tage). Die Pflanzen erreichten etwa die gleiche Höhe wie bei Aussaat im Sommer (Abb. 2-IV).

Zunehmende Standweite und Stickstoffgabe förderten dabei generell die Wuchshöhe. Die Kurvenzüge verlaufen in allen vier Kulturen parallel, in der natürlichen Folge der Abstufungen, d. h. die höchsten Werte für die Wuchshöhe stellen sich jeweils bei größter Standweite und stärkster N-Dosis ein (vgl. Teil I).

b) Blattflächenindex

Die Blattflächenentwicklung pro m² Bodenfläche folgte im allgemeinen den normalen Wachstumskurven, wurde jedoch ebenfalls durch die Jahreszeit modifiziert.

Die Sommersaat weicht durch ihren steilen Anstieg der Werte bis kurz vor der Blüte und den nachfolgenden abrupten Stillstand, bzw. Rückgang, auffällig von den übrigen Kulturen ab. Bei diesen vergrößerte sich die Blattfläche langsamer, erreichte auch nicht die hohen Werte wie bei der Sommersaat (Abb. 3).

Soweit bei den Standweite-Diagrammen Optimumkurven mit Gipfelwerten kurz vor der Blüte auftraten, beschränkten sie sich auf die Varianten mit enger Bestandesdichte, als Folge der hier verstärkten Blattsterblichkeit bei einsetzender Rispenentwicklung. Bei den höheren Standweiten, ebenso wie in der gesamten Wintersaat, stiegen die Werte für den Blattflächenindex bis zur Blüte stetig weiter an (Abb. 3a). Die Kurven für die Standweite von 10 cm liegen zu allen Jahreszeiten und während der gesamten Entwicklung der Pflanzen mit deutlichem Abstand oberhalb der übrigen Pflanzdichteabstufungen.

Optimumkurven, mit sinkenden Werten zur Blütezeit, gab es auch bei niedrigen Stickstoffgaben in der Sommer- und Herbstaussaat. Bei den Kulturen S-III und S-IV wurde die Blattflächenentwicklung pro m² durch die Stickstoffdüngung stetig gefördert, wobei die höchste Konzentration (180 kg/ha) während der gesamten Entwicklungsdauer mit ihren hohen Werten die anderen N-Varianten eindeutig überragte (Abb. 3b).

c) Vegetative Trockenmasse

Die Entwicklung der vegetativen Trockenmasse pro Hektar verlief in allen Versuchskulturen mit normalen, sigmoiden Wachstumskurven, wobei die Werte für die Sommersaat wesentlich geringer von den übrigen Kulturen abweichen als beim Blattflächenindex. Dagegen überragen die Daten bei engster Standweite (10 cm) mit noch größerem Abstand die übrigen Varianten der Bestandesdichte (Abb. 4a).

Die fördernde Wirkung hoher Stickstoffgaben läßt sich über die gesamte Entwicklung zu allen Jahreszeiten deutlich verfolgen, wobei meist die Kurven für N_2 und N_3, sowie für N_0 und N_1 stärker gepaart verlaufen und näher aneinanderrücken (Abb. 4b).

2. Vegetatives Wachstum zur Blütezeit

a) Wuchshöhe

Die Daten sind in Abb. 5a und 13a dargestellt. Der Jahresdurchschnitt für die Standweite ergab regelmäßige und deutlich abgesetzte, statistisch gut gesicherte Unterschiede zwischen den vier Varianten der Pflanzdichte. Mit zunehmender Stickstoffdüngung stiegen auch hier die Durchschnittswerte an, doch ließen sich signifikante Differenzen nur zwischen N_3 und den beiden Mangeldosen N_0/N_1 nachweisen.

Einschneidend wirkte sich jedoch die Jahreszeit aus. Während Sommer- und Frühjahrs-Aussaat mit annähernd gleichhohen Durchschnittswerten nur unwesentlich voneinander abwichen, erreichten die Pflanzen bei Herbstaussaat knapp zwei Drittel dieser Höhe, und auch die Wintersaat blieb deutlich niedriger als die beiden erstgenannten Kulturen.

Beim Vergleich der jahreszeitlichen Einzelkulturen verlaufen die Kurven für die Standweite weitgehend parallel, jedoch deutlich und in der Reihenfolge der Pflanzdichte-Stufen abgesetzt, lediglich zwischen D_3 und D_4 besteht meist kein wesentlicher Unterschied. Die Kurven für die Stickstoffgaben liegen dagegen so eng beisammen, daß sich keine statistisch sicherbaren Differenzen nachweisen lassen (außer vereinzelt bei der Sommersaat).

b) Bestockung

Der Jahresdurchschnitt für die Anzahl der Bestockungstriebe pro Pflanze ergibt bei den vier Varianten der Standweite sehr große, für die Stickstoffdüngung bedeutend kleinere Abstufungen. Die Werte steigen mit wachsendem Abstand zwischen den Pflanzen und zunehmender Stickstoffgabe.

Die Durchschnittswerte für die Aussaat-Termine sind für die ersten drei Kulturen fast identisch, fallen jedoch bei der Frühjahrs-Aussaat merklich ab.

Auch beim Vergleich der Einzelkulturen halten sich die Werte für die Standweite bei der Sommer-, Herbst- und Winter-Aussaat in gleicher Höhe sowie in fast gleichen Abständen und sinken in der Frühjahrskultur annähernd proportional ab. Die Kurven für die Stickstoffgaben zu den vier Aussaat-Terminen liegen insgesamt näher beieinander, und bei S-I sowie S-IV zeigt sich die Tendenz zu paarweiser Gruppierung der beiden hohen und niedrigen Konzentrationen, d. h. die Werte für N_0/N_1 sowie N_2/N_3 erscheinen häufig so weit angenähert, daß sie sich nicht mehr signifikant unterscheiden (Abb. 5b, 13b).

Berechnet man die Bestockung je Bodenfläche, so bleiben für die Aussaat-Termine wie für die Stickstoffdüngung die oben genannten Relationen praktisch unverändert erhalten. Nur für die Standweite kehrt sich in allen Fällen die Rangfolge um: D_1 überragt erheblich die übrigen Varianten (Abb. 5c, 13c).

c) Blattbildung

Der Gesamtdurchschnitt für die Anzahl lebender Blätter je Bestockungstrieb und den Prozentsatz toter Blätter ergibt folgendes Bild (Abb. 5d/e):

Für Standweite und Stickstoffdüngung wird die in Teil I getroffene Feststellung bestätigt, daß verkleinerter Abstand zwischen den Pflanzen und gesteigerte N-Dosis die Anzahl der lebenden Blätter verringern und die Blattsterblichkeit erhöhen.

Noch stärkeren Einfluß hatte der Aussaat-Termin, mit ausgeprägten Abweichungen zwischen sämtlichen Durchschnittswerten. Während Sommer- und Frühjahrsaussaat hohe Blattzahlen mit geringer Sterblichkeit aufwiesen, ragte die Herbstsaat mit gegenteiliger Wirkung heraus, und die Wintersaat nahm eine Mittelstellung zwischen den beiden Extremen ein.

d) Blattmaße

Die Länge der Stengelblätter wird durch zunehmende Standweite meist deutlich gefördert. So weichen die Ziffern für die Pflanzdichte-Abstufungen bei der Herbst-, Winter- und Frühjahrsaussaat merklich voneinander ab, nur bei der Sommerkultur ergaben sich keine wesentlichen Differenzen. Eine fördernde Wirkung der Stickstoffversorgung ließ sich eindeutig nur für die höchste Dosis (180 kg/ha) nachweisen. Dagegen bewirkte der Aussaat-Termin drastische Unterschiede zwischen allen vier Kulturen: Die Sommersaat hatte die längsten, die Herbstaussaat die kürzesten Blätter; bei Winter- und Frühjahrs-Aussaat stiegen die Werte wieder an (Abb. 6a, 14a).

Die Breite der Stengelblätter nahm ebenfalls mit der Standweite zu, doch blieben die Durchschnittswerte für D_3 und D_4 fast identisch. Innerhalb der einzelnen Jahreszeit-Kulturen ließ sich meist nur der negative Einfluß der engsten Pflanzdichte signifikant nachweisen. Bei der Stickstoffdüngung war in den Durchschnittswerten lediglich die fördernde Wirkung der höchsten Dosis (180 kg/ha) sowie der hemmende Einfluß des N-Mangels (N_0) statistisch sicherbar. Der Aussaat-Termin dagegen führte wiederum zu markanten Unterschieden, jedoch nicht gleichsinnig wie bei der Blattlänge: Die breitesten Blätter zeigten sich zwar wieder in der Sommersaat, die schmalsten dagegen bei der Winter-Aussaat; Herbst- und Frühjahrskultur hatten nahezu gleich breite Stengelblätter (Abb. 6b, 14b).

Die Länge der Fahnenblätter wurde gleichfalls mit zunehmendem Pflanzenabstand gefördert, doch gab es zwischen D_3 und D_4 keine signifikanten Differenzen. Gesteigerte Stickstoffgaben hatten keinen nachweisbaren Einfluß. Der Aussaat-Termin bewirkte ähnliche Veränderungen wie bei den Stengelblättern, d. h. höchste Werte bei Sommersaat, niedrigste bei Aussaat im Herbst, und Zwischenstellung von Winter- und Frühjahrskultur, jeweils mit deutlichen Abweichungen zwischen allen Durchschnittsziffern (Abb. 6c, 14c).

Die Breite der Fahnenblätter wuchs, ebenso wie die Länge, mit zunehmendem Abstand zwischen den Pflanzen. Erhöhte Stickstoffversorgung hatte keine nennenswerte Wirkung. Dagegen führten die Aussaat-Termine wiederum zu deutlichen Abweichungen, ähnlich wie bei der Breite der Stengelblätter: Die breitesten Blätter in der Sommersaat, an zweiter Stelle jedoch hier die Frühjahrskultur, an dritter die Herbstaussaat, und die schmalsten Fahnenblätter fanden sich gleichfalls in der Wintersaat. mit signifikant unterscheidbaren Durchschnittsziffern (Abb. 6d, 14d).

e) Fläche der Einzelblätter

Als korrigiertes Produkt aus Länge und Breite (vgl. Teil I, S. 17) vergrößert sich die Spreitenfläche der Stengelblätter mit zunehmender Standweite, doch sind signifikante Abweichungen meist nur bei enger Pflanzdichte (D_1/D_2) feststellbar. In den Durchschnittswerten für die Wirkung der Stickstoffdüngung paaren sich wiederum die niedrigen (N_0/N_1) und die hohen (N_2/N_3) Varianten, innerhalb der einzelnen Jahreszeit-Kulturen sind die Effekte jedoch unterschiedlich. Die genannte Paarung niedriger und hoher Konzentrationen findet sich nur bei der Sommersaat ausgeprägt. Bei der Herbstkultur läßt sich lediglich der negative Einfluß des Stickstoffmangels (N_0) deutlich nachweisen, bei S-III und S-IV dagegen ausschließlich die fördernde Wirkung der höchsten N-Gabe (180 kg/ha).

Am stärksten variieren die Werte wiederum bei den Aussaat-Terminen, mit gesicherten Unterschieden zwischen allen Jahreszeiten. Die größten Blattspreiten entstanden bei der Sommersaat, dann folgen in absteigender Reihe Frühjahrs-, Winter- und Herbstkultur (Abb. 7a, 15a).

Die Fläche der Fahnenblätter ist in fast gleicher Weise von der Standweite abhängig wie bei den Stengelblättern, daher gelten die oben genannten Relationen auch hier. Gesteigerte Stickstoffgaben hatten jedoch wesentlich geringeren Einfluß; signifikante Differenzen sind nur selten nachweisbar. Dagegen bewirkten die Aussaat-Termine deutliche Unterschiede, gleichsinnig wie bei den Stengelblättern (Abb. 7b, 15b).

f) Gesamt-Blattfläche

Die Gesamtblattfläche pro Pflanze zeigt die stärksten Abweichungen bei unterschiedlicher Pflanzdichte. Sowohl im Gesamtdurchschnitt wie auch in den einzelnen Jahreszeit-Kulturen steigen die Werte in weiten Abständen von der kleinsten bis zur größten Standweite an, mit statistisch hochgesicherten Differenzen zwischen allen Varianten der Bestandesdichte.

Gesteigerte Stickstoffdüngung ergab ebenfalls gut abgestufte, signifikant verschiedene Werte für den Gesamtdurchschnitt, wenn auch mit kleineren Abweichungen als bei der Standweite. Innerhalb der einzelnen Jahreszeiten läßt sich jedoch meist nur der hemmende Einfluß des Stickstoffmangels (N_0) oder, wie bei S-IV, die fördernde Wirkung der höchsten Konzentration (N_3) eindeutig nachweisen.

Die Aussaat-Termine ergaben für die Herbst-, Winter- und Frühjahrskultur überraschend gleichförmige Gesamtwerte, ohne wesentliche Differenzen. Nur die Sommersaat stach mit auffallend hohen Daten von den übrigen Versuchskulturen ab. Bei der Wechselwirkung zwischen Aussaat-Periode und Standweite ergaben sich unterschiedliche Bilder: Während die Werte für D_1 in den vier Kulturen nicht nennenswert voneinander abwichen, nahmen die jahreszeitlichen Unterschiede bei den höheren Standweite-Varianten merklich zu (Abb. 7c, 15c).

Der Blattflächenindex ergibt ein noch einprägsameres Bild. Gesamtdurchschnitt und die einzelnen Aussaat-Termine zeigen wiederum die starke Überlegenheit der engsten Pflanzdichte (10 cm), mit deutlich abgestuften, niedrigeren Werten für die größeren Standweiten. Innerhalb der einzelnen Jahreszeit-Kulturen trat ebenfalls vorrangig der Effekt der engen Pflanzenabstände (D_1/D_2) hervor, während die Daten für D_3 und D_4 meist nicht mehr signifikant voneinander abwichen.

Der fördernde Einfluß gesteigerter Stickstoffgabe zeigte sich gleichfalls mit guter Abstufung, die sich allerdings nur zum Teil statistisch gut absichern ließ.

Die Wirkung der Aussaat-Termine ist ähnlich wie bei den Einzelpflanzen. Den extrem hohen Werten für die Sommersaat steht das auffallend gleichförmige Niveau der drei Durchschnittsziffern für die übrigen Kulturen gegenüber, die sich nur geringfügig unterscheiden (Abb. 8a, 15d).

g) Vegetative Stoffproduktion

Im Gegensatz zur Gesamtblattfläche zeigte sich die oberirdische Trockenmasse (Blätter und Stengel) pro Pflanze überraschend unabhängig vom Aussaat-Termin; die Werte für die vier jahreszeitlichen Kulturen sind weitgehend gleichförmig und ohne signifikanten Unterschied.

Den stärksten Einfluß übte wiederum die Standweite aus, mit weit abgestuften Ziffern für den Gesamtdurchschnitt und die einzelnen Jahreszeiten. Erhöhte Stickstoffdüngung steigerte gleichfalls die vegetative Stoffproduktion, doch sind die Abweichungen innerhalb der beiden Variantenpaare N_0/N_1 sowie N_2/N_3 unbedeutend. Für die Sommersaat ließ sich keine gesicherte Wirkung abgestufter N-Gaben nachweisen; bei den übrigen drei Kulturen ergaben sich eindeutige Unterschiede meist nur zwischen den extremen Abstufungen (Abb. 8b, 18a).

Berechnet man die vegetative Trockenmasse pro Hektar, so bleiben die gleichförmigen Durchschnittswerte für die vier Aussaat-Termine erhalten, ebenso der grundsätzlich gleiche Effekt in der Stickstoffdüngung, wie für die Einzelpflanzen. Die Standweite D_1 ergibt wiederum die weitaus höchsten Werte; deutlich abgesetzt folgen D_2, während D_3 und D_4 nicht mehr wesentlich voneinander abweichen (Abb. 8c, 18b).

3. Ertragskomponenten

a) Rispenhäufigkeit

Die Rispenzahl als Folge der Bestockung wird zu allen Jahreszeiten vorrangig von der Pflanzdichte bestimmt, mit klar abgesetzten Werten, die mit großen Abstufungen von der kleinsten bis zur größten Standweite bei den Einzelpflanzen ansteigen.

Im Einfluß der Stickstoffdüngung zeigte sich bei den Durchschnittswerten wieder eine gewisse Koppelung zwischen N_0/N_1 sowie N_2/N_3, doch lassen sich innerhalb der einzelnen Jahreszeit-Kulturen nur selten gesicherte Differenzen nachweisen.

Wesentlichen Einfluß dagegen hatte die Jahreszeit. Die Werte liegen am höchsten bei der Herbst-Aussaat, am niedrigsten bei der Frühjahrskultur; Sommer- und Wintersaat nehmen mit annähernd gleichem Niveau eine Mittelstellung ein. Zwischen den drei genannten Stufen bestehen statistisch gut gesicherte Unterschiede (Abb. 9a, 16a).

Bei der Rispenhäufigkeit pro m^2 Bodenfläche blieben die oben erwähnten Relationen für die Stickstoffversorgung und die Auswirkung der Jahreszeiten erhalten, doch setzte sich überall der Effekt der Flächenbestockung durch: Die engste Pflanzdichte (10 cm) erbrachte die höchsten Rispenzahlen in allen vier Aussaaten. Mit deutlichen, doch sich verkleinernden Abständen nach unten folgten die höheren Standweiten (Abb. 9b, 16b).

b) Rispenlänge

Die Rispenlänge wächst zu allen Jahreszeiten gleichmäßig mit vergrößerter Standweite, mit deutlichen Unterschieden bei enger Pflanzdichte und nur geringfügigen Abweichungen zwischen D_3 und D_4. Gesteigerte Stickstoffdüngung hatte keinen biometrisch nachweisbaren Einfluß.

Die einzelnen Aussaat-Termine brachten jedoch sehr abweichende Rispenlängen, bei gut gesicherten Differenzen. Die längsten Rispen fanden sich in der Frühjahrs-Aussaat, die kürzesten in der Herbstkultur; Sommer- und Wintersaat behielten mit annähernd gleichen Werten eine mittlere Länge (Abb. 10c, 16d).

c) Körnerzahl pro Rispe

Der Einfluß der Standweite erscheint deutlich und in allen Jahreszeiten gleichermaßen ausgeprägt. Die Zahl der pro Rispe angelegten Ährchen ist am niedrigsten bei der engsten Pflanzdichte und steigt mit sich verkleinernden Intervallen bis zur höchsten Standweite an. Gesteigerte Stickstoffgaben brachten schwach fallende Werte, doch ohne statistisch sicherbare Unterschiede.

Die Aussaat-Termine dagegen bewirkten ein ähnliches Ergebnis wie bei der Rispenlänge und führten zu einem gegenläufigen Effekt im Vergleich zur Rispenhäufigkeit: Die Herbst-Aussaat zeigte die tiefsten, die Frühjahrskultur dagegen die höchsten Werte, während die Daten für Winter- und Sommersaat mit etwa gleichem Niveau eine mittlere Lage beibehalten, wiederum mit gut gesicherten Differenzen zwischen diesen drei Abstufungen (Abb. 9c, 16c).

d) Gesamtkornzahl

Das gegenläufige Verhalten von Rispenhäufigkeit und Körnerzahl pro Rispe führte zu einem weitgehenden Ausgleich im jahreszeitlichen Effekt. Zwischen Sommer-, Herbst- und Wintersaat gab es keine signifikanten Unterschiede in der Gesamtkornzahl pro Pflanze, nur bei der Frühjahrskultur sanken die Durchschnittswerte merklich ab, bedingt vor allem durch die Werte bei den höheren Standweiten.

In der Stickstoffversorgung ragten die beiden höheren Konzentrationen (N_2 und N_3) durch ihre schwach fördernde Wirkung hervor; ihr Effekt kam jedoch nur in den Durchschnittswerten stärker zum Ausdruck, innerhalb der einzelnen Jahreszeiten ließen sich Unterschiede nur stellenweise statistisch sichern.

Die Standweite hatte den größten und gleichmäßigsten Einfluß; alle Werte erscheinen weit getrennt, sowohl im Gesamtdurchschnitt wie auch in den einzelnen Jahreszeit-Kulturen (Abb. 10a, 17a).

In der Gesamtkörnerzahl pro m^2 bleibt der geschilderte Jahreszeiten-Effekt sowie der schwache Einfluß der Stickstoffdüngung unverändert erhalten. Bei der Standweite dominiert wiederum die engste Pflanzdichte (10 cm) mit den höchsten Werten, und in umgekehrter Folge wie bei den Einzelpflanzen reihen sich nach unten die Daten für D_2, D_3 und D_4 an (Abb. 10b, 17b).

e) Prozentsatz tauber Körner

Bei der Sommer-, Winter- und Frühjahrs-Aussaat liegen die Werte für die Standweite wie auch für die Stickstoffgaben eng beieinander, ohne signifikante Differenzen. Dabei wies die Sommersaat insgesamt einen deutlich höheren Anteil tauber Körner auf als die beiden anderen Kulturen, die ein annähernd gleiches Niveau von 10–15% hielten.

Gänzlich abweichend davon verhielt sich die Herbstaussaat. Hier fiel die Periode von der Rispendifferenzierung bis zur Blüte in die kühlen Monate Februar und März, wo die nächtlichen Temperaturen mehrfach bis auf 10 °C und darunter sanken (Abb. 1). Die Folge war ein allgemein verzögertes Wachstum, wie es sich unter anderem in der Wuchshöhe (Abb. 5a), der Blattlänge (Abb. 6ac) und in der Rispenlänge (Abb. 10c) äußert. Da hier auch die Entfaltung der Fahnenblätter zurückblieb, wuchsen die verkürzten Rispen zum großen Teil nicht vollständig aus ihrer Umhüllung heraus, sondern blieben mit ihrem unteren Teil bis zu einem Drittel ihrer Länge in der Fahnenblattscheide eingeschlossen. Die derart umscheideten Partien blieben grün, die Ährchen konnten sich nicht öffnen, und die Blüten wurden nicht befruchtet. Dieser Zustand hielt sich oft bis zur Reife. Dann enthielten die Rispen im oberen Teil braune, ausgereifte Körner, während das untere Drittel noch grün zusammengepreßt in seiner Scheide stak, im Stadium der vollentwickelten Blüte.

Die Folge war ein außergewöhnlich hoher Prozentsatz an tauben Körnern, und dieser Anteil steigerte sich um so mehr, je kürzer die Rispen, d. h. je enger die Pflanzdichte wurde, so daß hier signifikante Unterschiede zwischen den Standweiten auftraten, mit Spitzenwerten bis zu 70% tauber Ährchen bei der Variante D_1 (Abb. 11a, 17c).

Bei der Stickstoffdüngung förderte die höchste Versuchskonzentration (180 kg/ha) die Bildung tauber Körner zu allen Jahreszeiten, so daß im Gesamtdurchschnitt die Variante N_3 merklich von den übrigen Stickstoffgaben abwich (Abb. 17c-N).

f) Tausendkornmasse

Die Tausendkornmasse wurde von der Stickstoffdüngung gar nicht, von der Standweite nur wenig beeinflußt. In der Frühjahrs-Aussaat ragte die Variante D_4 mit deutlich erhöhten Werten heraus, in der Herbstsaat lag D_1 besonders tief, in der Wintersaat die Variante D_2. Im Gesamtdurchschnitt ergab sich auf diese Weise eine schwache, doch deutlich gesicherte Förderung der Tausendkornmasse durch höhere Standweiten.

Weitaus stärker erwies sich der Einfluß der Jahreszeiten, mit signifikanten Unterschieden zwischen allen Kulturen. Die höchsten Werte wurden in der Wintersaat erreicht, darauf folgten in absteigender Reihe Frühjahrskultur, Sommersaat, und bedeutend tiefer die Herbstkultur (Abb. 11c, 17d).

g) Anzahl voller Körner

Mit dem leicht erhöhten Prozentsatz tauber Körner in der Sommersaat und insbesondere dem starken Verlust bei der Herbst-Aussaat verschieben sich die ursprünglich für die Gesamtkornzahl so weitgehend ausgeglichenen Jahreszeitkurven (Abb. 10ab) und nehmen nun gezackte Formen an, mit ausgeprägten Tiefstwerten bei allen Varianten der Herbstsaat (Abb. 11b, 12a).

h) Kornertrag

Die Relationen für die Anzahl der vollen Körner finden sich, verstärkt durch die Unterschiede in der Tausendkornmasse, noch deutlicher ausgeprägt in den Daten für den Kornertrag.

Die Körnermasse je Einzelpflanze steigt wiederum in weiten Abstufungen von der kleinsten bis zur größten Standweite an, sowohl bei den Durchschnittswerten als auch für die jeweiligen Aussaat-Termine. Sehr viel angenäherter erscheinen die Kurven für die Varianten der Stickstoffdüngung. Bei der Frühjahrs-Aussaat brachte N_2 (120 kg/ha N) die signifikant höchsten Werte, während in der Wintersaat besonders der negative Einfluß des Stickstoffmangels (N_0) zum Ausdruck kam.

Eindeutig dagegen ist der Einfluß der Jahreszeit und widerspiegelt sich in allen Wechselbeziehungen mit Standweite und Stickstoffdüngung. Die höchsten Erträge brachte die Wintersaat, darauf folgten Sommer- und Frühjahrskultur, während die niedrigsten Daten bei der Herbstaussaat anfielen (Abb. 12b, 18c).

Die Hektarerträge zeigen ein noch drastischeres Bild. Bei Sommer-, Winter- und Frühjahrs-Aussaat bewirkt die Standweite gleichartige Verhältnisse: Die Ertragswerte liegen weitaus am höchsten bei der engsten Pflanzdichte (10 cm); und mit ständig sich verkleinernden Abstufungen folgen die Varianten D_2, D_3 und D_4, die beiden letzteren meist ohne signifikante Differenzen untereinander. Bei der Herbst-Aussaat dagegen hatte die Variante D_1 den niedrigsten Ertrag, als Folge der ungewöhnlich hohen Anzahl tauber Ährchen, während sich die Daten für die drei übrigen Standweiten in dieser Jahreszeit nicht wesentlich unterschieden.

Bei der Stickstoffdüngung wiederholten sich die bereits genannten Relationen, d. h. die Mangelvariante N_0 führte zu besonders niedrigen Erträgen in der Wintersaat, dagegen ergaben sich bei der Frühjahrskultur abweichend hohe Werte für die Variante N_2 (120 kg/ha).

Die Durchschnittswerte für die Aussaat-Termine widerspiegeln den nachhaltigen Einfluß der Jahreszeit, jedoch hier noch stärker ausgeprägt als bei den Einzelpflanzen. Die höchsten Werte entstanden bei der Wintersaat, an zweiter und dritter Stelle folgen Sommer- und Frühjahrskultur, doch beide nicht signifikant unterscheidbar, und an letzter Stelle die Herbst-Aussaat, mit einem Ertragsverlust von mehr als 50% gegenüber den drei anderen Kulturen (Abb. 12c, 18d).

4. Gesamtvergleich

a) Versuchsjahr 1970/71

Auf Abb. 19 und 20 wurde der Einfluß der vier jahreszeitlichen Aussaat-Termine auf die wichtigsten Parameter von Wachstum, Stoffproduktion und Ertragsbildung in vergleichender Übersicht dargestellt, getrennt nach Standweite und Stickstoffdüngung. Grundsätzlich wiederholen sich dabei in allen vier Versuchskulturen die in Teil I (Lerch 1976) zusammengefaßten Tendenzen für die Auswirkungen von Pflanzdichte und Stickstoffversorgung, jedoch verschieben sich mit dem Wechsel der Aussaatperiode auch die Relationen zwischen den vergleichbaren Versuchsvarianten innerhalb der einzelnen Parameter, verändert sich – zum Teil sehr erheblich – die absolute Größe der Meßwerte, und als extreme Folge davon zeigte die Oktobersaat ein völlig abweichendes Ertragsverhalten gegenüber den drei anderen Kulturen, deren Ertragsbildung als normal bezeichnet werden darf.

Unter Berücksichtigung der während des Versuchsjahres 1970/71 herrschenden Klimaverhältnisse (Abb. 1) läßt sich der Einfluß der vier jahreszeitlichen Aussaat-Termine in den folgenden Hauptzügen charakterisieren:

Sommersaat (31. Juli 1970):
Starke Sonneneinstrahlung sowie hohe Temperaturen während der ersten Monate führten zu raschem Wachstum und intensiver Stoffproduktion im Verlauf der Anfangsentwicklung. Die im Oktober und November sich verschlechternde

Witterung drosselte zwar etwas die Stoffproduktion, doch blieb die Sonnenstrahlung ausreichend, um unter Ausnutzung der früher angelegten Reserven gute Erträge innerhalb einer kurzen Vegetationsdauer (135 Tage) zu ermöglichen.

Auffallend hoch sind jedoch die Werte für Wuchshöhe, Blattgröße und Gesamtblattfläche (Abb. 6, 7, 8), mit denen die Sommersaat die anderen Versuchskulturen weit überragte, wogegen die vegetative Stoffproduktion und der Kornertrag in etwa gleicher Größenordnung verblieben. Diese Erscheinung wiederholte sich nicht bei den Sommersaaten der nachfolgenden Jahre, so daß für 1970 besondere Bedingungen angenommen werden müssen. Sie bestehen darin, daß der Boden in den vorhergehenden Jahren mit hochgedüngtem Zuckerrohr bestellt war und nun zum erstenmal für eine Reiskultur benutzt wurde. Es mußte daher mit einem relativ hohen Anfangsvorrat von Stickstoff im Boden gerechnet werden, woraus sich jenes üppige Blattflächenwachstum erklärt. Auf das generelle Problem der Stickstoffdüngung in tropischen Reisböden wurde bereits in Teil I (S. 48) eingegangen.

Herbst-Aussaat (15. Oktober 1970):
Diese Kultur wurde zu reinem Versuchszweck angelegt. Aus praktischer Erfahrung wird in Cuba im Oktober kein Reis für die Produktion ausgesät; die Versuchsergebnisse haben diese Erfahrung bestätigt.

Ungünstige Witterungsbedingungen mit verminderter Sonnenstrahlung und nachts bereits erheblich absinkenden Temperaturen verzögerten die Wachstumsprozesse und führten zu einer langen Anfangsperiode bis zur Rispendifferenzierung sowie einer ebenfalls verlängerten Zeitspanne für die Rispenentwicklung bis zur Blüte.

Das unzureichende Längenwachstum von Stengeln, Blättern und Rispenstielen führte zu der bereits geschilderten Erscheinung, daß die Rispen sich nicht vollständig aus ihrer Fahnenblatt-Umscheidung befreien konnten, wodurch ein erheblicher Teil der Blüten sich nicht öffnete und unbefruchtet blieb. Angesichts der wiederholt auftretenden tiefen Nachttemperaturen unter 12 °C muß zusätzlich mit erhöhter Pollensterilität gerechnet werden (HAYASE & al. 1969, ITO & al. 1970, NISHIYAMA 1970, SATAKE 1969). Insgesamt ergab sich daraus der ungewöhnlich hohe Prozentsatz an tauben Ährchen. Da diese negativen Auswirkungen sich außerdem bei enger Pflanzdichte und hoher Stickstoffgabe noch verschärften, kehrten sich schließlich die Ertragsrelationen völlig um: bei der engsten Bestandesdichte (10 cm), die sonst die höchsten Erträge brachte, gab es nun die niedrigsten Werte.

Als Folge der in den Wintermonaten reduzierten Stoffproduktion blieb auch die Tausendkornmasse wesentlich geringer als bei den übrigen drei Versuchskulturen (Abb. 11), wodurch sich die Ertragsziffern zusätzlich verkleinerten.

Wintersaat (10. Januar 1971):
Die ersten Monate des Jahres 1971 mit ihren kalten Nächten bewirkten ein langsames Anfangswachstum, mit niedrigen Sprossen und kleinen Blättern. Trotzdem ermöglichte die ab Februar ständig zunehmende Sonneneinstrahlung eine hohe

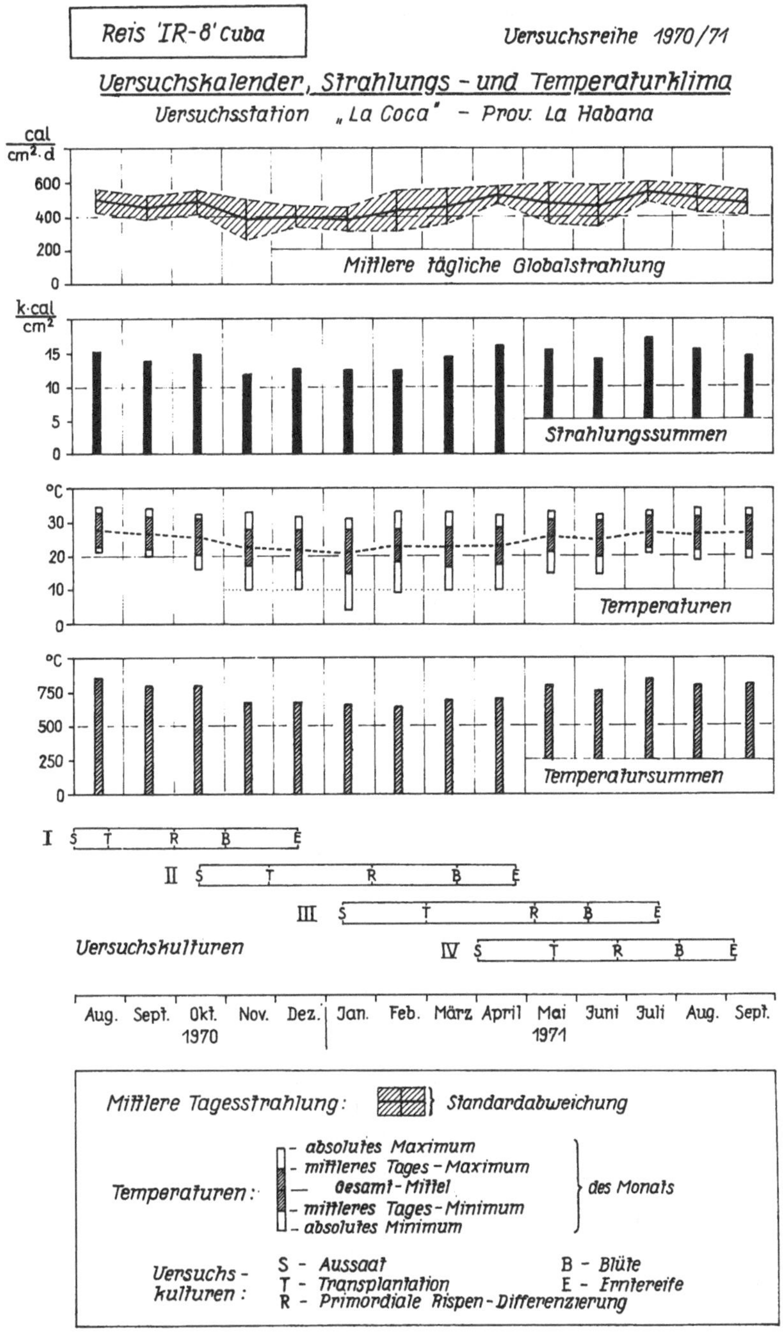

Abb. 1 Jahresübersicht 1970/71. Versuchskalender, pflanzliche Entwicklungsstufen, Klimadaten

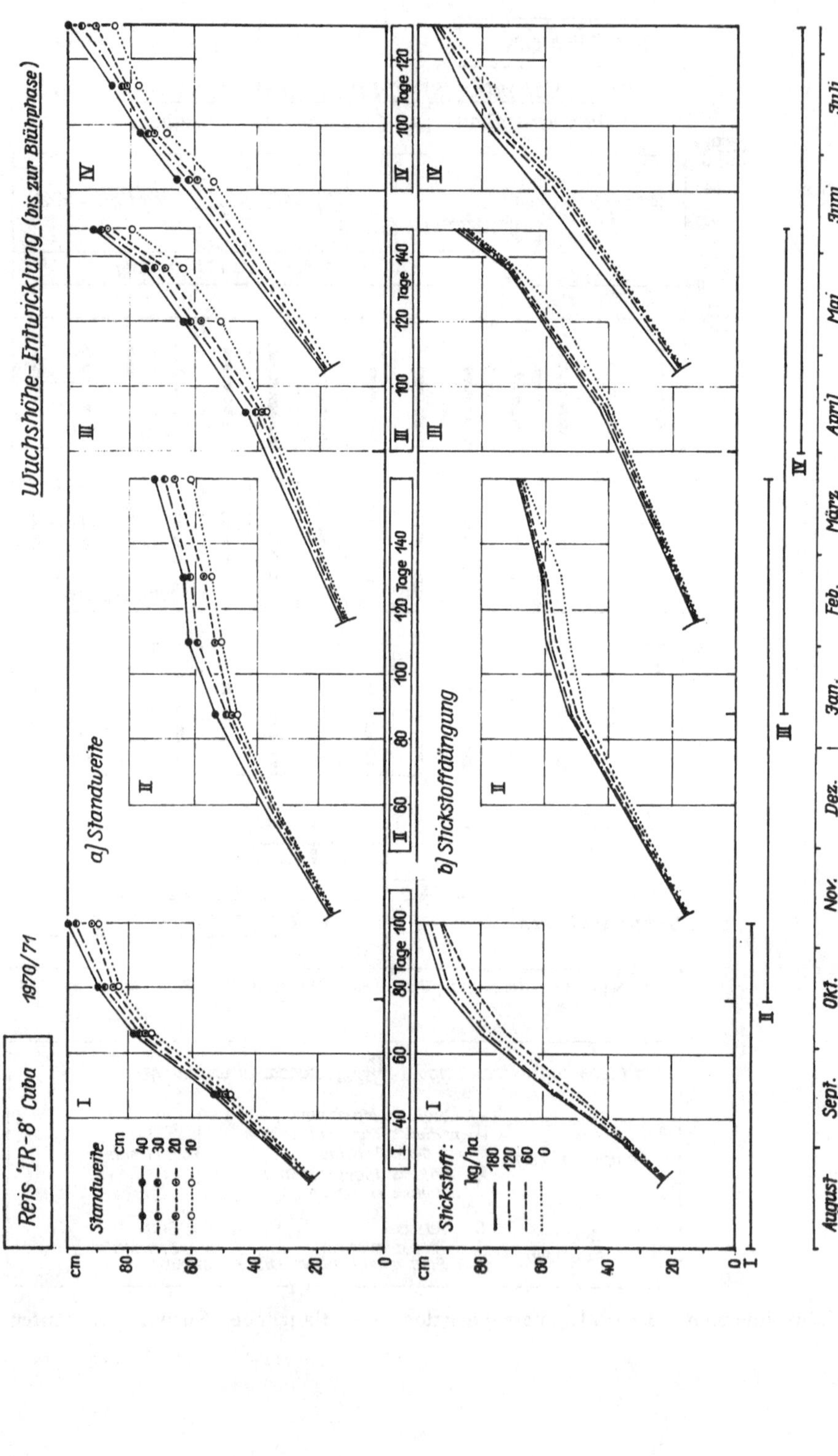

Abb. 2 Jahresübersicht 1970/71. Entwicklung der Wuchshöhe bis zur Blühphase

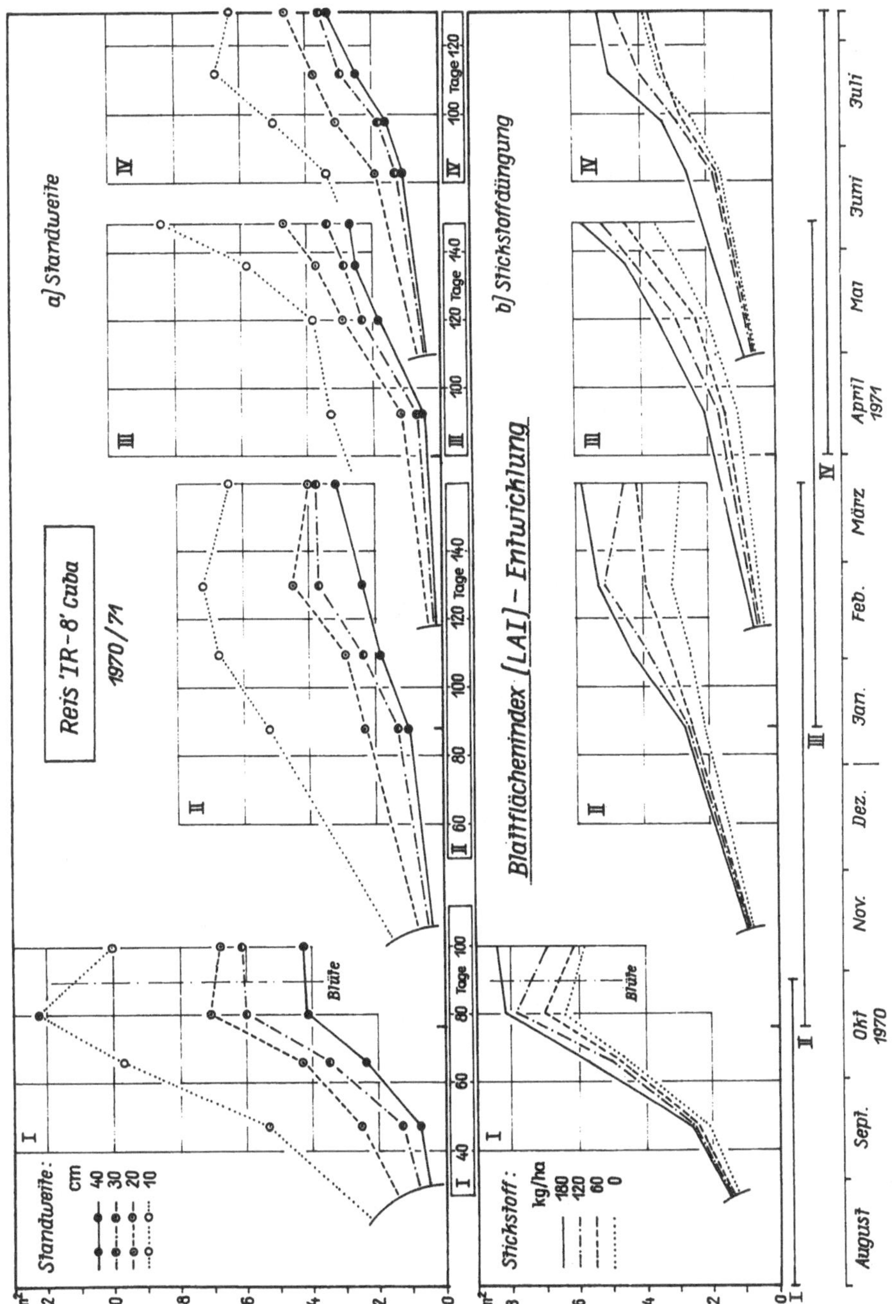

Abb. 3 Jahresübersicht 1970/71. Entwicklung des Blattflächenindex bis zur Blühphase

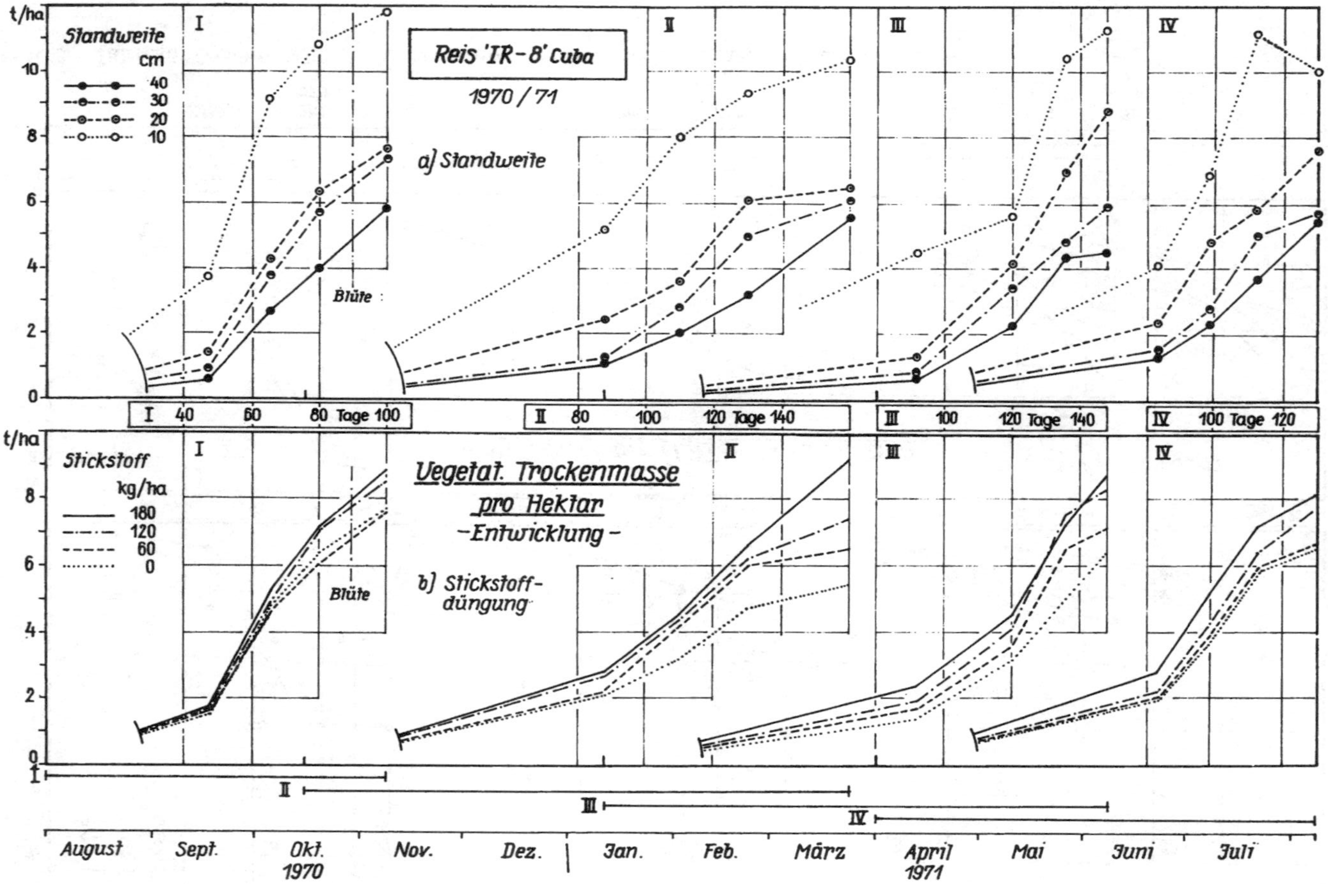

Abb. 4 Jahresübersicht 1970/71. Entwicklung der vegetativen Trockenmasse bis zur Blühphase

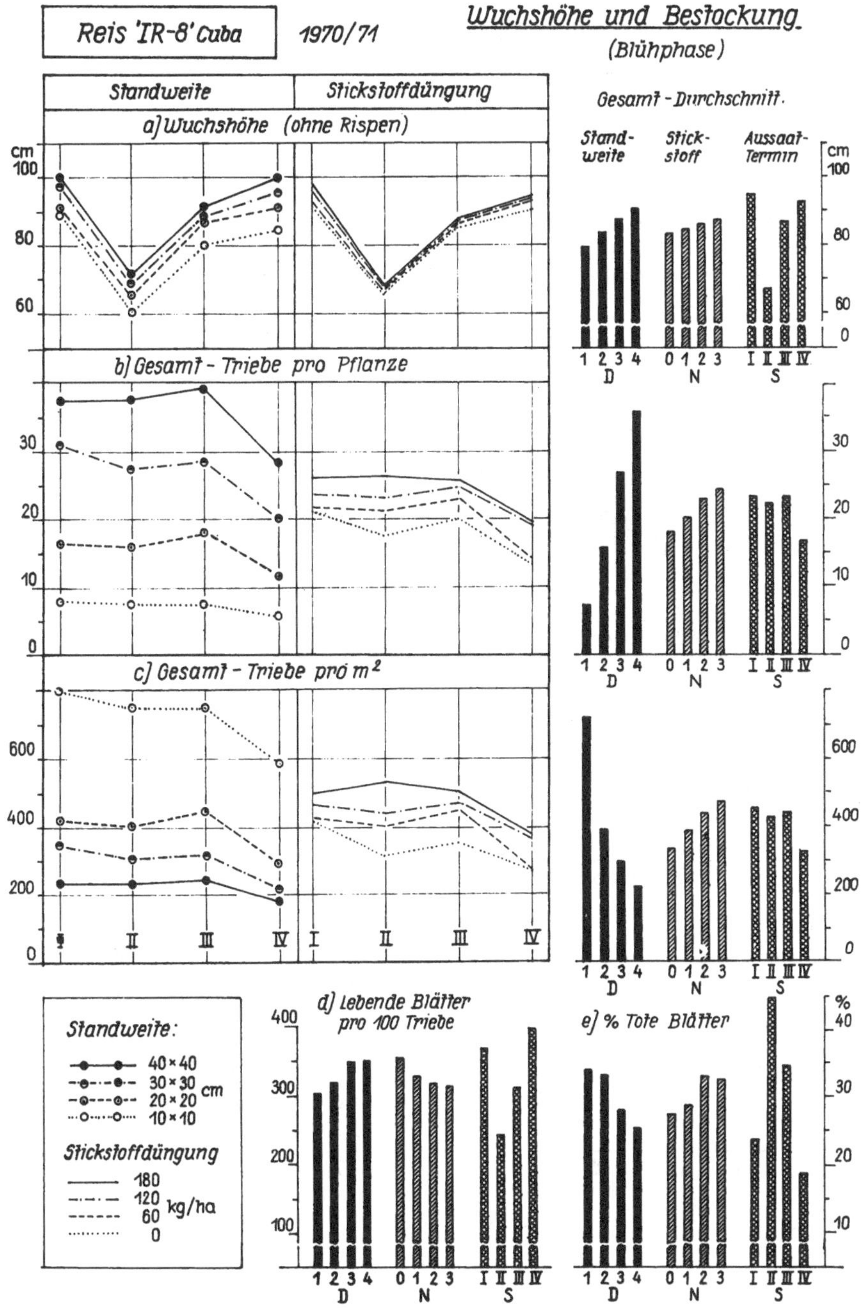

Abb. 5 Jahresübersicht 1970/71. Wuchshöhe und Bestockung

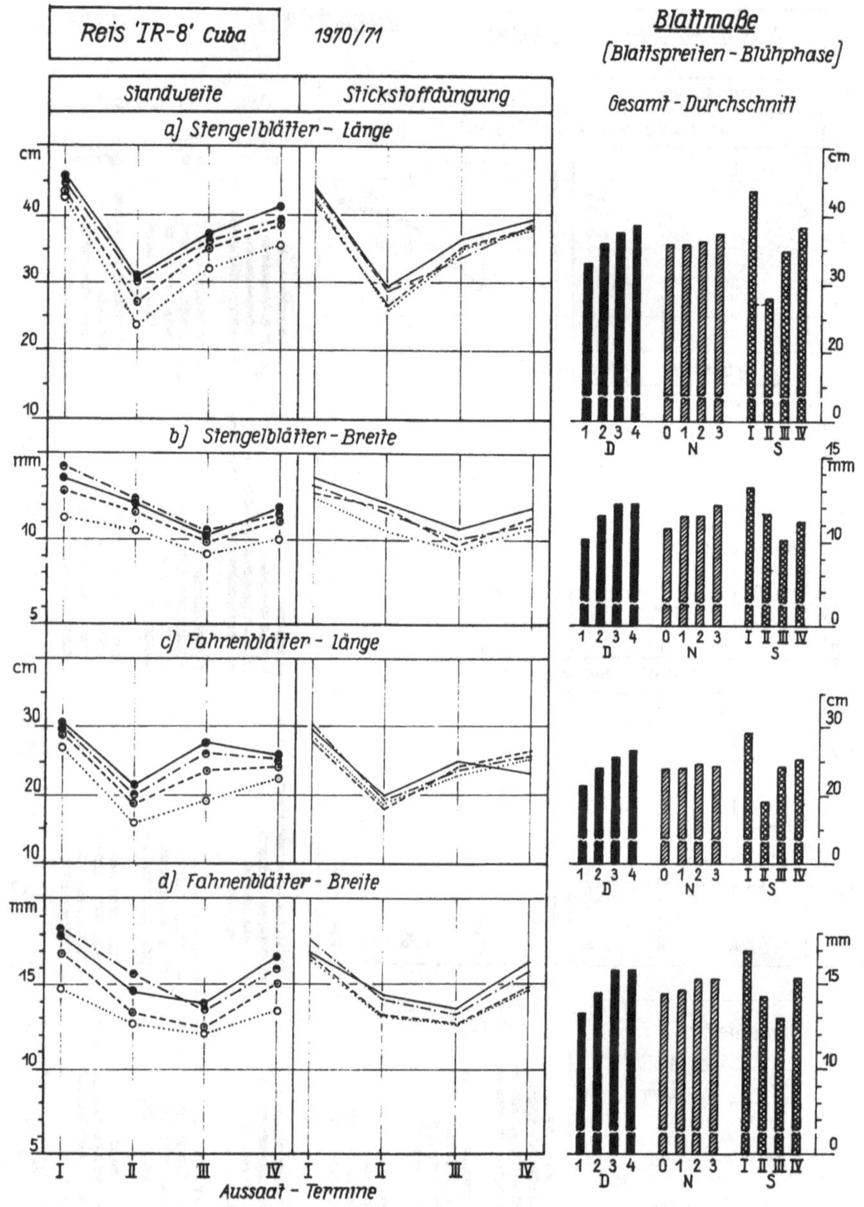

Abb. 6 Jahresübersicht 1970/71. Blattabmessungen (Signaturen Abb. 5)

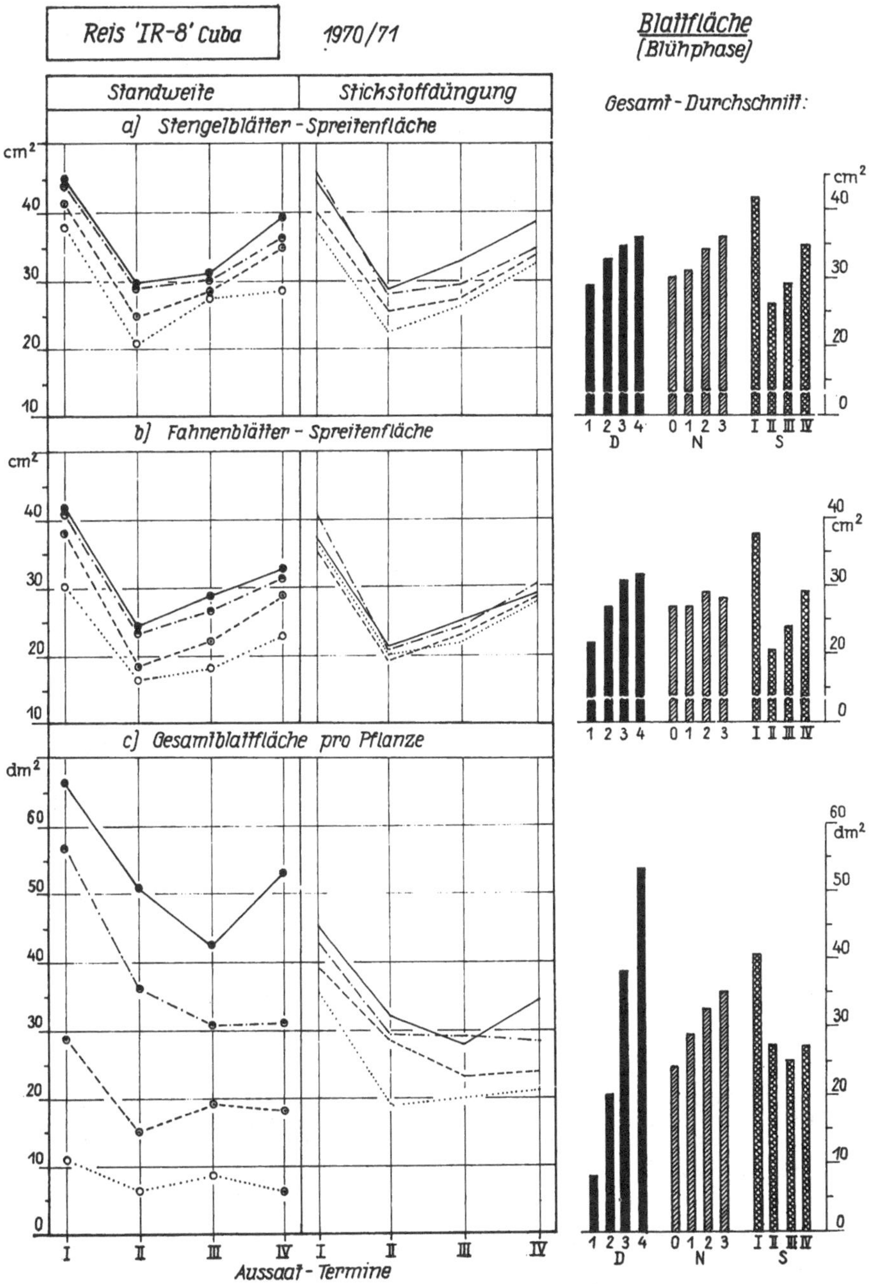

Abb. 7 Jahresübersicht 1970/71. Blattfläche (Signaturen Abb. 5)

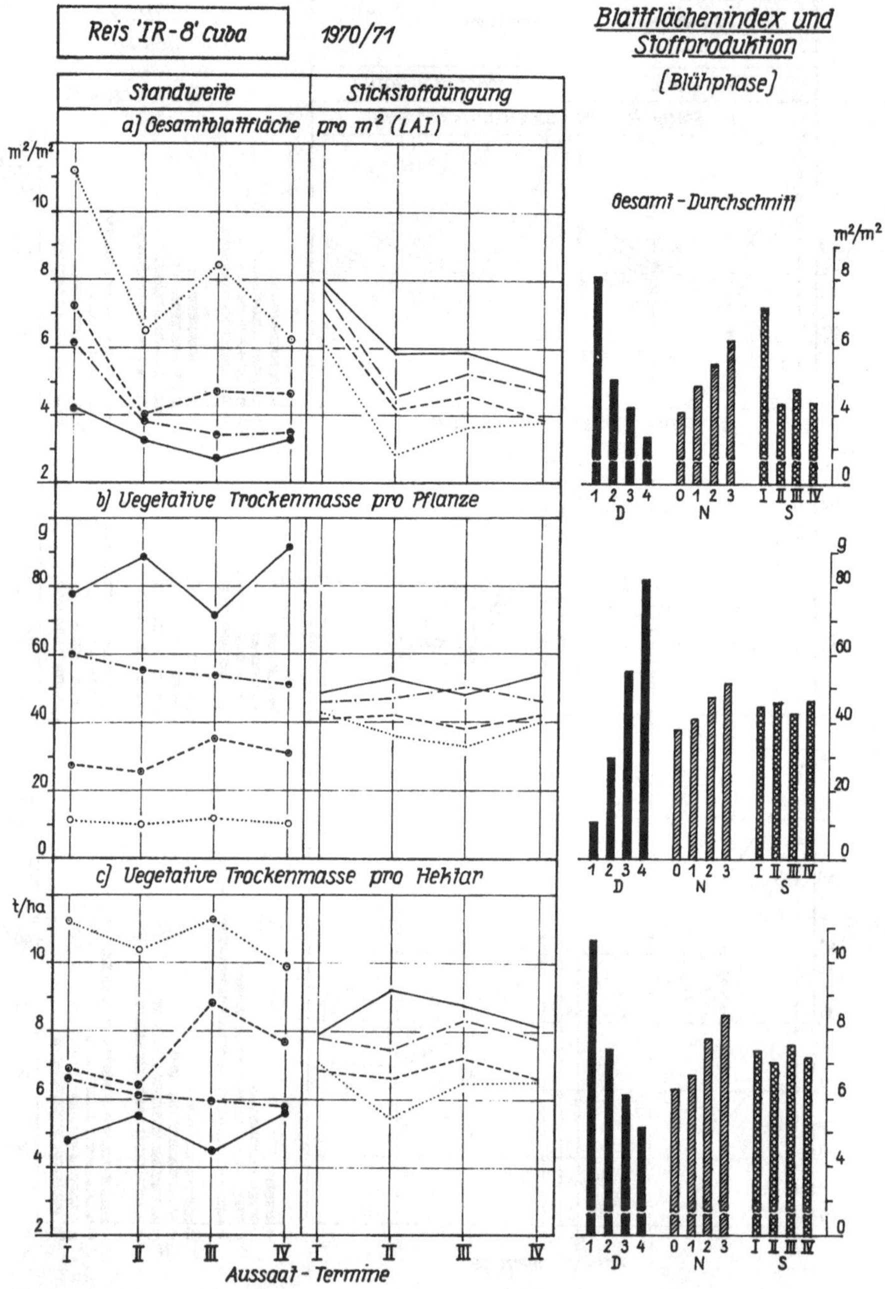

Abb. 8 Jahresübersicht 1970/71. Blattflächenindex und vegetative Stoffproduktion (Signaturen Abb. 5)

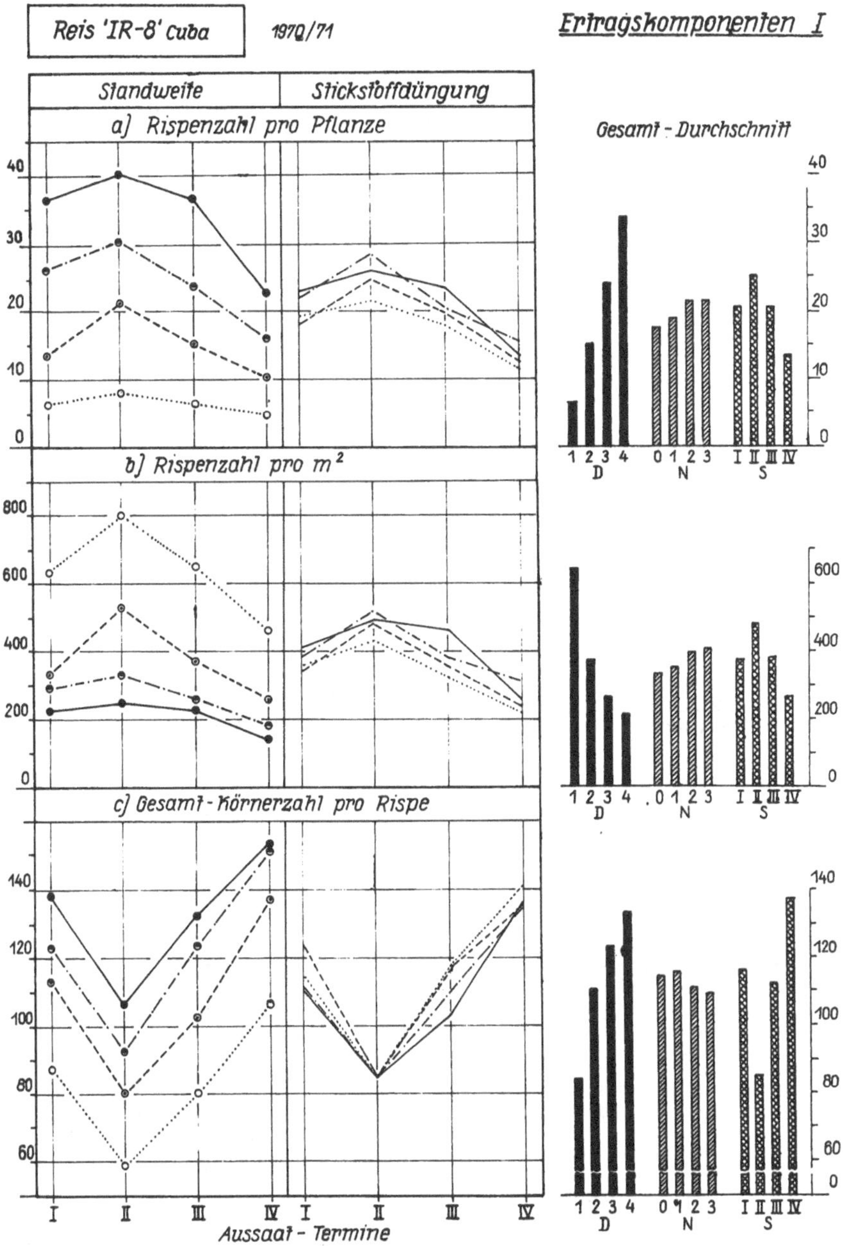

Abb. 9 Jahresübersicht 1970/71. Rispenhäufigkeit und Gesamtkornzahl pro Rispe (Signaturen Abb. 5)

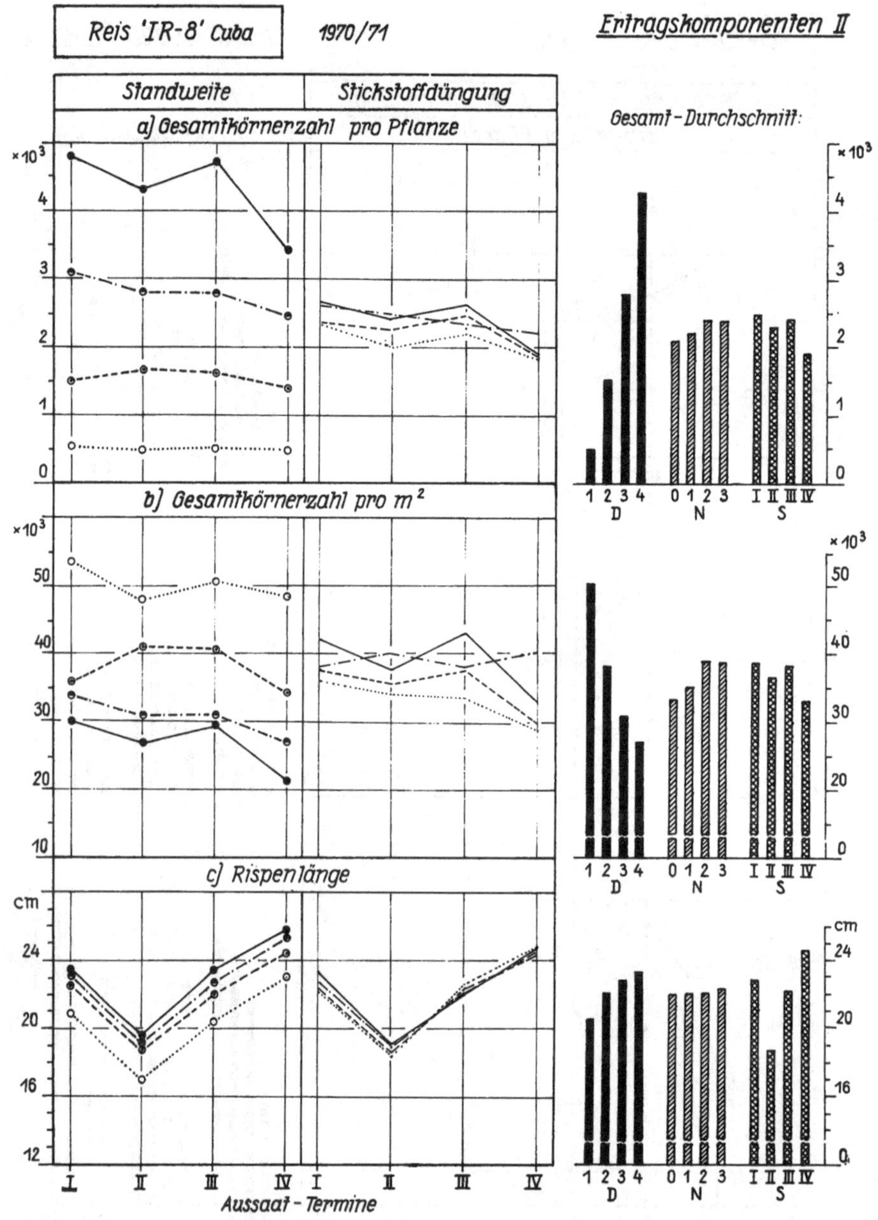

Abb. 10 Jahresübersicht 1970/71. Gesamtkornzahl und Rispenlänge (Signaturen Abb. 5)

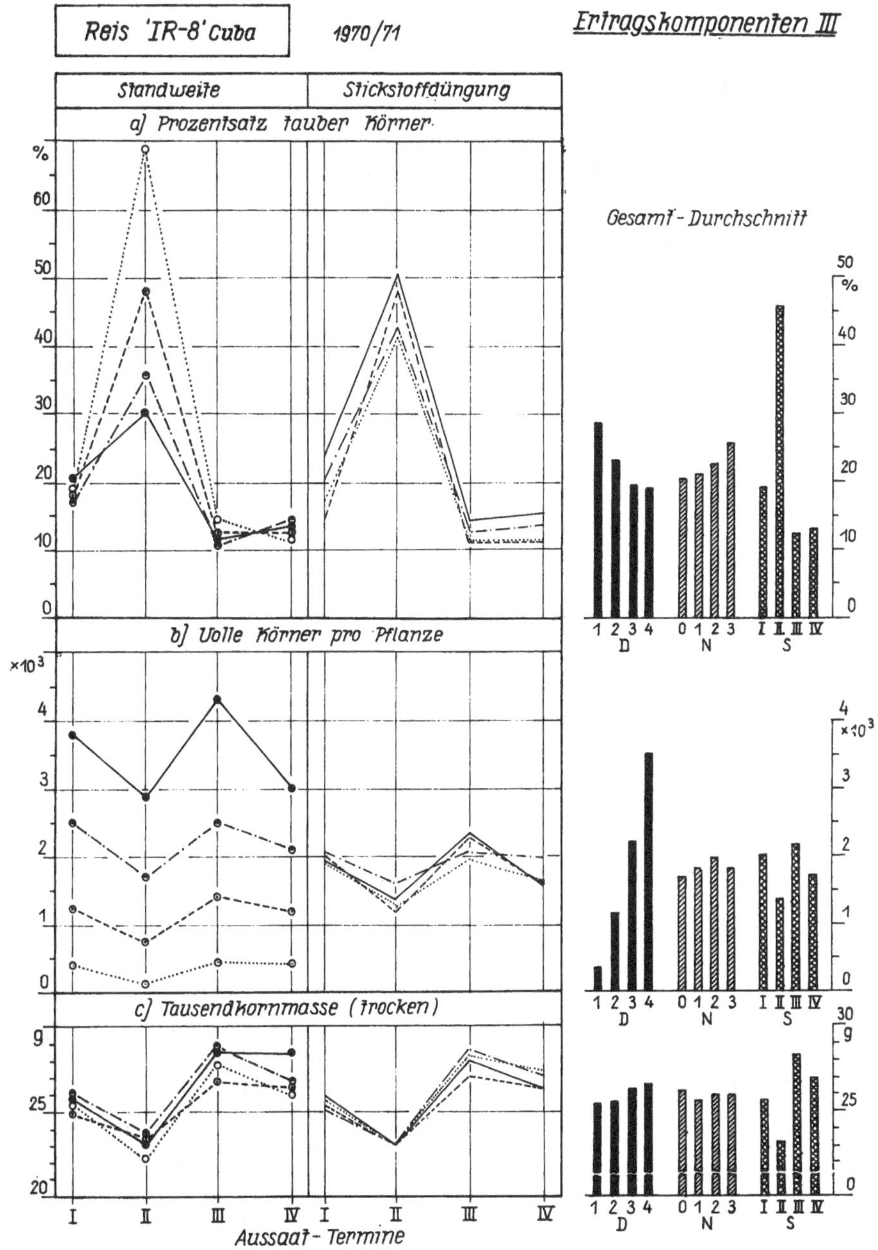

Abb. 11 Jahresübersicht 1970/71. Prozentsatz tauber Körner, Anzahl voller Körner pro Pflanze, Tausendkornmasse (Signaturen Abb. 5)

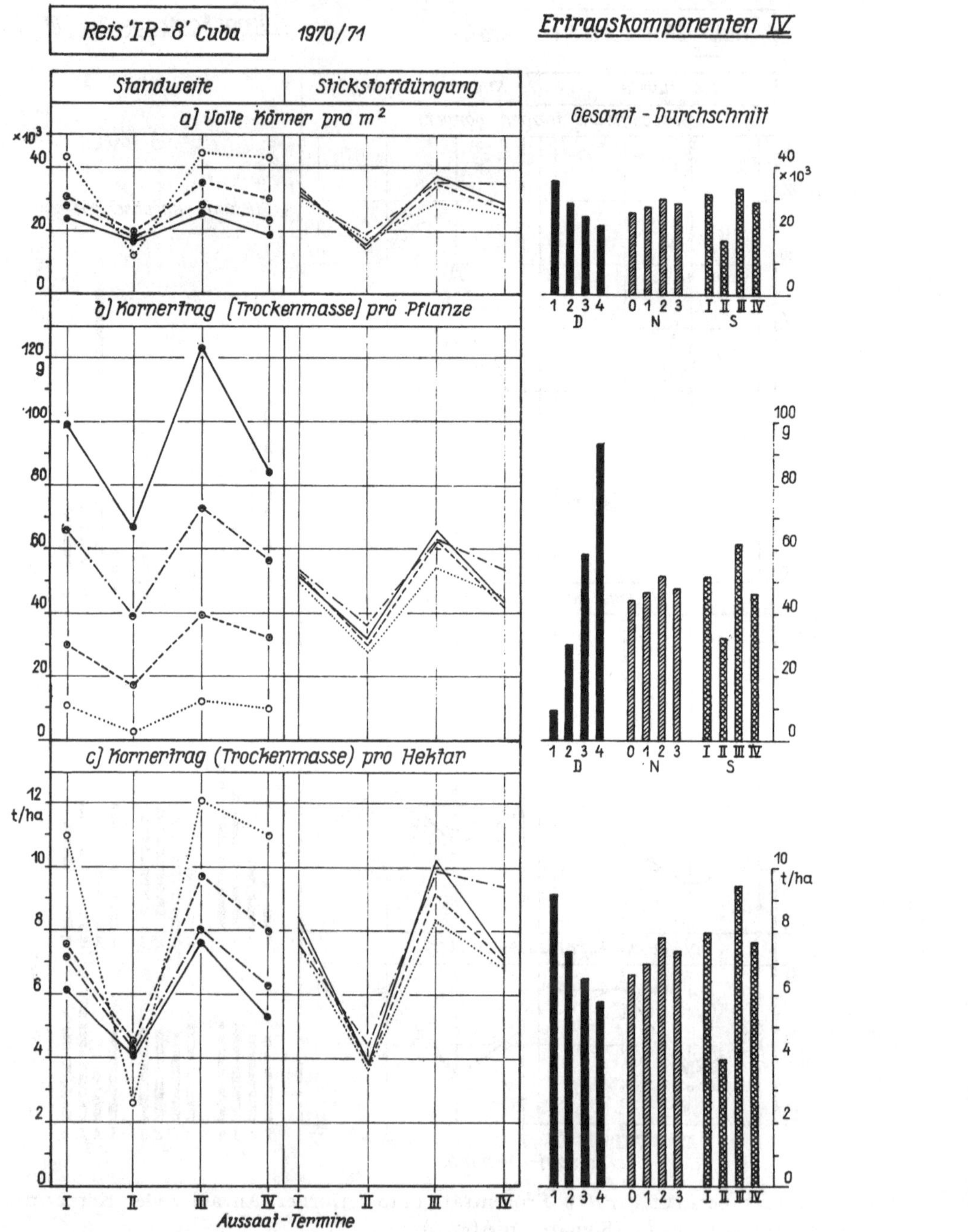

Abb. 12 Jahresübersicht 1970/71. Volle Körner pro m², Kornertrag pro Pflanze und Hektar (Signaturen Abb. 5)

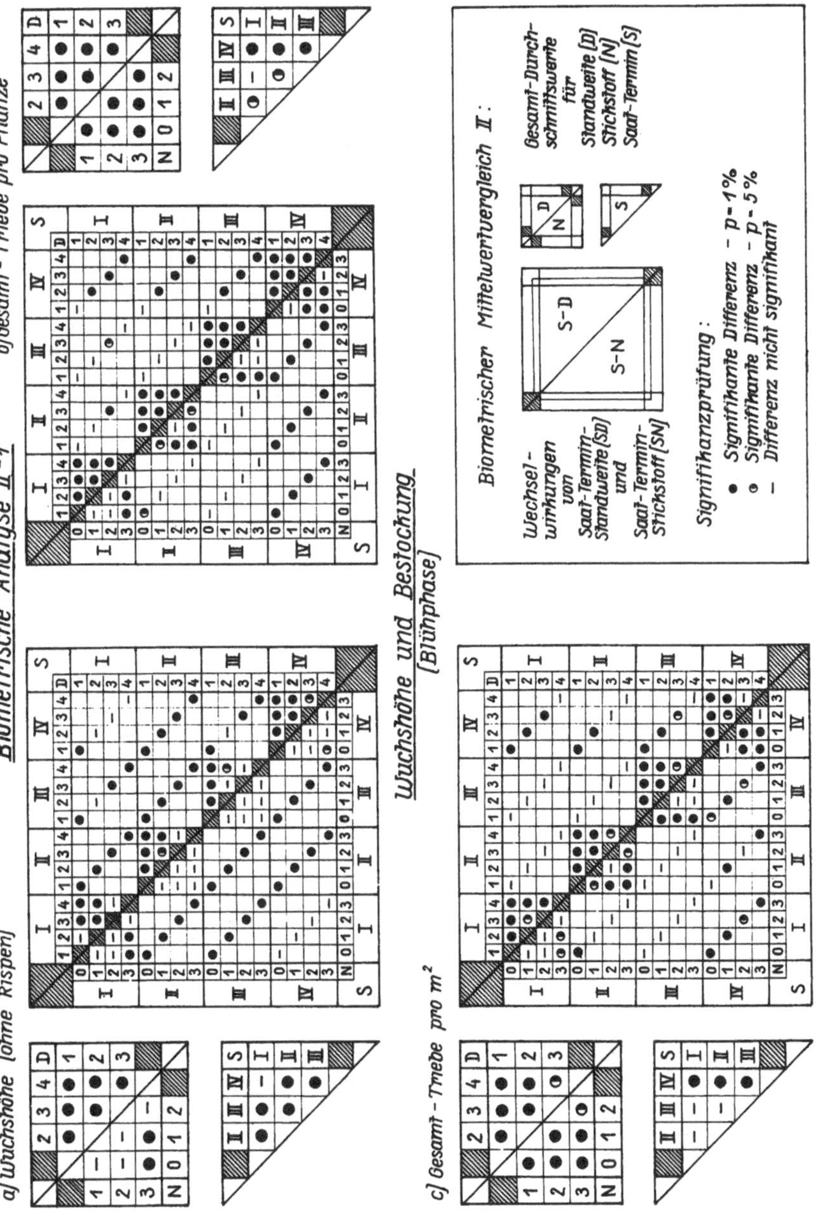

Abb. 13 Jahresübersicht 1970/71. Signifikanzprüfung für Wuchshöhe und Bestockung

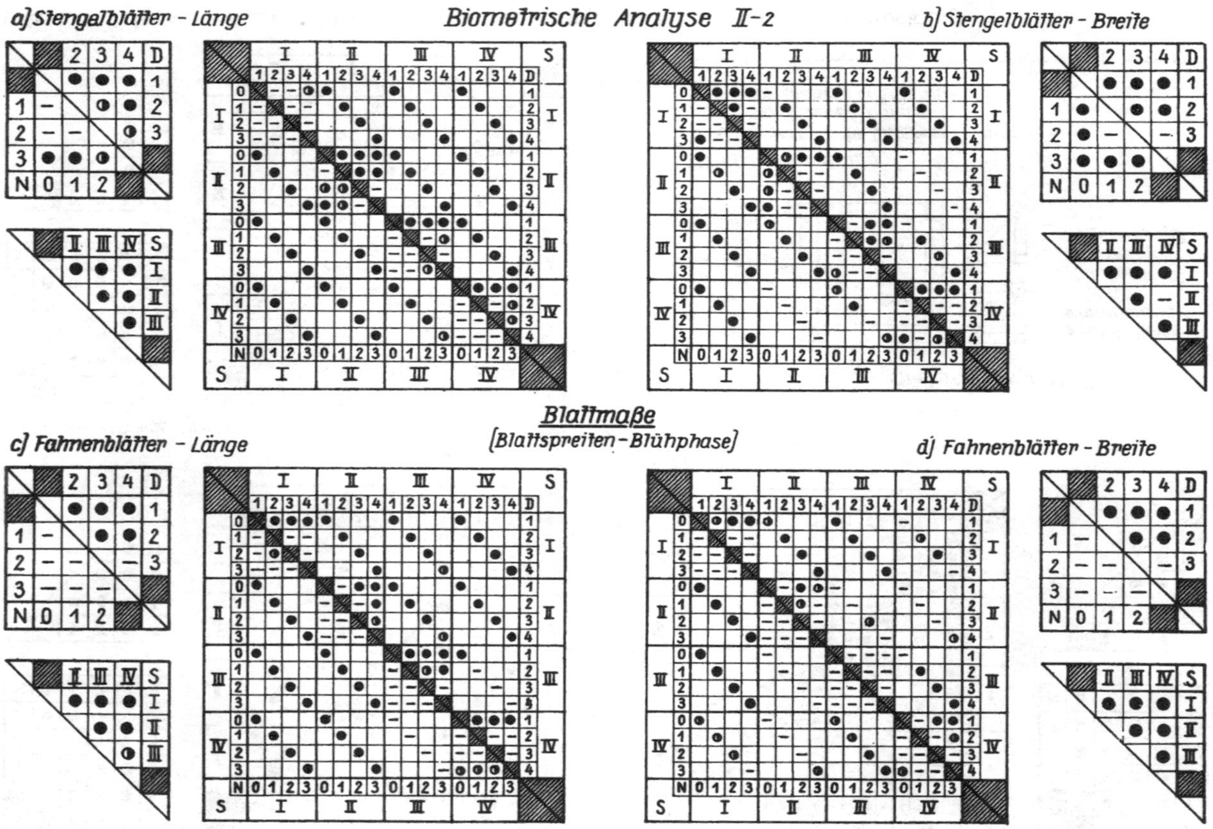

Abb. 14 Jahresübersicht 1970/71. Signifikanzprüfung für Blattabmessungen (Signaturen Abb. 13)

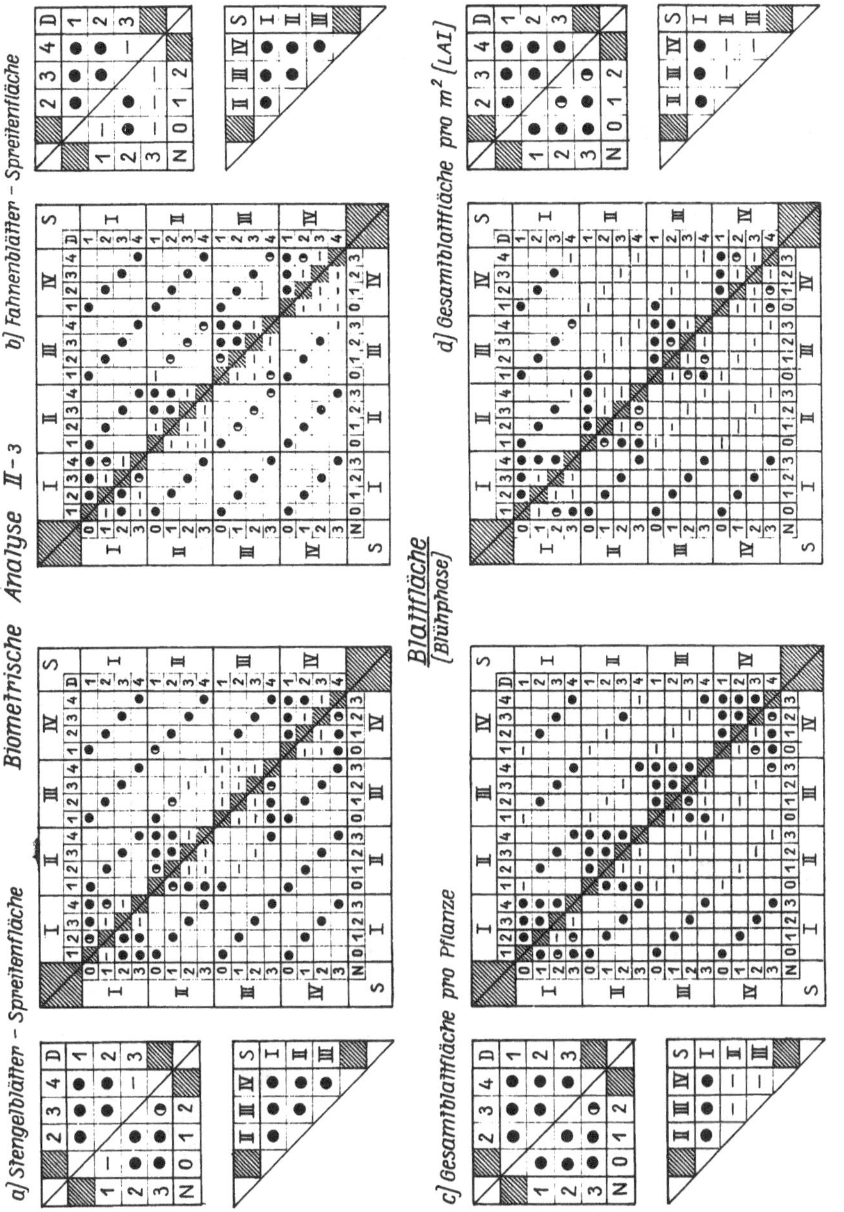

Abb. 15 Jahresübersicht 1970/71. Signifikanzprüfung für Blattfläche (Signaturen Abb. 13)

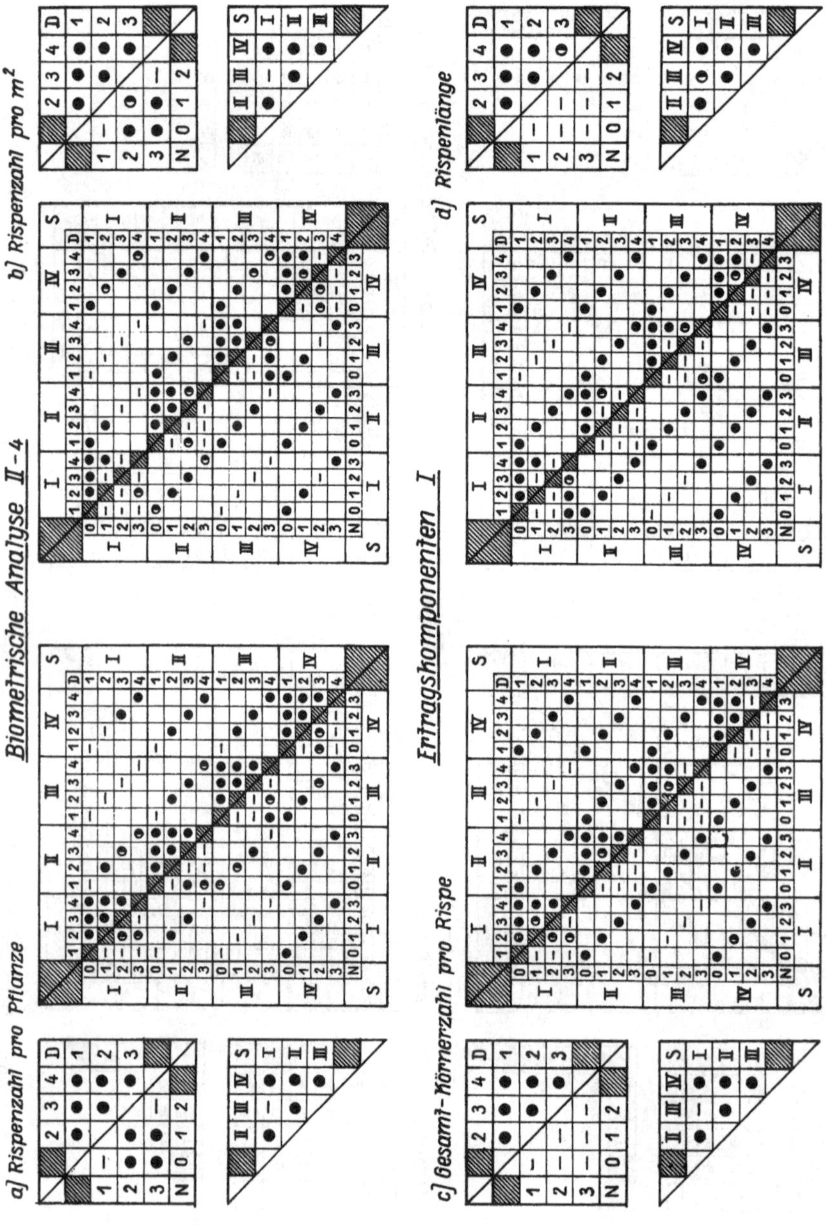

Abb. 16 Jahresübersicht 1970/71. Signifikanzprüfung für Rispenhäufigkeit, Rispenlänge und Kornzahl pro Rispe (Signaturen Abb. 13)

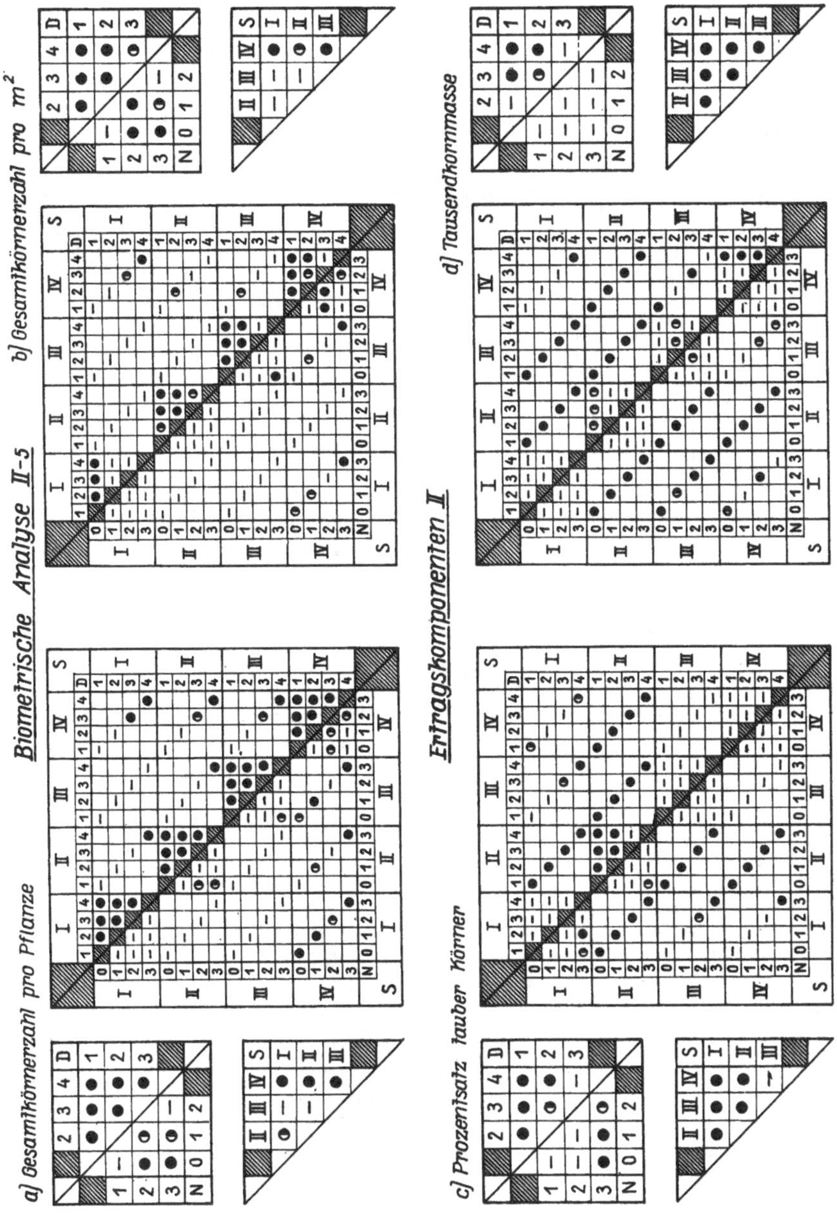

Abb. 17 Jahresübersicht 1970/71. Signifikanzprüfung für Gesamtkornzahl, Tausendkornmasse und Prozentsatz tauber Körner (Signaturen Abb. 13)

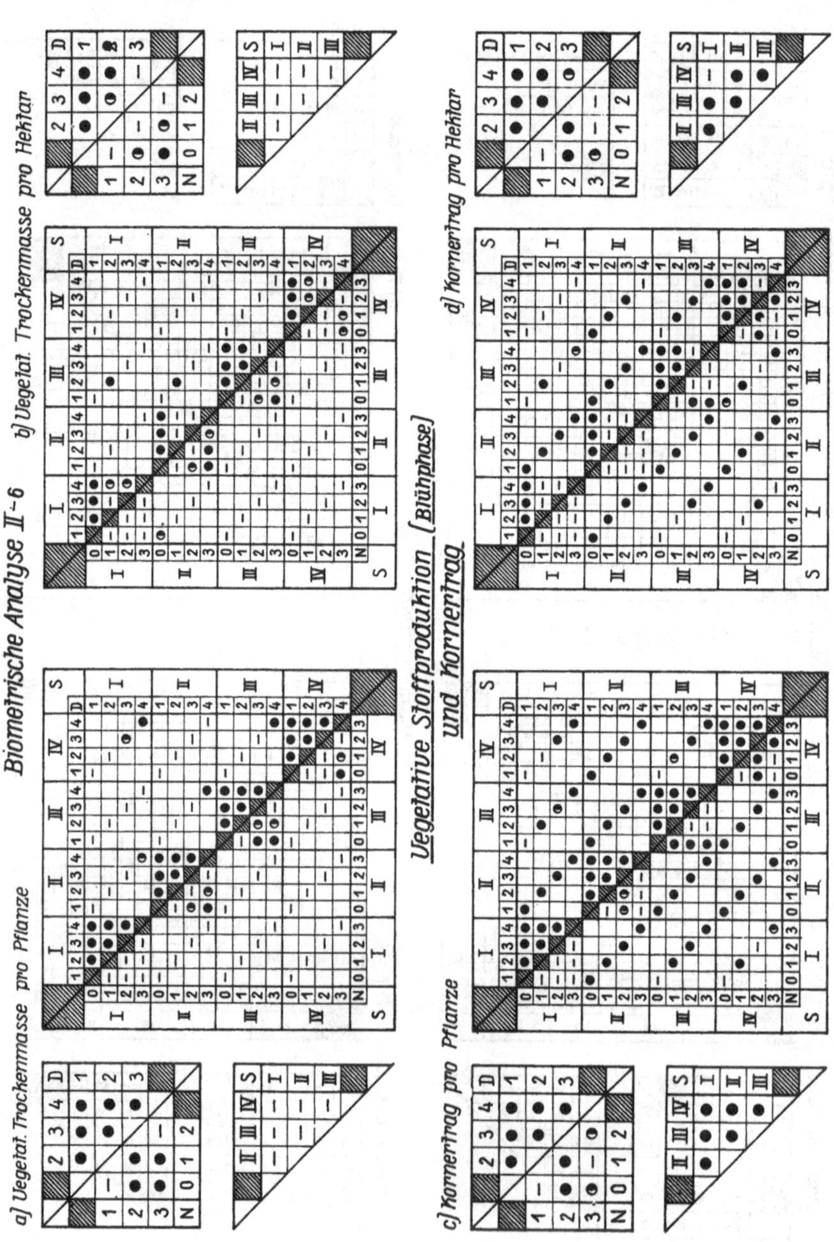

Abb. 18 Jahresübersicht 1970/71. Signifikanzprüfung für Stoffproduktion und Kornertrag (Signaturen Abb. 13)

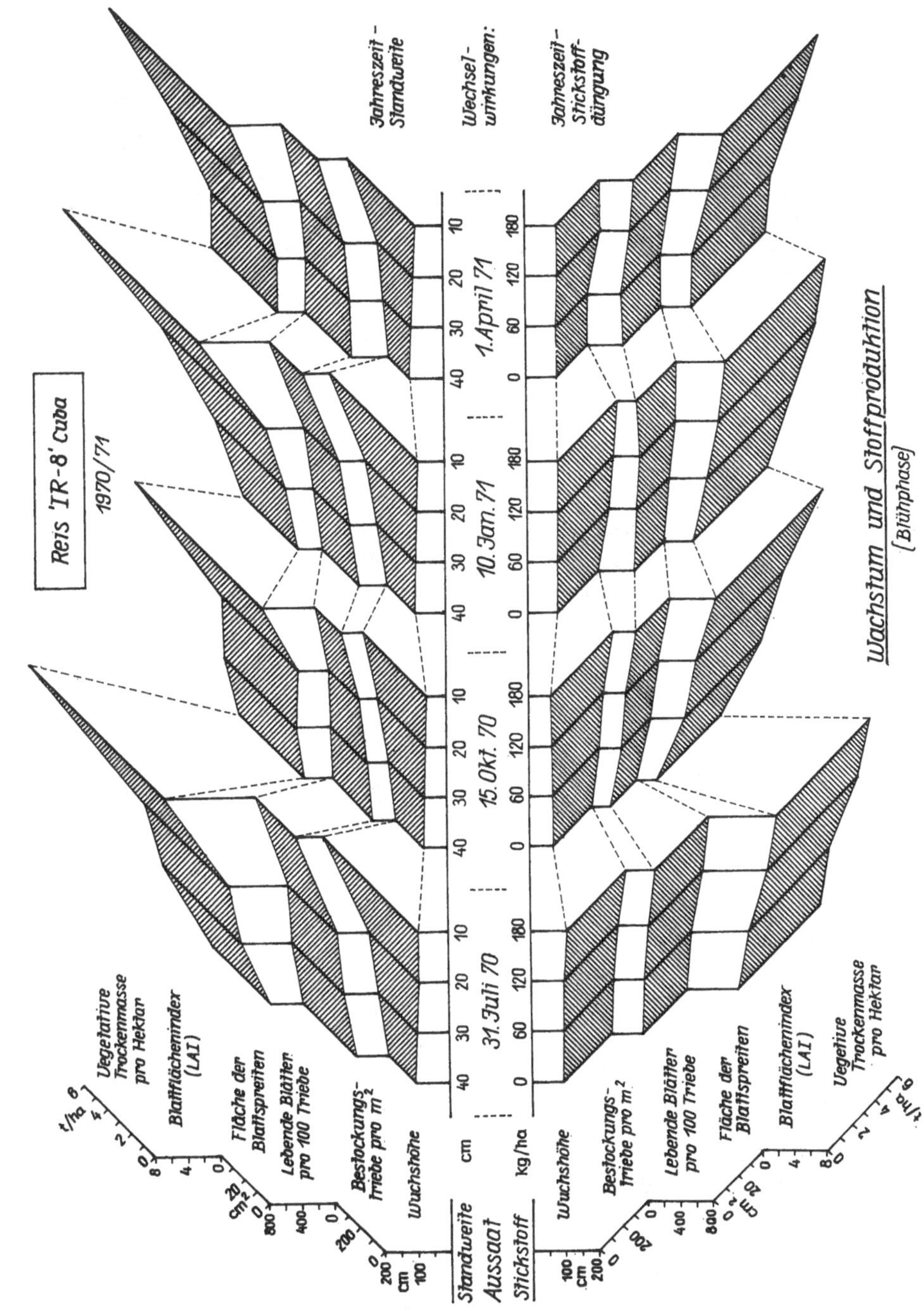

Abb. 19 Jahresübersicht 1970/71. Gesamtvergleich der vier Versuchskulturen – Wachstum und Stoffproduktion

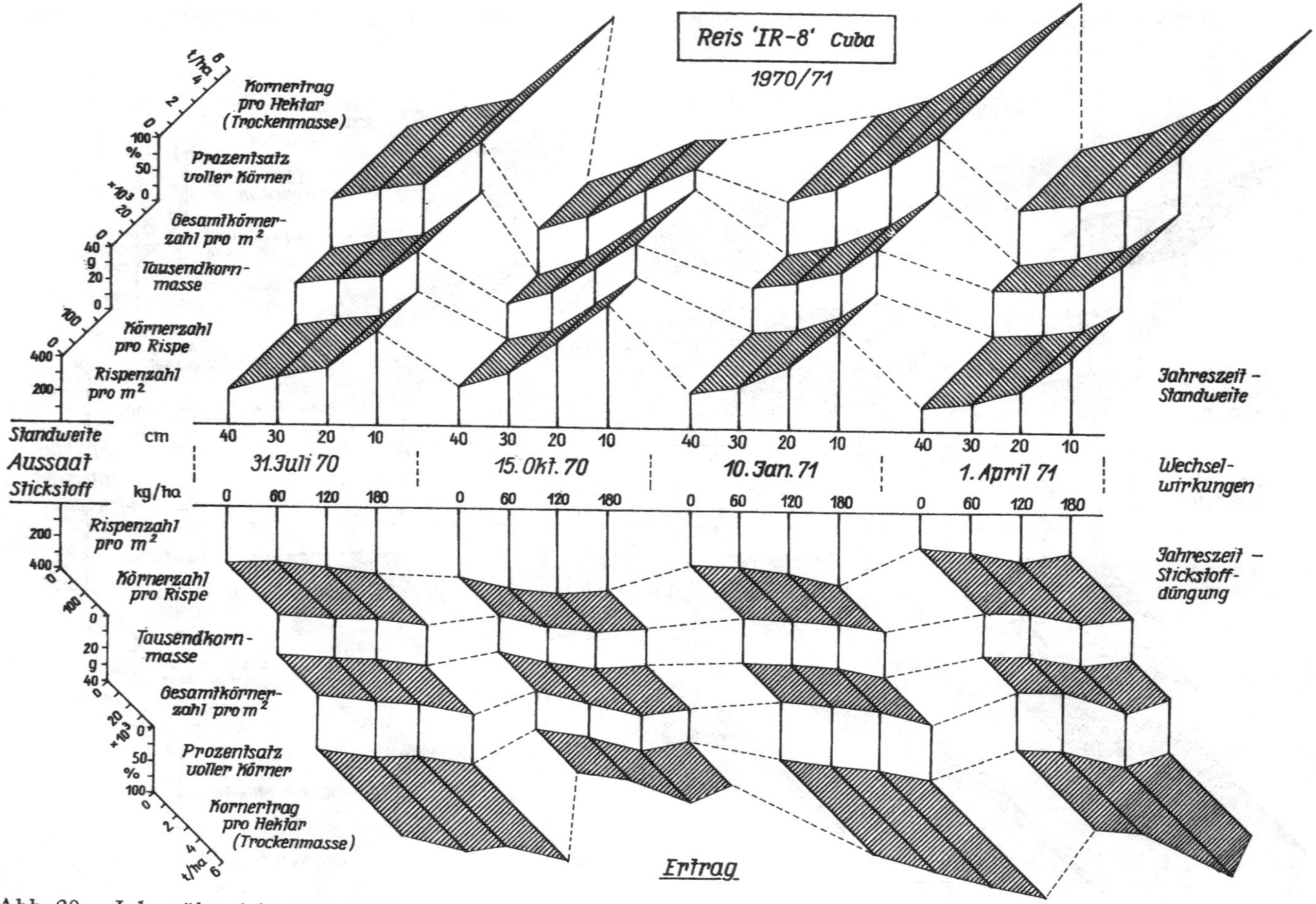

Abb. 20 Jahresübersicht 1970/71. Gesamtvergleich der vier Versuchskulturen – Ertragsbildung

Photosynthese-Aktivität, deren Produkte als Reserven eingelagert werden konnten (vgl. LERCH 1974c, S. 74f.), zumal die nächtlichen Atmungsverluste wegen der tiefen Temperaturen als relativ gering angenommen werden dürfen, im Vergleich zu den übrigen Jahreszeiten. So konnte bei den optimalen Temperatur- und Strahlungsbedingungen, die ab Mitte Mai vorherrschten, die Stoffproduktion steil ansteigen, und diese Versuchskultur erbrachte die höchsten Hektarerträge.

Frühjahrs-Aussaat (1. April 1971):
Die noch kühlen Nachttemperaturen im ersten Monat dieser Kultur verzögerten zwar ebenfalls geringfügig das Anfangswachstum und verlängerten die Vegetationsdauer auf insgesamt 160 Tage, aber bereits ab Mitte Mai waren die klimatischen Bedingungen so günstig, daß bei gleichmäßig guter Entwicklung hohe Erträge erreicht werden konnten.

b) Gesamtperiode 1970–1973

Da der Gesamtkomplex der Umweltbedingungen, die während einer mehrmonatigen Vegetationsdauer auf einen Pflanzenbestand einwirken, trotz gleicher Aussaat-Termine von Jahr zu Jahr wechselt, fielen die jahreszeitlichen Mittelwerte in den drei Versuchsjahren oft unterschiedlich aus, und als Folge davon verschoben sich auch zum Teil die Relationen zwischen den Resultaten aus den vier Aussaat-Perioden der einzelnen Versuchsjahre (LERCH & al., 1972a, b; 1973; grafische Übersicht bei LERCH 1974b, c).

So litt z. B. die Sommersaat 1971 während ihrer Blühphase unter den Folgen eines Hurrikans, der sich Cuba genähert hatte und auch die Provinz La Habana mit seinen schweren Regenfällen in Mitleidenschaft zog.

Trotzdem kehrten die Haupttendenzen, besonders bei den Ertragskomponenten, mit überraschender Beharrlichkeit in den drei Jahreszyklen wieder und sollen in Tabelle 1 kurz zusammengefaßt werden:

Tabelle 1

Einfluß der jahreszeitlichen Aussaat-Perioden auf die wichtigsten Parameter von Wachstum und Ertragsbildung bei der Reissorte 'IR-8' in Cuba (1970–1973)

Parameter	Einfluß der Aussaat-Periode
Wuchshöhe (Blüte)	Höchste Werte bei Sommer- und Frühjahrsaussaat, niedrigste Daten bei Herbst- und Wintersaat.
Blattfläche pro m^2 (LAI) (Blüte)	Weitgehend gleichförmige Durchschnittswerte bei allen vier Aussaat-Terminen; größere Unterschiede nur bei enger Standweite. (Die hohen Daten der Sommersaat 1970 werden nicht als repräsentativ betrachtet)

(Tabelle 1 Forts.)

Parameter	Einfluß der Aussaat-Periode
Vegetative Stoffproduktion (Blüte)	Weitgehend angenäherte Werte für alle Aussaat-Termine; stärkere Unterschiede nur bei enger Standweite hervortretend.
Rispen pro m²	Höchste Werte stets bei Oktobersaat, als Folge verstärkter Bestockung. In absteigender Reihe folgen Wintersaat, Sommersaat und Frühjahrs-Aussaat.
Ährchenzahl pro Rispe	Umgekehrte Tendenz wie bei Rispenzahl. – Tiefste Werte bei Oktobersaat; in aufsteigender Reihe folgen Wintersaat, Sommersaat und höchste Daten stets bei Aussaat im Frühjahr.
Rispenlänge	Gleiche Tendenz wie bei Ährchenzahl pro Rispe und mit dieser eng korreliert. Die Gesamtzahl an Ährchen pro Rispe ist weitgehend eine Funktion ihrer Länge.
Gesamtkornzahl pro m²	Weitgehend angenäherte Durchschnittswerte für Sommer-, Winter- und Frühjahrsaussaat. Die Oktobersaat hatte 1971 und 1972 höhere Daten als Folge übermäßiger Bestockung.
Prozentsatz tauber Körner	Übermäßig hohe Werte bei Oktobersaat. – Annähernd gleiche-niedrige Ziffern (weniger als 20%) bei Winter- und Frühjahrs' Aussaat; leicht erhöhte Daten (um 20%) in der Sommersaat.
Tausend-kornmasse	Tiefste Werte stets bei Oktobersaat, höchste und weitgehend gleiche Daten bei Aussaat im Winter und Frühjahr, Mittelstellung (um etwa 25 g) in der Sommersaat.
Kornertrag pro Hektar	Niedrigste Ziffern stets bei der Oktobersaat, als Folge des hohen Anteils an tauben Ährchen. Höchsterträge entstanden bei Aussaat im Winter und Frühjahr, als Folge längerer Vegetationsdauer. – Die Erträge der Sommersaat lagen etwas tiefer. Bei diesen drei Aussaat-Terminen auch stets markanter Einfluß der Standweite.

III. Klimafaktoren und Ertragsbildung

Von den vier im Experiment geprüften jahreszeitlichen Aussaat-Terminen hatten sich drei als günstig für die Entwicklung der Sorte 'IR-8' in Cuba erwiesen. Mit diesen Versuchskulturen wurden bei enger Standweite z. T. erheblich höhere Erträge erreicht, als unter vergleichbaren Bedingungen aus dem Ursprungsland berichtet wurde (IRRI 1970, S. 149). Die in Teil I (Kulturpflanze **24**, S. 45) tabellarisch zusammengefaßten Vergleichswerte sind hier auf Abb. 21 nochmals grafisch dargestellt.

Die auffallenden Ertragsunterschiede zwischen Cuba und den Philippinen wurden mit derselben Sorte und gleichwertiger Düngung erreicht. Auch die allgemeine Struktur und Zusammensetzung der überfluteten tropischen Reisböden

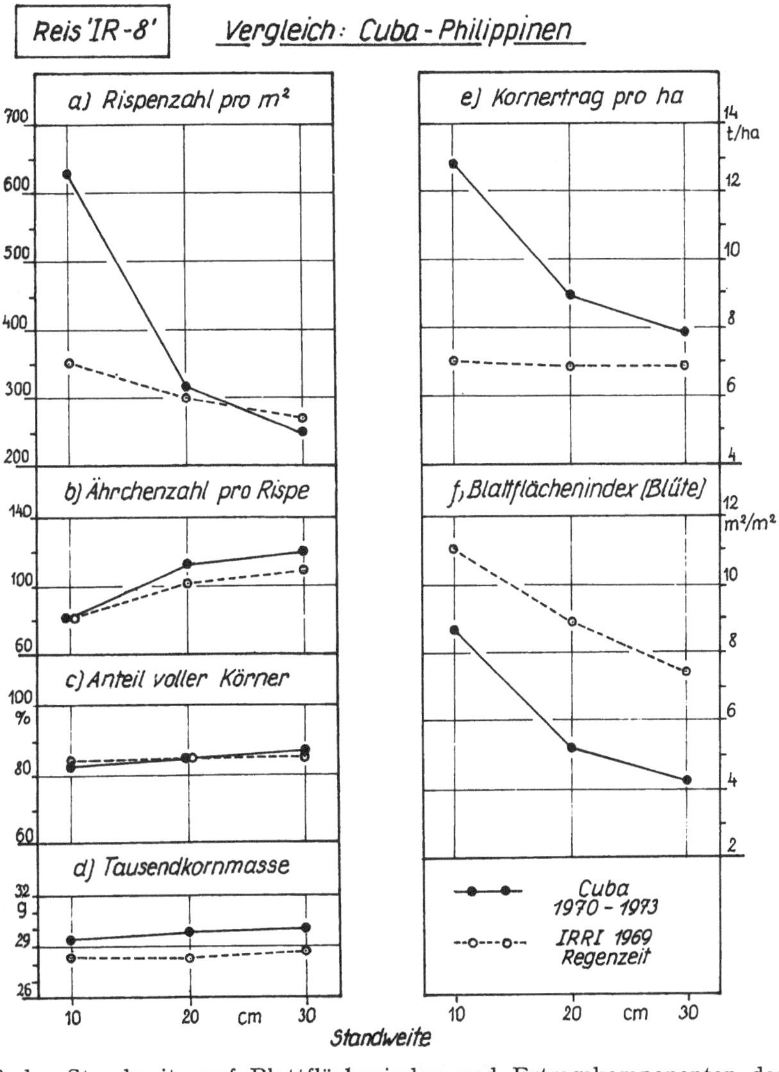

Abb. 21 Einfluß der Standweite auf Blattflächenindex und Ertragskomponenten der Reissorte 'IR-8' in Cuba und auf den Philippinen. – „Cuba" – Mittelwerte aus sieben Versuchskulturen, 1970–1973, 180 kg/ha N, Sommer-, Winter-, Frühjahrs-Aussaat. – „IRRI" – International Rice Research Institute, Los Baños, Philippinen, Regenzeit 1969, Mittelwerte aus 150 und 200 kg/ha N (IRRI 1970)

ist weitgehend ähnlich (Finck 1963), zumindest sind die beträchtlichen Abweichungen in der Rispenhäufigkeit nicht auf mutmaßliche Bodenunterschiede zurückführbar. Die Ursachen müssen daher in den klimatischen Bedingungen gesucht werden.

Abb. 22 stellt die Klimadiagramme von Havanna und Manila gegenüber, stellvertretend für unsere Reisversuchsstation in Cuba sowie für das Internationale Reisforschungsinstitut in Los Baños auf den Philippinen. Die Hauptmerkmale lassen sich in folgenden Punkten zusammenfassen:

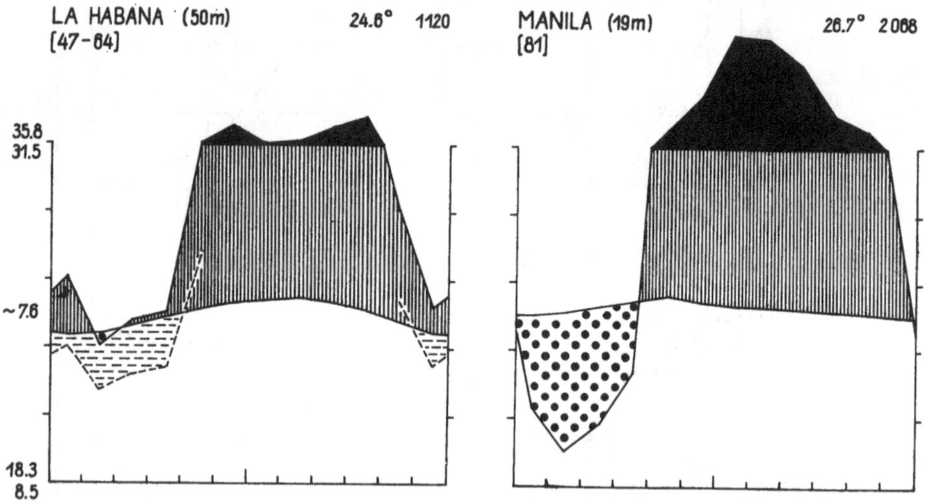

Abb. 22 Klimadiagramme von Havanna (Angaben des Instituts für Meteorologie der Kubanischen Akademie der Wissenschaften) und Manila (Klimadiagramm-Weltatlas – Walter & Lieth 1960)

– Das Monsunklima auf der Insel Luzón führt zu einer verhältnismäßig kurzen, aber extremen Trockenzeit von Januar bis April, auf die eine lange, sehr niederschlagsreiche Regenperiode von Mai bis Dezember folgt.
– Das Klima von Cuba erscheint demgegenüber sichtlich ausgeglichener, bedingt durch die langgestreckte Inselgestalt, die geographische Lage am Rande des Tropengürtels, sowie durch die Passatwinde und die Nähe des Golfstroms. Zusätzlich wirken sich noch die großräumigen Luftströmungen über dem amerikanischen Kontinent aus. Zwar gibt es in Cuba ebenfalls eine relativ trockene Jahreszeit von Februar bis April und eine besonders regenhäufige Periode von Mai bis Oktober, doch bleibt auch in den trockenen Monaten der Regen nicht aus, und die Niederschlagsmengen während der „Regenzeit" überschreiten nur wenig die Grenze von 100 mm im Monat.
– Die jährliche Gesamtniederschlagsmenge ist auf den Philippinen fast doppelt so hoch wie in Cuba.
– Die Monatsmitteltemperaturen verlaufen in Manila stets um zwei bis drei Grad höher als in Havanna.

Für die Reisentwicklung sind vor allem Sonnenstrahlung und Temperaturverhältnisse von Bedeutung. Die Temperaturabhängigkeit der Sorte 'IR-8' wurde auf den Philippinen mit Hilfe von Phytotronen in Los Baños, sowie in einer kühlen Bergstation (La Trinidad) geprüft, deren monatliche Mitteltemperaturen nur wenig von 20 °C abweichen, wobei das mittlere Monatsminimum bis auf 13 °C absinken kann. Die Vergleiche mit der tropischen „Normaltemperatur" von 25–29 °C (Monatsmittel) in Los Baños ergaben, daß 'IR-8' in vierfacher Hinsicht auf tiefe Temperaturen zwischen 15 und 21 °C reagiert (IRRI 1970, S. 164f.; 1971, S. 41f.):

- Verlängerte Vegetationsdauer. Der Unterschied von etwa 6 °C zwischen den Monatsmitteln bewirkte eine Verlängerung der Vegetationsdauer von 115 Tagen in Los Baños auf 215 Tage in La Trinidad.
- Herabgesetztes Längenwachstum. Verkürzte Internodien senkten die Wuchshöhe auf 50–60 % der bei tropischer Tieflandstemperatur gemessenen Werte. Als Folge davon blieben die Rispen teilweise in der Fahnenblattscheide eingeschlossen und konnten nicht voll herauswachsen.
- Erhöhte Bestockung und Rispenhäufigkeit, bei gleichzeitig verringerter Ährchenzahl pro Rispe. Während unter den hohen Temperaturen von Los Baños durchschnittlich 300 Rispen pro m^2 gezählt wurden, stieg deren Anzahl bei Temperaturen zwischen 21 und 16 °C von 600 bis über 1000 an; gleichzeitig sank die Zahl der Ährchen pro Rispe um etwa 20 % (von 111 auf 81–97).

  Die empfindlichste Entwicklungsphase ist hierbei die Zeit von der Maximalbestockung bis zur Rispendifferenzierung.
- Gesteigerte Sterilität der Ährchen. Der Anteil tauber Körner stieg in La Trinidad bis auf 100 % an. Als Optimaltemperatur für die Blühvorgänge werden 33 °C angegeben; bei 26 °C öffnen sich nur noch höchstens 50 % der Blüten, und unterhalb von 22 °C findet keine Anthese mehr statt.

Diese für die Philippinen beschriebenen Temperaturunterschiede wurden zwischen zwei getrennten Standorten gemessen (Los Baños und La Trinidad), deren jeder nur geringfügigen jahreszeitlichen Temperaturschwankungen unterliegt (IRRI 1970, S. 165). In Cuba dagegen entstehen gleiche und noch größere Temperaturabweichungen an ein und demselben Standort als Folge des normalen Jahres- und Tageszeitenwechsels (Abb. 1).

Die Monatsmitteltemperaturen bewegen sich hier zwischen 21 °C und 18 °C. Dabei bleiben die absoluten Maxima stets, die mittleren Maxima in der überwiegenden Mehrheit oberhalb von 30 °C, unterscheiden sich daher nicht wesentlich von den für Los Baños (Philippinen) berichteten Werten. Während jedoch dort die mittleren Monatsminima nicht unter 21 °C absinken, gehen die Tiefstwerte in Cuba weit niedriger. So sanken z. B. im Versuchsjahr 1970/71 die mittleren Monatsminima in acht Monaten auf 20 °C, die absoluten Minima in sechs Monaten bis auf 10 °C und darunter.

Der Unterschied zwischen den beiden Klimatypen wird noch deutlicher im Strahlungs-Temperatur-Diagramm der Abb. 23. In Los Baños (Philippinen) bleiben die monatlichen Mitteltemperaturen auf Grund der geringen Tagesschwankungen stets oberhalb von 24 °C und steigen während der sommerlichen Regenzeit bis über 28 °C an. In Havanna dagegen haben sechs Monate (November bis April) Monatsmittel zwischen 21 °C und 23 °C, im übrigen Halbjahr liegen die Werte zwischen 25 °C und 28°C.

Diese allgemein kühleren Temperaturen in Cuba, mit den größeren Schwankungen zwischen Maxima und Minima, dürfen als wesentliche Ursache für die erhöhte Bestockungsfreudigkeit der Sorte 'IR-8' angesehen werden. Die für die Bestockung besonders temperaturempfindliche Phase lag bei der Sommersaat im Oktober, bei der Herbst-Aussaat im Januar, bei den Wintersaaten im April und für die Frühjahrskultur etwa im Juni. Im letzteren Fall stimmen die Temperaturen von Havanna und Los Baños weitgehend überein, und es ergaben sich auch ähn-

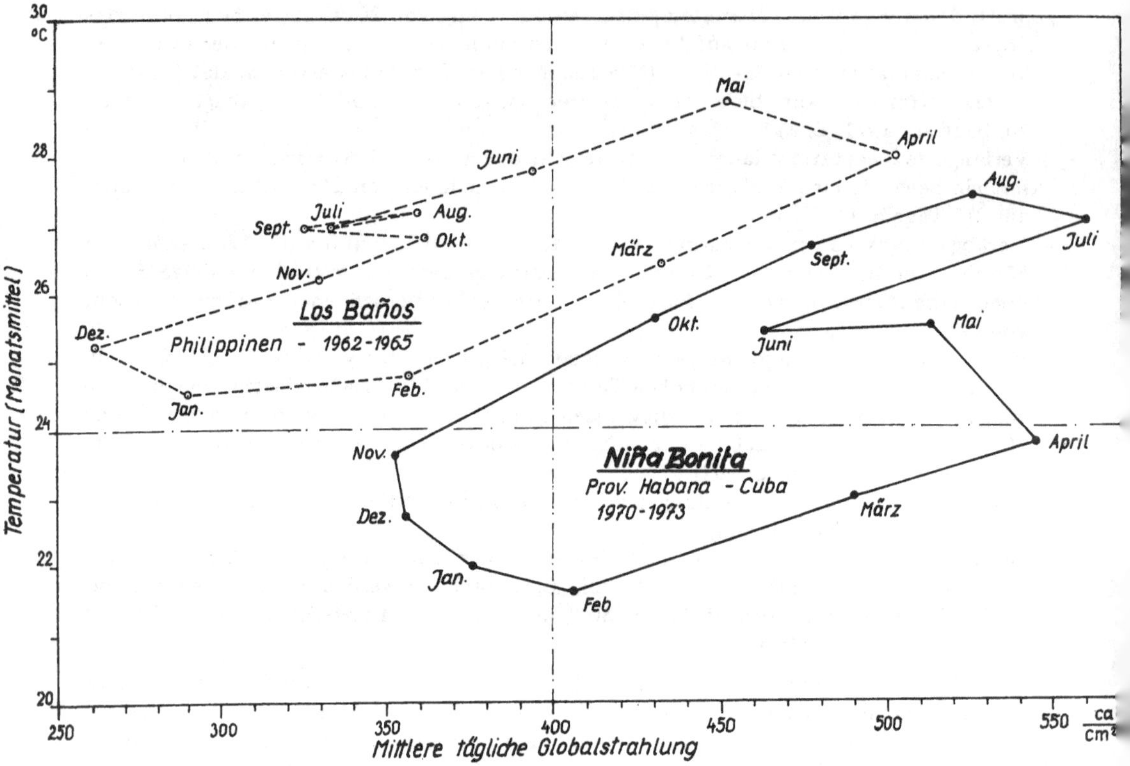

Abb. 23 Strahlungs- und Temperaturdiagramm für die Versuchsstation „Niña Bonita", Prov. La Habana, Cuba, sowie Los Baños, Philippinen (TANAKA & al. 1966)

liche Rispenzahlen pro m² (Abb. 9b). Die zu den drei übrigen Jahreszeiten angesetzten Kulturen gerieten dagegen mit ihrer Hauptbestockungsphase in Monate mit teilweise erheblich tieferen Temperaturen als auf den Philippinen, besonders was die Minima betrifft, und daraus resultierte die gesteigerte Rispenhäufigkeit. Besonders kraß wirkte sich das stets in der Oktobersaat aus, und ungewöhnlich hohe Bestockungsziffern, wie sie beispielsweise bei den Herbstsaaten der beiden Arbeitsjahre 1971/72 sowie 1972/73 anfielen, ließen sich stets mit besonders tiefen und zum Teil vorzeitig eintretenden Nachttemperaturen im November und Dezember korrelieren.

So lassen sich auch die jahreszeitlichen Unterschiede in der Wuchshöhe auf Temperaturwirkung zurückführen. Die der Rispenhäufigkeit entgegengesetzte jahreszeitliche Tendenz der Ährchenzahlen pro Rispe (S. 85, Abb. 9c) entspricht der oben beschriebenen Sortencharakteristik und ist ebenfalls temperaturbedingt.

Auch der hohe Prozentsatz steriler Ährchen bei den Oktobersaaten ist die Folge der während der kubanischen Wintermonate herrschenden tiefen Temperaturen. Das Verhalten der Reispflanzen wich in dieser Hinsicht hier nicht von den Erscheinungen ab, die an der kühlen Gebirgsstation La Trinidad auf den Philippinen beobachtet wurden (IRRI 1970, S. 166).

Der bestockungsfördernde Temperatureffekt in Cuba ist nun hier gepaart mit einem hohen Angebot an Strahlungsenergie für die pflanzliche Stoffproduktion. Würden die kühlen Temperaturen begleitet von ungünstiger Witterung, d. h. herabgesetzter Sonnenstrahlung, so müßte ein Großteil der gebildeten Bestokkungstriebe wieder verkümmern. Hier jedoch tritt das Gegenteil ein.

Im Strahlungsdiagramm der Abb. 23 wurden die Werte von Los Baños für die Philippinen (nach TANAKA & al., 1966) den auf unserer Versuchsstation „Niña Bonita" gemessenen Daten gegenübergestellt, die ohne wesentliche Abweichungen mit den mehrjährigen Beobachtungen am Institut für Meteorologie der Kubanischen Akademie der Wissenschaften in Havanna übereinstimmen.

Auf den Philippinen hält das regenreiche Monsunklima über einen großen Teil des Jahres den Himmel weitgehend bedeckt, und die Strahlungsmittelwerte liegen acht Monate lang im Bereich von 240 bis 360 $cal/cm^2 \cdot d$; nur während der Trockenperiode erreicht die Sonnenstrahlung Tagesmittelwerte von 400 cal/cm^2 und darüber.

In Cuba dagegen erhalten nur die Monate von November bis Januar eine mittlere tägliche Strahlungssumme mit weniger als 400 cal/cm^2; zu allen übrigen Jahreszeiten ist die Globalstrahlung weit stärker und erreicht monatliche Tagesmittel bis zu 550 cal/cm^2, mit einzelnen Tagessummen bis zu 660 cal/cm^2. Selbst im Oktober noch kann die aufgefangene Globalstrahlung bei geeigneter Wolkenreflexion in Momentanmessungen vorübergehend bis zu 1,8 $cal/cm^2 \cdot min$, und damit fast bis zur Solarkonstante ansteigen.

Die hohen Werte für die Sonnenstrahlung in Cuba sind eine Folge ihrer Verteilung. In der Regel beginnt hier jeder Tag mit Sonnenschein, und die Vormittage tragen fast durchweg Schönwettercharakter. Aufkommende Bewölkung bleibt leicht, wechselt rasch, verdichtet sich erst gegen Mittag und löst sich während der trockenen Jahreszeit am Nachmittag wieder auf. Während der regenreichen Sommermonate von Mai bis Oktober bilden sich in den Mittagsstunden häufig die tropischen Zenitalgewitter, und die Niederschläge fallen als sehr starke, aber kurzdauernde Regenschauer. Nachmittags klart der Himmel dann meist wieder auf, so daß insgesamt die tägliche Sonneneinstrahlung nur für wenige Stunden unterbrochen wird. Durchweg trübe Tage sind in Cuba sehr selten und kommen meist in den Wintermonaten vor, dann zuweilen auch mit anhaltendem schwachen Regen, wenn großräumige Kaltluftfronten über dem nordamerikanischen Kontinent ihren Einfluß bis über die Antillen ausdehnen und dann in Cuba auch einen empfindlichen Temperatursturz verursachen können.

Mit diesen Temperatur- und Strahlungsverhältnissen läßt sich eine zusammenfassende Betrachtung über den Einfluß der Klimafaktoren auf Stoffproduktion und Ertragsbildung bei der Reissorte 'IR-8' in den beiden Ländern aufbauen:

Auf den Philippinen bietet die sonnige Trockenzeit eine ausreichend starke Strahlungsenergie für die Photosynthese, doch sind die Temperaturen relativ hoch; die mittleren Monatsminima sinken nicht unter 23 °C (IRRI 1970, S. 165). Für die vergleichbaren Monate in Cuba liegen die Strahlungswerte höher, die Temperaturen aber wesentlich tiefer; das bedeutet ein stärkeres Energieangebot für die Stoffproduktion, bei gleichzeitig geringerem Substanzverlust durch Atmung. Damit erscheinen die auf den Philippinen in der Trockenzeit eingebrachten

Kornerträge zwischen 9 und 10 t/ha zwar hoch, aber keineswegs unter optimaler Klimakonstellation gewonnen, und schon daraus darf geschlossen werden, daß die Leistungsfähigkeit der Sorte 'IR-8' unter den dortigen Bedingungen noch nicht ausgeschöpft ist und die philippinischen Ertragswerte unter günstigeren Klimaverhältnissen durchaus überschreitbar sind.

Während der Regenzeit geht auf den Philippinen die Sonnenstrahlung stark zurück und kann oft den Reiskulturen nicht mehr die volle Lichtsättigung für ihre Photosynthese bieten. Die Stoffproduktion muß dann wegen Energiemangels gedrosselt werden und zusätzlich noch starke Atmungsverluste hinnehmen, da die Temperaturen in den Sommermonaten hoch bleiben und auch nachts wegen der bei vorherrschender Bewölkung reduzierten Ausstrahlung nur wenig abkühlen. Der Kornertrag erreicht in dieser Periode nur etwa zwei Drittel der in der Trockenzeit gewonnenen Ernte (IRRI 1968, 1970). In Cuba bestehen keine hiermit vergleichbaren Klimaverhältnisse.

Hier regen zunächst die im Vergleich zu den Philippinen kühleren Temperaturen eine stärkere Bestockung an, die zu gesteigerter Rispenhäufigkeit pro m^2 führt. Diese tieferen Temperaturen beeinträchtigen aber nicht die Photosynthese-Aktivität der Reispflanzen (ORMROD 1961). Die starke Sonnenstrahlung, die auch mit ihren niedrigsten Monatsmitteln (November bis Januar) noch volle Lichtsättigung für die Photosynthese bietet (LERCH 1976b, S. 56), kann somit und – gehindert von den Pflanzen für ihre Stoffproduktion genutzt werden. Dieses hohe Angebot an Sonnenenergie wird nunmehr von der für die Sorte 'IR-8' spezifischen Blattstruktur und -verteilung besonders effektiv genutzt: Die kurzen, starren, steil nach oben ragenden Blätter verteilen sich so günstig im Raum, daß das Licht der hochstehenden Sonne tief in den Bestand eindringen kann und damit auch die unteren Blätter während des Jugendwachstums zu reger Stoffproduktion befähigt. Zudem trifft die Phase der stärksten Photosynthese-Aktivität, die in den Vormittagsstunden liegt (vgl. LERCH 1976b, S. 54), fast stets mit sonnigem Wetter zusammen, und die Substanzverluste als Folge der Atmung dürfen wegen der kühleren Nachttemperaturen in Cuba wesentlich geringer eingeschätzt werden als für die Philippinen. Damit sind die Voraussetzungen für eine leistungskräftige Stoffproduktion gegeben, die sich auch in der späteren Ertragsbildung widerspiegelt. Die in Cuba erzielten hohen Erträge sind somit nicht der Ausdruck einer ungewöhnlich gesteigerten Photosynthese-Kapazität in der Sorte 'IR-8' – die entsprechenden Meßdaten für die CO_2-Nettoassimilation pro Blattflächeneinheit liegen im Normalbereich der für Reis bekannten Werte (vgl. Teil II, LERCH 1976b) –, sondern resultieren aus der Stetigkeit eines effektiven Produktionsprozesses, der unter günstigen Außenbedingungen ohne Unterbrechung ablaufen kann und dadurch, trotz durchschnittlicher Leistung der Einzelblätter, insgesamt ein überragendes Gesamtergebnis erreicht.

Die starke Heterogenität in der Photosynthese-Kapazität der verschiedenen Blätter bei der Sorte 'IR-8' schaltet weitgehend einen nachteiligen Einfluß der gegenseitigen Beschattung in dichten Pflanzenbeständen aus. Während des Anfangswachstums, wo noch alle Blätter etwa gleichwertig mit ihrer Photosynthese-Aktivität an der Gesamtstoffproduktion der jungen Reiskultur beteiligt sind, ist die Bestandesstruktur noch so weit aufgelockert, daß ausreichend Licht für alle Blätter vorhanden ist. Schließt sich mit fortschreitendem Blattwachstum der Bestand immer dichter, so übernehmen die obersten, stets genügend mit Licht versorgten Blätter den Hauptanteil an der Stoffproduktion.

Dieser letztere Gesichtspunkt wurde bisher bei den Arbeiten über die Produktivität tropischer Reiskulturen zu wenig beachtet und der gegenseitigen Beschattung im Pflanzenbestand zu starkes Gewicht beigemessen (Tanaka 1966, Tanaka & Kawano 1966, Navasero & Tanaka 1966). Zur Ermittlung einer optimalen Standweite für Reiskulturen wird bis jetzt am Internationalen Reisforschungsinstitut (IRRI) hauptsächlich mit der Regression zwischen Kornertrag und Blattflächenindex zur Blütezeit gearbeitet (IRRI 1968, S. 22f.; Tanaka & al. 1966). Gegen dieses Konzept sind jedoch prinzipielle Einwände zu erheben.

Der von Watson (1947) eingeführte Begriff des „Leaf Area Index" (LAI) als lebende Gesamtblattfläche pro Quadratmeter Bodenoberfläche ist zunächst nichts anderes als ein Maß für die Blattentwicklung eines Pflanzenbestandes. Wird dieses Merkmal gleichzeitig als Kriterium für die Photosynthese-Kapazität dieses Bestandes benutzt, wobei Unterschiede in der CO_2-Assimilation (je Blattfläche) ausschließlich dem Beschattungsgrad der Blätter zugeschrieben werden (Watson 1952, 1958; Watson & al. 1958, 1963; Takeda 1961; Tanaka & al. 1966), so wird damit die alters- und funktionsbedingte Heterogenität der Photosynthese in den Pflanzen übersehen, und der unterschiedliche Beitrag ihrer Blätter zur Gesamt-Stoffproduktion eines Bestandes bleibt unberücksichtigt. Auch Nichiporovich (1960) hat auf diese grundsätzliche Schwäche des zu stark vereinfachten Schemas von Watson hingewiesen.

Wenn die unteren Blätter an den Reispflanzen ohnedies eine weit geringere Photosynthese-Kapazität besitzen als die oberen (Tanaka 1958, 1961; Tanaka & Kawano 1966; Tanaka & al. 1966; IRRI 1972, S. 54), was auch durch unsere Messungen bestätigt wurde (Teil II, Lerch 1976b), dann ist ihre stärkere Beschattung im natürlichen Pflanzenbestand von untergeordneter Bedeutung für die Assimilationstätigkeit dieses Bestandes. Auch das durch die Beschattung geförderte frühzeitige Absterben der unteren Blätter (Tanaka 1966, Navasero & Tanaka 1966) wirkt sich nicht negativ auf den Kornertrag aus, solange dieses Absterben nur die Folge des gesunden natürlichen Wachstums der oberen Blätter ist, deren aktive Produktivität den Verlust kompensiert (Ishizuka & Tanaka 1966).

Nun läßt sich trotzdem der Blattflächenindex als brauchbares Kriterium in der kausalen Stoffproduktionsanalyse verwenden, wenn man den Wert für eine bestimmte Gesamtblattfläche jeweils mit der bis zum gleichen Zeitpunkt auf derselben Bodenfläche produzierten Gesamt-Trockenmasse vergleicht. Bedenklich aber ist es, die zur Blütezeit einer Reiskultur gegebene Gesamtblattfläche mit dem mehrere Wochen später geernteten Kornertrag in Beziehung zu setzen, wenn bis dahin der größte Teil der zur Blüte noch vorhandenen Blätter abstirbt und überdies nur ein kleiner Teil der Gesamtblattfläche durch seine Photosynthese-Tätigkeit direkt an der Produktion der Kornmasse beteiligt ist.

Nach den ausgedehnten Untersuchungen zahlreicher Autoren (TAKEDA & MARUTA 1955, FUJIWARA & SUZUKI 1957, HUANG-CHANG & al. 1958, INOSAKA 1958, TANAKA 1958, ASADA & al. 1960, GONG-MOU 1960, LIZANDR & BROVTSYNA 1964, LIAN & TANAKA 1967, IRRI 1967b, S. 24) darf als gesichert angenommen werden, daß höchstens ein Drittel der Reiskornmasse vor der Blüte gebildet und zeitweilig als Reservestoffe in die Sproßgewebe eingelagert, die Hauptmasse jedoch erst nach der Blütezeit, und zwar zum weitaus überwiegenden Anteil von den Fahnenblättern produziert wird. Für die Sorte 'IR-8' gibt IRRI (1971, S. 24) folgende Proportionen an: Etwa 26% der Körner-Trockenmasse stammen aus Reserven, die vor der Blüte angelegt wurden; und 74% werden erst nach der Blütezeit produziert, wobei etwa 9% von den Rispen selbst (TAKEDA & MARUTA 1955) und rund 65% der gesamten Körnermasse durch die Photosynthese der Fahnenblätter aufzubringen sind.

Wenn somit von der gesamten zur Blütezeit vorhandenen Reisblattfläche nur die Fahnenblätter effektiv an der nachfolgenden Hauptproduktion von Kornmasse beteiligt sind, büßt eine Korrelation zwischen Blattflächenindex zur Blütezeit und späterem Kornertrag weitgehend an Gewicht ein, und die Regressionsgleichung verliert ihren physiologischen Sinn, mag sie mathematisch noch so gut fundiert sein. Selbstverständlich hängt die Produktivität der Ertragsbildung auch von einer gesunden Blattentwicklung ab, und die für den Kornertrag benötigten Reserven werden ja vor der Blüte mit Hilfe des gesamten Blattflächenpotentials gebildet. Daher wird als Folge günstiger Wachstumsbedingungen mit einer vergrößerten Gesamtblattfläche auch meist ein höherer Ertrag entstehen, und aus der häufigen Parallelität dieser beiden Erscheinungen läßt sich auch eine biometrisch gut gesicherte Korrelation erwarten, ohne daß damit der Nachweis für ein echtes Ursache-Wirkung-Verhältnis gegeben ist.

Wir haben – dem IRRI-Konzept folgend – auch für unsere Versuchskulturen zunächst die Korrelationen zwischen Blattflächenindex zur Blütezeit und nachfolgendem Kornertrag berechnet. Als Beispiel zeigt Abb. 24 die Verhältnisse für das Arbeitsjahr 1970/71. Mit Ausnahme der Oktobersaaten ergab sich für den Standweitenbereich von 10 bis 40 cm stets ein signifikanter Korrelationskoeffizient und eine lineare Regression. Im Gegensatz dazu werden von den Philippinen geknickte Kurven („Plateau-Typ") berichtet, d. h. nach anfänglichem Anstieg bleiben dort die Ertragswerte auf gleicher Höhe stehen, sobald ein „kritischer Blattflächenindex" (für 'IR-8' ein LAI-Wert von etwa 6) überschritten wird (IRRI 1970, S. 146; 1971, S. 22; 1972, S. 53/54; FAGADE & DE DATTA 1971). Bei unseren Versuchen in Cuba gab es keinen derartigen „kritischen Blattflächenindex". Optimumkurven, mit Ertragsgipfeln bei LAI-Werten um 12, zeigten sich erst bei Einbeziehung sehr dichter Bestände (mehr als 100 Pflanzen je m^2), aber auch dann flachten die Ertragskurven erst bei LAI-Werten oberhalb 8 allmählich ab (Abb. 25). Wurde die Fahnenblattfläche pro m^2 Boden mit dem Kornertrag korreliert, so ergaben sich ähnliche Regressionslinien (Abb. 25), als einfache Folge einer gewissen stabilen Proportionalität zwischen Fahnenblattgröße und Gesamtblattfläche zur Blütezeit einer Reispflanze.

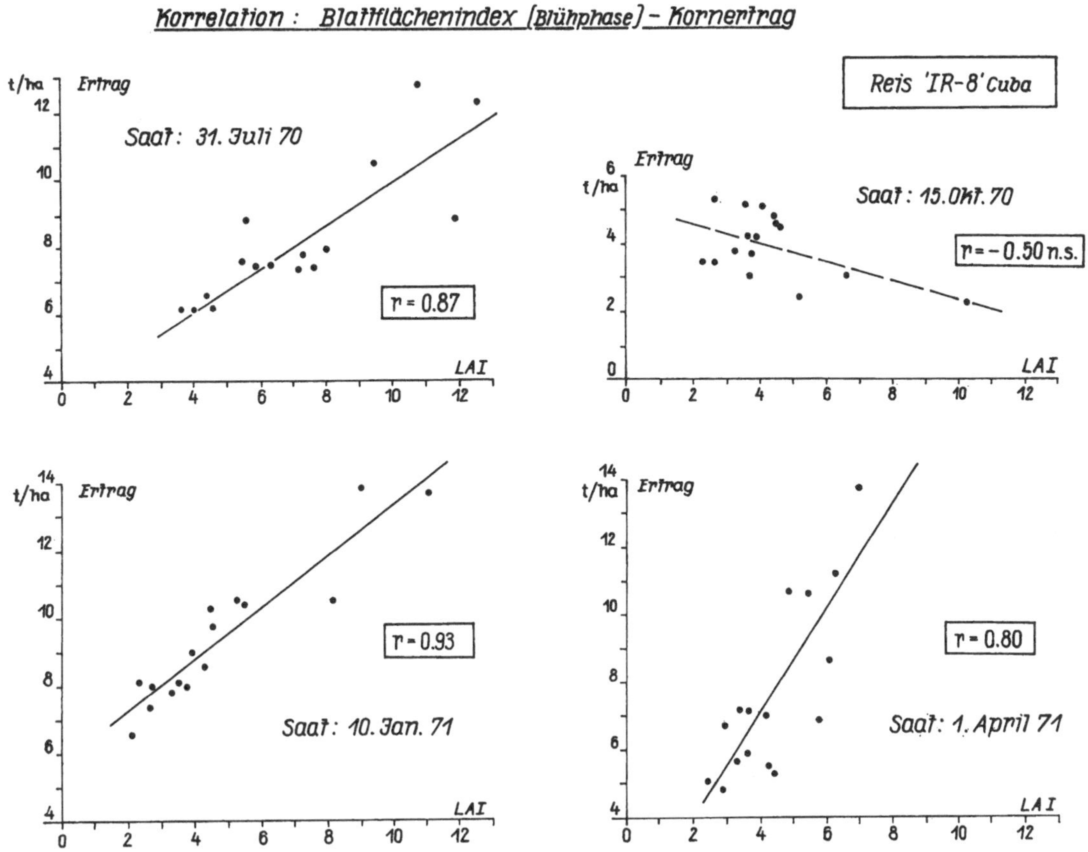

Abb. 24 Korrelationen zwischen Blattflächenindex (Blüte) und Kornertrag für die Versuchskulturen 1970/71

Weit schärfere Aussagen als mit einer statistisch kalkulierten Korrelation lassen sich dagegen mit direkten Koeffizienten zwischen Kornertrag und Blattfläche-Werten erzielen. In Abb. 26a werden zunächst die Koeffizienten aus Kornertrag und Blattflächenindex (Blütezeit) verglichen. Dieser hypothetische „Kornertrag pro Gesamtblattfläche" nimmt mit der Standweite zu, sinkt mit erhöhter Stickstoffgabe ab, und variiert, gleichfalls mit signifikanten Differenzen, zwischen den drei Aussaat-Terminen, wobei die Sommersaat wegen ihrer übergroßen Blattfläche besonders niedrige Werte zeigt (Abb. 27a). Eine stabile, funktionell anwendbare Beziehung zwischen den beiden Variablen gab es erwartungsgemäß für keinen der drei Versuchsfaktoren. Bei gleichem Blattflächenindex wurden ganz unterschiedliche Erträge erreicht, und umgekehrt.

Wurde statt dessen die Fahnenblattfläche pro m^2 Boden mit dem Ertrag in direkte Beziehung gesetzt, so zeichnen die entsprechenden Koeffizienten ein weitaus deutlicheres Abhängigkeitsbild (Abb. 26b). Diese Koeffizienten erhalten eine physiologische Aussagekraft aus den oben genannten Befunden, daß das Fahnenblatt den Hauptanteil an der postfloralen Kornmasseproduktion trägt. Erwartungsgemäß sinkt der „Kornertrag pro Fahnenblattfläche" mit gesteigerter Stickstoffdüngung, wegen der bei hoher N-Gabe stark vergrößerten Blattfläche, und variiert auch mit der Jahreszeit, vorrangig infolge der unterschiedlichen Vegetationsdauer und Strahlungsmenge; die Werte erwiesen sich jedoch unabhängig von der Standweite, zwischen deren Varianten (10 bis 40 cm Abstand) keine signifikanten Differenzen auftraten (Abb. 27b). Daraus aber ergibt sich der Schluß, daß bei gegebener Jahreszeit und Stickstoffversorgung bei der Sorte 'IR-8' der Kornertrag – für den im Experiment gewählten Standweitenbereich – eine lineare Funktion der Gesamt-Fahnenblattfläche pro Bodenflächeneinheit bildet, d. h. ein um so höherer Ertrag zu erwarten ist, je mehr Rispen pro m² vorhanden sind, ohne Rücksicht auf eine Beschattung der unteren Pflanzenteile, die auf den Ertrag keinen Einfluß hat. Letztere Erscheinung wird neuerdings auch von IRRI eingeräumt (IRRI 1968, S. 23; 1970, S. 148).

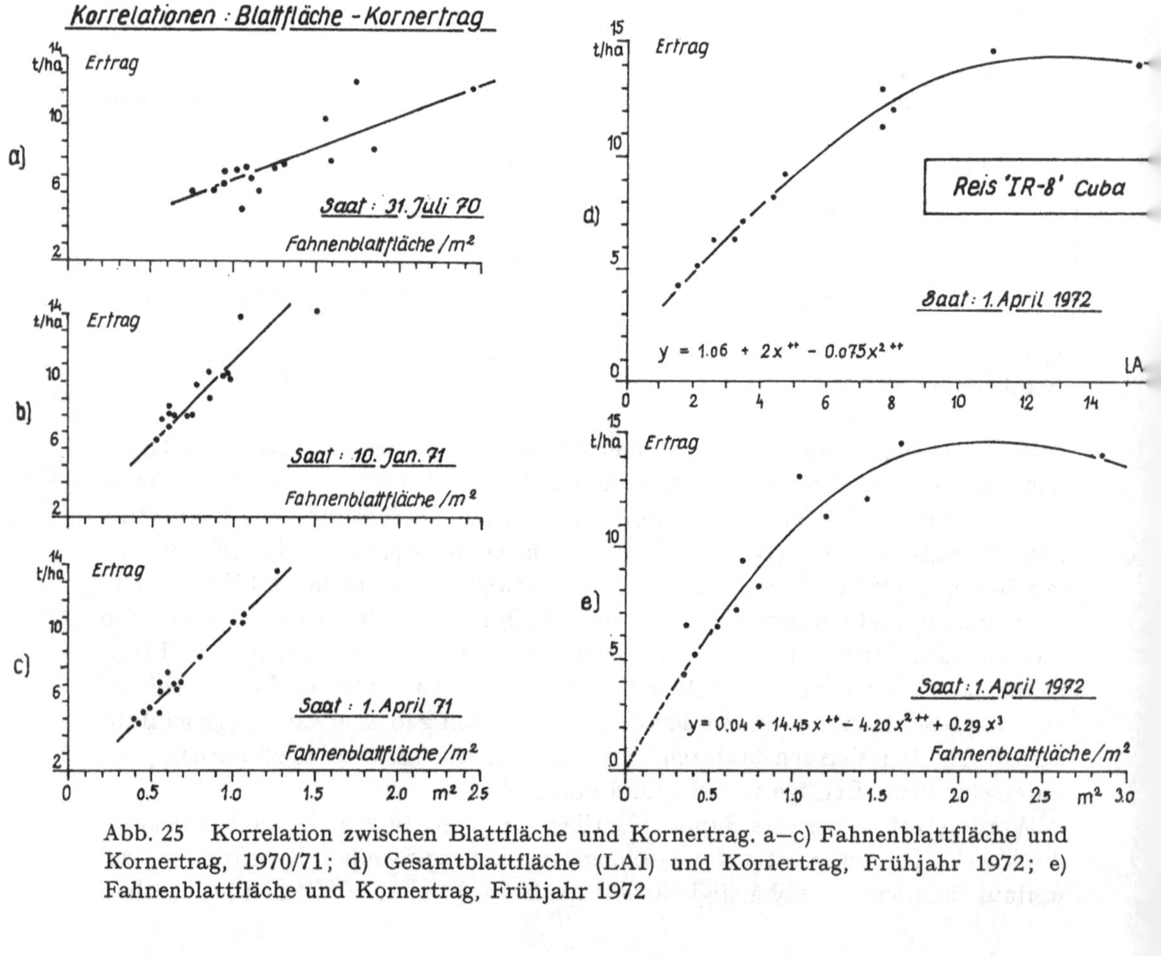

Abb. 25 Korrelation zwischen Blattfläche und Kornertrag. a–c) Fahnenblattfläche und Kornertrag, 1970/71; d) Gesamtblattfläche (LAI) und Kornertrag, Frühjahr 1972; e) Fahnenblattfläche und Kornertrag, Frühjahr 1972

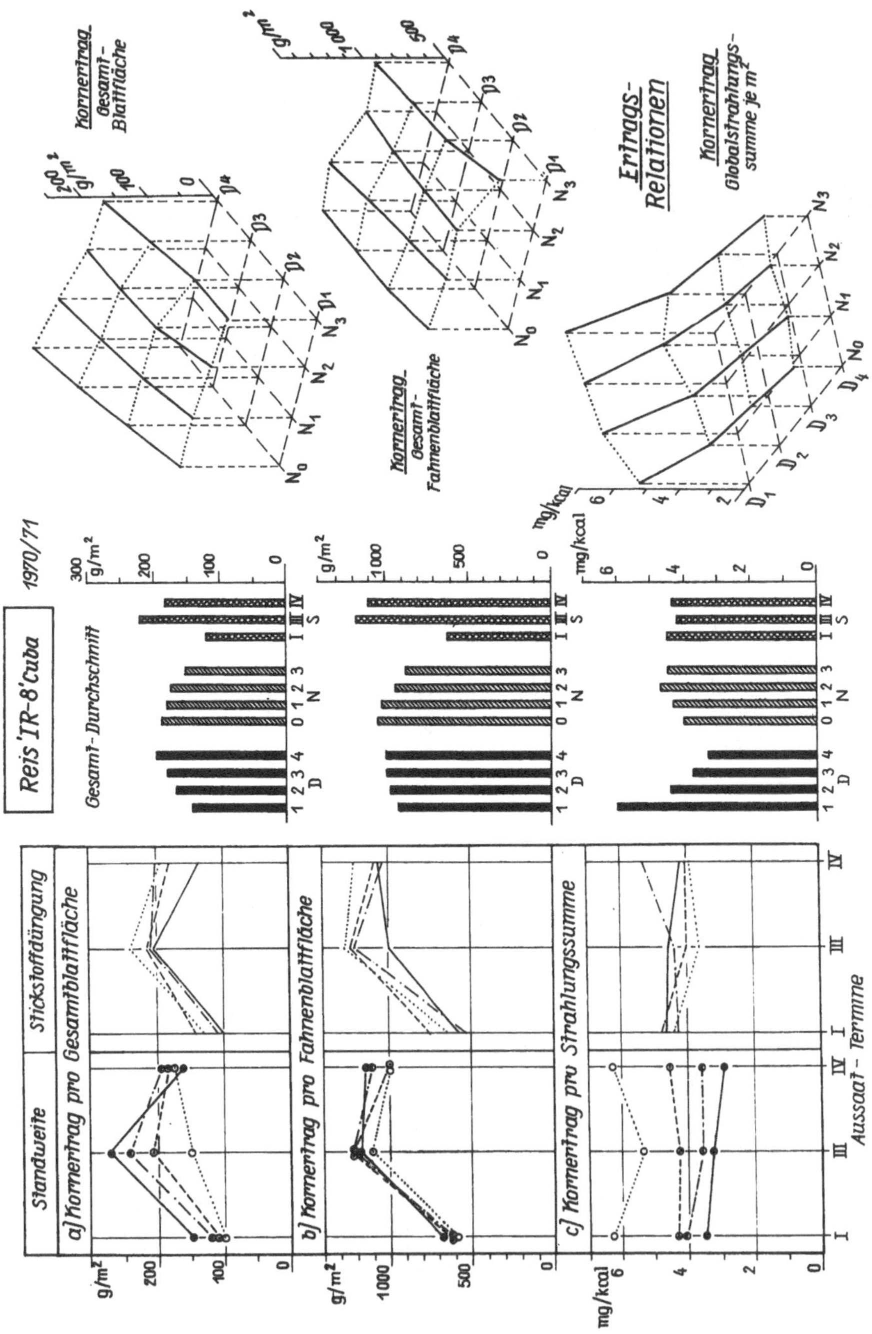

Reis 'IR-8' Cuba
1970/71
Standweite
Stickstoffdüngung
a) Kornertrag pro Gesamtblattfläche
b) Kornertrag pro Fahnenblattfläche
c) Kornertrag pro Strahlungssumme
Aussaat - Termine
Gesamt - Durchschnitt
g/m²
mg/kcal
Kornertrag
Gesamt-
Blattfläche
Kornertrag
Gesamt-
Fahnenblattfläche
Ertrags-
Relationen
Kornertrag
Globalstrahlungs-
summe je m²

Abb. 26

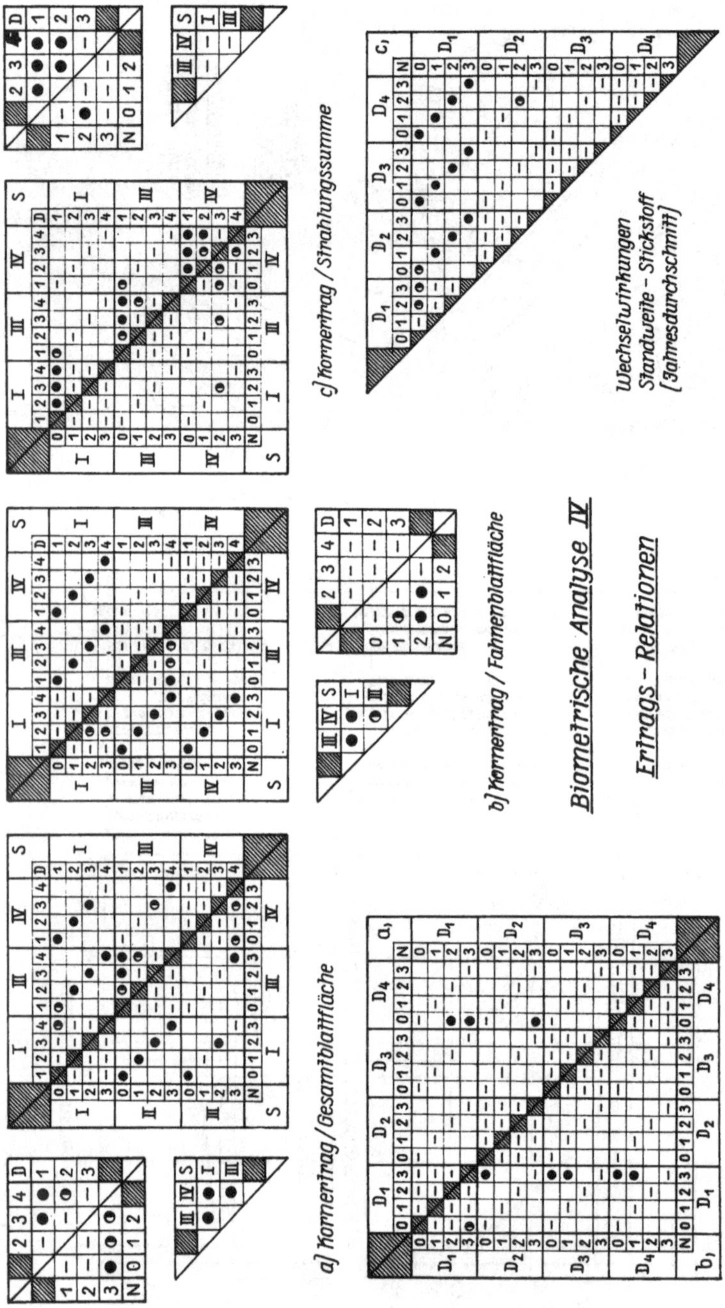

Abb. 27 Ertragsrelationen 1970/71. a) Kornertrag pro Gesamtblattfläche; b) Kornertrag pro Fahnenblattfläche; c) Kornertrag pro Strahlungssumme

Im Einklang hiermit wurde auch die CO_2-Nettoassimilation in den fast senkrecht aufragenden Fahnenblättern durch keine gegenseitige Beschattung gestört, und die Photosynthese-Werte pro Blattflächeneinheit zeigten keine signifikanten Differenzen zwischen den Varianten der Standweite (vgl. Teil II, LERCH 1976b, S. 60).

Stützt man sich bei einer Überschlagsrechnung auf die von IRRI (1971, S. 24) für die Sorte 'IR-8' vorgeschlagene Annahme, daß etwa 65% der Körner-Trockenmasse durch die Photosynthese-Tätigkeit der Fahnenblätter produziert werden müssen, so ergibt sich folgendes Bild:

Für die Wintersaat 1971 resultiert aus Abb. 26b ein mittlerer Kornertrag von 1200 g Trockenmasse pro m^2 Fahnenblattfläche. Um 65% dieses Betrages innerhalb einer Frist von 42 Tagen zwischen Blüte und Kornreife (Abb. 1; vgl. auch LERCH 1976a, S. 26) bei einer zwölfstündigen täglichen Sonnenscheindauer zu erzeugen, wie sie für die Monate Juni und Juli in Cuba angenommen werden kann, bedarf es einer durchschnittlichen Stundenproduktion von etwa 15,4 mg Kohlenhydrat, oder einer mittleren Nettoassimilation von 25 mg CO_2 pro dm^2 Blattfläche und Stunde. Die während dieser Zeit herrschende durchschnittliche Globalstrahlung von 500 $cal/cm^2 \cdot$ Tag enthält einen photosynthetisch aktiven Anteil (400–700 nm) von etwa 260 W/m^2 (65 kLux), somit mehr als volle Lichtsättigung, so daß geringfügige, rasch wechselnde Bewölkung die Effektivität der Photosynthese nicht beeinträchtigte (MCCREE & LOOMIS 1969).

Die auf diese Weise theoretisch postulierte Nettoassimilation von 25 mg $CO_2/dm^2 \cdot h$ liegt in realer Größenordnung und entspricht den von uns bei Sonnenschein gemessenen Daten für die Fahnenblätter (LERCH 1976b, S. 58). Zwar muß ein gewisser Zusatz für die Kompensation der nächtlichen Atmung einkalkuliert werden, andererseits ist auch die Eiweißproduktion in den Körnern zu berücksichtigen, sowie der Umstand, daß gerade bei dieser Versuchskultur mit der Möglichkeit einer gesteigerten Assimilatreserve aus dem langen Jugendwachstum gerechnet werden darf (S. 97).

Für die Sommersaat 1970 mit ihrer etwas kürzeren Vegetationsdauer ergibt sich bei einem mittleren Kornertrag von 650 g pro m^2 Fahnenblattfläche eine stündliche Produktionsleistung von 11,4 mg Kohlenhydrat, bzw. eine Nettoassimilation von 18,5 mg CO_2 pro dm^2 Blattfläche, was den ungünstigeren Witterungsverhältnissen und der kürzeren Tageslänge in den Monaten November und Dezember entspricht.

Die praktischen Versuchsergebnisse fügen sich somit weitgehend in die Theorie ein. Obwohl die exakten Relationen für die Beteiligung von Fahnenblatt, Rispenaktivität und Reservesubstanz an der Produktion der Korntrockenmasse noch eingehenderer Untersuchung bedürfen, vor allem im Hinblick auf Jahreszeit und andere Umweltfaktoren, so darf als gesichert gelten, daß eine Korrelation zwischen Kornertrag und Fahnenblattfläche physiologisch besser fundiert und damit realistischer ist als das herkömmliche schematisierte Kalkül mit der Gesamtblattfläche zur Blütezeit.

Der Nutzeffekt der Sonnenstrahlung für die Ertragsbildung wurde in Abb. 26c durch Koeffizienten gekennzeichnet, die aus dem Kornertrag sowie der von der Blüte bis zur Reife registrierten Globalstrahlungssumme pro m^2 berechnet wurden. Der „Kornertrag pro Strahlungssumme" steigt mit zunehmender Pflanzdichte sprunghaft an; je dichter also ein Bestand, um so effektiver wird das Energieangebot der Sonne für die Ertragsbildung genutzt. Mit erhöhter Stickstoffgabe nahmen die Werte ebenfalls zu, wenn auch geringer als bei der Standweite. Dies entspricht der bekannten Steigerung der Photosyntheseaktivität durch gute N-Versorgung (Osada 1964, Murata 1965, Tanaka & al. 1966). Die Durchschnittswerte für die Jahreszeiten ergaben dagegen keine signifikanten Differenzen (Abb. 27c). Das bedeutet, daß für die Sommer-, Winter- und Frühjahrs-Aussaat die Kornerträge direkt proportional der während der Reifungsperiode eingestrahlten Sonnenenergie waren. Damit wird gleichzeitig die von IRRI (1967b, S. 151) festgestellte starke Korrelation zwischen Ertrag und Strahlungsangebot bestätigt.

Auch die für tropische Verhältnisse kühlen Monate des kubanischen Winters bilden für die Entwicklung der Sorte 'IR-8' kein Hindernis, sofern von den tiefen Temperaturen nur echte Stoffproduktionsvorgänge betroffen werden, also vegetatives Wachstum sowie die Endphase der Ertragsbildung mit den Kornfüllungsprozessen.

Nur wenn die kühlen Wintertage zeitlich mit der Rispenentfaltung und den Blühvorgängen zusammentrafen, die bei Temperaturen unter 27 °C bereits empfindlich geschädigt werden, kam es mit der hochgradigen Kornsterilität zur Ertragskatastrophe, die sich alljährlich wiederholte und besonders kraß das auf den Philippinen in der Gebirgsstation La Trinidad beobachtete Verhalten von 'IR-8' bestätigte. Dieses genotypisch verankerte Sortenmerkmal läßt sich offensichtlich nicht mit pflanzenbaulichen Maßnahmen beseitigen, sondern es muß für die Sorte 'IR-8' ein Aussaat-Termin vermieden werden, bei dem die heranwachsende Kultur mit ihrer Blühphase in zu kühle Temperaturen gerät, d. h. in Cuba vornehmlich eine Aussaat im Oktober und November.

Für den weitaus größten Teil des kubanischen Jahres aber läßt sich folgende Gesamtbilanz ziehen: Die Temperatur- und Strahlungsbedingungen des Klimas von Cuba entsprechen hervorragend der besonderen Pflanzenstruktur und dem physiologischen Produktionspotential der Reissorte 'IR-8', so daß bei einwandfreier agrotechnischer Behandlung, vor allem sorgfältiger Bewässerung und wirksamen Pflanzenschutzmaßnahmen, Kornerträge von mehr als 10 t/ha erzielt werden können. Obwohl die Sorte auf den Philippinen gezüchtet wurde und als für das dortige Klima angepaßt betrachtet werden muß, vermag sie unter kubanischen Klimaverhältnissen mehr zu leisten als in ihrem Ursprungsland.

IV. Zusammenfassung

Entwicklung und Ertragsbildung der Reissorte 'IR-8' werden in Cuba nachhaltig durch den Aussaat-Termin beeinflußt. – Sommersaat: Rasches Anfangswachstum, kräftige Stoffproduktion, kurze Vegetationsdauer (130 Tage), gute Erträge. – Herbstaussaat: Wegen zu kühler Temperaturen langsame Entwicklung und schwere Schädigung der Blühvorgänge in den Wintermonaten; hochgradige Kornsterilität, starker Ertragsverlust. – Wintersaat: Verzögertes Anfangswachstum, dadurch längere Vegetationsperiode (200 Tage), doch intensive Stoffproduktion bei günstiger Sonnenstrahlung. Blüte und Kornreife in warmer Jahreszeit, höchste Erträge. – Frühjahrsaussaat: Mittlere Vegetationsdauer (160 Tage), günstige Klimabedingungen, Erträge fast ebenso hoch wie bei Wintersaat.

Zu den Beziehungen zwischen Blattflächenentwicklung und Kornertrag wird vorgeschlagen, nicht wie bisher üblich, die Gesamtblattfläche zur Blütezeit, sondern nur die Fahnenblattfläche mit dem Ertrag zu korrelieren. Kalkulierte Relationen zwischen Fahnenblattfläche, Körnermasse und CO_2-Assimilation ergaben gute Übereinstimmung. Bei Standweiten von 10–40 cm war der Kornertrag direkt proportional der Fahnenblattfläche pro m^2 Boden, sowie der Globalstrahlungssumme zwischen Blüte und Kornreife. Je dichter ein Pflanzenbestand, desto effektiver wurde die eingestrahlte Sonnenenergie von den Reiskulturen für die Ertragsbildung genutzt.

Bei hoher Pflanzdichte wurden in Cuba höhere Erträge erreicht als auf den Philippinen. Die Ertragsunterschiede werden aus den Strahlungs- und Temperaturverhältnissen abgeleitet: Kühlere Temperaturen in Cuba fördern Bestockung und Rispenhäufigkeit; die stärkere Sonnenstrahlung wird von der Pflanzenstruktur der IR-Typen besonders günstig ausgenutzt. Die Sorte 'IR-8' vermag unter kubanischen Klimabedingungen mehr zu leisten als in ihrem Ursprungsland.

Summary

Effect of Some Climatic and Agricultural Factors on Yield Formation by the Rice Variety 'IR-8' in Cuba. III. Climatic conditions. With 27 Figures

Development and grain-yield of the rice variety 'IR-8' in Cuba are widely influenced by sowing season. – Summer-sowing: Rapid initial growth, strong dry-matter production, short vegetation cycle (130 days), good grain-yield. – Autumn-sowing: Due to the cool temperatures generally slow development, and heavy damage to flowering processes in winter months. High grain sterility, extremely low grain-yield. – Winter-sowing: Initial growth retarded, longer vegetation period (200 days), but intensive dry-matter production, with favorable solar radiation. Flowering and ripening during warm season; highest grain-yield. – Spring-sowing: Medium vegetation cycle (160 days), favorable climatic conditions, grain-yield nearly as high as in winter-culture.

With respect to the relations between leaf area development and grain-yield, it is proposed not to correlate, as usually, the total leaf area (LAI) at flowering, but only the flag-leaf area with the grain-yield. Computed relations between flag-leaf area, dry-matter of grains, and CO_2 net assimilation gave good coincidence. With distances of 10–40 cm between hills, grain-yield proved to be directly proportional to the flag-leaf area per m², as well as to the global radiation sum registered from flowering to ripening period. The more dense a population, the more effectively solar energy was utilized by the rice plants for their grain production.

With high population density, grain-yields proved to be higher in Cuba than on the Philippines. The yield differences are supposed to be due to the radiation and temperature conditions. Cooler temperatures in Cuba increase tillering activity and panicle numbers; the stronger solar radiation is being used in the most effective way by the specific plant structure of the IR-types. Under the climatic conditions of Cuba, rice variety 'IR-8' can yield more than in its native country.

Краткое содержание

Влияние некоторых климатических факторов и способа возделывания на компоненты урожайности сорта риса 'IR–8' на Кубе. III. Климатические условия

Развитие и урожай сорта риса 'IR–8' на Кубе сильно зависят от времени посева. – Летний посев: быстрый начальный рост, интенсивная продукция вещества, короткий вегетационный период (130 дней), хороший урожай. – Осенний посев: из за низких температур – медленное развитие и тяжелые нарушения процесса цветения в зимние месяцы; высокая степень стерильности зерна, сильное снижение урожая. – Зимний посев: замедленный начальный рост, в связи с этим – длиный период вегетации (200 дней), но интенсивная продукция вещества при благоприятном солнечном освещении; цветение и созревание зерна – в теплое время года, в результате – наиболее высокие урожаи. – Весенний посев: средняя длина вегетационного периода (160 дней), благоприятные погодные условий, урожаи – почти так же высоки, как при зимнем посеве.

Что касается зависимости урожая от развития площади листьев, то предлагается учитывать не обшую площадь всех листьев во время цветения, как это делалось до сих пор, а оценивать корреляцию только между площадью верхнего листа и урожаем. Вычисленные соотношения между площадью верхнего листа, массой зерна и ассимиляцией CO_2 дали хорошо согласованные величины. При густоте посева с расстоянием между растениями от 10 до 40 *см* урожай зерна оказывался прямо пропорционален площади верхних листьев на квадратный метр делянки, а также общей сумме инсоляции в период между цветением и созреванием зерна. Чем гуще посев, тем эффективнее использовалась инсоляция культурой риса для реализации урожая.

Загущенные посевы давали на Кубе более высокие урожаи, чем на Филиппинах. Эту разницу урожаев можно объяснить условиями инсоляции и температуры: низкие температуры на Кубе благоприятствуют кущению и увеличивают число метелок; усиленная инсоляция особенно хорошо используется структурой растений типа IR. Таким образом, сорт 'IR–8' в климатических условиях Кубы оказывается более производительным, чем в стране происхождения сорта, на Филиппинах.

V. Literatur

Asada, K., S. Konishi, Y. Kawashima & Z. Kasai, 1960: Translocation of photosynthetic products assimilated by the top leaf to the ear of rice and wheat plants. – Mem. Res. Inst. Food Sci., Kyoto Univ., *22*, 1–11.

Fagade, S. O. & S. K. de Datta, 1971: Leaf area index, tillering capacity and grain yield of tropical rice as affected by plant density and nitrogen level. – Agron. J. *63*, 503–506.

Finck, A., 1963: Tropische Böden. – Hamburg & Berlin, 188 S.

Fujiwara, A., & M. Suzuki, 1957: Studies on the carbon metabolism in the higher plants. II. Structural distribution of the carbon-14 absorbed through the leaf in the rice plant. – Tohuku J. Agric. Res., *8*, 89–97.

Gong-Mou, S., 1960: Translocation and distribution of assimilates from the leaves of rice plant during its various developing periods. Experiments with radioactive carbon. – Acta agric. Sinica, *11*, 30–40, (chines. m. engl. Zus.).

Hayase, H., T. Satake, I. Nishiyama & N. Ito, 1969: Male sterility caused by cooling treatment at the meiotic stage in rice plants. II. The most sensitive stage to cooling and the fertilizing ability of pistils. – Proc. Crop Sci. Soc. Japan, *38*, 706–711.

Huang-Chang, Y., S. Yuen-Kang & S. Kung-Mou, 1958: Translocation of assimilates between tillers and leaves in the rice plant during ripening. – Acta Biol. Exp. Sinica *6*, 105–110 (Chines. m. engl. Zus.)

Inosaka, M., 1958: Vascular connections of the individual leaves with each other and with the tillers in the rice plant. – Proc. Crop Sci. Soc. Japan, *27*, 191–192.

IRRI, International Rice Research Institute, Los Baños, Philippines:
1967a: Annual Report for 1966
1967b: Annual Report for 1967
1968: Annual Report for 1968
1970: Annual Report for 1969
1971: Annual Report for 1970
1972: Annual Report for 1971

Ishizuka, I. & A. Tanaka, 1956: Studies on the ecological characteristics of rice plants grown in different localities, especially from standpoint of the nutrio-physiological character of plant. IV. Studies on physiological relationships between dying of lower leaves and the grain-straw-ratio. – J. Sci. Soil and Manure, Japan, *27*, 145–148.

Ito, N., H. Nayase, T. Satake & I. Nishiyama, 1970: Male sterility caused by cooling treatment at the meiotic stage in rice plants. III. Male abnormalities at anthesis. – Proc. Crop Sci. Soc. Japan, *39*, 60–64.

Lerch, G., 1974a: Desarrollo y rendimiento del arroz, var. IR-8, en Cuba. VIII. Actividad fotosintética – Rev. Agricultura (La Habana), *7* (1), 6–14.

–, 1974b: Desarrollo y rendimiento del arroz, var. IR-8, en Cuba. IX. Relaciones entre área foliar, producción de materia seca y rendimiento agrícola. – Rev. Agricultura (La Habana), *7* (1), 15–38.

LERCH, G., 1974c: Zur Ökologie der Ertragsbildung bei der Reissorte IR-8 in Cuba. – Diss. Promotion B, Univ. Halle/S., 1974, 1–170.

–, 1976a: Einfluß einiger Klima- und Anbaufaktoren auf die Ertragsbildung der Reissorte 'IR-8' in Cuba. I. Standweite und Stickstoffdüngung. – Die Kulturpflanze *24*, 13–51.

–, 1976b: Einfluß einiger Klima- und Anbaufaktoren auf die Ertragsbildung der Reissorte 'IR-8' in Cuba. II. Standweite und CO_2-Assimilation. – Kulturpflanze *24*, 53–63.

LERCH, G., J. FONTAINES, M. SOCORRO & H. BATTLE, 1972a: Desarrollo y rendimiento del arroz, var. IR-8, en Cuba. V. Effecto de la época de siembra en los cultivos del primer ciclo anual de 1970–71. – Rev. Agricultura (La Habana), *5* (1), 82–101.

LERCH, G., J. RAMÒN & J. HORSFORD, 1972b: Desarrollo y rendimiento del arroz, var. IR-8, en Cuba. VI. Efectos mutuos de la densidad de la población, de la fertilización nitrogenada, y de la época de siembra en el ciclo anual de 1971–1972. – Rev. Agricultura (La Habana), *5* (2), 51–83.

LERCH, G., A. TRAVIESO & G. ANTIGUA, 1973: Desarrollo y rendimiento del arroz, var. IR-8, en Cuba. VII. Efecto de altas densidades en tres épocas de siembra del tercer año experimental de 1972/73. – Rev. Agricultura (La Habana) *6* (1), 1–17.

LIAN, S. & A. TANAKA, 1967: Behaviour of photosynthetic products associated with growth and grain production in the rice plant. – Plant and Soil, *26*, 333–347.

LIZANDR, A. A. & V. L. BROVTSYNA, 1964: The physiological role of cauline leaves of rice during the formation and maturing of the caryopses. – Fiziol. Rastenij, *11*, 391–397.

MCCREE, K. J. & R. S. LOOMIS, 1969: Photosynthesis in fluctuating light. – Ecology *50*, 422–428.

MURATA, Y., 1965: Photosynthesis, respiration and nitrogen response. – Proc. Symp. Mineral Nutr. Rice Plants, Los Baños, Philippines, 1964. – Baltimore 1965, 385–400.

NAVASERO, S. A. & A. TANAKA, 1966: Low-light induced death of lower leaves of rice and its effect on grain yield. – Plant and Soil, *24*, 17–31.

NICHIPOROVICH, A. A., 1960: Photosynthesis and the theory of obtaining high crop yields. – 15th Timirjazew Lecture, USSR Acad. Sci., Abstract with commentary. – Field Crop Abstr. *13*, 169–175.

NISHIYAMA, I., 1970: Male sterility caused by cooling treatment at the meiotic stage in rice plants. IV. Respiratory activity of anthers following cooling treatment at the meiotic stage. – Proc. Crop Sci. Soc. Japan, *39*, 65–70.

ORMROD, D. P., 1961: Photosynthesis rates of young rice plants as affected by light intensity and temperature. – Agron. J., *53*, 93–95.

OSADA, A., 4964: Studies on the photosynthesis of Indica rice. – Proc. Crop Sci. Soc. Japan, *33*, 69–76.

SATAKE, T., 1969: Research on cool injury of paddy rice plants in Japan. – Japan. Agric. Res. Quarterly, *4*, 4–10.

TAKEDA, T., 1961: Studies on the photosynthesis and production of dry matter in the community of rice plants. – Japan. J. Bot., *17*, 403–437.

TAKEDA, T., & H. MARUTA, 1955: Studies on the CO_2 exchange in crop plants. IV. Roles played by the various parts of the photosynthetic organs of rice plants in producing grains during ripening period. – Proc. Crop Sci. Soc. Japan, *24*, 181–184.

TANAKA, A., 1958: Studies on the characteristics of the physiological function of leaf of definite position on stem in rice plant. II. Comparison of photosynthetic activity of leaves at various positions on main stem and translocation of photosynthetic products within the plant. – J. Sci. Soil and Manure, Japan, *29*, 327–333.

–, 1966: Mutual shading as a factor limiting the yield response of rice to application of nitrogen, phosphorus and potassium fertilizers. – Plant and Soil, *25*, 201–210.

TANAKA, A., & K. KAWANO, 1966: Effect of mutual shading on dry-matter production in the tropical rice plant. – Plant and Soil, *24*, 128–144.

TANAKA, A., K. KAWANO & J. YAMAGUCHI, 1966: Photosynthesis, respiration and plant type of the tropical rice plant. – IRRI, Techn. Bull. *7*, 1–46. Los Baños, Philippines.

WALTER, H. & H. LIETH, 1960: Klimadiagramm-Weltatlas. – Jena, 1960.

WATSON, D. J., 1947: Comparative physiological studies on the growth of field crops. – Ann. Bot. (Lond)., N. S., *11*, 41–76.

–, 1952: The physiological basis of variation in yield. – Adv. Agron., *4*, 101–145.

–, 1958: The dependence of net assimilation rate on leaf area index. – Ann. Bot. (Lond.), N. S., *22*, 37–54.

WATSON, D. J., G. N. THORNE & S. A. W. ERENCH, 1958: Physiological causes of differences in grain yield between varietes of barley. – Ann. Bot. (Lond)., N. S., *22*, 321–352.

–, –, & –, 1963: Analysis of growth and yield of winter and spring wheats. – Ann. Bot. (Lond.), N. S., *27*, 1–22.

Kulturpflanze XXIV · 1976 · S. 119–132

Über die Beziehung zwischen CO_2-Aufnahme und Stomataweite

MARTINA TSCHÄPE und MARTIN PEISKER

(Eingegangen am 10. Oktober 1975)

Einleitung

Einer der bestimmenden Faktoren für die CO_2-Aufnahme eines Blattes ist der Diffusionswiderstand der Stomata. Dieser wird von der Anzahl der Stomata pro Blattflächeneinheit und von deren Porentiefe, Spaltenlänge und Spaltenweite bestimmt. Es sind eine Reihe theoretischer Ansätze bekannt, die die Abhängigkeit des Stomatawiderstandes von diesen Parametern beschreiben (BROWN und ESCOMBE 1900, RENNER 1910, PENMAN und SCHOFIELD 1951, BANGE 1953, LEE und GATES 1964, MILTHORPE und PENMAN 1967, PARLANGE und WAGGONER 1970). Mit Hilfe dieser Ansätze lassen sich die Abhängigkeit des Stomatawiderstandes von der Spaltenweite und so auch die Beziehung zwischen CO_2-Aufnahmerate und Spaltenweite quantitativ darstellen.

Bei Untersuchungen über die Nachwirkung niedriger Temperaturen auf den CO_2-Gaswechsel thermophiler Pflanzen wurde eine Depression der CO_2-Aufnahme beobachtet, die auf einer unvollständigen Öffnung der Stomata beruhte (TSCHÄPE 1971, 1972). Dabei handelte es sich nicht um die Folgen einer Störung des Wasserhaushaltes, sondern um eine direkte Nachwirkung der Temperaturbehandlung auf den Mechanismus der Schließzellenbewegung. In diesen Versuchen wurden die den Stomatawiderstand bestimmenden geometrischen Parameter und die CO_2-Aufnahmerate gleichzeitig gemessen. Die so erhaltene Abhängigkeit der CO_2-Aufnahmerate von der Stomataweite soll in der vorliegenden Arbeit mit der theoretischen Beziehung zwischen den beiden Größen verglichen werden, die sich nach dem durch PENMAN und SCHOFIELD (1951) modifizierten Ansatz von BROWN und ESCOMBE (1900) für die Berechnung des Stomatawiderstandes ergibt.

Material und Methode

Material

Die Pflanzen (*Cucumis sativus* L. und *Glycine max* (L.) MERR.) sind in einer Klimakammer unter kontrollierten Bedingungen (12 Std. Lichtphase, 16–20000 Lux, 25 °C, 75% rel. Feuchte) in Einheitserde mit wöchentlichen Düngergaben angezogen worden. Alle Messungen des Gaswechsels und der Spaltenapertur wurden an dem ersten (Gurke) bzw. zweiten (Soja) Folgeblatt vorgenommen.

Gaswechselmessungen

Die Nettophotosyntheserate wurde mit einem Infrarotgasanalysator (Typ URM 4, Fa. Zimmermann Leipzig) im Differenzverfahren bei 300 ± 10 ppm CO_2 am Eingang der Küvette, 21% O_2, 40000 Lux (Nitraphotlampe PR 250, VEB Berliner Glühlampenwerk), einer Blattemperatur von 25 ± 0,5 °C und einer Durchflußmenge von 50 l/h gemessen (TSCHÄPE 1971).

Messung der Spaltöffnungsgröße und -anzahl

Die Bestimmung der Spaltenapertur erfolgte nach der von STALFELT (1927) angegebenen Methode durch Direktbeobachtung in Paraffinöl unter dem Mikroskop. Dieses Verfahren hat gegenüber den Abdruckverfahren den Vorzug, nicht nur den äußeren, durch die Kutikularleisten relativ starren Spaltenquerschnitt wiederzugeben. Nach Scharfeinstellung auf die entsprechende optische Ebene kann auch die engste Stelle im Innern des Spaltes erfaßt werden.

Für die vorliegenden Untersuchungen wurden unmittelbar nach Beendigung der Gaswechselmessungen an jeweils identischen Stellen in der Mitte der Blattunterseite 2–3 Tropfen Paraffinöl aufgebracht und sofort unter dem Immersionsobjektiv die Porenweite und -länge von 25 Spaltöffnungen ausgemessen. Voruntersuchungen zeigten, daß bei einer solchen Behandlung die Spaltenweite für 15 bis 20 Minuten unverändert erhalten bleibt.

Die Länge des Tubus und die Anzahl der Stomata pro Blattfläche wurden an Freihandschnitten bzw. Epidermisstreifen von lebendem Material bestimmt. Dadurch sind Fehler durch Schrumpfung von eingebettetem Material vermieden worden.

Theoretische Betrachtungen

Nach PENMAN und SCHOFIELD (1951) ist der Diffusionswiderstand bei elliptischen Stomata näherungsweise durch die Formel

$$r_s = \frac{1}{nD}\left(\frac{l}{\pi ab} + \frac{1}{2\sqrt{ab}}\right) \tag{1}$$

gegeben (l = Tubuslänge, $2a$ = Spaltenlänge, $2b$ = Spaltenweite der Stomata, n = Anzahl der Stomata pro Flächeneinheit). Die Diffusionskonstante für CO_2 beträgt 0,165 cm^2s^{-1} (GALE und POLJAKOFF-MAYBER 1968). Bei Lichtsättigung und nicht zu hohen CO_2-Konzentrationen besteht zwischen CO_2-Aufnahme F und der CO_2-Konzentration in der Umgebung des Blattes c_u eine lineare Beziehung, die durch die Gleichung

$$F = \frac{c_u - \Gamma}{r_a + r_s + r_i} \tag{2}$$

ausgedrückt werden kann (JARVIS 1971). r_a ist der Widerstand der Grenzschicht zwischen Blattoberfläche und umgebender Atmosphäre, Γ die CO_2-Kompensationskonzentration. Der in Anlehnung an LUDLOW und WILSON (1972) als intracellulärer Widerstand bezeichnete Teilwiderstand r_i berücksichtigt sowohl den CO_2-Transport innerhalb der Mesophyllzellen als auch den Einfluß biochemischer Faktoren auf die CO_2-Aufnahme.

Die mittlere CO_2-Konzentration in der Umgebung des Blattes c_u hat einen Wert, der zwischen den CO_2-Konzentrationen am Eingang und am Ausgang der Küvette c und c_a liegt: $c_u = (1-q)\ c + qc_a$ $(0 < q \leqq 1)$. Sie ist damit von der CO_2-Aufnahmerate und demzufolge auch vom Öffnungszustand der Stomata abhängig.

Führt man in Gleichung (2) an Stelle von c_u die konstante CO_2-Konzentration c ein, dann erhält man

$$F = \frac{c - \Gamma}{r_a + r_s + r_i + q\frac{f}{v}} \tag{3}$$

(PEISKER und APEL 1971). Bei ausreichender Ventilation kann für c_u die am Ausgang der Küvette gemessene Konzentration c_a eingesetzt werden $(q = 1)$. Der in diesem Fall als zusätzlicher Widerstand im Nenner auftretende Quotient aus Blattfläche f und Gasdurchfluß durch die Küvette v wurde von LAISK und OJA (1971) als Küvettenwiderstand („leaf chamber resistance") bezeichnet.

Durch Einsetzen des Ausdrucks (1) für den Stomatawiderstand in Gleichung (3) erhält man eine Formel für die Beziehung zwischen CO_2-Aufnahmerate und Stomataweite:

$$F = \frac{2b}{A \cdot 2b + B \cdot \sqrt{2b} + C} \tag{4}$$

Die Koeffizienten A, B und C sind durch die Formeln

$$A = \frac{r_a + r_i + q\frac{f}{v}}{c - \Gamma} \tag{5}$$

$$B = \frac{1}{nD\sqrt{2a}\,(c - \Gamma)} \tag{6}$$

$$C = \frac{4l}{nD\pi 2a\,(c - \Gamma)} \tag{7}$$

gegeben.

Ergebnisse

Die in Gleichung (4) enthaltenen Koeffizienten A, B und C wurden einmal aus der experimentell beobachteten Abhängigkeit der CO_2-Aufnahme von der Stomataweite bei *Glycine* (Abb. 1) und *Cucumis* (Abb. 2) nach der Methode der kleinsten Quadrate bestimmt (Tabelle 1, Spalte I). Die mit I bezeichneten Kurven in Abbildung 1 und Abbildung 2 sind die zugehörigen Ausgleichskurven. Zum anderen wurden B und C aus den morphologischen Parametern (Tab. 2) nach (6) und (7) berechnet (Tab. 1, Sp. II). Für den Kompensationspunkt wurde dabei in Anlehnung an PEISKER und APEL (1971 und nicht veröffentlichte Ergebnisse) und CURTIS et al. (1969) ein Wert von 45 vpm CO_2 angenommen. Da sowohl r_a als

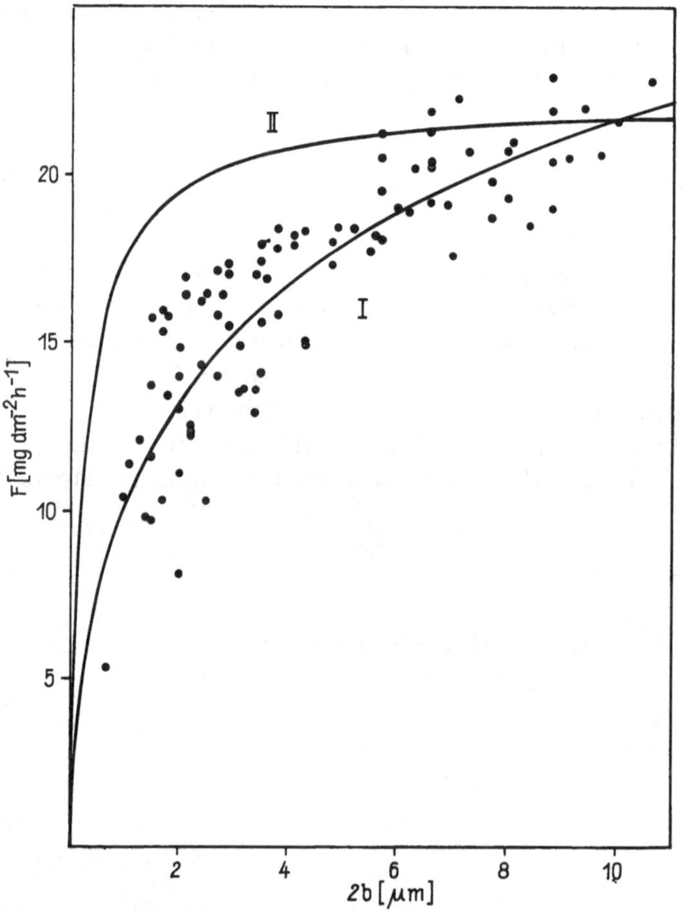

Abb. 1 Abhängigkeit der CO_2-Aufnahme von der Stomataweite bei *Glycine max* (L.) MERR. I: Ausgleichskurve für die experimentellen Daten, II: aus den morphologischen Parametern berechnete Kurve

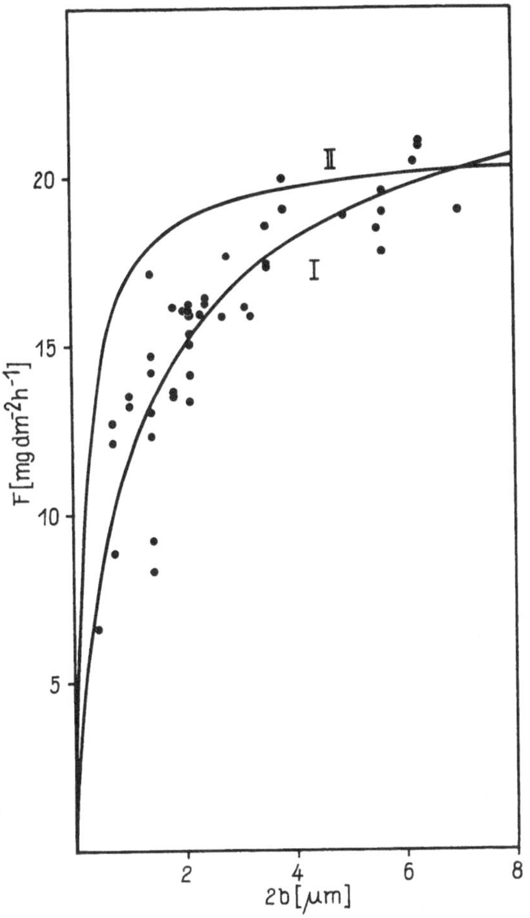

Abb. 2 Abhängigkeit der CO_2-Aufnahme von der Stomataweite bei *Cucumis sativus* L.
I: Ausgleichskurve für die experimentellen Daten, II: aus den morphologischen Parametern berechnete Kurve

auch r_i nicht gemessen worden waren, konnte der Koeffizient A nicht nach Formel (5) berechnet werden. Er wurde statt dessen aus der experimentell bestimmten maximalen CO_2-Aufnahmerate $F_{max} = F(2b_{max})$ und den berechneten Werten von B und C nach der Gleichung

$$A = \frac{1}{F_{max}} - \frac{B}{\sqrt{2b_{max}}} - \frac{C}{2b_{max}}$$

ermittelt. Die mit den Koeffizienten in Spalte II berechneten Kurven sind ebenfalls in Abbildung 1 und Abbildung 2 eingezeichnet worden.

Bei *Glycine* stimmten die nach den beiden Verfahren ermittelten Werte von C innerhalb der Fehlergrenzen überein. Dagegen unterschieden sich die Werte von B etwa um den Faktor 30. Diesem Unterschied entspricht die wesentlich stärkere Zunahme der CO_2-Aufnahme im Bereich kleiner Stomataweiten bei der berechneten Kurve (Abb. 1). Auch bei *Cucumis* stieg die aus morphologischen Para-

Tabelle 1

Koeffizienten für die durch $F = \frac{2b}{A \cdot 2b + B\sqrt{2b} + C}$ gegebene Abhängigkeit der CO_2-Aufnahmerate F von der Stomataweite 2b für *Glycine max* (L.) MERR. und *Cucumis sativus* L.

	I	II
Glycine		
A $((mg dm^{-2} h^{-1})^{-1})$	0,024 ±0,004	0,044
B $((mg dm^{-2} l^{-1})^{-1}\ \mu m^{\frac{1}{2}})$	0,069 ±0,014	0,0025 ±0,0010
C $((mg dm^{-2} h^{-1})^{-1}\ \mu m)$	0,0068 ±0,0134	0,0107 ±0,0062
Cucumis		
A $((mg dm^{-2} h^{-1})^{-1})$	0,038 ±0,009	0,047
B $((mg dm^{-2} l^{-1})^{-1}\ \mu m^{\frac{1}{2}})$	0,021 ±0,032	0,0020 ±0,0005
C $((mg dm^{-2} h^{-1})^{-1}\ \mu m)$	0,030 ±0,026	0,0096 ±0,043

I aus den experimentellen Daten für F und 2b erhaltene Werte
II mit Hilfe der morphologischen Parameter (Tab. 2) berechnete Werte

Tabelle 2

Morphologische Parameter für die Berechnung des Stomatawiderstandes und der Koeffizienten B und C (Gleichung 4)

		Glycine	*Cucumis*
n_1	(cm^{-2})	12200 ±3100	16300 ±3100
n_2	(cm^{-2})	29300 ±9900	32300 ±3900
$n = n_1 + n_2$	(cm^{-2})	41500 ±13000	48600 ±7000
l	(μm)	12,0 ±1,6	14,0 ±2,4
$2a$	(μm)	12,6 ±1,2	14,0 ±1,2
$2b_{max}$	(μm)	10	7
$r_{s min}$	$(s cm^{-1})$	0,31	0,35

n_1 Anzahl der Stomata pro Flächeneinheit der Blattoberseite
n_2 Anzahl der Stomata pro Flächeneinheit der Blattunterseite
l Länge des Tubus
$2a$ Spaltenlänge
$2b_{max}$ maximale Spaltenweite
$r_{s min}$ Stomatawiderstand bei der maximalen Spaltenweite

metern berechnete Kurve bei niedrigen Stomataweiten schneller an als die Ausgleichskurve für die experimentellen Daten (Abb. 2). Der Unterschied zwischen den beiden Kurven war jedoch weniger ausgeprägt als bei *Glycine*.

Diskussion

Der experimentell beobachtete Verlauf der Beziehung zwischen CO_2-Aufnahme und Stomataweite weicht bei *Glycine* stark von der mit dem Ansatz von PENMAN und SCHOFIELD (1951) aus den morphologischen Parametern berechneten Kurve ab. Nach diesem Ansatz sollte die CO_2-Aufnahme steil mit der Stomataweite ansteigen, sich rasch dem Maximalwert nähern und sich bei größeren Öffnungsweiten nur noch geringfügig ändern. Demgegenüber wurde im Experiment eine langsamere Annäherung an die maximale CO_2-Aufnahme gefunden. Die gleiche Abweichung wurde auch bei *Cucumis* beobachtet, war aber in diesem Fall weniger deutlich ausgeprägt. Experimentelle Daten über die Beziehung zwischen CO_2-Aufnahme und Stomataweite wurden von STÅLFELT (1935) für Weizen, Roggen und Hafer sowie für *Chamaenerion angustifolium* und von SHIMSHI (1963) für Mais angegeben. Die dort dargestellte Abhängigkeit zeigt einen ähnlichen Verlauf wie die experimentell gefundenen Kurven in Abbildung 1 und Abbildung 2.

Für den Stomatawiderstand bei maximaler Stomataweite ergaben sich nach (1) sowohl bei *Glycine* mit 0,31 scm^{-1} als auch bei *Cucumis* mit 0,35 scm^{-1} relativ niedrige Werte (Tab. 1). Diese unterscheiden sich deutlich von Werten, die nach der Methode von GAASTRA (1959) aus Transpirationsrate und Blattemperatur bestimmt worden sind. Bei *Glycine* wurden mit dieser Methode Stomatawiderstände zwischen 1,5 und 3,5 scm^{-1} gefunden (EL SHARKAWY und HESKETH 1965, DORNHOFF und SHIBLES 1970). Für die Summe aus Grenzschicht- und Stomatawiderstand wurden sowohl für *Glycine* (BOYER 1970, BEARDSELL 1973) als auch für *Cucumis* (BULL 1969, PEISKER und APEL 1971) Werte von etwa 2 scm^{-1} angegeben.

Die Berechnung des Stomatawiderstandes nach PENMAN und SCHOFIELD (1951) führte auch in anderen Fällen zu ähnlich niedrigen Werten wie hier bei *Glycine* und *Cucumis* (AUBERT und DE PARCEVAUX 1969, LAISK et al. 1970, RAHI 1971; weitere Literaturangaben bei HOLMGREN et al. 1965). Direkte Vergleiche mit aus Transpirationsmessungen bestimmten Diffusionswiderständen liegen nur wenige vor. Sie führten bei den Stomata mit wachsgefüllten Vorkammern von *Picea sitchensis* (JEFFREE et al. 1971) zu guter Übereinstimmung. Bei einem Teil der von RAHI (1971) untersuchten Arten waren dagegen die berechneten Stomatawiderstände auch beträchtlich geringer als die experimentell bestimmten Werte.

Die Differenzen in der Größe von r_s könnten darauf beruhen, daß durch Formel (1) nur der Widerstand der Spaltöffnungsporen erfaßt wird, während die Bestimmung aus Transpiration und Blattemperatur auch den Widerstand der Atemhöhle und der Interzellularräume einschließt (HOLMGREN et al. 1965). Nach COWAN und MILTHORPE (1968) ist dieser Widerstand jedoch nur relativ klein. Die Unterschiede im Verlauf der beiden Kurven würden durch die Annahme einer zusätzlichen konstanten Komponente des Stomatawiderstandes auch nicht erklärt. Eine solche Komponente wäre durch (1) nicht mit erfaßt und könnte nur den Wert des Parameters A in Gleichung (4) beeinflussen. Der Wert dieses Parameters war bei den theoretischen Kurven jedoch nicht nach Gleichung (5) berechnet, sondern durch Anpassung an die bei maximaler Stomataweite gemessenen CO_2-Aufnahmeraten bestimmt worden.

Aus den in Spalte I von Tabelle 1 angegebenen Werten von A kann nach Gleichung (5) der konstante Teil des Gesamtwiderstandes berechnet werden. Mit $A = 0{,}044\ (\mathrm{mgdm}^{-2}h^{-1})^{-1}$ ergibt sich bei *Glycine* $r_a + r_i + q\frac{f}{v} = 7{,}36\ \mathrm{scm}^{-1}$. Bei einem Gasdurchfluß von $v = 50$ l/h und einer mittleren Blattfläche von $f = 30\ \mathrm{cm}^2$ beträgt $\frac{f}{v} \approx 2\ \mathrm{scm}^{-1}$. Nimmt man $q = 1$ und für den Grenzschichtwiderstand $0{,}5 - 1\ \mathrm{scm}^{-1}$ an, dann erhält man $r_i \approx 4$–$5\ \mathrm{scm}^{-1}$. Dieser Wert stimmt befriedigend genau mit den Ergebnissen von DORNHOFF und SHIBLES (1970) und BOYER (1970) sowie BEARDSELL (1973) überein.

Tabelle 3

Relative Raten der CO_2-Aufnahme in Abhängigkeit von der Spaltenweite. Vergleich der experimentell gefundenen Beziehung mit verschiedenen theoretischen Ansätzen

2b (μm)	I	II	III	IV	V	VI	VII
0,5	0,342	0,668	0,681	0,554	0,619	0,643	0,495
1,0	0,463	0,803	0,813	0,755	0,768	0,781	0,700
2,5	0,658	0,921	0,924	0,910	0,904	0,908	0,880
5,0	0,826	0,971	0,971	0,968	0,964	0,966	0,956
7,5	0,927	0,990	0,990	0,989	0,988	0,988	0,985
10,0				1,000			

I Experimentell beobachtete Abhängigkeit

II Theoretische Abhängigkeit nach PENMAN und SCHOFIELD (1951)

III Theoretische Abhängigkeit mit logarithmischer Endkorrektur nach PARLANGE und WAGGONER (1970)

IV Wie II, unter Berücksichtigung der Abhängigkeit der Diffusionskonstante von der Stomataweite (MILTHORPE und PENMAN 1967)

V Wie II, mit Korrektur für die Nichtlinearität der Co_2-Abhängigkeit ($\alpha = 0{,}2$)

VI Wie II, mit Korrektur für die unterschiedlichen Stomatadichten auf den beiden Blattseiten

VII Wie II, mit einer Kombination der in den Spalten IV, V und VI vorgenommenen Korrekturen

Die Abweichungen der experimentell ermittelten Ausgleichskurve von der theoretischen Kurve müssen durch Faktoren und Bedingungen hervorgerufen worden sein, die von der Spaltenweite abhängig sind, aber durch Gleichung (1) oder durch das zugrundeliegende Modell nicht beschrieben werden. In Tabelle 3 ist versucht worden, am Beispiel von *Glycine* einige derartige Faktoren quantitativ zu erfassen. Für verschiedene Stomataweiten wurden relative Werte der CO_2-Aufnahmerate angegeben. Als Bezugsgröße diente die bei der maximalen Öffnungsweite experimentell gefundene Rate von 21,7 mg $dm^{-2}h^{-1}$. Bei den unter verschiedenen Annahmen vorgenommenen Berechnungen der CO_2-Aufnahmeraten wurde der von der Stomataweite unabhängige Teil des Gesamtwiderstandes jeweils so gewählt, daß sich bei $2b = 10$ μm in jedem Fall die gleiche Rate von 21,7 $mgdm^{-2}g^{-1}$ ergab. Spalte I enthält die mit den Parametern der experimentellen Ausgleichskurve (Tab. 1, I) berechneten relativen Raten, Spalte II die entsprechenden Werte für den theoretischen Kurvenverlauf mit den in Tabelle 1, Spalte II angegebenen Parametern. Zum Vergleich sind in Spalte III die relativen CO_2-Aufnahmeraten wiedergegeben, die mit der Formel von PARLANGE und WAGGONER (1970)

$$r_s = \frac{1}{(n_1 + n_2)\, D} \left(\frac{l}{ab\pi} + \frac{1}{\pi a} \ln \frac{4a}{b} \right) \tag{8}$$

sowie Formel (3) erhalten wurden. Nur bei kleinen Stomataweiten ergaben sich mit diesem Ansatz geringfügig höhere CO_2-Aufnahmeraten, d. h. noch etwas größere Abweichungen von der experimentellen Kurve, als bei dem Ansatz nach PENMAN und SCHOFIELD (Spalte II).

Bei den bisherigen Betrachtungen war für die Diffusionskonstante von CO_2 der von der Stomataweite unabhängige Wert von $D = 0{,}165$ cm^2sec^{-1} angenommen worden. Es muß jedoch berücksichtigt werden, daß der Einfluß der Porenwände auf die Bewegung der Gasmoleküle zu einer Verringerung der effektiven Diffusionskonstante führte, die sich um so stärker auswirkt, je kleiner die Spaltenweite ist. JARVIS et al. (1967) und MILTHORPE und PENMAN (1967) konnten zeigen, daß infolge dieses Effektes der Stomatawiderstand bei kleinen Öffnungsweiten beträchtlich größer ist als bei gleichbleibender Diffusionskonstante zu erwarten wäre. Um darauf beruhende Abweichungen zu berücksichtigen, wurde für den angenommenen elliptischen Spaltenquerschnitt der hydraulische Radius, d. h. das Verhältnis von Porenfläche zu Porenumfang, für jede Spaltenweite bestimmt. Aus den Angaben von MILTHORPE und PENMAN (1967) (Tab. 3, S. 44) wurde die zugehörige effektive Diffusionskonstante durch Interpolation ermittelt und bei der Berechnung der CO_2-Aufnahmeraten nach (1) und (3) berücksichtigt. Die so erhaltenen relativen Raten (Tab. 3, Spalte IV) weichen jedoch nur bei Stomataweiten $<$ 1 μm stärker von den unkorrigierten Werten (Tab. 3, Spalte II) ab.

Eine Voraussetzung für die Gültigkeit von Gleichung (4) ist die Existenz eines linearen Zusammenhangs zwischen CO_2-Aufnahme und CO_2-Konzentration (Gleichung 3). Ist diese Voraussetzung nicht exakt eingehalten, dann steigt die CO_2-Aufnahme weniger steil mit der Stomataweite an, als nach (4) zu erwarten wäre, da Abweichungen von der linearen Beziehung (3) sich vor allem bei höheren CO_2-Konzentrationen, also kleineren CO_2-Aufnahmeraten und kleineren Stomataweiten auswirken. Derartige Abweichungen vom linearen Verlauf der CO_2-Kurve wurden sowohl bei *Glycine* als auch bei *Cucumis* gelegentlich unterhalb 300 vpm CO_2 beobachtet (PEISKER und APEL, unveröffentlicht). Sie betrugen bei 300 vpm CO_2 jedoch in keinem Fall mehr als 20%. Ihr Einfluß auf die Beziehung zwischen CO_2-Aufnahme und Stomataweite wurde mit Hilfe des folgenden Ansatzes abgeschätzt: Anstelle der linearen Relation (2) wurde für CO_2-Konzentrationen oberhalb des Kompensationspunktes angenommen

$$F = \frac{c_u - \Gamma}{r_a + r_s + r_i}\left(1 - \alpha\frac{c_u - \Gamma}{c - \Gamma}\right).$$

Mit $c_u = c - Fq\frac{f}{v}$ erhält man statt (3) eine quadratische Beziehung zwischen CO_2-Aufnahme F und der CO_2-Konzentration am Eingang der Küvette c. Mit $\alpha = 0{,}2$ ergaben sich daraus die in Spalte V wiedergegebenen relativen Raten der CO_2-Aufnahme. Dabei war mit $q = 1$ angenommen worden, daß die CO_2-Konzentration in der Umgebung des Blattes c_u gleich der am Küvettenausgang gemessenen CO_2-Konzentration war. Für $q < 1$ hätten sich geringere Abweichungen der relativen

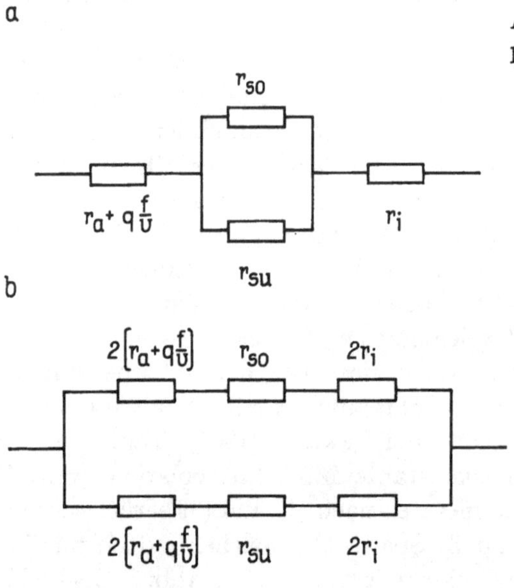

Abb. 3 Diffusionswiderstände eines amphistomatischen Blattes
a: ohne Berücksichtigung der asymmetrischen Stomataverteilung
$\left(\text{Gleichung 3 mit } r_s = \frac{r_{so} \cdot r_{su}}{r_{so} + r_{su}}\right)$

b: mit Berücksichtigung der asymmetrischen Stomataverteilung (Gleichung 9)

Raten von den Werten in Spalte II ergeben. Auch diese Korrektur führt nicht zu einer wesentlich besseren Anpassung an den experimentell beobachteten Verlauf in Spalte I.

In Spalte VI ist die asymmetrische Stomataverteilung auf den beiden Blattseiten berücksichtigt worden. Der Stomatawiderstand nach Gleichung (1) setzt sich aus den zwei parallel liegenden Teilwiderständen der Blattober- und der Blattunterseite r_{so} und r_{su} zusammen. Gleichung (3) liegt die in Abbildung 3a skizzierte Form des Widerstandsmodells zugrunde. Nach GALE und POLJAKOFF-MAYBER (1968) muß die CO_2-Aufnahme in einem amphistomatischen Blatt jedoch durch das in Abbildung 3 b dargestellte elektrische Analogon beschrieben werden. Die zugehörige Gleichung für die CO_2-Aufnahme hat dann die Form

$$F = \frac{c - \Gamma}{\dfrac{\left[2\left(r_a + q\dfrac{f}{v} + r_i\right) + r_{so}\right] \cdot \left[2\left(r_a + q\dfrac{f}{v} + r_i\right) + r_{su}\right]}{4\left(r_a + q\dfrac{f}{v} + r_i\right) + r_{so} + r_{su}}} \tag{9}$$

Ein Vergleich von Spalte VI und Spalte II in Tabelle 3 zeigt, daß diese Korrektur die relativen CO_2-Aufnahmeraten nur geringfügig beeinflußt.

In Spalte VII von Tabelle 3 sind die in den Spalten IV, V und VI vorgenommenen Korrekturen miteinander kombiniert worden. Auch die so berechneten relativen CO_2-Aufnahmeraten nehmen in Abhängigkeit von der Spaltenweite wesentlich schneller zu als experimentell gefunden wurde.

Als Ursache für den flachen Verlauf der experimentell bestimmten Kurve käme weiterhin auch in Betracht, daß gleichzeitig mit der Reduktion der Spaltenweite eine Verkürzung der Stomata in Längsrichtung erfolgt. Eine solche Verkürzung wurde von MILTHORPE und PENMAN (1967) bei Weizen und von JARVIS et al. (1967) bei Baumwolle beobachtet, konnte jedoch an *Glycine* und *Cucumis* nicht gefunden werden.

Schließlich muß auch mit Unterschieden im Verhalten der Stomata an verschiedenen Stellen des Blattes gerechnet werden (BERTSCH und DOMES 1969, KANEMASU und TANNER 1969), die mit den hier vorgenommenen Messungen in der Mitte der Blattunterseite nicht erfaßt werden konnten. Geringere Spaltenweiten auf der Blattoberseite oder in den Randpartien des Blattes sollten zu einer Abflachung der theoretischen Kurve führen. Vergleiche der Spaltenweiten von Blattober- und Blattunterseite bzw. von Blattmitte und Blattrand wurden nur bei wenigen Stichproben vorgenommen, da sie für die ursprüngliche Fragestellung (TSCHÄPE 1972) ohne Bedeutung waren. Unterschiede im Öffnungszustand der Stomata können deshalb als eine mögliche Ursache für die Abweichungen des beobachteten Verlaufs der Beziehung zwischen CO_2-Aufnahme und Stomataweite von der theoretischen Kurve nicht ausgeschlossen werden.

Zusammenfassung

An Blättern von *Glycine max* (L.) MERR. und *Cucumis sativus* L. wurde die CO_2-Aufnahme gemessen und anschließend die Stomataweite durch Direktbeobachtung im Immersionssystem bestimmt. Die erhaltene Beziehung zwischen beiden Größen wurde mit dem theoretischen Kurvenverlauf verglichen, der sich mit dem Ansatz von Penman und Schofield (1951) aus der Anzahl und den Abmessungen der Stomata ergab. Verglichen mit den experimentellen Daten steigt die theoretische Kurve bei kleinen Spaltenweiten steiler an und nähert sich schneller dem möglichen Maximalwert. Die Übereinstimmung beider Kurven konnte durch verschiedene Korrekturen des theoretischen Ansatzes nicht wesentlich verbessert werden.

Summary

Relationship Between CO_2 Uptake and Stomatal Aperture

CO_2 uptake and stomatal apertures of attached leaves of *Glycine max* (L.) Merr. and *Cucumis sativus* L. were determined by infrared gas analysis and by direct observation through an oil-immersion objective, respectively. The relation between both values was compared with the theoretical relation calculated from frequency and size of stomata by the formula of Penman and Schofield (1951). In comparison to the experimental data the curve derived from theoretical estimations increased more rapidly in the range of small apertures and approached the maximum value of CO_2 uptake more quickly. Several corrections of the theoretical presumptions did not improve the coincidence of experimental and theoretical curves essentially.

Краткое содержание

О связи между поглощением CO_2 и размером устьиц

На листьях *Glycine max* (L.) Merr. и *Cucumis sativus* L. измерялось поглощение CO_2 и затем сразу определялся размер устьиц непосредственным наблюдением в иммерсионной системе. Полученное соотношение между обеими величинами сравнивалось с теоретической кривой, полученной по Пенмэну и Шофильду (1951) на основании числа и размеров устьиц. В сравнении с экспериментальными данными, теоретическая кривая при малых размерах устьиц подымается круче и приближается скорее к возможному максимуму. Существенно улучшить совпадение обеих кривых, при помощи различных поправок теоретического уравнения, не удалось.

Herrn Dipl.-Math. K. Hirsch, Rechenzentrum des Zentralinstituts für Isotopen- und Strahlenforschung der AdW der DDR, Leipzig, danken wir für die Anfertigung des Computerprogramms zur Berechnung der Parameter der Ausgleichskurven.

Literatur

AUBERT, B. und de PARCEVAUX, S., 1969: Résistance à la diffusion gazeuse au niveau de l'épiderme foliaire de quelques plantes fruitières tropicales et subtropicales. Fruits *24*, 177–190.

BANGE, G. G. J., 1953: On the quantitative explanation of stomatal transpiration. Acta Bot. Neerl. *2*, 255–297.

BEARDSELL, M. F., MITCHELL, K. J. und THOMAS, R. G., 1973: Transpiration and photosynthesis in soybean. Effects of temperature and vapour pressure deficit. J. exp. Bot. *24*, 587–595.

BERTSCH, A. und DOMES, W., 1969: CO_2-Gaswechsel amphistomatischer Blätter. 3. Das unterschiedliche Zeitverhalten der Stomata beider Blattseiten in Abhängigkeit von der vorausgegangenen Dunkelzeit. Planta *89*, 47–55.

BOYER, J. S., 1970: Differing sensitivity of photosynthesis to low leaf water potentials in corn and soybean. Plant Physiol. *46*, 236–239.

BROWN, H. T. und ESCOMBE, F., 1900: Static diffusion of gases and liquids in relation to the assimilation of carbon and translocation in plants. Phil. Trans. B *193*, 223–291.

BULL, T. A., 1969: Photosynthetic efficiencies and photorespiration in Calvin cycle and C_4-dicarboxylic acid plants. Crop Sci. *9*, 726–729.

COWAN, I. R. und MILTHORPE, F. L., Plant factors influencing the water status of plant tissues. In: KOZLOWSKI, T. T. (ed.): Water Deficits and Plant Growth 1: 137–193. New York 1968.

CURTIS, P. E., OGREN, W. L. und HAGEMAN, R. H., 1969: Varietal effects in soybean photosynthesis and photorespiration. Crop Sci. *9*, 323–327.

DORNHOFF, G. M. und SHIBLES, R. M., 1970: Varietal differences in net photosynthesis of soybean leaves. Crop Sci. *10*, 42–45.

EL-SHARKAWY, M. und HESKETH, J., 1965: Photosynthesis among species in relation to characteristics of leaf anatomy and CO_2 diffusion resistances. Crop Sci. *5*, 517–521.

GAASTRA, P., 1959: Photosynthesis of crop plants as influenced by light, carbon dioxide, temperature, and stomatal diffusion resistance. Meded. Landbouwhogesch. Wageningen *59* (13), 1–68.

GALE, J. und POLJAKOFF-MAYBER, A., 1968: Resistances to the diffusion of gas and vapor in leaves. Physiol. Plant. *21*, 1170–1176.

HOLMGREN, P., JARVIS, P. G. und JARVIS, M. S., 1965: Resistances to carbon dioxide and water vapour transfer in leaves of different plant species. Physiol. Plant. *18*, 557–573.

JARVIS, P. G., The estimation of resistances to carbon dioxide transfer. In: ŠESTÁK, Z., ČATSKÝ, J., JARVIS, P. G. (ed.): Plant Photosynthetic Production: Manual of Methods. Pp. 566–631. The Hague 1971.

JARVIS, P. G., ROSE, C. W. und BEGG, J. E., 1967: An experimental and theoretical comparison of viscous and diffusive resistances to gas flow through amphistomatous leaves. Agricult. Meteorol. *4*, 103–117.

JEFFREE, C. E., JOHNSON, R. P. und JARVIS, P. G., 1971: Epicuticular wax in the stomatal antechamber of Sitka spruce and its effects on the diffusion of water vapour and carbon dioxide. Planta *98*, 1–10.

KANEMASU, E. T. und TANNER, C. B., 1969: Stomatal diffusion resistance of snap beans. I. Influence of leaf-water potential. Plant Physiol. *44*, 1547–1552.

LAISK, A. und OJA, V., 1971: A three-channel gasometric apparatus for detailed investigation of the leaf CO_2-exchange. Estonian Contributions to the IBP, II, Tartu, pp. 113–128.

Laisk, A., Oja, V. und Rahi, M., 1970: Diffusion resistance of leaves in connection with their anatomy. Fiziol. Rast. *17*, 40–48.

Lee, R. und Gates, D. M., 1964: Diffusion resistance in leaves as related to their stomatal anatomy and microstructure. Am. J. Bot. *51*, 963–975.

Ludlow, M. M. und Wilson, G. L., 1972: Photosynthesis of tropical pasture plants. IV. Basis and consequences of differences between grasses and legumes. Aust. J. Biol. Sci. *25*, 1133–1145.

Milthorpe, F. L. und Penman, H. L., 1967: The diffusive conductivity of the stomata of wheat leaves. J. exp. Bot. *18*, 422–457.

Parlange, J.-Y. und Waggoner, P. E., 1970: Stomatal dimensions and resistance to diffusion. Plant Physiol. *46*, 337–342.

Peisker, M. und Apel, P., 1971: Untersuchungen zum Einfluß von Sauerstoff auf den CO_2-Gaswechsel assimilierender Blätter. Biochem. Physiol. Pflanzen (BPP) *162*, 165–176.

Penman, H. L. und Schofield, R. K., 1951: Some physical aspects of assimilation and transpiration. Symp. Soc. exp. Biol. *5*, 115–129.

Rahi, M., 1971: The characteristics of leaf anatomy and diffusion resistances. Eesti NVS Tead. Akad. Toimetised. Köide Biol. *20*, 84–91.

Renner, O., 1910: Beiträge zur Physik der Transpiration. Flora *100*, 451–547.

Shimshi, D., 1963: Effect of soil moisture and phenylmercuric acetate upon stomatal aperture, transpiration, and photosynthesis. Plant Physiol. *38*, 713–721.

Stålfelt, M. G., 1927: Die photischen Reaktionen im Spaltöffnungsmechanismus. Flora *21*, 236–272.

Stålfelt, M. G., 1935: Die Spaltöffnungsweite als Assimilationsfaktor. Planta *23*, 715–759.

Tschäpe, M., 1971: Untersuchungen über die Nachwirkung niedriger Temperaturen während der Dunkelphase auf den photosynthetischen Gaswechsel in der darauffolgenden Lichtphase bei thermophilen Kulturpflanzen. Dissertation, Martin-Luther-Universität Halle.

Tschäpe, M., 1972: Nachwirkung niedriger Temperaturen auf Stomatabewegung und CO_2-Aufnahme thermophiler Pflanzen. Biochem. Physiol. Pflanzen (BPP) *163*, 81–92.

Kulturpflanze XXIV · 1976 · S. 133–142

Eine Form von *Spirogyra fluviatilis* mit bezahntem Zygotenmesospor

ALFRED RIETH

(Eingegangen am 1. November 1975)

1970 beschrieben PRASAD und DUTTA aus der Gegend von Lucknow, Indien, eine neue *Spirogyra*-Art, *Sp. varshaii* mit bezahntem Mesospor der Zygote. Die Figuren 6 und 7 dieser Arbeit, Mikrophotographien der Zygotenwand, erinnern mich an eine Form mit gleichfalls durch Zähnchen ornamentiertem Mesospor, die ich vor einiger Zeit an Freilandmaterial und kurzzeitig an Rohkulturen untersuchte. In der Hoffnung, die Beobachtungen nochmals an artreinen Kulturen überprüfen zu können, wurden die Befunde seinerzeit nicht veröffentlicht. Das Material kam jedoch bisher leider nicht wieder zur Konjugation. Da *Spirogyra*-Arten mit bestacheltem Mesospor nicht allzu häufig sind, ich sah in der Literatur nur etwa ein halbes Dutzend beschrieben, sollen die Beobachtungen nun doch kurz mitgeteilt werden.

In einem der zwischen den Gebäuden unseres Instituts künstlich angelegten, Leitungswasser gespeisten Zierteiche fand sich Anfang April 1971, zunächst nur vegetativ, eine durch starke Rhizoidbildungsneigung auffallende *Spirogyra* mit mehrbänderigen derbwandigen Zellen. Ich vermutete, daß es sich um die weit verbreitete *Spirogyra fluviatilis* HILSE 1862[1] handelt, mit der auch der Durchmesser der vegetativen Zellen übereinstimmte. Als in Rohkulturen (Medium: Filtriertes Standortwasser mit Nährlösung nach „Viala" im Verhältnis 1 : 1 gemischt; Bedingungen: Nordfenster, Tageslicht ohne Zusatzbeleuchtung) Mitte Mai 1971 Konjugation mit Zygotenbildung eintrat, zeigten sich zu *Sp. fluviatilis*, einer übrigens von verschiedenen Autoren etwas unterschiedlich aufgefaßten Art, worauf hier aber nicht eingegangen werden soll, deutliche Unterschiede im Aufbau der Zygotenwand, wie aus folgender Beschreibung unserer Pflanze hervorgeht.

Vegetative Zellen 39,0–44,5 µm Durchmesser (über einer Querwand gemessen); Länge 91,0–156,0–364,0 und 364,0–442,0–533,0 µm; 3–4 (–5) Chromatophoren mit etwa 2 Umgängen in der Zelle gewunden. Querwände alle glatt. Häufig relativ

1 TRANSEAU 1951 und RANDHAWA 1959 geben an „1863".

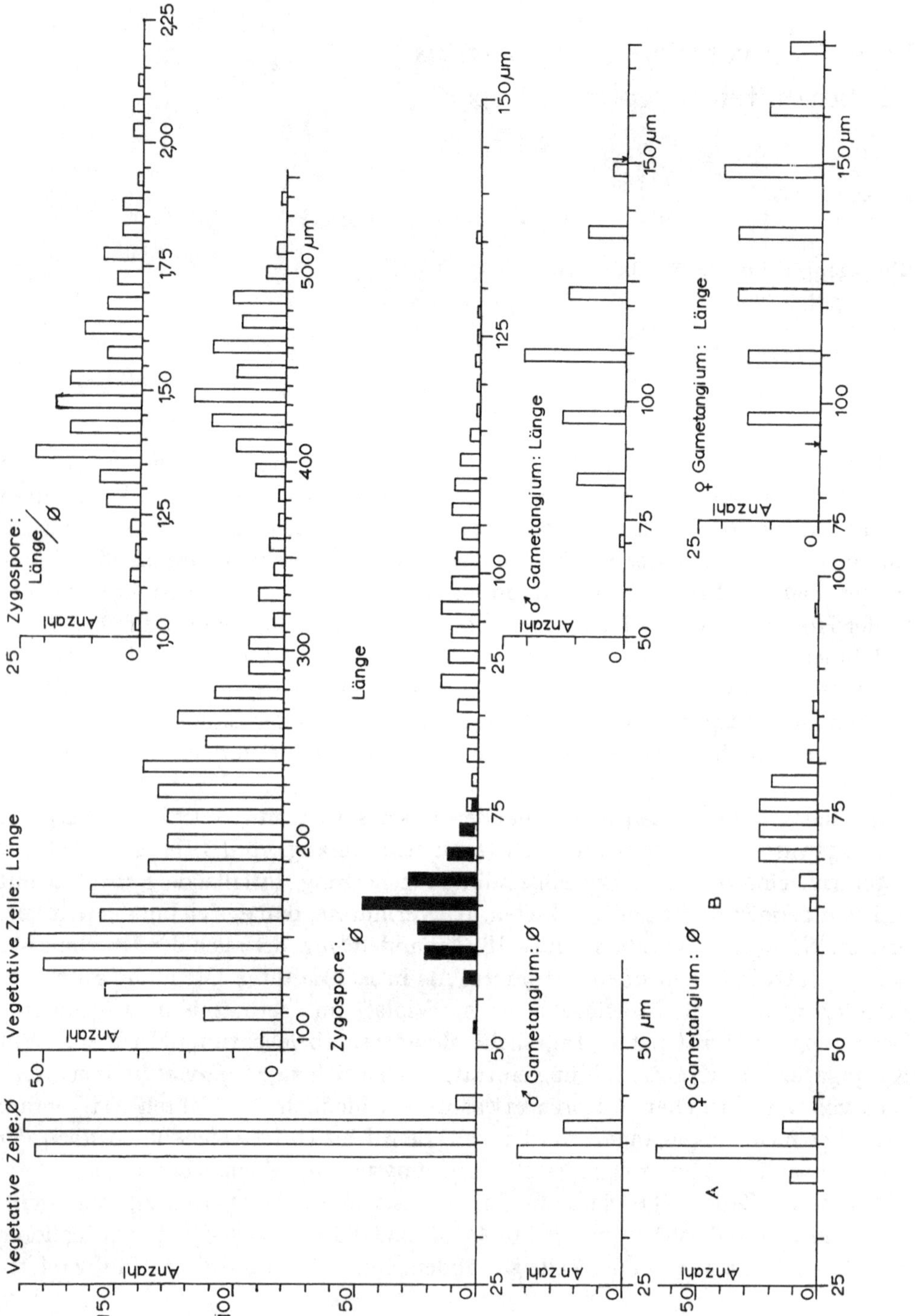
Vegetative Zelle: Ø
Anzahl
Vegetative Zelle: Länge
Zygospore: Länge/Ø
Zygospore: Ø
Länge
♂ Gametangium: Ø
♂ Gametangium: Länge
♀ Gametangium: Ø
♀ Gametangium: Länge
A
B
50 µm
150 µm
500 µm

derbwandig. Fadenendzellen oft mit Rhizoiden, die gestreckt gabelig verzweigt, seltener zu einer etwas unregelmäßig rosettig gestalteten „Haftscheibe" gestaucht, ausgebildet sind (Abb. 2, b–f). Gelegentlich entspringen Rhizoide auch aus Zellen im Fadenverband (Abb. 2, a). Konjugation leiterförmig, wobei die kopulierenden Fäden einheitlich reagieren, entweder verhalten sich alle Zellen eines Fadens männlich oder alle weiblich. Der Kopulationskanal wird von beiden Gametangien, meist aber mit stärkerer Beteiligung des männlichen Partners angelegt (Abb. 3, Fig. c u. d; Taf. 2, Fig. 5 u. 6) Durchmesser ♂ Gametangien (über einer Querwand) 39,0–41,5 µm, Länge 70,0–151,0 µm. Oogoniendurchmesser (an einer Querwand) 39,0–41,5 µm; größter Durchmesser 65,0–73,0–86,0 (–96,o) µm; Länge 91,0–175,0 µm (Abb. 1). Die ♀ Gametangien sind also deutlich angeschwollen und zwar allseitig, so, daß sie stumpf spindelförmig erscheinen. Zellen weiblicher Fäden, die keinen Partner fanden, sind in der Regel ebenfalls deutlich aufgetrieben, zuweilen mit einem „Auswuchshöcker" (Abb. 3, Fig. e), während solitär bleibende Zellen männlicher Fäden zylindrisch bleiben. Sie entwickeln aber oft ausgehend von den Kopulationspapillen lange, auch verzweigte „Suchrhizoide" (Abb. 3, Fig. a). Auffallend ist das gelegentlich als Abnormität zu beobachtende Eindringen männlicher Kopulationsfortsätze in weibliche Gametangien ohne, daß es zu Wandauflösung und Kopulation kommt, obgleich zwischen Partnerfäden, die solche Erscheinungen zeigen, durchaus normal verlaufende Kopulationen und Zygotenbildung möglich sind (Abb. 3, Fig. b). Es kann danach die Ursache der Störung nicht in einer generellen Inkompatibilität der beteiligten Fäden liegen. Eine Störung der Sexualität dürfte bei dem Vorgang jedoch eine Rolle spielen. So kam es in dem auf Abbildung 3, b dargestellten Falle bei mehreren Paaren trotz Anlage der Kopulationsbrücke nicht zu Gametenvereinigung und Zygotenbildung und ein Gametangium aus dem ♀ Faden bildete trotz Kontaktaufnahme mit einem ♂ Partner neben dem vorhandenen Konjugationskanal noch einen frei endenden rhizoidartigen Kopulationsschlauch, ein „Suchrhizoid" aus, wie es sonst nur partnerlos gebliebene ♂ Gametangien gelegentlich entwickeln.

Die Oosporen sind rundlich oval, die Gametangien in der Längsrichtung nicht erfüllend. Durchmesser 52,0–65,0–75,5 µm; Länge (70,0–)85,0–115,0(–135,0) µm (Abb. 1); mittleres Längen : Breitenverhältnis (Abb. 1) 1,5. In den wesentlichen der bis hierher geschilderten Merkmalen besteht weitgehend Übereinstimmung mit *Spirogyra fluviatilis*. Verschiedenheit besteht aber in der nun zu schildernden

---

Abb. 1 *Spirogyra fluviatilis fo.* Übersicht der wichtigsten Größen und ihre Variabilität (Für das ♀ Gametangium ist bei A der über einer Endwand gemessene, bei B der größte Durchmesser angegeben.) Die Doppelgipfeligkeit der die Länge vegetativer Zellen gebenden Darstellung erklärt sich aus der Tatsache, daß die Messungen sich über eine gewisse Zeitspanne erstrecken und Zellen kurz nach der Teilung sowie solche kurz vor der Teilung erfassen

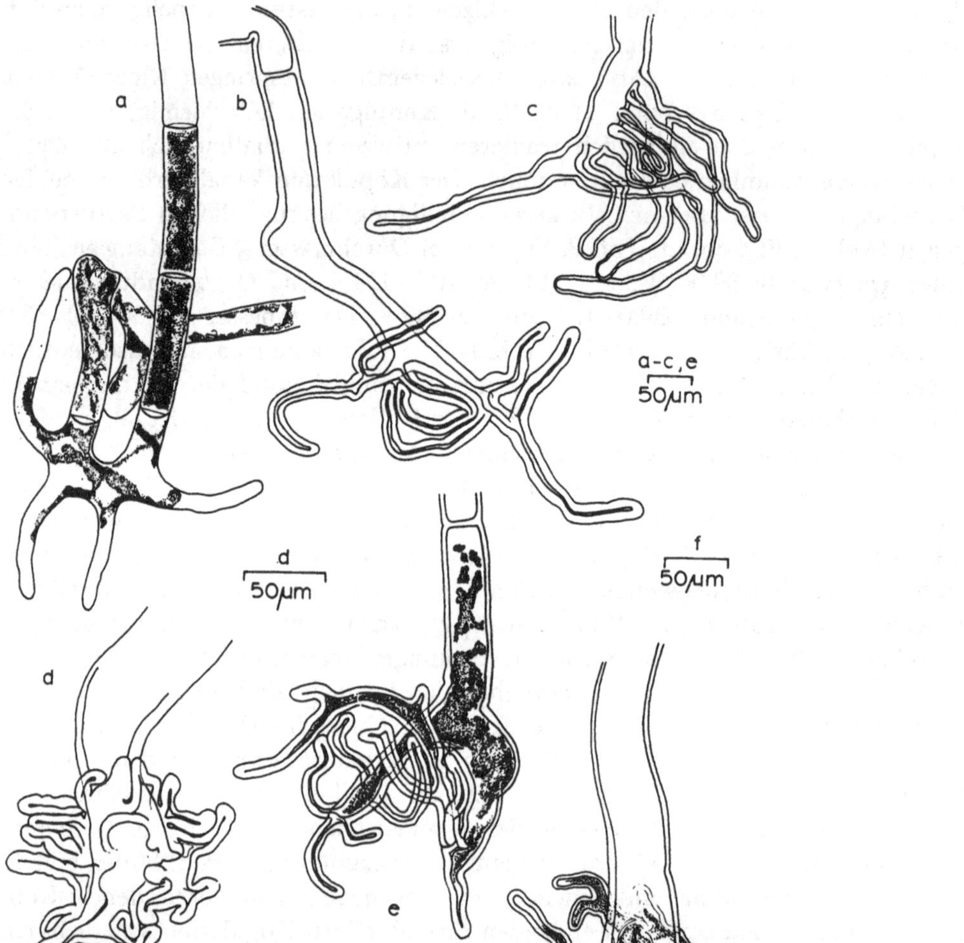

Abb. 2 *Spirogyra fluviatilis fo.*
Fig. a–f Rhizoidausbildung. Fig. a an einer im Fadenverband liegenden Zelle. Fig. b–f an einer Fadenendzelle. Fig. g Zellen mit 3 bzw. 4 Chlorophyllbändern (vereinfacht dargestellt)

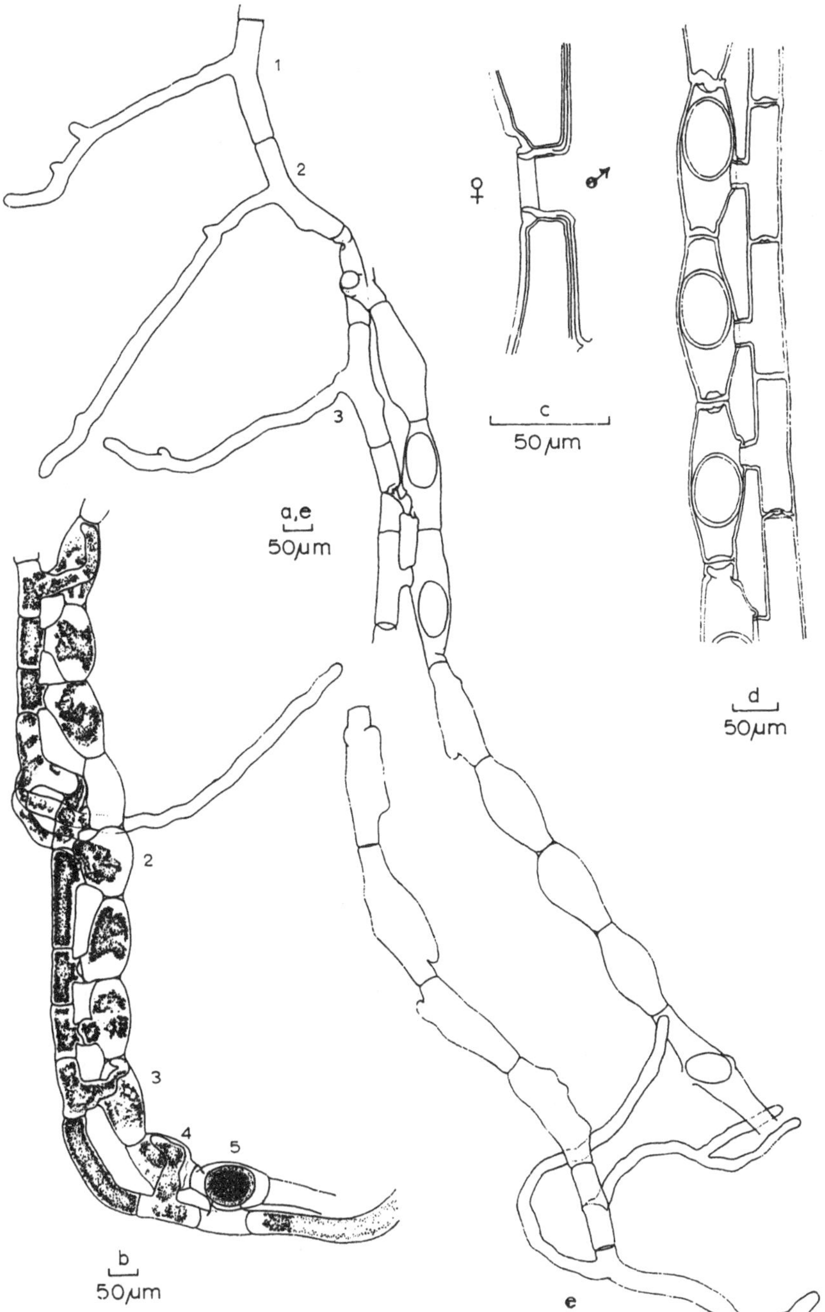

Abb. 3 *Spirogyra fluviatilis fo.* Konjugation
Fig. a Konjugierendes Fadenpaar, ♂ Thallus z. T. mit zu „Suchrhizoiden" ausgewachsenen Kopulationspapillen (1–3). Partnerlose ♀ Zellen angeschwollen. Fig. b In die ♀ Gametangien eindringende Kopulationsschläuche (1, 3 und 4), ♀ Gametangium mit „Suchrhizoid" neben normalem Kopulationskanal (2). Normalkonjugierendes Paar (5). Fig. c Normale Kopulationsbrücke. Fig. d Normale Konjugation. Fig. e ♀ Thallus, partnerlose Zellen mit Höcker, Fadenendzelle mit Rhizoidbildung

Gestaltung der Zygotenmembran. Die Analyse ihres Aufbaues zeigt ein farbloses, dünnes Exospor und ein ebenfalls ungefärbtes Endospor, die sich an durch einen Schnitt halbierten Zygoten durch leichten Druck relativ einfach vom dazwischenliegenden braunen Mesospor trennen lassen (Abb. 4, Fig. a u. b). Dieses Mesospor besteht grob gesehen aus zwei mechanisch schwer trennbaren Schichten: einer äußeren glatten braunen, wohl ihrerseits aus zwei dünnen Lamellen zusammengesetzten Haut und einer gleichfalls braunen bestachelten Innenschicht (Abb. 4, Fig. a u. b, Taf. 2, Fig. 1–4). Die Ornamentierung besteht – soweit lichtmikroskopisch feststellbar – aus dreieckigen, flachen, haifischzahnförmigen Stacheln (Taf. 2, Fig. 2). Der geschilderte Aufbau der Zygotenwand, besonders die Struktur des Mesospors und seine Bestachelung, lassen sich jedoch nur gelegentlich, keineswegs an jedem Sporenexemplar eindeutig beobachten. Oftmals präsentiert sich das Mesospor aus einer glatten, hellbraunen Außenhaut und einer derberen, dunkelbraunen, zuweilen etwas unregelmäßig faltigen (Taf. 1, Fig. 5), punktierten (getüpfelten) (Taf. 1, Fig. 9) Innenschicht aufgebaut, ohne daß eine Bestachelung feststellbar ist. Ob dies am unterschiedlichen Entwicklungszustand oder in einer

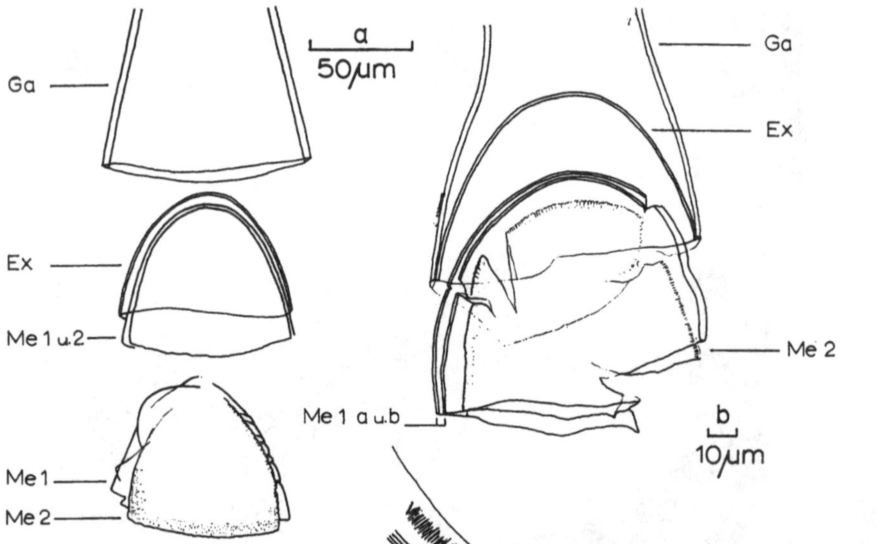

Abb. 4 *Spirogyra fluviatilis fo.* Zygotenwandstruktur Ga Gametangienwand; Ex Exospor; Me Mesospor; En Endospor; Ri Rißlinie
Fig. a u. b Gametangium mit Zygote halbiert und die Schichten durch leichtes Quetschen getrennt. In Fig. 6 ist das Endospor nicht eingetragen. Fig. c Mesosporschichten mit Bestachelung

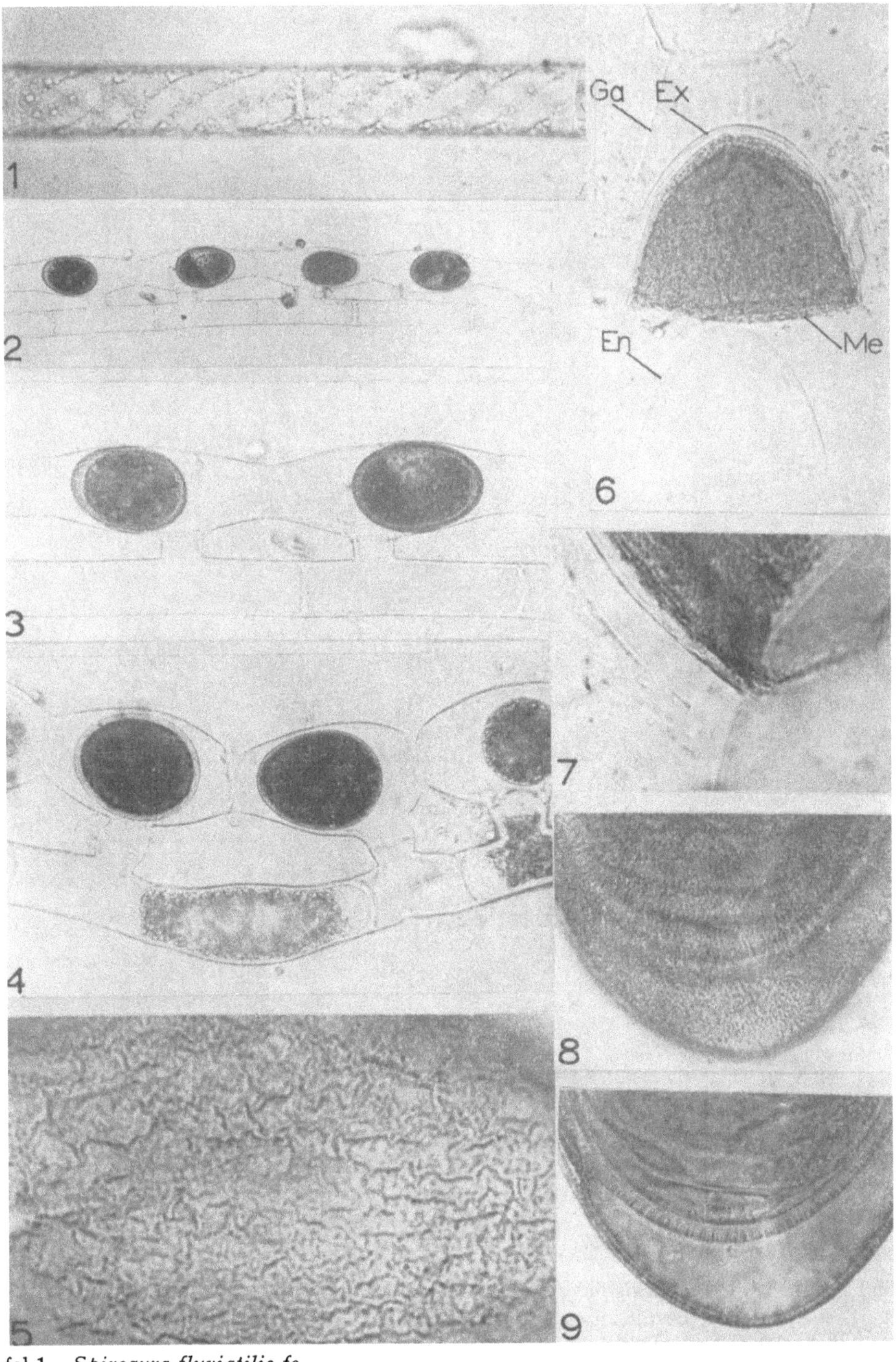

Tafel 1 *Spirogyra fluviatilis fo.*

Fig. 1 Vegetative Zelle. Fig. 2–4 Konjugation. Fig. 5–9 Zygotenwandausbildung. Fig. 6 Halbiertes Gametangium mit halbierter Zygote. Ga Gametangienwand; Ex Exospor; Me Mesospor; En Endospor

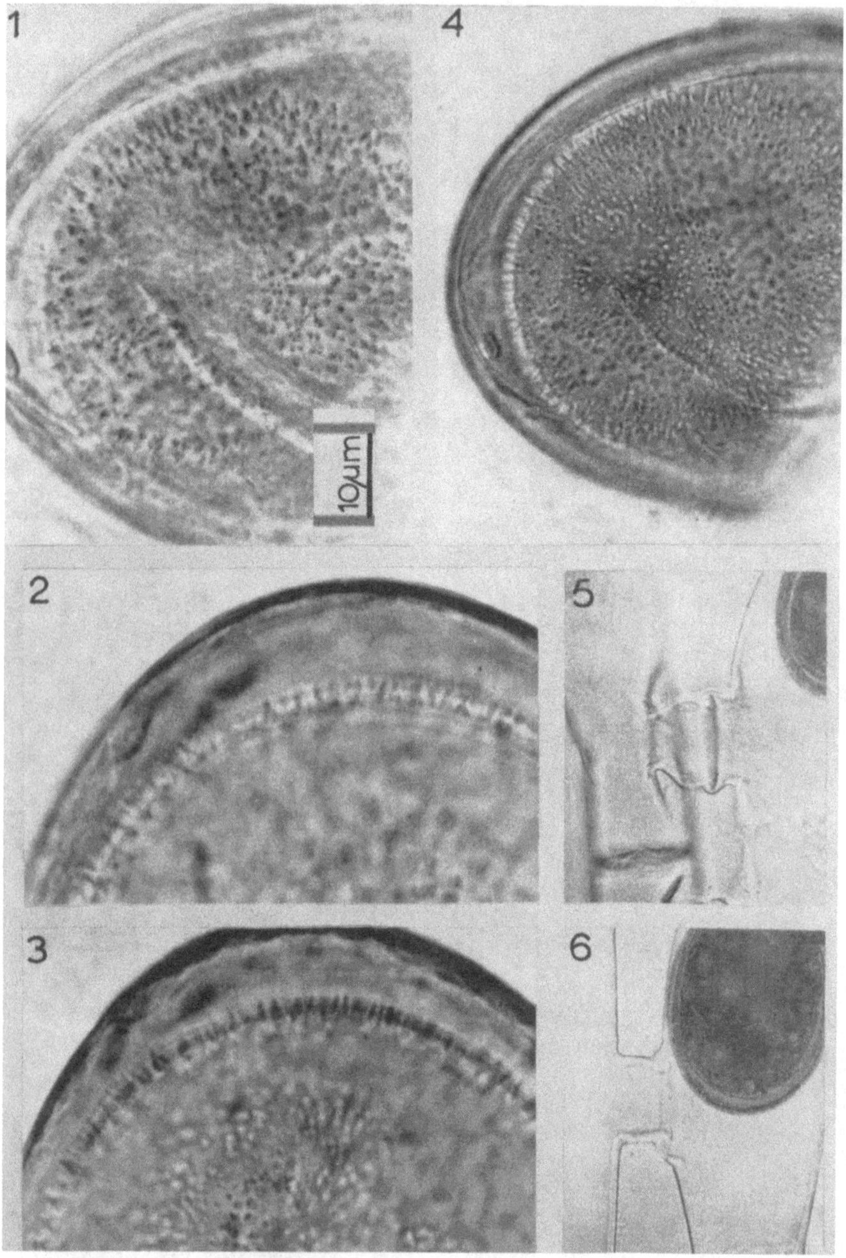

Tafel 2 *Spirogyra fluviatilis fo.*
Fig. 1–4 Zygospore, bestacheltes Mesospor. Fig. 5 u. 6 Konjugationsbrücke. Der etwas stärkere Anteil des ♂ Gametangiums an ihrer Bildung ist klar ersichtlich

Tabelle 1
Vergleich der untersuchten *Spirogyra* spec. mit *Spirogyra fluviatilis* HILSE 1862

	Vegetative Zelle		Zygospore		♀ Gamet-angium	Rhizoidbildung
	⌀	⊟	⌀	⊟	Größter ⌀	
Sp. fluviatilis						
n. KRIEGER 1941	26–35 36–45	–	40–55	65–100	bis 70	stark ausgeprägt
n. TRANSEAU 1951	30–45	70–240	47–85	68–110	bis 70	stark ausgeprägt
Sp. spec. Gatersleben	39–44	91–364	52–65–75,5	(70–)85–115(–135)	65–73–86	stark ausgeprägt

(alle Maße in µm)

relativ großen Variabilität der Ornamentierungsausprägung liegt, kann einstweilen nicht mit Sicherheit entschieden werden. Es dürfte aber die zweite Möglichkeit zutreffen.

Die Zuordnung der beschriebenen *Spirogyra* zu einer der bekannten Arten erweist sich als schwierig vor allem, wenn man die charakteristische Zygotenwandstruktur in den Vordergrund stellt. Von den Species, für die ein bestacheltes Mesospor angegeben wird, scheiden *Spirogyra acanthophora* (SKUJA) CZURDA 1932; *Sp. borysthenica* KASANOWSKY et SMIRNOFF 1913; *Sp. inconstans* COLLINS 1912 und *Sp. dentireticulata* JAO 1935 schon aufgrund ihrer replicaten Querwände aus. Bei *Spirogyra echinata* TIFFANY 1924 sind die vegetativen Zellen mit 88–96 µm Durchmesser über doppelt so breit als in unserem Material, überdies sollen die „Aufnehmenden Zellen" nur auf der Kopulationsseite etwas angeschwollen sein, die vegetativ bleibenden Zellen in weiblichen Fäden völlig zylindrisch. *Spirogyra varshaii* PRASAD et DUTTA 1970 hat dreimal breitere Zellen 105–118(–130) µm mit mehr Chloroplasten (7–10 gegen 3–4) und größere Oosporen als die hier vorliegende Form.

Bei dem Gewicht, das der Sporenwandstruktur als differentialdiagnostisches Merkmal für die Artabgrenzung in der Gattung *Spirogyra* üblicherweise beigemessen wird, wäre bei dieser Sachlage die Aufstellung einer neuen Art in Erwägung zu ziehen, die vornehmlich durch zwei auffallende Eigenschaften charakterisiert ist: Durch die wohl allen Zellen innewohnende Neigung zur Rhizoidbildung auf Kontaktreiz hin und durch eine typische Mesosporornamentierung. Zieht man aber den Gesamthabitus der Population zur Beurteilung heran und bewertet die Sporenwandstruktur, die wie oben angedeutet, in dem vorliegenden Material eine gewisse Variabilität zeigt, nur als ein Merkmal unter anderen, so überwiegt die große Ähnlichkeit zu *Spirogyra fluviatilis*, auf die bereits hingewiesen wurde (S. Tab. 1). Es scheint mir daher angebracht, die untersuchte Population einstweilen als bemerkenswerte Variante in den Formenkreis von *Spirogyra fluviatilis* zu stellen. Die Variabilität der Ausbildung der Zygotenwand bei dieser Art sei aber weiterer Beachtung empfohlen.

Zusammenfassung

Vom Gelände des Zentralinstituts Gatersleben wird eine *Spirogyra fluviatilis* HILSE sehr nahestehende Form beschrieben, die sich aber in der Ausbildung der Zygotenmembran unterscheidet.

Summary

A Form of *Spirogyra fluviatilis* with Dentate Ornamentation of the Median Zygote-wall.

Description of a *Spirogyra*, very similar to *Spirogyra fluviatilis* HILSE from the Ground of the Zentralinstitut Gatersleben. It is remarkable by dentiform protuberances on the median zygote wall.

Краткое содержание

Форма *Spirogyra fluviatilis* с зубчатой зиготной мезоспорой

С территории Центрального института в Гатерслебене описывается форма *Spirogyra*, близкая к *Sp. fluviatilis* HILSE, но отличающаяся от нее строением зиготной мембраны.

Literatur

PRASAD, B. N. and DUTTA, S. 1970: Two New Taxa of *Spirogyra*. Hydrobiologia *36*, 27–31.

KRIEGER, H.: In KOLKWITZ, R. und KRIEGER, H.: Dr. L. Rabenhorst's Kryptogamenflora von Deutschland und der Schweiz XIII. 2. Abt. Zygnemales. Leipzig 1941.

RANDHAWA, M. S.: Zygnemaceae. New Delhi 1959.

TRANSEAU, E. N.: The Zygnemataceae. Columbus 1951.

HILSE, 1862: Neue Beiträge zur Algen- und Diatomeen-Kunde Schlesiens, insbesondere Strehlens. Abhandl. der Schlesischen Gesellschaft für vaterländische Cultur. Abt. für Naturw. u. Med. 1862 Heft II, 56–74 (S. 65).

JAO, CHIN-CHIH, 1935: Studies on the Freshwater Algae of China. I. Zygnemataceae From Szechwan. Sinensia *6*, 551–620 (S. 611–612).

Kulturpflanze XXIV · 1976 · S. 143–157

Untersuchungen über die Beeinflußbarkeit des Einzelährenertrags von Sommerweizen. – Experimente in Pflanzenwachstumskammern

PETER APEL

(Eingegangen am 1. Dezember 1975)

Einleitung

Von den Komponenten, die den Flächenertrag bei Getreide bilden, ist der Einzelährenertrag in der züchterischen Praxis von besonderem Interesse. Er kann und muß in einem Stadium des Zuchtprozesses als Kriterium herangezogen werden, in dem noch keine Bestände vorliegen. Hierfür ist es nachteilig, daß der durchschnittliche Kornertrag pro Ähre in Abhängigkeit von den klimatischen Bedingungen während der Ontogenese stark variiert, da dies zu Fehleinschätzungen führen kann. Es gilt dies sowohl für die Kornzahl, die über die Determination fertiler Blüten in der Differenzierungsphase der Ähre beeinflußt wird, als auch für die Kornmasse, die in der Kornfüllungsphase durch endogene und exogene Faktoren modifiziert wird (EICHINGER 1928, HÄNSEL 1956, AUFHAMMER 1966, FUCHS 1975).

In einer Untersuchung über die Erblichkeit der Ährchenzahl beim Weizen, einem mit der Kornzahl pro Ähre ja meist eng gekoppeltem Merkmal, weist SCHMALZ (1972) auf dessen starke modifikative Beeinflussung durch den Entwicklungsverlauf hin und auf die daraus resultierenden Schwierigkeiten, die genetischen Komponenten für die Kornzahl pro Ähre zu analysieren.

Bei Durchführung derartiger Heritabilitätsanalysen in Pflanzenwachstumskammern unter wählbaren und reproduzierbaren Bedingungen ließen sich die erwähnten Schwierigkeiten umgehen. Aber neben der Möglichkeit, die Heritabilität einzelner Ertragskomponenten besser als im Freiland zu analysieren, bieten Pflanzenwachstumskammern auch die Gelegenheit, Klimafaktoren systematisch zu variieren und ihren Einfluß auf einzelne Ertragskomponenten aufzuklären, um auf diesem Wege auch Ergebnisse von Freilandexperimenten besser einschätzen zu können (FRIEND et al. 1963, FRIEND 1965, HALSE and WEIR 1970, 1974).

In den letzten Jahren wurden im Zusammenhang mit verschiedenen ertragsphysiologischen Fragestellungen Anzuchten von Sommerweizen in Pflanzenwachstumskammern von uns durchgeführt. Anlage und Auswertung dieser Experimente gestatten es, sie auch unter dem Gesichtspunkt der Beeinflussung von

Komponenten des Einzelährenertrags durch exogene Faktoren während der Ontogenese zu analysieren. Dies ist das Ziel der nachfolgenden Darstellung.

Da erwartet werden darf, daß die Zahl der Nutzer von Pflanzenwachstumskammern auch in der Züchtungsforschung und Züchtung zunehmen wird, soll außerdem auf die Möglichkeiten und Grenzen in der Nutzung derartiger Einrichtungen aufmerksam gemacht werden.

Material und Methode

In allen Experimenten war die Sommerweizensorte 'Carola' Untersuchungsobjekt.

Klimakammerexperimente:

Es standen je eine Klimakammer der Firma Controlled Environments (CE) und des VEB NEMA, Netzschkau (NEMA) zur Verfügung. Die technischen Parameter der beiden Kammertypen gehen aus der nachfolgenden Übersicht hervor:

	CE Typ (PGV 36)	NEMA Typ (KTLK 20000)
Nutzraumfläche	3,3 m^2	8 m^2
Lichtquellen	24 Fluoreszenzlampen Sylvania Typ F 96 T N/VHO 1500 mA +6 Sylvania Typ F 36 Endlampen +45 Glühlampen à 40 W Lampenabstand zur Bodenfläche veränderlich; keine Fenster zwischen Lampen und Pflanzenraum.	20 Quecksilberhalogenlampen HQI 1000 c à 1000 W Lampenabstand zur Bodenfläche unveränderlich; Lampenraum und Nutzraum durch Glasfenster getrennt.
Lichtintensität : (maximal)	650 $\mu E \cdot m^{-2} \cdot s^{-1}$ in Höhe des obersten Blattes bzw. der Ähren (40 cm Lampenabstand)	800 $\mu E . m^{-2} \cdot s^{-1}$ in 1 m Höhe 1100 $\mu E \cdot m^{-2} \cdot s^{-1}$ in 1,6 m Höhe
	(Gemessen mit dem Quantensensor in Verbindung mit dem Lichtmeßgerät Typ LI-185. Die Angabe in $\mu E \cdot m^{-2} \cdot s^{-1}$ bezieht sich auf den Bereich der photosynthetisch aktiven Strahlung von 400–700 nm)	
Temperatur:	regelbar zwischen +5 °C und 45 °C Luft aus dem Nutzraum wird über den außerhalb gelegenen Sensor geleitet.	regelbar zwischen −10 °C und 60 °C Sensor im Luftkanal am Eingang zum Nutzraum.

	CE Typ (PGV 36)	NEMA Typ (KTLK 20 000)
Luftfeuchtigkeit:	Befeuchtung und Entfeuchtung Bei vollbesetzter Kammer (z. B. Getreide in der vegetativen Entwicklungsphase) kann eine relative Luftfeuchtigkeit von 70% nicht unterschritten werden.	Befeuchtung und Entfeuchtung Kapazität für die Entfeuchtung garantiert die Möglichkeit einer relativen Luftfeuchtigkeit von <70% auch bei vollbesetzter Kammer.
Luftführung:	vertikal von unten nach oben; Frischluftanteil variabel	
CO_2-Regelung:	Regelung im Bereich von 300 bis einige 1000 vpm CO_2 durch Eigenkonstruktion möglich.	noch nicht verwirklicht.

Die Anzucht der Pflanzen erfolgte in allen Fällen in runden emaillierten Metallgefäßen (Höhe 29 cm, Durchmesser 20 cm) mit gelochtem Boden. Als Anzuchtmedium wurde ein Gemisch im Verhältnis 2 : 1 von gedämpfter Komposterde und grobkörnigem gewaschenem Flußsand verwendet. Die Mineralsalzversorgung erfolgte durch Gießen mit Nährlösung nach HOAGLAND (ab dritter Woche nach der Aussaat einmal wöchentlich 0,5 l).

Pro Topf wurden 15 Körner ausgelegt und nach dem Auflaufen auf 10 Pflanzen/Topf vereinzelt.

Eine Übersicht über die Kombination der Faktoren in den 6 durchgeführten Versuchen gibt Tabelle 1.

In Versuch Nr. 1 waren alle Bedingungen von der Aussaat bis zur Reife konstant gehalten worden. Während der 16-stündigen Lichtphase betrug die Temperatur in der mittleren Höhe der Pflanzen 21 °C. Wegen des starken vertikalen Temperaturgradienten in der CE-Kammer war die Lufttemperatur in der Höhe des obersten Blattes bzw. der Ähren 25–26 °C.

In Versuch Nr. 2 war das gleiche Klimaprogramm gewählt worden wie in Versuch Nr. 1, er wurde aber in der NEMA-Kammer durchgeführt. Damit war die Möglichkeit gegeben, den Einfluß der höheren Lichtintensität zu untersuchen. Leider war unbeabsichtigt und bedingt durch die unterschiedliche Konstruktion beider Kammern ein weiterer Faktor variabel: Der vertikale Temperaturgradient ist in der NEMA-Kammer infolge des Fensters zwischen Lampenraum und Nutzraum wesentlich geringer als in der CE-Kammer. Daher betrug bei einer programmierten Lufttemperatur von 21 °C in mittlerer Pflanzenhöhe die Abweichung an den oberen Pflanzenteilen nur +1 °C. Die „Durchschnittstemperatur" war also gegenüber Versuch Nr. 1 niedriger. Dies dürfte die Ursache für den größeren Zeitbedarf bis zur Blüte sein.

Im 3. Versuch (in CE) war gegenüber Versuch Nr. 1 der CO_2-Gehalt in der Lichtphase ab 35. Tag nach der Aussaat auf 2000 vpm erhöht.

Der 4. Versuch (in CE) lief ebenfalls mit dem gleichen Klimaprogramm wie die Versuche 1, 2 und 3, der CO_2-Gehalt war aber in diesem Fall während des gesamten Entwicklungszeitraumes auf 1500 vpm in der Lichtphase erhöht worden.

Die Versuche Nr. 5 und 6 unterscheiden sich von den vorher beschriebenen dadurch, daß die Entwicklung unter Kurztagbedingungen (8 h Licht : 16 h Dunkelheit) und mit nied-

Tabelle 1

Bedingungen in den Pflanzenwachstumskammern während der Versuche.
Die angegebene Lichtintensität wurde in Höhe der obersten Blätter bzw. der Ähren gemessen.
Die Temperatur entspricht der Lufttemperatur in mittlerer Höhe des Pflanzenbestandes,
in Klammern die Temperatur in Höhe der obersten Blätter oder der Ähren

Vers.Nr.	Lichtintensität $\mu E \cdot m^{-2} \cdot s^{-1}$ im Phar-Bereich	Photoperiode Licht: Dunkel in h	Temperatur °C	CO_2 vpm	Zeitdauer Aussaat – Blüte Tage
1	650	16 : 8	21 (25) : 16	300	44
2	1100	16 : 8	21 (22) : 16	300	54
3	650	16 : 8	21 (25) : 16	ab 35. Tag 2000	43
4	650	16 : 8	21 (25) : 16	durchgehend 1500	48
5	650	von 8 : 16 stufenweise auf 16 : 8	von 16 : 10 stufenweise auf 21 (25) : 16	300	79
6	650	von 8 : 16 stufenweise auf 16 : 8	von 15 : 10 stufenweise auf 21 (25) : 16	durchgehend 1500	100

rigen Temperaturen (16 : 10 °C) begann und stufenweise während der Ontogenese in die Standardbedingungen von Versuch Nr. 1 überführt wurden.

Daraus resultiert natürlich ein wesentlich höherer Zeitbedarf für die Entwicklung bis zur Blüte (Tab. 1).

Versuch Nr. 5 wurde durchweg mit 300 vpm CO_2, Versuch Nr. 6 durchweg mit 1500 vpm CO_2 in der Lichtphase durchgeführt.

Freilandanbau:
Die Sorte 'Carola' wurde 1973, 1974 und 1975 im Parzellen in Freiland angebaut. Die Parzellengröße betrug 2,5 ×1 m². Jede Parzelle enthielt 4 Reihen. Das Saatgut wurde von Hand ausgelegt, wobei der Abstand innerhalb der Reihen 5 cm betrug. Es wurden in jedem Jahr 3 oder mehr Parzellen angebaut. 1974 gab es neben diesem Parzellenanbau einen Anbau unter einem Vogelschutzgitter aus relativ engmaschigem Draht, wodurch die Lichtintensität auf 65—70 % vermindert wurde.

Stichprobennahme und Meßwertgewinnung:
Bei allen Versuchen wurden zur Blüte ca. 150 bis 200 Ähren im gleichen Entwicklungszustand markiert. In einigen Versuchen wurde schon zu diesem Termin die erste Stichprobe genommen, in anderen Fällen 10 Tage nach der Blüte und von da an regelmäßig in 5-tägigem Abstand. Jede Stichprobe bestand aus 15 Halmen. Nach Zerlegung in Ähre, Halm und Blätter wurde 2 h bei 110 °C und anschließend 46 h bei 65 °C getrocknet.

In allen Fällen wurde der mit heißem 80 %igem Äthanol extrahierbare Anteil in der Trockensubstanz des Halmes bestimmt. Wie die in einigen Fällen durchgeführte komplette quantitative Kohlenhydratanalyse zeigte (Apel u. Nátr, im Druck), besteht der äthanollösliche Anteil zu 60—70 % aus Zuckern, überwiegend Saccharose, und zeitliche Änderungen im Gehalt äthanollöslicher Substanzen und Zuckern verlaufen gut synchron.

Zur Charakterisierung des zeitlichen Verlaufs des Kornwachstums wurden aus den empirischen Werten der Korntrockengewichte die Parameter der Wachstumsfunktion von Richards (1959) geschätzt (Apel et al. 1975).

Die in Tabelle 2 angegebenen Werte für $D_{W_{50}}$, $D_{W_{90}}$, W'_{max} und MRW wurden daraus berechnet. Es bedeuten:

$D_{W_{50}}$ und $D_{W_{90}}$ = Zeit in Tagen zwischen Blüte und Erreichen von 50 % bzw. 90 % der Trockenmasse der Körner.

W'_{max} Maximale Wachstumsrate der Körner

MRW Mittlere relative Wachstumsrate der Körner

$$MRW = \frac{\ln W_{90\%} - \ln W_{10\%}}{t_{90\%} - t_{10\%}}$$

In Abbildung 1 ist dieses Auswertungsverfahren an einem Beispiel dargestellt worden.

Ergebnisse

Die Komponenten der Einzelährenerträge in den verschiedenen Versuchen sowie Angaben über den Halm sind in Tabelle 2 zusammengestellt. Bei der Betrachtung der Variabilität der Ertragskomponenten wird das Beschattungsexperiment im Freiland (1974a in Tab. 2) nicht mit berücksichtigt.

Die durchschnittliche Kornmasse variierte zwischen 35.3 und 51.1 mg, entsprechend einem Verhältnis von 69 : 100 zwischen niedrigstem und höchstem

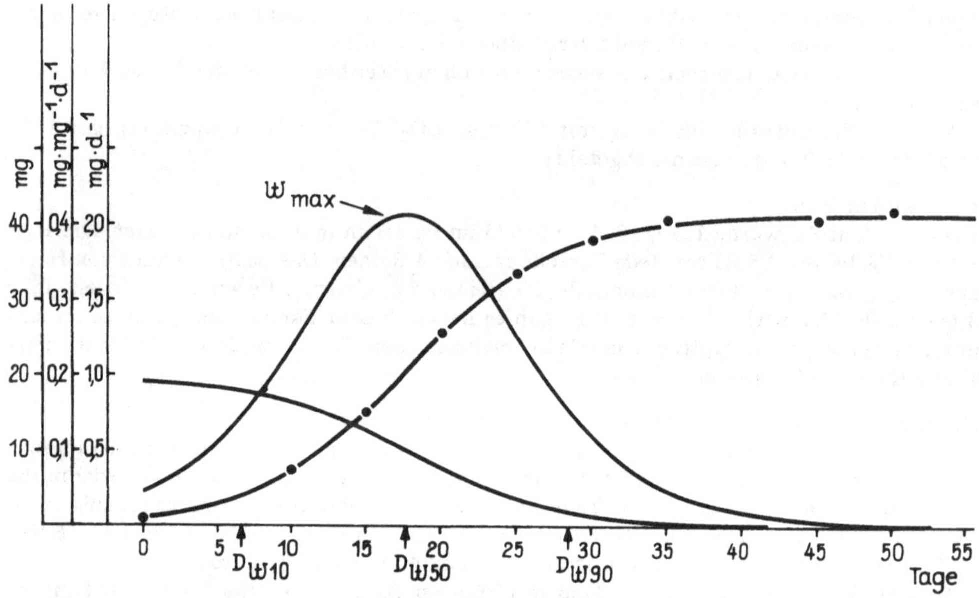

Abb. 1 Kornwachstum im Versuch Nr. 2
Die sigmoide Kurve ist die approximierte Kurve für die Trockengewichtszunahme der Karyopsen; die Punkte entsprechen den experimentell aus Stichproben gewonnenen Werten (mg). Die nach oben konvexe Kurve ist die 1. Ableitung der Wachstumsfunktion und repräsentiert die zeitliche Änderung der Zuwachsraten. W'_{max} ist die maximale absolute Wachstumsrate ($mg \cdot d^{-1}$). Weiterhin ist die zeitliche Änderung der relativen Wachstumsrate ($mg \cdot mg^{-1} \cdot d^{-1}$) angegeben. Die Termine, zu denen 10, 50 bzw. 90% des Trockengewichts erreicht wurden, sind markiert ($D_{W_{10}}$, $D_{W_{50}}$, $D_{W_{90}}$).
Der Zeitpunkt 0 ist der Blühtermin

Wert. Interessanterweise wurde der höchste Wert im Freilandanbau 1974 erreicht und war mit dem geringsten Einzelährenertrag gekoppelt und der geringste Wert in dem Phytokammerversuch Nr. 6, der den höchsten durchschnittlichen Kornertrag pro Ähre erbrachte.

Große Unterschiede wurden in der durchschnittlichen Kornzahl/Ähre gefunden. Der niedrigste Wert betrug hier 29.3 und der höchste 67.1 entsprechend 43.6 : 100. Die Tatsache, daß der Kornertrag/Ähre zwischen 1.497 und 2.368 g variiert, entsprechend einem Verhältnis von 63.5 : 100, weist schon auf den kompensatorischen Effekt hin, der durch die Kopplung hoher Kornzahlen mit niedrigen durchschnittlichen Kornmassen hervorgerufen wird. Allerdings ist die Kompensation nicht vollständig, sonst wäre der Einzelährenertrag konstant. Es überwiegt eindeutig sowohl in Phytokammern wie in Freilandversuchen der Einfluß der Kornzahl auf den Einzelährenertrag.

Das Trockengewicht des Halmes unterliegt nach der Blüte charakteristischen zeitlichen Änderungen (APEL, in Druck, APEL u. NÁTR, in Druck). Der Anstieg

Abb. 2 Reife Ähren von 'Carola'
links: Versuch Nr. 6 (während der ganzen Wachstumsperiode 1500 vpm CO_2)
rechts: Freilandanbau

während der ersten 10 Tage nach der Blüte ist etwa zu gleichen Teilen auf das Wachstum des letzten Internodiums und Einlagerung von äthanollöslichen Substanzen, überwiegend Zucker, in den Resthalm zurückzuführen. Ein Maximum wird häufig nach 15–20 Tagen erreicht. Dieser weitere Anstieg geht ausschließlich auf Reservestoffeinlagerung zurück. Unter Freilandbedingungen ist diese zeitliche Änderung stark witterungsabhängig, was zu erwarten war.

Nach Erreichen des Maximums geht das Trockengewicht des Halmes parallel mit dem Gehalt äthanollöslicher Substanzen stetig zurück.

Für Vergleichszwecke ist in Tabelle 2 der Maximumwert für die einzelnen Versuche angegeben.

Es fällt auf, daß mit Ausnahme des Beschattungsversuchs (1974a) im Freiland das maximale Halmtrockengewicht immer über 2 g lag und 1973 sogar einen extrem hohen Wert erreichte. In den Phytokammerexperimenten wurden Halmgewichte über 2 g nur in 2 Fällen erreicht, – im Versuch Nr. 2 mit der hohen Lichtintensität in der NEMA-Kammer und in Versuch Nr. 6 mit hoher CO_2-Konzentration und verzögerter Entwicklung. In den Versuchen Nr. 1, 3, 4 und 5

Tabelle 2

Zusammenstellung der Durchschnittswerte für Einzelährenerträge, Halmtrockengewichte und äthanollösliche Substanzen im Halm

Vers.-Nr.		∅ Kornzahl / Ähre	∅ Kornmasse	∅ Kornertrag / Ähre	Trockengewicht Halm	äthanollösliche Substanzen im Halm	
			mg	g	Maximalwert mg	% d. Trockeng.	Maximalwert mg/Halm
1		43.7 ±0.7	41.7 ±0.5	1.822 ±0.04	1025	28.9	296
2		55.4 ±0.9	41.2 ±0.5	2.282 ±0.05	2120	40.3	855
3		45.0 ±0.9	39.4 ±0.7	1.773 ±0.06	1432	30.3	429
4		63.2 ±1.1	37.4 ±0.9	2.364 ±0.9	1667	32.5	541
5		45.8 ±0.6	41.3 ±0.5	1.892 ±0.04	1559	26.7	416
6		67.1 ±1.4	35.3 ±0.6	2.368 ±0.07	2074	21.6	447
Freiland	1973	36.2 ±0.7	47.2 ±0.7	1.709 ±0.05	2890	25.4	735
Freiland	1974 a[1]	28.2 ±0.6	38.8 ±0.9	1.094 ±0.06	1420	25.4	361
Freiland	1974 b	29.3 ±0.5	51.1 ±0.5	1.497 ±0.03	2030	31.9	648
Freiland	1975	45.5 ±1,0	39.1 ±0.8	1.779 ±0.08	2049	27.3	559

1 1974 a: Anbau bei verminderter Lichtintensität (ca. 65%).

in der CE-Kammer sind aber die maximalen Halmgewichte deutlich niedriger bei gleichem oder höherem Kornertrag pro Ähre. Verallgemeinert läuft dies darauf hinaus, daß in allen Phytokammer-Experimenten das Korn-Stroh-Verhältnis bzw. der 'harvesting index' (Prozentanteil Korn an der gesamten oberirdischen Trockensubstanz) günstiger ist als im Freiland. Eine Erklärung kann hierfür derzeit noch nicht gegeben werden, könnte aber zunächst hypothetisch im Lichtfaktor gesehen werden (Spektrum und Intensität), da die Ergebnisse von Versuch Nr. 2 (NEMA-Kammer) den Freilandwerten noch am nächsten kommen.

Die Angaben über äthanollösliche Substanzen im Halm zeigen eine große Variabilität (Verhältnis 34.6 : 100 zwischen kleinstem und größtem Wert) in Abhängigkeit von den Versuchsbedingungen. Überraschenderweise wurde der Höchstwert nicht in einem der Experimente mit erhöhtem CO_2-Gehalt, sondern in Material aus der NEMA-Kammer (Vers. Nr. 2, hohe Lichtintensität) gefunden. Die 920 mg äthanollöslicher Substanzen im Halm enthalten 673 mg anthronpositiver Verbindungen (Zucker). Außerdem waren zu diesem Termin 137 mg perchlorsäurelöslicher Substanzen („Stärke") im Halm enthalten. Dieser pool von ca. 810 mg Reservekohlenhydraten würde selbst in der Phase des intensivsten Kornwachstums und unter Berücksichtigung des Bedarfs für die Atmung ein 4–5 tägiges unvermindertes Wachstum der Karyopsen auch bei völliger Hemmung der Photosynthese ermöglichen. Die Unterschiede im relativen Gehalt äthanollöslicher Substanzen im Halm sind wohl so zu interpretieren, daß die Speicherfähigkeit des Halmes in den meisten Fällen nicht voll ausgenutzt wird.

Die Angaben über den Zeitbedarf für die Kornfüllung (Tab. 3) wurden aus der Wachstumsfunktion errechnet (s. auch Abb. 1). Die Angabe des Zeitbedarfs bis

Tabelle 3

Charakteristische Werte für das Kornwachstum in den Phytokammerversuchen 1–6 und im Freiland. $D_{W_{50}}$ u. $D_{W_{90}}$ = Zeitbedarf für 50% bzw. 90% der Kornfüllung; W'_{max} = Maximale Zuwachsrate, MRW = Mittlere relative Wachstumsrate

Vers.-Nr.		$D_{W_{50}}$ Tage	$D_{W_{90}}$ Tage	W'_{max} mg/Tag	MRW $mg \cdot mg^{-1} \cdot d^{-1}$
1		15.3	25.1	2.46	0.119
2		17.7	28.7	2.06	0.100
3		14.1	25.2	2.22	0.113
4		15.9	25.3	2.20	0.118
5		17.7	29.5	2.04	0.099
6		18.5	26.8	2.04	0.107
Freiland	1973	20.0	33.5	1.98	0.084
Freiland	1974a	22.6	34.3	1.72	0 087
Freiland	1974b	25.3	40.3	1.89	0.074
Freiland	1975	18.3	31.4	1.68	0.086

zur 90%igen Kornfüllung anstatt bis zur Reife ist darin begründet, daß ersterer Wert auf der Kurve exakt definiert ist, der Reifetermin aber nicht.

Der durchweg geringere Zeitbedarf für das Kornwachstum in den Phytokammern im Vergleich zum Freiland ist ursächlich wohl zum größten Teil auf die höheren Tagesmitteltemperaturen in der Phytokammer zurückzuführen.

Das erklärt auch die höheren absoluten (W'_{max} in Tab. 3) und relativen (MRW in Tab. 3) Wachstumsraten. Möglicherweise lassen sich durch niedrigere Temperaturen in der Kornfüllungsphase auch unter solchen Bedingungen höhere durchschnittliche Kornmassen erzielen, wo sie wie in Versuch Nr. 4 und Nr. 6, bedingt durch die große Kornzahl, niedrig waren.

So ergaben Experimente von Thorne (1973), daß niedrige Temperaturen in der Kornfüllungsphase zwar das Wachstumstempo vermindern, aber durch Verzögerung der Reife im Endergebnis doch zu höheren Kornmassen und Einzelährenerträgern führen.

Beschattung im Freiland (1974a in Tab. 2) führte bei uns wie auch bei anderen Autoren (Friend et al. 1963, Friend 1965) zu einer deutlichen Ertragsdepression, die in unserem Fall beide Komponenten, Kornzahl/Ähre und Kornmasse, betraf.

Diskussion

Die Sorte 'Carola' vermag im Freiland unter entsprechend günstigen Bedingungen ca. 46 Körner pro Ähre auszubilden. Diese Zahl konnte in den Phytokammerexperimenten Nr. 2, Nr. 4 und Nr. 6 (s. Tab. 2 u. Abb. 2) deutlich, teilweise drastisch erhöht werden. So betrug der Maximalwert 92 Körner pro Ähre im Versuch Nr. 6 bei einem Mittelwert von 67.1. Diese Erhöhung der Kornzahl ist auf eine vergrößerte Zahl von Ährchen (im Mittel 30 pro Ähre im Vers. Nr. 6) zurückzuführen, nicht auf eine vermehrte Anzahl von Blüten pro Ährchen.

In dem Experiment Nr. 2 war die Lichtintensität gegenüber den anderen Versuchen erhöht, in Nr. 4 und Nr. 6 der CO_2-Gehalt während der gesamten Ontogenese. Gemeinsam im Effekt ist diesen Behandlungen eine Steigerung der Photosynthese.

Thorne et al. (1968), Rawson (1970), Schmalz (1962, 1972) u. a. wiesen auf die große Bedeutung des Entwicklungsrhythmus speziell für die Ausprägung solcher Merkmale wie Ährchenzahl und Zahl fertiler Blüten pro Ähre hin. Insbesondere soll eine durch relativ niedrige Temperaturen und Kurztag bewirkte zeitliche Dehnung der Differenzierungsphase die Ährenentwicklung positiv beeinflussen. Allerdings gibt es auch in dieser Beziehung große Sortenunterschiede und nach den eigenen Ergebnissen scheint die Sorte 'Carola' eher relativ unempfindlich gegen Änderungen des Entwicklungsrhythmus über Temperatur- und Kurztagbehandlung zu sein (Vers. Nr. 1 und Nr. 5). Erst, wenn die zeitliche Dehnung der Entwicklung mit einer hohen CO_2-Konzentration gekoppelt ist (Vers. Nr. 6), wird die

Kornzahl pro Ähre sehr deutlich erhöht. Da aber eine nahezu gleiche Erhöhung auch durch bloße CO_2-Behandlung in der Hälfte der Zeit (Vers. Nr. 4) erreicht wird, darf man doch wohl annehmen, daß die Erhöhung der Photosyntheseleistung der wesentlichere Faktor innerhalb der von uns untersuchten ist.

Bei der deutlichen Erhöhung der Kornzahl durch die hohe Lichtintensität (Vers. Nr. 2) überlagern sich womöglich verschiedene Effekte wie z. B. eine evtl. direkte morphologische Lichtwirkung, etwas längere Entwicklungsdauer u. a. Jedoch möchten wir auch hier eine Wirkung über die Bereitstellung größerer Assimilationsmengen nicht ausschließen. Der pool im Halm ist ja gerade bei diesem Versuch am höchsten.

Über z. T. ähnliche Ergebnisse einer Behandlung mit erhöhter CO_2-Konzentration berichteten auch KRENZER u. MOSS (1975) bei Weizen. Eine Erhöhung der CO_2-Konzentration auf 600 vpm vom 32. Entwicklungstag an bewirkte sowohl im Freiland (unter Plastikhauben) als auch in der Phytokammer (25/20 °C) eine Erhöhung der Kornzahl. Dieser Effekt trat nicht ein in einem Phytokammerversuch bei 17/10 °C. Die dort angeführte Erklärung, daß eine erhöhte CO_2-Konzentration nur bei höheren Temperaturen wachstumswirksam wird, könnte auch für einen Vergleich unserer Versuche Nr. 4 und Nr. 6 herangezogen werden. In beiden Versuchen wurden etwa die gleiche Kornzahl/Ähre und der gleiche Einzelährenertrag erzielt (Tab. 2) bei einer durchgehenden CO_2-Konzentration von 1500 vpm. Dabei wurden in Versuch Nr. 6 infolge anfänglicher Kurztagbedingungen und niedriger Temperaturen 100 Tage bis zur Blüte benötigt gegenüber nur 48 Tagen in Versuch Nr. 4 (Tab. 1). Diese anfänglich niedrigen Temperaturen in Versuch Nr. 6 verhinderten demnach ein zeitiges Wirksamwerden der hohen CO_2-Konzentration.

Abweichend von unseren Ergebnissen berichten KRENZER u. MOSS (1975) von einer Erhöhung der Kornmasse, wenn die höhere CO_2-Konzentration nur in der Kornfüllungsphase gegeben wurde. Das konnte von uns in keinem von mehreren Phytokammer-Experimenten beobachtet werden (NÁTR u. APEL 1974, APEL 1974).

Möglicherweise ist der Photosyntheseapparat der von KRENZER u. MOSS eingesetzten Sorten so wenig leistungsfähig, daß die Karyopsen unter Normalbedingungen nicht völlig gefüllt werden. Die außerordentlich niedrigen Kornmassen (maximal 36.5 bzw. 33.0 mg) könnten auch darauf schließen lassen.

Etwas abweichend von unseren Ergebnissen bei Weizen sind auch die von GIFFORD et al. (1973) mitgeteilten Resultate mit einer kontinuierlichen CO_2-Konzentration von 700 vpm bei Gerste. Die Autoren erhielten zwar eine Erhöhung des Flächenertrages um 70%, diese wurde aber durch eine höhere Ährenzahl/m^2 (also stärkere Bestockung) und höhere Kornmasse bewirkt. Die Kornzahl/Ähre war nicht beeinflußt. Hier liegt offenbar eine etwas andere Reaktionsnorm der Gerste gegenüber erhöhtem Assimilatangebot vor.

Die negative Korrelation zwischen Kornzahl und Kornmasse bei den Phytokammerversuchen bedarf noch einer Erklärung. Diese Beziehung, die ja auch aus Freilanduntersuchungen bekannt ist, kann in unserem Fall nicht auf Konkurrenz um Assimilate gedeutet werden, da solche nachweislich in ausreichender Menge im Halm vorhanden waren, um etwa im Versuch Nr. 4 eine höhere Kornmasse zu garantieren.

Hier spielen offenbar andere Prozesse, möglicherweise Interaktionen zwischen den sich entwickelnden Karyopsen auf phytohormonaler Basis eine Rolle.

Ihre Aufklärung erscheint unter praktischen Gesichtspunkten außerordentlich bedeutsam, was z. B. schon daraus hervorgeht, daß der in Versuch Nr. 4 erreichte höchste Einzelährenertrag nochmals um 36% gesteigert werden könnte, gelänge es, die hohe Kornzahl pro Ähre mit der höchsten Kornmasse zu kombinieren.

Es muß allerdings bezweifelt werden, daß die Sorte 'Carola' unter unseren klimatischen Bedingungen so hohe Einzelährenerträge bildet wie in einigen der Phytokammerexperimente. Damit sei darauf hingewiesen, wie kritisch Definitionen des Begriffs Ertragspotential betrachtet werden müssen. Es kann ja durchaus nicht gesagt werden, ob die in Versuch Nr. 4 und Nr. 6 erzielten höchsten Erträge nicht durch andere Kombinationen der Bedingungen evtl. sehr wesentlich überschritten werden können. Eine Kombination der höheren Lichtintensität mit hohen CO_2-Konzentrationen, weitere Optimierung der mineralischen Ernährung und Modifizierung des Entwicklungsrhythmus durch Temperatur und Photoperiode lassen eine solche Erwartung durchaus gerechtfertigt erscheinen. Die tatsächlichen Optimumbedingungen und damit auch das „wahre" genetisch fixierte Ertragspotential wäre jeweils nur durch umfangreiche Untersuchungsserien in Pflanzenwachstumskammern mit hoher Leistungsfähigkeit zu ermitteln. Andererseits ist völlig klar, daß dieses Ertragspotential unter natürlichen Bedingungen niemals erreicht werden kann. Ja, es stellt sich sogar die Frage, ob die Kenntnis dieses Ertragspotentials für die Beurteilung des praktischen Wertes einer Sorte irgend eine Bedeutung hat, ist es doch denkbar, daß eine Sorte mit einem im Phytotron realisiertem sehr hohem Ertragspotential praktisch wertlos ist, wenn ihre Reaktionsnorm nicht den durchschnittlichen Klimabedingungen (und dessen Schwankungen) angepaßt ist. Der effektivere Einsatz von Pflanzenwachstumskammern in der Pflanzenzüchtung sollte daher nicht in der Ermittlung von zweifelhaften Ertragspotentialen, sondern in der raschen und zuverlässigen Ermittlung der Reaktionsnorm von Zuchtmaterial zu sehen sein.

Schlußfolgerungen

1. Ein hohes photosynthetisches Leistungsvermögen begünstigt die Ausbildung besonders kräftiger Pflanzen. Ein Effekt dieser alle Organe erfassenden größeren Wuchsleistung ist bei Getreide die Ausbildung einer großen Zahl fertiler Blüten pro Ähre. Da die in der Phytokammer durch CO_2-Behandlung ermöglichte Steigerung der Photosynthese im Freiland unmöglich ist, wird die Suche nach Genotypen mit genetisch bedingt hoher Photosyntheserate zum gerecht-

fertigten Ziel. Die Selektion kann bereits im Jungpflanzenstadium erfolgen. Unter praktischen Aspekten sind jedoch dabei noch ernsthafte methodische Schwierigkeiten zu überwinden.

2. In der Kornfüllungsphase limitiert die Verfügbarkeit an Assimilaten höchstwahrscheinlich nur selten das Kornwachstum. Andere endogene (Transport, Phytohormone) und exogene (Temperatur) Faktoren sind dafür verantwortlich, in ihrer Wirkungsweise aber noch nicht aufgeklärt.
3. Im Halm können offenbar sehr große Mengen an Assimilaten vorübergehend oder ständig abgelagert werden. Es scheint daher wichtig, dafür zu sorgen, daß genügend Assimilate zur Auffüllung dieser Speicher gebildet werden. Da das Stroh von Getreide in der Futtermittelbereitstellung eine zunehmende Rolle spielt, scheint es angebracht, seinen Wert durch eine möglichst hohe Menge der darin enthaltenen Kohlenhydrate zu erhöhen.
   Auch hier bleibt u. a. die Möglichkeit, Formen zu selektieren, die in der Kornfüllungsphase über einen leistungsfähigen und ausdauernden Photosyntheseapparat verfügen.
4. Der Einsatz von Phytokammern in der Züchtung erlaubt eine beträchtliche Beschleunigung der Generationsfolge. Langtag und hohe Temperaturen wirken besonders beschleunigend auf die Entwicklung, führen aber zu Einbußen im Einzelährenertrag. Diese können durch hohe Lichtintensität und hohe CO_2-Konzentration zumindest zum Teil vermieden werden.

Zusammenfassung

In Experimenten in Pflanzenwachstumskammern wurde der Einfluß von Lichtintensität, CO_2-Gehalt, Photoperiode und Temperatur auf die Ausbildung der Komponenten des Einzelährenertrags der Sommerweizensorte 'Carola' untersucht. Zum Vergleich werden die Ergebnisse von Freiland-Versuchen mitgeteilt.

Eine zeitliche Dehnung der Phase der Ährendifferenzierung durch Kurztag und niedrige Temperaturen ist bei dieser Sorte für die Ausbildung der Ähre relativ bedeutungslos. Dagegen reagiert die Sorte auf hohe Lichtintensitäten (1100 $\mu E \cdot m^{-2} \cdot s^{-1}$) bzw. mittlere Lichtintensitäten (650 $\mu E \cdot m^{-2} \cdot s^{-1}$) gekoppelt mit hoher CO_2-Konzentration (1500 vpm) mit einer Erhöhung der Zahl fertiler Blüten und Karyopsen pro Ähre um 54%.

Der Einzelährenertrag war dagegen nur um maximal 36,5% erhöht, da mit der Erhöhung der Kornzahl /Ähre das durchschnittliche Korngewicht abnahm.

Eine Erhöhung der CO_2-Konzentration in der Kornfüllungsphase allein beeinflußt den Kornertrag nicht, erhöht aber den Kohlenhydratgehalt und das Trockengewicht des Halms.

Aus den Ergebnissen wird geschlossen, daß eine genetisch bedingte hohe Photosyntheserate ein sinnvolles Zuchtziel ist und es lohnt, geeignete Selektionsmethoden zu entwickeln.

Summary

The influence of light intensity, CO_2-content, photoperiod and temperature on kernel number and kernel weight in spring wheat was investigated. For comparisons the results of field experiments are noticed.

A prolonged phase of ear differentiation by means of short days and low temperatures was less important for the investigated variety ('Carola').

High light intensity (1100 $\mu E \cdot m^{-2} \cdot s^{-1}$ in Phar-range) or a mean light intensity (650 $\mu E \cdot m^{-2} \cdot s^{-1}$ in Phar-range) connected with a high CO_2-concentration (1500 vpm) induced an increase in the number of fertile flowers and kernels per ear, (by maximal 54%) in comparison to control or field material.

The grain yield per ear was increased by about 36.5% only because the kernel number was negatively correlated with kernel weight.

An increased CO_2 content only in the grain filling phase did not influence grain yield but the carbohydrate content and dry weight of the culms was increased.

It was concluded from the results, that a genetically determined high rate of photosynthesis is a valuable aim for selection and it seems worth while to develope suitable methods.

Краткое содержание

Исследования воздействий на урожайность отдельного колоса у яровой пшеницы. Опыты в вегетационных камерах.

В вегетационных камерах исследовалось влияние интенсивности освещения, содержания CO_2, фотопериода и температуры на формирование компонентов урожайности отдельного колоса ярового сорта пшеницы 'Карола'. Для сравнения приводятся данные опыта в полевых условиях.

Удлинение фазы дифференциации колоса под влиянием короткого дня и низких температур оказалось для данного сорта относительно незначительным. На высокую (1100 $\mu E \cdot m^{-2} \cdot s^{-1}$) и на среднюю (650 $\mu E \cdot m^{-2} \cdot s^{-1}$) интенсивность освещения, связанную с высокой концентрацией CO_2 (1500 vpm), сорт реагирует повышением (на 54%) числа фертильных цветков и зерновок на колос.

Однако урожайность колоса повышалась в лучшем случае только на 36,5%, так как с повышением числа зерен на колос снижался средний вес зерновок.

Повышение концентрации CO_2 во время фазы налива зерна не повышает урожая зерна, но увеличивает содержание углеводов и сухой вес стебля.

Данные опыта позволяют сделать заключение, что, генетически обусловленная, высокая интенсивность фотосинтеза может считаться рациональной целью отбора и оправдывает изыскание соответствующих методов селекции.

Literatur

APEL, P., 1974: Wachstum von Weizenkaryopsen bei verschiedener CO_2-Konzentration. – Biochem. Physiol. Pfl. *166*, 475–80.

APEL, P., H.-W. JANK und Chr.-O. LEHMANN, 1975: Beschreibung des Wachstums von Weizenkaryopsen mit Hilfe einer Wachstumsfunktion. – Arch. Züchtungsforsch. *5*, 181–191.

APEL, P. und L. NÁTR: Carbohydrate content and grain growth in wheat and barley. (In Vorbereitung).

AUFHAMMER, W., 1966: Untersuchungen zur Ertragsbildung der Wintergerste. – Z. Acker- u. Pflanzenbau *124*, 318–339.

EICHINGER, 1928: Die Beeinflussung der Länge der Winterroggenähren und der Zahl der Ährchen durch Düngung und Aussaatzeit. – Eine Methode zur Unterscheidung von Winter- und Sommersaatgut. – Angew. Botanik *10*, 66–79.

FRIEND, D. J. C., 1965: Ear length and spikelet number of wheat grown at different temperatures and light intensities. – Canad. J. Bot. *43*, 345–353.

FRIEND, D. J. C., J. E. FISHER, and V. A. HELSON, 1963: The effect of light intensity and temperature on floral initiation and inflorescence development of Marquis wheat. – Canad. J. Bot. *41*, 1663–1674.

FUCHS, W., 1975: Untersuchungen zum Einfluß der Stickstoffdüngung auf die Anlage und Ausbildung des Ertragsmerkmals Ährchenzahl je Ähre bei Winterroggen, Winterweizen und zweizeiliger Sommergerste. – Arch. Acker- u. Pflanzenbau und Bodenkd. *19*, 277–286.

GIFFORD, R. M., P. M. BREMNER, and D. B. JONES, 1973: Assessing photosynthetic limitation to grain yield in a field crop. – Austr. J. agric. Res. *24*, 297–307.

HALSE, N. J., and R. N. WEIR, 1970: Effects of vernalization, photoperiod, and temperature on phenological development and spikelet number of Australian wheat. – Austr. J. agric. Res. *21*, 383–393.

HALSE, N. J. and R. N. WEIR, 1974: Effects of temperature on spikelet number of wheat. – Austr. J. agric. Res. *25*, 687–695.

HÄNSEL, H., 1956: Entwicklungsrelationen ertragsbildender Organe von Winterweizen (und Winterroggen) und ihre Bedeutung für Termine zusätzlicher Nährstoff- und Wassergaben. – Z. Acker- u. Pflanzenbau *100*, 77–98.

KRENZER, E. G. and D. N. MOSS, 1975: Carbon Dioxide Enrichment Effects Upon Yield and Yield Components in Wheat. – Crop Sci. *15*, 71–74.

NÁTR, L. and P. APEL, 1974: The influence of the rate of photosynthate production on the rate of dry matter accumulation in barley kernels. – Photosynthetica *8*, 53–56.

RAWSON, H. M., 1970: Spikelet number, its control and relation to yield per ear in wheat. – Austr. J. biol. Sci. *23*, 1–15.

SCHMALZ, H., 1962: Einige Schwerpunkte der pflanzenzüchterischen Arbeit in Halle. – Kühn-Archiv *76*, 57–74.

SCHMALZ, H., 1972: Untersuchungen zur Vererbung des Merkmales Ährchenzahl je Ähre des Saatweizens [Triticum aestivum (L.) Thell. ssp. vulgare (Vill.) MK]). – Arch. Züchtungsforsch. *2*, 153–165.

THORNE, G. N., M. A. FORD, and D. J. WATSON, 1968: Growth, Development, and Yield of Spring Wheat in Artificial Climates. – Ann. Bot. *32*, 425–446.

RICHARDS, F. J., 1959: A flexible growth function for empirical use. – Journ. Exptl. Botany *10*, 290–300.

Kulturpflanze XXIV · 1976 · S. 159–178

Literatur über archäologische Kulturpflanzenreste (1974/1975)

Jürgen Schultze-Motel

(Eingegangen am 23. Januar 1976)

Mit der vorliegenden Ausgabe der Bibliographie wird die Zusammenstellung der Literatur über archäologische Kulturpflanzenreste fortgesetzt. Es wurde versucht, die entsprechende Literatur der Jahre 1974/1975 sowie bisher übersehene Arbeiten zu erfassen (vgl. Schultze-Motel 1968, 1971, 1972a, 1972b, 1973, 1975a, 1975b).

Wie immer haben mich Herr Direktor Dr. H. Behrens, Herr W. Matthias und die Bibliothekarin Frau V. Schneider vom Landesmuseum für Vorgeschichte Halle/S. beim Auffinden der Literatur tatkräftig unterstützt, wofür ihnen mein besonderer Dank gebührt. Für zahlreiche Hinweise auf Literaturstellen bin ich auch Frau Dr. M. Hopf (Römisch-Germanisches Zentralmuseum Mainz) und Herrn Prof. Dr. W. van Zeist (Biologisch-Archaeologisch Instituut Groningen) sehr dankbar.

Es folgen nun die Einzelangaben zu den alphabetisch angeordneten Arten.

Anethum graveolens L., Dill

In einem Fund von Gewürzpflanzen und Drogen aus dem 17. Jh. von Uherský Brod (ČSSR) traten auch Reste des Dills auf (Opravil 1974d).

Avena nuda Höjer (*A. strigosa* Schreb.), Sandhafer

In Schichten der Völkerwanderungs- und Wikingerzeit von Archsum auf Sylt hat Kroll (1975a) Sandhafer festgestellt.

Avena sativa L., Hafer

Dieses Getreide wurde an folgenden Orten nachgewiesen: Lausitzer Kultur, Kotlin, Kr. Jarocin, Polen (Klichowska 1974b); Wikingerzeit, Archsum/Sylt (Kroll 1975a, b); Übergang vom 7. zum 8. Jh. u. Z., Schwyz/Schweiz (Hopf 1974a); Mittelalter (8. Jh.), Büraburg bei Fritzlar/Nordhessen (Willerding 1974); Mittelalter, Bnin, Kr. Śrem, Polen (Klichowska 1975b); Großmährische Periode, Mikulčice, ČSSR (Opravil 1972; Tempír 1973); 11.–13. Jh., Biljar, Tatarische ASSR (Tuganaev und Frolova 1975).

Die ältesten Hafer-Funde Polens beschreibt Klichowska (1975a). Die archäologischen Hafer-Funde in der Slowakei hat HAJNALOVÁ (1975), die im Küstengebiet der Niederlande VAN ZEIST (1974) zusammengestellt.

Camelina sativa (L.) CRANTZ, Leindotter

Archäologische Reste des Leindotters aus dem Küstengebiet der Niederlande beschreibt VAN ZEIST (1974). Auch in kaiserzeitlichen Schichten von Archsum auf Sylt hat KROLL (1975a) diese Art festgestellt.

Cannabis sativa L., Hanf

In einem skythischen (eisenzeitlichen) Grab in Pazyryk im Altai (West-Sibirien) fanden sich Früchte des Hanfes in Verbindung mit Gerätschaften, die eine Verwendung als Narkotikum (Haschisch) erkennen lassen (RUDENKO 1970).

Li (1974a, 1974b) gibt einen Bericht über archäologische und historische Nachweise des Hanfes in China bzw. Ostasien.

In mittelalterlichen Schichten von Bnin, Kr. Śrem (Polen), hat KLICHOWSKA (1975b) Fruchtreste des Hanfes nachgewiesen.

Carum carvi L., Kümmel

In einem Fund von Gewürzpflanzen und Drogen aus dem 17. Jh. von Uherský Brod (ČSSR) traten auch Reste des Kümmels auf (OPRAVIL 1974d).

Ceratonia siliqua L., Johannisbrotbaum

Ein Fund von Gewürzpflanzen und Drogen aus dem 17. Jh. von Uherský Brod (ČSSR) enthielt auch Reste des Johannisbrotbaums (OPRAVIL 1974d).

Cicer arietinum L., Kichererbse

In chalkolithischen und bronzezeitlichen Schichten der Altinova-Ebene/Südost-Türkei haben VAN ZEIST und BAKKER-HEERES (1975b) Kichererbsen nachgewiesen. Ein einzelner Same der Kichererbse fand sich in chalkolithischen Schichten einer Höhle in Südost-Frankreich (COURTIN und ERROUX 1974; ERROUX und COURTIN 1974).

Coriandrum sativum L., Koriander

Ein skythisches (eisenzeitliches) Grab in Pazyryk im Altai (West-Sibirien) enthielt Früchte des Korianders, die hierher eingeführt sein müssen (RUDENKO 1970). In einem römischen Brunnen von Rottweil-Altstadt fanden sich unter anderen Pflanzenresten auch zwei Teilfrüchte dieser Art (BAAS 1974).

Crocus sativus L., Safran

In einem Fund von Gewürzpflanzen und Drogen aus dem 17. Jh. von Uherský Brod (ČSSR) traten auch Reste des Safrans auf (OPRAVIL 1974d).

Cucumis sativus L., Gurke

Reste der Gurke wurden in Schichten des 11.–13. Jh. in Biljar, Tatarische ASSR gefunden (TUGANAEV und FROLOVA 1975). Auch in Mikulčice, ČSSR (Großmährische Periode) konnte OPRAVIL (1972) Samen der Gurke nachweisen.

Cydonia oblonga MILL., Quitte

In einem Fund von Gewürzpflanzen und Drogen aus dem 17. Jh. von Uherský Brod (ČSSR) traten auch Reste der Quitte auf (OPRAVIL 1974d).

Daucus carota L., Mohrrübe

Ein Fund von Gewürzpflanzen und Drogen aus dem 17. Jh. von Uherský Brod (ČSSR) enthielt auch Reste der Mohrrübe (OPRAVIL 1974d).

Fagopyrum sagittatum GILIB., Buchweizen

In Schichten des 11. –13. Jh. von Biljar, Tatarische ASSR, wurde Buchweizen gefunden (TUGANAEV und FROLOVA 1975). Anhand eines Buchweizen-Fundes aus der Burgruine Starý Jičín, ČSSR (14. bis Anfang 17. Jh.), bespricht OPRAVIL (1974a) die Geschichte dieser Art. In einem Fund von Gewürzpflanzen und Drogen aus dem 17. Jh. von Uherský Brod (ČSSR) traten auch Reste des Buchweizens auf (OPRAVIL 1974d).

Ficus carica L., Feigenbaum

Die ältesten Feigenreste und den Beginn der Kultur des Feigenbaumes behandeln ZOHARY und SPIEGEL-ROY (1975). In einem römischen Brunnen von Rottweil-Altstadt fanden sich drei Feigenkerne (BAAS 1974). Ein Fund von Gewürzpflanzen und Drogen aus dem 17. Jh. von Uherský Brod (ČSSR) enthielt auch Reste der Feige (OPRAVIL 1974d).

Ficus sycomorus L., Sykomore, Eselsfeige

ZOHARY und SPIEGEL-ROY (1975) besprechen kurz die Nutzung und frühe Kultur der Sykomore.

Foeniculum vulgare MILL., Fenchel

In einem Fund von Gewürzpflanzen und Drogen aus dem 17. Jh. von Uherský Brod (ČSSR) traten auch Reste des Fenchels auf (OPRAVIL 1974d).

Hordeum spontaneum KOCH

Wild-Gerste ist von HELBAEK (1972) in Choga Mami/Irak neben Kulturgerste und anderen Kulturpflanzenresten nachgewiesen worden (ca. 5000 v. u. Z.).

Hordeum vulgare L. s. lat., Saatgerste

Die zahlreichen Funde dieser Art seien nur aufgezählt: Neolithikum: Ras Shamra, Syrien (VAN ZEIST und BAKKER-HEERES 1975a), Sturup, Schweden (HJELMqvist 1974), Langeland, Schweden (Hjelmqvist 1975a), Höhle Los Murciélagos bei Zuheros, Prov. Córdoba, Spanien (Hopf und Muñoz 1974; Hopf 1974c), Chirand, Bihar, Indien (Vishnu-Mittre 1974), Niederwil, Nordost-Schweiz (van Zeist und Casparie 1974), Entzheim/Rhein (Hopf 1975c), Schnurkeramik, Südharz-Unstrut-Gebiet (Matthias 1974), Michelsberger Kultur, Reusten, Kr. Tübingen (Schlichtherle 1975); Schichten verschiedener Zeitstellung (ca. 5000 v. u. Z. bis ca. 2500 v. u. Z.), Choga Mami/Irak (Helbaek 1972); Chalkolithikum und Bronzezeit, Altinova-Ebene, Südost-Türkei (van Zeist und Bakker-Heeres 1975b); Bronzezeit: Laag Spul, Gem. Hilvarenbeek, Niederlande (Bakels in Verwers 1975), Schmalstede bei Rendsburg-Eckernförde (Hopf 1974b), Smolno Wielkie, Kr. Sulechów, Polen (Klichowska 1974a); Urnenfelderkultur und Römerzeit, Butzbach/Wetterau (Hopf 1975b); Späte Bronzezeit, Mšec, ČSSR (Tempír 1973); Lausitzer Kultur, Kotlin, Kr. Jarocin, Polen (Klichowska 1974b); Eisenzeit, Castilviejo de Yuba, Prov. Soria, Spanien (Hopf und Ortego y Frías 1974); Hallstattzeit und Mittelalter, Bnin, Kr. Śrem, Polen (Klichowska 1975b); Ältere römische Eisenzeit, Jütland (Hjelmqvist 1975b); Mittelalter (8. Jh.), Büraburg bei Fritzlar/Nordhessen (Willerding 1974); Großmährische Periode, Mikulčice, ČSSR (Opravil 1972; Tempír 1973); 11.–13. Jh., Biljar, Tatarische ASSR (Tuganaev und Frolova 1975).

Archäologische Reste fanden sich außerdem in Südost-Frankreich (Courtin und Erroux 1974; Erroux und Courtin 1974), in Archsum/Sylt (Kroll 1975a, b) und im Küstengebiet der Niederlande (van Zeist 1974). Die ältesten Gersten-Funde Polens hat Klichowska (1975a) zusammengestellt. Hajnalová (1975) beschreibt die Nachweise aus der Slowakei, Hopf (1975a) die aus Bulgarien. Die Entstehung der Gerste und die Wildform bespricht D. Zohary (1973).

In einer besonderen Erhaltungsform konnte Gerste in der Römerzeit Ungarns nachgewiesen werden: in Mörtel traten Gerstenkörner in solcher Menge auf, daß dieser auf den ersten Blick aus aneinandergeklebten Körnern zu bestehen schien (Duma 1974).

Ipomoea batatas (L.) Poir., Süßkartoffel, Batate

Der verkohlte Rest einer etwa 300–400 Jahre alten Knolle der Süßkartoffel fand sich bei Ausgrabungen in Hawaii (Rosendahl und Yen 1971). Die Entstehung und Verbreitung dieser Art hat O'Brien (1972) diskutiert. Martin, Jones und Ruberté (1974) besprechen die (angebliche) Wildform der Süßkartoffel, *Ipomoea littoralis* Blume.

Iva annua L.

Außergewöhnlich große Früchte dieser Composite (var. *macrocarpa*) fanden sich bei archäologischen Ausgrabungen in Nordamerika. Das Material zeigt eine Größenzunahme der Funde: an den ältesten Stellen sind die Achänen etwas größer als die heutigen, während sie später das Doppelte der modernen Länge erreichen. Dies wird als Zeichen einer Domestikation gewertet (Yarnell 1972).

Juglans regia L., Walnußbaum

Fruchthälften der Walnuß aus dem Bezirk Plovdiv (Bulgarien), die aus der Zeit ca. 2000 v. u. Z. stammen, beschreibt HOPF (1975a). In einem römischen Brunnen von Rottweil-Altstadt fand sich das Schalenbruchstück einer Walnuß (BAAS 1974). OPRAVIL (1971) beschreibt mittelalterliche Walnuß-Reste aus Mittel-Mähren und HAJNALOVÁ (1975) erwähnt einen archäologischen Fund der Walnuß in der Slowakei.

Lathyrus cicera L., Rote Platterbse

Von dieser Art, die als Stammform von *Lathyrus sativus* angesehen wird, fanden sich archäologische Reste in Südost-Frankreich (COURTIN und ERROUX 1974; ERROUX und COURTIN 1974).

Lathyrus sativus L., Saat-Platterbse

In neolithischen Schichten von Chirand, Bihar (Indien), hat VISHNU-MITTRE (1974) Saat-Platterbsen nachgewiesen. Die Saatplatterbse wurde von HELBAEK (1972) auch in Choga Mami/Irak festgestellt (Khazineh-Mehmeh-Phase). Archäologische Reste dieser Art aus Bulgarien beschreibt HOPF (1975a) und SNÁŠIL (1974) erwähnt Saat-Platterbsen aus einer Dorfwüstung im Bezirk Uherské Hradiště (ČSSR), die aus dem 12. Jh. stammt.

Lens culinaris MEDIK., Linse

Linsen wurden an folgenden Stellen gefunden: Bandkeramik, Butzbach/Wetterau (HOPF 1975b); Neolithikum, Chirand, Bihar, Indien (VISHNU-MITTRE 1974); Neolithikum, Ras Shamra, Syrien (VAN ZEIST und BAKKER-HEERES 1975a); ca. 5000 v. u. Z. und Khazineh-Mehmeh-Phase, Choga Mami, Irak (HELBAEK 1972); Äneolithikum, Neplachovice, ČSSR (OPRAVIL 1974b); Chalkolithikum und Bronzezeit, Altinova-Ebene, Südost-Türkei (VAN ZEIST und BAKKER-HEERES 1975b); Bronzezeit und Großmährische Periode der ČSSR (TEMPÍR 1973); Hallstattzeit, Bnin, Kr. Śrem, Polen (KLICHOWSKA 1975b); 11.–13. Jh., Biljar, Tatarische ASSR (TUGANAEV und FROLOVA 1975); Beginn des 17. Jh., Uherský Brod, ČSSR (OPRAVIL 1974d).

Die archäologischen Nachweise in der Slowakei hat HAJNALOVÁ (1975) zusammengestellt. HOPF (1975a) beschreibt die entsprechenden Funde aus Bulgarien. Mit dem Entstehungsgebiet der Art und deren Wildform, *Lens orientalis* (BOISS.) HAND.-MAZZ., setzt sich D. ZOHARY (1972, 1973) auseinander.

Linum usitatissimum L., Lein, Flachs

Die Nachweise des Leins, die älter sind als 6000 v. u. Z., sind von VAN ZEIST und BAKKER-HEERES (1975a) zusammengestellt worden. Archäologische Reste dieser Art fanden sich im Küstengebiet der Niederlande (VAN ZEIST 1974) und in Archsum auf Sylt (KROLL 1975a, b).

Weitere Funde stammen von folgenden Orten: Neolithikum, ca. 5000 v. u. Z., Choga Mami/Irak (HELBAEK 1972); Neolithikum, Niederwil, Nordost-Schweiz (VAN ZEIST und CASPARIE 1974); Chalkolithikum, Altinova-Ebene, Südost-Türkei (VAN ZEIST und BAKKER-HEERES 1975b); Lausitzer Kultur, Kotlin, Kr. Jarocin, Polen (KLICHOWSKA 1974b); 11.–13. Jh., Biljar, Tatarische ASSR (TUGANAEV und FROLOVA 1975).

Lithospermum officinale L., Echter Steinsame

Ein in Opava (ČSSR) gefundenes Vorratsgefäß aus dem 15.–16. Jh. enthielt Reste des Echten Steinsamens, der als Heilpflanze verwendet wurde. Es ist nicht ausgeschlossen, daß die Pflanze im Garten kultiviert wurde (OPRAVIL 1974c).

Malus sylvestris MILL., Apfelbaum

Auf einem neolithischen Becher aus Hienheim (Landkr. Kelheim, Bayern) fand sich der Abdruck eines Apfelkerns, *Malus* sp. (BAKELS in BUURMAN und MODDERMAN 1975). Auch auf frühneolithischer Tonware von Sturup/Schweden waren zwei Abdrücke von Apfelkernen nachzuweisen (HJELMQVIST 1974). In einer bronzezeitlichen Siedlung bei Schmalstede, Kr. Rendsburg-Eckernförde, stellte HOPF (1974b) 220 Gramm verkohlter halbierter Äpfel fest. Ob diese Äpfel von kultivierten Bäumen stammen, ist indessen fraglich. Weitere Funde: Römerzeit, Rottweil-Altstadt (BAAS 1974); Großmährische Periode, Mikulčice, ČSSR (OPRAVIL 1972); Großmährische Periode und 14.–15. Jh., ČSSR (TEMPÍR 1973).

Mit der Verbreitung des Apfels im vorgeschichtlichen Mittel-Europa und der Domestikation dieser Art beschäftigt sich eine Arbeit von OPRAVIL (1975).

Malva silvestris L., Wilde Malve

In Rottenburg am Neckar fanden sich in einem Krug aus römischer Zeit (2. Hälfte des 2. Jh. u. Z.) rund 30000 Früchte und Samen der Wilden Malve, die offenbar als Arznei verwendet wurde (BAAS 1975).

Olea europaea L., Ölbaum, Olive

Die ältesten Olivenfunde und den Beginn der Kultur des Ölbaums behandeln ZOHARY und SPIEGEL-ROY (1975).

Steinkerne von Oliven fanden sich in bronzezeitlichen Schichten einer Höhle in Südost-Frankreich (COURTIN und ERROUX 1974; ERROUX und COURTIN 1974).

Oryza sativa L., Reis

In neolithischen Schichten von Chirand, Bihar (Indien), hat VISHNU-MITTRE (1974) Körner von wildem und kultiviertem Reis nachgewiesen.

Panicum miliaceum L., Rispenhirse

Rispenhirse wurde an folgenden Orten nachgewiesen: Neolithikum, Blahutovice, ČSSR (TEMPÍR 1973); Bronzezeit, Smolno Wielkie, Kr. Sulechów, Polen

(KLICHOWSKA 1974a); Lausitzer Kultur, Kotlin, Kr. Jarocin, Polen (KLICHOWSKA 1974b); Hallstattzeit und Mittelalter, Bnin, Kr. Śrem, Polen (KLICHOWSKA 1975b); Frühes Mittelalter, Sadovec, Bulgarien (HOPF 1975a); Frühes Mittelalter, Ragow, Kr. Calau (LANGE 1973); 11.–13. Jh., Biljar, Tatarische ASSR (TUGANAEV und FROLOVA 1975); 12. Jh., Bezirk Uherské Hradiště, ČSSR (SNÁŠIL 1974).

Archäologische Reste dieser Art fanden sich auch im Küstengebiet der Niederlande (VAN ZEIST 1974). Die ältesten Funde in Polen hat KLICHOWSKA (1975a) zusammengestellt und HAJNALOVÁ (1975) beschreibt die entsprechenden Funde aus der Slowakei.

Papaver somniferum L., Schlafmohn

Samen dieser Art, die wegen ihrer Kleinheit sicherlich oft übersehen werden, fanden sich in dem neolithischen Pfahlbau Niederwil/Nordost-Schweiz (VAN ZEIST und CASPARIE 1974), in einem römerzeitlichen Brunnen von Rottweil-Altstadt (BAAS 1974), in Vávrovice, Bez. Opava, ČSSR (ŠIKULOVÁ und OPRAVIL 1974) und im Küstengebiet der Niederlande (VAN ZEIST 1974).

Pastinaca sativa L., Pastinak

In einem Fund von Gewürzpflanzen und Drogen aus dem 17. Jh. von Uherský Brod (ČSSR) traten auch Reste des Pastinaks auf (OPRAVIL 1974d).

Phaseolus vulgaris L., Gartenbohne

Nach BRÜCHER (1974) ist die Gartenbohne in Süd-Amerika aus der Wildform *Phaseolus aborigineus* BURK. entstanden.

Phoenix dactylifera L., Dattelpalme

Die ältesten Dattelreste und den Beginn der Kultur der Dattelpalme behandeln ZOHARY und SPIEGEL-ROY (1975).

Ein Fund von Gewürzpflanzen und Drogen aus dem 17. Jh. von Uherský Brod (ČSSR) enthielt auch Samen der Dattel (OPRAVIL 1974d).

Pimpinella anisum L., Anis

In einem Fund von Gewürzpflanzen und Drogen aus dem 17. Jh. von Uherský Brod (ČSSR) traten auch Reste des Anis auf (OPRAVIL 1974d).

Piper nigrum L., Pfeffer

Ein Fund von Gewürzpflanzen und Drogen aus dem 17. Jh. von Uherský Brod (ČSSR) enthielt auch Reste des Pfeffers (OPRAVIL 1974d).

Pisum sativum L., Erbse

Erbsen wurden an folgenden Orten nachgewiesen: Neolithikum, Ras Shamra, Syrien (VAN ZEIST und BAKKER-HEERES 1975a); Frühneolithikum, Langeland, Schweden (HJELMQVIST 1975a); Neolithikum, Chirand, Bihar, Indien (VISHNU-

Mittre 1974); Neolithikum und Großmährische Periode der ČSSR (Tempír 1973); Chalkolithikum, Altinova-Ebene, Südost-Türkei (van Zeist und Bakker-Heeres 1975b); Äneolithikum, Neplachovice, ČSSR (Opravil 1974b); Hallstattzeit und Mittelalter, Bnin, Kr. Śrem, Polen (Klichowska 1975b); Großmährische Periode, Mikulčice, ČSSR (Opravil 1972); 11.–13. Jh., Biljar, Tatarische ASSR (Tuganaev und Frolova 1975).

Die archäologischen Funde in der Slowakei hat Hajnalová (1975) zusammengestellt. Die entsprechenden Funde aus Bulgarien beschrieb Hopf (1975a). Die Entstehung der Erbse und die Wildform bespricht D. Zohary (1973).

Prunus avium L., Süßkirsche

Süßkirschen-Steine fanden sich an folgenden Orten: Römischer Brunnen von Rottweil-Altstadt (Baas 1974); 12. Jh., Dorfwüstung im Bezirk Uherské Hradiště, ČSSR (Snášil 1974); Großmährische Periode, Mikulčice, ČSSR (Opravil 1972; Tempír 1973); 14.–15. Jh., Ústí n. Labem, ČSSR (Tempír 1973).

Prunus cerasus L., Sauerkirsche

Steine der Sauerkirsche wurden in frühmittelalterlichen Schichten von Ragow, Kr. Calau (Lange 1973) und in mittelalterlichen Schichten von Bnin, Kr. Śrem/Polen (Klichowska 1975b) nachgewiesen.

Prunus domestica L., Pflaume

Pflaumensteine wurden an folgenden Stellen gefunden: Römerzeit, Rottweil-Altstadt (Baas 1974); Großmährische Periode, Mikulčice, ČSSR (Opravil 1972); 12. Jh., Bezirk Uherské Hradiště, ČSSR (Snášil 1974); 14.-15. Jh., Ústí n. Labem, ČSSR (Tempír 1973).

Prunus persica (L.) Batsch, Pfirsich

Pfirsichreste fanden sich an folgenden Orten: Römerzeit, Rottweil-Altstadt (Baas 1974); 2. Jh. u. Z., Aquileja/Italien (Castelletti 1974); Großmährische Periode, Mikulčice, ČSSR (Opravil 1972; Tempír 1973); Frühes Mittelalter, Sadovsko Kale bei Sadovec, Bulgarien (Hopf 1975a); Mittelalter, Slowakei (Hajnalová 1975).

Punica granatum L., Granatapfelbaum

Die ältesten Reste und den Beginn der Kultur des Granatapfelbaumes besprechen Zohary und Spiegel-Roy (1975).

Pyrus communis L., Birne

Einen latènezeitlichen Nachweis der Birne in der Slowakei führt Hajnalová (1975) auf.

Scorzonera hispanica L., Schwarzwurzel

Ein Fund von Gewürzpflanzen und Drogen aus dem 17. Jh. von Uherský Brod (ČSSR) enthielt auch Reste der Schwarzwurzel (Opravil 1974d).

Secale cereale L., Roggen

Archäologische Roggen-Reste fanden sich an folgenden Orten: Hallstattzeit und Mittelalter, Bnin, Kr. Śrem, Polen (Klichowska 1975b); Römische Stadt von Joeuvre, Frankreich (Périchon 1973); Völkerwanderungs- und Wikingerzeit, Archsum/Sylt (Kroll 1975a, b); Frühes Mittelalter, Sadovec, Bulgarien (Hopf 1975a); Mittelalter (8. Jh.), Büraburg bei Fritzlar/Nordhessen (Willerding 1974); 11.–13. Jh., Biljar, Tatarische ASSR (Tuganaev und Frolova 1975); Großmährische Periode, Mikulčice, ČSSR (Opravil 1972; Tempír 1973).

Die ältesten Roggen-Funde Polens hat Klichowska (1975a) beschrieben. Hajnalová (1975) stellte die entsprechenden Funde der Slowakei zusammen.

Setaria italica (L.) Beauv., Borstenhirse

Die archäologischen Funde der Borstenhirse in der Slowakei hat Hajnalová (1975) zusammengestellt.

Solanum tuberosum L., Kartoffel

Mit dem Ursprung und der Domestikation der Kartoffel setzt sich Ugent (1970) auseinander. Dabei erwähnt er archäologische Reste in Form von getrockneten Knollen (chuño) aus Chiripa am Ufer des Titicaca-Sees, Nord-Bolivien, Pachacamac bei Lima (Peru) und Arica an der Küste von Nord-Chile (Zeit: 400 v. u. Z. bis 1000 u. Z.). Daneben gibt es aus der Zeit vor den Inkas keramische Darstellungen in Form von Kartoffelknollen, die in Ruinen, besonders an den nördlichen und mittleren Küsten von Peru, gefunden wurden.

Sorghum bicolor (L.) Moench, Mohrenhirse

Reste der Mohrenhirse aus der Zeit 245 $\pm$60 u. Z. fanden sich in Jebel et Tomat, Zentral-Sudan (Clark und Stemler 1975). Es wurden Ährchen festgestellt, die noch den Ästchen des Fruchtstandes anhafteten, so daß hier mit Sicherheit eine domestizierte Form vorliegt.

Thymus vulgaris L., Gartenthymian

In einem Fund von Gewürzpflanzen und Drogen aus dem 17. Jh. von Uherský Brod (ČSSR) traten auch Reste des Gartenthymians auf (Opravil 1974d).

Triticum aestivum L., Saatweizen (einschl. T. *compactum* Host, Zwergweizen, Binkel)

Saatweizen wurde an zahlreichen Orten nachgewiesen: Neolithikum: ca. 5000 v. u. Z., Choga Mami/Irak (Helbaek 1972), Sturup/Schweden (Hjelmqvist 1974), Langeland/Schweden (Hjelmqvist 1975a), Niederwil/Nordost-Schweiz

(VAN ZEIST und CASPARIE 1974), Höhle Los Murciélagos bei Zuheros, Prov. Córdoba, Spanien (HOPF und MUÑOZ 1974; HOPF 1974c); Äneolithikum, Neplachovice, ČSSR (OPRAVIL 1974b); Chalkolithikum und Bronzezeit, Altinova-Ebene, Südost-Türkei (VAN ZEIST und BAKKER-HEERES 1975b); Bronzezeit, Smolno Wielkie, Kr. Sulechów, Polen (KLICHOWSKA 1974a); Urnenfelderkultur, Butzbach/Wetterau (HOPF 1975b); Lausitzer Kultur, Kotlin, Kr. Jarocin, Polen (KLICHOWSKA 1974b); Eisenzeit, Castilviejo de Yuba, Prov. Soria, Spanien (HOPF und ORTEGO y FRÍAS 1974); Hallstattzeit und Mittelalter, Bnin, Kr. Śrem, Polen (KLICHOWSKA 1975b); Ältere römische Eisenzeit, Jütland (HJELMQVIST 1975b); Klassisch-hellenistische Zeit, Didyma/Türkei (HOPF 1973/74); Römische Stadt von Joeuvre, Frankreich (PÉRICHON 1973); Mittelalter (8. Jh.), Büraburg bei Fritzlar/Nordhessen (WILLERDING 1974); Großmährische Periode, Mikulčice, ČSSR (OPRAVIL 1972; TEMPÍR 1973); Mittelalter, Mittel-Mähren (OPRAVIL 1971); 11.–13. Jh., Biljar, Tatarische ASSR (TUGANAEV und FROLOVA 1975).

Archäologische Reste des Saatweizens wurden ferner gefunden in Archsum/Sylt (KROLL 1975a), in den Küstengebieten der Niederlande (VAN ZEIST 1974) und in Südost-Frankreich (COURTIN und ERROUX 1974; ERROUX und COURTIN 1974).

Die ältesten Nachweise des Saatweizens in Polen hat KLICHOWSKA (1975a) zusammengestellt. Die Funde in Bulgarien hat HOPF (1975a), die in der Slowakei HAJNALOVÁ (1975) beschrieben.

Mit der Entstehung des Saatweizens setzte sich D. ZOHARY (1973) auseinander.

Triticum boeoticum BOISS., Wild-Einkorn

Wild-Einkorn wurde von HELBAEK (1972) in Choga Mami (Irak) nachgewiesen (ca. 5000 v. u. Z. und Khazineh-Mehmeh-Phase).

Triticum dicoccon SCHRANK, Emmer

Auch diese Weizen-Art wurde an zahlreichen Stellen gefunden: Neolithikum: Ras Shamra, Syrien (VAN ZEIST und BAKKER-HEERES 1975a), ca. 5000 v. u. Z., Choga Mami/Irak (HELBAEK 1972), Entzheim/Rhein (HOPF 1975c), Langeland/Schweden (HJELMQVIST 1975a), Höhle Los Murciélagos bei Zuheros, Prov. Córdoba, Spanien (HOPF und MUÑOZ 1974; HOPF 1974c), Schnurkeramik, Südharz-Unstrut-Gebiet (MATTHIAS 1974), Michelsberger Kultur, Reusten, Kr. Tübingen (SCHLICHTHERLE 1975); Kultur mit kannelierter Keramik, Hlinsko bei Lipník, Bez. Přerov, ČSSR (TEMPÍR 1975); Neolithikum und Bronzezeit, ČSSR (TEMPÍR 1973); Bandkeramik und Urnenfelderkultur, Butzbach/Wetterau (HOPF 1975b); Chalkolithikum und Bronzezeit, Altinova-Ebene, Südost-Türkei (VAN ZEIST und BAKKER-HEERES 1975b); Bronzezeit, Laag Spul, Gem. Hilvarenbeek, Niederlande (BAKELS in VERWERS 1975); Eisenzeit, Castilviejo de Yuba, Prov. Soria, Spanien (HOPF und ORTEGO y FRÍAS 1974); Hallstattzeit, Bnin, Kr. Śrem, Polen

(KLICHOWSKA 1975b); Ältere römische Eisenzeit, Jütland (HJELMQVIST 1975b); Klassisch-hellenistische Zeit, Didyma/Türkei (HOPF 1973/74); 11.–13. Jh., Biljar, Tatarische ASSR (TUGANAEV und FROLOVA 1975).

Archäologische Emmer-Reste fanden sich außerdem in Südost-Frankreich (COURTIN und ERROUX 1974; ERROUX und COURTIN 1974), in Archsum auf Sylt (KROLL 1975a) und im Küstengebiet der Niederlande (VAN ZEIST 1974).

Die ältesten Emmer-Nachweise in Polen hat KLICHOWSKA (1975a) zusammengestellt. HOPF (1975a) hat die Funde aus Bulgarien, HAJNALOVÁ (1975) die aus der Slowakei beschrieben.

Die Entstehung des Emmers und die Wildform bespricht D. ZOHARY (1973).

Über den Fund von drei Körnern des Emmers in vor-neolithischen Schichten (Kebaran) von Nahal Oren/Israel berichten NOY, LEGGE und HIGGS (1973). Dieser Nachweis bedarf dringend einer Bestätigung.

Triticum durum DESF., Hartweizen

In chalkolitischen und bronzezeitlichen Schichten der Altinova-Ebene/Südost-Türkei haben VAN ZEIST und BAKKER-HEERES (1975b) Hartweizen nachgewiesen. In Schichten des 11.–13. Jh. von Biljar, Tatarische ASSR, wurde Hartweizen gefunden (TUGANAEV und FROLOVA 1975).

Triticum monococcum L., Einkorn

Einkorn wurde an folgenden Stellen gefunden: Neolithikum, Ras Shamra, Syrien (VAN ZEIST und BAKKER-HEERES 1975a); ca. 5000 v. u. Z., Choga Mami, Irak (HELBAEK 1972); Neolithikum, Entzheim/Rhein (HOPF 1975c); Frühneolithikum, Langeland, Schweden (HJELMQVIST 1975a); Bandkeramik, Butzbach/Wetterau (HOPF 1975b); Schnurkeramik, Südharz-Unstrut-Gebiet (MATTHIAS 1974); Michelsberger Kultur, Reusten, Kr. Tübingen (SCHLICHTHERLE 1975); Chalkolithikum und Bronzezeit, Altinova-Ebene, Südost-Türkei (VAN ZEIST und BAKKER-HEERES 1975b); Neolithikum und Bronzezeit, ČSSR (TEMPÍR 1973); Hallstattzeit, Bnin, Kr. Śrem, Polen (KLICHOWSKA 1975b); Kultur mit kannelierter Keramik, Hlinsko bei Lipník, Bez. Přerov, ČSSR (TEMPÍR 1975).

Archäologische Reste fanden sich in Südost-Frankreich (COURTIN und ERROUX 1974; ERROUX und COURTIN 1974). Die ältesten Einkorn-Funde Polens hat KLICHOWSKA (1975a), die Funde aus Bulgarien HOPF (1975a) und die aus der Slowakei HAJNALOVÁ (1975) zusammengestellt. Die Entstehung des Einkorns und die Wildform bespricht D. ZOHARY (1973).

Triticum sinskajae A. FILAT. et KURK.

Diese neue Weizen-Art gehört in die Einkorn-Reihe und ist durch Nacktkörnigkeit gekennzeichnet (FILATENKO und KURKIEV 1975). Nach mündlicher Mitteilung von FILATENKO ist diese Art möglicherweise in dem Material der Schweizer Pfahlbauten vertreten gewesen, das von HEER beschrieben worden ist. Dies zeigt einmal mehr die Notwendigkeit, entsprechende Materialien für spätere Nachuntersuchungen sorgfältig aufzubewahren.

Triticum spelta L., Dinkel, Spelz

Einen fraglichen Abdruck des Spelzes aus der frühneolithischen Zeit von Langeland/Schweden hat HJELMQVIST (1975a) beschrieben. In einem Grabe unter der Kirche von Schwyz/Schweiz fanden sich Reste des Spelzes (HOPF 1974a). Das Grab stammt aus dem Übergang vom 7. zum 8. Jh. u. Z. Die ältesten Funde dieser Art in Polen hat KLICHOWSKA (1975a) zusammengestellt.

Triticum sphaerococcum PERCIVAL, Indischer Kugel- oder Zwergweizen.

In neolithischen Schichten von Chirand, Bihar (Indien), hat VISHNU-MITTRE (1974) Körner des Indischen Kugelweizens nachgewiesen.

Vicia ervilia (L.) WILLD., Erve, Linsenwicke

In chalkolithischen und bronzezeitlichen Schichten der Altinova-Ebene/Südost-Türkei haben VAN ZEIST und BAKKER-HEERES (1975b) Erven festgestellt. Archäologische Funde dieser Art aus Bulgarien beschreibt HOPF (1975a).

Vicia faba L., Ackerbohne

Ackerbohnen konnten an folgenden Orten nachgewiesen werden: Bronzezeit einer Höhle in Südost-Frankreich (COURTIN und ERROUX 1974; ERROUX und COURTIN 1974); Hallstattzeit und Mittelalter, Bnin, Kr. Śrem, Polen (KLICHOWSKA 1975b); 6. Jh. u. Z., Sadovec, Bez. Pleven, Bulgarien (HOPF 1975a); Übergang vom 7. zum 8. Jh. u. Z., Kirche von Schwyz/Schweiz (HOPF 1974a); Wikingerzeit, Archsum auf Sylt (KROLL 1975a).

Archäologische Reste der Ackerbohne aus dem Küstengebiet der Niederlande beschreibt VAN ZEIST (1974). Die entsprechenden Funde in der Slowakei hat HAJNALOVÁ (1975) zusammengestellt.

Vicia sativa L., Saatwicke

Einen neolithischen Fund der Saatwicke in der Slowakei führt HAJNALOVÁ (1975) auf. Einen bronzezeitlichen Leguminosen-Samen aus dem Bezirk Sliven (Bulgarien) stellt HOPF (1975a) mit Vorbehalt zur Saatwicke. In Schichten des 11.–13. Jh. von Biljar, Tatarische ASSR, wurde Saatwicke gefunden (TUGANAEV und FROLOVA 1975). Archäologische Reste dieser Art aus dem Küstengebiet der Niederlande beschreibt VAN ZEIST (1974).

Vitis vinifera L., Weinstock

Reste dieser Art fanden sich an folgenden Orten: Chalkolithikum und Bronzezeit, Altinova-Ebene, Südost-Türkei (VAN ZEIST und BAKKER-HEERES 1975b); Frühes Mittelalter, Bulgarien (HOPF 1975a); Großmährische Periode, Mikulčice,

ČSSR (Opravil 1972; Tempír 1973); 14.–15. Jh., Ústí n. Labem, ČSSR (Tempír 1973).

Die archäologischen *Vitis*-Funde in der Slowakei hat Hajnalová (1975) zusammengestellt.

Die ältesten Reste und den Beginn der Kultur des Weinstocks behandeln Zohary und Spiegel-Roy (1975).

Zea mays L., Mais

In einem vorgeschichtlichen Steinsalzbergbau vom Typus Hallstatt in Nevada (USA) fanden sich einige Maiskolben (Kleinmann 1974).

Mit der Entstehung und Domestikation des Maises befassen sich Arbeiten von Wilkes (1972) und Galinat (1974). Mangelsdorf (1974) setzt sich ausführlich mit der Entstehung und Evolution des Maises auseinander. Die Art wurde in Mexiko schon vor 7000 Jahren kultiviert. Teosinte (*Euchlaena mexicana* Schrad.) ist ein Vorfahr zumindest von einem Teil des heutigen Maises. Der in Peru gebaute Mais ist so verschieden, daß man annehmen muß, daß hier wenigstens ein Sekundär-Zentrum vorliegt.

Nach den Angaben zu den einzelnen Arten folgt nun eine kurze Besprechung von zusammenfassenden Arbeiten oder solchen allgemeinen Inhalts.

Castelletti (1974) erörtert die Bedeutung paläoethnobotanischer Untersuchungen. Auch Hopf (1975d) setzt sich mit grundsätzlichen Fragen der Paläoethnobotanik auseinander.

Die Ergebnisse paläoethnobotanischer Untersuchungen im Rheinland hat Knörzer (1975) zusammengestellt. Januševič (1975) hat kurz die Paläoethnobotanik des Südwestens der UdSSR behandelt (hierüber soll demnächst ein Buch erscheinen).

Eine Übersicht der frühen Kulturpflanzen Bulgariens hat Hopf (1975a) gegeben. Hajnalová (1975) stellte die archäologischen Kulturpflanzenreste aus dem Gebiet der Slowakei zusammen. Eine kurze Übersicht über die Geschichte der Kulturpflanzen im Mittleren Wolga- und Kamagebiet gibt Tuganaev (1975). Die pflanzliche Nahrung der Bevölkerung der Aunjetitzer Kultur Polens hat Sarnowska (1973) behandelt. In seinem Buch „The History of the British Flora" führt Godwin (1975) auch die in England und Irland gefundenen Kulturpflanzenreste auf.

Untersuchungen von Dennell (1974) an einer großen Anzahl von Kulturpflanzenfunden aus Bulgarien und Griechenland lassen erkennen, daß das Erntegut kaum mit Unkräutern verunreinigt war und daß auch kein Mischanbau vorlag.

Zeven, Doekes und Kislev (1975) haben alte Weizenkörner (510 ± 65 v. u. Z. bis Gegenwart) auf ihren Gehalt an extrahierbaren Proteinen untersucht, der eine grobe Datierung von Körnern unbekannten Alters ermöglicht.

Die umfangreiche Sammlung (über 15000 mikroskopische Präparate) des verstorbenen Professors CALLEN, Weltexperte in der Koprolithen-Analyse, ist für alle Interessenten zugänglich gemacht worden (BRYANT 1975).

Die Unterschiede und Gemeinsamkeiten bei der Evolution von Unkräutern und Kulturpflanzen haben DE WET und HARLAN (1975) herausgestellt. Ebenso werden die mit der Domestikation verbundenen phänotypischen Änderungen erörtert.

Unter dem Titel „Seed to Civilization" bringt HEISER (1973) eine lesenswerte Geschichte der Nahrung des Menschen.

Mit der Entstehung und der Ausbreitung des Ackerbaus beschäftigen sich mehrere Arbeiten. Die Frage der Entstehung des Ackerbaus in Afrika wird von DAVIES (1968) für West-Afrika, von HUGOT (1968) für die Sahara und von SEDDON (1968) für Ost- und Süd-Afrika behandelt. Diese Arbeiten sind sehr hypothetisch, denn direkte botanische Nachweise fehlen bisher fast völlig.

Ähnliches gilt für die Anfänge des Ackerbaus in Südost-Asien. Hier werden immer wieder die zweifelhaften Reste aus der Spirit Cave in Nordwest-Thailand als Nachweise herangezogen (QUITTA 1975a). HARRIS (1973), der sich mit der Vorgeschichte des tropischen Ackerbaus befaßt, erwähnt diese Funde zwar auch, sieht in ihnen aber nicht unbedingt planmäßig kultivierte (domestizierte) Pflanzen, sondern meint, daß sie als wilde oder halbdomestizierte (semi-domesticated) Arten genutzt wurden. Den vorgeschichtlichen Ackerbau in tropischen Hochländern behandeln LINARES, SHEETS und ROSENTHAL (1975).

QUITTA (1975b) bespricht historische Aspekte zu den Anfängen agrarischer Entwicklung auf dem amerikanischen Kontinent.

Die Entstehung des Ackerbaus in Ozeanien hat YEN (1973) erörtert und KIRCH (1973) diskutiert prähistorische Ernährungsmuster auf den Nördlichen Marquesas-Inseln (Polynesien).

Mit der Geschwindigkeit der Ausbreitung des frühen Ackerbaus vom Orient nach Europa setzten sich AMMERMAN und CAVALLI-SFORZA (1971) auseinander.

In seinem Buch „Geobotanical Foundations of the Middle East" geht M. ZOHARY (1973) auch auf die Entstehung der Kulturpflanzen dieses Gebietes ein. Auch D. ZOHARY (1973) stellt die Entstehung der kultivierten Getreide und Leguminosen im Nahen Osten im Zusammenhang dar.

Den Beginn der Obstkultur in der Alten Welt beleuchten ZOHARY und SPIEGEL-ROY (1975) anhand der Arten *Olea europaea, Vitis vinifera, Phoenix dactylifera, Ficus carica, Ficus sycomorus* und *Punica granatum*. Diese Arten, die erst in der Bronzezeit, also später als die Getreide, in Kultur genommen worden sind, waren für die Domestikation gut geeignet, da ihre vegetative Vermehrung technisch einfach durchzuführen ist.

ZEVEN (1973) bespricht eine Arbeit von ENGELBRECHT aus dem Jahre 1916, die sich mit der Entstehung einiger Kulturpflanzen befaßt. Wegen ihrer Bedeutung wird diese Arbeit gleichzeitig in englischer Übersetzung geboten.

Zum Schluß sei auf das Buch von ZEVEN und ZHUKOVSKY (1975) „Dictionary of cultivated plants and their centres of diversity" hingewiesen, das eine längst fällige Übersicht über die landwirtschaftlich oder gärtnerisch kultivierten Pflanzenarten der Erde gibt. Erfaßt sind etwa 2300 Arten, die vor dem Hintergrund der Mannigfaltigkeitszentren betrachtet werden. Bei den Arten finden sich gelegentlich Bemerkungen über archäologische Reste und die Einleitung des Buches behandelt die Entstehung des Ackerbaus und der Domestikation der Pflanzen.

Zusammenfassung

In Fortsetzung von Bibliographien über archäologische Kulturpflanzenreste wurde die einschlägige Literatur der Jahre 1974/1975 zusammengestellt und der Inhalt der erfaßten 100 Arbeiten kurz kommentiert.

Summary

Literature on archaeological remains of cultivated plants (1974/1975)

The publications of 1974 and 1975 on archaeological remains of cultivated plants were put together and the contents of the 100 references briefly discussed.

Краткое содержание

Литература об археологических находках остатков культурных растений (1974/1975 гг.)

Продолжение библиографии работ об археологических находках остатков культурных растений. Дается список соответствующей литературы за 1974 и 1975 годы. Кратко коментируется содержание 100 работ.

Literatur

Ammerman, A. J., and L. L. Cavalli-Sforza, 1971: Measuring the rate of spread of early farming in Europe. – Man, The Journal of the Royal Anthropological Institute, New Series *6*, 674–688.

Baas, J., 1974: Kultur- und Wildpflanzenreste aus einem römischen Brunnen von Rottweil-Altstadt. In Verbindung mit prähistorischen Schlehenfunden aus Süddeutschland. – Fundberichte aus Baden-Württemberg *1*, 373–416 (Anhang von D. Planck).

– 1975: Ein bedeutender römischer Arzneipflanzen-Fund aus Rottenburg am Neckar. – Natur und Museum *105*, 11–14.

Brücher, H., 1974: Stammt die Bohne doch aus Südamerika? – Umschau *74*, 672 und 677.

Bryant, V. M., Jr., 1975: The Callen coprolitic reference collection. – Economic Botany *29*, 236–237.

BUURMAN, J., und P. J. R. MODDERMAN (mit einem Beitrag von C. C. BAKELS), 1975: Ein Grab der Becherkultur aus Hienheim, Ldkr. Kelheim, Bayern. – Analecta Praehistorica Leidensia *8*, 1–9.

CASTELLETTI, L., 1974: Il significato della ricerca paletnobotanica. – Atti, Centro studi e documentazione sull' Italia romana *5*, 1973–1974, 145–160.

CLARK, J. D., and A. STEMLER, 1975: Early domesticated sorghum from Central Sudan. – Nature *254* (5501), 588–591.

COURTIN, J., et J. ERROUX, 1974: Aperçu sur l'agriculture préhistorique dans le Sud-Est de la France. – Bulletin de la Société Préhistorique Française *71*, Études et Travaux, fasc. 1, 321–334.

DAVIES, O., 1968: The origins of agriculture in West Africa. – Current Anthropology *9*, 479–482.

DENNELL, R. W., 1974: The Purity of Prehistoric Crops. – Proceedings of the Prehistoric Society *40*, 132–135.

DUMA, G., 1974: Römische Maueranwürfe aus Kalk und Getreide unter Wandmalereien in Ungarn. – Archaeologia Austriaca *56*, 53–66.

ERROUX, J., et J. COURTIN, 1974: Aperçu sur l'agriculture préhistorique dans le sud-est de la France. – Bulletin de la Société Languedocienne de Géographie *8*, 325–336.

FILATENKO, A. A., i U. K. KURKIEV, 1975: Pšenica sinskoj (novyj vid – *Triticum sinskajae* A. FILAT. et KURK.). Sinskaja's wheat. – Trudy po prikladnoj botanike, genetike i selekcii *54* (1), 239–241.

GALINAT, W. C., 1974: The domestication and genetic erosion of maize. – Economic Botany *28*, 31–37.

GODWIN, H., 1975: The History of the British Flora. A Factual Basis for Phytogeography. Second Edition. – X + 541 pp., Pl. I–XXVIII, Cambridge University Press, Cambridge, London, New York, Melbourne.

HAJNALOVÁ, E., 1975: Archeologické nálezy kultúrnych rastlín a burín na Slovensku. Archäologische Funde von Kulturpflanzen und Unkräutern im Gebiet der Slowakei. – Slovenská Archeológia *23* (1), 227–254.

HARRIS, D. R., 1973: The prehistory of tropical agriculture: an ethnoecological model. (pp. 391–417). In: C. RENFREW (Ed.), The explanation of culture change: models in prehistory. Proceedings of a meeting of the Research Seminar in Archaeology and Related Subjects held at the University of Sheffield. – London.

HEISER, C. B., Jr., 1973: Seed to civilization. The story of man's food. XII + 243 pp. – San Francisco.

HELBAEK, H., 1972: Samarran irrigation agriculture at Choga Mami in Iraq. – Iraq *34*, 35–48.

HJELMQVIST, H., 1974: Früchte und Samen von der frühneolithischen Siedlung bei Sturup. (pp. 215–220). In: K. CHRISTOFFERSON, Sturup, Börringe och Genarps socknar, Skåne. –Riksantikvarieämbetet Rapport 1974 B *35*.

– 1975a: Getreidearten und andere Nutzpflanzen aus der frühneolithischen Zeit von Langeland. (pp. 211–219). In: SKAARUP, J., Stengade. Ein langeländischer Wohnplatz mit Hausresten aus der frühneolithischen Zeit. – Meddelelser fra Langelands Museum, Rudkøbing.

– 1975b: Några vittnesbörd om sädesodlingen på Jylland i äldre romersk järnålder. Getreideabdrücke aus der älteren römischen Eisenzeit von Jütland. – Kuml *1973–74*, 209–214.

HOPF, M., 1973/1974: Untersuchungsbericht. (pp. 162–165, Taf. 67). In: TUCHELT, K., Didyma. Bericht über die Arbeiten 1972/73. – Istanbuler Mitteilungen *23/24*, 139–168, Taf. 40–76, Beilage 1 und 2.

HOPF, M., 1974a: Verkohlte Pflanzenreste aus Grab 48 von Schwyz – St. Martin. – Mitteilungen des Historischen Vereins des Kantons Schwyz, Heft *66*, 153–156.
– 1974b: Getreide, Äpfel und Eicheln. (pp. 200–204). In: HINGST, H., Eine bronzezeitliche Siedlung bei Schmalstede, Kr. Rendsburg-Eckernförde. – Offa *30*, 1973, 194–204.
– 1974c: Breve informe sobre el cereal Neolítico de la Cueva de Zuheros. – Trabajos de Prehistoria *31*, 295–296.
– 1975a: Frühe Kulturpflanzen aus Bulgarien. – Jahrbuch des Römisch-Germanischen Zentralmuseums Mainz *20*, 1973, 1–55, Falttabelle, Taf. 1–4.
– 1975b: Vor- und frühgeschichtliche Pflanzenfunde aus Butzbach. – Wetterauer Geschichtsblätter, Beiträge zur Geschichte und Landeskunde *24*, 15–21.
– 1975c: Fosses néolithiques d'Entzheim (Bas – Rhin). Étude des graines carbonisées. (pp. 115–117). In: SCHMITT, G., La transition entre le néolithique moyen et le néolithique final en Basse-Alsace, II. – Revue Archéologique de l'Est et du Centre-Est *26*, 69–117.
– 1975d: Paläo-Ethnobotanik. (pp. 166–173). – Ausgrabungen in Deutschland. Gefördert von der Deutschen Forschungsgemeinschaft 1950–1975. Teil *3*, Frühmittelalter II, Archäologie und Naturwissenschaften, Katalog, Karten und Modelle. Verlag des Römisch-Germanischen Zentralmuseums. – Mainz.
HOPF, M., und A. M. MUÑOZ, 1974: Neolithische Pflanzenreste aus der Höhle Los Murciélagos bei Zuheros (Prov. Córdoba). – Madrider Mitteilungen *15*, 9–27, Taf. 1.
HOPF, M., und T. ORTEGO y FRÍAS, 1974: Ein eisenzeitlicher Getreidefund von Castilviejo de Yuba, Prov. Soria. – Madrider Mitteilungen *15*, 136–144, Taf. 8.
HUGOT, H. J., 1968: The origins of agriculture: Sahara. – Current Anthropology *9*, 483–488.
JANUŠEVIČ, Z. V., 1975: Paleoėtnobotanika jugo-zapada SSSR. – Abstracts of the papers presented at the XII International Botanical Congress, July 3–10, 1975, *II*, 535.
KIRCH, P. V., 1973: Prehistoric subsistence patterns in the Northern Marquesas Islands, French Polynesia. – Archaeology & Physical Anthropology in Oceania *8* (1), 24–40.
KLEINMANN, D., 1974: Ein vorgeschichtlicher Steinsalzbergbau vom Typus Hallstatt in Nevada, U.S.A. – Mitteilungen der Anthropologischen Gesellschaft in Wien *104*, 104–110.
KLICHOWSKA, M., 1974a: Archeoagrobotaniczne pozostałości ze Smolna Wielkiego, pow. Sulechów. Archaeo-agrobotanic remains from Smolno Wielkie, district of Sulechów. – Fontes Archaeologici Posnanienses *24*, 1973, 48–49.
– 1974b: Paleoetnobotaniczne badania polepy z Kotlina, pow. Jarocin. Palaeoethnobotanic examination of pugging from Kotlin, district of Jarocin. – Fontes Archaeologici Posnanienses *24*, 1973, 141–142.
– 1975a: Najstarsze zboża z wykopalisk polskich. Die ältesten Getreidearten aus den polnischen Ausgrabungen. – Archeologia Polski *20*, 83–143.
– 1975b: Subfosylna roślinność z grodziska wklęsłego w Bninie, pow. Śremski. Subfossile Pflanzen aus der Niederungsburg zu Bnin, Kr. Śrem. – Uniwersytet im. Adama Mickiewicza w Poznaniu, Prace wydziału filozoficzno-historycznego, Seria Archeologija *7*, Materiały do studiów nad osadnictwem bnińskim – grodzisko wklęsłe, 185–198, Tabela 1.
KNÖRZER, K.-H., 1975: Ergebnisse paläoethnobotanischer Untersuchungen im Rheinland. – Historische Museen der Stadt Köln, Kölner Römer-Illustrierte *2*, 301–304.
KROLL, H. J., 1975a: Ur- und frühgeschichtlicher Ackerbau in Archsum auf Sylt. Eine botanische Großrestanalyse. – Dissertation zur Erlangung des Doktorgrades des Fachbereichs Mathematik – Naturwissenschaften der Christian-Albrechts-Universität zu Kiel. VI + 191 pp., Tabellen, Taf. I–VI.
– 1975b: Pflanzliche Großreste aus anthropogenen Böden in Archsum/Sylt. – Bericht der Römisch-Germanischen Kommission *55*, 1974, II. Teil, 416–427.

Lange, E., 1973: Pollenanalytische Untersuchung in Ragow, Kr. Calau. Ein Beitrag zur landwirtschaftlichen Produktion im frühen Mittelalter. – Zeitschrift für Archäologie *7*, 86–93.

Li, H.-L., 1974a: The origin and use of *Cannabis* in Eastern Asia. Linguistic-cultural implications. – Economic Botany *28*, 293–301.

– 1974b: An archaeological and historical account of *Cannabis* in China. – Economic Botany *28*, 437–448.

Linares, O. F., P. D. Sheets, and E. J. Rosenthal, 1975: Prehistoric Agriculture in Tropical Highlands. Settlement patterns in western Panamá reflect variations in subsistence adaptations to the tropics. – Science *187*, No. 4172, 137–145.

Mangelsdorf, P. C., 1974: Corn: Its Origin, Evolution, and Improvement. – 262 pp., Harvard University Press, Cambridge.

Martin, F. W., A. Jones, and R. M. Ruberté, 1974: A wild *Ipomoea* species closely related to the sweet potato. – Economic Botany *28*, 287–292.

Matthias, W., 1974: Kataloge zur mitteldeutschen Schnurkeramik. Teil IV: Südharz-Unstrut-Gebiet. – Veröffentlichungen des Landesmuseums für Vorgeschichte in Halle *28*, 343 pp., Taf. 1–163. Berlin.

Noy, T., A. J. Legge, and E. S. Higgs, with a contribution by R. W. Dennell, 1973: Recent Excavations at Nahal Oren, Israel. – Proceedings of the Prehistoric Society *39*, 75–99, 1 Falttafel, Pl. III, IV.

O'Brien, P. J., 1972: The sweet potato: Its origin and dispersal. – American Anthropologist *74*, 342–365.

Opravil, E., 1971: Nález ořešáku královského při výzkumu zaniklé středověké vsi na Moravě. Fund der Wallnuss bei der Erforschung des verschollenen mittelalterlichen Dorf [es] in Mittel-Mähren. – Časopis Moravského Musea, Acta Musei Moraviae *56*, Vědy společenské II, Scientiae sociales II, 121–126.

– 1972:Rostliny z velkomoravského hradiště v Mikulčiícch. Výzkum z let 1954–1965. – Studie Archeologickéko Ústavu Československé Akademie Věd v Brně, Ročník I/*1972*, svazek 2, 41 pp.

– 1974a: Z historie pohanky [Zur Geschichte des Buchweizens]. – Vlastivědný sborník okresu Nový Jičín Nr. *14*, 51–55.

– 1974b: Rostlinné zbytky z archeologických nalezišt' na Opavsku. Die Pflanzenreste aus den archäologischen Funden im Opava-Gebiet. – Časopis Slezského Muzea, Acta Musei Silesiae, Series A, *23*, 97–104.

– 1974c: Kamejka lékařská (*Lithospermum officinale* L.) v archeologických nálezech. *Lithospermum officinale* L. in archäologischen Funden. – Přehled Výzkumů *1973*, 122–124.

– 1974d: Zajímavý nález rostlinných pochutin a drog z poč. 17. stol. z Uherského Brodu. Interessanter Fund von Gewürzpflanzen und Drogen aus dem Beginn des 17. Jhr. in Uherský Brod. – Český lid *61*, 220–225.

– 1975: Příspěvek k rozšíření jabloně v pravěku střední Evropy. Ein Beitrag zur Frage der Verbreitung des Apfels im vorgeschichtlichen Mitteleuropa. – Archeologické rozhledy *27*, 375–384.

Périchon, R., 1973: Une culture de céréales sur l'oppidum de Joeuvre. – Revue Archéologique de l'Est et du Centre-Est *24*, 545–551.

Quitta, H., 1975a: Neue Aspekte zum Alter des Pflanzenanbaues und der Bronzemetallurgie in Südostasien. – Das Altertum *21* (1), 36–43.

– 1975b: Historische Aspekte zu den Anfängen agrarischer Entwicklung auf dem amerikanischen Kontinent. (pp. 103–128). In: K.-H. Otto und H.-J. Brachmann (Hrsg.), Moderne Probleme der Archäologie. – Berlin.

ROSENDAHL, P., and D. E. YEN, 1971: Fossil sweet potato remains from Hawaii. – The Journal of the Polynesian Society *80*, 379–385, Pl. 1.

RUDENKO, S. I., 1970: Frozen Tombs of Siberia. The Pazyryk Burials of Iron Age Horsemen. – University of California Press, Berkeley and Los Angeles. XXXVI +340 pp., 180 plates.

SARNOWSKA, W., 1973: Pożywienie roślinne ludności kultury unietyckiej w Polsce. The vegetable food of the Unietice culture population in Poland. – Silesia Antiqua *15*, 93–115.

SCHLICHTHERLE, H., 1975: Pflanzenabdrücke in Hüttenlehm aus der Michelsberger Grube bei Reusten, Kr. Tübingen. – Archäologisches Korrespondenzblatt *5*, 25–26.

SCHULTZE-MOTEL, J., 1968: Literatur über archäologische Kulturpflanzenreste (1965–1967). – Die Kulturpflanze *16*, 215–230.

– 1971: Literatur über archäologische Kulturpflanzenreste (1968). – Jahresschrift für mitteldeutsche Vorgeschichte *55*, 55–63.

– 1972a: Literatur über archäologische Kulturpflanzenreste (1969). – Die Kulturpflanze *19*, 265–282.

– 1972b: Literatur über archäologische Kulturpflanzenreste (1970/1971). – Die Kulturpflanze *20*, 191–207.

– 1973: Literatur über archäologische Kulturpflanzenreste (1971/1972). – Die Kulturpflanze *21*, 61–76.

– 1975a: Literatur über archäologische Kulturpflanzenreste (1972/1973). – Die Kulturpflanze *22*, 1974, 61–76.

– 1975b: Literatur über archäologische Kulturpflanzenreste (1973/1974). – Die Kulturpflanze *23*, 189–205.

SEDDON, D., 1968: The origins and development of agriculture in East and Southern Africa. – Current Anthropology *9*, 489–494.

ŠIKULOVÁ, V., E. OPRAVIL, 1974: Nález zvířecích kostí a rostlinných zbytků ve Vávrovicích (okr. Opava). Fund von Tierknochen und Pflanzenüberresten in Vávrovice (Bez. Opava). – Přehled Výzkumů *1973*, 124–125, Tab. 122.

SNÁŠIL, R., 1974: Botanické a entomologické nálezy ze zaniklých Záblacan (okr. Uherské Hradiště). Botanische und entomologische Funde aus der Dorfwüstung Záblacany (Bez. Uherské Hradiště). – Přehled Výzkumů *1973*, 77–78.

TEMPÍR, Z., 1973: Nálezy pravěkých a středověkých zbytků pěstovaných a užitkových rostlin a plevelů na některých lokalitách v Čechách a na Moravě. Finds of Prehistoric and Early Historic Remains of Food Plants and Weeds in Some Sites in Bohemia and Moravia. – Vědecké Práce Zemědělského Muzea *13*, 19–47.

– 1975: Obilniny a plevele ze sídliště lidu s kanelovanou keramikou v Hlinsku, okr. Přerov. Getreide und Unkraut aus einer Siedlung der Kultur mit kannelierter Keramik. – Archeologické rozhledy *27*, 365–370.

TUGANAEV, V. V., 1975: Iz istorii kul'turnych rastenij Srednego Povolž'ja i Prikam'ja. – Naučnye Doklady Vysšej Školy, Biologičeskie Nauki *18*, No. 5 (137), 63–65.

TUGANAEV, V. V., i V. I. FROLOVA, 1975: Botaničeskie materialy iz gorodišča Biljar (XI – načalo XIII vv. n.ė.), Tatarskaja ASSR. Botanical materials from Bilyar town ruins (XI – beginning of XIII centuries A. D.), Tatar A.S.S.R. – Botaničeskij Žurnal *60*, 976–978.

UGENT, D., 1970: The potato. What is the botanical origin of this important crop plant, and how did it first become domesticated? – Science *170*, No. 3963, 1161–1166.

VERWERS, G. J. (met een bijdrage van C.C. BAKELS), 1975: Urnenveld en nederzetting te Laag Spul gem. Hilvarenbeek. – Analecta Praehistorica Leidensia *8*, 23–43, bijlage.

VISHNU-MITTRE, 1974: Neolithic plant economy at Chirand, Bihar. – The Palaeobotanist *21* (1), 18–22, Pl. 1.

WET, J. M. J. DE, and J. R. HARLAN, 1975: Weeds and Domesticates: Evolution in the Man-Made Habitat. – Economic Botany *29*, 99–107.

WILKES, H. G., 1972: Maize and its wild relatives. Teosinte and *Tripsacum*, wild relatives of maize, figured prominently in the origin of maize. – Science *177*, 1071–1077.

WILLERDING, U., 1974: Mittelalterliche Pflanzenreste von der Büraburg. (pp. 191–214, Taf. 45). In: N. WAND, Die Büraburg bei Fritzlar. Burg – „Oppidum" – Bischofssitz in Karolingischer Zeit. – Kasseler Beiträge zur Vor- und Frühgeschichte *4*, 220 pp., 46 Taf., 10 Beilagen. – Marburg.

YARNELL, R. A., 1972: *Iva annua* var. *macrocarpa:* Extinct American cultigen? – American Anthropologist *74*, 335–341.

YEN, D. E., 1973: The origins of Oceanic agriculture. – Archaeology & Physical Anthropology in Oceania *8* (1), 68–85.

ZEIST, W. VAN, 1974: Palaeobotanical studies of settlement sites in the coastal area of the Netherlands. – Palaeohistoria *16*, 223–383.

ZEIST, W. VAN, and J. A. H. BAKKER-HEERES, 1975a: Evidence for linseed cultivation before 6000 bc. – Journal of Archaeological Science *2*, 215–219.

– 1975b: Prehistoric and early historic plant husbandry in the Altinova Plain, southeastern Turkey. (pp. 221–257). In: M. N. VAN LOON (Ed.), Korucutepe. Final Report on the Excavations of the Universities of Chicago, California (Los Angeles) and Amsterdam in the Keban Reservoir, Eastern Anatolia, 1968–1970. Volume *1*. – Amsterdam, Oxford.

ZEIST, W. VAN, and W. A. CASPARIE, 1974: Niederwil, a palaeobotanical study of a Swiss Neolithic lake shore settlement. – Geologie en Mijnbouw *53* (6), 415–428.

ZEVEN, A. C., 1973: Dr Th. H. ENGELBRECHT's views on the origin of cultivated plants. – Euphytica *22*, 279–286.

ZEVEN, A. C., G. J. DOEKES, and M. KISLEV, 1975: Proteins in old grains of *Triticum* sp. – Journal of Archaeological Science *2*, 209–213.

ZEVEN, A. C., and P. M. ZHUKOVSKY, 1975: Dictionary of cultivated plants and their centres of diversity. Excluding ornamentals, forest trees and lower plants. – Centre for Agricultural Publishing and Documentation, Wageningen, 219 pp.

ZOHARY, D., 1972: The wild progenitor and the place of origin of the cultivated lentil: *Lens culinaris*. – Economic Botany *26*, 326–332.

– 1973: The origin of cultivated cereals and pulses in the Near East. (pp. 307–320). In: J. WAHRMAN and K. R. LEWIS (Eds.), Chromosomes Today, Vol. *4*. – New York, Toronto, Jerusalem.

ZOHARY, D., and P. SPIEGEL-ROY, 1975: Beginnings of fruit growing in the Old World. Olive, grape, date, and fig emerge as important Bronze Age additions to grain agriculture in the Near East. – Science *187*, No. 4174, 319–327.

ZOHARY, M., 1973: Geobotanical Foundations of the Middle East. Second Volume. – Stuttgart, Amsterdam. (Geobotanica selecta Bd. *III*).

Kulturpflanze XXIV · 1976 · S. 179–190

Notulae cucurbitologicae IX
Zur Frage des Verhaltens von phänotypischen Korrelationen in einzelnen Kreuzungsgenerationen und des Zusammenhanges zwischen Heritabilität der Merkmale und ihrer Variabilität innerhalb dieser Generationen

I. Grebenščikov

(Eingegangen am 23. Januar 1976)

In den „Notulae cucurbitologicae VIII" haben wir die Reziprokenunterschiede einzelner quantitativer Ertragsmerkmale bei mehreren Kürbiskreuzungen untersucht, und solche nicht gefunden. In der vorliegenden Arbeit sollen die Reziprokenunterschiede bezüglich der Korrelationen zwischen diesen Merkmalen untersucht werden sowie einige andere Fragen, verbunden mit dem Verhalten der Korrelationen in verschiedenen Kreuzungsgenerationen. In dem Material von mehrjährigen Beobachtungen an diesen Generationen fanden sich unausgewertete Daten über den Zusammenhang zwischen Heritabilität und Variabilität von einzelnen Ertragsmerkmalen, die hier auch veröffentlicht werden.

Material und Methode

Es handelt sich um die reziproke Kreuzung zweier stark verschiedener Sorten von *Cucurbita maxima* Duch., die von uns bereits in einigen Publikationen von verschiedenen Standpunkten aus betrachtet wurde (Grebenščikov 1964 und 1967, Abbildung von Pflanzenhabitus bzw. von Früchten, Vererbung und Heritabilität der Ertragsmerkmale, sowie 1975 die Frage nach den Reziprokenunterschieden). Es wurden folgende gut ingezüchtete Formen gekreuzt:

C. m. convar. *hubbardina* Greb. cv. 'Vermont Hubbard', Nummer MAX 21 des Gaterslebener Sortimentes, eine robuste Streckform von Winterkürbis mit mehreren größeren Früchten, aus USA, und

C. m. convar. *zapallitina* Greb. cv. 'Zapallito de Tronco', MAX 301, eine für *C. maxima* seltene Buschform mit relativ vielen kleinen Früchten, aus Argentinien.

Eine unbedeutende Nichtübereinstimmung der Merkmalswerte in der vorliegenden und in den früheren Arbeiten erklärt sich daraus, daß jeweils andere Stichproben bzw. Anbaujahre zur Schätzung der Mittelwerte benutzt wurden. Die Feldbonituren wurden in den Jahren 1962–1965 gemacht. Der Umfang von einzelnen Stichproben ist aus den Tab. 1, 2 und 4 ersichtlich. Zuerst wurden die Korrelationskoeffizienten (sowohl r wie auch r_s) immer nur für ein Jahr geschätzt und dann die Mittelwerte für den Versuchsdurchschnitt gebildet. Die Verrechnung von r wurde nach dem vorliegenden Programm für multiple Korrelation mit dem „Hawlet-Packard Calculator, Mode 110" durchgeführt. Als Zielgröße wurde gewählt:

Gewicht der Früchte je Pflanze in kg (y);

als Einflußgrößen:

Durchschnittliches Gewicht einer Frucht in kg (x_1),

Pflanzenlänge in m (x_2),

Anzahl der Früchte je Pflanze in Stück (x_3).

Alle Verrechnungen für den Versuchsdurchschnitt sowie die Schätzung der 95%-Vertrauensbereiche von $\bar{r}$ wurden mit Hilfe von Fisherscher z-Transformation nach SACHS (1972) durchgeführt.

Die nach LEIN (1960), etwas modifiziert, geschätzten Streuungsanteile für die vier untersuchten Merkmale wurden aus unserer früheren Arbeit übernommen (Tab. 3). Die Anteile wurden damals quer durch die Eltern- und reziproken F_1- und F_2-Generationen (ohne Berücksichtigung von Rückkreuzungen) in sechs Wiederholungen, je zwei in den Jahren 1963, 1964 und 1965, geschätzt (GREBENŠČIKOV 1967). Der genotypische Streuungsanteil (=Heritabilität in weiterem Sinne) gilt also hier, ebenso wie in unseren früheren Arbeiten, nicht für eine Generation, sondern für ein Merkmal sozusagen im Laufe von drei Generationen. Die Streuungsanteile wurden also geschätzt aus etwas anderen Stichproben als die Korrelationen in der vorliegenden Arbeit (vgl. Tab. 4). Dagegen wurden die Mittelwerte und die Variabilität der Merkmale in Tab. 1 und 2 aus denselben Stichproben wie die Korrelationsdaten (Tab. 4 und 5 sowie alle vier Abbildungen) geschätzt. Die jährlichen Stichproben hatten einen Umfang von 26 Pflanzen, mit Ausnahme der Rückkreuzungsgenerationen (R_{21} und R_{301}), die nur im Jahre 1963 bonitiert wurden (vgl. Tab. 4). Großer Wert wurde auf die Vertrauensbereiche (VB) der Korrelationskoeffizienten (r) und Mittelwerte gelegt, die am deutlichsten die Genauigkeit der Versuchsdaten wiedergeben. Für die Streuungsanteile, die wir hier nur als relative Schätzwerte für die Heritabilität i.w.S. innerhalb eines varianzanalytischen Komplexes betrachten, sowie für die verteilungsfreien Rangkorrelationskoeffizienten (Tab. 4) wurden die VB nicht geschätzt.

Ergebnisse und Diskussion

Die absoluten Merkmalswerte von Elternformen und Kreuzungsgenerationen, als Versuchsdurchschnitt, mit ihren Vertrauensbereichen (±95%-VB) und ihrer Variabilität (Varianz $\bar{s}^2$ und Variabilitätskoeffizient $\bar{s}$%) sind in den Tabellen 1 und 2 zusammengefaßt. Bei jedem Merkmal ist auch sein genotypischer Streuungsanteil (G) angegeben. Bei den nichtspaltenden Generationen (P und F_1) übersteigen die VB nie 10% des Mittelwertes (vgl. die sehr nützliche Arbeit von MISSELWITZ, 1975). Dagegen sind bei F_2 und den Rückkreuzungen (besonders bei R_{21}) die VB oft etwas breiter. Wir glauben nicht, daß durch die Steigerung der n-Zahlen bei diesen – für x_1 und x_3 deutlich spaltenden Generationen – eine wesentliche Einengung der Vertrauensbereiche herbeizuführen wäre. Das Merkmal Gewicht einer Frucht (x_1) spaltet so deutlich, daß man die Pflanzen beinahe im Verhältnis 3 klein- zu 1 großfrüchtig auszählen konnte (GREBENŠČIKOV 1967). Der hochsignifikante Unterschied der Varianzen der entsprechenden Merkmale der beiden Eltern läßt übrigens in unserem Falle eine übliche Vererbungsanalyse, etwa nach MATHER, überhaupt nicht zu. Die hohe Varianz bei P 21 für das Merkmal y und die fast ebenso hohe bei P 301 für x_3 sind aber hier keinesfalls als ein

Tabelle 1

Absolute Werte und Variabilität der Merkmale y und x_1 im Durchschnitt der Versuchsjahre

Kreuzungs-generation	n	Gewicht Früchte/Pflanze (y) in kg, G = 39 %				Durchschn. Gew. einer Frucht (x_1) in kg, G = 92 %			
		$\bar{y}$	95 %-VB	$\bar{s}^2$	$\bar{s}$ %	$\bar{x}_1$	95 %-VB	$\bar{s}^2$	$\bar{s}$ %
P 21	104	5,32	±0,46	5,50	44	2,49	±0,13	0,44	27
R_{21}	52	7,04	±0,94	9,96	45	2,22	±0,45	2,27	68
$F_1(21 \times 301)$	104	6,36	±0,39	4,13	32	1,12	±0,03	0,03	16
$F_2(21 \times 301)$	78	5,91	±0,49	4,69	37	1,43	±0,26	1,33	81
$F_2(301 \times 21)$	78	5,41	±0,52	5,34	43	1,29	±0,22	0,97	76
$F_1(301 \times 21)$	104	5,91	±0,37	3,69	32	1,10	±0,04	0,04	19
R_{301}	52	4,49	±0,40	2,11	32	0,65	±0,06	0,04	31
P 301	104	2,88	±0,16	0,68	29	0,40	±0,01	0,01	18

Tabelle 2

Absolute Werte und Variabilität der Merkmale x_2 und x_3 im Durchschnitt der Versuchsjahre

Kreuzungs-generation	n	Pflanzenlänge (x_2) in m, G = 74 %				Anzahl Früchte/Pflanze (x_3) in Stück, G = 79 %			
		$\bar{x}_2$	95 %-VB	$\bar{s}^2$	$\bar{s}$ %	$\bar{x}_3$	95 %-VB	$\bar{s}^2$	$\bar{s}$ %
P 21	104	4,15	±0,21	1,14	26	2,07	±0,15	0,59	37
R_{21}	52	4,09	±0,42	1,99	34	4,28	±0,80	7,25	63
$F_1(21 \times 301)$	104	2,77	±0,15	0,55	27	5,64	±0,32	2,66	29
$F_2(21 \times 301)$	78	2,67	±0,20	0,76	33	5,89	±0,79	12,13	59
$F_2(301 \times 21)$	78	2,75	±0,29	1,67	47	5,49	±0,70	9,68	57
$F_1(301 \times 21)$	104	2,74	±0,16	0,63	29	5,42	±0,30	2,33	28
R_{301}	52	1,90	±0,16	0,31	29	7,26	±0,77	7,71	38
P 301	104	0,57	±0,02	0,01	22	7,24	±0,42	4,45	29

Tabelle 3

Streuungsanteile für Durchschnitt der Jahre und Generationen (nach GREBENŠČIKOV 1967)

Streuungs-ursache	FG	Streuungsanteile in % für			
		y	x_1	x_2	x_3
Genotyp (G)	5	39**	92**	74**	79**
Umwelt (U)	2	39**	3**	14**	9**
G × U	10	7 n.s.	3**	7**	2 n.s.
Rest	18	15	2	5	10
Total	35	100 %	100 %	100 %	100 %

Zeichen von unreinem Material zu betrachten, sondern sind sortentypisch; die beiden Elternformen gehören zu den einheitlichsten Herkünften unseres Sortimentes. Die Domianz- und Heterosiserscheinungen dieser Kreuzung wurden von uns 1967 bereits beschrieben; es bleibt, in den Tab. 1 und 2, auf die Beziehung zwischen Heritabilität eines Merkmals und der Variabilität der einzelnen Kreuzungsgenerationen aufmerksam zu machen.

Wenn man bei einem Merkmal mit relativ schwacher Heritabilität – z. B. bei y mit einem genotypischen Streuungsanteil von 39% – den Mittelwert der Variabilitätskoeffizienten aus Tab. 1 von spaltenden Generationen, also von R_{21}, F_2 (21×301), F_2 (301×21) und R_{301}, bildet und diesen ins Verhältnis zu dem Mittelwert von nichtspaltenden Generationen setzt, so unterscheidet sich der Quotient wenig von 1, d. h. (abgerundet) 39 : 34 = 1,1. Dagegen wird ein entsprechender Quotient für das Merkmal x_1, mit einer hohen Heritabilität von 92%, bereits größer als 3, d. h. 64 : 20 = 3,2. Wenn man weiterhin diese Relationen (s%-spaltend : s%-nichtspaltend) für alle 4 Merkmale neben ihre Heritabilitätswerte stellt, so bekommt man folgendes Bild (rangiert):

Merkmal	Relation	Heritabilität
y	1,1	39%
x_2	1,4	74%
x_3	1,7	79%
x_1	3,2	92%

Hätte man einen Rangkorrelationskoeffizienten auf Grund dieser Zahlen geschätzt, so bekäme man einen Wert von $r_s = 1$ (nach einer Tabelle bei SACHS genügen vier Paare, um sogar einen r_s-Wert von 0,80 als signifikant anzusehen).

Man kann also auf Grund der Relation von Variabilität eines Merkmals in den spaltenden und nichtspaltenden Generationen eine grobe relative Schätzung der Heritabilität i. w. S. für das betreffende Merkmal vornehmen. Man bekommt dadabei natürlich nur die Rangwerte dieses Parameters, welche aber in manchen Fällen bereits eine erste Orientierung über die Merkmale mit mehr und mit weniger Chancen für die Auslese geben können.

Es wäre noch zu bemerken, daß einigermaßen bedeutsame Reziprokenunterschiede auch in der Variabilität der Merkmale nicht nachzuweisen sind (Tab. 1 u. 2).

In Tab. 4 sind die „parametrischen" mit den „nichtparametrischen" (Rang-) Korrelationskoeffizienten verglichen. Diesen Vergleich halten wir für sehr wichtig, da viele Merkmale von vornherein als nicht normal verteilt erscheinen, z. B. Anzahl der Früchte je Pflanze (x_3). Die „parametrischen" Korrelationskoeffizienten (r) zeigten sich wieder als ziemlich robust und ergaben gute Übereinstimmung mit den Rangkorrelationskoeffizienten (r_s); nur in einem Falle (bei der spaltenden R_{301}-Generation) erreichte die Differenz 0,10. Verglichen wurden die Korrelationen ($y \div x_3$) und ($x_1 \div x_3$), in welchen Anzahl der Früchte eins der Merkmale ist. Es ist zu unterstreichen, daß alle $\bar{r}$ und $\bar{r}_s$ das gleiche Signifikanzniveau ergeben haben. Alle Koeffizienten, mit Ausnahme von nicht signifikanten (n. s.), sind auf dem Niveau von 0,1 % signifikant von Null verschieden. Auch in den einzelnen Versuchsjahren waren die Unterschiede nicht groß.

Wir halten es also für möglich, unter Versuchsbedingungen, die den unseren ähnlich sind, ohne weiteres die Rangkorrelationskoeffizienten zu gebrauchen, wenn

Tabelle 4

Vergleich der Korrelationskoeffizienten, geschätzt nach BRAVAIS-PEARSON ($\bar{r}$) und nach SPEARMAN ($\bar{r}_s$) im Durchschnitt der Versuchsjahre 1962–1965

Kreuzungs-generation	Korrelation $y \div x_3$		Korrelation $x_1 \div x_3$		Versuchsumfang
	$\bar{r}$	$\bar{r}_s$	$\bar{r}$	$\bar{r}_s$	
P 21	0,86	0,84	+0,09 n.s.	+0,05 n.s	4 Jahre je 26 Pfl.
R_{21}	0,24 n.s.	0,16 n.s.	−0,62	−0,69	1 Jahr, 52 Pfl.
$F_1(21 \times 301)$	0,85	0,79	−0,07 n.s.	−0,02 n.s.	4 Jahre je 26 Pfl.
$F_2(21 \times 301)$	0,44	0,38	−0,68	−0,68	3 Jahre je 26 Pfl.
$F_2(301 \times 21)$	0,52	0,56	−0,65	−0,74	3 Jahre je 26 Pfl.
$F_1(301 \times 21)$	0,78	0,76	−0,12 n.s.	−0,09 n.s.	4 Jahre je 26 Pfl.
R_{301}	0,58	0,58	−0,54	−0,64	1 Jahr, 52 Pfl.
P 301	0,84	0,81	−0,36	−0,41	4 Jahre je 26 Pfl.

die n-Zahlen nicht zu groß sind (bei $n \gg 30$ ist die Rangierung ziemlich aufwendig) und wenn der Arbeitsplan keine weiteren „parametrischen" Vergleiche voraussieht.

Die Korrelationskoeffizienten für die Zusammenhänge zwischen allen vier untersuchten Merkmalen sind generationsweise mit ihren 95%-Vertrauensbereichen in den Abb. 1 bis 4 graphisch dargestellt, und zwar als 3- bis 4-jährige Mittelwerte ($\bar{r}$). Die auf dem 5%-Niveau nicht signifikanten Koeffizienten sind als Null ohne VB dargestellt. Für die Rückkreuzungen sind es – wie gesagt – nur die Werte von einem Jahr, weswegen wir diesen gegenüber den anderen eine relativ unbedeutende Aussagekraft zuschreiben. Auch die VB sind hier sehr weit.

Ohne etwas gegen die theoretische Bedeutung der modernen genetischen Korrelationskoeffizienten (r_g) zu sagen, möchten wir hier darauf hinweisen, daß die VB (die bei diesen meist nicht angegeben werden) für r_g wesentlich größer ausgefallen wären und praktisch die ganze Darstellung unnütz gemacht hätten. PIRCHNER (1964) bringt folgendes Beispiel einer approximativen Schätzung des Fehlers eines genetischen Korrelationskoeffizienten: ein r_g von 0,25 (bei h^2 von ebenfalls 0,25) muß aus einer Population von 1000 Individuen geschätzt werden, damit der Fehler nicht größer als der Koeffizient selbst wird (in diesem Falle beträgt der Fehler trotzdem 0,24!). Außerdem wird oft vergessen, daß es Fälle gibt, in welchen eine züchterisch wichtige phänotypische Korrelation als genetische überhaupt

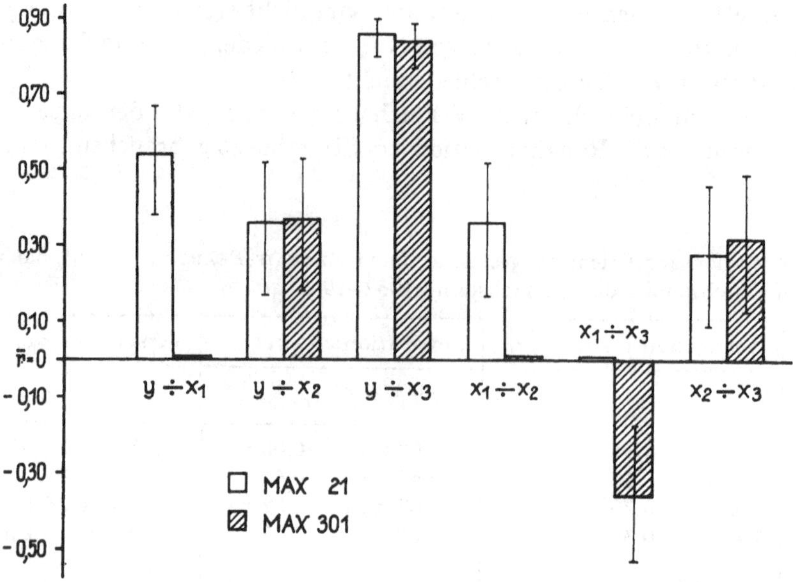

Abb. 1 Phänotypische Korrelationskoeffizienten ($\bar{r}$) für beide Elternformen mit ihren 95%-Vertrauensbereichen. Die auf dem 5%-Niveau nicht signifikanten $\bar{r}$ sind als Null, ohne Vertrauensbereiche dargestellt.
y = Gewicht der Früchte je Pflanze; x_1 = Gewicht einer Frucht: x_2 = Pflanzenlänge; x_3 = Anzahl der Früchte je Pflanze

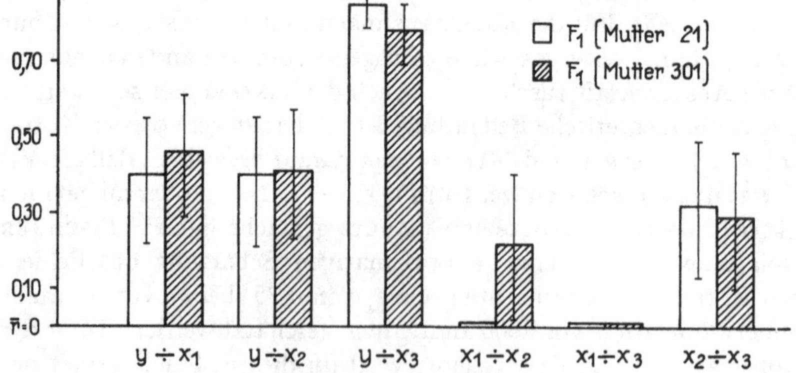

Abb. 2 Phänotypische Korrelationskoeffizienten ($\bar{r}$) für die reziproken F_1-Generationen. Bezeichnungen wie bei Abb. 1

nicht existiert, z. B. wenn die beiden Merkmale nicht durch pleiotrope Genwirkung zusammenhängen (vgl. NIKORO und Mitarb. 1968).

Und noch etwas. Die Evolutionslehre besagt, daß die Auslese nur mit Phänotypen bzw. phänotypischen Korrelationen „arbeitet". Das gilt sowohl für die natürliche (die sich um den Genotyp überhaupt nicht kümmert) wie auch für die künstliche Auslese, d. h. für die Züchtung (der Züchter kümmert sich zwar sehr um den Genotyp, seine Auslese erfolgt aber trotzdem nach den Phänotypen!). Ungeachtet aller Erfolge der theoretischen Evolutions- (oder Populations-)genetik bleibt der phänotypische Korrelationskoeffizient nach wie vor das legitimste Maß für den Zusammenhang zwischen einzelnen quantitativen Merkmalen in einer Population.

Die Korrelationen in Abb. 1 (Eltern) und Abb. 2 (F_1) haben – wie gesagt – wesentlich höhere Aussagekraft als die von Abb. 3 (F_2) und Abb. 4 (Rückkreuzungen), die als relativ kleine Stichproben von den spaltenden Generationen mit größerem Fehler behaftet sind. Die Korrelationswerte und ihre Vertrauensbereiche sprechen dafür, daß von bedeutsamen Reziprokenunterschieden, auch in F_2, ebenso wie bei den absoluten Merkmalen (vgl. GREBENŠČIKOV 1975), keine Rede sein kann. Die Vertrauensbereiche zeigen es für F_1 und F_2 deutlich, mit Ausnahme von Korrelation $x_1 \div x_2$ bei F_1 (Abb. 2). Trotz formeller schwacher Signifikanz bezeichnen wir diesen Reziprokenunterschied als nicht typisch, weil die absolute Höhe des Koeffizienten für F_1 (301×21) zu niedrig ist ($\bar{r}=0{,}216^*$) und ein Bestimmtheitsmaß $B\,\%=5$ hat, was besagt, daß nur 5% der Variabilität des Merkmals x_1 (Gewicht einer Frucht) von der Variabilität des x_2 (Pflanzenlänge) abhängig sind. Solche Zusammenhänge können natürlich nicht ernst genommen werden.

Um die Werte der anderen formell signifikanten Korrelationskoeffizienten (die also nicht als Null bezeichnet sind) zu zeigen, sind in Tab. 5 die einzelnen Bestimmtheitsmaße ($B\,\%=r^2\,\%$) sowie die multiplen Bestimmtheitsmaße für alle 6 Korrelationen innerhalb jeder Kreuzungsgeneration dargestellt. Es ist eigentlich so, daß für die sog. morphologischen Merkmale, wie es die unseren sind, praktisch – biologisch und züchterisch – meist nur die Korrelationen als wichtig zu betrachten wären, deren $B\,\%$-Werte nicht wesentlich unter 50 liegen, d. h. die Fälle des linearen Zusammenhanges, bei welchen die Variabilität einer Variationsreihe etwa zur Hälfte von der Variabilität der anderen abhängig ist, während die übrigen 50% dem Einfluß von den im Versuch nicht erfaßten Faktoren zuzuschreiben sind (was einem r-Wert von etwa $\pm 0{,}70$ entspricht). Diese Faustregel dürfte nicht für die Korrelationen von sog. „physiologischen" Merkmalen angewendet werden, denn es gibt Beispiele, wo auch eine schwache ($B\,\% \ll 50$) Korrelation, z. B. die bekannte negative Korrelation zwischen Rohproteingehalt und Kornertrag bei Getreide und Mais, züchterisch sehr lästig sein kann. Die $B\,\%$-Werte, die höher als 50% liegen, sind in Tab. 5 fett gedruckt. Daraus ist zu ersehen, daß von den von uns untersuchten Korrelationen praktisch nur die Abhängigkeit des

Gesamtgewichtes der Früchte je Pflanze von der Anzahl der Früchte je Pflanze von Wichtigkeit ist, $(y \div x_3)$, und zwar nur in den nichtspaltenden Generationen. Alle anderen, mit wenigen Ausnahmen, sind von geringer Bedeutung.

Die Werte des multiplen Bestimmtheitsmaßes sind hier gewissermaßen als Maß der Genauigkeit angegeben, mit welcher man aus den Einflußgrößen die Zielgröße abschätzen kann. In den nichtspaltenden Generationen sind die *mult.* $B\%$-Werte befriedigend hoch und erreichen bei den einheitlichen F_1-Generationen sogar 98%.

Tabelle 5

Bestimmtheitsmaße in %

Kreuzungs-generation	B % für Korrelationen						mult. B %
	$y \div x_1$	$y \div x_2$	$y \div x_3$	$x_1 \div x_2$	$x_1 \div x_3$	$x_2 \div x_3$	
P 21	29	13	**75**	13	0	8	**87**
R_{21}	28	23	0	47	39	10	**82**
F_1 (21 ×301)	16	16	**73**	0	0	10	**98**
F_2 (21 ×301)	0	9	19	20	46	0	**68**
F_2 (301 ×21)	0	31	27	12	43	0	**77**
F_1 (301 ×21)	22	17	**61**	5	0	9	**98**
R_{301}	10	9	34	8	29	0	**91**
P_{301}	0	14	**70**	0	13	10	**97**

Was die Vererbung der Korrelationen von den Eltern auf die F_1 betrifft, so läßt unser Material, trotz vierjähriger Beobachtungen, keine eindeutigen Schlüsse zu (vgl. Abb. 1 und 2). Die hohe Korrelation für $(y \div x_1)$ dominiert deutlich über das Fehlen von Korrelation. Die Korrelationen $(y \div x_2)$ und $(x_2 \div x_3)$, besonders aber $(y \div x_3)$, die bei den beiden Elternformen etwa gleich sind, erscheinen auch in derselben Größenordnung in der F_1. Die Korrelation $(x_1 \div x_3)$, Gewicht einer Frucht und Anzahl der Früchte je Pflanze, hat eine deutlich negative Tendenz (vgl. besonders Abb. 3 und 4), obwohl sie in F_1 gar nicht zum Ausdruck kommt (wie auch bei dem langtriebigen Elter MAX 21). Über die Vererbung der Korrelation $(x_1 \div x_2)$ ist überhaupt schwer etwas zu sagen.

Aus verständlichen Gründen ist es noch schwieriger, über die Vererbungsweise der Korrelationen in F_2 und bei den Rückkreuzungen zu sprechen (Abb. 3 und 4). Bereits JOHANNSEN (1926), und noch deutlicher PHILIPTSCHENKO (FILIPČENKO 1929) haben gezeigt, wie durch Verschiebung von „Korrelationsellipsen" ein Korrelationskoeffizient, geschätzt an genetisch unreinem Material (bei uns spaltenden Generationen), einen ganz anderen Wert ergeben kann als bei reinen Linien. Eine solche Erscheinung verursacht bei uns wahrscheinlich das völlige Verschwinden des Zusammenhanges in F_2 für $(y \div x_1)$ und $(x_2 \div x_3)$ oder das Auftreten eines Reziprokenunterschiedes bei den Rückkreuzungen für $(y \div x_3)$. Schließlich wäre es zu viel, von einem Korrelationskoeffizienten, besonders für spaltende Generationen, etwas anderes zu verlangen als das, „wofür er berechnet wird, nämlich die Lösung

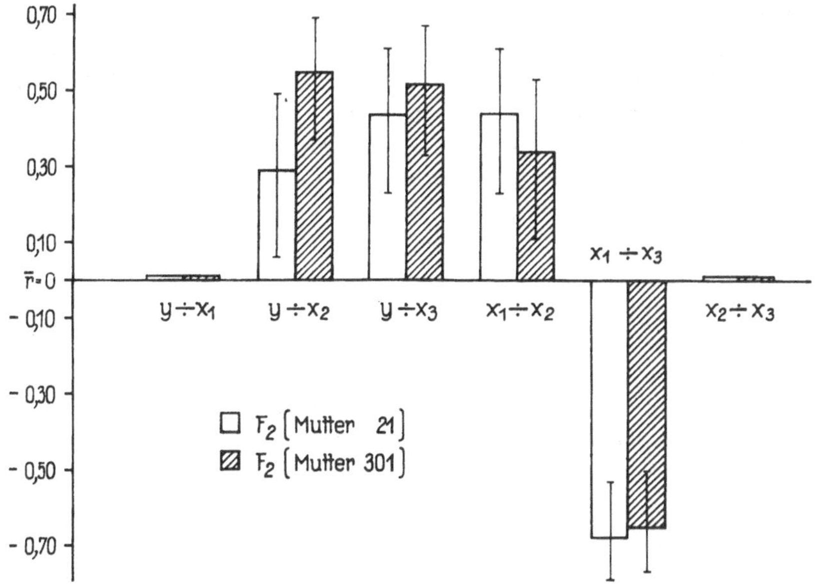

Abb. 3 Phänotypische Korrelationskoeffizienten ($\bar{r}$) für die reziproken F_2-Generationen. Bezeichnungen wie bei Abb. 1

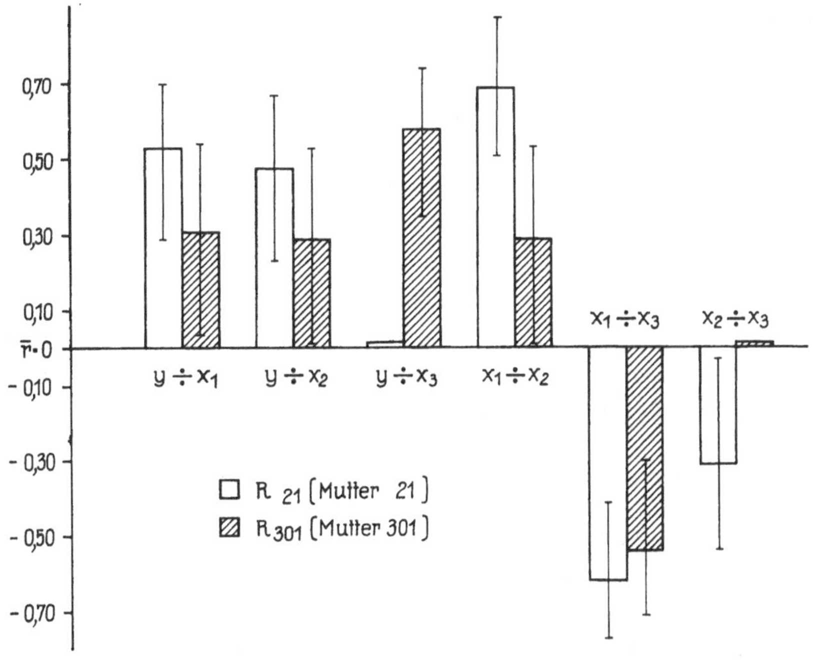

Abb. 4 Phänotypische Korrelationskoeffizienten ($\bar{r}$) für die reziproken Rückkreuzungen. Bezeichnungen wie bei Abb. 1

der Frage, ob verschiedene Variationsreihen miteinander verbunden sind, und wenn ja, in welchem Grade", wie PHILIPTSCHENKO (1929, S. 169) trefflich sagte. Es war trotzdem interessant, die mehrjährigen Angaben über Korrelationen von Kreuzungsgenerationen im Vergleich mit ihren Elternformen zu betrachten. Es wäre wünschenswert, auch das Material aus anderen Kreuzungen hinsichtlich der „Vererbung" von Korrelationen zu untersuchen, und – was nur bei genügend großen *n*-Zahlen möglich wäre – auch die einzelnen Pflanzentypen der spaltenden Generationen getrennt zu behandeln.

Zusammenfassung

Drei- bis vierjährige Beobachtungen an reziproken Kreuzungsgenerationen von zwei deutlich verschiedenen Kürbisformen (*Cucurbita maxima*) gestatten neben anderen (vgl. GREBENŠČIKOV 1964, 1967, 1975) auch folgende Schlüsse.

Wesentliche Reziprokenunterschiede in bezug auf Korrelationen zwischen einzelnen quantitativen Merkmalen (Abb. 2 und 3) konnten nicht festgestellt werden. Die Vererbung von phänotypischen Korrelationen läßt sich nicht bei allen Merkmalen deutlich beobachten (Abb. 1 und 2, Tab. 5). Die Korrelationen der spaltenden Generationen können bei ihrer Schätzung – wegen der Uneinheitlichkeit der Pflanzentypen – verzerrte Werte ergeben und haben nur eine geringe Aussagekraft (Abb. 3 und 4). Die Schätzung von Korrelationskoeffizienten nach BRAVAIS-PEARSON (r) und nach SPEARMAN (r_s) ergaben eine gute Übereinstimmung (Tab. 4).

Der Unterschied in der Variabilität von spaltenden (F_2 sowie Rückkreuzungen) und nichtspaltenden (Eltern sowie F_1) Generationen ist desto stärker, je höher die Heritabilität des betreffenden Merkmals ist (Tab. 1 und 2).

Summary

Notulae cucurbitologicae IX. The behaviour of phenotypic correlations in several cross generations and the connection between the heritability of characters and their variability within these generations

Observations over three or four years in reciprocal cross generations of two distinct forms of squash (*Cucurbita maxima*) allow, beside other conclusions (cf. GREBENŠČIKOV 1964, 1967, 1975), also the following ones:

Considerable differences between reciprocals as for correlations between several quantitative characters (Figs. 2 and 3) could not be ascertained. The inheritance of phenotypic correlations can not clearly be observed for all characters (Figs. 1 and 2, Table 5). The correlations estimated in segregating generations may give – because of the diversity of plant types – biased values and are of low evidence only (Figs. 3 and 4). Estimations of correlation coefficients according to both Bravais-Pearson (r) and Spearman (r_s) were in good agreement (Table 4).

The difference in variability between segregating (F_2 and backcrosses) and non-segregating generations (parents and F_1) is the greater the higher the heritability of the corresponding character (Tables 1 and 2).

Краткое содержание

Кукурбитологические заметки IX. К вопросу о поведении фенотипических корреляций в трех поколениях после скрещивания и о зависимости между наследуемостью признаков и их изменчивостью внутри этих поколений

Трехлетние наблюдения над реципрокными поколениями от скрещивания двух чётко различающихся форм тыквы *Cucurbita maxima*, кроме уже опубликованных данных (работы автора 1964, 1967, 1975 гг.), позволяют сделать следующие заключения.

Существенной разницы в корреляциях между отдельными признаками реципрокных скрещиваний обнаружено не было (рис. 2 и 3). Наследование фенотипических корреляций не у всех признаков проявляется с одинаковой чёткостью (рис. 1 и 2, табл. 5). Корреляции расщепляющихся поколений при их оценке, благодаря неоднородности типов растений, могут давать искажённые значения и обладают незначительной информационной ценностью (рис. 3 и 4). Оценки коэффициентов корреляции по Бравэ–Пирсону (r) и по Спирмэну (r_s) дали, за редкими исключениями, очень близкие значения (табл. 4).

Различия изменчивости расщепляющихся (F_2 и возвратные скрещивания) и нерасщепляющихся (родители и F_1) поколений оказываются тем значительнее, чем выше наследуемость соотвтственного признака (табл. 1 и 2).

Literatur

Grebenščikov, I., 1964: Zur quantitativ-genetischen Analyse der Ertragskomponenten beim Kürbis. Teil 2. – Kulturpflanze *12*, 93–106.

– 1967: Zur quantitativ-genetischen Analyse der Ertragskomponenten beim Kürbis. Teil 3. – Kulturpflanze *15*, 57–74.

– 1975: Notuale cucurbitologicae VIII. Zur Frage der Reziprokenunterschiede bei den quantitativen Ertragsmerkmalen vom Kürbis. – Kulturpflanze *23* (1975), 139–155.

Johannsen, W., 1926: Elemente der exakten Erblichkeitslehre. Jena.

Lein, A., 1960: Zur relativen Bewertung von Streuungsanteilen auf Grund der Varianzanalyse. – Züchter *30*, 352.

Misselwitz, G., 1975: Variabilität und Stichprobenumfang morphologischer Merkmale von Winterweizen- und Wintergerstensorten unter verschiedenen Umweltbedingungen. – Archiv Acker- u. Pflanzenb. u. Bodenkd., Bln., *19*, 641–656.

Nikoro, Z., G. Stakan, Z. Chartinova, L. Vasil'eva, E. Ginzburg, N. Rešetnikova, 1968: Teoretičeskije osnovy selekcii životnych. Moskva.
Philiptschenko, J., 1927: Variabilität und Variation. Berlin. (Die letzte russische Fassung ist Filipčenko, Ju., 1929: Izmenčivost' i metody ee izučenija. Moskva-Leningrad.)
Pirchner, F., 1964: Populationsgenetik in der Tierzucht. Hamburg und Berlin.
Sachs, L., 1972: Statistische Auswertungsmethoden. 3. Auflage. Berlin-Heidelberg-New York.

Kulturpflanze XXIV · 1976 · S. 191–204

Bemerkungen zu einigen kultivierten *Sorghum*-Sippen auf der Grundlage ihrer Korrelationsstruktur

LJUDMILLA KONSTANTINOVNA IVANYUKOVICH[1] und KARL HAMMER[2]

(Eingegangen am 23. Januar 1976)

Einführung

Eine gründliche systematische Bearbeitung der kultivierten *Sorghum*-Sippen erfolgt durch SNOWDEN (1936, 1955) unter Zugrundelegung einer sehr engen Artauffassung. Dadurch ist es zur Aufstellung einer ganzen Reihe von Kleinarten gekommen. Bei der sehr hohen Variabilität der *Sorghum*-Sippen bleibt die Zweckmäßigkeit dieses Verfahrens zweifelhaft (MANSFELD 1952). Folgende Ursachen können als Gründe für die Variabilität bei den kultivierten Sippen angeführt werden:

1. Polyphyletische Abstammung (SNOWDEN 1936, DARLINGTON 1963, DE WET and HUCKABAY 1967),
2. Introgression auf unterschiedlichen Entwicklungsstufen und zu verschiedenen Zeiten (LIANG and CASADY 1966, MURTY et al. 1967, DE WET et al. 1970),
3. Disruptive Selektion (DOGGETT 1965).

Unter Berücksichtigung der angeführten Gründe hat sich in den letzten Jahren eine breitere Artauffassung durchgesetzt. So fassen DE WET und HUCKABAY (1967) die kultivierten Sippen als eine Art, *Sorghum bicolor* (L.) MOENCH, auf. Eine nicht ganz so weite Artauffassung vertreten CURTIS (1967), MURTY et al. (1967) und JAKUŠEVSKIJ (1969). Alle diese systematischen Bearbeitungen sind auf Grund der Variabilität der *Sorghum*-Sippen kompliziert und werden daher von den Züchtern selten verwendet. Deshalb beschrieben HARLAN und DE WET (1972) eine vereinfachte Klassifikation, die den Wünschen der Züchter entgegenkommen soll. Die hier angeführten systematischen Untersuchungen zeigen, daß die Arbeiten zur Entwicklung eines zufriedenstellenden Systems der kultivierten *Sorghum*-Sippen noch im Gange sind. Das reichhaltige *Sorghum*-Sortiment des Allunionsinstituts für Pflanzenbau „N. I. Vavilov" (VIR) in Leningrad gab uns Gelegenheit, Einblick in einige Probleme zu nehmen, und Gedanken zu entwickeln, die als Hinweise für eine künftige systematische Bearbeitung dienen können.

1 Allunionsinstitut für Pflanzenbau „N. I. Vavilov" (VIR), Leningrad.

2 Die Arbeit entstand während eines längerfristigen Arbeitsaufenthaltes. Mein Dank gilt dem VIR für Arbeitsmöglichkeiten und Material.

Material und Methoden

Für unsere Untersuchungen wurden aus der *Sorghum*-Weltkollektion des VIR, die ca. 8000 Sippen umfaßt, 54 typische Vertreter unterschiedlicher Gebiete des Gesamtkulturareals ausgewählt. Das Material der *Sorghum*-Kollektion des VIR ist nach dem System von Jakuševskij (1969) geordnet, und es wurde für unsere Untersuchungen in dieser Anordnung belassen. Die Benennung des Artenkomplexes, die Katalognummer des VIR, die Sortenbezeichnung (soweit vorhanden) und die Herkunft des Materials sind aus Tabelle 1 ersichtlich. In Tabelle 2 führen wir die charakteristischen Arten für die Artenkomplexe (linke Seite) an, dazu werden die von Jakuševskij (1969) hierher gestellten Sippen (in der Benennung nach dem System von Snowden – rechte Seite) genannt. In den weiteren Ausführungen verwenden wir die Bezeichnung der charakteristischen Art stellvertretend für den jeweiligen Komplex.

Von jeder Sippe wurden 10 Pflanzen mit 2 Wiederholungen, d. h. insgesamt 20 Pflanzen, untersucht, die kurz nach dem Aufgang etikettiert wurden. Dadurch wurde gesichert, daß alle Untersuchungen immer an ein und derselben Pflanze durchgeführt werden konnten. Die geprüften Merkmale sind in Tabelle 3 aufgeführt. Einige Erklärungen zu diesen Merkmalen sind notwendig: Unter Höhe des Haupthalmes verstehen wir die Pflanzenhöhe einschließlich der Rispen, die Länge der Rispenäste wird vom obersten Halmknoten bis zur ersten Verzweigung der Rispe gerechnet, der Durchmesser der Rispenäste entspricht der Stärke des Halmes unter der ersten Rispenverzweigung und der Durchmesser des Haupthalmes wurde in 10 cm Höhe über dem Erdboden gemessen. Auf der Grundlage der in Tabelle 3 aufgeführten 11 morphologischen, 7 phänologischen und 4 Merkmale des Wachstums im Laufe der Vegetationsperiode untersuchten wir die Korrelationsstruktur der ausgewählten *Sorghum*-Sippen. Diese Merkmale sind Bestandteil der ständigen Untersuchungen des *Sorghum*-Sortiments des VIR, wie sie in ihren wesentlichen Zügen von Krotov et al. (1969) beschrieben werden.

Für die *Sorghum*-Systematik werden hauptsächlich Merkmale der generativen Sphäre herangezogen (Blütenstand, Ährchen, Blütchen, Früchte). Die von uns verwendeten Merkmale der vegetativen Sphäre werden selten berücksichtigt. Sie sind vor allem in Verbindung mit der korrelativen Struktur der Sippen interessant, die von uns wie folgt erfaßt wurde. Zur Bestimmung der Ähnlichkeitskoeffizienten (ÄK) wurden die Korrelationskoeffizienten nach der allgemeinen Formel von Pearson berechnet (Bailey 1970). Ausführlich wurde diese Methode durch Aristarchova und Ivanyukovich (1976) beschrieben.

Weiterhin wurden zum Erfassen der Korrelationsstruktur die Koeffizienten der Divergenz der Korrelationen (KDK) nach der vom Šmidt (1964) ausgearbeiteten Methode verwendet. Die Prüfung der Signifikanz erfolgte mit dem t-Test. Signifikante Unterschiede wurden angenommen, wenn $t > 2$ war. Für die Berechnungen stand der elektronische Rechner „MIR“ zur Verfügung.

Bei der ersten Auswertung der Korrelationsstruktur fielen etwa 1600 Korrelationskoeffizienten (r) an. Da die phänologischen Merkmale, die den Zeitraum vom Aufgang bis zu einer Etappe der generativen Phase (Aufgang – Schossen, Aufgang – Rispenschieben, Aufgang – Blühen, Aufgang – Reife) erfassen, bei allen Sippen eng untereinander korreliert waren, wurde für die weitere Analyse der KDK nur das Merkmal Aufgang – Schossen benutzt. Der Zeitraum Aufgang – Beginn der Bestockung ging nicht in die Berechnungen ein, weil sich nicht alle Sippen bestockten. Folglich wurden zur Analyse der KDK Korrelationen zwischen 16 Merkmalen geprüft und daraus 120 Korrelationskoeffizienten für jeden Artenkomplex erhalten. Statistisch gesicherte Abweichungen der korrelativen Beziehungen zwischen Merkmalspaaren aller untersuchten *Sorghum*-Artenkomplexe wurden ausgewählt und die entsprechenden KDK bestimmt.

Die Konstruktion der Dendrogramme (Abb. 3 und 4) erfolgte nach der Methode von Liang und Casady (1966), indem von den jeweiligen Matrices für KDK bzw. ÄK ausgegangen wurde. Die beiden Arten mit dem geringsten KDK (Abb. 3) bzw. dem höchsten ÄK (Abb. 4) wurden als Kern für die Dendrogramme verwendet.

Ergebnisse und Diskussion

Aus den Diagrammen der Abbildungen 1 und 2, die jeweils auf der Grundlage zweier Merkmale (Pflanzenhöhe und Rispenlänge bzw. Pflanzenhöhe am 30. Tage nach dem Aufgang und Pflanzenhöhe zum Zeitpunkt des Rispenschiebens) erstellt wurden, wird sichtbar, daß von allen Artenkomplexen nur das sehr frühreife *S. technicum* deutlich abgetrennt werden kann, das sich durch Wuchshöhe, Rispenlänge und Wachstumsgeschwindigkeit in allen Phasen der Entwicklung unterscheidet. Andere Artenkomplexe voneinander zu trennen ist, durch die für *Sorghum* charakteristische Variabilität der Merkmale, mit sich daraus ergebenden

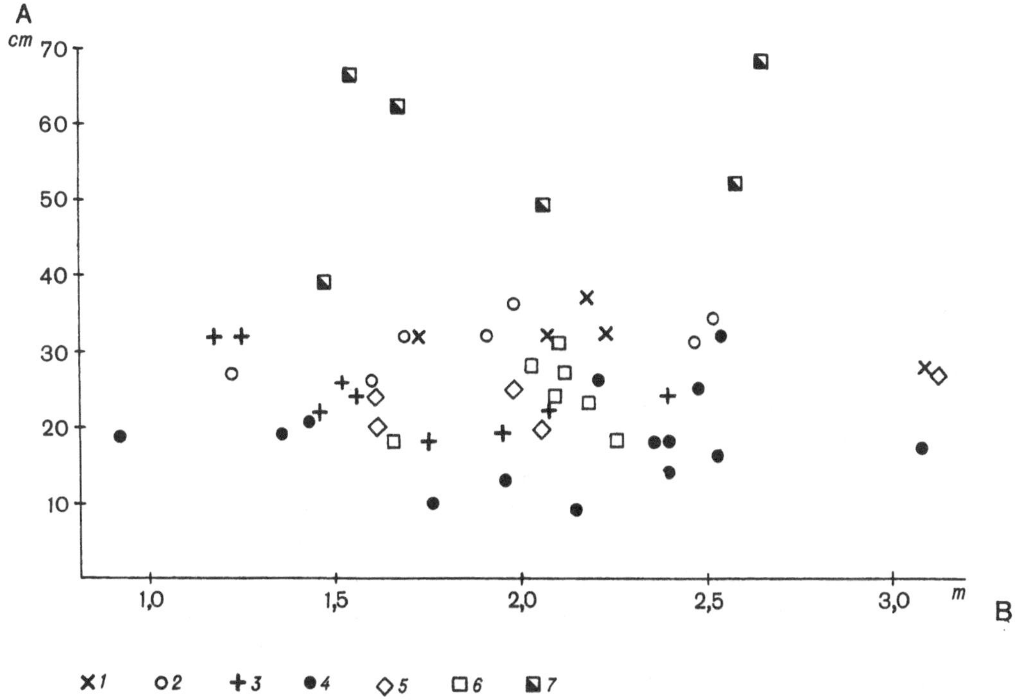

Abb. 1 A = Pflanzhöhe
B = Rispenlänge
Diagramm der Verteilung der Merkmale Pflanzenhöhe und Rispenlänge bei 34 kultivierten *Sorghum*-Sippen (Erklärung der Ziffern unter Abb. 3)

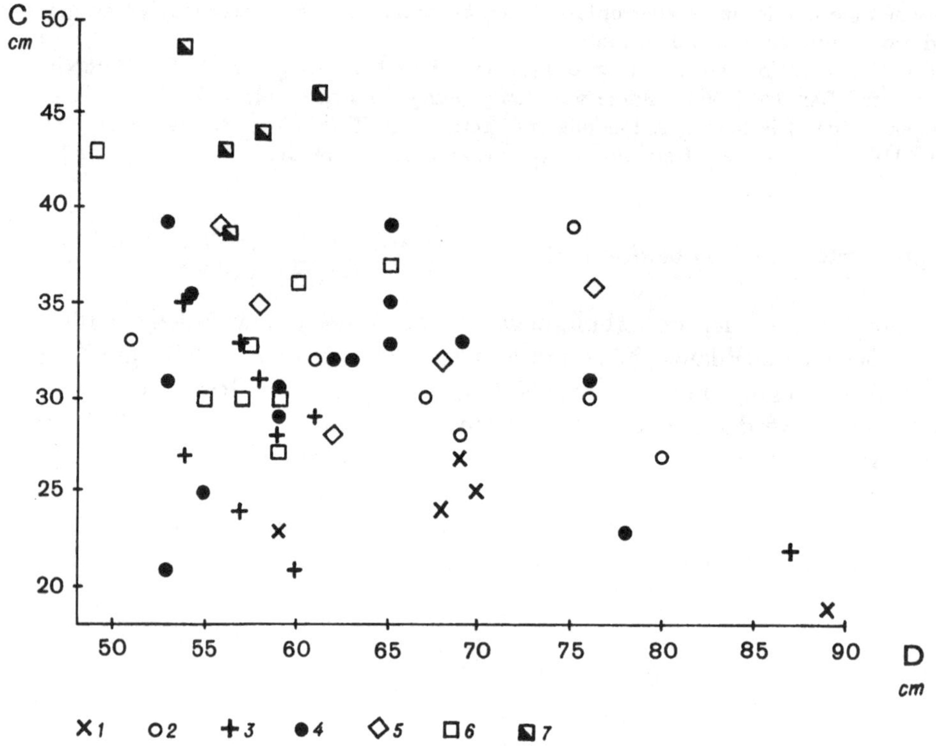

Abb. 2 C = Pflanzenhöhe am 30. Tage nach dem Aufgang
D = Pflanzenhöhe zum Zeitpunkt des Rispenschiebens
Diagramm der Verteilung der Merkmale Pflanzenhöhe am 30. Tage nach dem Aufgang und Pflanzenhöhe zum Zeitpunkt des Rispenschiebens bei 54 kultivierten *Sorghum*-Sippen

Übergängen von einem Artenkomplex zum anderen, schwierig. So fanden Murty et al. (1967) bei der Untersuchung eines großen *Sorghum*-Sortiments unter Anwendung mathematischer Methoden, daß es unmöglich war, nur auf Grund von Rispenmerkmalen eine zufriedenstellende Gruppenbildung vorzunehmen, selbst wenn die Anzahl der Gruppen auf 70 erhöht wurde.

Für die Systematik ist es immer interessant, möglichst konstante Merkmale aus einer großen Merkmalsfülle herauszufinden. Die Methode der Korrelationsstruktur gibt die Möglichkeit, nicht nur künstlich die Anzahl der Merkmale zu erhöhen, sondern charakteristische Merkmale auszuwählen. Die Korrelationsstrukturen systematischer Einheiten sind konservativer im Vergleich zu den einfachen morphologischen Merkmalen (Šmidt 1964). Deshalb wurde von uns auch diese Methode verwendet, und es war möglich, die Artenkomplexe auf Grund der von uns gewählten Merkmale ausreichend zu unterscheiden. Einige Ergebnisse sind in Dendrogrammen dargestellt.

Die Abbildungen 3 und 4 mit den Dendrogrammen für KDK bzw. ÄK und Abbildung 5 zeigen, daß die am deutlichsten unterschiedenen Artkomplexe die von

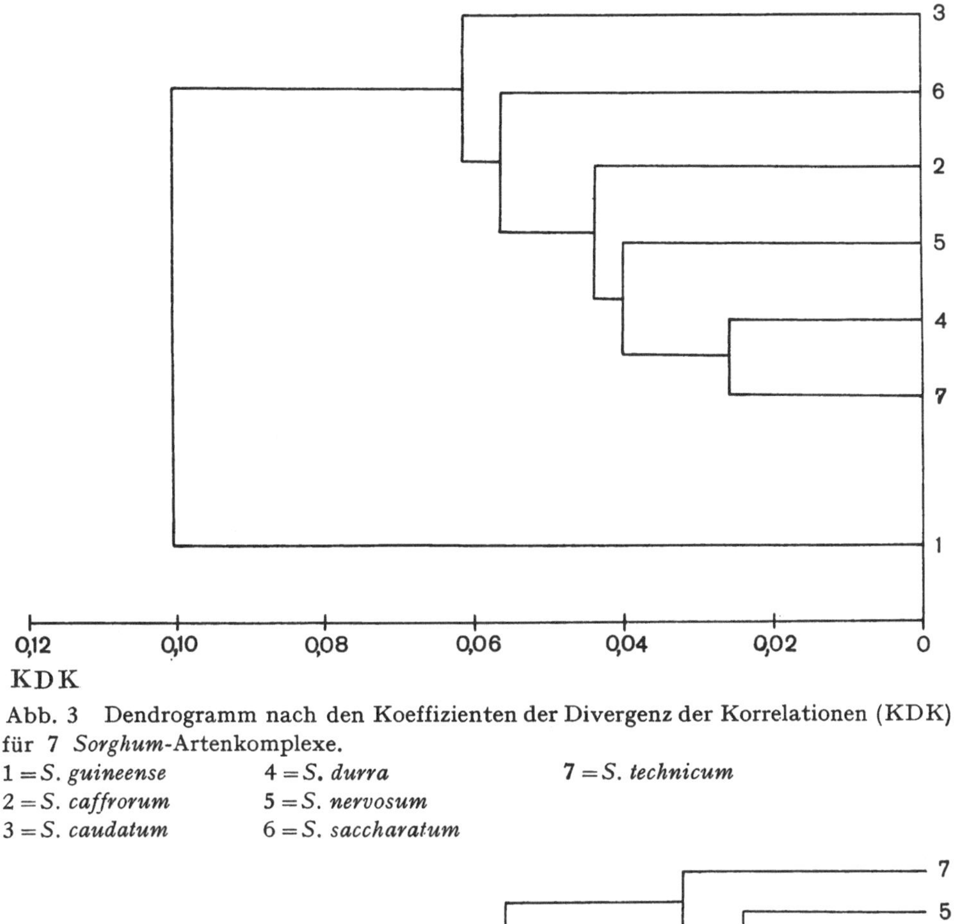

Abb. 3 Dendrogramm nach den Koeffizienten der Divergenz der Korrelationen (KDK) für 7 *Sorghum*-Artenkomplexe.

1 = *S. guineense*	4 = *S. durra*	7 = *S. technicum*
2 = *S. caffrorum*	5 = *S. nervosum*	
3 = *S. caudatum*	6 = *S. saccharatum*	

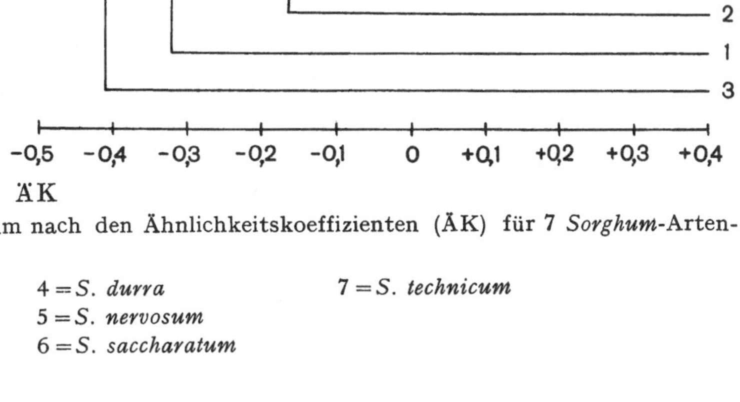

Abb. 4 Dendrogramm nach den Ähnlichkeitskoeffizienten (ÄK) für 7 *Sorghum*-Artenkomplexe

1 = *S. guineense*	4 = *S. durra*	7 = *S. technicum*
2 = *S. caffrorum*	5 = *S. nervosum*	
3 = *S. caudatum*	6 = *S. saccharatum*	

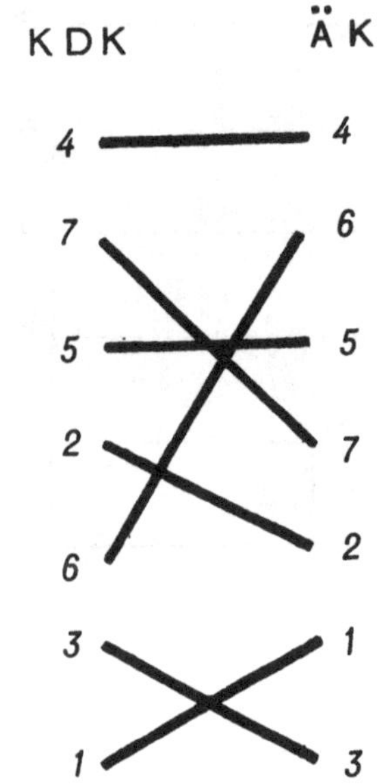

Abb. 5 Gegenüberstellung der Rangfolge von 7 *Sorghum*-Artenkomplexen nach den Ergebnissen von KDK und ÄK.
1 = *S. guineense* 4 = *S. durra* 7 = *S. technicum*
2 = *S. caffrorum* 5 = *S. nervosum*
3 = *S. caudatum* 6 = *S. saccharatum*

S. guineense und *S. durra* sind. Im Zentrum der Dendrogramme befindet sich *S. durra* mit seinen hochentwickelten Kulturpflanzenmerkmalen. Am Rande der Dendrogramme, am weitesten von *S. durra* entfernt im Zentrum der Evolution, finden wir das noch deutlich Wildpflanzenmerkmale zeigende *S. guineense*, mit dessen Charakterisierung wir beginnen wollen. Für die Morphologie von *S. guineense* ist Heterobathmie charakteristisch (unterschiedlicher Grad der Evolution im Aufbau einzelner Organe). So sind bei einigen Sippen noch typische Wildpflanzenmerkmale (weitverzweigte, lockere Rispen und große Spelzen) kombiniert mit gutausgeprägten Kulturmerkmalen (sehr große Körner). Die Körner werden von weit spreizenden Spelzen umgeben. Nach de Wet et al. (1972) verhindert dieses Merkmal ein vorzeitiges Verderben der Körner unter den Bedingungen ausgiebiger Niederschläge in Westafrika. Andere Sippen dieses Artenkomplexes verfügen über eine Anzahl wenig entwickelter Kulturpflanzenmerkmale (kleine Körner, fest die Körner umschließende Spelzen).

Die Ähnlichkeit von *S. guineense* mit den Wildsippen wird durch die engere Kopplung seiner Merkmale deutlich (Sinskaja 1948). Davon zeugt auch eine geringere Anzahl von signifikanten Korrelationen bei diesem Artenkomplex (Aristarchova und Ivanyukovich 1976). Von den anderen Artenkomplexen unterscheidet sich *S. guineense* durch eine sehr lange dauernde Vegetationsperiode, die sowohl auf ein größeres Wärmebedürfnis als auch auf ein besonderes fotoperiodisches Verhalten hindeutet. Deshalb reifen unter den Bedingungen der Sowjetunion auch nur wenige dieser Sippen aus; unter künstlichen Kurztagsbedingungen (10 Stunden) können alle Sippen zur Reife gebracht werden. Interessant ist, daß bei dem spätreifen *S. guineense* im Vergleich zu den frühreifen *S. technicum* und

S. nervosum einige sich auf die Vegetationsperiode beziehende, diametral entgegengesetzte Korrelationen gefunden werden konnten. Zum Beispiel sind die Korrelationskoeffizienten zwischen Länge der Vegetationsperiode und Länge der Rispenäste bei *S. guineense* $r = +0{,}89$, dagegen bei *S. technicum* $r = -0{,}86$ bzw. bei *S. nervosum* $r = -0{,}50$ (Aristarchova und Ivanyukovich 1976). Das läßt vermuten, daß bei den früh- bzw. spätreifen Sippen eine unterschiedliche Abhängigkeit der Wachstumsprozesse vom System der Wachstumshormone gegeben ist.

Dem *S. guineense*-Komplex steht *S. caudatum* sehr nahe, ebenfalls an der Peripherie der Dendrogramme.

Der *S. durra*-Komplex, der sich im Zentrum der Diagramme befindet (Abb. 3 und 4) verfügt, wie schon erwähnt, über hochentwickelte Kulturpflanzenmerkmale. Am auffälligsten sind die sehr großen, kompakten Rispen. Sie sind nach de Wet und Huckabay (1967) durch Vermehrung der Rispenäste erster Ordnung, Vermehrung der Anzahl der Rispenäste je Verzweigungsstelle und Verringerung der Internodienlänge bei den Hauptrispenästen bedingt. Andere weitentwickelte Kulturmerkmale sind sehr große Körner, die nicht von den Spelzen umschlossen werden.

In der Nähe des Zentrums der Diagramme finden wir auch *S. nervosum*. Nach Burkill (1937) ist das Ursprungsgebiet dieser Sippen in Afrika zu suchen, von wo aus sie auf dem See- oder Landwege nach dem Fernen Osten gelangte. Unter den neuen ökologischen Bedingungen entstand hier *S. nervosum*. Ho (1969) schließt zwar aus archäologischen Funden, daß *Sorghum* schon um 5000 bis 3000 Jahre v. u. Zr. in China kultiviert wurde, jedoch stehen De Wet und Harlan (1971) diesen Angaben kritisch gegenüber.

Histologisch und anatomisch läßt sich *S. nervosum* gut von den anderen Komplexen unterscheiden. So ist die vorherrschende Komponente bei der Mehrheit der Kultursorghum-Sippen Amylopektin in der Stärke der Pollen, während bei *S. nervosum* Amylose vorherrscht (Chazova 1972). Einige Elemente der Epidermis des Blattes von *S. nervosum* sind von denen der anderen Komplexe deutlich unterschieden (Ivanyukovich und Jakuševskij 1973). Jedoch ist aus unseren Ergebnissen ersichtlich, daß *S. nervosum* wahrscheinlich keine sehr lange eigenständige Entwicklung durchlaufen hat. Die Ähnlichkeit in der Korrelationsstruktur mit *S. durra* deutet auf eine geringe Evolutionsdauer und ähnliche, wenn nicht sogar identische Vorfahren hin. Nach Doggett (1970) kamen indische *Sorghum*-Sippen (*S. durra*-Komplex) in Süd-China mit *S. propinquum* (Kunth) Hitchc. (Wildart) in Berührung. Aus dieser Kreuzung ging *S. nervosum* hervor.

Auch *S. caffrorum* befindet sich auf den Dendrogrammen in der Nähe des Zentrums. Es ist ein stabiler Artenkomplex (vgl. Abb. 5), der über gutentwickelte Kulturpflanzenmerkmale wie kompakte Rispen und große, von den Spelzen umschlossene Körner verfügt. Von den anderen Komplexen unterscheidet er sich durch das Blühverhalten. Während für die Mehrheit der kultivierten *Sorghum*-

Sippen offenes Blühen charakteristisch ist, herrscht bei *S. caffrorum* und bei einigen Sippen von *S. durra* fast geschlossenes Blühen vor, d. h. die Blütenspelzen öffnen sich bei der Hauptmenge der Blütchen einer Rispe nur wenig und zwischen ihnen werden die schon vorher geplatzten Antheren herausgeschoben. So kommt es überwiegend zur Selbstbestäubung.

S. saccharatum hat von allen Komplexen die größte Variabilität (vgl. Abb. 5), wie auch aus den entsprechenden Ergebnissen von Aristarchova und Ivanyukovich (1976) deutlich wird. Das zeugt von einer züchterischen Einflußnahme auf die von uns untersuchten Merkmale und ist wohl auch darauf zurückzuführen, daß dieser Komplex von Jakuševskij (1969) hauptsächlich nach dem Gesichtspunkt des hohen Zuckergehaltes zusammengefaßt wurde und dieses Merkmal bei systematisch entfernt stehenden Sippen als Parallelmutation auftreten kann. Im Komplex *S. saccharatum* befinden sich demnach systematisch uneinheitliche Sippen und daher erklärt sich auch die hohe Variabilität. Dagegen stellen die Komplexe um *S. durra* und *S. guineense*, die zum großen Teil den Snowden'schen Subseries entsprechen (vgl. Tabelle 2), oder auch *S. nervosum* und *S. caffrorum* einheitliche Gruppierungen dar, die sich neben den diskutierten Merkmalen auch anhand der von uns gewählten Merkmale der vegetativen Sphäre und ökologischen Merkmale mittels ihrer korrelativen Struktur sehr wohl deutlich voneinander unterscheiden lassen. Nach unserer Meinung können deshalb die hier genannten, gut umgrenzten Subseries nach dem System von Snowden (1936) als eigenständige Arten aufgefaßt werden. Wir wissen, daß bei Artdefinition aufgrund der fehlenden Kreuzungsbarrieren bei den kultivierten *Sorghum*-Sippen eine Aufgliederung in mehrere Arten nicht möglich wäre, halten aber aus den angeführten Gründen eine Aufteilung doch für zweckmäßig. Zum Schluß möchten wir ein Zitat von Heiser (1969) bringen, in dem er seine Erfahrungen bei der Gattung *Helianthus* darlegt und das unsere Ansichten verdeutlichen kann. „Obwohl ich die biologische Artdefinition von Mayr bewundere, halte ich es doch für schwierig, sie auf irgendeine Gruppe von Pflanzen, mit der ich gearbeitet habe, anzuwenden. Ich fühle jedoch, daß die *Helianthus* Arten, die ich hier behandelt habe . . . als biologische Arten bezeichnet werden können, obwohl zwischen ihnen Hybridisation häufiger auftreten kann, als die Anhänger der biologischen Artkonzeption erlauben würden."

Zusammenfassung

Die Korrelationsstruktur kultivierter *Sorghum*-Sippen wurde mittels Berechnungen von Koeffizienten der Divergenz der Korrelationen (KDK) und Ähnlichkeitskoeffizienten (ÄK) untersucht. Dafür wurden 22 Merkmale an 54 nach dem System von Jakusevškij (1969) 7 Kulturarten zugerechneten *Sorghum*-Sippen geprüft. Besonders wurden morphologische Merkmale der vegetativen Sphäre und ökologische Merkmale untersucht, die gewöhnlich für die *Sorghum*-Systematik,

Tabelle 1

Untersuchtes Material aus der *Sorghum*-Weltkollektion des VIR

Artenkomplexe	Katalog-nummer des VIR	Sorte	Herkunft
S. guineense	153/A	'Wheat Egyptian'	USA (Texas)
	236	'Shallu'	USA (Kalifornien)
	678	'Shallu'	USA (Oklahoma)
	679/B	'Reed Blackhull Kaffir'	USA (Oklahoma)
	2029/III		Moçambique
S. caffrorum	127		USA
	540		SU (Grusinische SSR)
	584	'Red Kaffir'	USA (Kansas)
	684	'Pink Kaffir'	USA (Oklahoma)
	1219	'White Kaffir'	Südafrika (Kapstadt)
	1710		Südafrika (Transvaal)
	1748	'Pretoria Pink'	Südafrika (Transvaal)
S. caudatum	142	'Feterita'	USA
	2449	'S-50-59'	Senegal
	2843/II	'Shendi 1'	Sudan
	2872	'58-289'	Sudan
	3111		Nigeria
	3350	'Adol'	Nigeria
	3468	'Framide'	Südafrika (Pretoria)
	3538	'Sart'	Brasilien (São Paulo)
	3626	'Nytwal'	Nigeria
S. durra	165	'Cane Orange Viets'	USA (Kansas)
	705		SU (Ukrainische SSR)
	892		Äthiopien (Erythraea)
	934/B		Somalia
	966		Indien (Benares)
	1149/B	'Ak-Džugara'	SU (Usbekische SSR)
	1325		Sizilien
	1795	'Džugara Karlikovaja 185'	SU
	1881/2	'Punjab j-8'	Pakistan
	2459	'Kyrk Gunlik'	SU (Turkmenische SSR)
	2512	'Sconer Lubbock Resist'	USA (Nebraska)
	2612	'Jowar Local'	Indien (Uttar Pradesh)
	2738	'Giza-54'	Ägypten
	3488		Indien (Neu Delhi)
	3512	'Maldandi 35-1'	Indien (Bombay)
S. nervosum	812/A		China (Shanghai)
	1254/A		Korea (Söul)
	2564		China (Shantung)
	2567	'Shan-Tung-Chuan'	China (Shantung)
	2572/A		China (Hsinkiang)

Tabelle 1 (Fortsetzung)

Artenkomplex	Katalog-nummer des VIR	Sorte	Herkunft
S. saccharatum	84		USA
	160	'Black Japanese'	USA (Kansas)
	163	'Cane Japanese Honey Drip'	USA (Kansas)
	252/B	'Orange'	USA (Columbia)
	692	'Early Sumac Sorgo'	USA (Kansas)
	813/II		China (Shanghai)
	1226	'Barbuda'	Uganda
S. technicum	515		SU (Ferner Osten)
	603		SU (Usbekische SSR)
	1269/B		Japan
	1381		Türkei
	2463	'Subse Žoven'	SU (Turkmenische SSR)
	3099		Bulgarien

Tabelle 2

Zusammenstellung der Komplexe, die von JAKUŠEVSKIJ (1969) als Arten aufgefaßt werden, sowie der von uns gewählten charakteristischen Art für den jeweiligen Komplex. Die Umgrenzung der einzelnen Sippen auf der rechten Seite der Tabelle entspricht der Systematik von SNOWDEN (1936)

Charakteristische Arten der Artenkomplexe [1]	Zusammensetzung der Artenkomplexe [2]
Sorghum guineense STAPF	Subser. Guineensis **excl.:** *S. mellitum* var. *australe*, *S. roxburghii* var. *hirsutum*, *S. exsertum* var. *exsertum* und var. *amplum* **incl.:** *S. membranaceum* var. *baldratianum* und var. *firmus*, *S. melaleucum*, *S. elegans* var. *elegans* und var. *schumannii*, *S. coriaceum* var. *subinvolutum* und var. *umbelliforme*, *S. caudatum* var. *procerum*
Sorghum nervosum BESS. ex SCHULT.	*S. nervosum*
Sorghum technicum (KOERN.) BATTAND. et TRAB.	*S. dochna* var. *technicum*
Sorghum saccharatum (L.) MOENCH	*S. mellitum* var. *australe*, *S. membranaceum* var. *parvigranum*, *S. ankilob* var. *glaberrimum*, *S. dochna* var. *pulchrum* und var. *atrum*, *S. bicolor* var. *picigutta* und var. *charisianum*, *S. caffrorum* var. *bicarinatum* und var. *sapidum*

Tabelle 2 (Fortsetzung)

Charakteristische Arten der Artenkomplexe	Zusammensetzung der Artenkomplexe
Sorghum caudatum (HACK.) STAPF	*S. miliiforme* (excl. var. *rotundulum*), *S. notabile*, *S. coriaceum* var. *lualabicum*, *S. caffrorum* var. *breviaristatum* und var. *melanosperum*, *S. nigricans*, *S. caudatum* (excl. var. *durum* und var. *procerum*), *S. dulcicaule*
Sorghum caffrorum (RETZ.) BEAUV.	*S. miliiforme* var. *rotundulum*, *S. roxburghii* var. *hirsutum*, *S. elegans* var. *baumanii* und var. *ziegleri*, *S. basutorum*, *S. coriaceum* var. *coriaceum*, var. *brevigluma* und var. *tanganjica*, *S. caffrorum* (excl. var. *breviaristatum*, var. *bicarinatum* und var. *sapidum*), *S. caudatum* var. *durum*
Sorghum durra (FORSK.) STAPF Subser. Durra	**incl.:** *S. caudatum* var. *kerstingianum*, *S. exsertum* var. *exertum* und var. *amplum*

1 Soll der Komplex als Art benannt werden, kann aus nomenklatorischen Gründen nicht in jedem Fall der hier verwendete Namen für die charakteristische Art benutzt werden.

2 Bei JAKUŠEVSKIJ (1969) sind nicht alle von SNOWDEN (1936) aufgeführten Sippen enthalten.

Tabelle 3

Zusammenstellung der untersuchten Merkmale

Morphologische Merkmale	Phänologische Merkmale (Tage)	Wachstumsmerkmale (cm)
1. Höhe des Haupthalmes (cm)	12. Periode Aufgang – Beginn des Bestockens	19. Pflanzenhöhe am 30. Tage nach dem Aufgang
2. Anzahl der Rispenäste (Verzweigtheit)	13. Periode Aufgang – Beginn des Schossens	20. Wachstum bis zur Phase der Bildung des letzten Blattes
3. Anzahl der Blätter am Haupthalm	14. Periode Aufgang – Beginn des Rispenschiebens	21. Wachstum bis zur Phase des Rispenschiebens
4. Länge der Rispenäste (cm)	15. Periode Aufgang – Ende des Rispenschiebens	22. Wachstum bis zur Phase des Blühens
5. Länge der Blattscheide (cm)	16. Periode Aufgang– Beginn des Blühens	23. Wachstum bis zur Reifephase
6. Durchmesser der Rispenäste (cm)	17. Periode Aufgang – Ende des Blühens	
7. Durchmesser des Haupthalmes (cm)	18. Periode Aufgang – Beginn der Reife	
8. Rispenlänge (cm)		
9. Rispenbreite (cm)		
10. Länge der Blattspreite des größten Blattes (cm)		
11. Breite der Blattspreite des größten Blattes (cm)		

die sich auf Merkmale der Organe der generativen Sphäre gründet, keine große Rolle spielen.

Nach den Ergebnissen von KDK und ÄK erweist sich der *S. durra*-Komplex, der deutlich viele Kulturpflanzenmerkmale zeigt, als besonders hoch entwickelt. Ihm sehr ähnlich ist der *S. nervosum*-Komplex. Der *S. guineense*-Komplex dagegen steht weit von diesen Artenkomplexen, die sich im Zentrum der Diagramme befinden (Abb. 3 und 4), entfernt. Seine Merkmale entsprechen im Durchschnitt auch mehr dem Wildtyp.

Beim Studium der Korrelationsstruktur war es möglich, anhand der von uns gewählten Merkmale manche Artenkomplexe deutlich zu unterscheiden. Es wird festgestellt, daß einige der in neuerer Zeit zu einer Art zusammengefaßten kultivierten *Sorghum*-Sippen als eigenständige Arten aufgefaßt werden können.

Summary

Remarks on some cultivated *Sorghum* races on the basis of their correlation structure.

The correlation structure of cultivated *Sorghum* races was studied by using the coefficient of divergence of correlations (KDK) and the coefficient of similiarity (ÄK). In 54 *Sorghum* races (table 1), which were grouped into 7 species (table 2) according to Jakuševskij (1969), 22 characters (table 3) were studied. Above all morphological characters from vegetative organs and ecological characters were tested, which do not play an important role for the systematics of *Sorghum*, because this is founded on characters from generative organs mainly. The results from KDK (fig. 3) and ÄK (fig. 4) show that the *S. durra* – complex is highly developed and has many characters of cultivated plants. The *S. nervosum*-complex is similar to it. Whereas the *S. guineense* – complex can be found at the periphery of the diagrams (fig. 3 and 4) far away from the already mentioned complexes, which are located in the centres of the diagrams. The characters of the *S. guineense* – complex are similar to the wild *Sorghums* mainly.

From the study of the correlation structure it was possible to separate some of the species – complexes very clearly by using the above mentioned characters. We can state that some of the cultivated *Sorghums*, which are now often united into one species, may be regarded as good species.

Краткое содержание

Заметки о культурных видах *Sorghum* на основе их корреляционных структур

Корреляционные структуры культурных видов сорго оценивались нами по коэффициентам дивергенции корреляций (КДК) и коэффициентам сходства (ÄК). Было изучено 22 количественных признака (табл. 3) у 54 образцов сорго (табл. 1) сгруппированных по системе Якчшевского (1969) в 7 культурных видах (табл. 2). Исследовались в основном морфологические признаки вегетативных органов и признаки, отражающие экологию видов, которые обычно не используются в систематике сорго. Как известно, систематика сорго строится на признаках генеративной сферы. В результате рассмотрения КДК и ÄК оказалось, что *S. durra* является более высокоспециализированным видом в эволюционном плане. Близок к нему *S. nervosum*. Напротив, *S. guineense* имеет больше признаков дикого типа и на диаграммах (диагр. 3 и 4) противостоит указанным видам. Исследования корреляционных структур подтвердили возможность использования вышеупомянутых признаков в различении отдельных видов. В настоящее время некоторые систематики полагают, что все культурное сорго представляет один вид. Мы считаем, что можно среди культурного сорго выделить несколько видов.

Literatur

Aristarchova, M. L. und L. K. Ivanyukovich, 1976: Die Korrelationsstruktur einiger quantitativer Merkmale kultivierter *Sorghum*-Arten (russ.). – Bot. Žur. *64*, 219–226.

Bailey, T. J. N., 1970: Mathematik in Biologie und Medizin (russ.). Moskva, 157–164.

Burkill, I. H., 1937: The races of *Sorghum*. – Kew Bull. Misc. Inf. *2*, 112–119.

Chazova, I. I., 1972: Histochemische Untersuchung von *Sorghum*-Pollen (russ.). – Uzbek. Biol. Žur., Nr. *5*, 52–54.

Curtis, D. L., 1967: The races of *Sorghum* in Nigeria. Their distribution and relative importance. – Exp. Agr. *3* (4), 275–286.

Darlington, C. D., 1963: Chromosome Botany and the Origins of Cultivated Plants. London.

de Wet, J. M. J., and J. R. Harlan, 1971: The origin and domestication of *Sorghum bicolor*. – Econ. Bot. *25*, 128–135.

de Wet, J. M. J., and J. P. Huckabay, 1967: The origin of *Sorghum bicolor*. II. Distribution and domestication. – Evolution *21*, 287–802.

de Wet, J. M. J., J. R. Harlan, and B. Kurmorohito, 1972: Origin and evolution of Guinea sorghums. – East African Agr. Forest. Jour. *38*, 114–119.

de Wet, J. M. J., J. R. Harlan, and E. G. Price, 1970: Origin of the variability in the *spontanea* complex of *Sorghum bicolor*. – Amer. Jour. Bot. *57*, 704–707.

Doggett, H., 1965: Disruptive selection in crop improvement. – Nature *206*, 279–280.

– 1970: *Sorghum*. London

Harlan, J. R., and J. M. J. De Wet, 1972: A simplified classification of cultivated *Sorghum*. – Crop Sci. 12, 172–176.

Heiser, C. B., 1969: The North American Sunflowers (*Helianthus*). – Memoires Torrey Bot. Club *22* (3), 1–218.

Ho, Ping-Ti, 1969: The loess and the origin of Chinese agriculture. – Amer. Hist. Rev. *75*, 1–36.

Ivanyukovich, L. K. und E. S. Jakuševskij, 1973: Anatomischer Blattaufbau einiger *Sorghum*-Arten (russ.). – Bot. Žur. *58*, 1028–1037.

Jakuševskij, E. S., 1969: Der *Sorghum*-Artbestand und seine züchterische Ausnutzung (russ.). – Trudy prikl. bot., gen. i sel. *41* (2), 148–178.

KROTOV, A. S., N. N. LYSOV, E. S. JAKUŠEVSKIJ und I. I. SOKOLOVA, 1969: Grütze-Kulturen (russ.). – Trudy prikl. bot., gen. i sel. *41* (1), 113–135.

LIANG, G. H. L., and A. J. CASADY, 1966: Quantitative presentation of the systematic relationships among twenty-one *Sorghum* species. – Crop Sci. 6, 76–79.

MANSFELD, R., 1952: Zur Systematik und Nomenklatur der Hirsen. – Züchter *22*, 304–315.

MURTY, B. R., V. ARUNACHALAM, and M. SAXENA, 1967: Classification and catalogue of a world collection of *Sorghum*. – Ind. Journ. Gen. Pl. Breed. *27* (special number) 1–312.

SINSKAJA, E. N., 1948: Dynamik der Art (russ.). Moskva-Leningrad.

ŠMIDT, V. M., 1964: Versuch einer Analyse der Divergenz der Korrelationsstruktur systematischer Kategorien (russ.). – Primenenie matematičeskich metodov v biologii. Sbornik tretij, Leningrad, 61–68.

SNOWDEN, J. D., 1936: The Cultivated Races of *Sorghum*. London.

SNOWDEN, J. D., 1955: The wild fodder sorghums of the section Eu-Sorghum. – Jour. Linn. Soc. 55, 191–260.

Kulturpflanze XXIV · 1976 · S. 205–211

Die Eignung des elektrischen Leitfähigkeitstests als Keimprüfungsmethode

CLAUS TITTEL

(Eingegangen am 24. Januar 1976)

Beim Quellen der Samen wandern verschiedene organische und anorganische Substanzen in das umgebende Wasser. Die Menge der pro Zeiteinheit ausgeschiedenen Stoffe ist während der ersten 15 Minuten am höchsten und nimmt während der weiteren Quellung stark ab. Werden die Samen getrocknet und nochmals in Wasser gequellt, verläuft die Stoffabgabe in der gleichen Weise (SIMON und RAJA HARUN 1972). Lebende und abgestorbene Gewebe unterscheiden sich deutlich in der Höhe der Substanzausscheidungen. Die Zellmembranen besitzen bei abgestorbenem Gewebe keine Semipermeabilität mehr; während der Quellung gelangen lösliche Stoffe ohne Hindernis in das umgebende Wasser. Diese Stoffanreicherung kann quantitativ nachgewiesen werden. Sie steht mit dem Anteil abgestorbener und geschädigter Samen in einer Samenprobe in Zusammenhang. Besonders einfach ist der Nachweis der Elektrolyte, da deren Konzentration in der elektrischen Leitfähigkeit zum Ausdruck kommt. Bei völlig gesunden, keimfähigen Samen ist die elektrische Leitfähigkeit des wässrigen Auszuges sehr gering. Mit der sinkenden Lebensfähigkeit steigt die Leitfähigkeit.

Bereits WEBER (1836) und RANK (1865) stellten fest, daß die elektrische Leitfähigkeit einer Lösung, in der sich pflanzliches Gewebe befindet, zunimmt, wenn dieses abstirbt. HIBBART und MILLER (1928) wiesen in Versuchen mit Samen von Mais, Weizen, Erbsen und Lieschgras die Beziehungen zwischen elektrischem Widerstand und Keimfähigkeit nach.

Seit etwa 15 Jahren hat der elektrische Leitfähigkeitstest zur Beurteilung der Keimfähigkeit zunehmende Beachtung gefunden. In mehreren Veröffentlichungen wird über Versuche berichtet, die mit Saatgut von Erbsen, Mais und Baumwolle angestellt wurden (ANDERSEN et al. 1964, CHING und SCHOOLCRAFT 1968, MATTHEWS und BRADNOCK 1967, 1968, PERRY 1969, PERRY und HARRISON 1970, HEYDECKER 1969, 1972, BEDFORD 1971, ADER 1972, URBANIAK 1973).

Der Leitfähigkeitsmessung wird besondere Bedeutung zur Voraussage der Triebkraft und der Lebensdauer beigemessen (BRADNOCK und MATTHEWS 1970, LINDEN-

BEIN 1971, WOYKE et al. 1973, BEDFORD 1974). Die Leitfähigkeit soll danach nicht nur Aufschluß über die Keimfähigkeit, sondern auch über den Feldaufgang geben und die Möglichkeit der Vitalitätsprognose bieten. Eine unmittelbare Beziehung zur aktuellen Keimfähigkeit braucht nicht immer gegeben zu sein, da sich z. B. leichte Beschädigungen und ungünstige Einwirkungen nicht sofort auf die Keimfähigkeit, wohl aber auf die Dauer der Keimfähigkeitserhaltung auswirken.

Die Möglichkeit der Voraussage der Keimfähigkeitsentwicklung während der Langzeitlagerung von Samen stand in den eigenen Versuchen im Vordergrund. Dabei wurde davon ausgegangen, daß der Alterungsprozeß mit biochemischen und physiologischen Veränderungen beginnt, die dem Schwinden der Keimfähigkeit vorausgehen. Untersucht wurde, ob die methodisch einfach zu ermittelnden Veränderungen der Membrandurchlässigkeit Auskunft über den zu erwartenden Keimfähigkeitsrückgang geben.

Material und Methode

Als Versuchsmaterial dienten Samen folgender Arten und Sorten: *Pisum sativum* L. convar. *medullare* ALEF. var. *schneebergeri* ALEF. s. l. cv. 'Desi', *Phaseolus vulgaris* L. cv. 'Consista', *Vicia sativa* L. cv. 'Ettersberger', *Medicago* × *varia* MARTYN, *Trifolium pratense* L., *Dorycnium pentaphyllum* SCOP., *Brassica oleracea* L. convar. *capitata* (L.) ALEF. var. *capitata* f. *capitata*, *Br. oleracea* L. convar. *capitata* (L.) ALEF. var. *capitata* f. *rubra* (L.) DUCH. ex LAM., *Br. oleracea* L. convar. *capitata* (L.) ALEF. var. *sabauda* L.

Besonders günstig für die Untersuchungen war, daß von mehreren Arten Rest-Saatgut aus einem langjährigen Lagerungsversuch zur Verfügung stand. In diesem Lagerungsversuch wurde der Einfluß von Feuchtigkeit, Temperatur, Sauerstoff und verschiedenen Verpackungsmaterialien geprüft. In Abhängigkeit von den Lagerungsbedingungen war die Keimfähigkeit der aus ursprünglich einheitlichen Partien stammenden Saatgutproben sehr unterschiedlich. Für die Versuche stand also Saatgut zur Verfügung, das nur in bezug auf die Keimfähigkeit Unterschiede aufwies.

Die Methode der Leitfähigkeitsmessung war in eigenen Vorversuchen erprobt und den apparativen Voraussetzungen entsprechend abgewandelt worden. Die Feststellung der Leitfähigkeit geschah in folgender Weise:

Die Samen wurden in destilliertem Wasser bei 20 °C 15 Minuten gequellt. Das Verhältnis von Samenmenge zu Wassermenge betrug bei

Pisum sativum *Phaseolus vulgaris*	40 g/200 ml
Vicia sativa	15 g/75 ml
Medicago × *varia* *Trifolium pratense* *Dorycnium pentaphyllum*	2,5 g/75 ml
Brassica oleracea	2 g/75 ml und 500 Stück/75 ml

Bei *Brassica oleracea* standen nur Saatgutproben von Sippen mit unterschiedlicher Korngröße zur Verfügung. Der Einfluß der Korngröße auf das Meßergebnis konnte weitgehend eliminiert werden, wenn die Leitfähigkeitsbestimmungen doppelt, mit 2 g und mit 500

Stück, durchgeführt wurden und das arithmetische Mittel aus beiden Meßwerten als Vergleichsgröße diente.

Für die Messung der elektrischen Leitfähigkeit stand der Feutron-Feuchtemesser L Typ 212 G (mit Batteriebetrieb) zur Verfügung. Das Gerät arbeitet nach dem Prinzip der Gleichstromwiderstandsmessung und hat einen Meßbereich von ca. $5 \times 10^{3} \ldots 5 \times 10^{11}$ Ohm. Um die Leitfähigkeit von Flüssigkeiten messen zu können, war die Ausrüstung des Gerätes mit zwei Nadelelektroden vom Typ 2190.022 erforderlich. Zur Messung wurden die Elektroden in 45 mm Abstand 7 mm tief in den wässrigen Samenauszug getaucht. Die Angabe der Meßwerte erfolgt in Skalenteilen des höheren Meßbereichs, da bei diesem Gerät das Ablesen in 'Mikrosiemens' (μmhos) nicht möglich ist.

Zur Charakterisierung der Beziehungen zwischen Leitfähigkeit und Keimfähigkeit wurde der Bravaissche Korrelationskoeffizient errechnet.

Für die Bestimmung der Keimfähigkeit wurden je Probe mindestens 400 Samen verwendet. Bei einigen Arten, von denen genügend Saatgut zur Verfügung stand, folgte nach zwei bzw. drei Jahren eine nochmalige Keimprüfung. Während dieses Zeitraums lagerten die Samen in Tüten verpackt in einem ungeheizten Raum.

Ergebnisse

Der Vergleich der elektrischen Leitfähigkeit mit der Keimfähigkeit ergab bei allen untersuchten Proben eine negative Korrelation. Die Abb. 1 veranschaulicht die Verhältnisse bei *Vicia sativa*. Von *Medicago × varia* und *Trifolium pratense*

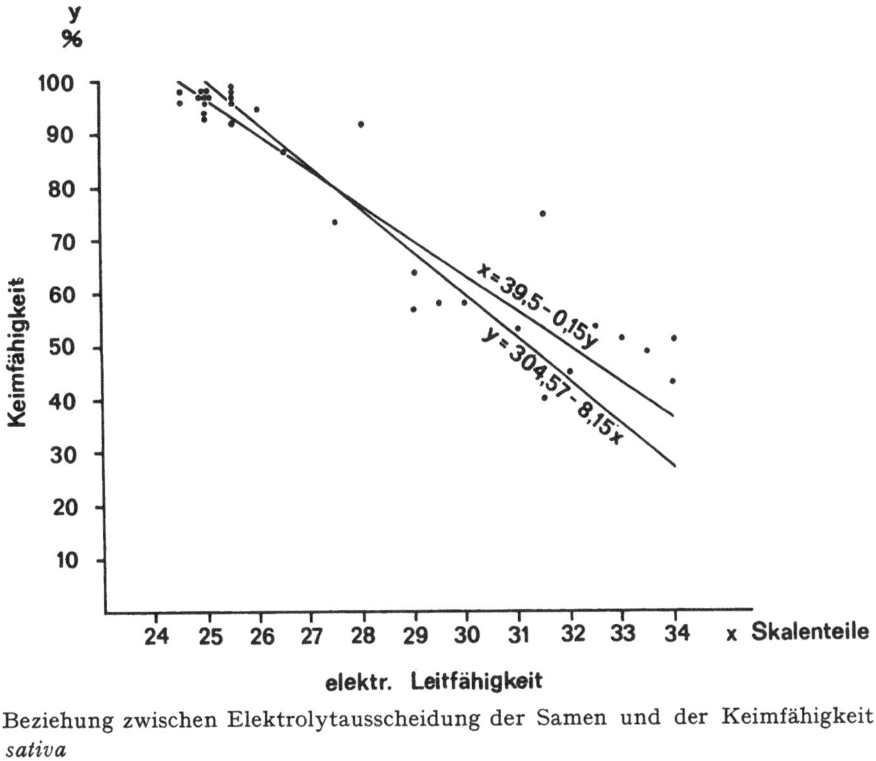

Abb. 1 Beziehung zwischen Elektrolytausscheidung der Samen und der Keimfähigkeit bei *Vicia sativa*

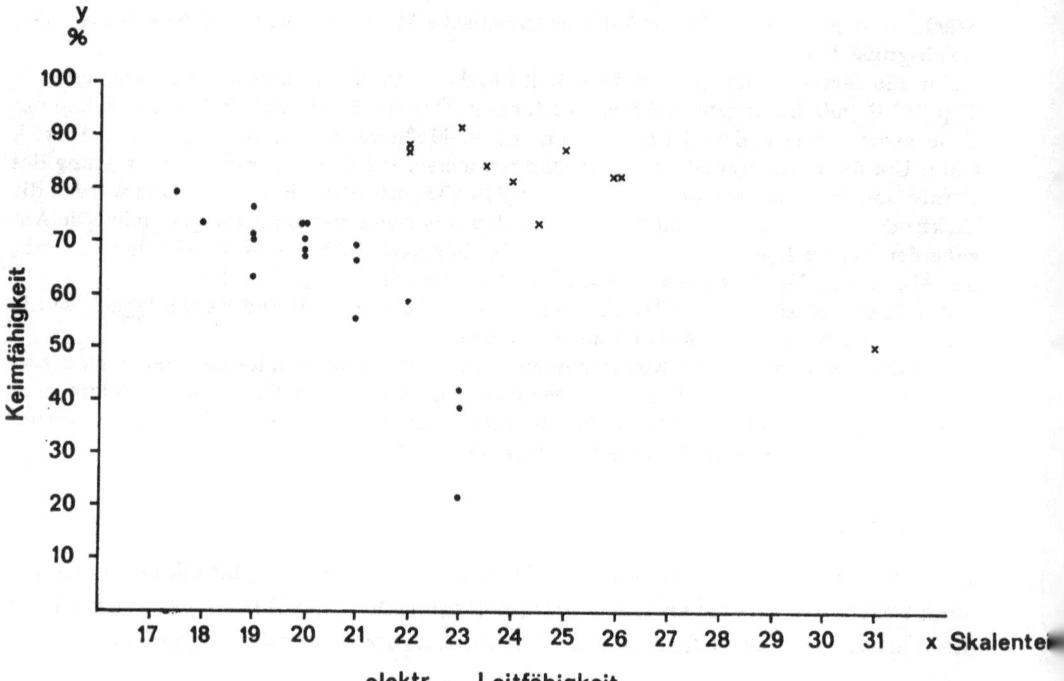

Abb. 2 Beziehung zwischen Elektrolytausscheidung der Samen und der Keimfähigkeit bei *Medicago* ×*varia* (Partie I:–•; Partie II: – ×)

Tabelle 1

Korrelationen zwischen elektrischer Leitfähigkeit und Keimfähigkeit

Art	Anzahl der geprüften Proben	r_1 Leitfähigkeit/ aktuelle Keimfähigkeit	r_2 Leitfähigkeit/ Keimfähigkeit nach 3 Jahren
Pisum sativum	33	−0,85***	−0,69***
Vicia sativa	32	−0,96***	−0,91***
Medicago ×*varia* (Partie I)	18	−0,85***	−0,58*
„ „ („ II)	10	−0,58	−0,55
Trifolium pratense (Partie I)	24	−0,96***	−0,76***
„ „ (“ II)	8	−0,78*	−0,50
Brassica oleracea (mehrere Varietäten)	20	−0,89***	−0,56**[1]
Br. oleracea f. *rubra*	11	−0,85***	–
„ „ f. *alba*	14	−0,79***	–
„ „ var. *sabauda*	11	−0,75*	–
Phaseolus vulgaris	7	−0,91**	–
Dorycnium pentaphyllum	12	−0,94***	–

1 nach 2 Jahren

wurde Saatgut von je zwei Partien geprüft. In beiden Fällen unterschieden sich die Partien in der Höhe der Elektrolytabgabe. Besonders deutlich war der Unterschied bei *M. ×varia* (Abb. 2). Vermutlich sind Sorte und Herkunft des Saatgutes für die Unterschiede verantwortlich. Von *M. varia* wurde die Sorte 'Plaußiger' (Partie I) und eine Importpartie unbekannter Sorte geprüft.

Die ermittelten Korrelationskoeffizienten des gesamten untersuchten Materials sind in Tab. 1 zusammengestellt. Es ist ersichtlich, daß von wenigen Ausnahmen abgesehen, die elektrische Leitfähigkeit mit der Keimfähigkeit negativ korreliert ist. Der Vergleich der bei Versuchsbeginn gemessenen Leitfähigkeit mit der Keimfähigkeit nach drei Jahren (bei *Br. oleracea* nach zwei Jahren) zeigt, daß die Korrelationskoeffizienten von Leitfähigkeit und Keimfähigkeit nach der Lagerung ausnahmslos kleiner sind als die zwischen Leitfähigkeit und aktueller Keimfähigkeit.

Besprechung der Ergebnisse

Die Arten der Leguminosae und Cruciferae wurden als Versuchsobjekt gewählt, weil bei diesen Familien der Embryo den größten Teil des Samens einnimmt und deshalb zu erwarten war, daß der Zusammenhang zwischen Keimpotenz und elektrischer Leitfähigkeit deutlich ausgeprägt ist.

Die Ergebnisse anderer Autoren und der eigenen Untersuchungen verdeutlichen, daß der Leitfähigkeitstest gegenwärtig mit Unsicherheiten behaftet ist, die seine Anwendung als amtliche Prüfmethode noch nicht gestatten. Die Leitfähigkeitsmessung mit Saatgut verschiedener Sorten und Herkünfte kann zu unzutreffenden Ergebnissen führen. Auf die sortenunterschiedliche Elektrolytabgabe bei Erbsen wiesen bereits Heydecker (1972) und Bedford (1974) hin. Weitere Fehlerquellen ergeben sich aus den Unterschieden in der Korngröße. Es ist derzeit nicht möglich, aus einem bestimmten Leitfähigkeitswert die Keimfähigkeit oder den Feldaufgang zu errechnen. Hierzu sind weitere umfangreiche Untersuchungen notwendig, um alle beeinflussenden Faktoren zu erfassen.

Von Ader (1972) und Urbaniak (1973) wird eine Quelldauer von 24 h empfohlen. In den eigenen Versuchen konnten aber bei einer Quellungsdauer von 15 Minuten gut vergleichbare Resultate erzielt werden. Mit länger dauernder Quellung glichen sich die Meßergebnisse immer mehr aneinander an und näherten sich einem Maximalwert von etwa 40 bis 45 Skalenteilen.

Im Verlauf der Saatgutlagerung sank die Keimfähigkeit bei allen untersuchten Proben deutlich, wobei die Proben mit mittlerer und geringer Keimfähigkeit einen besonders starken Rückgang aufwiesen. Allerdings dürfte dieser Sachverhalt nicht die alleinige Ursache für die geringere Stärke der Korrelation sein. Die Ergebnisse zeigen, daß sich der Leitfähigkeitstest zur Voraussage der Keimfähigkeitsabnahme nicht besser als andere Keim- und Triebkraftprüfungen eignet.

Zur Anwendung kann der Leitfähigkeitstest bei der Kontrolle der Qualitätserhaltung von Saatgut während der Lagerung kommen, da hier Saatgut der gleichen Partie in regelmäßigen Zeitabständen zu prüfen ist.

Bei der Langzeitlagerung von Samen in einem Samenkühllagerhaus sind Keimprüfungen in Abständen von mindestens fünf Jahren notwendig. Man kann bei der Qualitätskontrolle so verfahren, daß bei der Einlagerung die Leitfähigkeit und zum Vergleich die Keimfähigkeit geprüft wird. Im Verlauf der Lagerung wird die Leitfähigkeit in bestimmten Intervallen gemessen. Steigt die Leitfähigkeit deutlich über den Anfangswert und zeigt eine Qualitätsminderung an, so ist eine Keimprüfung bzw. eine Aussaat erforderlich.

Der Leitfähigkeitstest zeichnet sich durch mehrere Vorzüge aus. Der Material-, Zeit- und Arbeitsaufwand ist geringer als bei der herkömmlichen Keimprüfung; die Handhabung ist einfach. Das Saatgut nimmt während der kurzfristigen Quellung keine nennenswerte Wassermenge auf und kann nach erneuter Trocknung weiter gelagert oder für eine Aussaat verwendet werden. Dieser Gesichtspunkt ist bei der Lagerung sehr kleiner Saatgutmengen bedeutungsvoll.

Zusammenfassung

Die Elektrolytabgabe der Samen von *Pisum sativum, Phaseolus vulgaris, Vicia sativa, Medicago×varia, Trifolium pratense, Dorycnium pentaphyllum* und *Brassica oleracea* wurde untersucht. Nach 15 Minuten Quellung der Samen in destilliertem Wasser wurde die elektrische Leitfähigkeit des wässrigen Auszuges gemessen. Zwischen elektrischer Leitfähigkeit und Keimfähigkeit bestand eine negative Korrelation. Der Leitfähigkeitstest hat verschiedene Vorzüge. Er ist für die Qualitätskontrolle des Saatgutes während der Langzeitlagerung geeignet.

Summary

Electrical Conductivity Test Used for Measuring Seed Viability

The leakage of electrolytes from seeds of *Pisum sativum, Phaseolus vulgaris, Vicia sativa, Medicago×varia, Trifolium pratense, Dorycnium pentaphyllum* and *Brassica oleracea* was investigated. Seeds were steeped in distilled water for 15 minutes; then the electrical conductivity of the steep water was measured. The electrical conductivity was negatively correlated with viability. The conductivity test has some promising features. It is applicable to control seed quality during long-term storage.

Краткое содержание

Пригодность теста электропроводимости как метода испытания всхожести семян

Исследовалось выделение электролитов из семян *Pisum sativum*, *Phaseolus vulgaris*, *Vicia sativa*, *Medicago×varia*, *Trifolium pratense*, *Dorycnium pentaphyllum*, *Brassica oleracea*. После набухания семян в дестиллированной воде, в течение 15 минут, измерялась электропроводимость водной вытяжки. Между электропроводимостью и всхожестью была найдена отрицательная корреляция. Тест электропроводимости обладает многими преимуществами. Он пригоден для контроля качества посевного материала при длительном хранении.

Literatur

ADER, F., 1972: Die derzeitige Bedeutung des elektrischen Leitfähigkeitstests an Gemüseerbsen und Mais. – Saatgut-Wirtsch. *24*, 5, 110–112.

ANDERSON, ALICE M., J. R. HART and R. C. FRENCH, 1964: Comparison of germination techniques and conductivity tests of cotton seeds. – C. R. Assoc. int. Essais Semences *29*, 1, 81–96.

BEDFORD, LYNN V., 1971: Germinating testing. – Agriculture (London) *78*, 5, 199–202.

–, 1974: Conductivity tests in commercial and hand harvested seed of pea cultivars and their relation to field establishment. – Seed Sci. and Technol., Aas-NLH, Norway *2*, 3, 323–335.

BRADNOCK, W. T., and S. MATTHEWS, 1970: Assessing field emergence potential on wrinkle-seeded peas. – Hort. Res. *10*, 50.

CHING, T. M., and ISABELLE SCHOOLCRAFT, 1968: Physiological and chemical differences in aged seeds. – Crop Sci. *8*, 4, 407–409.

HEYDECKER, W., 1969: The 'vigour' of seeds – a review. – C. R. Assoc. int. Essais Semences *34*, 2, 201–219.

– 1972: Report of the vigour test committee 1968–1971. Sixteenth International Seed Testing Congress. – C. R. Assoc. int. Essais Semences *37*, 2, 379–395.

HIBBARD, R. P., and E. V. MILLER, 1928: Biochemical studies on seed viability. I. Measurements of conductance. – Plant Physiol. *3*, 335.

LINDENBEIN, W., 1971: Fortschritte der Samenkunde IV. – Saatgut-Wirtsch. *23*, 11, 344–347.

MATTHEWS, S., and W. T. BRADNOCK, 1967: The detection of seed samples of wrinkle-seeded peas (*Pisum sativum* L.) of potentially low planting value. – C. R. Assoc. int. Essais Semences *32*, 553–563.

MATTHEWS, S., and W. T. BRADNOCK, 1968: Relationship between seed exudation and field emergence in peas and french beans. – Hort. Res. *8*, 89–93.

PERRY, D. A., 1969: Seed vigour in peas (*Pisum sativum* L.). – C. R. Assoc. int. Essais Semences *34*, 2, 221–232.

PERRY, D. A., and J. G. HARRISON, 1970: The deleterious effect of water and low temperature on germination of pea seed. – J. exper. Bot. *21*, 67, 504–512.

RANKE, J. T., 1865: Eine physiologische Studie. – Leipzig.

SIMON, E. W., and R. M. RAJA HARUN, 1972: Leakage during seed imbibition. – J. exper. Bot. (London) *23*, 77, 1076–1085.

URBANIAK, Z., 1973: Przewodnosc elektryczna jako wskaznik wschodow polowych motylkowatych grubonasiennych i kukurydzy. (Die elektrische Leitfähigkeit als ein Indikator für den Feldaufgang von großsamigen Leguminosen und Mais). – Biul. Inst. Hodowli i Aklimatyzacji Roslin (Warszawa) *5/6*, 133–135.

WEBER, E., 1836: Questiones physiologicae de phenomenis galvanomagneticis in corpore humano observatis. – Leipzig.

WAYKE, HALINA, JOANNA OSTRZYCKA, IRENA PASZKOWSKA, 1973: Nowe metody oceny wartosci siewnej nasion grochu. (Neue Methoden zur Beurteilung des Saatwertes von Erbsensamen). – Biul. Inst. Hodowli i Aklimatyzacji Roslin (Warszawa) *5/6*, 115–117.

Kulturpflanze XXIV · 1976 · S. 213–220

Vorschlag für einen Index der Allogamieneigung bei der Kulturgerste (*Hordeum vulgare* L. s. l.)

Karl Hammer

(Eingegangen am 27. Januar 1976)

Die Fremdbefruchtungsrate normal fertiler Kulturgerste ist sehr niedrig. Sie übersteigt im Durchschnitt nicht ein Prozent und liegt meist noch wesentlich darunter. Trotzdem hat sich noch eine gewisse Neigung zur Allogamie erhalten, die offenbar wird, wenn auf irgendeine Weise (z. B. Kastration oder genetisch bedingt) die normale Funktion der Antheren ausgeschaltet wird. Damit wird die Allogamie bei der gewöhnlich autogamen oder sogar kleistogamen Gerste obligatorisch. Bei manchen Sippen wurde so eine Fremdbefruchtungsrate von 80% und darüber erzielt (Sergeev 1968, Thompson 1971, Omarov 1973). Diese hohen Ansatzprozente konnten auf bei einigen Formen noch gut erhaltene Anemophiliemerkmale, wie gute Antherenejektion, lange Antheren und große Stigmata, zurückgeführt werden (Hammer 1975), obwohl im allgemeinen der Schwund dieser Merkmale bei der Kulturgerste beträchtlich ist (Hammer 1976). Die Fremdbefruchtungsrate normal fertiler Gersten ist aufgrund der blütenbiologischen Eigenheiten der Kulturgerste wenig geeignet, um noch die potentielle Neigung zur Allogamie erfassen zu können, wie sie im Zusammenhang mit der Hybridforschung und der sortenreinen Erhaltung in großen Sortimenten von Interesse ist. Dafür eignen sich besser die erwähnten, leicht bestimmbaren blütenbiologischen Merkmale. Im folgenden soll versucht werden, diese Merkmale in ihrer gemeinsamen Bedeutung für die Allogamieneigung zu werten, die sich am besten durch einen Index ausdrücken läßt.

Material und Methoden

Als Untersuchungsmaterial standen 155 Gersten – 56 Winter- und 99 Sommergersten – zur Verfügung, die aufgrund ihrer Neigung zum offenen Blühen aus dem umfangreichen Material des Gaterslebener Gerstensortiments ausgewählt wurden. Mit entsprechend angelegten Modellversuchen (Hammer 1975) läßt sich die Allogamieneigung einer Gerstensippe recht genau erfassen. Der dazu notwendige Arbeitsaufwand erlaubt es aber nicht, eine größere

Anzahl von Sippen auf diese Weise zu prüfen. Deshalb wurden relativ einfach festzustellende Merkmale in ihrem Einfluß auf den Ansatz schnittkastrierter Ähren aus freier Bestäubung untersucht. Die Korrelationen zwischen den Merkmalen wurden geprüft und aus Voruntersuchungen mit vier Gerstensippen wurden Bestimmtheitsmaße (B) berechnet. Für die Berechnung eines Index erschien das Bestimmtheitsmaß brauchbarer als der allgemein übliche Korrelationskoeffizient, weil es den Grad der Verbundenheit der Merkmale besser anzeigt. Mit dem Korrelationskoeffizienten steht es in enger Beziehung ($B = r^2$). Die Bestimmtheitsmaße ergaben z. B. für den Zusammenhang des Ansatzes mit der Antherenejektion B = 0,80, mit der Antherenlänge B = 0,10 und mit der Stigmatafläche B = 0,10. Diese Werte entsprechen Korrelationskoeffizienten von r = 0,89 bzw. r = 0,32. Die drei mit dem Ansatz in Beziehung stehenden Merkmale wurden für alle untersuchten Gerstensippen ermittelt. Der Aufwand für ihre Bestimmung ist wesentlich geringer als für die Modellversuche. Aus diesem Grund wurden sie ausgewählt, um die Allogamieneigung zu charakterisieren.

Unter Berücksichtigung der folgenden Voraussetzungen ließ sich eine Formel für einen Index der Allogamieneigung aufstellen:

1. Der Maximalwert bei der Antherenejektion beträgt drei ejektierte Antheren je Blütchen, bei der Antherenlänge und der Stigmatafläche 5 mm bzw. 7,5 mm² (in Anlehnung an die bei *Hordeum spontaneum* Koch gefundenen Werte – Hammer 1976).
2. Bei geschlossenen Spelzen (0 Antheren werden im Durchschnitt je Blütchen ejektiert) kann keine Fremdbefruchtung stattfinden, daher muß das Merkmal Antherenejektion multiplikativ mit den beiden anderen verbunden werden.
3. Antherenlänge und Stigmatafläche können addiert werden, wenn sie gemeinsam in die Beurteilung der allgemeinen Allogamieneigung einbezogen werden sollen. Für die Entwicklung geeigneter Hybridpartner können entweder Antherenlänge oder Stigmatafläche von Interesse sein. Daher ist es möglich, auch nur eines dieser beiden Merkmale für die Beurteilung heranzuziehen.
4. Beim Erreichen der Maximalwerte soll im Ergebnis 100 (höchstmöglicher Ansatz) erscheinen.
5. Da die übrigen Merkmale multiplikativ mit der Antherenejektion verbunden sind, wurde das Verhältnis der Bestimmtheitsmaße 80 : 10 : 10 für Antherenejektion : Antherenlänge : Stigmatafläche mit 20 : 2,5 : 2,5 dieser Bedingung angepaßt.

So ergab sich die Formel für den Index der Allogamieneigung: Index der Allogamieneigung =

$$\left(\frac{\text{Antherenlänge} \cdot 2{,}5}{5} + \frac{\text{Stigmatafläche} \cdot 2{,}5}{7{,}5}\right) \cdot \frac{\text{Antherenejektion} \cdot 20}{3}$$

oder gekürzt,

$$\text{Index AN} = \left(\frac{\text{AL}}{2} + \frac{\text{SF}}{3}\right) \cdot \frac{\text{AE} \cdot 20}{3}$$

Nach Abschluß der Modellversuche wurde, um die oben aufgestellte empirische Formel zu überprüfen, an 7 Gerstensippen mit 13 blütenbiologischen Merkmalen, die einen Einfluß auf den Ansatz haben, eine Regressionsanalyse durchgeführt. Folgende Merkmale wurden untersucht: Antherenejektion, Antherenlänge, Antherenbreite, Stigmataspreizung, Stigmatahöhe, Stigmatafläche, Anzahl der Pollen je 10 mm² (Hammer 1965), Anzahl der Pollen je Anthere, „freier Pollen" (Hammer 1966), Anzahl der in einer Petrischale gefangenen Antheren, kalkulierte Antherenejektion, Gesamtzahl der Ährchen je 2,5 m², Anzahl der Ährchen je Ähre. Zur Bestimmung des Merkmals Anzahl der in einer Petrischale gefangenen Antheren wurden auf den Boden von 2,5 m² großen Parzellen jeweils 2 Petrischalen aufgestellt. Nach der Anthese fielen die ejektierten Antheren ab, sammelten sich in den

Schalen und konnten ausgezählt werden. Dieses Verfahren war als vereinfachte Methode zur Bestimmung der Antherenejektion gedacht. Das Merkmal kalkulierte Antherenejektion wurde aus den in der Petrischale gefangenen Antheren so kalkuliert, daß sich vergleichbare Werte zu der normalerweise verwendeten Antherenejektion ergaben. Die Bestimmung der letzten beiden Merkmale der Aufzählung erfolgte durch einfaches Auszählen.

Die Gesamtheit aller Merkmale erbrachte das multiple Bestimmtheitsmaß von B = 0,94 für den Ansatz. Nach Elimination der zehn Merkmale mit dem geringsten Anteil an der Gesamtbestimmtheit verringert sich das Bestimmtheitsmaß auf B = 0,56. Die verbliebenen Merkmale waren Antherenejektion, Antherenlänge und Stigmatafläche.

Die allgemeine Formel einer Regressionsgleichung mit diesen drei Merkmalen lautet:

$$\text{Index AN} = a_0 + a_1\text{AL} + a_2\text{SF} + a_3\text{AE}$$

Verändert man sie entsprechend dem multiplikativen Zusammenhang zwischen AE und den übrigen Merkmalen, ergibt sich:

$$\text{Index AN} = a_0 + a_1\ (\text{AL} \cdot \text{AE}) + a_2\ (\text{SF} \cdot \text{AE})$$

Die Regressionsgleichung wurde mit

$$\text{Index AN} = -3{,}5 + 3{,}58\ (\text{AL} \cdot \text{AE}) + 2{,}29\ (\text{SF} \cdot \text{AE})$$

errechnet. Sie besitzt eine multiple Bestimmtheit von B = 0,61.

Ergebnisse und Diskussion

Während bereits von PEDERSEN (1960) in der Ejektion der Antheren für die Gerste ein Merkmal gefunden wurde, das als brauchbares Maß für die Neigung zur Chasmogamie, d. h. zum offenen Blühen, dienen kann, sind die Verhältnisse für das Ausmaß der allgemeinen Allogamieneigung komplizierter, denn hier ist ein Komplex von Merkmalen zu berücksichtigen. Für den Reis (*Oryza perennis* L.) wurde von OKA und MORISHIMA (1967) aus Korrelationskoeffizienten zwischen blütenbiologischen Merkmalen ein Index für die Fremdbefruchtung geschätzt. Dort wurden, ähnlich wie in eigenen Versuchen, Antherenlänge (A), Stigmatalänge (S) und das Zeitintervall (T) vom Öffnen der Blüten bis zum vollständigen Herausschieben der Antheren, und damit der Ausschüttung des Pollens, geprüft und aus diesen drei Merkmalen ein Index der Fremdbefruchtung aufgestellt. Dabei stellten sie Korrelationen fest zwischen T und A = 0,66, T und S = 0,48 und A und S = 0,53. Daraus wurde die Formel errechnet:

$$X = 1{,}31\text{A} + 0{,}78\text{S} + \text{T}.$$

Bei einem anschließenden Vergleich mit Fremdbefruchtungsraten stellte sich heraus, daß sich aus dieser Formel die Fremdbefruchtungsrate durch 4X – 50 am besten wiedergeben läßt. In den eigenen Untersuchungen wurde der erzielte Fremdbefruchtungsansatz sofort in Korrelation zu drei wichtigen Anemophiliemerkmalen gesetzt. Dadurch ist eine Umrechnung des Ergebnisses nicht mehr notwendig. Aus der Ähnlichkeit der bei Reis und Gerste gefundenen Indices der Allogamieneigung scheint sich die Möglichkeit anzudeuten, daß für viele, besonders aber die ± autogamen Gramineen, Antherengröße, Stigmatagröße und ein Maß für die Spelzenöffnung, Rückschlüsse auf das Ausmaß der Neigung zur Allogamie zulassen.

Nach der empirischen Formel wurden die Indices für die Gruppen von Gerstensippen (Convarietäten) errechnet, wobei die mehrzeiligen Sippen im Durchschnitt den zweizeiligen überlegen waren (Tabelle 1). Mit der Reduktion der Seitenzeilen geht also eine Verminderung der Allogamieneigung einher. Hier ergibt sich ein ähnliches Bild wie bei der Antherenejektion (Hammer 1975). Dieses Ergebnis

Tabelle 1

Index der Allogamieneigung bei ausgewählten Sippen der verschiedenen Convarietäten der Kulturgerste (nach empirischer Formel)

Convarietät	1971	1972	Mittelwerte aus 2 Jahren
convar. *vulgare*	41,26	46,92	44,09 a [1]
convar. *intermedium*	42,42	44,54	43,08 a
convar. *distichon*	35,61	41,52	38,56 b
convar. *deficiens*	28,70	26,13	27,41 c
convar. *labile*	37,96	44,07	41,01 a
convar. *vulgare*			
Sommerformen	36,48	40,18	38,33 c
Winterformen	48,79	59,59	54,19 a
convar. *intermedium*			
Sommerformen	40,53	37,37	38,95 bc
Winterformen	43,92	50,11	47,01 b
convar. *distichon*			
Sommerformen	34,16	39,10	36,63 c
Winterformen	39,30	53,43	46,36 b
convar. *deficiens*			
Sommerformen	28,70	26,13	27,41 d
Winterformen	–	–	–
convar. *labile*			
Sommerformen	37,96	44,07	41,01 bc
Winterformen	–	–	–
Sommerformen	36,48	39,48	37,98 b
Winterformen	47,85	55,90	51,87 a

1 Mittelwerte mit gleichen Buchstaben sind nicht signifikant unterschieden ($P < 0{,}05$).

wird durch den hohen Anteil der Antherenejektion am Index der Allogamieneigung verständlich. Die Zunahme des Index der Allogamieneigung von den zweizeiligen zu den mehrzeiligen Gersten deutet, wie schon bei der Antherenejektion festgestellt werden konnte (Hammer 1975), auf ein offeneres Blühen der Seitenzeilen hin, wenn sich auch bei ausgewähltem Zuchtmaterial die Relationen verschoben haben und die Seiten- geschlossener als die Hauptzeilen blühen können (Stølen 1974). Der bei der Antherenejektion zu beobachtende Abstand zwischen mehrzeiligen und zweizeiligen Sippen hat sich, bedingt durch die größeren Stigmata und Antheren von convar. *distichon* und convar. *deficiens*, deutlich verringert. Neben der allgemeinen Überlegenheit der mehrzeiligen Sippen wird besonders die höhere Allogamieneigung der Wintergersten sichtbar, wie sie auch des öfteren in der Literatur Erwähnung findet (z. B. KÖCHLING 1966, KAUL u. SING 1968, OMAROV1973). Es ist zu beachten, daß bei unseren Untersuchungen nicht die gesamte Variationsbreite der Convarietäten erfaßt wird, sondern nur zur Chasmogamie neigende Sippen in die Mittelwerte eingingen.

Für Allogame, wie *Hordeum bulbosum* L., erscheinen nach der empirischen Formel für den Index der Allogamieneigung sogar höhere Werte als 100 denkbar, weil sie über wesentlich besser an die Anemophilie angepaßte Blütenorgane als die autogame Kulturgerste verfügen (HAMMER 1976). Bei einigen Kulturgerstensippen konnten Werte gefunden werden, die wesentlich über den in den Tabellen angegebenen Durchschnittswerten liegen, allerdings aber nicht die Größenordnungen der allogamen Gersten erreichen. *Hordeum bulbosum* zeigte infolge der geringen Anzahl der ejektierten Antheren nur einen Wert von etwa 77

Tabelle 2

Index der Allogamieneigung bei ausgewählten Sippen der verschiedenen Convarietäten der Kulturgerste errechnet nach der Formel aus der Regressionsanalyse

Convarietät	1971	1972	Mittelwerte aus 2 Jahren
convar. *vulgare*	39,90	45,61	42,75
convar. *intermedium*	41,04	44,37	42,70
convar. *distichon*	33,71	40,41	37,06
convar. *deficiens*	27,11	23,75	25,43
convar. *labile*	36,33	42,76	39,54
convar. *vulgare*			
Sommerformen	34,67	38,73	36,70
Winterformen	48,04	59,33	53,68
convar. *intermedium*			
Sommerformen	38,94	35,78	37,36
Winterformen	42,72	49,90	46,31
convar. *distichon*			
Sommerformen	31,84	37,40	34,62
Winterformen	37,89	52,33	45,09
convar. *deficiens*			
Sommerformen	27,11	23,75	25,43
Winterformen	–	–	–
convar. *labile*			
Sommerformen	36,33	42,76	39,54
Winterformen	–	–	–
Sommerformen	34,47	38,11	36,29
Winterformen	46,92	52,90	49,91

und blieb damit noch hinter *Hordeum spontaneum* (Index $AN = 82$). Bei *H. bulbosum* konnten durch die flachen Spelzen nach dem Abschneiden der Ähren für die Untersuchung der Antherenejektion keine Antheren mehr ejektiert werden, während das bei den Kultursippen und *H. spontaneum* möglich war.

Nach der Errechnung der Regressionsgleichung für den Index der Allogamieneigung erfolgte die Neuberechnung des Index für die Convarietäten (Tabelle 2). Dabei konnten keine wesentlichen Abweichungen von den nach der empirischen Formel ermittelten Werten gefunden werden. Die Relationen zwischen den Convarietäten und auch zwischen den Sommer- und Winterformen änderten sich nicht. Das läßt sich anhand der in eine vergleichbare Form gebrachten empirischen Formel leicht erklären, die sich nur unwesentlich von der durch die Regressionsgleichung erhaltenen unterscheidet:

$$\text{Index AN (empirisch)} = 3{,}33\ (AL \cdot AE) + 2{,}22\ (SF \cdot AE)$$

$$\text{Index AN (aus Regressionsanalyse)} = -3{,}5 + 3{,}58\ (AL \cdot AE) + 2{,}29\ (SF \cdot AE)$$

In Abbildung 1 sind die Gleichungen graphisch dargestellt. Die Unterschiede im Kurvenverlauf sind unwesentlich. Zum Verlauf der Kurven läßt sich sagen, daß die Linearität für unser Material genügend sichere Aussagen bringen kann. Gehen noch Sippen mit geringer oder mit außerordentlich hoher Allogamieneigung in die

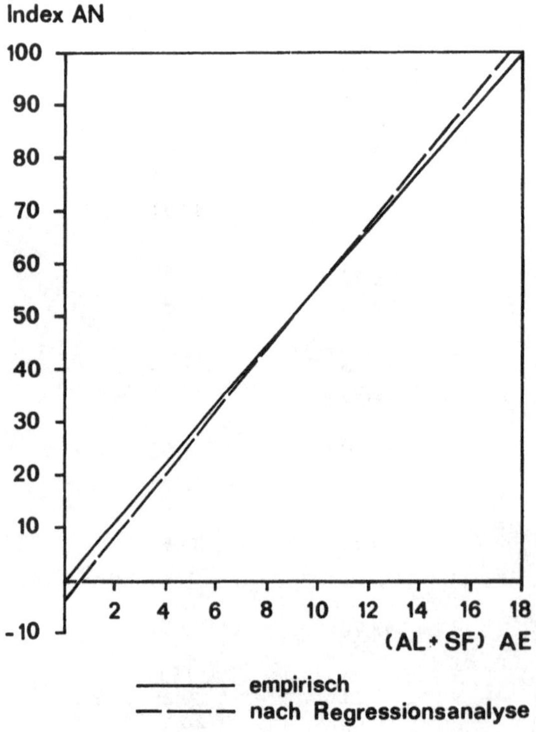

Abb. 1 Graphische Darstellung der Regressionsgeraden aus der empirischen Gleichung und aus der Regressionsanalyse

Untersuchungen ein (letzteres ist für Kultursippen wenig wahrscheinlich; erst nach Einkreuzung von Wild- in Kulturformen können wahrscheinlich so stark zur Allogamie neigende Kulturgersten entstehen), wird sich eine Veränderung der Kurven ergeben müssen. Im unteren Bereich ist ein allmählicher Anstieg zu erwarten, während es bei den hohen Ansatzprozenten zu einem geringeren Zuwachs des Index bei gleichbleibender Vergrößerung der für die Allogamie wichtigen blütenbiologischen Merkmale kommt. Ein Ansatz von 100% bei Anemophilie ist sehr schwer zu erreichen. Ein ganz genaues Bild über den Index der Allogamieneigung kann also durch einen linearen Kurvenverlauf nicht gewonnen werden. Weitere Untersuchungen müssen zur Präsizierung des Kurvenverlaufs vorgenommen werden. Die Benutzung einer der angegebenen Formeln erweist sich aber als gute Möglichkeit, durch Auswahl bestimmter blütenbiologischer Merkmale aus einem umfangreichen Komplex bei einer Vielzahl von Kulturgerstenformen die Neigung zur Fremdbefruchtung hinreichend gut einschätzen zu können.

Zusammenfassung

Die Fremdbefruchtungsrate bei Kulturgerste ist in der Regel sehr gering. Einige Anemophiliemerkmale sind aber gut ausgebildet, und unter besonderen Bedingungen kann das Ausmaß der Allogamie recht hoch sein. Aus den blütenbiologischen Merkmalen Antherenejektion (AE), Antherenlänge (AL), und Stigmatafläche (SF) wurden nach zwei verschiedenen Methoden Indices der Allogamieneigung (AN) kalkuliert, mit denen die potentielle Neigung der Gerste zur Allogamie geschätzt werden kann:

$AN = 3{,}33\ (AL \cdot AE) + 2{,}22\ (SF \cdot AE)$ und
$AN = -3{,}5 + 3{,}58\ (AL \cdot AE) + 2{,}29\ (SF \cdot AE)$

Indices der Allogamieneigung werden für ausgewähltes Material des Gaterslebener Gerstensortiments angeführt (Tabellen 1 und 2).

Summary

Proposal for an index of the tendency to allogamy in barley (*Hordeum vulgare* L. s. l.)

Outcrossing in cultivated barley can be observed relatively seldom. There are some well developed characters of anemophily in barley, however, and under certain conditions a tendency to allogamy can be found. From the flower characters anther extrusion (AE), anther length (AL), and stigma size (SF) in two different manners the following indexes were calculated:

$AN = 3{,}33\ (AL \cdot AE) + 2{,}22\ (SF \cdot AE)$ and
$AN = -3{,}5 + 3{,}58\ (AL \cdot AE) + 2{,}29\ (SF \cdot AE)$

By using these indexes it is possible to demostrate the actual tendency to allogamy in barley. Some results from the barley collection in Gatersleben are shown in tables 1 and 2.

Краткое содержание

Индекс склонности к аллогамии для культурного ячменя (*Hordeum vulgare* L. s. l.)

Процент перекрестного опыления у культурного ячменя, как правило, очень незначителен. Однако, некоторые признаки анемофилии развиты хорошо и, при особых условиях, аллогамия может приявиться в довольно сильной степени. С учетом признаков биологии цветения, вскрытие пыльников (AE), длина пыльников (AL) и величина рылец (SF), предлагаются индексы склонности к аллогамии (AN), рассчитанные по двум различным методам:

$$AN = 3{,}33\,(AL \cdot AE) + 2{,}22\,(SF \cdot AE);$$
$$AN = -3{,}5 + 3{,}58\,(AL \cdot AE) + 2{,}29\,(SF \cdot AE);$$

При помощи этих индексов можно оценить потенциальную склонность ячменя к аллогамии. Такие индексы приводятся для выборочного материала гатерслебенской коллекции ячменя (табл. 1 и 2).

Literatur

Hammer, K., 1975: Die Variabilität einiger Komponenten der Allogamieneigung bei der Kulturgerste (*Hordeum vulgare* L. s. l.). – Kulturpflanze *23*, 167–180.

Hammer, K., 1976: Zur Allogamieneigung der Kulturgerste (*Hordeum vulgare* L.). – Tag.-Ber. Akad. Landwirtsch.-Wiss. DDR *143*, 221–225

Kaul, C. L., and S. P. Singh, 1968: Studies in male sterile barley. I. Floral morphology, pollination and seed set. – Agr. Univ. J. Res. *17*, 45–52.

Köchling, J., 1966: Die Ausnutzung der „freien Bestäubung" für die Sortenkreuzung bei selbstbefruchtenden Getreiden. – Züchter *36*, 87–89.

Oka, H.-I., and Morishima, H., 1967: Variation in the breeding systems of a wild rice, *Oryza perennis*. – Evolution *21*, 249–258.

Omarov, D. S., 1973: Freie Windbestäubung bei Wintergerste (russ.). – Sel'skochoz. Biol. *8*, 374–377.

Pedersen, P. N., 1960: Methods of testing the pseudo-resistance of barley to infection by loose smut (*Ustilago nuda*). – Acta Agr. Scand. *10*, 312–332.

Sergeev, A. V., 1968: Sortenbastardierungen bei Gerste durch freie Windbestäubung (russ.). – Selekc. i Semenovod. 1968, 75.

Størlen, O., 1974: Problems related to the development of hybrid barley. Ph. D. thesis, University of Wisconsin, 168 pp.

Thompson, R. K., 1971: Barley as a cross pollinated crop. In:
Nilan, R. A. (Edit.), Barley Genetics II, Proc. Second Intern. Barley Genet. Symp. 1969, Pullman, Wash., 1971, 319–322.

Kulturpflanze XXIV · 1976 · S. 221–235

Ein Modell der Sauerstoffabhängigkeit des photosynthetischen CO_2-Gaswechsels von C_3-Pflanzen

MARTIN PEISKER

(Eingegangen am 29. Januar 1976)

Die quantitative Erfassung limitierender Faktoren der CO_2-Aufnahme assimilierender Blätter durch die Bestimmung von Diffusionswiderständen ist in den letzten Jahren zu einer wichtigen Methode der Photosyntheseforschung geworden. Im Bereich des linearen Zusammenhangs zwischen CO_2-Aufnahme und CO_2-Konzentration, also bei Lichtsättigung und genügend niedrigen CO_2-Konzentrationen, soll die CO_2-Aufnahmerate nach GAASTRA (1959) nahezu ausschließlich durch den CO_2-Transport zu den Chloroplasten begrenzt werden, während die Karboxylierungsreaktion von untergeordneter Bedeutung sein soll. Die Berechtigung einer solchen Annahme wurde durch die Anwendung der in Anlehnung an RABINOVITCH (1951) entwickelten Modellvorstellungen CHARTIERS (1966) auf experimentell erhaltene Lichtkurven der CO_2-Aufnahme scheinbar bestätigt. Diese ersten Versuche, CO_2-Diffusion und Karboxylierungsreaktion in einem einheitlichen mathematischen Modell zu berücksichtigen, führten nämlich zu dem Resultat, daß der in Analogie zu den Diffusionswiderständen definierte chemische oder Karboxylierungswiderstand nur von geringer Größe ist (CHARTIER, CHARTIER und ČATSKÝ 1970). Dieser Folgerung stehen jedoch experimentelle Befunde verschiedener Art entgegen, die für eine wesentliche Beteiligung biochemischer Komponenten am Gesamtprozeß auch bei Lichtsättigung und niedrigen CO_2-Konzentrationen sprechen (s. LAISK 1970). Dazu gehört die O_2-Abhängigkeit des CO_2-Gaswechsels von C_3-Pflanzen.

Die Wirkung von O_2 auf die CO_2-Aufnahme besteht in einer Stimulation der Lichtatmung, die sich in einem linearen Anstieg der CO_2-Kompensationskonzentration mit der O_2-Konzentration äußert, und in einer Hemmung der CO_2-Fixierung, die als Verringerung des Anstiegs der CO_2-Kurven mit steigender O_2-Konzentration in Erscheinung tritt (FORRESTER, KROTKOV und NELSON 1966). Die damit gleichbedeutende Zunahme des Gesamtwiderstandes für die CO_2-Aufnahme muß auf einer Erhöhung des aus dem Transportwiderstand der Mesophyllzellen und dem Karboxylierungswiderstand zusammengesetzten intrazellulären Widerstandes beruhen, da die Transpiration durch die O_2-Konzentration nicht beeinflußt wird (GAUHL und BJÖRKMAN 1969). Es konnte gezeigt werden, daß der intrazelluläre Widerstand oberhalb 21% O_2 linear mit der O_2-Konzentration ansteigt (PEISKER und APEL 1971, 1975). Unterhalb 21% O_2 verringert sich der intrazelluläre Widerstand allerdings langsamer, als dem linearen Verlauf entsprechen würde (PEISKER und APEL 1971). Eine Abhängigkeit des CO_2-Transports in der flüssigen Phase zwischen der Oberfläche der Mesophyllzellen und den Chloroplasten von der O_2-Konzentration ist wenig wahrscheinlich, so daß ein Einfluß des O_2 auf den Karboxylierungswiderstand angenommen werden muß.

Nach OGREN und BOWES (1971) läßt sich die Wirkung des O_2 auf den CO_2-Gaswechsel auf eine kompetitive Hemmung der Karboxylierung des Ribulose-1,5-diphosphats (RuDP) durch O_2 zurückführen. Durch die Reaktion des RuDP mit O_2 entsteht Phosphoglyzerinsäure (PGA) und Phosphoglykolsäure (PGlA), aus der in einer Phosphatasereaktion Glykolsäure gebildet wird (s. die Übersicht bei CHOLLET und OGREN 1975). Glykolsäure wird allgemein als das Substrat der Lichtatmung angesehen (JACKSON und VOLK 1970). Die erwähnte doppelte Wirkung des O_2 auf den CO_2-Gaswechsel findet somit durch die Doppelfunktion der RuDP-Karboxylase als karboxylierendes und den CO_2-Akzeptor oxygenierendes Enzym eine einfache Erklärung. Mit Hilfe eines Modells der kompetitiven Hemmung der Karboxylierung von RuDP durch O_2 ist es gelungen, den beobachteten linearen Zusammenhang zwischen CO_2-Kompensationspunkt und O_2-Konzentration einerseits sowie zwischen Karboxylierungswiderstand und O_2-Konzentration andererseits zu beschreiben (PEISKER 1974). Dieses Modell war allerdings auf niedrige CO_2-Konzentrationen und den Fall der Lichtsättigung beschränkt geblieben.

Es sind verschiedene Modelle des CO_2-Gaswechsels assimilierender Blätter bekannt, die den Einfluß von O_2 berücksichtigen und nicht der Beschränkung auf niedrige CO_2-Konzentrationen und Lichtintensitäten im Sättigungsbereich unterliegen (LAISK 1970, 1976, LOMMEN et al. 1971, 1975, HALL 1971, CHARLES-EDWARDS und LUDWIG 1974, HALL und BJÖRKMAN 1975). Das unten beschriebene Modell stimmt in wesentlichen Zügen mit dem Modell von HALL (1971) überein (im folgenden durch die Abkürzung I zitiert). Im Gegensatz zu (I) wird hier jedoch die beobachtete lineare Zunahme des CO_2-Kompensationspunktes mit der O_2-Konzentration richtig wiedergegeben. Das gelingt durch Einbeziehung einer früher abgeleiteten Beziehung für die Abhängigkeit der Lichtatmungsrate von CO_2- und O_2-Konzentration (PEISKER 1974) in den Ansatz von HALL (I). Auf diese Weise wird zugleich die fehlende theoretische Begründung (HALL und BJÖRKMAN 1975) der von HALL verwendeten Beziehung für die Abhängigkeit der Karboxylierungsrate von CO_2- und O_2-Konzentration geliefert. Schließlich berücksichtigt die hier vorgeschlagene Fassung des Modells, daß die durch Oxygenierung von RuDP entstandene Glykolsäure nicht ausschließlich im Glykolat-pathway umgesetzt werden muß, sondern möglicherweise auch in anderen Reaktionen zu CO_2 abgebaut werden kann (ZELITCH 1975).

Herleitung der Gleichungen des Modells

Dem Modell liegt das von HALL (I) verwendete stark vereinfachte Reaktionsschema des Calvin-Zyklus zugrunde, in dem Karboxylierung und Oxygenierung des RuDP aber in der von PEISKER (1974) beschriebenen Weise berücksichtigt

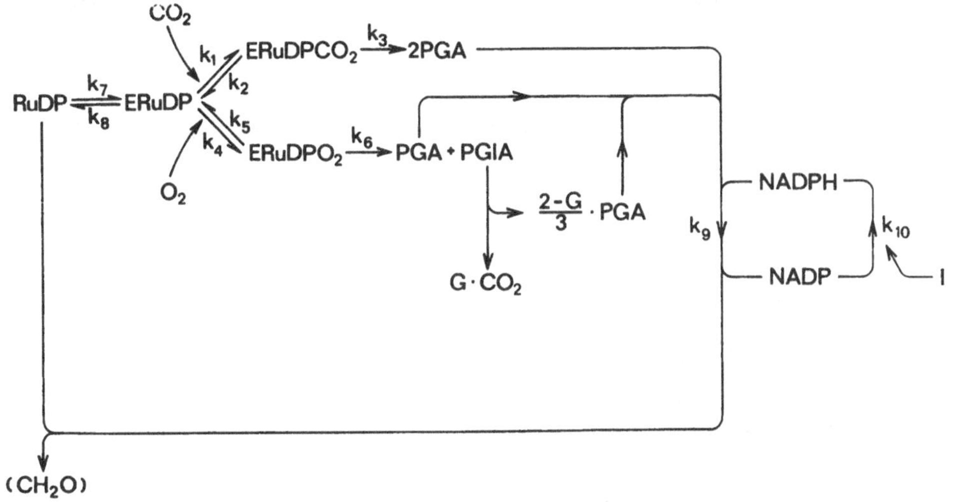

Abb. 1 Vereinfachtes Schema des reduktiven Pentosephosphatzyklus mit Berücksichtigung der Oxygenierungsreaktion des RuDP

werden (Abb. 1). Bezeichnet man die Summe der Konzentrationen des CO_2-Akzeptors und seiner Komplexe mit A:

$$A = [\mathrm{RuDP}] + [\mathrm{ERuDP}] + [\mathrm{ERuDPCO_2}] + [\mathrm{ERuDPO_2}]$$

dann ergibt sich für die Karboxylierungsrate

$$P = \frac{\frac{k_1 k_3}{k_2 + k_3} A\,[\mathrm{CO_2}]}{1 + \frac{k_8}{k_7 E_0} + \frac{k_1}{k_2 + k_3}\left(1 + \frac{k_3}{k_7 E_0}\right)[\mathrm{CO_2}] + \frac{k_4}{k_5 + k_6}\left(1 + \frac{k_6}{k_7 E_0}\right)[\mathrm{O_2}]} \tag{1}$$

E_0 bezeichnet die Konzentration der RuDP-Karboxylase, $k_1 \cdots k_8$ sind die in Abbildung 1 angegebenen Geschwindigkeitskonstanten. Die Lichtatmungsrate erhält man durch Multiplikation der Oxygenierungsrate mit einem Faktor G, der die Zahl der pro Molekül Phosphoglykolsäure gebildeten CO_2-Moleküle angibt:

$$R_L = G\,\frac{\frac{k_4 k_6}{k_5 + k_6} A[\mathrm{O_2}]}{1 + \frac{k_8}{k_7 E_0} + \frac{k_1}{k_2 + k_3}\left(1 + \frac{k_3}{k_7 E_0}\right)[\mathrm{CO_2}] + \frac{k_4}{k_5 + k_6}\left(1 + \frac{k_6}{k_7 E_0}\right)[\mathrm{O_2}]} \tag{2}$$

Wird die durch Oxygenierung des RuDP entstandene Glykolsäure ausschließlich in den Reaktionen des Glykolat-pathway umgesetzt, dann werden aus zwei Mol Glykolsäure je ein Mol PGA und ein Mol CO_2 gebildet. Es gilt dann $G=\frac{1}{2}$. Wird dagegen die Glykolsäure auch in anderen Reaktionen zu CO_2 abgebaut (ZELITCH 1975), dann ist $G>\frac{1}{2}$. (Bei vollständiger Oxidation der Glykolsäure beträgt $G=2$.) Je Mol Glykolsäure entstehen $\frac{2-G}{3}$ Mol PGA. Als Folge der Oxygenierung von einem Mol RuDP entstehen somit $\frac{5-G}{3}$ Mol PGA. Die Zahl der pro Mol photorespiratorischen CO_2 gebildeten Mol PGA beträgt daher

$$\delta=\frac{5-G}{3G} \tag{3}$$

Für den speziellen Fall $G=\frac{1}{2}$, auf den sich das Modell in (I) beschränkt, ist $\delta=3$.

Die reduktive Phase des Pentosephosphatzyklus wird im Modell wie in (I) durch die Reaktion von PGA mit dem in der Lichtreaktion gebildeten NADPH beschrieben. Da pro Mol fixiertes CO_2 zwei Mol PGA entstehen, erhält man unter stationären Bedingungen die Gleichung

$$2P+\delta R_L=k_9\,[PGA]\,[NADPH] \tag{4}$$

Die Bildung von NADPH soll mit der gleichen Geschwindigkeit erfolgen wie der Verbrauch in der Reaktion mit PGA und soll der Lichtintensität I und der Konzentration von NADP proportional sein:

$$2P+\delta R_L=k_{10}\,[NADP]\,I \tag{5}$$

Es wird angenommen, daß die Gesamtkonzentration der beteiligten Pyridin-Nukleotide konstant ist:

$$N_0=[NADP]+[NADPH] \tag{6}$$

Wie in (I) soll weiter angenommen werden, daß die Summe der Konzentrationen des CO_2-Akzeptors (hier einschließlich der Konzentrationen seiner Komplexe) und der Intermediärprodukte des Pentosephosphatzyklus, repräsentiert durch die Konzentration des PGA, konstant ist:

$$A_0=A+[PGA] \tag{7}$$

Die theoretisch möglichen Maximalraten von Karboxylierung und Lichtatmung ergeben sich aus den Gleichungen (1) und (2) für $A=A_0$ und für $[CO_2]\to\infty$ bzw. $[O_2]\to\infty$ zu

$$P_m=\frac{k_3A_0}{1+\frac{k_3}{k_7E_0}} \tag{8}$$

und

$$R_{Lm} = G \frac{k_6 A_0}{1 + \frac{k_6}{k_7 E_0}} \tag{9}$$

Führt man die Abkürzungen

$$\alpha = \frac{1}{A_0} \frac{k_2 + k_3}{k_1 k_3} \left(1 + \frac{k_8}{k_7 E_0}\right) \tag{10}$$

$$\beta = \frac{1}{A_0} \frac{k_2 + k_3}{k_1 k_3} \frac{k_4}{k_5 + k_6} \left(1 + \frac{k_6}{k_7 E_0}\right) \tag{11}$$

und

$$\gamma = G \frac{k_2 + k_3}{k_1 k_3} \frac{k_4 k_6}{k_5 + k_6} \tag{12}$$

ein, dann erhält man aus (1) und (2)

$$P = \frac{P_m}{A_0} \frac{A[CO_2]}{[CO_2] + (\alpha + \beta[O_2]) P_m} \tag{13}$$

$$R_L = \frac{P_m}{A_0} \frac{A\gamma[O_2]}{[CO_2] + (\alpha + \beta[O_2]) P_m} \tag{14}$$

Die maximale Lichtatmungsrate ist danach durch

$$R_{Lm} = \frac{\gamma}{\beta} \tag{15}$$

gegeben.

Die beiden Gleichungen (13) und (14) lassen sich auch dann erhalten, wenn darauf verzichtet wird, die beiden Komplexe $ERuDPCO_2$ und $ERuDPO_2$ einzuführen. Die in diesem Fall ohne die Geschwindigkeitskonstanten k_1, k_2, k_4 und k_5 durchgeführten Rechnungen ergeben

$$P = \frac{k_3 A [CO_2]}{1 + \frac{k_8}{k_7 E_0} + \frac{k_3}{k_7 E_0} [CO_2] + \frac{k_6}{k_7 E_0} [O_2]} \tag{1a}$$

$$R_L = \frac{k_6 A [O_2]}{1 + \frac{k_8}{k_7 E_0} + \frac{k_3}{k_7 E_0} [CO_2] + \frac{k_6}{k_7 E_0} [O_2]} \tag{2a}$$

$$\mathrm{Pm} = k_7 E_0 A \tag{8a}$$

$$R_{Lm} = G k_7 E_0 A \tag{9a}$$

$$a = \frac{1}{A_0} \frac{1}{k_3} \left(1 + \frac{k_8}{k_7 \mathrm{E}_0}\right) \tag{10a}$$

$$\beta = \frac{1}{A_0} \frac{1}{k_3} \frac{k_6}{k_7 E_0} \tag{11a}$$

$$\text{und } \gamma = G \frac{k_6}{k_3} \tag{12a}$$

Nach dieser einfacheren Version des Modells unterscheiden sich die maximalen Raten von Karboxylierung (8a) und Lichtatmung (9a) nur um den Faktor G, während in (8) und (9) die voneinander unabhängigen Konstanten k_3 und k_6 auftreten.

Nach Eliminieren der variablen Konzentrationen A, [PGA], [NADPH] und [NADP] aus den Gleichungen (4), (5), (6), (7), (13) und (14) erhält man für die Differenz von Karboxylierungs- und Lichtatmungsrate den Ausdruck

$$P - R_L = \frac{1}{2} ([CO_2] - \gamma[O_2]) \, a \left(1 - \sqrt{1 - \frac{4b}{a^2}}\right) \tag{16}$$

mit

$$a = \frac{\varepsilon P_m I}{P_x([CO_2] + (\alpha + \beta[O_2]) P_m)} + \frac{P_m}{[O_2] + (\alpha + \beta[O_2]) P_m} + \frac{2\varepsilon I}{2[CO_2] + \delta\gamma[O_2]}$$

und

$$b = \frac{P_m}{[CO_2] + (\alpha + \beta[O_2]) P_m} \cdot \frac{2\varepsilon I}{2[CO_2] + \delta\gamma\,[O_2]}$$

Als zusätzliche Abkürzungen wurden die maximale Rate der Reduktasereaktion

$$P_x = \frac{1}{2} k_9 A_0 N_0 \tag{17}$$

und der Koeffizient der Lichtnutzung

$$\varepsilon = \frac{1}{2} k_{10} N_0 \tag{18}$$

eingeführt.

Bildet man von (16) die partielle Ableitung nach der Lichtintensität I für $I = 0$, dann ergibt sich

$$\left[\frac{\partial(P - R_L)}{\partial I}\right]_{I=0} = \varepsilon \frac{2[CO_2] - 2\gamma[O_2]}{2[CO_2] + \delta\gamma[O_2]} \tag{19}$$

Der in Gleichung (16) unter der Wurzel stehende Bruch $\frac{4b}{a^2}$ ist immer kleiner als 1. Bei kleinen Lichtintensitäten nimmt er zunächst mit der Lichtintensität zu, verringert sich dann aber nach Erreichen eines Maximums ständig. Bei genügend großen Lichtintensitäten gilt deshalb

$$P - R_L \approx ([CO_2] - \gamma[O_2]) \frac{b}{a}$$

Bei Lichtsättigung ($I \to \infty$) vereinfacht sich diese Beziehung zu

$$P - R_L \to \frac{2P_m P_x([CO_2] - \gamma[O_2])}{P_m(2[CO_2] + \delta\gamma[O_2]) + 2P_x([CO_2] + (\alpha + \beta[O_2])P_m)} \tag{20}$$

Für $[CO_2] \to \infty$ erhält man

$$P - R_L \to \frac{P_m}{1 + \frac{P_m}{P_x}}$$

und für $[O_2] \to \infty$

$$P - R_L \to -\frac{\gamma/\beta}{1 + \frac{\delta}{2}\frac{\gamma/\beta}{P_x}}$$

Unter der Voraussetzung $P_x \gg P_m$ und $P_x \gg \gamma/\beta = R_{Lm}$ ergeben sich also bei CO_2- bzw. O_2-Sättigung die maximalen Raten von Karboxylierung und Lichtatmung.

Schließlich erhält man die partielle Ableitung von (20) nach der CO_2-Konzentration bei $[CO_2] = 0$ zu

$$\left[\frac{\partial(P - R_L)}{\partial[CO_2]}\right]_{[CO_2]=0} = \frac{\left(2P_x(2P_x + (2+\delta)R_{Lo} + 2P_x\frac{R_{Lo}}{P_m}\right)}{(\delta R_{Lo} + 2P_x)^2}\,\frac{1}{\alpha + \beta[O_2]}$$

wobei

$$R_{Lo} = \frac{\gamma[O_2]}{\alpha + \beta[O_2]}$$

die Lichtatmungsrate bei $[CO_2] = 0$ bedeutet. Wegen $P_x \gg R_{Lo}$ ist der Karboxylierungswiderstand, der reziproke Wert von (21), durch

$$r_c = \frac{\alpha + \beta[O_2]}{1 + \frac{\gamma[O_2]}{(\alpha + \beta[O_2])P_m}} \tag{22}$$

gegeben.

Die gemessene Netto-CO_2-Aufnahmerate F ist die Summe der Raten aller CO_2-liefernden und CO_2-verbrauchenden Prozesse. Bei ihrer Berechnung muß deshalb auch die Dunkelatmung R_D berücksichtigt werden:

$$F = P - R_L - R_D \tag{23}$$

Es gibt experimentelle Hinweise darauf, daß die Dunkelatmung schon durch geringe Lichtintensitäten vollständig oder teilweise gehemmt wird (vgl. JACKSON und VOLK 1970). Andere Befunde sprechen jedoch gegen eine solche Hemmung (RAVEN 1972). In dem Modell von HALL (I) wurde eine konstante Lichtatmungsrate angenommen.

In die bisherigen Betrachtungen ist nur der Metabolismus von Photosynthese und Lichtatmung, nicht jedoch die Diffusion des CO_2 zum Ort der Karboxylierung einbezogen worden. In Gleichung (16) bedeutet also $[CO_2]$ die CO_2-Konzentration in den Chloroplasten. Um den Gesamtprozeß der CO_2-Assimilation erfassen zu können, muß das beschriebene Submodell wie in der Arbeit von HALL durch ein Submodell für den CO_2-Transport zu den Chloroplasten ergänzt werden. Ein solches Submodell ist durch die Beziehung

$$F = \frac{[CO_2]_a - [CO_2]}{r_a + r_s + r_m} \tag{24}$$

gegeben ($([CO_2)_a$ = äußere CO_2-Konzentration, r_a, r_s und r_m = Grenzschicht-, Stomata- und Mesophyllwiderstand für den CO_2-Transport).

Diskussion

Das vorgeschlagene Modell hat die gleiche Struktur wie das Modell von HALL (I) und ist wie dieses geeignet, eine Reihe experimentell beobachteter Eigenschaften des CO_2-Gaswechsels von C_3-Pflanzen richtig zu beschreiben. Im Gegensatz zu (I) gibt es auch die schon längere Zeit bekannte lineare Beziehung zwischen CO_2-Kompensationspunkt und O_2-Konzentration (FORRESTER, KROTKOV und NELSON 1966) korrekt wieder. Bei niedrigen Lichtintensitäten ist die CO_2-Kompensationskonzentration in Übereinstimmung mit den Ergebnissen von ZELAWSKI (1967) und CHARLES-EDWARDS (1971) von der Lichtintensität abhängig. Bei höheren Lichtintensitäten stimmt aber der Kompensationspunkt annähernd mit der CO_2-Konzentration überein, bei der Karboxylierungs- und Lichtatmungsrate einander gleich sind, und diese CO_2-Konzentration ist nach (16) von der Lichtintensität unabhängig und der O_2-Konzentration proportional. Das Modell von HALL sagt dagegen eine Zunahme des Kompensationspunktes mit der O_2-Konzentration voraus, die steiler verläuft als der experimentell beobachtete lineare Anstieg. Das ist darauf zurückzuführen, daß in diesem Modell an Stelle von (14) eine Gleichung verwendet wird, nach der die Lichtatmungsrate der O_2-Konzentration proportional ist.

Im Zusammenhang mit der Einführung von Gleichung (14) ergeben sich weitere Unterschiede zu (I). So soll die Steigung der Lichtkurven bei geringen Lichtintensitäten auch bei hohen CO_2-Konzentrationen noch von der O_2-Konzentration abhängig sein (I, Gleichung 31). Diese Folgerung aus dem Modell ist im Hinblick auf den zugrundeliegenden Mechanismus einer wechselseitigen kompetitiven Hemmung der Reaktionen des RuDP mit CO_2 und O_2 nicht recht verständlich. Die richtige Beschreibung dieser Erscheinung durch Gleichung (14) führt dementsprechend auch dazu, daß nach (19) für $[CO_2] \gg \gamma[O_2]$ ein von der O_2-Konzentration unabhängiger Anstieg der Lichtkurven erhalten wird. Außerdem besteht im Gegensatz zu Gleichung 27 in (I) zwischen Karboxylierungswiderstand r_c und O_2-Konzentration keine lineare Beziehung. Gleichung (22) ergibt bei niedrigen O_2-Konzentrationen einen gekrümmten Kurvenabschnitt, der bei höheren O_2-Konzentrationen in einen annähernd linear verlaufenden Teil übergeht (Abb. 2).

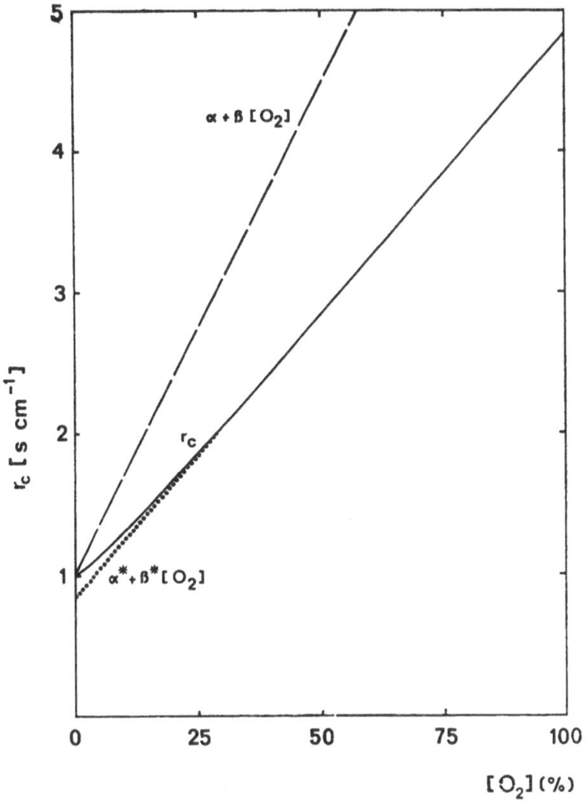

Abb. 2 Beziehung zwischen Karboxylierungswiderstand und O_2-Konzentration nach Gleichung (22) ($\alpha = 1$ scm^{-1}, $\beta = 0{,}07$ scm^{-1}/%O_2, $\gamma = 2$ vpm CO_2/%O_2, $P_m = 25$ mg CO_2 dm^{-2}h^{-1})

Die Abweichung von der Linearität ist um so ausgeprägter, je größer α und γ und je kleiner P_m und β sind. Für den Anstieg des linearen Kurvenabschnitts bei höheren O_2-Konzentrationen erhält man mit

$$\beta^* = \beta \frac{\beta P_m}{\beta P_m + \gamma} \tag{25}$$

einen Wert, der kleiner ist als der die O_2-Abhängigkeit der Karboxylierungsreaktion charakterisierende Parameter β. Die in Abbildung 2 wiedergegebene Kurve stimmt qualitativ mit der bei Blättern von Gurke gefundenen O_2-Abhängigkeit des intrazellulären Widerstandes überein (Peisker und Apel 1971).

Quantitativ läßt sich aber die beobachtete Abweichung von der Linearität durch Gleichung (22) nicht erklären. Die Kurve in Abbildung 2 wurde zwar mit Werten von γ und β^* berechnet, wie sie im Experiment beobachtet worden waren (Peisker und Apel 1976). Für die Maximalrate der CO_2-Aufnahme wurde aber mit 25 mg CO_2 $dm^{-2}h^{-1}$ ein sehr geringer Wert angenommen. Mit einem realistischeren Wert von P_m(z. B. 100 mg CO_2 $dm^{-2}h^{-1}$) hätte man eine sehr viel geringere Abweichung von der Linearität als in Abbildung 2 erhalten.

Die Gleichungen (13) und (14) für Karboxylierungs- und Lichtatmungsrate ergaben sich auch aus einer im Vergleich zu Abbildung 1 einfacheren Version des Modells, in der die Komplexe $ERuDPCO_2$ und $ERuDPO_2$ nicht enthalten sind. Aus den in diesem Fall geltenden Gleichungen (8a) . . . (12a) folgt jedoch, daß die Parameter β, γ und P_m nicht voneinander unabhängig sind:

$$\frac{\gamma}{\beta} = G P_m$$

Unter Berücksichtigung von (25) erhält man daraus

$$\frac{\gamma}{\beta^*} = G\,(G+1)\;P_m$$

Wegen $G \geqq \frac{1}{2}$ müßte also die Bedingung $P_m \leqq \frac{4}{3}\,\frac{\gamma}{\beta^*}$ erfüllt sein. Im Gegensatz zu dieser Folgerung wurden an Blättern von Gurke und Soja bei einer CO_2-Konzentration von ca. 200 vpm, also weit unterhalb der CO_2-Sättigung, CO_2-Aufnahmeraten gemessen, die etwa das Dreifache des gleichzeitig bestimmten Wertes von $\frac{\gamma}{\beta^*}$ betrugen (Peisker und Apel, unveröffentlicht). Aus diesem Grund muß der in Abbildung 1 dargestellten Variante des Modells, die voneinander unabhängige Werte der Parameter β, γ und P_m erlaubt, der Vorzug gegeben werden.

Um wie in (I) mit einem iterativen Verfahren aus den Gleichungen (16), (23) und (24) die Netto-CO_2-Aufnahmerate in Abhängigkeit von CO_2-Konzentration, O_2-Konzentration und Lichtintensität berechnen zu können, müssen die Parameter α, β, γ, δ, ε, P_m, P_x, R_D, r_a, r_s und r_m bekannt sein. R_D kann direkt als CO_2-Abgaberate in der Dunkelheit gemessen werden. γ läßt sich durch Messung des CO_2-Kompensationspunktes bei unterschiedlichen O_2-Konzentrationen ermitteln (Peisker und Apel 1975). Die Bestimmung der O_2-Abhängigkeit des Karboxylierungswiderstandes ergibt einen Wert für β^*, aus dem bei bekanntem P_m der Parameter β wegen (25) nach der Formel

$$\beta = \frac{1}{2}\,\beta^* \left(1 + \sqrt{1 + \frac{4\gamma}{\beta^* P_m}}\right)$$

berechnet werden kann.

P_m ist im vorliegenden Modell, in dem die Karboxylierung bzw. Oxygenierung von RuDP als limitierende Reaktionen der CO_2-Fixierung bzw. der Lichtatmung betrachtet werden, die CO_2-Aufnahmerate bei CO_2- und Lichtsättigung. Dazu muß allerdings die Einschränkung gemacht werden, daß bei hohen Lichtintensitäten und CO_2-Konzentrationen die Regeneration des CO_2-Akzeptors der limitierende Vorgang im Pentosephosphatzyklus sein kann (LAISK und OJA 1974). Die experimentell bestimmte Maximalrate der CO_2-Aufnahme wäre in einem solchen Fall kleiner als die in das Modell eingehende Größe P_m. Der Einfluß der Regeneration des CO_2-Akzeptors auf den Gesamtprozeß kann nach LAISK (1976) berücksichtigt werden, wenn außer CO_2-Akzeptor (RuDP) und Karboxylierungsprodukt (PGA) ein pool für die Intermediärprodukte des Zyklus eingeführt wird.

Für die maximale Rate der Reduktasereaktion soll wie in (I) $P_x \gg P_m$ angenommen werden. Wenn diese Voraussetzung erfüllt ist, beeinflußt P_x die Ergebnisse mit dem Modell durchgeführter Rechnungen nur geringfügig und kann dann mehr oder weniger willkürlich gewählt werden (in (I): $P_x = 10 P_m$).

ε und δ lassen sich mit Hilfe von Gleichung (19) aus dem Anstieg der in Gasen unterschiedlicher Zusammensetzung gemessenen Lichtkurven der CO_2-Aufnahme bei niedrigen Lichtintensitäten bestimmen. ε erhält man am einfachsten aus dem Anstieg der Lichtkurve in O_2-freiem Gas. δ ergibt sich aus der Steigung der Lichtkurve in einem O_2-haltigen Gas, wenn ε sowie CO_2- und O_2-Konzentration dieses Gases bekannt sind. Aus δ kann nach Gleichung (3) der Parameter G zu

$$G = \frac{5}{3\delta + 1}$$

berechnet werden. Bei Gültigkeit der Voraussetzungen des Modells müssen sich in Gasen verschiedener Zusammensetzung immer die gleichen Werte von δ bzw. von G ergeben.

In O_2-freiem Gas besteht der Gesamtwiderstand für die CO_2-Aufnahme aus den Teilwiderständen r_a, r_s und r_m des Submodells (24) und der in Gleichung (16) enthaltenen O_2-unabhängigen Komponente α des Karboxylierungswiderstandes. Während r_a und r_s nach den bei JARVIS (1971) beschriebenen Methoden ohne Schwierigkeiten bestimmt werden können, ist eine Trennung des intrazellulären Widerstandes $r_m + \alpha$ in seine beiden Komponenten nicht ohne weiteres möglich. Den dazu vorgeschlagenen Verfahren (CHARTIER 1966, JONES und SLATYER 1972) liegen Modelle des CO_2-Gaswechsels zugrunde, die die wirklichen Verhältnisse zu stark vereinfachen, als daß die damit erhaltenen Resultate völlig überzeugen könnten. Das gilt besonders für die nach der Methode von CHARTIER berechneten sehr geringen Werte des Karboxylierungswiderstandes bei 21% O_2 (CHARTIER, CHARTIER und ČATSKÝ 1970). Aus anderen Untersuchungen ist bekannt, daß bei dieser O_2-Konzentration allein der O_2-abhängige Teil von $r_c^!$ beträchtlich größer sein muß (PEISKER und APEL 1971, 1975). Aber auch gegen den von HALL (I) eingeschlagenen Weg, r_m aus anatomischen Daten unter Verwendung der Diffusionskonstante für CO_2 in Wasser zu berechnen, gibt es Einwände. Es ist zweifelhaft, ob der CO_2-Transport in der flüssigen Phase der Mesophyllzellen als reiner Diffusionsvorgang angesehen werden kann (JARVIS 1971) und es muß auch damit gerechnet werden, daß die Chloroplastenmembran eine zusätzliche Diffusionsbarriere für CO_2 darstellt (CHARTIER und ČATSKÝ 1975). Die Frage nach der Zerlegung des intrazellulären Widerstandes in seine Komponenten kann also vorläufig nicht beantwortet werden. Im Zusammenhang mit dieser Frage sollte geprüft werden, wie stark Änderungen der Zerlegung von $r_m + \alpha$ die Voraussagen des vorliegenden Modells beeinflussen können. Reagiert das Modell auf solche Änderungen genügend empfindlich, dann wäre die Möglichkeit gegeben, durch Anpassung an experimentelle Daten r_m und α getrennt zu bestimmen.

Zusammenfassung

Es wird ein mathematisches Modell der Abhängigkeit des photosynthetischen CO_2-Gaswechsels bei C_3-Pflanzen von Lichtintensität, CO_2-Konzentration und O_2-Konzentration beschrieben. Als gemeinsame Ursache der Hemmung der CO_2-Fixierung und der Stimulation der CO_2-Entwicklung in der Lichtatmung durch O_2 wird die aus Untersuchungen in vitro bekannte kompetitive Hemmung der Karboxylierung des Ribulose-1,5-diphosphats (RuDP) durch O_2 vorausgesetzt. Das Modell ist ähnlich aufgebaut wie das Modell von HALL (1971), geht aber von einer Gleichung für die Lichtatmungsrate aus, die den zugrundeliegenden biochemischen Mechanismus adäquat beschreibt. Im Gegensatz zu dem Modell von HALL wird auf diese Weise die experimentell beobachtete lineare Beziehung zwischen CO_2-Kompensationskonzentration und O_2-Konzentration richtig wiedergegeben. Die Möglichkeiten zur Bestimmung der Parameter des Modells werden diskutiert.

Summary

A model of the oxygen dependence of photosynthetic CO_2 gas exchange in C_3 plants

A mathematical model of the dependence of photosynthetic CO_2 gas exchange on light intensity, CO_2 concentration, and O_2 concentration is described. The competitive inhibition of the carboxylation of ribulose-1,5-diphosphate by O_2 is regarded as the common basis of the inhibition of CO_2 fixation by O_2 on the one hand and of the stimulation of photorespiratory CO_2 evolution by O_2 on the other hand. The model has a structure similar to the model of HALL (1971). But it includes an equation for photorespiration rate which describes adequately the biochemical mechanism the effect of O_2 is based on. Consequently the linear relationship between the CO_2 compensation concentration and the O_2 concentration is reproduced correctly by the model. The possibilities for determining the parameters of the model are discussed.

Краткое содержание

Модель кислородной зависимости фотосинтетического газообмена CO_2 у растений типа C_3

Описывается математическая модель зависимости фотосинтетического газообмена CO_2 от интенсивности освещения, концентрации CO_2 и концентрации O_2 у растений типа C_3. Принимается предпосылка, что общей причиной торможения фиксации CO_2 и стимулирования развития CO_2 кислородом при световом дыхании является, известное по исследованиям *in vitro*, конкуррентное ингибирование карбоксилирования рибулозо-1,5-дифосфата кислородом. Модель построена сходно с моделью Холла (HALL, 1971), но выводится из уравнения интенсивности светового дыхания, адекватно описывающего, лежащий в его основе биохимический механизм. Экспериментально наблюдаемое линейное повышение компенсационной концентрации CO_2 при повышении концентрации O_2, в противоположность модели Холла, описывается этим путем без искажения. Возможности определения параметров подвергаются обсуждению.

Anhang

Verzeichnis der verwendeten Symbole

P	Karboxylierungsrate
R_L	Lichtatmungsrate
R_D	Dunkelatmungsrate
F	Netto-CO_2-Aufnahmerate
P_m	Karboxylierungsrate bei CO_2-Sättigung
R_{Lm}	Lichtatmungsrate bei O_2-Sättigung
R_{Lo}	Lichtatmungsrate bei $[O_2] = 0$
P_x	maximale Rate der Reduktasereaktion
r_a	Grenzschichtwiderstand
r_s	Stomatawiderstand
r_i	intrazellulärer Widerstand
r_m	Mesophyllwiderstand
r_c	Karboxylierungswiderstand
α	O_2-unabhängiger Teil des Karboxylierungswiderstandes
β^*	O_2-Abhängigkeit des Karboxylierungswiderstandes
β	Parameter zur Beschreibung der O_2-Abhängigkeit der Karboxylierungsreaktion
γ	O_2-Abhängigkeit der CO_2-Kompensationskonzentration
ε	Steigung der bei $[O_2 =] 0$ gemessenen Lichtkurve der CO_2-Aufnahme bei niedrigen Lichtintensitäten (maximale Quantenausbeute)
I	Lichtintensität
$[CO_2]$	CO_2-Konzentration in den Chloroplasten

$[CO_2]_a$ CO_2-Konzentration in der Umgebung des Blattes
G Zahl der CO_2-Moleküle, die aus einem Molekül Glykolsäure gebildet werden
δ Zahl der Moleküle Phosphoglyzerinsäure, die pro Molekül in der Lichtatmung freigesetzten CO_2 entstehen

Literatur

Charles-Edwards, D. A., 1971: Photosynthesis and photorespiration in *Lolium multiflorum* and *Lolium perenne*. – J. exp. Bot. *22*, 663–669.

Charles-Edwards, D. A. and L. J. Ludwig, 1974: A model for leaf photosynthesis by C_3 plant species. – Ann. Bot. *38*, 921–930.

Chartier, P., 1966: Étude théorique de l'assimilation brute de la feuille. – Ann. Physiol. vég. *8*, 167–195.

Chartier, P., M. Chartier, and J. Čatský, 1970: Resistances for CO_2 diffusion and for carboxylation as factors in bean leaf photosynthesis. Photosynthetica *4*, 48–57.

Chartier, P. and J. Čatský, 1975: Photosynthetic systems – conclusions. – In: Photosynthesis and productivity in different environments. Pp. 425–433. (Ed. by J. P. Cooper) Cambridge.

Chollet, R. and W. L. Ogren, 1975: Regulation of photorespiration in C_3 and C_4 species. – Bot. Rev. *41*, 137–179.

Forrester, M. L., G. Krotkov, and C. D. Nelson, 1966: Effect of oxygen on photosynthesis, photorespiration, and respiration in detached leaves. I. Soybean. – Plant Physiol. *41*, 422–427.

Gaastra, P., 1959: Photosynthesis of crop plants as influenced by light, carbon dioxide, temperature, and stomatal diffusion resistance. – Mededel. Landbouwhogesch. Wageningen *59*, 1–68.

Gauhl, E. and O. Björkman, 1969: Simultaneous measurements on the effect of oxygen concentration on water vapor and carbon dioxide exchange in leaves. – Planta *88*, 187–191.

Hall, A. E., 1971: A model of leaf photosynthesis and respiration. – Carnegie Institution Year Book *70*, 530–540.

Hall, A. E. and O. Björkman, 1975: Model of leaf photosynthesis and respiration. – In: Perspectives of Biophysical Ecology. Pp. 55–72. (Ed. D. M. Gates and R. B. Schmerl). Berlin-Heidelberg-New York.

Jackson, W. A. and R. J. Volk, 1970: Photorespiration. – Ann. Rev. Plant Physiol. *21*, 385–432.

Jarvis, P. G., 1971: The estimation of resistances to carbon dioxide transfer. – In: Plant Photosynthetic Production. Manual of Methods. Pp. 566–631. (Ed. by Z. Šesták, J. Čatský, and P. G. Jarvis). The Hague.

Jones, H. G. and R. O. Slatyer, 1972: Estimation of the transport and carboxylation components of the intracellular limitation to leaf photosynthesis. – Plant Physiol. *50*, 382–288.

Laisk, A., 1970: A model of leaf photosynthesis and photorespiration. – In: Prediction and measurement of photosynthetic productivity. Pp. 295–306. (Ed. by I. Šetlík). Wageningen.

Laisk, A., 1976: Modelling of the closed Calvin cycle. – In: Biophysikalische Analyse pflanzlicher Systeme. (Ed. by K. Unger). Jena. (im Druck)

Laisk, A. H. and V. M. Oja, 1974: Leaf photosynthesis under short pulses of carbon dioxide: Carboxylation reaction in vivo. – Fiziol. Rast. *21*, 1123–1131.

LOMMEN, P. W., C. R. SCHWINTZER, C. S. YOCUM, and D. M. GATES, 1971: A model describing photosynthesis in terms of gas diffusion and enzyme kinetics. – Planta *98*, 195–220.

LOMMEN, P. W., S. K. SMITH, C. S. YOCUM, and D. M. GATES, 1975: Photosynthetic model. – In: Perspectives of Biophysical Ecology. Pp. 33–43. (Ed. by D. M. GATES and R. B. SCHMERL). Berlin-Heidelberg-New York.

OGREN, W. L. and G. BOWES, 1971: Ribulose diphosphate carboxylase regulates soybean photorespiration. – Nature – New Biol. *230*, 159–160.

PEISKER, M., 1974: A model describing the influence of oxygen on photosynthetic carboxylation. – Photosynthetica *8*, 47–50.

PEISKER, M. and P. APEL, 1971: Untersuchungen zum Einfluß von Sauerstoff auf den CO_2-Gaswechsel assimilierender Blätter. – Biochem. Physiol. Pflanzen *162*, 165–176.

PEISKER, M. and P. APEL, 1975: Influence of oxygen on photosynthesis and photorespiration in leaves of *Triticum aestivum* L. I. Relationship between oxygen concentration, CO_2 compensation point, and intracellular resistance to CO_2 uptake. – Photosynthetica *9*, 16–23.

PEISKER, M. and P. APEL, 1976: Influence of oxygen on photosynthesis and photorespiration in leaves of *Triticum aestivum* L. II. Response of CO_2 gas exchange to oxygen at various leaf ages and its variability. – Photosynthetica *10*, 140–146

RABINOVITCH, E. I., 1951: Photosynthesis and related processes. – Vol. II. Part 1. New York.

RAVEN, J. A., 1972: Endogenous inorganic carbon sources in plant photosynthesis. I. Occurrence of the dark respiratory pathways in illuminated green cells. – New Phytol. *71*, 227–247.

ZELAWSKI, W., 1967: A contribution to the question of the CO_2-evolution during photosynthesis in dependence on light intensity. – Bull. Acad. pol. Sci., Sér. biol., *15*, 565–570.

ZELITCH, I., 1975: Pathways of carbon fixation in green plants. – Ann. Rev. Biochem. *44*, 123–145

Kulturpflanze XXIV · 1976 · S. 237—247

Resistenzeigenschaften im Gersten- und Weizensortiment Gatersleben
20. Prüfung des Verhaltens von Gersten gegen Flugbrand, *Ustilago nuda* (JENS.) ROSTR.

ILSE NOVER[1], CHRISTIAN O. LEHMANN und ANNELIESE SEIDENFADEN[1]

(Eingegangen am 30. Januar 1976)

In den vergangenen zwanzig Jahren sind an Gersten des Sortiments Gatersleben Infektionen mit *Ustilago nuda* (JENS.) ROSTR. vorgenommen worden. Teilergebnisse haben wir bereits als 11. und 15. Mitteilung dieser Veröffentlichungsreihe vorgelegt (NOVER und LEHMANN 1969, 1972). Mit diesem Bericht schließen unsere Arbeiten über den Gerstenflugbrand ab.

Material

Es wurden 362 Winter- und 738 Sommergersten in den Jahren 1964—1974 geprüft.

Die Wintergersten sind eine Kollektion nordamerikanischer Sorten sowie Neuzüchtungen aus verschiedenen europäischen Ländern und eine Sammlung von Landsorten aus südlichen Teilen der Sowjetunion, die aus dem Allunionsinstitut für Pflanzenbau (VIR), Leningrad, kommt.

Die Sommergersten sind ältere Zucht- und hauptsächlich Landsorten. Sie stammen von der Deutschen Hindukusch-Expedition 1935, der Deutschen Tibet-Expedition 1938/39 und den Sammelreisen, die im Jahr 1941 nach Nordgriechenland und Albanien, 1942 nach dem Peloponnes und Kreta und 1950 nach Süditalien führten. Die Sippen aus Äthiopien sammelten zum Teil TROLL und SCHOTTENLOHER in den Jahren 1937/38, zum Teil kommen sie aus anderen Kollektionen (LEHMANN 1972). Zusätzlich erwarben wir im Verlauf der Untersuchungen Sorten, in denen andere Autoren Flugbrandresistenz feststellten.

Als Infektionsmaterial diente eine lokale Population des Erregers. Sie wurde auf hochanfälligen Sorten vermehrt und in Form der lufttrockenen Brandähren bei +2 °C im Exsiccator über Kieselgel bis zu Beginn der Gerstenblüte aufbewahrt. Zur Kennzeichnung der Virulenz dieser Flugbrandpopulation folgen Angaben über die Reaktion einiger Träger bekannter Resistenzgene (METCALFE 1969):

1 Sektion Pflanzenproduktion der Universität Halle

'Trebi', *Un*1, >30% Befall;
'Mo.B-475' ('Admire'×'Missouri Early Beardless' selection), *Un*2, 0 · · · 10% Befall;
'Jet', *Un*3 + *Un*6, 0% Befall;
'Keystone', *Un*6, >10 · · · 30% Befall;
'Anoidium', *Un*7, 0% Befall;
'Milton', *Un*8, 0% Befall.

Träger der Gene *Un*4 ('Dorsett') und *Un*5 (x-173-Serie) standen nicht zur Verfügung.

Die Verfahren der Infektion haben wir früher eingehend beschrieben (NOVER und LEHMANN 1969). Sie erfolgte mit einer Aufschwemmung der Brandsporen in Wasser zunächst im partiellen Vakuum (MOORE 1936, CHEREWICK und POPP 1950). Anschließend wurde an Sippen, die in zwei bis drei Jahren weniger als 10 erkrankte Pflanzen pro 100 ausgelegte Körner aufwiesen, in späteren Vegetationsperioden die Einzelblüten-Injektion nach POEHLMAN (1945) durchgeführt. Die histologische Untersuchung (POPP 1951, s. a. NOVER und LEHMANN 1972) des Restsaatgutes ergänzte die durch Auswertung der Pflanzen in Feldparzellen gewonnenen Ergebnisse.

Der Höchstbefall betrug in den einzelnen Jahren in Prozent der Gesamtzahl Pflanzen je Parzelle (in Klammern die absolute Zahl kranker Pflanzen):

	1964/65	65/66	66/67
Infektion im partiellen Vakuum	73 (63)	57 (49)	68 (60)
	1968/69	69/70	70/71
Einzelblüten infektion	100 (91)	89 (77)	87 (72)
	1971/72	73/74	74/75
	95 (82)	68 (60)	89 (70)

Sorten mit 0 · · · 10% Befall wurden als resistent, >10 · · · 30% als mäßig anfällig und >30% als anfällig bewertet.

Ergebnisse

Resistent verhielten sich 18% der 1100 geprüften Gersten. Davon sind 184 Sommer- und 13 Winterformen von *H. vulgare*. Der größte Teil gehört zu den Gersten der Deutschen Tibet-Expedition 1938/39:
HOR 1471, 1475, 1476, 1477, 1478, 1480, 1482, 1484, 1486, 1487, 1488, 1489, 1491, 1492, 1495, 1496, 1498, 1513, 1514, 1515, 1516, 1517, 1518, 1520, 1521, 1523, 1525, 1526, 1528, 1530, 1531, 1533, 1536, 1538, 1539, 1540, 1541, 1543, 1545, 1556, 1558, 1559, 1561, 1562, 1563, 1565, 1568, 1569, 1572, 1574, 1575, 1584, 1585, 1586, 1587, 1682, 1689, 1690, 1691, 1692, 1693, 1694, 1698, 1699, 1701, 1705, 1706, 1708, 1717,

1719, 1721, 1722, 1723, 1724, 1727, 1743, 1746, 1748, 1752, 1753, 1754, 1756, 1757, 1760, 1762, 1764, 1771, 1772, 1783, 1797, 1813, 1817, 1818, 1821, 1822, 1828, 1834, 1837, 1985, 1986, 1987, 1988, 1997.

Widerstandsfähig erwiesen sich ferner folgende Landsorten aus
Armenien: HOR 4156 (Kat. VIR 10427), HOR 4157 (Kat. VIR 10428), HOR 4159 (Kat. VIR 10433)
Turkmenien: HOR 4100 (Kat. VIR 9308), HOR 4168 (Kat. VIR 6115), HOR 4179 (Kat. VIR 10108), HOR 4182 (Kat. VIR 16470)
Afghanistan: HOR 1473, HOR 1509, HOR 1544, HOR 1548, HOR 1564, HOR 1704, HOR 4218, HOR 4826 (C. I. 4173)
Pakistan: HOR 1451, HOR 1454, HOR 1468
Indien: HOR 1453, HOR 1555.

Auch in äthiopischem Material wurde relativ häufig Flugbrand-Resistenz festgestellt. Hier sind zu nennen
die von TROLL und SCHOTTENLOHER gesammelten Sippen: HOR 1501, HOR 1504, HOR 1560, HOR 1598, HOR 1631, HOR 1635, HOR 1636, HOR 1637, HOR 1643, HOR 1677, HOR 1725, HOR 1729, HOR 1978, HOR 2925, HOR 2930, HOR 2935, HOR 3209, HOR 3228 und HOR 3528,
aus den Sortimenten
Beltsville: HOR 5023 (C. I. 668), HOR 5055 (C. I. 2222), HOR 5094 (C. I. 3210–5), HOR 5222 (C. I. 4376), HOR 5243 (C. I. 5798) und HOR 5333 (C. I. 6378),
Leningrad (VIR): HOR 6642 (Kat. VIR 8515),
Gembloux: HOR 2737 (Gembloux 01219)
und die Sorten:
'Anoidium' HOR 4559
'Bifarb sel. C. I. 14145' HOR 4832
'Harar' HOR 2897
'Jet' HOR 4013
'Kitchin' HOR 4014
die Selektion C. I. 1296–1 aus 'Kitchin' HOR 4824 und die Zuchtsorte 'Char'-kovskij 306' (Kat. VIR 18333) HOR 3913, die ebenfalls aus einer äthiopischen Herkunft ausgelesen wurde.

Schließlich gehören in die Bewertungsgruppe 0 · · · 10% Befall die Sorten
'Blaue Nackte' HOR 4769
'Carré de Printemps' HOR 2621
'Červonec' HOR 3881
'Chinese Black' HOR 4833
'Djeddah' (Gembloux 0955) HOR 2736
'Emir' HOR 3548
'Fort' HOR 4835
'Hillsa' HOR 4475
'Krasnodarskij 2929' (Kat. VIR 16948) HOR 3224
'Milton' HOR 4908
'Mo.B-475' (C. I. 9168) HOR 3134
'Ogalitsu' HOR 4476
'Orzo Palestina Nudo' (Gembloux 0136) HOR 2731
'Précoce Lepeuple' HOR 3179
'Printemps' HOR 1878
'Vantmore' HOR 3946
'Wyoming 471' (C. I. 8055) HOR 4831

aus den Sortimenten
Weihenstephan: HOR 1595, HOR 1921, HOR 2025, HOR 2032, HOR 2033
Hohenheim: HOR 1618
Gembloux: HOR 2733 (Gembloux 0216), HOR 2734 (Gembloux 0731), HOR 2898 (Gembloux 0720), HOR 2899 (Gembloux 0729)
Veterinär- und Landbau-Hochschule Kopenhagen: HOR 4810 (Røjbakkegard Sort.-Nr. 6), HOR 4812 (Sort.-Nr. 82), HOR 4813 (Sort.-Nr. 144), HOR 4815 (Sort.-Nr. 157), HOR 4817 (Sort.-Nr. 187), HOR 4819 (Sort.-Nr. 608), HOR 4820 (Sort.-Nr. 719), HOR 4821 (Sort.-Nr. 720)
Beltsville: HOR 4825 (C. I. 3694), HOR 4827 (C. I. 4177), HOR 4829 (C. I. 5324), HOR 4830 (C. I. 7114)
und aus dem Botanischen Garten Cluj: HOR 1392.

Mäßig resistent bis mäßig anfällig (>10 · · · 30% Befall) waren 146 Gersten oder 13% des geprüften Sortiments. Die restlichen 69%, 756 Sorten, wurden als anfällig bewertet.

Besprechung der Ergebnisse

Der Gerstenflugbrand ist ein Beispiel dafür, wie wechselnd und widerspruchsvoll seine Bekämpfung als züchterische Aufgabe in verschiedenen Zeiträumen und Anbaugebieten beurteilt wird. In jüngster Zeit schien der sehr gute Erfolg der Saatgutbehandlung mit systemisch wirkenden Carboxin-Derivaten endgültig zugunsten der chemischen Bekämpfung zu entscheiden. Jedoch hat die Erfahrung gelehrt, daß die Wirksamkeit derartiger Präparate durch die Entwicklung unempfindlicher Pilzrassen ebenso gefährdet ist wie diejenige von Resistenzgenen des Wirtes, wenn ihr Einsatz nicht vorausschauend gelenkt wird (BEN-YEPHET et al. 1975). Deshalb bleiben Träger von Resistenz gegen *Ustilago nuda* als Genreserve, besonders auch für die Hybridzüchtung, weiterhin interessant.

In den Prüfungen, über die wir früher berichteten, waren 27 von reichlich 1000 Gersten als widerstandsfähig eingestuft worden (NOVER und LEHMANN 1969, 1972). Die inzwischen fortgesetzte Einzelblüteninjektion ermöglichte die Kontrolle dieser Ergebnisse. Die Sommergersten 'Barbican' HOR 264, 'Glabron' HOR 274, 'Sampatsii' HOR 172, 'Velvet 447' HOR 270, 'Zeiners Immune' HOR 333 und die unbenannten HOR 201, HOR 204, HOR 788 und HOR 815 bestätigten ihre Resistenz in weiteren vier Jahren. Zu 'Glabron', 'Velvet 447' und 'Zeiners Immune' liegen auch hiermit übereinstimmende Bewertungen aus anderen Ländern vor (PEDERSEN 1962, APLTAUEROVÁ 1969). Dagegen erwiesen sich die Landsorten HOR 786 aus Äthiopien (s. a. TROFIMOVSKAJA et al. 1972), HOR 1044 aus Anatolien und HOR 1653 aus Turkestan später als mäßig resistent bis mäßig anfällig, der größte Teil der Wintergersten und die Sommergerste HOR 56 sogar als anfällig. Der Anteil Widerstandsfähiger beträgt somit in den früher geprüften Sortimenten nur noch ein Prozent.

Im Vergleich dazu liegt er in der Kollektion, die wir jetzt erstmals auswerteten, relativ hoch. Das läßt sich mit der Zusammensetzung dieser Sommergerstenkollektion erklären.

Auffallend ist die Häufigkeit der Resistenz in dem Material der Deutschen Tibet-Expedition. Flugbrandähren traten nur vereinzelt auf, doch waren oft Symptome von Überempfindlichkeit zu beobachten. Die Kornzahl der infizierten Ähren und die Entwicklungsfähigkeit ihrer Körner waren mehr oder weniger stark vermindert. Welche Gene für das Verhalten der Tibet-Gersten gegenüber *U. nuda* verantwortlich sind, wurde noch nicht untersucht.

Einige äthiopische Sorten dienten wiederholt zu solchen Experimenten. So wurde in 'Jet C. I. 967' (HOR 4013), einer immer wieder als hochresistent hervorgehobenen Sommergerste (SHANDS und SCHALLER 1946, TAPKE 1955, MOSEMAN und REID 1958, PEDERSEN 1962, KOZERA 1965, RIGINA 1965, CHATRATH et al. 1968, FEDEROVA 1968, 1970, APLTAUEROVÁ 1969, KRIVČENKO et al. 1971, DOBREV 1972, KOZERA und ROSZKO 1975) zunächst das Gen *Un*3 bestimmt (SCHALLER 1949). SKOROPAD und JOHNSON (1952) fanden in derselben Sorte ein anderes Gen, *Un*6. Verschiedene Wege führten etwa gleichzeitig zu der Erkenntnis, daß zwei dominante Gene wirksam sind (MOHAJIR, ARNY und SHANDS 1952, KONZAK 1953, LARTER und ENNS 1962, KOZERA 1975), nämlich *Un*3 und *Un*6 (METCALFE 1969, MOSEMAN und METCALFE 1969).

Zwei dominante Gene für Flugbrandresistenz wurden auch in 'Abyssinian C. I. 668' (HOR 5023) und 'Nigrinudum C. I. 2222' (HOR 5055) nachgewiesen, davon ist mindestens eins mit einem der beiden 'Jet'-Gene identisch (MOHAJIR et al. 1952, LARTER 1962, LARTER und ENNS 1962, METCALFE und HELGASON 1962). Es liegt ebenfalls in 'Bifarb sel.' (HOR 4832), 'C. I. 5798' (HOR 5243) und 'Kitchin C. I. 1296' (HOR 4014, HOR 4824) vor (LARTER 1962, METCALFE und HELGASON 1962) und ist wahrscheinlich *Un*6 (MOSEMAN und METCALFE 1969). Das gleiche gilt nach METCALFE (1966) für die Sommergersten 'C. I. 2376' (HOR 2897), die sich in unserer Prüfung mäßig resistent verhielt, und 'Harar' (HOR 2897). Im Unterschied dazu ist 'Anoidium' C. I. 7269 die Typ-Sorte für das Gen *Un*7 (ANDREWS 1956).

Zu den Sorten anderer geographischer Herkunft sind die in der Literatur verstreuten Angaben über die Vererbung des Verhaltens gegenüber *U. nuda* im Folgenden zusammengestellt: F_3-Analysen von Kreuzungen zwischen 'Blaue Nackte' (HOR 4769) (SEIFFERT 1926, NIEMANN 1961) und anfälligen Partnern deuten auf monogenen Erbgang der Resistenz hin (NAHMACHER 1932). Sie wird in 'Hillsa' (HOR 4475) (RIGINA 1965, APLTAUEROVÁ 1969, TROFIMOVSKAJA et al. 1972) von einem oder zwei komplementären dominanten Faktoren gesteuert. Diese sind von den 'Jet'-Genen verschieden (LARTER und ENNS 1962), während die Reaktion der Landsorten 'Djeddah' (HOR 2736), 'Orzo Palestina Nudo' (HOR 2731) und der holländischen Zuchtsorte 'Emir' (HOR 3548) (DIERCKS und KLEWITZ 1968, APLTAUEROVÁ 1969, KRIVČENKO et al. 1971, HEWETT 1972) wieder durch eines der

Gene von 'Jet', vermutlich *Un6*, bedingt ist (METCALFE 1966). Die Sorte 'Emir' stammt aus einer Kreuzung mit dem Resistenzträger 'Arabische'.

In dem Gebiet der Sowjetunion ist die Wintergerste 'Milton' C. I. 4966 (HOR 4908) beheimatet (CLONINGER und POEHLMAN 1954). Ihre Resistenz beruht auf dem dominanten Gen *Un8*, das sich unabhängig von *Un1* ··· *Un7*, vererbt (MOSEMAN und REID 1958, METCALFE und JOHNSTON 1963, SHANDS et al. 1964, METCALFE 1966, 1969). Es ist auch unabhängig von den beiden noch nicht identifizierten Genen der alten Testsorte 'Valki' C. I. 5748 (TAPKE 1955) aus demselben Herkunftsland (KONZAK 1953, METCALFE und JOHNSTON 1963). Die eigenen Infektionsergebnisse unterstützen diesen Befund: Während sich 'Milton' gegen die von uns benutzte Pilzpopulation hochresistent verhielt, bewirkten die 'Valki'-Gene nur eine intermediäre Reaktion (> 10 ··· 30% Befall).

Die Wintergerste 'Mo. B-475' (HOR 3134) ist bereits auf Seite 238 als Träger des Gens *Un2* genannt (LIVINGSTON 1942, ROBERTSON et al. 1947, LAMBERT 1958). Über ihre Züchtung berichtet POEHLMAN (1963, s. a. NOVER und LEHMANN 1969).

Die gute Widerstandsfähigkeit von 'Ogalitsu' (HOR 4476) gegen *Ustilago* spp. auf die TAPKE (1955) erstmals aufmerksam machte, wurde seitdem hinsichtlich des Flugbrands von vielen Autoren verschiedener Länder bestätigt (PEDERSEN 1962, RIGINA 1965, CHATRATH et al. 1968, FEDOROVA 1968, 1970, APLTAUEROVÁ 1969, KRIVČENKO 1971, DOBREV 1972) bzw. als rassenspezifisch erkannt (MOSEMAN und REID 1958, KOZERA und ROSZKO 1975). Nach ZEIDAN (1955) bestimmt ein Gen die Resistenz dieser Sorte. Es ist von den *Un*-Genen in 'Jet', 'Anoidium' und 'Harlan' unabhängig.

Für die kanadische Sommer-Futtergerste 'Vantmore' (HOR 3946) stützt sich unsere Bewertung zwar nur auf drei Infektionsprüfungen, wird aber durch langjährige Beobachtungen in der Sowjetunion bestätigt (RIGINA 1965, KRIVČENKO et al. 1971, KOROL'SKAJA 1973). In der Abstammung von 'Vantmore' aus der Kombination 'Titan'×'Vantage' sind 'Trebi' und 'Glabron' als Resistenzquellen enthalten.

Von 'Trebi' über 'Titan' erbte 'Vantmore' außerdem Widerstandsfähigkeit gegen *Helminthosporium gramineum* RABENH. (SHANDS und ARNY 1944, KLINE 1972) und übertrug sie auf die Wintergerste 'Keystone', die aus einer Kreuzung ('Vantage'×'Jet')×'Vantmore' stammt (JOHNSTON und METCALFE 1961). 'Keystone' ist auf S. 238 als Träger des Gens *Un6* erwähnt. 'Trebi' hat außer gegen den Flugbrand (Gen *Un1*) und die Streifenkrankheit auch rassenspezifische Resistenz gegen *Rhynchosporium secalis* (OUD.) DAVIS (DYCK und SHALLER 1961, HANSEN und MAGNUS 1973).

Solche züchterisch günstigen Resistenzkombinationen gibt es häufiger in dem äthiopischen Material. So haben 'Abyssinian C. I. 668', 'Kitchin' und 'Nigrinudum C. I. 2222' zusätzlich Widerstandsfähigkeit gegen *R. secalis* (BAKER und LARTER 1963, WELLS und SKOROPAD 1963, HANSEN und MAGNUS 1973, SHIPTON, BOYD und ALI 1974), 'Jet' gegen *R. secalis* (SHIPTON et al. 1974) und *Ustilago hordei* (PERS.) LAGERH. (WELLS 1958, METCALFE 1962, KIESLING 1969), 'Anoidium' gegen *U. hordei*, *U. nigra* TAPKE (STEVENSON und JONES 1953, WELLS 1958) und *Erysiphe graminis* DC. (WIBERG 1974), HOR 1504, HOR 1677 gegen *E. graminis* und *Puccinia striiformis* WEST. (NOVER und LEHMANN 1966); HOR 1501, HOR 1725, HOR 3209, HOR 3228 gegen Gelbrost und, ausgenommen HOR 3228, mäßige Feldresistenz gegen Mehltau (NOVER und LEHMANN 1966, TROFIMOVSKAJA et al. 1972), HOR 1643 gegen *P. striiformis* und *P. hordei* OTTH (NOVER und LEHMANN 1974).

Als weitere Beispiele komplexer Resistenz in den von uns geprüften, gegen Flugbrand widerstandsfähigen Gersten seien noch folgende angeführt: 'Emir' bzw. ihr Elter 'Arabische' und dessen Abkömmling 'Sultan' haben in erster Linie wegen der geringen Anfälligkeit für Mehltau und Gelbrost Verwendung in der Züchtung gefunden (ANONYM 1965/66, TROFIMOVSKAJA und ROGOŽINA 1968, NOVER und LEHMANN 1972, WOLFE 1972, WIBERG 1974). Andere Gene für Mehltauresistenz in HOR 1451 und HOR 1468, ursprünglich als 'Lyallpur 3647' von der gleichnamigen Station in Pakistan eingeführt, sind in neuere Zuchtsorten übertragen worden (LEIN 1970, NOVER und LEHMANN 1972, WIBERG 1974). Diese Kombination von Mehltau- mit Flugbrandresistenz in 'Lyallpur 3647' zu nutzen, blieb anscheinend unberücksichtigt, obwohl darauf frühzeitig hingewiesen worden war (FREISLEBEN 1940). Schließlich zeigt 'Ogalitsu' vielseitige Resistenz, die außer gegen *Ustilago nuda* auch gegen *U. nigra* und *U. hordei* wirksam ist (TAPKE 1955, WELLS 1958). Darüber hinaus reagiert diese Sommergerste rassenspezifisch gegen *Puccinia hordei* (NOVER und LEHMANN 1974).

Zusammenfassung

In den Jahren 1964 bis 1974 wurden 362 Winter- und 738 Sommergersten mit einer lokalen Population von *Ustilago nuda* geprüft. Zur Kennzeichnung der Virulenz des Infektionsmaterials ist das Verhalten von Trägern bekannter Resistenzgene angegeben. Resistenz (0 · · · 10% Befall) zeigten 197 oder 18% der 1100 Gersten. Mäßig resistent bis mäßig anfällig (>10 · · · 30% Befall) waren 146 oder 13% dieses Sortiments. Als anfällig wurden 69% der Kollektion bewertet.

Im Zusammenhang mit diesen Ergebnissen wird auf die Literatur zur Genetik der Flugbrandresistenz und auf Kombinationen mit anderen Resistenzmerkmalen eingegangen.

Summary

Resistance in the Gatersleben barley and wheat collection. 20. Testing of barley for reaction to loose smut, *Ustilago nuda* (Jens.) Rostr.

During the years 1964–74 362 winter and 738 spring barleys were inoculated with a local smut population. Its virulence is described by the reactions of varieties with identified resistance genes.

Of the 1100 varieties tested 197 were resistant (0 · · · 10% infection), 146 showed >10 · · · 30% infection, and 69 per cent of this collection were classified as susceptible, with infection exceeding 30%.

In connection with these results literature on smut resistance and the combination with resistance to other diseases are discussed.

Краткое содержание

Устойчивость гатерслебенской коллекции ячменя и пшеницы. 20. Испытание ячменя на его восприимчивость к пыльной головне, *Ustilago nuda* (Jens.) Rostr.

С 1964 по 1974 гг. испытывались 362 озимых и 738 яровых форм ячменя на их устойчивость к местной популяции *Ustilago nuda*. Для характеристики вирулентности инфекционного материала приводятся данные о поведении носителей известных генов устойчивости.

Устойчивыми (поражаемость 0 · · · 10%) оказались 197 из 1100 образцов (18%). Среднюю устойчивость до умеренной поражаемости (поражаемость 10 · · · 30%) показали 146 образцов коллекции (13%). 69% коллекционного материала оказались восприимчивыми.

В связи с этими данными обсуждаются литературные данные по генетике устойчивости к пыльной головне и возможности комбинирования с другими признаками устойчивости.

Literatur

Anonym, 1965/66: Saatgutverzeichnis 1965/66 der Auskunftsstelle für landwirtschaftliche Samen, Den Haag.

Andrews, J. E., 1956: Inheritance of reaction to loose smut, *Ustilago nuda*, and to stem rust, *Puccinia graminis tritici*, in barley. – Canad. J. agric. Sci. *36*, 356–370.

Apltauerová, M., 1969: Odrůdová odolnost jarního ječmene proti prašné sněti ječmenné (*Ustilago nuda* (JENS.) ROSTR.) při umělě infekci (Sortenresistenz der Sommergerste gegenüber dem Gerstenflugbrand bei künstlicher Infektion). – Genet. šlecht., Prag *5*, 127–134.

Baker, R. J., and E. N. Larter, 1963: The inheritance of scald resistance in barley. – Canad. J. Genet. Cytol. *5*, 445–449.

Ben-Yephet, Y., A. Dinoor and Y. Henis, 1975: The physiological basis of carboxin sensitivity and tolerance in *Ustilago hordei*. – Phytopathology *65*, 936–942.

CHATRATH, M. S., K. B. L. JAIN and M. MOHAN, 1968: Genetic stocks of barley resistant to loose smut. – Ind. J. Genet. Plant. Breed. *28*, 332–334.

CHEREWICK, W. J., and W. POPP, 1950: A modification of Moore's method of inoculating wheat and barley with loose smut. – Phytopathology *40*, 1054–1056.

CLONINGER, C. K., and J. M. POEHLMAN, 1954: Resistance of winter barley to *Ustilago nuda* (JENS.) ROSTR. – Res. Bull. Mo. agric. Exp. Sta., No. 560.

DIERCKS, R., und R. KLEWITZ, 1968: Ergebnisse mehrjähriger Untersuchungen über die Flugbrandresistenz bei Sommerweizen und Sommergerste. – Nachrichtenbl. Dt. Pflanzenschutzd., Braunschweig *20*, 70–72.

DOBREV, D., 1972: Ustojčivost na njakoi sortove proleten ečemik kum trite ustanoveni u nas fiziologični rasi na kafjavata prachovita glavnja (Resistenz einiger Sommergerstensorten gegen drei bei uns nachgewiesene physiologische Rassen des Flugbrandes). – Rasteniev. Nauki, Sofia *9* (7), 139–144.

DYCK, P. L., and C. W. SCHALLER, 1961: Inheritance of resistance in barley to several physiologic races of the scald fungus. – Canad. J. Genet. Cytol. *3*, 153–164.

FEDOROVA, L. I., 1968: Sorta jačmenja, ustojčivye k pyl'noj golovne (Gegen Flugbrand resistente Gerstensorten). – Zašč. Rast., Moskau *13* (10), 49.

– 1970: Ischodnyj material dlja selekcii jačmenja na ustojčivost' k pyl'noj golovne (Ausgangsmaterial für die Züchtung flugbrandresistenter Gerste). – Trudy prikl. Bot. Genet. Selek. *43* (3), 97–100.

FREISLEBEN, R., 1940: Die Gersten der Deutschen Hindukusch-Expedition 1935. – Kühn-Arch. *54*, 295–368.

HANSEN, L. R., and H. A. MAGNUS, 1973: Virulence spectrum of *Rhynchosporium secalis* in Norway and sources of resistance in barley. – Phytopath. Z. *76*, 303–313.

HEWETT, P. D., 1972: Resistance to barley loose smut (*Ustilago nuda*) in the variety Emir. – Trans. Brit. mycol. Soc. *59*, 330–331.

JOHNSTON, W. H., and D. R. METCALFE, 1961: Note on Keystone, a loose smut resistant feed barley. – Canad. J. Plant Sci. *41*, 874–875.

KIESLING, R. L., 1969: The inheritance of resistance to *Ustilago hordei* in spring barley. – Barley Genetics II. Proc. 2nd intern. Barley Genetics Symp. Pullman. 1971, 500–507.

KLINE, D. M., 1972: *Helminthosporium* stripe resistance in spring barley cultivars. – Plant Dis. Reptr. *56*, 891–893.

KONZAK, C. F., 1953: Inheritance of resistance in barley to physiologic races of *Ustilago nuda*. – Phytopathology *43*, 369–375.

KOROL'SKAJA, G. A., 1973: Cennyj material dlja selekcii jačmenja. (Ausgangsmaterial für die Gerstenzüchtung). – Selekcija i semenovodstvo 1973 (2), 39.

KOZERA, W., 1965: Wyniki dotychczasowych badań nad głowinia pyłkowa jeczmienia *Ustilago nuda* (JENS.) ROSTR. (Derzeitige Ergebnisse der Untersuchungen über Gerstenflugbrand, *U. nuda*). – Biul. Inst. Hodowli Aklimat. Roślin 1965, 107–113.

– 1975: The inheritance of resistance to *Ustilago nuda* (JENS.) ROSTR. in a highly immune barley variety Jet in relation to the biotypes of loose smut, occurring on the area of Poland. I. Mechanism of inheritance. – Genetica Polonica *16*, 61–70.

– i. A. ROSZKO, 1975: Określenie nowych źródeł odporności na wystepujace w polsce grupy ras głowni pyłkowej jeczmienia – *Ustilago nuda* (JENS.) ROSTR. (Bestimmung neuer Quellen der Resistenz gegen polnische Rassengruppen vom Gerstenflugbrand, *U. nuda*). – Hodowla rośl., aklimat. nasienn. *19*, 287–302.

KRIVČENKO, V. I., D. V. MJAGKOVA, K. G. ŠČELKO, V. N. SOLDATOV i Z. V. TIMOŠENKO, 1971: Katalog po izučeniju ustojčivosti zerpovych kul'tur k vidom golovni (Prüfungen der Resistenz von Getreide gegen Flugbrand. Verzeichnis der Ergebnisse). – VIR Leningrad, No. 72.

LAMBERT, J. W., 1958: Registration of barley varieties XIV. – Agron. J. *50*, 708–711.
LARTER, E. N., 1962: The inheritance of loose smut resistance. II. The inheritance of resistance in three barley varieties immune to race 2. – Canad. J. Plant Sci. *42*,707–710.
– and H. ENNS, 1962: The inheritance of loose smut resistance. I. The inheritance of resistance in four barley varieties immune to race 2 of loose smut. – Canad. J. Plant Sci. *42*, 69–77.
LEHMANN, CHR. O., 1972: Das Kulturpflanzenweltsortiment des Zentralinstituts für Genetik und Kulturpflanzenforschung in Gatersleben, ein Genreservoir für die Pflanzenzüchtung in der DDR. – Arch. Züchtungsforsch. *2*, 109–127.
LEIN, A. 1970: Züchtungsdaten der Sommergerste Ortolan mit Lyallpur – Mehltauresistenz. – Ber. Arbeitstagung Saatzuchtleiter, Gumpenstein, 145–162.
LIVINGSTON, J. E., 1942: The inheritance of resistance to *Ustilago nuda*. – Phytopathology *32*, 451–466.
METCALFE, D. R., 1962: Inheritance of resistance to loose smut, covered smut and false loose smut in the barley variety Jet. – Canad. J. Plant Sci. *42*, 176–189.
– 1966: Inheritance of loose smut resistance. III. Relationships between the „Russian" and „Jet" genes for resistance and genes in 10 barley varieties of diverse origin. – Canad. J. Plant Sci. *46*, 487–495.
– 1969: Genetics of host resistance to loose smut of barley. – Barley Genetics II. Proc. 2nd intern. Barley Genetics Symp. Pullman. Washington 1971, 508–512.
– and S. B. HELGASON, 1962: Inheritance of loose smut resistance. I. Inheritance of resistance to a Trebi-attacking culture of *Ustilago nuda* (JENS.) ROSTR. in five barley varieties of Abyssinian origin. – Canad. J. Plant Sci. *42*, 472–480.
– and W. H. JOHNSTON, 1963: Inheritance of loose smut resistance. II. Inheritance of resistance in three barley varieties to races 1, 2 and 3 of *Ustilago nuda* (JENS.) ROSTR. – Canad. J. Plant Sci. *43*, 390–396.
MOHAJIR, A.-R., D. C. ARNY and H. L. SHANDS, 1952: Studies on the inheritance of loose smut resistance in spring barleys. – Phytopathology *42*, 367–373.
MOORE, M. B., 1936: A method for inoculating wheat and barley with loose smuts. – Phytopathology *26*, 397–400.
MOSEMAN, J. G., and D. R. METCALFE, 1969: Identification of resistance genes in barley by reactions to *Ustilago nuda*. – Canad. J. Plant Sci. *49*, 447–451.
– and D. A. REID, 1958: Reaction of spring and winter barleys to cultures of four races and culture P 35 of *Ustilago nuda*. – Plant Dis. Reporter *42*, 614–617.
NAHMACHER, J., 1932: Beitrag zur Immunitätszüchtung der Gerste gegen *Ustilago nuda* forma spec. *hordei*. – Phytopath. Z. *4*, 597–630.
NIEMANN, E., 1961: Flugbrandresistente Gerstensorten. – Z. Pflanzenzücht. *45*, 8–16.
NOVER, I., und CHR. O. LEHMANN, 1966: Resistenzeigenschaften im Gersten- und Weizensortiment Gatersleben. 6. Prüfung von Gersten auf ihr Verhalten gegen Gelbrost (*Puccinia striiformis* WEST. syn. *P. glumarum* (SCHM.) ERIKSS. et. HENN.). – Kulturpflanze *14*, 257–262.
– – 1969: – 11. Prüfung von Wintergersten auf ihr Verhalten gegen Flugbrand (*Ustilago nuda* (JENS.) ROSTR.). – Kulturpflanze *17*, 233–240.
– – 1972: – 15. Prüfung des Verhaltens von Sommergerste gegen Flugbrand (*Ustilago nuda* (JENS.) ROSTR.). – Kulturpflanze *19*, 299–304.
– – 1974: – 18. Prüfung von Sommergersten auf ihr Verhalten gegen Zwergrost (*Puccinia hordei* Otth). – Kulturpflanze *22*, 25–43.
PEDERSEN, P. N., 1962: Testing varieties of barley for physiological resistance to loose smut, *Ustilago nuda* (JENS.) ROSTR. – Årsskr. Kgl. Vet.-Landbohøjsk. København 1962, 124–143.

POEHLMAN, J. M., 1945: A simple method of inoculating barley with loose smut. – Phytopathology *35*, 640–644.
– 1963: Breeding for resistance to loose smut, *Ustilago nuda* (JENS.) ROSTR., at the Missouri experiment station. – Barley Genetics I. Proc. 1st intern. Barley Genetics Symp. Wageningen, Centre Agric. Publ. Doc. 1964, 240–241.
POPP, W., 1951: Infection in seeds and seedlings of wheat and barley in relation to development of loose smut. – Phytopathology *41*, 261–275.
RIGINA, S. I., 1965: Ustojčivost' k pyl'noj golovne obrazcov jarovogo jačmenja (Resistenz von Sommergerste-Proben gegen Flugbrand). – Sb. Trud. Aspir. molod. nauč. Sotrud. Vses. Inst. Rast., Leningrad *6* (10), 37–42.
ROBERTSON, D. W., G. A. WIEBE and R. G. SHANDS, 1947: A summary of linkage studies in barley. Supplement I. 1940–1946. – J. Amer. Soc. Agron. *39*, 464–473.
SCHALLER, C. W., 1949: Inheritance of resistance to loose smut, *Ustilago nuda*, in barley. – Phytopathology *39*, 959–979.
SEIFFERT, J., 1926: Künstliche Blüteninfektionen zur Untersuchung der Empfänglichkeit verschiedener Gerstensorten für *Ustilago hordei nuda* und der Einfluß äußerer Bedingungen auf die Höhe des Brandprozentes. – Kühn-Arch. *12*, 423–515.
SHANDS, H. L., and D. C. ARNY, 1944: Stripe reaction of spring barley varieties. – Phytopathology *34*, 572–585.
– F. L. PATTERSON and J. F. SCHAFER, 1964: Inheritance of resistance to loose smut in three winter barleys. – Proc. Indiana Acad. Sci. *74*, 155–164.
– and C. W. SCHALLER, 1946: Response of spring barley varieties to floral loose smut inoculation. – Phytopathology *36*, 534–548.
SHIPTON, W. A., W. J. R. BOYD and S. M. ALI, 1974: Scald of barley. – Rev. Plant Path. *53*, 839–861.
SKOROPAD, W. P., and L. P. V. JOHNSON, 1952: Inheritance of resistance to *Ustilago nuda* in barley. – Canad. J. Bot. *30*, 525–536.
STEVENSON, F. J., and H. JONES, 1953: Some sources of resistance in crop plants. – Yearbook agric. 1953, 192–216.
TAPKE, V. F., 1955: Physiologic races in *Ustilago nuda* and techniques for their study. – Phytopathology *45*, 73–78.
TROFIMOVSKAJA, A. JA., V. I. KRIVČENKO, L. G. ŠČELKO i S. I. TRAJNINA, 1972: Katalog charakteristika ustojčivosti jačmenja k pyl'noj golovne, mučnistoj rose i karlikovoj ržavčine (Verzeichnis der Merkmale für Resistenz der Gerste gegen Flugbrand, Mehltau und Zwergrost). – VIR Leningrad, No. 97.
– i E. M. ROGOŽINA, 1968: Ustojčivost' sortov jačmenja k racam karlikovoj ržavčiny (Resistenz von Gerstensorten gegen Zwergrostrassen). – Bjull. Vses. Inst. Rast., Leningrad, No. 13, 58–64.
WELLS, S. A., 1958: Inheritance of reaction to *Ustilago hordei* in cultivated barley. – Canad. J. Plant Sci. *38*, 45–60.
– and W. P. SKOROPAD, 1963: Inheritance of reaction to *Rhynchosporium secalis* in barley. – Canad. J. Plant Sci. *43*, 184–187.
WIBERG, A., 1974: Sources of resistance to powdery mildew in barley. – Hereditas *78*, 1–40.
WOLFE, M. S., 1972: The genetics of barley mildew. – Rev. Plant Path. *51*, 507–522.
ZEIDAN, M. I., 1955: The inheritance of resistance to *Ustilago nuda* (JENS.) K. and S., race 1, in barley. – Diss. Abstr. *15*, 326.

Kulturpflanze XXIV · 1976 · S. 249–282

Die kultivierten Kakteenarten

(mit Ausschluß von Zierpflanzen)

KARL HAMMER

(Eingegangen am 2. Februar 1976)

Die vorliegende Revision der kultivierten Cactaceae entstand für eine erweiterte Neuauflage von MANSFELDS (1959) „Vorläufiges Verzeichnis landwirtschaftlich oder gärtnerisch kultivierter Pflanzenarten". In diesem Verzeichnis werden 5 Kulturarten aufgeführt; bei UPHOF (1959) werden 9, von AKEMINE (1933) 13 und bei VUL'F und MALEEVA (1969) 26 kultivierte Kakteenarten genannt. Von uns konnten 55 Kulturarten anhand der einschlägigen Literatur belegt werden.

Die Hauptverwendungszwecke der Kultursippen sind aus Tabelle 1 ersichtlich. Einzelheiten dazu werden bei Abhandlung der entsprechenden Arten aufgeführt. Auf die Cochenillekultur wird ausführlicher bei *Nopalea cochenillifera* und auf die Kultur als Obst- bzw. Futterpflanzen bei *Opuntia ficus-indica* eingegangen. Für die Heckenkultur eignen sich wegen ihrer Bedornung sehr viele Kakteenarten. Sie werden meist nicht nur als Hecke gezogen, sondern auch andere Verwendungsmöglichkeiten, z. B. als Obst, werden gleichzeitig ausgenutzt. Einige der wichtigsten, nur zur Heckenpflanzung kultivierten Arten wurden mit in diese Arbeit aufgenommen, wobei sie in ihrer Anzahl allerdings über die bei HOWES (1946) genannten Sippen hinausgehen.

Die Kakteen sind in der Neuen Welt schon lange in Kultur, wie sich durch historische Belege nachweisen läßt (BRAVO 1934, DRESSLER 1953). Die ersten Spanier fanden in Amerika schon vollständig domestizierte Sippen vor. Der Domestikation ist die Nutzung durch die Indianer vorausgegangen. Auch heute noch werden wildwachsende Kakteen in unterschiedlicher Weise genutzt. Aus dem rapiden Ansteigen des Bedarfes an Wildpflanzen kann sich die Notwendigkeit des Anbaus durch den Menschen ergeben, ein Vorrang, der sich z. B. heutzutage bei dem alkaloidliefernden Kaktus *Lophophora williamsii* (LEM. ex SALM-DYCK) COULT. andeutet. Die hier vorgelegte Aufstellung trägt deshalb vorläufigen Charakter, u. a. auch im Hinblick auf die Anbauareale. So ist man z. B. bestrebt, die Kakteen in Wüsten- und Steppengebieten der Sowjetunion als Viehfutter zu kultivieren (DISOVSKIJ 1932, LOPOTT 1935, ROMANOVIČ 1965). Bisher scheiterten

Tabelle 1

Hauptverwendungszwecke der kultivierten Kakteenarten

Verwendungszweck	Arten
Obstkultur	*Pereskia aculeata, P. guamacho, Opuntia boldinghii, O. elatior, O. hyptiacantha, O. streptacantha, O. amyclaea, O. megacantha, O. undulata, O. crassa, O. ficus-indica, O. lanceolata, O. maxima, O. robusta, O. crystalenia, O. leucotricha, O. dillenii, Nopalea dejecta, Hylocereus ocamponis, H. undatus, H. napoleonis, Nyctocereus serpentinus, Lemaireocereus hollianus, Marshallocereus thurberi, Ritterocereus deficiens, R. griseus, R. pruinosus, R. queretaroensis, Stenocereus stellatus, Lophocereus schottii, Escontria chiotilla, Cereus hexagonus*
Heckenpflanzung	*Pereskia aculeata, P. sacharosa, P. bahiensis, P. guamacho, Pereskiopsis chapistle, P. spathulata, Opuntia exaltata, O. vulgaris, O. boldinghii, O. ficus-indica, O. leucotricha, O. lindheimeri* var. *lindheimeri, O. dillenii, Nopalea karwinskiana, Hylocereus ocamponis, H. undatus, H. napoleonis, Trichocereus pachanoi, T. bridgesii, T. cuzcoensis, Lemaireocereus hollianus, Pachycereus pringlei, P. pecten-aboriginum, Marshallocereus thurberi, M. aragonii, Ritterocereus deficiens, R. griseus, R. pruinosus, R. queretaroensis, Marginatocereus marginatus, Stenocereus stellatus, Lophocereus schottii, Cereus hexagonus, C. peruvianus*
Triebe als Viehfutter	*Opuntia megacantha, O. fusicaulis, O. ficus-indica, O. lindheimeri* var. *ellisiana, Nopalea cochenillifera*
Wirtspflanzen für Cochenillekultur	*Opuntia exaltata* (?), *O. vulgaris, O. elatior, O. streptacantha, O. ficus-indica* var. *splendens, O. tomentosa, Nopalea cochenillifera*
Arznei- und Alkaloidpflanzen	*Selenicereus grandiflorus, Trichocereus pachanoi, Eriocereus martinii*

diese Versuche vor allem an der nicht genügenden Kältefestigkeit der dazu verwendeten dornenlosen *Opuntia* spp. In den USA wurden 25 dornenlose Formen getestet, von diesen 8 bis 10 Sippen mit guten Resistenzeigenschaften ausgelesen und im Lande verteilt (Griffiths 1920). Diese Sippen eignen sich auch als Futterpflanzen unter kühleren Bedingungen. Die Kakteentriebe stellen übrigens ein ausgezeichnetes Viehfutter für Kühe (Mehta 1904, Woodward und Turner 1915, Schultz 1939) und Schafe (Marais und Bonsma 1939) dar. Gelegentlich werden auch die sonst der menschlichen Ernährung dienenden Früchte an Schweine und Pferde verfüttert (Siva 1918, Vodret 1932). Die Verfütterung von Kakteentrieben aus Wildbeständen in Notzeiten ist so verbreitet, daß besonders die langsamwachsenden Säulenformen in vielen Gebieten schon ausgerottet sind.

Manche Kakteen wurden in ihrer Heimat wegen der schönen Blüten seit uralten Zeiten kultiviert. Einige davon werden heute noch von den Indianern hauptsächlich als Zierpflanzen angebaut, wie *Epiphyllum ackermannii* Haw. (Bravo 1934). Nur gelegentlich werden seine Früchte verzehrt. Solche Arten wurden hier nicht berücksichtigt. Andere waren wohl ursprünglich Zierpflanzen, wie *Hylocereus undatus*, und sind erst dann zur Obstnutzung herangezogen worden, die heute den Hauptverwendungszweck bildet. Hier ergibt sich ein Problem bei der Benutzung der beigefügten Schlüssel. Kakteen, die ihre Hauptverwendung als Zierpflanze haben, können damit nicht bestimmt werden, auch wenn gelegentlich andere Nutzungsarten zu beobachten sind.

Manche Nutzungsrichtungen der Kultursippen, wie der Anbau zur Cochenillekultur, sind in den letzten hundert Jahren fast ganz verschwunden. Die dafür verwendeten Kulturpflanzen (*Opuntia*, *Nopalea*) finden hier aber noch aus historischem Interesse Erwähnung.

In der systematischen Anordnung der Sippen wurde der Monographie Backebergs (1958–1962) gefolgt. Auch für die systematische Umgrenzung der Gattungen ergeben sich bei den Säulenkakteen keine Abweichungen vom Backeberg. Wir schätzen aber ein, daß diese Gattungsumgrenzung zu eng ist. Eine Neugliederung ist jedoch mit Schwierigkeiten verbunden, die den Rahmen dieser Abhandlung sprengen würden. Aus der engen Gattungsumgrenzung ergeben sich m. E. Vorteile für die Bestimmungen. Bei den Pereskioideae und Opuntioideae wurde (außer *Nopalea*) eine breite Gattungsauffassung schon in der vorliegenden Revision vertreten. Die Beschreibung der Arten wurde kurz gehalten, weil dazu eine reichhaltige Literatur zur Verfügung steht, z. B. Schumann 1899, Britton und Rose (1919–1924), Backeberg (1958–1962) und Krainz (1956–1975, in Teillieferungen, inzwischen leider Erscheinen eingestellt.) In Zweifelsfällen bei der Bestimmung ist diese Spezialliteratur zu konsultieren.

Schlüssel zu den Gattungen

1 Schwach-sukkulente Pflanzen mit normalen Laubblättern
I. ***Pereskia***

1′ Sukkulente Pflanzen, Laubblätter stark sukkulent, rudimentär oder fehlend 2

2 Laubblätter stark sukkulent, voll entwickelt
II. ***Pereskiopsis***

2′ Laubblätter rudimentär oder fehlend 3

3 Pflanzen mit rudimentären, bald abfallenden Blättern und ± flachen gegliederten Trieben, Glochiden vorhanden 4

3′ Laubblätter fehlend, keine Glochiden, Triebe meist nicht flach, in der Regel nicht nach ± kurzen Wachstumsperioden deutlich gegliedert 5

4 Blüten weit geöffnet, Staubfäden und Griffel in der Regel nicht die Kronblätter überragend
III. ***Opuntia***

4′ Blüten wenig geöffnet, Blütensaum eng zusammengeschlossen, Staubfäden und Griffel weit herausragend
IV. ***Nopalea***

5 Pflanzen mit Luftwurzeln, langen, dünnen Trieben, kletternd, kriechend oder hängend 6
5′ Pflanzen in der Regel ohne Luftwurzeln 7
6 Perikarpell mit Dornen bzw ± steifen Borsten
V. ***Selenicereus***
6′ Perikarpell ohne Dornen oder Borsten
VI. ***Hylocereus***
7 Dünne, langtriebige Pflanzen, anlehnend klimmend oder kriechend 8
7′ Aufrechte, meist recht kräftige säulenförmige Pflanzen 9
8 Perikarpell borstig oder dornig, Frucht borstig-dornig
VIII. ***Nyctocereus***
8′ Perikarpell ± behaart, Frucht gering behaart, z. T. dornig
IX. ***Eriocereus***
9 Stets nur eine Blüte je Areole 11
9′ Oft mehrere, meist 2, Blüten je Areole 10
10 Perikarpell filzig, nur selten mit Borsten, Frucht steif-borstig
XIV. ***Marginatocereus***
10′ Perikarpell mit Schüppchen, Frucht kahl
XVII. ***Lophocereus***
11 Frucht mehr oder weniger lang dornig oder borstendornig 12
11′ Frucht nicht dornig, kahl oder beschuppt 16
12 Perikarpell und Blütenröhre ohne Borstendornen, kurz befilzt
XIII. ***Ritterocereus***
12′ Perikarpell oder Blütenröhre ± mit Borstendornen 13
13 Perikarpell mit Borsten, Beborstung der Blütenröhre meist fehlend
XV. ***Stenocereus***
13′ Borsten auch an der Blütenröhre 14
14 Perikarpell und Blütenröhre dicht-filzig
XI. ***Pachycereus***
14′ Perikarpell oder Blütenröhre mit Haaren, zuweilen etwas filzig 15
15 Perikarpell und Blütenröhre behaart
X. ***Lemaireocereus***
15′ Blütenröhre mit kurzen Haaren und etwas Filz, Perikarpell meist nur borstendornig
XII. ***Marshallocereus***
16 Frucht kahl, glatt, Blütenröhre wenig beschuppt, Blüte nach der Anthese glatt abfallend, Griffel bleibt stehen
XVIII. ***Cereus***
16′ Frucht beschuppt 17
17 Blütenröhre behaart, stets ohne Borsten, Frucht mit kleinen Schuppen
VII. ***Trichocereus***

17′ Blütenröhre und Frucht mit großen, breit-dreieckigen Schuppen
XVI. ***Escontria***

Schlüssel zu den Arten

I. ***Pereskia***

1 Kletternder oder überhängender Strauch, anfangs aufrecht, mit paarigen, zurückgebogenen Kletterdornen in den Blattachseln, Blätter lanzettlich bis eiförmig, kurz gespitzt, bis 7 cm lang
1. ***Pereskia aculeata***

1′ Aufrechter Strauch oder Baum ohne Kletterdornen 2

2 Blüten weiß, rosa oder rot 3

2′ Blüten gelb, Frucht orange
2. ***Pereskia guamacho***

3 Blüten rosenrot, Blätter bis 20 cm lang, 5 cm breit
3. ***Pereskia bleo***

3′ Blüten weiß oder rosa 4

4 Blätter lanzettlich, b's 12 cm lang, Blüten groß, rosa bis weiß
4. ***Pereskia sacharosa***

4′ Blätter oben spatelig nach unten stark verjüngt, bis 9 cm lang, Blüten rosa
5. ***Pereskia bahiensis***

II. ***Pereskiopsis***

1 Blätter kaum länger als breit, eiförmig oder elliptisch, Blüten gelb bis rosa
1. ***Pereskiopsis chapistle***

1′ Blätter deutlich länger als breit, spatelförmig, Blüten rot
2. ***Pereskiopsis spathulata***

III. ***Opuntia***

1 Triebe rund, langzylindrisch
1. ***Opuntia exaltata***

1′ Triebe ± weniger breit abgeflacht 2

2 Baumförmig (bei *O. dillenii* können auch strauchige Exemplare auftreten) 3

2′ Strauchförmig oder ± baumförmig, dann aber ± wenig bedornt 8

3 Blüten dunkelgelb, rot gestreift, Dornen braun oder gelb mit brauner Basis, bis 4 m hoch werdend, nicht mit durchgehendem Stamm
4. ***Opuntia elatior***

3′ Blüten nicht auffällig gestreift 4
4 Blüten gelb bis (zuweilen) rot 5
4′ Blüten weiß, Dornen weiß, Frucht dunkelrot bis orange
9. ***Opuntia undulata***
5 Dornen weiß, Blüten gelb
17. ***Opuntia leucotricha***
5′ Dornen ± gelb 6
6 Dornen rein gelb, bis 10 je Areole (z.T. braungefleckt), ± abgeflacht, Blüten zitronengelb, zuweilen anfangs rot, Frucht purpurn, ohne Dornen (es gibt auch ± strauchige Exemplare)
20. ***Opuntia dillenii***
6′ Dornen nicht rein gelb 7
7 Dornen gelbbraun bis dunkelbraun, 1 bis 2 je Areole, Blüten schwefelgelb bis (selten) orange, 7–9 cm breit, Frucht rötlich purpur
2. ***Opuntia vulgaris***
7′ Dornen blaßgelb bis fast weiß, 1 bis 6 je Areole, bis 4 cm lang (es kommen auch fast dornenlose Formen vor), Blüten gelb bis dunkelrot, Frucht purpurn
19. ***Opuntia lindheimeri***
8 Dornen immer vorhanden 9
8′ Dornen oft fehlend, wenn vorhanden, dann nur im oberen Teil der Triebe und oft bald abfallend 12
9 Areolen ohne nach unten anliegende Haarborsten; Dornen rein weiß, Frucht gelb, ohne Dornen
8. ***Opuntia megacantha***
9′ Areolen mit nach unten anliegenden Haarborsten 10
10 Haarborsten 1 bis 2 11
10′ Haarborsten mehr als 2, Blüten rot, Frucht gelblich
5. ***Opuntia hyptiacantha***
11 Triebe eiförmig, Blüten gelb bis orange, Früchte dunkelrot bis gelb (manchmal baumförmig)
6. ***Opuntia streptacantha***
11′ Triebe länglich, Blüten gelb, Früchte gelblichrot
7. ***Opuntia amyclaea***
12 Dornen zumindest im Oberteil der Triebe noch vorhanden 13
12′ Dornen in der Regel fehlend, vereinzelt vorkommend, dann klein 14
13 Dornen 8 bis 12 je Areole, weiß mit brauner oder gelber Basis, Blüten gelb, Früchte tiefrot
15. ***Opuntia robusta***
13′ Dornen bis 4 je Areole, nur im Oberteil der Triebe, weiß
16. ***Opuntia chrystalenia***

14 Areolen groß und erhaben mit kurzer, brauner Wolle, Blüten rosenrot, 5 cm lang, Frucht dornenlos, 4 cm lang
3. ***Opuntia boldinghii***

14′ Areolen klein, nur wenig erhaben 15

15 Triebe grau- bis stumpfgrün, deutlich samtig, Blüten rosa bis orange
18. ***Opuntia tomentosa***

15′ Triebe nicht samtig 16

16 Triebe blaugrün bereift 17

16′ Triebe unbereift 18

17 Triebe kürzer als 20 cm, Blüte gelb, Frucht rot
10. ***Opuntia crassa***

17′ Triebe bis 40 cm lang, Frucht grünlichweiß
11. ***Opuntia fusicaulis***

18 Sehr große, bis über 50 cm lange Triebe, breitrund bis mehr gestreckt, Blüten gelb, Früchte rot bis orange, sehr variabel, daher auch andere Färbungen möglich
12. ***Opuntia ficus-indica***

18′ Triebe länglich, bis 35 cm lang 19

19 Triebe etwas gehöckert, nach oben verjüngt, große, gelbe Blüten
13. ***Opuntia lanceolata***

19′ Triebe ungehöckert, nach oben zu rundlich, große, orange Blüten
14. ***Opuntia maxima***

IV. *Nopalea*

1 Triebe ohne Dornen bzw. nur an alten Trieben gelegentlich kurze Dornen
1. ***Nopalea cochenillifera***

1′ Triebe mit bis zu 4 und mehr Dornen je Areole 2

2 Triebe 4 bis 7 mal so lang wie breit, Blüten dunkelrot, 5 cm lang
2. ***Nopalea dejecta***

2 Triebe 2 bis 4 mal so lang wie breit, Blüten rot, bis 12 cm lang
3. ***Nopalea karwinskiana***

VI. *Hylocereus*

1 Triebe am Rande deutlich hornig 2

1′ Triebe am Rande nicht hornig 3

2′ Frucht oblong, 10 bis 12 cm Durchmesser, mit großen, dünnen Schuppen oder fast glatt
1. ***Hylocereus undatus***

2′ Frucht mit dichtstehenden, purpurrandigen Schuppen
2. ***Hylocereus ocamponis***

3 Perikapellschuppen wenige, weit entfernt stehend
3. ***Hylocereus napoleonis***

VII. ***Trichocereus***

1 Dornen sehr kurz oder fehlend, dunkelgelb bis braun
1. ***Trichocereus pachanoi***

1′ Dornen länger, gelb 2

2 Dornen pfriemlich, Basis nicht verdickt, Dornen bis 10 cm, Blüten bis 18 cm lang
2. ***Trichocereus bridgesii***

2′ Dornen pfriemlich, Basis verdickt, Dornen bis 7 cm
3. ***Trichocereus cuzcoensis***

XI. ***Pachycereus***

1 Dornen in der Blütenzone vorhanden, Areolen sich am Triebende nicht berührend, Rippen etwa 20
1. ***Pachycereus pecten-aboriginum***

1′ Dornen in der Blütenzone fehlend, Areolen am Triebende einander berührend, Rippen etwa 13
2. ***Pachycereus pringlei***

XII. ***Marshallocereus***

1 Triebe bei Abschluß der Wachstumsphase sich verjüngend, daher im Laufe der Jahre mit Abschnürungen versehen, Rippen 6 bis 8, Blüten weiß
1. ***Marshallocereus aragonii***

1′ Triebe nicht abgeschnürt, Rippen 12 bis 17, Blüten hellpurpurn
2. ***Marshallocereus thurberi***

XIII. ***Ritterocereus***

1 Filz der Areolen weiß oder braun, mäßig stark bereift, Rippen 7 bis 8, Mitteldornen 0 bis 1, Randdornen ca. 8 je Areole
1. ***Ritterocereus deficiens***

1′ Filz der Areolen braun oder bräunlich 2

2 Rippenkanten nicht auffällig gekerbt, Areolen wenig vertieft 3

2′ Rippenkanten gekerbt, Areolen vertieft, nicht bereift, Rippen 6 bis 8, Randdornen 6 bis 8 je Areole
2. ***Ritterocereus queretaroensis***

3 3 Mitteldornen je Areole, 8 bis 10 Rippen, mäßig stark bereift, 10 bis 11 Randdornen je Areole
3. ***Ritterocereus griseus***

3′ 1 Mitteldorn je Areole, 5 bis 6 Rippen, im Neutrieb stark bereift, 5 bis 7 Randdornen je Areole

4. ***Ritterocereus pruinosus***

XVIII. ***Cereus***

1 Dornen 8 bis 10 je Areole, bis 6 cm lang, Rippen 4 bis 7, Blüten bis 25 cm lang

1. ***Cereus hexagonus***

1′ Dornen 5 bis 6 je Areole, 2 cm lang, Rippen 6 bis 8, Blüten bis 14 cm lang

2. ***Cereus peruvianus***

Cactaceae

I. ***Pereskia*** MILL., Gard. Dict. abr. ed. 4 (1754) non *Perescia* VELL. – Celastraceae (1825). – *Peirescia* ZUCC. in Abh. Akad. Münch. 2 (1837) 695; *Perescia* LEM., Cat. Hort Monv. (1838) 14; *Peireskia* STEUD., Nom. ed. 2, 2 (1841) 282; *Rhodocactus* (BERGER) KNUTH, Kaktus-ABC (1935) 96 pro parte.

Typus: *Pereskia aculeata* MILL. (*Cactus pereskia* L.)

1. ***Pereskia aculeata*** MILL., Gard. Dict. ed. 8 (1768) nr. 2. – *Cactus pereskia* L., Spec. Pl. (1753) 469; *Cactus lucidus* SALISB., Prodr. (1796) 349; *Pereskia longispina* HAW., Syn. pl. succ. (1812) 178; *Pereskia aculeata β longispina* (HAW.) DC., Prodr. 3 (1828) 475; *Perescia fragrans* LEM., Hort. Univ. 2 (1841) 40; *P. undulata* LEM., Ill. Hort. 5 (1858) Misc. 11; *Pereskia pereskia* (L.) KARST., Deutschl. Fl. (1882) 888; *Peireskia foetens* SPEGG. in WEINGART, Monatsschr. Kakteenk. 14 (1904) 134; *Pereskia godseffiana* (HORT.) SANDER in Gard. Chron. 3 ser. 43 (1908) 257; *Peireskia aculeata* var. *godseffiana* (SAND.) KNUTH, Kaktus-ABC (1935) 96.

engl. Barbados cherry, lemon vine; fr. ronce d'Amérique, grosseillier des Barbades; niederl. blad apple; ora pro nobis (Brasilien)

Anfangs aufrechter, später überhängender oder kletternder Strauch, mit Einzeltrieben von bis zu 10 m Länge; Blätter bis 7 cm lang, länglich bis eiförmig (normales Laubblatt); Blüten meist weiß (blaßrosa bis hellgelb) mit einem Durchmesser von 4,5 cm, gebüschelt am Triebende; Früchte hellgelb, bis 2 cm Durchmesser, mit schwarzen, flachen Samen.

Spontan: Im tropischen Amerika weit verbreitet, im Süden bis Paraguay und Argentinien, im Norden bis Mexiko und Florida (wohl nur verwildert).

Kultiviert: Tropisches Amerika, weit verbreitet, besonders Westindien, meist in Form von Hecken, vereinzelt in tropischen Gebieten Asiens (Südostasien).

Die säuerlich schmeckenden Früchte werden roh oder konserviert verzehrt. In Brasilien und Indonesien wird das junge Laub als Gemüse gekocht. Für das Anlegen von Hecken geeignet. BRITTON 1921, HEYNE 1927, BERGER 1929, CASTEL-

LANOS und LELONG 1934, HOWES 1946, BACKEBERG 1958; ALMEIDA und CAMBRAIA 1974

2. ***Pereskia guamacho*** WEBER, in BOIS, Dict. Hortic. (1898) 928. –
Rhodocactus guamacho (WEBER) KNUTH, in BACKEBERG et KNUTH, Kaktus-ABC (1935) 95.

Guamacho, guamache, supire, supi, suspiro (Venezuela); supi (Paraguay); golamaatsjoe (Curaçao)

Strauch oder kleiner Baum, bis zu 3 m hoch werdend; Blätter lanzettlich bis eiförmig; meist über 20 bis 4 cm lange Dornen je Areole; Blüten dicht stehend, hellgelb, 4 cm breit; Frucht 2 cm Durchmesser, kugelig, orange.

Spontan: Venezuela, Insel Marguerita

Kultiviert: Gelegentlich auf Curaçao, auf Marguerita häufig. Als Heckenpflanze geschätzt, die Früchte werden verzehrt. PITTIER 1926, HUMMELINCK 1938

3. ***Pereskia bleo*** (H. B. K.) DC., Prodr. 3 (1828) 475. –
Cactus bleo H. B. K., Nov. gen. et spec. 6 (1823) 89; *Rhodocactus bleo* (H. B. K.) KNUTH in BACKEBERG et KNUTH, Kaktus-ABC (1935) 97.

Guamacho morado, guamacho colorado (Venezuela)
Baumförmig, bis 7 m hoch werdend; Blätter bis zu 20 cm lang, 5 cm breit; 5 bis 6 kräftige, schwarze Dornen je Areole; Blüten rot, zu 2 bis 5 an den Zweigenden zusammenstehend; Früchte gelb, 5 bis 6 cm lang.

Spontan: Kolumbien, Panama, Venezuela und Brasilien.

Kultiviert: In den genannten Gebieten, darüberhinaus in Südostasien und am Kap der Guten Hoffnung.

Die Art wird nach BACKEBERG (1958) oft mit *Pereskia grandifolia* HAW. verwechselt. Die Angaben zur Kultur dieser Art beziehen sich wohl immer auf *P. bleo*.

4. ***Pereskia sacharosa*** GRISEB., Abh. Ges. Wiss. Göttingen 24 (1879) 141. –
P. amapola WEBER, in BOIS, Dict. Hortic. (1898) 938.

span. amapola; surubi-y, sacha rosa (Argentinien); guayápa (Bolivien); cuguchi (Santa Cruz de la Sierra)
Der Artname leitet sich von dem argentinischen Volksnamen sacha rosa (Hundsrose) ab.

Aufrechter, bis 8 m hoher Baum oder Strauch; Blätter lanzettlich, bis 12 cm lang; am alten Holz 6 oder mehr Dornen je Areole, die bis 5 cm lang werden; Blüten rosa, 8 cm breit, gebüschelt am Zweigende; Frucht kahl, 4 cm Durchmesser, hart. BAXTER (Cact. Succ. J. 3 (1931) 85) führt an, daß die Kronblätter von *P. amapola*, im Gegensatz zu *P. sacharosa*, gestutzt sind. Dieses Merkmal ist für die Abtrennung als Art nicht ausreichend. Möglicherweise wäre, bei genauem Studium anderer Merkmale, die Anerkennung der *P. amapola* als Varietät angebracht.

Spontan und kultiviert: Paraguay und Argentinien, angebaut besonders in der Umgebung von Asunçion und Paraguari als Heckenpflanze.

VAUPEL 1925, PARODI 1934, BACKEBERG 1958

Oft als Hecke gepflanzt, auf der Halbinsel Malakka als Schutz von Bananenpflanzungen vor Schweinen, in einigen Teilen von Kolumbien werden die jungen Blätter als Gemüse gegessen.

PITTIER 1926, HEYNE 1927, STANDLEY 1928, HOWES 1946, BACKEBERG 1958

5. ***Pereskia bahiensis*** GÜRKE, Monatsschr. Kakteenk. 18 (1908) 86. –

Espinha de São Antonio, flore cera, iniabanto (Brasilien)

Strauch oder später bis 8 m hoher Baum; Blätter lanzettlich, bis 9 cm lang; bis 40,9 cm lang werdende Dornen je Areole; Blüten in kleinen Trauben zusammenstehend, rosa; Frucht bis 4 cm lang, Samen schwarz, 5 mm lang.

Spontan: Brasilien

Kultiviert: Brasilien (bei Calderão in der Catinga)

Zur Bildung von Hecken um kleine Ansiedlungen gepflanzt. BRITTON und ROSE 1919, VAUPEL 1925

II. *Pereskiopsis* BRITT. et ROSE, Smiths. Misc. Coll. 50 (1907) 331. –

Opuntia MILL., Gard, Dict. abr. ed. 4 (1754) pro parte; *Pereskia* MILL., Gard. Dict. abr. ed. 4 (1754) pro parte.

Typus: *Opuntia brandegeei* SCHUMANN (*Pereskiopsis porteri* (BRAND.) BRITT. et ROSE)

1. ***Pereskiopsis chapistle*** (WEBER) BRITT. et ROSE, Smiths. Misc. Coll. 50 (1907) 331. –

Opuntia chapistle WEBER, Bull. Mus. Hist. Nat. Paris 10 (1904) 338.

Bis 4 m hoher Strauch mit weit spreizenden Trieben; 1 Dorn je Areole, bis 6 cm lang; Blätter fleischig, eiförmig bis elliptisch, zuweilen fast kreisrund, 3 bis 4 cm lang; Blüten gelb oder rosa überlaufen; Früchte rot.

Spontan und kultiviert: Mexiko (Oaxaca, Jalisco)

Als Heckenpflanze kultiviert (HOWES 1946), früher häufig als Schutzhecke für Cochenille-Kulturen (DIGUET 1928).

2. ***Pereskiopsis spathulata*** (OTTO) BRITT. et ROSE, Smiths. Misc. Coll. 50 (1907) 333. –

Pereskia spathulata OTTO, in PFEIFFER, Enum. diagn. Cact. (1837) 176; *Pereskia crassicaulis* ZUCC., in PFEIFFER, Enum. diagn. Cact. (1837) 176; *Opuntia spathulata* (OTTO) WEBER, Bull. Mus. Hist. Nat. Paris (1898) 165.

Patilon (Mexiko)

Wenigtriebiger Strauch, bis 2 m hoch werdend; Dornen bis 2,5 cm lang, weißlich, 1 bis 2 je Areole; Blätter spatelig, dickfleischig, 2,5 bis 3 cm lang; Blüten rot.

Spontan und Kultiviert: Südmexiko

Häufig als Heckenpflanze angebaut.

DIGUET 1928, HOWES 1946

III. ***Opuntia*** MILL., Gard. Dict. abr. ed. 4 (1754).–
Tephrocactus LEM., Cact. (1868) 88; *Ficindica* ST. LAG. in Ann. Soc. bot. Lyon 7 (1880) 70; *Cylindropuntia* KNUTH, Kaktus-ABC (1935) 117; *Austrocylindropuntia* BACKEB., Bl. f. Kakteenforschg. (1938) 6.

Typus: *Opuntia vulgaris* MILL.
Eine Reihe von Arten wird in Hecken gepflanzt.
Opuntien werden im englischen Sprachraum gewöhnlich als prickly pear bezeichnet.

1. ***Opuntia exaltata*** BERGER, Hort. mortol. (1922) 410. –
Austrocylindropuntia exaltata (BERGER) BACKEB., Bl. f. Kakteenforschg. (1938) 6.

Ppata-quisca, espino (Peru)
4 bis 5 m hoch werdend, zuweilen einen Stamm bildend, mit zylindrischen Trieben; Dornen bis zu 12 je Areole, dunkelgelb bis rötlichbraun, im Alter sehr lang werdend (bis 13 cm); Blüten rot; Früchte bis 9 cm lang.
Spontan: Peru
Kultiviert: In Gärten Südamerikas verbreitet, im Mittelmeergebiet als Zierpflanze.
Besonders bei Cuzco als Heckenpflanze zur Einzäunung für kleine Gehöfte, möglicherweise früher für die Cochenille-Kultur gepflanzt. Aus den Dornen werden Nadeln und Kämme hergestellt.
TOWLE 1961, BACKEBERG 1958

2. ***Opuntia vulgaris*** MILL., Gard. Dict. ed 8 (1768) nr. 1. –
Cactus monacanthos WILLD., En. Pl. Suppl. 33 (1813); *Opuntia monacantha* (WILLD.) HAW., Suppl. Pl. Succ. (1819) 81.

ri gambas (Java)
Im Alter baumartig, 4 bis 6 m hoch werdend, mit 15 cm starkem Stamm; 2 Dornen je Areole, gelbbraun bis dunkelrotbraun; Blüten schwefelgelb bis orange, 7 bis 9 cm breit; Frucht rötlich purpur, bis 7,5 cm lang.
Spontan: Brasilien (und Inseln), Uruguay, Argentinien, Paraguay (verwildert?)
Kultiviert: Eine der am weitesten verbreiteten Opuntia-Arten für Heckenanbau, z. B. Indien, Südafrika, Australien (verwildert). In Indien, Ceylon, Indonesien und Südafrika früher als Wirtspflanze für die Cochenillekultur kultiviert. Die Domestikation setzte wahrscheinlich erst nach der Verbreitung außerhalb Amerikas in Indien und Südafrika ein. Die Art ist oft aus der Kultur verwildert.
HEYNE 1927, JEPSON 1931, RANAKRISHNA AYYAR 1931, CASTELLANOS und LELONG 1934, HEYNE 1950, BACKEBERG 1958, BURKILL 1966

3. ***Opuntia boldinghii*** BRITT. et ROSE, The Cact. 1 (1919) 155. –
Strauch, bis 2 m hoch werdend, mit bis 20 cm langen, fast dornenlosen Gliedern; zuweilen sitzen ganz kurze braune Dornen in den Areolen; Blüten rosenrot, bis 5 cm lang; Früchte eiförmig, 4 cm lang, dornenlos.

Spontan: Venezuela (Nordwestküste), Trinidad (Patos-Inseln und Chacachacare), Curaçao.

Kultiviert: In Venezuela und besonders auf Curaçao als Obstkultur und Heckenpflanze.

HUMMELINCK 1938, BACKEBERG 1958

4. ***Opuntia elatior*** MILL., Gard. Dict. ed. 8 (1768) nr. 4. –
Cactus nigricans HAW., Misc. Nat. (1803) 187; *Opuntia nigricans* (HAW.) HAW., Syn. Pl. Succ. (1812) 189; *Cactus elatior* (MILL.) WILLD., Enum. Hort. Berol. Suppl. 34 (1813); *Cactus pseudococcinellifer* BERT., Exc. 11 virid. 4 (1824) ex DC., Prodr. 3 (1828) 473.

Dichtbuschig verzweigter Strauch oder Baum, bis 5 m hoch werdend mit 10 bis 40 cm langen Gliedern; Dornen dunkelbraun, bis zu 7 cm lang, 2 bis 8 Areole; Blüten 5 cm breit, dunkelgelb, zuweilen lachsrosa; Früchte eiförmig, rötlich, innen dunkelrot, Bedornung sehr unterschiedlich.

Spontan: Panama, Kolumbien, Venezuela, Curaçao

Kultiviert: In den genannten Gebieten, darüber hinaus in Mexiko, Indien, Indonesien, Australien.

Es gibt Formen mit langen, zahlreichen Dornen (bis zu 8 je Areole) und bedornten Früchten, die den Wildtyp charakterisieren, und Sippen mit wenigen, kurzen Dornen (bis zu 2 je Areole) und kahlen Früchten, die stark domestizierte Sippen darstellen. Beliebte Obstkultur, die Früchte sind sehr schmackhaft. Früher auf Java zur Cochenille-Kultur angebaut (HEYNE 1927). RANAKRISHNA AYYAR 1931, BACKEBERG 1958, BURKILL 1966

5. ***Opuntia hyptiacantha*** WEBER, in BOIS, Dict. Hort (1898) 894. –
Opuntia nigrita GRIFF., Rep. Missouri Bot. Gard. 21 (1910) 169; *Opuntia chaveña* GRIFF., Rep. Missouri Bot. Gard. 19 (1908) 264.

Reich verzweigte, meist nicht über 1 m hoch werdende Sträucher; Triebe 20 bis 30 cm lang, eiförmig-länglich; Areolen mit 4 bis 6 kurzen Dornen und einigen weißen Borsten; Blüten rot; Frucht kugelig, gelblich mit langen Glochiden.

Spontan und kultiviert: Mexiko (Aguascalientes, Mesa Central). Als Obst kultiviert, die Früchte sind sehr geschätzt.

GRIFFITHS, Rep. Missouri Bot. Gard. 21 (1910) 170, BUKASOV 1930

6. ***Opuntia streptacantha*** LEM., Cact. Gen. Sp. Nov. (1839) 62. –
Opuntia diplacantha BERGER, Hort. Mortol. (1912) 232; *Opuntia arcei* CARD., Cact. Succ. J. 28, 4 (196) 113; *Opuntia pseudotuna* SCHUMANN, Nat. Pflzf. 3, 6a (1894) 201 non SALM-DYCK (1822).

var. ***streptacantha***

tuna cardona, nopal cardón (Mexiko)

Strauchig bis baumförmig, manchmal einen 45 cm dicken Stamm bildend, bis zu 5 m hoch werdend; Glieder 25 bis 30 cm lang, eiförmig bis kreisrund; Glochiden rotbraun mit nach unten gerichteten Dornen; Blüten gelb bis orange, 7 bis 9 cm breit; Früchte bis zu 5 cm Durchmesser, Fruchtschale und Pulpafarbe von dunkelrot bis gelb variierend.

var. ***pachona*** (GRIFF.) HAMMER, stat. nov.
Opuntia pachona GRIFF., Rep. Missouri Bot. Gard. 21 (1910) 168, pl. 22.

tuna pachona (Mexiko)
GRIFFITHS beschrieb diese häufig kultivierte Sippe als eigene Art. Sie dürfte aber kaum Artrang haben. Auch nach BACKEBERG (1958) 522 gehört sie zu *O. streptacantha*. Diese besonders stark domestizierte Form sollte aber einen eigenen systematischen Rang behalten.
Früchte rot, bei der Vollreife purpur gefärbt, dicht mit braunen Glochiden bedeckt (ausführliche Beschreibung siehe bei GRIFFITHS und HARE 1907).
Spontan und kultiviert (beide Varietäten): Mexiko (auf dem Hochlande häufig)
Es bestehen Unterschiede in der Bedornung, der Fruchtfarbe, die von gelb bis dunkelrot variiert, und hinsichtlich der Reifezeit. Var. *pachona* ist offenbar schon lange in Kultur wie alle „mansas" (einheimischer Name für unbedornte Kulturformen). Var. *streptacantha* wird wegen der Bedornung, die Schutz vor Tierfraß bietet, oft gepflanzt.
In Mexiko als Obstkultur verbreitet. Die Früchte werden von allen mexikanischen tunas (einheimischer Name für Opuntienfrüchte) am meisten geschätzt (GRIFFITHS und HARE 1907). Sie werden besonders häufig auf den Märkten von San Luis Potosi, Aguascalientes und Zacatecas gehandelt. Nach SCHUMANN (1894) soll die Art früher zur Cochenillekultur verwendet worden sein.
BERGER 1929, DRESSLER 1953, BACKEBERG 1958

7. ***Opuntia amyclaea*** TENORE, Fl. Neap. Prodr. App. 5 (1826) 15. –
Opuntia ficus-indica var. *amyclaea* (TENORE) BERGER, Hort. Mortol. (1912) 411.

tuna de Alfajayucan (Mexiko); ital. ficudinnia masculina, ficudinnia selvaggia
Strauch mit länglich-elliptischen bis 40 cm langen Gliedern; Dornen weiß oder hornfarben, meist weniger als 3 cm lang, 1 bis 4 je Areole, Glochiden bald abfallend; Blüten gelb; Früchte gelblich-rot, nicht sehr saftig.
Spontan: Mexiko
Kultiviert: Mexiko (Hidalgo, besonders bei Alfajayucan Hgo)
Italien
Als Obst kultiviert, die Früchte werden roh gegessen und vielseitig verarbeitet.
DOTT 1913, DONZELLA 1936, DRESSLER 1953, BACKEBERG 1958

8. ***Opuntia megacantha*** SALM-DYCK, Hort. Dyck. (1834) 363. –
Opuntia castillae GRIFF., Report Missouri Bot. Gard. 19 (1908) 261; ? *Opuntia incarnadilla* GRIFF., l.c. 22 (1912) 27.

Große Sträucher, 4 bis 5 m Höhe erreichend, Endglieder 40 bis 60 cm lang, Dornen 2 bis 3 cm lang, 1 bis 5 je Areole aber bei manchen Sippen auch völlig fehlend;

Blüten bis 8 cm breit, gelb bis orange; Früchte 8 cm lang, gelblichweiß, oft unbedornt.

Spontan: Mexiko (Zentrales Hochland)

Kultiviert: Mexiko, Jamaika, Südkalifornien, Hawaii (auch oft aus der Kultur verwildert).

Es bestehen Unterschiede in der Bedornung sowohl der Triebe als auch der Früchte sowie in der Fruchtfarbe. Möglicherweise gehören folgende von GRIFFITHS beschriebenen Arten hierher: *O. effulgia, O. hispanica, O. chata, O. obovata, O. amarilla, O. tribuloides* (Bull. Torr. Bot. Club 46 (1919) 195, 198, 199, 202, 205, sowie Monatsschr. Kakteenk. 23 (1913) 137), auch nach BRITTON und ROSE, die aber noch kein endgültiges Urteil über diese Arten von GRIFFITHS fällen konnten. Bei der hohen Variabilität der Art ist es wahrscheinlich, daß es sich bei diesen Arten doch nur um (Kultur)formen handelt. Es kommen auch fast dornlose Formen vor (BRITTON und ROSE, 1 (1919) 186, fig. 228).

Viele Sorten haben lokale Bezeichnungen. Die Früchte gehören zu den besten tunas. Sie werden sehr vielseitig verwendet. Dornenlose Sippen werden als Viehfutter kultiviert. Wegen der „mansa-"Sippen offenbar schon sehr lange in Kultur.
CASTELLANOS und LELONG 1934, UPHOF 1934, DRESSLER 1953, BACKEBERG 1958

9. ***Opuntia undulata*** GRIFF., Report Missouri Bot. Gard. 22 (1912) 32. –
Opuntia undosa GRIFF., Monatsschr. Kakteenk. 23 (1913) 139.

Baumförmig, mit bis zu 30 cm starkem Stamm; Triebe breit eiförmig, bis über 50 cm breit; Dornen weiß, kurz, nicht sehr zahlreich, Glochiden gelb, ca. 1 mm lang; Blüten kremweiß; Frucht dunkelrot oder orange, 4 bis 10 cm lang, Fruchtfleisch rötlich oder orange.

Spontan und kultiviert: Mexiko (Aguascalientes, Mesa Central)

Als Obst kultiviert, die Früchte werden geschätzt.
BUKASOV 1930

10. ***Opuntia crassa*** HAW., Suppl. Pl. Succ. (1819) 81. –
Opuntia parvula SALM-DYCK, Hort. Dyck. (1834) 364.

Schwach verzweigter, bis 2 m hoch werdender Strauch mit eiförmigen bis länglichen Trieben (bis 12,5 cm lang); Glochiden braun, bis zu 2 Dornen je Areole (oft auch fehlend), bis 2,5 cm lang; Blüten gelb; Frucht weinrot.

Kultiviert: Vereinzelt in Mexiko und im tropischen Amerika, eine Wildform ist noch nicht bekannt geworden, Heimat vermutlich Mexiko.

Wegen seiner Kulturpflanzenmerkmale offenbar schon lange domestiziert. Die Früchte werden als Obst geschätzt. BACKEBERG 1958

11. ***Opuntia fusicaulis*** GRIFF., Report Missouri Bot. Gard. 19 (1908) 271. –

Große Pflanzen mit aufrechten oder spreizenden Trieben; Triebe länglich, blaugrün bereift, dornenlos, bis 40 cm lang, Glochiden oft fehlend; Frucht grünlichweiß.

Kultiviert: Mexiko, südliche USA, nur aus der Kultur bekannt. Gehört zu den dornlosen Kakteen, die als Viehfutter angebaut werden. UPHOF 1925, 1934

12. ***Opuntia ficus-indica*** (L.) MILL., Gard. Dict. ed. 8 (1768) nr. 2. – *Cactus ficus-indica* L., Spec. Pl. (1753) 468; *Cactus opuntia* GUSSONE, Fl. Sic. Prodr. (1828) 559, non L. (1753); *Opuntia ficus-barbarica* BERGER, Monatsschr. Kakteenk. 22 (1912) 181.

var. ***ficus-indica***

Feigenkaktus, indische Feige; engl. Indian fig; franz. cardasse, chardon indien, ensade, figuier indien, figuier de barbarie, figuier à raquettes; ital. fico de India; nopal de Castilla, tuna de Castilla, tuna ranchera (Mexiko); tuna de España, tuna real, tuna mansa (Venezuela); higuera chumba, h. chumbera (Andalusien); higo de Mauro (Catalonien)

Strauchig oder baumförmig, bis 5 m hoch, mit länglich-spatelförmigen, großen Gliedern (bis 50 cm lang); Dornen fehlend, Glochiden gelb; Blüten leuchtend gelb, 7 bis 10 cm breit; Frucht bis 9 cm lang, vorwiegend rote oder orange Farbtöne.

Kultiviert: Im tropischen und subtropischen Amerika häufig und teilweise verwildert, im Mittelmeergebiet z. T. eingebürgert, ebenso in Vorderindien, Südostasien, Südafrika und Australien. Die wilde Ausgangssippe ist nicht bekannt, Heimat vermutlich Mexiko. In Süd- und Südostspanien, Sizilien und Süditalien ist die Frucht ein wichtiges Volksnahrungsmittel.

Die Art hat eine große Variabilität. Bei BORG, Cacti (1951) 87 – zitiert nach BACKEBERG 1958 – werden folgende Varietäten genannt (ohne Autorenangabe), die ungefähr mit den von DOTT (1913) aufgeführten Formen übereinstimmen. Die Bezeichnungen von DOTT sind in Klammern beigefügt. Diese Sippen stellen aber offensichtlich keine Varietäten dar und sollten als Sorten bezeichnet werden:

var. *alba:*
Früchte groß, oval, weiß oder weiß mit schwacher gelblicher oder rötlicher Aderung (ficudinnia muscaredda),
var. *rubra:*
Früchte oval bis länglich, gestielt, karmin (f. *sanguigna*),
var. *lutea:*
Früchte oval, gelb, sehr süß (f. *surfarina*),
var. *pyriformis:*
Früchte birnenförmig, bis 12 cm lang, gelb, rötlich oder violett geadert, innen gelb mit wenigen Samen,
var. *asperma:*
Frucht oval, gelb, mit verkümmerten schwarzen Samen (f. *senza ariddari*),
subvar. *minor:* mit kleineren Früchten (5 bis 6 cm lang, gelb) und sehr kleinen verkümmerten Samen,
var. *serotina:*
Früchte oval, gelb, oft rötlich getönt, oft erst spät im Jahr (Oktober-November) reifend.

Diese Sippen dokumentieren die große Variationsbreite der Art. BURBANK züchtete um die Jahrhundertwende unter anderem die Sorten 'Burbank Special', 'Chico', 'Fresno', 'Santa Rosa' und 'Monterey' (HARWOOD 1906), die sehr massenwüchsig sind und eine weite Verbreitung als Grünfutterpflanzen für die Viehzucht gefunden haben. In vielen Ländern wurde jedoch der Anbau wieder aufgegeben, weil die Sorten keine Kälteresistenz besitzen, die in Trockengebieten, in denen sie zum Anbau kamen, oft notwendig war. In Kalifornien, Texas und Arizona wurden große Pflanzungen angelegt (LINDSAY 1952). Bei der Sorte 'Burbank Special' soll es sich nach BACKEBERG 1 (1958) 530 um eine Kreuzung mit *Opuntia maxima* MILL. non SALM-DYCK handeln.

Die Sippe wird auch als Heckenpflanze kultiviert. Die Früchte werden sehr vielseitig genutzt. Neben dem Frischverzehr als Obst, werden sie getrocknet (tunas secas, t. pasadas) oder gekocht und queso de tuna (gepreßte, getrocknete Früchte), miel de tuna (Sirup), melcocha (dick eingekochter Saft), coloncha (gekochter, fermentierter Saft) und nochote (fermentiertes Getränk aus Tunasaft, Pulque und Wasser) daraus hergestellt (vgl. UPHOF 1934). Die jungen Triebe dienen als Gemüse und Suppeneinlagen (nopales navegantes), sie wirken auch, zerquetscht und auf Wunden gelegt, entzündungshemmend. Der Saft der Triebe wird manchmal mit Talg gekocht, um Kerzen herzustellen. Die rote Farbe mancher Früchte wird zum Färben von Apfelgelee und Candy verwendet. Die Früchte stellen während der Erntezeit oft das Hauptnahrungsmittel der Mexikaner dar.

Nach den Kulturpflanzenmerkmalen schon lange domestiziert. BOIS 1888, SIVA 1918, TOUMEY und ROSE 1919, PITTIER 1926, HEYNE 1927, DIGUET 1928, VODRET 1932, CASTELLANOS und LELONG 1934, ANONYM 1935, DONZELLA 1936, PIEDALLU 1936, SCHULTZ 1937, 1939, HUMMELINCK 1938, DRESSLER 1953

var. ***splendida*** ROLAND-GOSSELIN, Bull. Soc. nat. d'acclim. France, Paris (1903) 320. –
Nopal de Castillo (Mexiko)
Bei dieser Sippe kann eine Rückbildung der reproduktiven Organe beobachtet werden, die bei den samenlosen Sorten schon ihren Anfang nimmt. Es soll sich um eine nie blühende Form handeln.

Kultiviert: Mexiko (Oaxaca)
Neben der *Opuntia hernandezii* var. *typica* (siehe bei *O. tomentosa*), stellte sie eine wichtige Nahrungsgrundlage für die Cochenillelaus-Kulturen dar.
DIGUET 1928

13. ***Opuntia lanceolata*** (HAW.) HAW., Syn. Pl. Succ. (1812) 192. –
Cactus lanceolatus HAW., Misc. Nat. (1803) 188; *Cactus elongatus* WILLD., Enum. Hort. Berol. Suppl. (1813) 34; *Opuntia elongata* (WILLD.) HAW., Suppl. Pl. Succ. (1819) 81.

Strauchige bis ± baumförmige Pflanzen mit bis zu 35 cm langen Gliedern; Dornen meist fehlend, wenn vorhanden, dann nur wenige, nicht über 1 cm lang; Glochiden klein, entfernt stehend, gelb; Blüten groß, gelb, manchmal etwas rötlich.

Kultiviert: Vereinzelt in den Subtropen und Tropen Amerikas. Nur als Kulturpflanze bekannt, Heimat wohl Mexiko.
Die Früchte sind ein beliebtes Obst. BACKEBERG 1958

14. ***Opuntia maxima*** MILL., Gard. Dict. ed. 8 (1768) nr. 5, non SALM-DYCK 1850.–
Cactus decumanus WILLD., Enum. Pl. Suppl. (1813) 34.

Große, stark verzweigte Pflanzen mit verlängerten, spatelförmigen bis 35 cm langen und 18 cm breiten Gliedern; Areolen meist ohne Dornen, wenn vorhanden, dann nur 1 bis 2, nicht länger als 12 mm; Blüten orange, 8 cm breit; Früchte dicht mit Glochiden besetzt, 8 cm lang.

Kultiviert: Vereinzelt im tropischen und subtropischen Amerika sowie in trockenen, subtropischen Gebieten Asiens. Nur als Kulturpflanze bekannt, Heimat wahrscheinlich Mexiko. Wegen der Früchte kultiviert.

BURKILL 1966, BACKEBERG 1958

15. ***Opuntia robusta*** WENDL., in PFEIFFER, En. Cact. (1837) 165. –
Opuntia flavicans LEM., Cact. Gen. Nov. Sp. (1839) 61; *Opuntia larreyi* WEBER ex COULT., U. S. Dept. Agric. Contrib. Nat. Herb. 3 (1900) 419.

var. ***robusta***

tuna camuesa, camuesa, tuna tapona (Mexiko)

Große Sträucher, bis 5 m hoch werdend, mit großen rundlichen Gliedern (bis 25 cm lang und 12 cm breit); Dornen kräftig, 5 cm lang, 8 bis 12 je Areole; Blüten gelb, 5 cm breit; Früchte tiefrot, kugelig bis ellipsoid, bis 9 cm lang.

Spontan und kultiviert: Mittelmexiko

Die Pflanzen besitzen sehr große Früchte, die angenehm schmecken. Sie gehören zu den am besten schmeckenden tunas (SCHUMANN 1899).

DIGUET 1928, BERGER 1929, CASTELLANOS und LELONG 1934, BACKEBERG 1958

var. ***megalarthra*** (ROSE) HAMMER, stat. nov.
Opuntia megalarthra ROSE, Smiths. Misc. Coll. 50 (1908) 529.

Die Sippe ist nahe mit der var. *robusta* verwandt, ROSE hält sie für die Ausgangssippe der Kulturform. Sie hat gelbe Dornen, sehr dornige Glieder und kleine Früchte.

Spontan und kultiviert: Mexiko (Hidalgo)

Die Früchte dienen als Obst, interessant als Ausgangsform der Kultursippe.

16. ***Opuntia crystalenia*** GRIFF., Bull. Torr. Bot. Club 43 (1916) 528.

Sträucher, bis 2,5 m hoch werdend, mit eiförmigen, bis 25 cm lang werdenden Trieben; Dornen weiß, nur im Oberteil des Triebes, bis 1,5 cm lang, meist 2 Dornen je Areole; Blüten gelb; Früchte kugelig, 4,5 cm im Durchmesser.

Spontan: Mexiko (Cardenas)

Kultiviert: Auf dem mexikanischen Hochland

Die Art liefert gutes Obst.

BACKEBERG 1958

17. ***Opuntia leucotricha*** DC., Mém. Mus. Hist. Nat. Paris 17 (1828) 119. –
Opuntia fulvispina SALM-DYCK, in PFEIFFER, En. Cact. (1837) 164; *Opuntia leucotricha fulvispina* (SALM-DYCK) WEBER, in SCHUMANN, Gesamtbeschr. Nachtr. (1903) 157.

duraznillo (Mexiko)
Im Alter baumförmig, mit 10 bis 20 cm langen Trieben; Pflanze dicht mit Borstendornen besetzt, Dornen weiß, bis 8 cm lang, 1 bis 3 je Areole; Blüten gelb, 6 bis 8 cm breit; Frucht weiß oder rot, 4 bis 6 cm lang, kugelig.

Spontan: Mexiko

Kultiviert: Mexiko (Durango, Mesa Central), im Mittelmeergebiet z. T. aus der Kultur (Zierpflanze) verwildert.

Die roten (duraznillo colorado) und weißen (d. blanco) Früchte werden wegen ihres guten Aromas sehr geschätzt und viel auf den Märkten gehandelt. Z. T. wegen der Früchte und als Heckenpflanze kultiviert.
DIGUET 1928

18. ***Opuntia tomentosa*** SALM-DYCK, Obser. Bot. 3 (1822) 8. –
Opuntia hernandezii DC., Mem. Mus. Par. 17 (1828) 69.
Triebe bis 25 cm lang; Dornen 2 bis 4 je Areole, sehr dünn, 2 Dornen gleichlang, 1 bis 2 Dornen kürzer; Blüte orange bis rosa; Frucht grün, klein, wenig saftig.

Nach BERGER (1929) ist *O. hernandezii* hierher als Synonym zu stellen. Nur die Blütenfarbe (rosa) der *O. hernandezii* stimmt nicht mit der von *O. tomentosa* (orange) überein. Bei der bekannten Variabilität dieser *Opuntien* berechtigt dieses Merkmal aber nicht zur Aufstellung einer neuen Art. SCHUMANN (1899) rechnete *O. hernandezii* zu *O. ficus-indica*, von der sie sich aber deutlicher abgrenzen läßt. *Opuntia hernandezii* var. *typica* ROLAND-GOSSELIN, Bull. Mus. Hist. Nat. 15 (1919) 507, stellt eine Sippe dar, die für die Cochenillezucht angebaut wurde. Sie läßt sich kaum von *O. tomentosa* abtrennen.

Spontan und kultiviert: Mexiko (Oaxaca)
Diese Pflanze und nicht, wie man früher annahm, *Napolea cochenillifera*, war (neben *O. ficus-indica* var. *splendens*) der wichtigste Wirt für die Cochenille-Läuse. Ausführungen zur Cochenille-Zucht siehe bei *N. cochenillifera*.
DIGUET 1928, BACKEBERG 1958

19. ***Opuntia lindheimeri*** ENG., Bost. J. Nat. Hist. 6 (1850) 207. –
var. ***lindheimeri***

Strauchförmig, manchmal stammbildend und dann bis 4 m hoch werdend, die meist runden Triebe werden bis 25 cm lang; 1 bis 6 Dornen je Areole, blaßgelb, einer davon bis 4 cm lang, zuweilen bis fast weiß oder bräunlich; Blüten gelb bis dunkelrot; Frucht purpur, birnenförmig bis länglich (3,5 bis 5,5 cm lang).

Spontan: USA (SW-Louisiana, SO-Texas), NO-Mexiko (Tamaulipas)

Kultiviert: Weit verbreitet in den südlichen USA und Mexiko
Die Früchte werden als Obst verzehrt. Offensichtlich schon lange in Kultur. Die große Variabilität der Art erleichterte die Auslese geeigneter Formen, so gibt es z. B. in der Form und im Nährstoffgehalt der Früchte beträchtliche Sortenunterschiede (HARE 1908).

Es ist vor allem von GRIFFITHS eine Vielzahl von Sippen beschrieben worden, die aber bei der ausgeprägten Variabilität der Art *O. lindheimeri* hierher gehören könnten. Von BACKEBERG (1958) werden sie in die Synonymie verwiesen (in Anlehnung an BRITTON und ROSE, 1919). BRITTON und ROSE (1923) räumen aber ein, daß sie die Arten von GRIFFITHS noch keiner genauen Untersuchung unterzogen haben. Wir können deshalb diese Sippen nicht in die Synonymie stellen.

var. ***ellisiana*** (GRIFF.) HAMMER, stat. nov.
Opuntia ellisiana GRIFF., Report Missouri Bot. Gard. 21 (1910) 170, pl. 25.

Ellis cactus, San Saba cactus (Texas)
Diese Sippe ist besonders deutlich domestiziert und völlig dornenlos. Die übrigen Merkmale stimmen mit denen der var. *lindheimeri* im wesentlichen überein. Sehr ähnlich ist auch *Opuntia subarmata* GRIFF. (Devils river spineless), die manchmal noch einige kurze Dornen zeigt und deren Früchte gern gegessen werden. Wahrscheinlich ist sie die Übergangsform zur völlig dornenlosen Sippe *ellisiana*. In diese Reihe gehört auch die von GRIFFITHS häufig zitierte *Opuntia cacanapa* GRIFF. et HARE, die zuweilen als Viehfutter angebaut wird. Diese beiden genannten Sippen dürften in der Variationsbreite von var. *ellisiana* mit erfaßt sein.

Kultiviert: S-Texas, dort winterhart, die einheimische Bevölkerung von S-Texas soll diese Sippe ausgelesen haben. Als Grünfutter für das Vieh kultiviert, besonders für Gebiete mit gelegentlicher Frostgefahr geeignet, die Früchte können gegessen werden.
GRIFFITHS 1905, GRIFFITHS und HARE 1907, HARE 1908, GRIFFITHS 1912, GRIFFITHS 1915, GRIFFITHS 1920, BERGER 1929, BACKEBERG 1958

20. ***Opuntia dillenii*** (KER-GAWLER) HAW., Suppl. Pl. Succ. (1819) 79. –
Cactus dillenii KER-GAWLER, Edwards Bot. Reg. 3 (1818) pl. 255; *Opuntia horrida* SALM-DYCK ex DC., Prodr. 3 (1828) 472; *Opuntia maritima* RAFIN., Fl. Med. 2 (1830) 247

pest pear (Australien)
Zuweilen strauchig aber auch baumförmig, bis 3 m hoch werdend, Triebe bis 40 cm lang; Dornen bis 7 cm lang, bis zu 10 je Areole; Blüten gelb, bei manchen Sippen anfangs rot, 7 bis 8 cm lang; Früchte purpur, ohne Dornen, 5 bis 7,5 cm lang.

Spontan: Südliche USA, Bermudas, Westindien, nördliches Südamerika, meist in Küstennähe, manchmal, wie in Kuba, auch ins Landinnere gehend.

Kultiviert: In den oben genannten Gebieten, Teneriffa, Italien, Kanaren, Westafrika, Indien, Ostasien, Australien, oft aus der Kultur verwildert und dann ein gefährliches Unkraut. Häufig als Hecke gepflanzt, z. B. auch als Schutzhecke für junge Bananenpflanzungen (BURKILL 1966). TIPU SAHIB soll mit dieser Art die Verteidigungsanlagen der Festung von Seringapatam verstärkt haben (HOWES 1946). In Mexiko zur Stranddünenbefestigung. Die Früchte sind als Obst begehrt. Die Art gehört zu den wichtigsten *Opuntien* für Obstkultur. Sie besitzt eine ausgeprägte Variabilität, die Voraussetzung und gleichzeitig Ergebnis der Domestikation ist. Sie wurde oft mit *Opuntia tuna* (L.) MILL. verwechselt, bzw. es wurde angenommen, daß es sich bei kultivierten Sippen um *O. tuna* handeln würde. Diese Vermutung konnte nie bestätigt werden. In den meisten Fällen handelte es sich bei den als *O. tuna* bezeichneten kultivierten Arten um *O. dillenii*, manchmal auch um *Opuntia megacantha* (CASTELLANOS und LELONG, 1934). Über *O. tuna* schreibt BRITTON (1921): „Die richtige *O. tuna* ist sehr dornig, mit gelben Blüten, nur von Jamaika bekannt, häufig verwechselt mit der weit verbreiteten Küsten-*Opuntia* Westindiens *O. dillenii*, die südlich bis Granada reicht."

DOTT 1913, TOUMEY und ROSE 1919, HEYNE 1927, JEPSON 1931, RANAKRISHNA AYYAR 1931, DONZELLA 1936, HUMMELINCK 1938, SCHROEDER 1951, BACKEBERG 1958, BURKILL 1966

IV. ***Nopalea*** SALM-DYCK, Cact. Hort. Dyck, Cult. 1849 (1850) 63. –
Opuntia MILL., Gard. Dict. abr. ed. 4 (1754) pro parte.
Typus: *Nopalea cochenillifera* (L.) SALM-DYCK (*coccinellifera*), *Cactus cochenillifer* L.)

1. ***Nopalea cochenillifera*** (L.) SALM-DYCK, Cact. Hort. Dyck. Cult. 1849 (1850) 64, 233 (*coccinellifera*). –
Cactus cochenillifer L., Spec. Pl. (1753) 468; *Opuntia cochinelifera* (L.) MILL., Gard. Dict. ed. 8 (1768) n. 6; *Cactus campechianus* THIERRY ex STEUD., Nomencl. ed 1 (1821) 131.

nopal (Pflanze), tuna (Frucht); azt. nopal nochetztli; tuna real (Venezuela)

Im Alter baumförmig, 3 bis 4 m hoch, Stamm bis 20 cm dick, Triebe bis 50 cm lang; Dornen fehlend; Blüten klein, scharlach, Griffel und Staubfäden lang herausragend, Frucht rot, bis zu 5 cm lang.

Spontan: Mexiko, tropisches Amerika, Jamaika

Kultiviert: Im tropischen und subtropischen Amerika weit verbreitet; darüber hinaus Spanien, Kanaren, Algerien, tropisches Afrika, Indien, Südostasien

Schon sehr lange in Kultur, daher auch verschiedene Kultursippen. Die Pflanzen sind vor allem als ansehnliche Zierpflanzen verbreitet worden, weniger durch die frühere Verwendung als Wirtspflanze bei der Cochenillelaus-Zucht (*Dactylopius coccus*) zur Herstellung von rotem Farbstoff, vor allem für Schminken. Sie sind nicht sehr widerstandsfähig gegen die Läuse und werden als Wirt von *O. ficus-indica* var. *spendens* und *O. tomentosa* übertroffen. Alle Wirtspflanzen der Cochenilleläuse wurden von den Azteken nopal genannt. Sie hielten den roten Farbstoff für ein pflanzliches Produkt. Erst 1703 wurden die Läuse als Farbstoffträger entdeckt. Die Spanier übernahmen die indianische Farbstoffgewinnung und führten sie auch in anderen Ländern, wie Spanien, Algerien, Indien, Südafrika, Kolumbien, Jamaika und auf den Kanaren, ein. Zwei bis drei Ernten der befallenen Triebe sind im Jahr möglich. Es gab Pflanzgärten mit bis zu 50000 Exemplaren, etwa in einem Abstand von 1 m gepflanzt. Der Farbstoff ist nicht so dauerhaft wie synthetischer Farbstoff. Deshalb ist der Anbau der Pflanzen im Laufe des 18. Jh. rapide zurückgegangen. 1831 wurden aus Mexiko 8 pound (1 pound = 454 g) exportiert, 1869 waren es schon 6076869 pound, wobei ein Preis von 2,80 Mark je pound erzielt wurde. 1880 kam es zu einem Preissturz auf 0,90 Mark/pound, und damit ging auch die Produktion zurück.

Die Frucht kann gegessen werden und wird für Umschläge genutzt, ebenso wie die Glieder. Die Triebe werden auch grün verfüttert z. B. in Moçambique („sweet palm", „small palm").

BOIS 1888, SCHUMANN 1894, 1899, PITTIER 1926, HEYNE 1927, HUMMELINCK 1938, DRESSLER 1953, BACKEBERG 1958, BURKILL 1966, MYRE 1974

2. ***Nopalea dejecta*** (SALM-DYCK) SALM-DYCK, Cact. Hort. Dyck. Cult. 1849 (1850) 64. –

Opuntia dejecta SALM-DYCK, Hort. Dyck. (1834) 361; *Nopalea angustifrons* LINDB., Act. Soc. Sc. Fenn. 10 (1871) 123.

nopal chamacuero (Panama)

Mit kurzem Stamm, bis 2 m hoch werdend; Blüten und Staubfäden dunkelrot, bis 5 cm lang.

Spontan: Panama?

Kultiviert: Vereinzelt im tropischen Amerika

Die Früchte sind ein gutes Obst, die Triebe werden in Scheiben geschnitten und von den Indianern verzehrt.

UPHOF 1959, VUL'F und MALEEVA 1969

3. ***Nopalea karwinskiana*** (SALM-DYCK) SCHUMANN, Gesamtbeschreibung (1898) 752. –

Opuntia karwinskiana SALM-DYCK, Cact. Hort. Dyck. Cult. 1849 (1850) 239.

Baumförmig, mit verzweigtem Stamm, über 2 m hoch werdend, Triebe länglich, 15 bis 30 cm lang; Dornen 1 bis 2 cm lang, 3 bis 7 je Areole, blaßgelb; Blüten rot, 11 bis 12 cm lang.

Spontan und kultiviert: Mexiko

Für Hecken gepflanzt.

DIGUET 1928, HOWES 1946

V. ***Selenicereus*** (BERGER) BRITT. et ROSE, Contrib. U. S. Nat. Herb. 12 (1909) 429. –

Subsect. *Selenicereus* BERGER von *Eucereus*, Report Missouri Bot. Gard. 16 (1905) 76.

Typus: *Selenicereus grandiflorus* (L.) BRITT. et ROSE (*Cactus grandiflorus* L.)

Selenicereus grandiflorus (L.) BRITT. et ROSE, Contrib. U. S. Nat. Herb. 12 (1909) 430. –

Cactus grandiflorus L., Spec. Pl. (1753) 467; *Cereus grandiflorus* (L.) MILL., Gard. Dict. ed. 8 (1768) n. 11.

Königin der Nacht; span. reina de la noche, reina de las flores

Kletternd, dünntriebig; Triebe mit 7 bis 8 Rippen; 7 bis 11 nadelförmige Dornen je Areole, bis 1 cm lang, anfangs gelblich-braun, mit Haaren durchsetzt; Blüten innen weiß, außen lachsfarben, bis 18 cm lang; Frucht 8 cm lang, rundlich, bedornt, gelblich, rot gemustert.

Spontan: Jamaika, Kuba, Mexiko

Kultiviert: Im tropischen Amerika weit verbreitet als Zierpflanze (wie auch *S. pteranthus* (L.) Britt. et Rose und *S. macdonaldiae* (Hook.) Britt. et Rose), zuweilen für pharmazeutische Zwecke – auch in Gewächshäusern in Europa. Sehr variable Art. Früchte können verzehrt werden, schmecken süß, aber fade. Besonders die Spitzen der Triebe sind alkaloid- und glykosidhaltig und werden als Droge häufig genutzt, die ähnliche Wirkungen wie das Digitalin entfaltet und bei Rheumatismus Anwendung findet. Bestandteil des früher weit verbreiteten „Goldwassers". Der Saft der Triebe soll so scharf sein, daß er auf der Haut Blasen zieht. Früher wurde die Droge aus Amerika oft exportiert, heute haben sich große Firmen in Europa auf eigenen Gewächshausanbau umgestellt.

Schumann 1899, Britton und Rose 1920, Diguet 1928, Berger 1929, Hummelinck 1938, Backeberg 1959

VI. ***Hylocereus*** (Berger) Britt. et Rose, Contrib. U. S. Nat. Herb. 12 (1909) 428. –

Untergattung *Hylocereus* Berger, Syst. Rev. Gen. *Cereus*, Missouri Bot. Gard. St. Louis (1905) 72.

Typus: *Hylocereus triangularis* (L.) Britt. et Rose (*Cactus triangularis* L.)

1. ***Hylocereus undatus*** (Haw.) Britt. et Rose, Contrib. U. S. Nat. Herb. 12 (1909) 429. –

Cereus undatus Haw., in Phil. Mag. 7 (1830) 110; *Cereus tricostatus* Roland-Goss., Bull. Soc. Bot. France 54 (1907) 664; *Cereus triangularis* aut. non Haw.

pitahaya, pitahaya Oregana (Mexiko); caliz (Philippinen)

Kriechend oder hängend, mit dreikantigen Trieben; Dornen 2 bis 4 mm, 1 bis 3 je Areole; Blüten weiß, sehr groß, Früchte meist rot, 10 bis 12 cm lang.

Kultiviert: Häufig in tropischen und subtropischen Ländern, besonders Amerikas, z. T. in den Anbaugebieten verwildert, z. B. Mexiko, Mittelamerika, Riviera.

In Mexiko (Yukatan) gibt es eine Sorte mit rötlich gerandeter, weißlicher Blüte und roten, kugeligen Früchten ('Chacoub'), und eine Sorte mit reinweißer Blüte und cremeweißer, länglicher Frucht ('Zacoub'). Schon lange in Kultur, von großer Variabilität. Die Früchte sind sehr schmackhaft und werden häufig auf den Märkten gehandelt. Teilweise als schönblühende Heckenpflanze gezogen.

Britton und Rose 1920, Berger 1928, Diguet 1929, Uphof 1959, Dressler 1953, Backeberg 1959.

2. ***Hylocereus ocamponis*** (Salm-Dyck) Britt. et Rose, Contrib. U. S. Nat. Herb. 12 (1909) 429. –

Cereus ocamponis Salm-Dyck, Cact. Hort. Dyck. 1849 (1850) 220.

Anlehnend oder kletternd; dünne Triebe; 5 bis 8 Dornen je Areole, 5 bis 12 mm lang; Blüten weiß, 25 bis 30 cm lang; Früchte groß.

Spontan und kultiviert: Mexiko, nur nach Kulturpflanzen beschrieben bzw. nach aus der Kultur verwilderten Exemplaren.

Als Heckenpflanze, wegen der Früchte und auch als Zierpflanze kultiviert.

Diguet 1928

3. ***Hylocereus napoleonis*** (Grah.) Britt. et Rose, Contrib. U. S. Nat. Herb. 12 (1909) 429. –

Cereus napoleonis Grah., Curtis Bot. Mag. 63 (1836) pl. 3458.

Anlehnend oder kletternd, Triebe dreikantig; 4 bis 5 Dornen je Areole, ca. 9 mm lang; Blüten 20 cm lang, weiß.

Spontan und kultiviert: Westindien und Südmexiko

Als Heckenpflanze und wegen der Früchte kultiviert.

Bukasov 1930

Auch andere Arten der Gattung werden als Heckenpflanzen und wegen ihrer Früchte zuweilen genutzt, manchmal auch in Halbkultur, wie z. B. in Ekuador *Hylocereus polyrhizus* (Weber) Britt. et Rose (Popenoe 1924).

VII. ***Trichocereus*** (Berger) Riccob., Boll. Ort. Bot. Palermo 8 (1909) 236. –

Untergattung *Trichocereus* Berger, Report Missouri Bot. Gard. 16 (1905) 73.

Typus: *Trichocereus macrogonus* (Otto) Riccob. (*Cereus macrogonus* Otto)

1. ***Trichocereus pachanoi*** Britt. et Rose, The Cact. 2 (1920) 134. –

Achuma (Bolivien); San Pedro (Peru)

Baumförmig, bis 6 m hoch; Stämmchen mit 6 bis 8 Rippen; Dornen meist fehlend, wenn vorhanden 3 bis 7 je Areole, 1 bis 2 cm lang; Blüten weiß, 19 bis 23 cm lang, nachts geöffnet.

Spontan: Ekuador

Kultiviert: Von Cuenca bis Bolivien, aus dem Anbau häufig verwildert in Ekuador, Nord-Peru, Peru, Bolivien.

Wird als Hecke gezogen, Alkaloide dienen der Bevölkerung als Rauschmittel, Holzlieferant für Hütten und Zäune.

Britton und Rose 1920, Backeberg 1959, Uphof 1959, Lundström 1970, Agureil et al. 1971

2. ***Trichocereus bridgesii*** (Salm-Dyck) Britton et Rose, The Cact. 2 (1920) 134. –

Cereus bridgesii Salm-Dyck, Cact. Hort. Dyck. Cult. 1849 (1850) 208; *Cereus lasiacanthus* Schumann, in Rusby, Bull. N. Y. Bot. Gard. 4 (1907) 365.

Mehr oder weniger verzweigte Säulen, Triebe 10 bis 15 cm im Durchmesser, 4 bis 8 Rippen; Dornen gelblich, bis 10 cm lang, 2 bis 6 je Areole; Blüten weiß, 18 cm lang; Früchte länglich, bis 6 cm lang.

Spontan und kultiviert: Bolivien

Als Heckenpflanze angebaut.
BRITTON und ROSE 1920, BERGER 1929

3. ***Trichocereus cuzcoensis*** BRITT. et ROSE, The Cact. 2 (1920) 136. –
Bis 6 m hoch werdender Baum, Triebe 7 bis 8rippig; Dornen zahlreich, bis 7 cm lang (bis 12 je Areole), kräftig; Blüten weiß, 14 cm lang, nachts geöffnet.
Spontan und kultiviert: Peru
Oft als Heckenpflanze gezogen.
BACKEBERG 1959

VIII. ***Nyctocereus*** (BERGER) BRITT. et ROSE, Contrib. U. S. Nat. Herb. 12 (1909) 423. –
Untersektion *Nyctocereus* BERGER von Untergattung *Eucereus*, Report Missouri Bot. Gard. 16 (1905) 75.

Typus: *Nyctocereus serpentinus* (LAG. et RODR.) BRITT. et ROSE, (*Cactus serpentinus* LAG. et RODR.)

Nyctocereus serpentinus (LAG. et RODR.) BRITT. et ROSE, Contrib. U. S. Nat. Herb. 12 (1909) 423. –
Cactus serpentinus LAG. et RODR., Anal. Cienc. Nat. Madrid 4 (1801) 261; *Cactus ambiguus* BONPL., Jard. Malm. t. 36 (1813); *Cereus serpentinus* (LAG. et RODR.) DC., Prodr. 3 (1828) 467; *Cereus ambiguus* (LAG. et RODR.) DC., Prodr. 3 (1828) 467.

Reina de la noche (Mexiko)
Bis 3 m lange, dünne Säulen, Triebe verzweigt, mit 10 bis 13 Rippen; Dornen weißlich bis bräunlich, 1 bis 3 cm lang, 10 bis 12 je Areole; Blüten weiß, 20 cm lang, nachts geöffnet; Früchte rot, bedornt.
Kultiviert: Mexiko (Sonora), Kalifornien, Chile, nur als Kulturpflanze bekannt, Heimat wahrscheinlich im östlichen Küstengebiet von Mexiko.
Wird häufig als schönblühende Zierpflanze aber auch als Obst wegen seiner wohlschmeckenden Früchte kultiviert.
SCHUMANN 1899, BRITTON und ROSE 1920, BUKASOV 1930, BACKEBERG 1960

IX. ***Eriocereus*** (BERGER) RICCOB., Boll. Ort. Bot. Palermo 8 (1909) 238. –
Untergattung *Eriocereus* BERGER von *Cereus*, Report Missouri Bot. Gard. 16 (1905) 74; *Harrisia* BRITT. et ROSE, The Cact. 2 (1920) pro parte.

Typus: *Eriocereus tortuosus* (FORB.) RICCOB.
(*Cereus tortuosus* FORB.)

Eriocereus martinii (LAB.) RICCOB., Boll. Ort. Bot. Palermo 8 (1909) 241. –
Cereus martinii LAB., Ann. Soc. Hort. Haute Garonne (1854); *Harrisia martinii* (LAB.) BRITT. et ROSE, The Cact. 2 (1920) 155.

Dünntriebig, bis über 2 m lang werdend, 4 bis 5 Rippen; je Areole 1 Mitteldorn (bis 3 cm lang) und 5 bis 7 Randdornen; Blüten weiß, bis 20 cm lang; Früchte rot.
Spontan: Argentinien
Kultiviert: Europa

Teilweise in Gewächshäusern zur Glykosidgewinnung angebaut. Verwendung ähnlich wie *S. grandiflorus*.
BACKEBERG 1960

X. ***Lemaireocereus*** BRITT. et ROSE, Contrib. U. S. Nat. Herb. 12 (1909) 424 emend. BACKEBERG, Cactacea 4 (1960) 2134. –
Cereus MILL., Gard. Dict. abr. ed. 4 (1754) pro parte.
Typus: *Cereushollianus* WEBER
(*Lemaireocereus hollianus* (WEBER) BRITT. et ROSE)

Lemaireocereus hollianus (WEBER) BRITT. et ROSE, Contrib. U. S. Nat. Herb. 12 (1909) 425. –
Cereus hollianus WEBER, in COULTER, Contrib. U.S. Nat. Herb. 3 (1896) 411.

baboso (Mexiko)
Kräftige Säulen, 4 bis 5 m hoch werdend, einzelnstehend oder von der Basis her verzweigt, Rippen 8 bis 14; Dornen grau, Mitteldornen 3 bis 5, 10 cm lang, Randdornen bis zu 14 je Areole, 1 bis 3,5 cm lang; Blüten elfenbeinweiß, 7 bis 10 cm lang, 3 bis 3,5 cm breit; Frucht ovoid, bräunlichrötlich mit Borsten und steifen Haaren, Fruchtfleisch purpurn.
Spontan und kultiviert: Mexiko (Puebla, Oaxaca)
Als Heckenpflanze angebaut, die Früchte werden gegessen.
DIGUET 1928, BERGER 1928, HOWES 1946

XI. ***Pachycereus*** (BERGER) BRITT. et ROSE, Contrib. U. S. Nat. Herb. 12 (1909) 420. –
U.-G. *Pachycereus* BERGER, Report Missouri Bot. Gard. 16 (1905) 63.

Typus: *Pachycereus pringlei* (S. WATS.) BRITT. et ROSE
(*Cereus pringlei* S. WATS.)

1. ***Pachycereus pecten-aboriginum*** (ENG.) BRITT. et ROSE, Contrib. U. S. Nat. Herb. 12 (1909) 422. –
Cereus pecten-aboriginum ENG., in S. WATSON, Proc. Am. Acad. 21 (1886) 429; *Pachycereus tehuantepecanus* MAC DOUG. et H. BRAVO, Cact. Succ. Mex. 1,4 (1956) 64–67.

Baumförmig, bis 10 m hoch werdend, Stamm bis 30 cm Durchmesser, Rippen 10 bis 11; Dornen bis 3 cm lang, 8 je Areole; Blüten rein weiß, bis 8,5 cm lang; Frucht mit gelbem Filz und langen steifborstigen gelben Dornen, 6 bis 7,5 cm im Durchmesser.
Spontan und kultiviert: Mexiko (Sonora, Niederkalifornien)
Als Heckenpflanze angebaut, die Eingeborenen verwenden die Früchte als Kämme.
ROSE 1899, DIGUET 1928

2. ***Pachycereus pringlei*** (S. WATS.) BRITT. et ROSE, Contrib. U. S. Nat. Herb. 12 (1909) 422. –
Cereus pringlei S. WATS., Proc. Am. Acad. 20 (1885) 368.

Baumförmig, bis 11 m hoch werdend, mit deutlichem, dickem Stamm (bis 60 cm Durchmesser), Rippen 13; Dornen schwarz, weißgespitzt, bis 12 cm lang, bis 20 je Areole; Blüte weiß, glockig – trichterig, 6 bis 8 cm lang; Frucht kugelig-länglich, mit Filz und feinen Dornen.

Spontan und kultiviert: Mexiko (Sonora, Niederkalifornien). Als Heckenpflanze kultiviert, die großen, schwarzen Samen werden gegessen.
DIGUET 1928

XII. ***Marshallocereus*** BACKEB., Cact. Succ. Jour. 22,5 (1950) 154. –
Lemaireocereus BRITT. et ROSE. Contrib. U. S. Nat. Herb. 12 (1909) 424 pro parte; *Neolemaireocereus* BACKEB., Cact. J. DKG 10 (1944).

Typus: *Marshallocereus aragonii* (WEBER) BACKEB. (*Cereus aragonii* WEBER)

1. ***Marshallocereus aragonii*** (WEBER) BACKEB., Cact. Succ. Jour. 23,4 (1951) 121. –
Cereus aragonii WEBER, Bull. Mus. Hist. Nat. Paris 8 (1902) 456; *Lemaireocereus aragonii* (WEBER) BRITT. et ROSE, The Cact. 2 (1920) 92; *Neolemaireocereus aragonii* (WEBER) BACKEB., Cact. J. DKG 16 (1944).

Große, dicke Säulen, Endtriebe bis 3 m lang, bis 15 cm Durchmesser, Rippen 6 bis 8; Areolen groß, braunfilzig mit 8 bis 10 grauen, 2 bis 3 cm langen Dornen; Blüten grünlichbraun, 6 bis 8 cm lang; Frucht gerundet-kegelförmig, 3 bis 4 cm Durchmesser, mit weißem Fruchtfleisch.

Spontan und kultiviert: Kostarika
Als Heckenpflanze angebaut.
BERGER 1929

2. ***Marshallocereus thurberi*** (ENG.) BACKEB., Cact. Succ. Jour. 23,4 (1951) 121. –
Cereus thurberi ENG., Am. Jour. Sci 2, 17 (1854) 234; *Lemaireocereus thurberi* (ENG.) BRITT. et ROSE, Contrib. U.S. Nat. Herb. 12 (1909) 426; *Neolemaireocereus thurberi* (ENG.) BACKEB., Cact. J. DKG 10 (1944).

pitayo dulce (Mexiko)
Bis 7 m hoch werdend, meist ohne Stamm, Triebe bis 20 cm Durchmesser, Rippen 12 bis 17; Areolen groß, braunfilzig, rund bis dreieckig mit 9 bis 10 randständigen und 1 bis 3 bräunlichen oder schwärzlichen Mitteldornen (bis 5 cm lang); Blüten hellpurpurn mit weißem Rand; Frucht kugelig, sehr dornig, 4 bis 7,5 cm Durchmesser.

Spontan: USA (Südarizona), Mexiko
Kultiviert: Mexiko (Sonora, Sinaloa, Niederkalifornien)
Heckenpflanze, die Früchte werden gegessen.
ROSE 1899, DIGUET 1928

XIII. ***Ritterocereus*** BACKEB., Cact. J. DKG 1 (1942) 76. –
Lemaireocereus BRITT. et ROSE. Contrib. U.S. Nat. Herb. (1909) 424 pro parte.

Typus: *Ritterocereus standleyi* (G. ORTEGA) BACKEB.
(*Lemaireocereus standleyi* G. ORTEGA)

1. ***Ritterocereus deficiens*** (OTTO et DIETR.) BACKEB., Cactac. 4 (1960) 2181. – *Cereus deficiens* OTTO et DIETR., Allg. Gartenztg. 6 (1838) 28; *Cereus clavatus* OTTO et DIETR., Allg. Gartenztg. 6 (1838) 28; *Lemaireocereus deficiens* (OTTO et DIETR.) BRITT. et ROSE, The Cact. 2 (1920) 94.

cardón de lefaria, lefaria, cardón bravo (Venezuela)

Baumförmig, mit dicken Stämmen, Triebe mit 7 bis 8 Rippen; Dornen grau mit schwarzen Spitzen, bis 1,5 cm lang (mittlere bis 3 cm lang), 8 je Areole; Blüten 5 bis 6 cm lang; Früchte mit weißer oder roter Pulpa.

Spontan und kultiviert: Venezuela und Curaçao

Besonders häufig auf Curaçao als Hecke gepflanzt, die Früchte werden gegessen und sind von delikatem Geschmack. Das Holz ist sehr kalireich, die Asche dient deshalb als Dünger.

BRITTON und ROSE 1920, PITTIER 1926, BERGER 1929, BACKEBERG 1960

2. ***Ritterocereus queretaroensis*** (WEBER) BACKEB., Cactac. 4 (1960) 2184. – *Cereus queretaroensis* WEBER, in MATHSSON, Monatsschr. Kakteenk. 1 (1891) 27; *Lemaireocereus queretaroensis* (WEBER) SAFF., Ann. Rep. Smiths. Inst. 1908, pl. 6 (1909).

pitahaya, pitayo de Queretaro (Mexiko)

Baumförmig, bis 6 m hoch, Triebe mit 6 bis 8 Rippen, 15 cm Durchmesser; Mitteldornen 4 (4 cm lang), Randdornen 6 bis 8 (3 cm lang) je Areole; Blüten hellrot, 8 bis 9 cm lang; Früchte gelb bis rot, mit gelben Dornen.

Spontan und kultiviert: Mexiko (Queretaro bis Guanajuato)

Häufig als Hecke an Wegen und Gärten angepflanzt, die Früchte werden gegessen.

SCHUMANN 1899, BRITTON und ROSE 1920, DIGUET 1928, UPHOF 1959, BACKEBERG 1960

3. ***Ritterocereus griseus*** (HAW.) BACKEB., Cact. Succ. J. 23, 4 (1951) 121. – *Cereus griseus* HAW., Syn. Pl. Succ. (1812) 182; *Lemaireocereus griseus* (HAW.) BRITT. et ROSE, Contrib. U.S. Nat. Herb. 12 (1909) 425; *Neolemaireocereus griseus* (HAW.) BACKEB., Cact. J. DKG (1944) 17.

pitayo de Mayo, pitayo de Mitla (Mexiko); cardon (Venezuela); datoe, tampanján (Curaçao); jatoe (Bonaire)

Baumförmig, Stamm bis zu 35 cm Durchmesser, Triebe 8 bis 10rippig; Dornen bis 4 cm lang; Blüten außen rosa, innen weiß; Früchte dornig, 5 cm Durchmesser, Pulpa rot.

Spontan: Venezuela und benachbarte Inseln

Kultiviert: Weithin im tropischen Amerika, Mexiko

Viel als Hecke gepflanzt, besonders in Mexiko bei Veracruz. Die Früchte sind eßbar und haben ein köstliches Aroma, deshalb in Mexiko und im tropischen Amerika häufig kultiviert. Das Holz ist kalireich, seine Asche wird als Dünger genutzt.

SCHUMANN 1899, BRITTON und ROSE 1920, BRITTON 1921, DIGUET 1928, HUMMELINCK 1938, UPHOF 1959, BACKEBERG 1960

4. ***Ritterocereus pruinosus*** (OTTO) BACKEB., Cactac. 4 (1960) 2183. – *Echinocactus pruinosus* OTTO, in PFEIFFER, En. Cact. (1837) 54; *Lemaireocereus pruinosus* (OTTO) BRITT. et ROSE, The Cact. 2 (1920) 88.

Baumförmig, bis zu 7 m hoch werdend, Triebe mit 5 bis 6 Rippen; Dornen grau mit braunen Spitzen, 1 Mittel- und 5 bis 7 Randdornen je Areole; Blüten weiß oder rosa, bis 9 cm lang; Frucht rot, bedornt, bis 7 cm lang.

Spontan und kultiviert: Mittel- und Südmexiko

Verschiedene Formen mit unterschiedlicher Fruchtfarbe sind bekannt. Als Hecke gepflanzt, die Früchte werden gegessen.

BACKEBERG 1960

XIV. ***Marginatocereus***(BACKEB.) BACKEB., Cact. J. DKG 1 (1942) 77. – *Pachycereus* BRITT. et ROSE. Contrib. U.S. Nat. Herb. 12 (1909) 421 pro parte; U.-G. *Marginatocereus* BACKEB. (von *Lemaireocereus*), in BfK (1938) 6.

Typus: *Marginatocereus marginatus* (DC.) BACKEB.
(*Cereus marginatus* DC.)

Marginatocereus marginatus (DC.) BACKEB., Cact. J. DKG 1, 49 (1942) 77. – *Cereus marginatus* DC., Mém. Mus. Hist. Nat. Paris 17 (1828) 116 non SALM-DYCK, Hort. Dyck. (1834) 340; *Pachycereus marginatus* (DC.) BRITT. et ROSE, Contrib. U.S. Nat. Herb. 12 (1909) 421; *Lemaireocereus marginatus* (DC.) BERGER, Kakteen (1929) 165.

organa pitayo (Mexiko)

Im Alter stammbildend, bis 7 m hoch, Triebe bis 15 cm Durchmesser; Dornen grau, sehr kurz, Areolen miteinander verbunden; Blüten weiß, einzeln oder zu zweien je Areole, 3 cm breit, nachts geöffnet; Beeren 4 cm im Durchmesser.

Spontan und kultiviert: Mexiko

Als lebender Zaun angepflanzt, auch als Schutzhecke für Cochenillepflanzungen.

SCHUMANN 1899, ROSE 1899, BRITTON und ROSE 1920, DIGUET 1928, BERGER 1929, HOWES 1946, DRESSLER 1953, BACKEBERG 1960

XV. ***Stenocereus*** (BERGER) RICCOB., Boll. R. Ort. Bot. Palermo 8 (1909) 253. – *Lemaireocereus* BRITT. et ROSE. Contrib. U.S. Nat. Herb. 12 (1909) 424 pro parte.

Typus: *Stenocereus stellatus* (PFEIFF.) RICCOB.
(*Cereus stellatus* PFEIFF.)

Stenocereus stellatus (PFEIFF.) RICCOB., Boll. R. Ort. Bot. Palermo 8 (1909) 253.– *Cereus stellatus* PFEIFF., Allg. Gartenztg. 4 (1836) 258; *Lemaireocereus stellatus* (PFEIFF.) BRITT. et ROSE, Contrib. U.S. Nat. Herb. 12 (1909) 426.

pitayo yoconostle (Mexiko); Früchte – xoconochtle, joconostle (Mexiko)

Vom Grunde verzweigte Säulen, 1 bis 3 m hoch, 6 bis 8 cm Durchmesser, Rippen 8 bis 12; Areolen weißfilzig, mit 8 bis 12 braunen Rand- und 1 bis 3 kurzen

(2 cm) Mitteldornen; Blüte rosa bis weiß, zylindrisch-glockig, 4 bis 6 cm lang; Frucht rot, bedornt, 3 cm Durchmesser.

Spontan und kultiviert: Mexiko (Puebla, Oaxaca)

Als Heckenpflanze kultiviert, die Früchte werden häufig auf den Märkten gehandelt.

DIGUET 1928

XVI. ***Escontria*** ROSE, Contrib. U. S. Nat. Herb. 10 (1906) 125.

Typus: *Escontria chiotilla* (WEBER) ROSE

(*Cereus chiotilla* WEBER)

Escontria chiotilla (WEBER) ROSE, Contrib. U. S. Nat. Herb. 10 (1906) 126. – *Cereus chiotilla* WEBER, in SCHUMANN, Gesamtbeschrbg. (1899) 83.

chiotillo (Mexiko)

Baumförmig, bis 7 m hoch; Blüten gelb, glockig, am Tage geöffnet; Frucht purpurrot, mit dreieckigen, sehr dünnen, fleischigen Schuppen, Fruchtfleisch violett.

Spontan und kultiviert: Mexiko

Bisweilen wegen der eßbaren Früchte und der Blüten, die als Immortellen getrocknet werden, kultiviert. Früchte auf den Märkten gehandelt.

SCHUMANN 1899, DIGUET 1928, BUKASOV 1930, UPHOF 1959, BACKEBERG 1960

XVII. ***Lophocereus*** (BERGER) BRITT. et ROSE, Contrib. U. S. Nat. Herb. 12 (1909) 426. –
Cereus U.-G. *Lophocereus* BERGER, Report Missouri Bot. Gard. 16 (1905) 22; *Pilocereus* LEM., Cact. aliq. nov. 33 (1838) pro parte.

Typus: *Lophocereus schottii* (ENG.) BRITT. et ROSE

(*Cereus schottii* ENG.)

Lophocereus schottii (ENG.) BRITT. et ROSE, Contrib. U. S. Nat. Herb. 12 (1909) 427. –
Cereus schottii ENG., Proc. Am. Acad. Sci. 3 (1856) 288; *Pilocereus schottii* (ENG.) LEM., Rev. hort. (1862) 428.

cina, cinita, pitaya barbona, hombre viejo, cabeza viejo (Mexiko); wird z. T. auch in einigen mexikanischen Gebieten als „garambullo" bezeichnet, ein Name, der sonst für *Myrtillocactus geometrizans* (MART.) CONS. gebräuchlich ist, dessen blaubeerähnlichen Früchte in großen Mengen auf den mexikanischen Märkten gehandelt werden.

Bis 7 m hoch, zuweilen einen Stamm bildend, 5 bis 7 schmalkantige Rippen; Areolen nahestehend, mit 5, später bis 25 Dornen, diese grau, bis 8 mm lang; Blüten weiß, 4 cm lang, 3 cm breit, nachts geöffnet; Früchte rot, 6 bis 8 mm Durchmesser.

Spontan: Nord-Mexiko, südliche USA (Kalifornien, Süd-Arizona)

Kultiviert: Nord-Mexiko

Wird als Hecke angepflanzt, die Früchte sind ein beliebtes Obst.
SCHUMANN 1899, BRITTON und ROSE 1920

XVIII. ***Cereus*** MILL., Gard. Dict. abr. ed. 4 (1754)
Typus: *Cereus hexagonus* (L.) MILL. (*Cactus hexagonus* L.)

1. ***Cereus hexagonus*** (L.) MILL., Gard. Dict. abr. ed. 4 (1754). – *Cactus hexagonus* L., Spec. Pl. (1753) 466; *Cactus octogonus* PAGE ex STEUD., Nom. ed. 2,1 (1840) 246; *Cereus lepidotus* SALM-DYCK, Cact. Hort. Dyck. 1849 (1850) 207.

pitahaya, reina de noche (Venezuela)
Baumförmig, bis 12 cm Durchmesser bei den Einzeltrieben, anfangs 4, später 7 Rippen; Dornen braun, 6 cm lang, 8 bis 10 je Areole; Blüten weiß, 25 cm lang; Frucht blaßrot, bis 13 cm lang, mit kleinen, entfernt stehenden Areolen.
Spontan und kultiviert: Venezuela, Westindien, nördl. Südamerika
Wird wegen seiner Früchte angebaut, auch als Heckenpflanze.
BRITTON 1921, PITTIER 1926, HUMMELINCK 1938, BACKEBERG 1970

2. ***Cereus peruvianus*** (L.) MILL., Gard. Dict. 8,4 (1768). – *Cactus peruvianus* L., Spec. Pl. (1753) 467.

cardon (Argentinien)
Sehr groß werdend, Triebe bis 20 cm Durchmesser, Rippen 6 bis 8; 5 bis 8 kurze Dornen je Areole; Blüten weiß, bis 16 cm lang; Frucht hellgelb oder orange, 6,5 cm lang, 7 cm Durchmesser.
Kultiviert: Nur aus der Kultur bekannt, Heimat wahrscheinlich im südöstlichen Südamerika, in vielen tropischen Ländern angebaut. In Amerika sehr lange in Kultur, häufig für Hecken gepflanzt, oft als Zierpflanze.
BRITTON und ROSE 1920, BAILEY 1924, HEYNE 1927, PARODI 1934

Zusammenfassung

55 als Obst-, Hecken-, Futter-, Arznei- und Wirtspflanzen für Cochenilleläuse kultivierte Kakteenarten werden beschrieben und Angaben zu Anbau, Nutzung und Verbreitung gemacht. Schlüssel ermöglichen die Bestimmung der Gattungen und Arten.

Summary

The cultivated cacti (without ornamentals)

55 cultivated cacti are described which are used for their fruits, as hedges and fodder plants, as medicinal plants and host plants for the cochineal insect. Items are given on cultivation, utilization and distribution as well as keys for the determination of genus and species.

Краткое содержание

Культивируемые виды кактусов (за исключением декоративных растений)

Описываются 55 видов кактусов, культивируемых как плодовые, растения для изгородей, кормовые, лекарственные и как растения-хозяева кошенильного червеца. Приводятся данные по возделыванию, использованию и распространению. Ключ дает возможность определения родов и видов.

Literatur

Agurell, S., J. G. Bruhn, J. Lundström, and U. Svensson, 1971: *Cactaceae* alkaloids. X. Alkaloids of *Trichocereus* species and some other cacti. – Lloydia *34*, 183–187.

Almeida, de F. J. y J. Cambraia, 1974: Estudo do valor nutritivo do „ora-pro-nobis" (*Pereskia aculeata* Mill.). – Revista Ceres *21*, 105–111.

Anonym, 1935: Die dürrewiderstandsfähigen Futterpflanzen stachellose *Opuntia* spp. und *Atriplex Nummularia*. – Tropenpflanzer *38*, 486–487.

Akemine, M., 1933: Kinds of crop plants under cultivation in the world. – Agriculture and Horticulture *8*, 19–75.

Backeberg, C., 1958–1962: Die Cactaceae 1–6. – Jena

Bailey, L. H., 1924: Manual of Cultivated Plants. – London.

Berger, A., 1929: Kakteen. – Stuttgart.

Bois, M. D., 1888: Les cactées utiles. – Revue Sci. Nat. Appl., 4 serie, *5*, 641–656.

Bravo, H., 1934: Las cactaceas entre los antiguos Mexicanos. – Anales Inst. Biologia (Mexico) *5*, 139–148.

Britton, N. L., 1921: The cacti of Trinidad. – Bull. Dept. Agr. (Trinidad) *19*, 81–87.

Britton, N. L., and J. N. Rose 1919–1924: The Cactaceae 1–4. – Washington.

Bukasov, S. M., 1930: Kultivierte Pflanzen Mexikos, Guatemalas und Kolumbiens (russ.). – Trudy Prikl. Bot., Gen. i Sel., Prilož. *47*.

Burkill, I. H., 1966: A Dictionary of the Economic Products of the Malay Peninsula. – London.

Castellanos, A. y H. V. Lelong, 1934: Cactáceas cultivadas que deben excluirse de catálogo de la flora Argentina. – Revista Argent. Agron. *1*, 213–222.

Diguet, L., 1928: Les Cactacées utiles du Mexique. – Arch. Hist. Nat. Soc. Nat. Accl. France, 1928, 1–551.

Disovskij, I. M., 1932: Über den stachellosen Kaktus „*Opuntia*" Burbanks (russ.). – Kolchoznyj sad i ogorod (Rostow) *12* (42) 8–9.

Donzella, I., 1936: La coltivazione del fico d'India in Sicilia. – L'Italia Agricola *73* (12) 891–900.

Dott, G. G., 1913: Coltivazione del fico d'India. – Bibliotheca d'agricoltura et industrie affini *48*, 1–61.

Dressler, R. L., 1953: The pre-columbian cultivated plants of Mexiko. – Bot. Mus. Leaflets *16*, 115–172.

Griffiths, D., 1905: The prickly pear and other cacti as food for stock. – Bull. *74*, U.S. Dept. Agric.

– 1912: The thornless prickly pears. – Farm. Bull *483*, U.S. Dept. Agric.

– 1915: Hardier spineless cactus. – J. Hered. *6*, 182–191.

– 1920: Prickly pear as stock feed. – Farm. Bull. *1072*, U.S. Dept. Agric.

GRIFFITHS, D., and R. F. HARE, 1907: The tuna as food for man. – Bull. *116*, U.S. Dept. Agric.

HARE, R. F., 1908: Experiments on the digestibility of prickly pear by cattle. – U.S. Dept. Agr. Bur. Anim. Industr. Bull. *106*.

HARWOOD, W. S., 1906: New Creations in Plant Life. – New York.

HEYNE, K., 1927: De nuttige planten van Nederlandsch Indië 2.

HOWES, F. N., 1946: Fence and barrier plants in warm climates. – Kew Bulletin *2*, 51–87.

HUMMELINCK, P. W., 1938: Notes on the *Cactaceae* of Curaçao, Aruba, Bonaire and North Venezuela. – Recueil Travaux Bot. Néerland. *35*, 29–55.

JEPSON, F. P., 1931: Present position in regard to the control of prickly pear (*Opuntia Dillenii* Haw.) in Ceylon by the introduced cochineal insect *Dactylopius tomentosus*. – Agr. Live-Stock in India (Calcutta) *1*, 65–66.

LINDSAY, G., 1952: The use of cactus as stock food. – Desert Plant Life *24*, 5–6.

LOPOTT, M. S., 1935: Perspektiven der Einführung Sukkulenter in die mittelasiatischen Wüsten. In: Subtropische Kulturen in Mittelasien (russ.), 250–255. – Taschkent.

LUNDSTRÖM, J., 1970: Biosynthesis of mescaline and 3,4-dimethoxy-phenethylamine in *Trichocereus pachanoi* Br. et R. – Acta Pharm. Suecica *7*, 651–666.

MANSFELD, R., 1959: Vorläufiges Verzeichnis landwirtschaftlich oder gärtnerisch kultivierter Pflanzenarten. – Kulturpflanze, Beiheft *2*, 1–659.

MARAIS, J. G., and H. C. BONSMA, 1939: Spineless cactus and oldman saltbush for sheep. – Farming South Africa *14*, 99–100.

MEHTA, P. R., 1904: Prickly pear and aloe as fodder for cattle during scarcity. – Dept. Land Records and Agr. (Bombay) Bull. *22*.

MYRE, M., 1974: Los cactos forrajeiros. I. Cultura e adaptacão de *Nopalea cochenillifera* (L.) SALM-DYCK em Regiões de Moçambique. – Agron. Moçamb. *8*, 19–30.

PARODI, L. R., 1934: Las plantas indigenas no alimenticias cultivadas en la Argentina. – Revista Argent. Agron. *1*, 165–212.

PIEDALLU, A., 1936: Le figuier de Barbarie sans épines (*Opuntia ficus-indica* Miller var. *inermis*) en Algérie. – Gouv. Général de l'Algerie, Bull. *77*, 128–144.

PITTIER, H., 1926: Manual de las plantas usuales de Venezuela. – Caracas.

POPENOE, W., 1924: Economic fruit-bearing plants of Ecuador. – Contrib. U. S. Nat. Herb. *24*, 101–134.

RANAKRISHNA AYYAR, T. V., 1931: The *Coccidae* of the prickly-pear in South-Indie and their economic importance. – Agric. Live-Stock in India (Calcutta) *1*, 229–237.

ROMANOVIČ, V. V., 1965: Versuch der Kultivierung von Opuntien auf der Halbinsel Mangyschlak (russ.). – Bjull. Glav. Botan. Sada *54*, 120–121.

ROSE, J. N., 1899: Notes on useful plants of Mexico. – Contrib. U.S. Nat. Herb. *5*, 209–258.

SCHROEDER, C. A., 1952: The tuna or prickly pear in California. – Fruit Var. hort. Dig. 1951 (issued 1952) *6* (43) 26–28. Zit.: Hort. abstr. 1952, S. 606, Nr. 4301.

SCHULTZ, E. F., 1937: Apuntes sobre fruticultura en Tucumán. – Estacion Experimental Agricola de Tucuman, Bull. *58*.

– 1939: Las pencas sin espinas („*Opuntia inermis*“). – Estacion Experimental Agricola de Tucuman, Bull. *69*.

SCHUMANN, K., 1894: Cactaceae. – In: Engler und Prantl, Die natürlichen Pflanzenfamilien *3* (6a) 156–205.

– 1899: Gesamtbeschreibung der Kakteen. – Neudamm.

SIVA, E., 1918: Il fico d'India senza spine. – L'Italia Agricola *55*, 358–363.

STANDLEY, P. C., 1928: Flora of the Panama Canal Zone. – Contrib. U.S. Nat. Herb. *27*, 1–386.

TOUMEY, J. W., and J. N. ROSE, 1919: *Opuntia*. – In: BAILEY, L. H., The Standard Cyclopedia of Horticulture *4*, 2356–2367.
TOWLE, M. A., 1961: The Ethnobotany of Pre-Columbian Peru. – Chicago.
UPHOF, J. C. TH., 1925: La culture des opuntias sans epines. – Rev. Bot. Appl. *5*, 765–778.
UPHOF, J. C. Th., 1934: Het gebruik der Cactusplanten in Noord-Amerika. – Tijdschr. Econ. Geogr. *25*, 149–158.
– 1959: Dictionary of Economic Plants. – Weinheim.
VAUPEL, F., 1925: Die Kakteen, Lieferung 1. – Berlin.
VODRET, F. L., 1932: I frutti dell' „*Opuntia Ficus Indica*" come alimento degli ovini in Sardegna. – L'Agricoltura Sarda *11*, 397–400 und 426–429.
VUL'F, E. V. und O. F. MALEEVA, 1969: Weltressourcen nützlicher Pflanzen (russ.). – Leningrad.
WOODWARD, T. E., and W. F. TURNER, 1915: Prickly-pears as a feed for dairy cows. – Jour. Agr. Res. *4*, 405–450.

Kulturpflanze XXIV · 1976 · S. 283–347

Botanische Ergebnisse einer Reise in die ČSSR 1974 zur Sammlung autochthoner Landsorten von Kulturpflanzen[1]

FRANTIŠEK KÜHN[2], KARL HAMMER und PETER HANELT

(Eingegangen am 5. Februar 1976)

Die bei unseren Kulturpflanzen rasch fortschreitende Generosion und der damit bedingte Verlust an genetischer Variabilität macht die Sammlung und Erhaltung der alten, vom Aussterben bedrohten Landsorten zu einer außerordentlich dringenden und aktuellen Aufgabe. Erstaunlicherweise konnte seit einigen Jahren durch F. KÜHN (1970, 1972, 1974) selbst im Herzen Europas noch ein beachtlicher Anbau derartiger indigener Landsorten und Reliktkulturen nachgewiesen werden. Zur Sammlung solchen wertvollen Materials wurde deshalb 1974 eine Reise in Gebiete von Mähren und in die Slowakei organisiert, über die einige allgemeine Bemerkungen bereits in dem vorjährigen Reisebericht (HANELT und HAMMER 1975) gemacht wurden. Dort ist gleichzeitig eine Einschätzung des hohen Grades der Gefährdung dieser Kulturpflanzen-Formen gegeben, und auch in den folgenden Ausführungen wird mehrfach auf den rapiden Rückgang entsprechender Kulturen hingewiesen.

Das gesammelte, bis auf relativ wenige Ausnahmen autochthone Kulturpflanzen-Formen darstellende Material wurde 1974/75 einer ersten Prüfung unterzogen; die vielfach bunte Populationen repräsentierenden Sammelnummern wurden dabei soweit als möglich in morphologisch unterscheidbare Linien aufgetrennt. Der Nachbau des Materials erfolgte 1975 in Gatersleben, bei *Avena* gleichzeitig auch in Brno. Im allgemeinen verlief die Anzucht der Pflanzen zufriedenstellend, und es konnte fast in allen Fällen Saatgut für die Weitervermehrung gewonnen werden.

Den Hauptteil der Sammlung stellen die im Feldbau des Gebiets vorherrschenden Getreide, wobei der Anteil der einzelnen Arten auf Grund der z. T. sehr unterschiedlichen klimatischen Bedingungen in den verschiedenen Teilen stark diffe-

1 Dieser Beitrag ist dem Andenken des früh verstorbenen Prof. Dr. RUDOLF MANSFELD gewidmet, dessen Geburtstag sich am 17. 1. 1976 zum 75. Male jährte.

2 Vysoká Škola Zemědělská v Brně, Katedra obecné a speciální botaniky zemědělské, Brno, ČSSR.

riert. Unter den Gartenbau-Pflanzen spielen Leguminosen, vor allem *Phaseolus*-Bohnen und Erbsen, eine entscheidende Rolle, zu denen als regelmäßige und verbreitete Bestandteile der Gemüsegärten Mohn, Zwiebeln und Salat treten. Daneben erwecken weniger häufige und mitunter als Reliktkulturen anzusprechende Sippen (wie *Lathyrus*, *Carthamus* u. a.) unter den Gemüse-, Heil- und Gewürzpflanzen ein besonderes Interesse. Gerade unter diesen Kulturarten von nicht-ausschlaggebender wirtschaftlicher Bedeutung läßt sich oft eine geographische Differenzierung des Sammelgebiets in Form unterschiedlicher Kulturpflanzenspektra ab-

Abb. 1 Tal des Vtačnik-Gebirges bei K'lak; die kleinbäuerliche Wirtschaftsweise und die damit verbundene, dem Terrain angepaßte geringe Größe der Feldschläge hat in den gebirgigen Teilen der Slowakei zur Erhaltung der autochthonen Landsorten beigetragen

lesen (z. B. im wärmebegünstigten Südteil Anbau von *Morus*, *Vitis*, *Cicer*, in den kühlen, feuchten Gebirgen dagegen der von Stoppel- und Kohlrüben usw.); eine entsprechende Differenzierung ist manchmal auch im infraspezifischen Bereich nachweisbar (vgl. *Pisum*).

Die Besprechung des Materials erfolgt in systematischer Anordnung nach dem ENGLERschen System, allerdings – wegen der besonderen wirtschaftlichen Bedeutung – unter Voranstellung der Monokotyledonen. Bei den einzelnen Sippen sind dann die Fundorte und die Original-Sammelnummer bei den Samenproben bzw. die Herbarnummern bei den Exsikkaten angeführt und anschließend werden Bemerkungen zum Anbau, zur Variabilität, Nutzung usw. gemacht. In einem Anhang ist eine Liste der Originalsammelnummern enthalten, die chronologisch nach dem Ablauf der Reise angeordnet sind. Nicht berücksichtigt wurden Arten, die aus verschiedenen Gründen nicht gesammelt werden konnten, wie z. B. Kartoffeln, Obstgehölze und Zierpflanzen, die aber natürlich trotzdem im Acker- und Gartenbau des Sammelgebiets eine große Bedeutung haben können. – Einige Beobachtungen von 1975 aus dem dem Sammelgebiet benachbarten polnischen Teil des Pieninen-Gebirges, in dem die Landwirtschaftsstruktur und die Kulturpflanzenflora große Übereinstimmungen mit den Verhältnissen in der N-Slowakei aufweisen, wurden in den Text eingearbeitet (HANELT).

Die Bearbeitung von *Avena*, *Lolium*, *Bromus* und *Triticum dicoccon* erfolgte durch F. KÜHN, die der anderen Getreide und von *Papaver* durch K. HAMMER und die der übrigen Gruppen durch P. HANELT. Die Manuskript-Entwürfe wurden gemeinsam redigiert.

Liliaceae

Allium cepa L.
var. *cepa:*
Nová Baňa (Nr. 29)
Der Anbau der Küchenzwiebel – fast stets zusammen mit Knoblauch (*A. sativum* L.) – ist in den Hausgärten des Sammelgebietes weit verbreitet. Ein Nachbau der genannten Nummer war wegen mangelnder Keimfähigkeit des Saatguts nicht möglich. In einem Garten in Lučenec wurde einmal auch die Kultur der Etagenzwiebel (*A. cepa* L. var. *viviparum* (METZG.) ALEF.) beobachtet.

Gramineae

Lolium temulentum L.
var. *macrochaeton* A. BR.:
Tisovské Lazy (Nr. 112), Matiaška (Nr. 188, 192), Hrčava (Nr. 229), Močiar (Nr. 245, Herb. Nr. 192, 195), Vrbovce (Herb. Nr. 11), Ostrý Grúň (Herb. Nr. 72, 78), westlich Banská Štiavnica (Herb. Nr. 110), Tisovské Lazy (Nr. 112, Herb. Nr. 131), Úhorná (Herb. Nr. 229, 235), Matiaška (Herb. Nr. 245), Horní Stefanov (Herb. Nr. 272), Hutisko Solanec (Herb. Nr. 321).

var. *arvense* BABINGT.:
Hutisko Solanec (Herb. Nr. 321), Nýdek Kreis Český Těšín (ohne Nr., in *Secale cereale multicaule*).

Trat als Unkraut oft in Landsorten von Sommergetreide auf, nur bei Klubina auch in Roggen, der vermutlich eine Winterform darstellte (ähnlich auch in Nýdek unter *Secale cereale* var. *multicaule*). *Lolium temulentum* kann ebenfalls als Indikator für Populationen von Landsorten gelten. Die Pflanzen aus Močiar (Herb. Nr. 195, in Hafer) hatten dünne Halme, dunkle Spelzen, nur 2–3 fertile Blüten pro Ährchen, kleine Früchte und Grannen, welche bis viermal so lang waren wie die Deckspelze. Die Pflanzen aus Tisovské Lazy (Nr. 112) hatten große Körner (7×2,3×1,8 mm) und lange Grannen (bis 14 mm).

Bromus secalinus L. ssp. *secalinus*
var. *glabratus* ASCH. et GR.:
Stará Huta (Herb. Nr. 120), Muránska Zdychava (Herb. Nr. 218, Nr. 163), Matiaška (Nr. 188), Hrčava (Nr. 229), Orava – Stausee (Herb. Nr. 294);
var. *submuticus* ASCH. et GR.:
Muránská Zdychava (Nr. 169), Matiaška (Nr. 190);
var. *lasiophyllus* BECK:
Matiaška (Herb. Nr. 247).
Als Unkraut in Wintergetreide, besonders in Winterroggen, in Matiaška die var. *lasiophyllus* in Hafer. Die Art ist in den autochthonen Getreidepopulationen verbreitet und kann als Indikator für Landsorten angesehen werden. In Hrčava kamen kürzer begrannte (bis 3–5 mm) und länger begrannte (bis 3–7 mm) Individuen vor. Manchmal haben die Pflanzen rote oder violette Hüllspelzen (Matiaška, z. B. Nr. 188, und manche Pflanzen von Hrčava Nr. 232).

Hordeum vulgare L. s. l.
convar. *vulgare*
var. *hybernum* VIBORG:
Klubina (Nr. 226 b z. T.), Hrčava (230 b);
var. *rikotense* REGEL:
Oravská Lesná (Nr. 222 b), Klubina (Nr. 226 b z. T.)
convar. *distichon* ALEF.
var. *nutans* (RODE) ALEF.:
Hrubá Vrbka (Nr. 3, 4), Sobotiště (Nr. 9, 15 c), Ostrý Grúň (57, 58, 63 a, 64, 65, 70, 74), östl. Žarnovica (78, 79), östl. Banská Štiavnica (82), zwischen Slatinské Lazy und Stará Huta (96 b), Tisovské Lazy (105 e, 108 d, 112 a), Dolná Strehová-Prieloh (125 a), Málinec-Hámor (141 d, 144, 146 c, 147 b, 149 a), Ratková (161), Muránska Zdychava (166, 167, 171, 172 a, 173), Kapušany (178, 182), Matiaška (187 h, 189, 192 g, 199 a, 200 a, 201), westl. Prešov (209), Valaská Dubova (211 a), Horní Stefanov (212), Breza (219 b), Oravská Lesná (221, 222 a), Klubina (224, 225 b, 226 a) Hrčava (230 a, 231 a), Horní Paseky (233, 234 a), Hutisko Solanec (243);
var. *erectum* (RODE) ALEF.:
Horní Stefanov (213);

var. *nudum* (L.) ALEF.:

Hutisko Solanec (235a–c, 239, 242)

Die Bestimmung der Varietäten erfolgte nach dem Schlüssel von MANSFELD (1950).

Gerste wurde im gesamten Sammelgebiet nur als Sommergetreide angetroffen, in höheren Lagen wurde häufig ein Mischanbau mit Hafer beobachtet; beide Arten stehen hier an der oberen Grenze des Ackerbaues.

Teile des bereisten Gebiets gehören zum traditionellen Braugerstenareal. Daher erklärt sich die große Menge der *nutans*-Formen. Trotzdem konnte eine große Variabilität bei diesen Formen gefunden werden, die den Landsortencharakter verdeutlicht. Einige Gersten fielen durch ihre aufrechten Ähren auf und sahen dadurch der var. *erectum* sehr ähnlich. Eine Nachprüfung ergab, daß diese Formen aber eine relativ große Spindelgliedlänge aufweisen (um 3 mm) und deshalb in die var. *nutans* gezählt werden müssen. Im Sammelgebiet waren die Ähren allerdings mehr gestaucht als beim Nachbau in Gatersleben. Zu den erectoiden *nutans*-Formen gehören die Nr. 141d, 149a, 210, 212, 230a, 231a, 243, 209 z. T. Relativ häufig kommen solche Formen als Mischungen in normalen *nutans*-Beständen, besonders in gebirgigen Gegenden (Mährisch-Schlesische Beskiden, Vsetínske Vrchy) vor. Beim Anbau in Gatersleben erwiesen sie sich als relativ standfest, obwohl die Spindelglieder länger waren als bei den Originalaufsammlungen. Einige *nutans*-Gersten (199a, 233) hatten eine sehr lange Basalborste, die häufig beim Entfernen der Körner an der Rhachis verblieb. Diese Merkmalskombination ist sonst für Nacktgersten charakteristisch. Möglicherweise weist sie auf eine Merkmalsintrogression durch einen hier in früheren Zeiten verbreiteten Nacktgerstenanbau hin. Übergangsformen mit langer Basalborste, die aber nur gelegentlich an der Rhachis haften bleibt, konnten noch verschiedentlich gefunden werden (Nr. 3, 15c, 65, 125a, 167c, 178, 187h, 200a). Über eine sehr kurze Basalborste verfügten die Nr. 57, 78, 112a, 144, 147b, 161, 226a. Häufig waren in den Beständen einzelne Ähren mit ± braunen Spelzen oder auch Grannen anzutreffen: Nr. 57, 58, 63a, 64, 70, 146c, 171, 172a, 173, 189, 201, 210, 167c, 187h. Manchmal waren die noch grün oder gelbgrün gefärbten Spelzen bei diesen Formen deutlich violett-streifig (Nr. 64, 172a). Die bräunliche Färbung erwies sich im Nachbau als nicht konstant. Das Merkmal leicht abbrechende Grannen konnte auch im Anbau in Gatersleben bestätigt werden (Nr. 74, 112a). Weiterhin konnten an besonderen Formen noch solche mit sehr langen Grannen (Nr. 125a), schartigen Ähren (Nr. 212, 166) und, einem züchterisch besonders interessantem Merkmal, einer großen Anzahl gutausgebildeter Körner je Ähre (Nr. 9, 32, 78, 79, 146c, 149a, 161, 219b, 230a) gefunden werden. Im Durchschnitt wurden bei diesen Formen mehr als 32 Körner je Ähre gezählt. Auch die angeführten Merkmale zeigen, daß es sich bei dem aufgesammelten Material um autochthone Formen handelt. Einige der diskutierten Eigenschaften können für die Züchtungsforschung interessant sein.

Im Bestand einer erectoiden *nutans*-Gerste südwestlich des Orava-Stausees (Nr. 212) konnte eine Einzelpflanze der var. *erectum* aufgefunden werden. Diese Form wurde nach dem Aussehen anfangs für var. *breve* gehalten. Durch die enge Ährchenstellung standen die Grannen breit fächerig ab. Beim Anbau in Gatersleben wurde aber der ursprüngliche Ährchentyp deutlich, der im Originalbestand offensichtlich durch nährstoffarme, trockene Umweltbedingungen in Richtung der var. *breve* modifiziert war. Die Ähren sind jetzt typische var. *erectum*, die in der Spindelgliedlänge mehr nach var. *nutans* als nach var. *breve* neigen. Möglicherweise ist die Einzelpflanze durch Mutation aus einer erectoiden Pflanze hervorgegangen.

Von zweizeiligen Gersten konnte, neben den beiden genannten Varietäten, nur noch der Anbau von var. *nudum* nachgewiesen werden, und zwar in den Vsetínske Vrchy unweit der Mährisch-Schlesischen Beskiden, meist zusammen mit var. *nutans* und erectoiden Formen dieser Varietät. Diese Varietäten und auch die erectoiden Formen kommen auch heute noch vereinzelt in den polnischen Karpaten vor (SAWICKI 1974). In der Slowakei ist der Anbau von Nacktgersten rapide zurückgegangen. In Hrčava (Mährisch-Schlesische Beskiden) konnte sich noch eine ältere Einwohnerin an den schon lange verschwundenen Nacktgerstenanbau erinnern. Nacktgerste wurde dort, wie auch in den anderen ursprünglichen Kulturgebieten, besonders in den Höhenlagen der polnisch-slowakischen Grenzgebirge, als špalda oder gengel (bei Hrčava als orkiš) bezeichnet. Das Auftreten von Nacktgerste, besonders in den höheren Stufen der Gebirge, wurde übrigens auch von FREISLEBEN (1940) im Hindukusch festgestellt. Ein möglicher Grund für den Anbau in höheren Gebirgslagen ist die Verwendung als Brotgetreide als Ersatz für Weizen, der unter solchen ungünstigen Bedingungen nicht mit der Gerste konkurrieren kann. In Hutisko Solanec wird aus den Körnern Grütze für verschiedene Wurstarten bzw. Brei oder Suppe hergestellt. Die Graupen sollen besonders süß sein. Die Körner der gefundenen Proben sind gut ausgebildet und ziemlich groß. Ihre Färbung variiert von gelb bis grünlich (meist nicht voll ausgereift) oder bräunlich. Eine Trennung nach grünlichen und bräunlichen Körnern (Nr. 235b, 235c) wurde vorgenommen. Die unterschiedlichen Färbungen konnten im Nachbau nicht bestätigt werden, lediglich Nr. 235b zeigte vereinzelt noch etwas dunklere Körner. Das Stroh der Formen ist relativ brüchig, ebenso wie die Spindeln, und sie neigen auch zum Lagern. Deshalb wurden sie in Hutisko Solanec von F. ZÁZVORKA zusammen mit Sommerweizen angebaut, der für die Standfestigkeit des Gesamtbestandes sorgte. Der Grannenansatz an den Spelzen ist deutlich breiter als bei den *nutans*-Gersten. Der Anbau erfolgte fast immer in Mischung mit anderen Getreiden, lediglich Nr. 242 wurde aus einem Reinbestand entnommen. Die von uns gefundenen Nacktgerstenfelder stellen wahrscheinlich die letzten Refugien der var. *nudum* dar, die früher eine weitere Verbreitung hatte (vgl. Diskussion bei var. *nutans*). Die großen, unbespelzten Körner können diese Formen für die Züchtung von Sommerfuttergerste interessant machen. Von den mehrzeiligen Gersten konnten zwei Varietäten[1], meist in geringer Beimischung von *nutans*-Beständen, aufgesammelt werden. Die Verbreitung beschränkte sich auf die Slowakischen Beskiden und die Mährisch-Schlesischen Beskiden. Bei Hrčava wurde aus einem *nutans*-Bestand noch eine Pflanze der Varietät *hybernum* ausgelesen (Nr. 230b). In Klubina, am Rande der Slowakischen Beskiden, existierte noch ein Mischbestand von var. *nutans*, var. *hybernum* und var. *rikotense*

Abb. 2 Gersten aus einem Mischbestand von Klubina (Nr. 226), v. l. n. r. var. *rikotense*, var. *nutans*, var. *hybernum*

1 Vor einigen Jahren wurde von KÜHN auch noch var. *coeleste* in Velke Karlovice beobachtet.

(Nr. 226 – Abb. 2). Bei Oravská Lesná trat als Beimischung in einem *nutans*-Bestand nur var. *rikotense* auf (Nr. 222b). Von ORLOV (1936) werden als Kulturgebiete für var. *rikotense* nur England, Deutschland und der europäische Teil der UdSSR angegeben. Mit dem Nachweis von var. *rikotense* in der Slowakei liegt die Vermutung nahe, daß das Kulturareal der Varietät auch die bei ORLOV nicht erfaßten Regionen zwischen den von ihm aufgeführten Gebieten umfaßt. Allerdings scheint diese Varietät nicht so häufig zu sein wie var. *hybernum*. Alle mehrzeiligen Gersten waren im Nachbau relativ niedrig, deutlich kürzer als die zweizeiligen Sippen, und dadurch standfest. Die Grannen der var. *rikotense* sind auffällig lang. Spindelglieder einer mehrzeiligen Gerste wurden auch aus Emmersaatgut von Tisovské Lazy (Nr. 104) ausgelesen.

Secale cereale L.

var. *cereale* (Winterformen):

Sobotiště (Nr. 8), Nová Baňa (Nr. 46b, 48, 49), Ostrý Grúň (Nr. 67, 68, 71, 73), Slatinské Lazy (Nr. 94f), zwischen Slatinské Lazy und Stará Huta (Nr. 101a, 101b), Tisovské Lazy (Nr. 102) Dolná Strehová-Prieloh (Nr. 124d), Málinec-Hámor (Nr. 141c, 142g, 145d), Močiar (Nr. 155), Muránska Zdychava (Nr. 163, 164 z. T., 168, 172b), Úhorná (Nr. 174), Kapušany (Nr. 179d), Matiaška (Nr. 184, 190e, 194, 196e), Valaská Dubová (Nr. 211b), Breza (Nr. 218), Hutisko Solanec (Nr. 236a, 240, 241)

var. *cereale* (Sommerformen):

Úhorná (Nr. 175), Hutisko Solanec (Nr. 235e)

var. *multicaule* METZG.:

Muránska Zdychava (Nr. 164 z. T. ?)

Roggenanbau wurde im gesamten Sammelgebiet vorgefunden, in den unteren Lagen meist in Reinkultur, seltener dagegen in den höheren Lagen und hier oft in Mischung mit Hafer (Močiar, ca. 700 m NN, Nr. 155), mit Hafer und Gerste (bei Muránska Zdychava, ca. 650 m NN, Nr. 64) und mit Weizen (bei Klubina, Nova Baňa – Abb. 3, Ostrý Grúň). Der Anbau bei Klubina stellt in den Slowakischen Beskiden eine Seltenheit dar. Sonst wurden in dieser Gegend nur Hafer-Gerste-Gemische gefunden. In den polnischen Pieninen wird übrigens der Roggen ebenfalls nur in geringem Umfang (als langstrohiges Bindematerial für Garben) kultiviert. Selten ist der Roggenanbau auch bei Horní Stefanov und in den Vsetínske Vrchy; häufig dagegen bei Stára Huta/Slatinské Lazy und Málinec-Hámor (bis 500 m NN). Bei Úhorná konnte Roggen noch in Höhen von 920 bis 940 m NN (Winter- und Sommerformen) angetroffen werden, in Mischanbau mit Peluschken (siehe dort!). Auch Roggengemenge mit anderen Leguminosen kamen vor, wie z. B. mit *Vicia villosa* (siehe dort!). Für den Grünschnitt bestimmt war offensichtlich ein Roggen-Peluschken-Futtergemenge bei Klubina. Besonders häufig im Anbau war Winterroggen zu finden, der bis in die oberen Lagen der Gebirge reichte. Von uns während der Sammelreise angesprochene Sommerroggenbestände (Nr. 67, 68, 73, 101, 102, 141c, 175, 211b, 235e, 236a) konnten nur in zwei Fällen als solche bestätigt werden. In Sommergetreide wachsende

Winterroggen stellten sich damit als Reste der vorangegangenen Kultur heraus. Alle diese Winterformen kamen nach der Frühjahrsaussaat 1975 in Gatersleben nicht zum Schossen. Zur Sicherung der Reproduktion sind sie im Herbst 1975 noch einmal angesät worden. Die Roggen waren in ihrer Form sehr uneinheitlich und wiesen sich damit als Landsorten aus. Wegen der ausgeprägten Variabilität war es schwierig, bei vielen Merkmalen deutliche Unterschiede zwischen einzelnen Sammelnummern herauszufinden. Einige wichtige Merkmale sollen im folgenden angeführt werden. Neben grünen kamen oft gelbe Körner vor (Nr. 48, 67, 101, 184, 196e), Pflanzen mit langen und deutlich kurzen Ähren sind in den Beständen anzutreffen (Nr. 184) und oft findet man neben normalen gelbgrannigen Formen auch solche mit braunen Grannen. Offenbar müssen solche Formen auch über eine unterschiedliche Blütezeit verfügen, weil sich sonst bei dem allogamen Roggen schon stabile Bastarde mit einheitlicher Merkmalsausprägung herausgebildet hätten. Für die Züchtung besonders interessant sind Sippen mit langen, fertilen Ähren, die möglichst noch zur Autokompatibilität neigen sollten. An einzeln stehenden Roggenähren in einem Weizenbestand wurde ein sehr guter Ansatz beobachtet (Nr. 71). Im Nachbau konnte dieses Ergebnis bestätigt werden, denn diese Form brachte, bei Isolation von nur wenigen Pflanzen, einen sehr guten Ansatz mit gutausgebildeten Körnern an langen Ähren (13 cm, ohne Granne). Auch andere Formen zeigten unter gleichen Bedingungen gute Ergebnisse (Nr. 179d, 196e). Dagegen waren bei vielen Roggennummern die unter den

Abb. 3 Charakteristischer Mischbestand von Roggen und Weizen bei Nová Baňa, Ortsteil Morac Dolina

Abb. 4 Modifikativ verzweigte Ähren von Roggen (links) aus Hutisko Solanec (Nr. 241) und von Weizen (rechts) aus Matiaška (Nr. 198)

Reproduktionsbedingungen in Gatersleben normalerweise auftretenden schartigen Ähren zu beobachten (Nr. 102, 145d, 174, 184, 194, 218). Neben den soeben aufgezählten Formen mit langen Ähren (etwa 13 cm beim Nachbau in Gatersleben) waren auch Sippen mit deutlich kürzeren Ähren (ca. 9 cm) zu beobachten (Nr. 124d, 142g, 163). Oft zeichneten sich gerade diese Ähren durch einen guten Ansatz aus. In einem Feld von Hutisko Solanec konnte eine große Anzahl von sich verzweigenden Ähren ausgelesen werden (Nr. 241 – Abb. 4). Solche Pflanzen wurden als *Secale compositum* LAM. beschrieben. Schon ALEFELD (1866) stellte fest, daß diese Bildungen besonders häufig auf sehr nährstoffreichem Boden auftreten können und damit offensichtlich modifikativ bedingt sind, was sich auch bei uns bestätigte, denn im Nachbau waren nur normale Ähren zu beobachten. Die TKM reichte bei unseren Roggen von 23,3 g (Nr. 94f) bis 35 g (Nr. 240). Die Roggenproben lassen sich meist zwei Klassen zuordnen, über 29 g und unter 26 g. In den dazwischen liegenden Bereichen werden nur wenige Formen gefunden.

Selten ist, wie schon eingangs erwähnt, der Sommerroggenanbau. Nur aus dem Slowakischen Erzgebirge (Nr. 175) und den Vsetínske Vrchy (Nr. 235e) konnten

Sommerformen bestätigt werden. Im letztgenannten Gebiet konnten sie aus einer größeren Körnerprobe der Nacktgerste, in der sich auch Beimischungen von *Triticum aestivum*, *Avena sativa*, *Agrostemma githago*, *Raphanus raphanistrum*, *Vicia sativa* var. *platysperma*, *Sinapis arvensis* und *Galeopsis tetrahit* befanden, ausgelesen werden. Darin waren nur wenige Sommerroggenkörner enthalten. Damit erweist sich der Sommerroggenanbau auch für dieses Gebiet als sehr selten. Bei der Besprechung der TKM wurde deutlich, daß in der Regel zwei Größenklassen von Körnern existieren. Diese Erscheinung konnte auch innerhalb einzelner Proben festgestellt werden. Besonders drastisch waren die Größenunterschiede der Körner bei Nr. 164 aus Muránska Zdychava. Hier traten großkörnige, grüne und kleinkörnige, gelbe Karyopsen auf. Die TKM der gelben Körner war sehr niedrig. Wir nehmen an, daß es sich dabei um Karyopsen des Johannisroggens (auch Waldstaudenroggen genannt), var. *multicaule*, handelt. Die Bestätigung des Johannisroggenfundes kann hier noch nicht erfolgen, denn die Pflanzen, um den Sommersanfang in Gatersleben angesät, haben sich noch nicht typisch entwickelt. Der Staudenroggen ist in seinen früheren Kulturgebieten meist aus dem Anbau verschwunden oder außerordentlich selten geworden. Nach Auskünften der ansässigen Bevölkerung wurde er am Orava-Stausee noch vor 10 Jahren gesät, in den Randgebieten der Slowakischen Beskiden vor 20 Jahren und in den Mährisch-Schlesischen Beskiden sowie den Vsetínské Vrchy schon seit längerer Zeit nicht mehr, ältere Leute erinnerten sich aber noch an den Anbau. Kultiviert wurde der Johannisroggen auf frisch gerodetem Gelände, auf dem vorher durch Verbrennen der Holzreste und des Gesträuchs der Acker vorbereitet wurde. Dabei handelt es sich um letzte Reste der alten Brandrodungskultur, wie sie im Zusammenhang mit dem Johannisroggenanbau noch in den letzten Jahren in den gebirgigen Teilen Polens und der Slowakei nachgewiesen werden konnte (LEWICKA 1972, PODOLÁK 1972). KÜHN erhielt noch vor 2 Jahren aus Bystrica Saatgut des Johannisroggens. Trotz intensiver Suche in den angegebenen Gebieten konnten wir den Anbau nicht mehr mit letzter Sicherheit nachweisen. Bei der Försterei Klubina wurde ein Bestand besichtigt, der gewisse Ähnlichkeiten mit Johannisroggen zeigte. Aber auch hier ließ sich der Anbau nicht sicher bestätigen. Nach Angaben der einheimischen Bevölkerung wird Johannisroggen von Waldarbeitern zuweilen noch illegal auf kleinen Rodungsflächen angebaut. Die Brandrodungsmethode wird von den Förstern auf Grund der damit verbundenen Gefahren nicht geduldet. Trotzdem ist noch mit vereinzeltem Vorkommen in abgelegenen Waldgebieten zu rechnen. Die Ansaat erfolgt gegen Ende Juni meist in Gemisch mit Hafer. Im Spätsommer kann ein Schnitt Grünfutter geerntet werden, im folgenden Sommer kommt dann der Roggen zur Reife. Der Johannisroggenanbau ist sehr extensiv und wird deshalb in sehr naher Zukunft endgültig verschwunden sein. Für die Züchtungsforschung kann der Staudencharakter dieser Roggenform interessant werden.

Triticum dicoccon SCHRANK ssp. *volgense* NEVSKI proles *bolgaricum* VAV.
var. *maturatum* FLAKSB. und var. *volgense* FLAKSB. in allen Fällen gemischt:
Sobotiště (Nr. 6, 7, 15, Herb. Nr. 18, 19, 24) Tisovské Lazy (Nr. 104, 105, Herb. Nr. 134, 136).

In Sobotiště (Abb. 5) überwogen Formen mit roten Ähren, in Tisovské Lazy solche mit weißen Ähren. Der Emmer wurde früher in der Slowakei häufiger gebaut; an Ährchenproben erkannten ihn ältere Leute in Vrbovce, D. Mladunice, Nová Baňa, Stará Huta, Dolná Strehová-Prieloh und erinnerten sich an seinen

Abb. 5 Ähren aus den Emmerbeständen von Sobotiště (Nr. 6). Neben gelben (rechts) kommen auch rote Ähren vor (links)

Anbau im Orte in früheren Jahren. Emmer wird als Sommerfrucht gesät. Die Parzellen waren höchstens etwa $^1/_2$ ha groß. In Nr. 6 und 15 war Emmer nur eine unbeabsichtigte Beimischung von Hafer. Die Pflanzen haben dünne Halme, etwa 46–58 mm lange Ähren (ohne die Länge der Grannen), dünne Grannen, etwa 14–22 Ährchen in der Ähre. 1000 Ährchen wiegen z. B. 42 g, 59 g oder 62 g; die TKM betrug 27 g, 33,2 g oder 30,8 g. Der Hüllspelzen-Kiel ist nur in Form einer Kante ausgebildet. Der Hüllspelzenzahn ist stumpf, sehr kurz und ohne Nebenzahn. Der gleiche Typ von Emmer (subsp. *volgense*) wurde auch in archäologischen Funden in Mähren aus der Kupfer- und Bronzezeit festgestellt (KÜHN 1960). Zwischen den Pflanzen aus Sobotiště und aus Tisovské Lazy besteht kein merklicher Unterschied. Die Ährenfarbe ist in der Nachkommenschaft konstant. Die Emmerkultur ist heute in der Slowakei im Aussterben (vgl. KÜHN 1970). Die Entspelzung der Körner (Gerben) wird nur noch in einigen kleinen Mühlen vorgenommen, welche noch die nötigen Einrichtungen haben (z. B. in Lučenec). Das entspelzte Korn wird z. B. Leber- und Blutwürsten beigegeben oder als Brei bzw. als Suppe genossen. Als Beimischungen von Emmer kommen manche alte Kulturpflanzensippen vor, z. B. bestimmte Typen von *Avena sativa, Hordeum vulgare, Pisum sativum, Vicia sativa* und von Unkräutern u. a. besondere Formen von *Avena fatua.*

Beim Nachbau in Gatersleben erwiesen sich die slowakischen Emmer als relativ spätreif im Vergleich zu anderen Herkünften der Art.

Triticum aestivum L. s. l.

Winterformen

var. *ferrugineum* (ALEF.) MANSF.:

Ostrý Grúň (Nr. 69c), Tisovské Lazy (Nr. 111b z. T.), Málinec-Hámor (Nr. 142a), Ratková (Nr. 158c), Matiaška (Nr. 190c, 196d, 198d)

var. *subferrugineum* (VAV.) MANSF.:

Málinec-Hámor (Nr. 145a, 147a)

var. *milturum* (ALEF.) MANSF.:

Ostrý Grúň (Nr. 54a, 72), Slatinské Lazy (Nr. 94c), zwischen Slatinské Lazy und Stará Huta (Nr. 95b), Tisovské Lazy (Nr. 111a z. T.), Dolná Strehová-Prieloh (Nr. 124b), Málinec-Hámor (Nr. 142b, 142c, 145c), Kapušany (Nr. 179c), Matiaška (Nr. 185b, 190d, 196c, 197b)

var. *erythrospermum* (KÖRN.) MANSF.:

Ostrý Grúň (Nr. 59b, 69a), Slatinské Lazy (Nr. 94a), zwischen Slatinské Lazy und Stará Huta (Nr. 95a), Tisovské Lazy (Nr. 109b, 111b z. T.), Dolná Strehová-Prieloh (Nr. 124c), Málinec-Hámor (Nr. 142d), Ratková (Nr. 158b), Kapušany (Nr. 179b), Matiaška (Nr. 183b, 185a, 190a, 193b, 195a, 196a, 198c), Hutisko Solanec (Nr. 237b, 141b)

var. *suberythrospermum* (VAV.) MANSF.:

Nová Baňa (Nr. 46a), Ostrý Grúň (Nr. 59a), Slatinské Lazy (Nr. 94b), Málinec-Hámor (Nr. 142e, 145b, 147a), Matiaška (Nr. 190b, 193a, 197a)

var. *lutescens* (Alef.) Mansf.:
Nová Baňa (Nr. 50, 51), Ostrý Grúň (Nr. 54b, 69b, 69d), östl. Žarnovica (Nr. 80), Slatinské Lazy (Nr. 94d, 94e), zwischen Slatinské Lazy und Stará Huta (Nr. 95c), Tisovské Lazy (Nr. 109a, 111a z. T.), Dolná Strehová-Prieloh (Nr. 124a), Málinec-Hámor (Nr. 141a, 142f, 146b, 148a), Ratková (Nr. 158a), Kapušany (Nr. 179a), Matiaška (Nr. 183a, 187, 192h, 195b, 196b, 198) Hutisko Solanec (Nr. 237a)
noch unbestimmt: Ostrý Grúň (Nr. 63b)

Sommerformen

var. *ferrugineum* (Alef.) Mansf.:
Hutisko Solanec (Nr. 235d z. T.)

var. *milturum* (Alef.) Mansf.:
Kapušany (Nr. 178b z. T.)

var. *erythrospermum* (Körn.) Mansf.:
Hutisko Solanec (Nr. 235d z. T.)

var. *lutescens* (Alef.) Mansf.:
Kapušany (Nr. 178b z. T.), Klubina (Nr. 225c, 226d), Hrčava (Nr. 227, 231b)
noch unbestimmt: Hutisko Solanec (Nr. 236b)

Die Bestimmung der Varietäten erfolgte nach dem Schlüssel von Mansfeld (1951).

Weizen wurde mit Ausnahme der Slowakischen Beskiden im gesamten Sammelgebiet angetroffen. Er stellt in den unteren und mittleren Lagen die Hauptkörnerkultur dar, liefert Brotgetreide und wird auch an das Vieh verfüttert. Im mittleren und westlichen Teil des Sammelgebietes sind die Weizenbestände noch sehr einheitlich, meist aus der var. *lutescens* bestehend, mit einzelnen Beimischungen von var. *milturum*. In den weiter östlich bzw. südöstlich und nördlich gelegenen Gebirgsgegenden werden die Bestände sehr formenreich, obwohl auch hier noch die var. *lutescens* überwiegt. Winterweizen ist die vorherrschende Kultur. Sommerweizen dagegen war nur noch an wenigen Orten nachzuweisen, und zwar nordöstlich von Prešov (Nr. 178b), in den Slowakischen Beskiden (Nr. 225c, 226d), in den Mährisch-Schlesischen Beskiden (Nr. 227, 231b) und in den Vsetínské Vrchy (Nr. 235d, 236b). Meist handelte es sich dabei um Beimischungen in Feldern von anderen Sommergetreiden, wie Hafer, Gerste (verschiedene Formen) und Roggen. Nur bei Nr. 227 stand der Weizen als Hauptkultur. An allen anderen Sammelorten konnte nur Winterweizen nachgewiesen werden, auch wenn er an der oberen Ackerbaugrenze der Gebirge kultiviert (z. B. Ostrý Grúň, 540 m NN, Nr. 69) und von uns ursprünglich für eine Sommerform gehalten wurde. Manchmal war Weizen in Sommergetreiden als Beimischung enthalten und täuschte dadurch eine Sommerform vor. Ähnlich wie beim Roggen scheint der Weizen oft während der Ernte auszufallen, zu überwintern und in der nachfolgenden Sommerkultur aufzuwachsen. Auf Grund der angeführten Ursachen war es nicht möglich, alle Weizen im Nachbau des Jahres 1975 in Gatersleben zu prüfen. Die irrtümlich für Sommerweizen gehaltenen Formen wurden im Herbst 1975 nochmals in Gatersleben zum Anbau gebracht.

Besonders die Grannenausbildung ist recht variabel. So kommen von unbegrannten bis zu langbegrannten Typen (Abb. 6) alle Formen vor. Die Übergänge von unbegrannten zu kurzbegrannten Ähren sind sehr gleitend, deshalb wurden den Varietäten *subferrugineum* und *suberythrospermum* nur sehr deutlich begrannte Nummern zugerechnet. Übergangsformen wurden zu den unbegrannten Varietäten gezählt. Manche Formen zeigten schon Vorstufen zu inflat-Bildungen (Nr. 50, 147a). Bei der Färbung überwogen die gelben Farbtöne. In den Gebirgsgegenden erhöhte sich der Anteil an braunen Ähren, ohne jedoch mehr als 10% des Bestandes zu erreichen. Die Braunfärbung der Ähren kann verschiedene Schattie-

Abb. 6 Ähren von *Triticum aestivum* var. *ferrugineum* (Nr. 142a) aus Málinec-Hámor. In den Gebirgsgegenden nimmt der Anteil an begrannten Ähren in den Beständen zu

rungen aufweisen. Offenbar wird sie in Abhängigkeit von der Intensität der Sonneneinstrahlung etwas modifiziert. Bei einigen Nummern zeigt das Braun der Ähren einen deutlich violetten Anflug (Nr. 95b, 179c, 196c, 197b), der beim Nachbau sogar noch deutlicher zu erkennen war. Andererseits war bei den gelbährigen Formen zuweilen eine leichte Verfärbung an den Spelzen zu erkennen, die das Bestimmen der Spelzenfarbe an dem durch Witterungsbedingungen schon modifiziertem Originalmaterial erschwerte (Nr. 142f, 148a, 148b, 158a, 198, 227). Bei var. *lutescens* tendierte die Färbung der Spelzen zuweilen nach weiß. In der Ährendichte waren Unterschiede zu vermerken. Die Variationsbreite umfaßte nur lockere Ähren, doch innerhalb dieser war eine große Variabilität zu verzeichnen. Manche Formen neigten schon etwas zur Dickkopf-Bildung (Nr. 94d z. T., 94e, 69d, 148b z. T.), während andere eine lange, schlanke, speltoide Ähre und auch eine *spelta*-ähnliche Ährenspindel hatten (Nr. 94d z. T., 95b, 183a, 197a z. T.). Die Ährendichte beeinflußt mit die Länge der Ähren. Auch hier konnte eine große Variabilität bemerkt werden. Die Durchschnittswerte für die Ährenlänge reichten von 9 cm (Nr. 94e, 142a, 196c, 198d, 237b, 226d) bis zu 14 cm (Nr. 94d, 142c, 190c, 196d, 235d), gemessen 1975 am Nachbau in Gatersleben. In einem Falle konnte eine Doppelähre (Abb. 4) aus einem normalen Bestand herausgelesen werden (Nr. 198, Matiaška). Dieses Merkmal erwies sich im Nachbau erwartungsgemäß als modifikative Veränderung ebenso wie die verzweigten Roggenähren (siehe dort!). Weizen mit behaarten Spelzen wurden von uns nicht gefunden, obwohl KÜHN (1974) noch vor wenigen Jahren der Nachweis gelungen war. Bei einer Form aus Dolná Strehová-Prieloh (Nr. 124b) trat noch eine recht deutliche Pubeszenz der Spelzen auf. Möglicherweise ist diese Form auf Introgression von Weizen mit behaarten Spelzen in unbehaarte Formen zurückzuführen. Für die Möglichkeit von Fremdbefruchtungen bei dem normalerweise autogamen Weizen im Sammelgebiet sprechen die Aufspaltungen in braune und gelbe Spelzenfarbe, die beim Nachbau einfarbiger Ähren in Gatersleben beobachtet wurde (Nr. 111a, 111b). Damit sind Voraussetzungen für Introgressionen gegeben, auf solche Phänomene wurde auch bei der autogamen Gerste hingewiesen. Bei der Pflanzenhöhe ließen sich ebenfalls Unterschiede finden. Niedrige Weizen von unter 1 m gab es bei Slatinské Lazy (Nr. 94e, 95c). Die Sommerweizen waren fast durchweg sehr kurzstrohig, lediglich Nr. 235d aus den Vsetínské Vrchy wurde im Durchschnitt 1,20 m hoch. Die größten Sippen der Winterweizen erreichten etwa 1,40 m Höhe (Nr. 111a und b, Tisovské Lazy). Die meisten Winterweizen wurden etwa 1,20 m hoch. In der Reifezeit konnten merkwürdigerweise keine wesentlichen Unterschiede aufgefunden werden, obwohl unser Material doch an ganz verschiedene ökologische Bedingungen angepaßt erscheint und offensichtlich, auf Grund der verschiedenen Landsortenmerkmale, schon lange in den entsprechenden Regionen kultiviert wird. In Gatersleben wurde im Jahre 1975 die Vollreife bei den frühesten Winterweizen am 30. 7. (Nr. 46a, 54a, 54b, 59a, 94a) bonitiert, bei den spätesten Formen, der Hauptmenge der gesammelten

Weizen, am 4. 8. Bei den Sommerweizen war die Variationsbreite größer. Hier kamen die ersten Sippen am 18. 8. zur Reife, vor allem die Sippen von Klubina, während bei den Weizen aus Kapušany und Hutisko Solanec Vollreife am 27. 8. beobachtet wurde. Bei diesen für den Versuchsanbau in Gatersleben 1975 angegebenen Werten ist zu beachten, daß durch die heiße und trockene Witterung des betreffenden Jahres die Reife bedeutend früher einsetzte als in normalen Jahren.

Die hier beschriebenen Weizenlandsorten stellen ein sehr heterogenes Material dar, das in Gatersleben noch nach verschiedenen Gesichtspunkten (Krankheitsresistenz, Quantität und Qualität der Proteine) untersucht werden wird. Schon jetzt kann aber festgestellt werden, daß es wegen seiner Merkmalsvielfalt für die Züchtungsforschung und die botanische Grundlagenforschung Interesse erhalten wird.

Avena nuda Höj. (incl. *A. strigosa* Schreb.) ssp. *nuda* var. *glabrescens* (Marq.) Mansf.:

Málinec-Hámor (Nr. 136, 146, Herb. Nr. 174), Močiar (Nr. 152, 244, Herb. Nr. 187), Muránska Zdychava (Nr. 167).

Diese Art trat nur lokal als Beimischung in Saathafer (*Avena sativa*) in den höheren Lagen auf (Meereshöhen 400 bis über 700 m). Der Anteil von *Avena nuda* in den Beständen betrug höchstens etwa 1% (Málinec-Hámor). Die Leute betrachten den Rauhhafer als minderwertig, Vieh und Geflügel nehmen ihn nur in Not an oder in geschroteter Form. Wenn die Art im Saatgut nach mehrfachem Anbau zunimmt, wechselt man es gegen nicht mit ihr verunreinigtes aus. Rauhhafer hat dünnere Halme als Saathafer, ist gleich hoch oder höher, besitzt silberig umrandete Hüllspelzen (meist 20–22 (–24) mm lang, 4,5–5 mm breit, mit 7–8 Nerven). Die Deckspelzen des Außenkorns sind 20–25 mm lang, die Spelzen hellgelb oder am Außenkorn mehr oder weniger grau bzw. graubraun (in Nr. 152, Močiar, schwarz mit hellen Nerven!). Die Deckspelzenbasis und die Stielchen sind gewöhnlich unbehaart, aber an vielen Pflanzen verschiedener Nummern waren an der Deckspelzenbasis des Außenkorns etwa 3 mm lange Haare und am Stielchen kürzere Haare zu beobachten. Am Deckspelzenende sind 2 etwa 5 mm lange, dünne Spitzen und bei einem Teil der Pflanzen außerdem 1–2 kurze Spitzen. Die Ährchen haben meist 2 fertile Blüten und meist 2 Grannen, manche Pflanzen von Močiar hatten nur eine Granne (am Außenkorn). Bei einzelnen Pflanzen in Močiar war die untere Blüte steril, was sich aber beim Nachbau in Brno nicht bestätigte. Eine Pflanze in Málinec-Hámor hatte weiche, weißliche Deckspelzen, aus denen das Korn leicht herausgedrückt werden konnte, diese Eigenschaft wurde aber nicht vererbt. Die Staubbeutel sind in den Spelzen auch zur Reifezeit noch erhalten, was auf Kleistogamie hinweist. Das nackte Korn mißt z. B. 6,0–6,9 × 1,4–1,6 × 1,2–1,5 mm.

Avena fatua L. ssp. *fatua*

Wegen der großen Anzahl der Lokalitäten (25) sind die Fund-Nummern nicht einzeln angeführt. Fundorte waren:

Hrubá Vrbka, Sobotiště, Nová Baňa, Ostrý Grúň, Kl'ak, Gehöfte westlich Banská Štiavnica, Slatinské Lazy, Stará Huta, Tisovské Lazy, Muránska Zdychava, Kapušany, Matiaška, Važec, Oravská Lesná.

Häufigkeiten der Varietäten: var. *fatua*, braunspelzig: 15 Nachweise (es wurden von dieser Form wegen ihrer allgemeinen Verbreitung verhältnismäßig wenig Belege gesammelt); var. *fatua*, gelbspelzig: 3 Nachweise; var. *intermedia* (LESTIB.) LEJ. et COURT., braunspelzig: 8 Nachweise, grauspelzig: 1 Nachweis, gelbspelzig: 1 Nachweis; var. *glabrata* PETERM., braunspelzig: 15 Nachweise, grauspelzig: 1 Nachweis, gelbspelzig: 8 Nachweise, weißlich-spelzig: 1 Nachweis; var. *vilis* HAUSSKN., braunspelzig: 3 Nachweise, gelbspelzig: 1 Nachweis, weißlich-spelzig: 1 Nachweis

ssp. *meridionalis* MALZ.

var. *grandis* MALZ.:

Hrubá Vrbka (Nr. 5)

Avena fatua ist eine sehr verbreitete Beimischung in Kulturpflanzenpopulationen, meist in Sommergetreide. Bodenständig ist nur die braunspelzige Form der var. *fatua* und var. *grandis*, die anderen sind Saatgutunkräuter. Sie fehlen nur auf sauren Böden der hochgelegenen Ortschaften; auf nicht sauren geologischen Unterlagen wurde die Art noch bei 720 m Meereshöhe gesammelt (westlich Banská Štiavnica, Tisovské Lazy, Stará Huta). In der Verbreitung der einzelnen Varietäten wurden keine größeren Differenzen beobachtet, in niederen Lagen war jedoch eine größere Variabilität festzustellen (Sobotiště, Kapušany). Außer gewöhnlichen Typen mit lockerer Rispe (z. B. 305 mm lang) wurden auch Formen mit kürzerer, dabei dichter und reicher Rispe gesammelt (z. B. 170 mm mit 40 Ährchen; Sobotiště Herb. Nr. 25, Matiaška Nr. 187). Die Hüllspelzen sind bei ssp. *fatua* gewöhnlich 21–25 mm lang und z. B. 4,8–6,0 mm breit, mit z. B. 8–10 Nerven. Die Deckspelze des Außenkorns mißt z. B. 17,5–18×2,3–2,5 mm, die Granne z. B. 26 mm, das nackte Korn z. B. 9,4×2,3×1,7 mm. In einigen Funden waren die Ährchen klein (Sobotiště Nr. 17, Herb. Nr. 25, Matiaška Nr. 187; Hüllspelzen 13–19 mm, Deckspelze des Außenkorns 11,5–15×2,5 mm). In Kl'ak und in Ostrý Grúň hatten manche Pflanzen der var. *glabrata* dicht gekörnelte Deckspelzen. Doppelkörner (mit Ablösungsflächen an beiden Blüten) waren z. B. in Tisovské Lazy als Beimischung von *Triticum dicoccon* (Nr. 107, 112) oder in Muránska Zdychava (Nr. 167) nachzuweisen. Die Pflanzen der ssp. *meridionalis* hatten bis 29 mm lange Hüllspelzen (beim Nachbau in Gatersleben bis 33 mm). Die Deckspelzen der Außenkörner waren z. B. 23 mm lang, die Granne z. B. 26 mm. Die Pflanzen sind nur graduell von der ssp. *fatua* verschieden.

vena sativa L. ssp. *sativa*:

69 Proben aus dem ganzen Gebiet; Hafer wurde in allen Orten gebaut. 37 Proben waren Saatgut oder reife Pflanzen, 27 Herbarnummern, 5 Proben als unabsichtliche Beimengung in anderem Saatgut

var. *mutica* ALEF.: 11 Proben, manchmal Hauptbestandteil der Probe. –
Hrubá Vrbka (Nr. 2), Tisovské Lazy (Nr. 105, 107), Močiar (Nr. 154), Matiaška (Nr. 187, 188, 202, Herb. Nr. 255), Važec (Herb. Nr. 260), Hrčava (Nr. 229, 232).

var. *aristata* KR.: 5 Proben. –
Matiaška (Nr. 187), Hrčava (Nr. 232), Horní Stefanov (Herb. Nr. 275, 278), Oravská Lesná (Herb. Nr. 285).

var. *aurea* KÖRN.: 51 Proben aus dem ganzen Gebiet, meist Hauptbestandteil der Proben; Farbe meist hell schwefelgelb, manchmal goldgelb. – Die einzelnen Nummern führen wir aus Platzgründen nicht an. –

var. *krausei* KÖRN.: 2 Proben. –
Močiar (Nr. 153), Matiaška (Nr. 192);

var. *grisea* KÖRN.: 4 Proben. –
Matiaška (Nr. 187, 188) Hrčava (Nr. 229), Hutisko Solanec (Nr. 235);

var. *brunnea* KÖRN.: 4 Proben. –
Matiaška (Nr. 187, 188), Muránska Zdychava (Herb. Nr. 215), Nýdek Kreis Č. Těšín (ohne Nr.);

var. *montana* ALEF.: 1 Probe. –
Matiaška (Nr. 188);

var. *obtusata* ALEF.: 6 Proben. –
Sobotiště (Nr. 12, 13, 17), Ostrý Grúň (Herb. Nr. 80), Matiaška (Nr. 188, 202);

var. *flava* KÖRN.: 11 Proben. –
Sobotiště (Herb. Nr. 13, 17), Ostrý Grúň (Herb. Nr. 80, 103), Muránska Zdychava (Herb. Nr. 215), Važec (Herb. Nr. 260), Dehtár östlich Ružomberok (Herb. Nr. 261), Matiaška (Nr. 188, 191, 192), Málinec-Hámor (Nr. 146) Močiar (ohne Nr.);

var. *tristis* ALEF.: 1 Probe. –
Sobotiště (Nr. 13, Deckspelze wachsbereift);

var. *pugnax* ALEF.: 1 Probe. –
Matiaška (Nr. 188);

convar. *diffusa* NEILR. (pro var.) ohne nähere Bestimmung – 2 Proben;
convar. *contracta* NEILR. (pro var.) ohne nähere Bestimmung – 5 Proben.

Der Hafer ist in den höheren Lagen der Slowakei eine verbreitete Feldfrucht, er wird aber auch in niederen Lagen gebaut. In den klimatisch kühleren Gegenden mit armen Böden ist Hafer oft die Hauptfrucht (z. B. bei Močiar und in den höheren Lagen der Beskiden) oder eine der beiden Hauptfrüchte (z. B. Orava-Gebiet: Hafer und Gerste). Hafer wird stets als Sommergetreide gesät, er wird fast ausschließlich als Viehfutter genutzt.

Als vorherrschende Sippe kam zumeist var. *aurea* vor, manchmal auch var.

Abb. 7 Rispen aus einem besonders formenreichen Haferbestand in Matiaška (Nr. 188), v. l. n. r.: var. *aurea*, var. *obtusata*, var. *montana*

mutica. In Sobotiště sahen wir 3 Felder mit var. *flava* und var. *obtusata*. Die weiteren Varietäten waren nur Beimischungen. Die Reifezeit war bei einem Nachbau in Brno meist der 15. 8. 1975, zwei Typen aus Ostrý Grúň (Nr. 56) waren frühreif (Reifezeit in Brno 7. 8. 1975). Die Halme waren bei manchen Proben der convar. *contracta* recht dick (var. *flava*, Ostrý Grýň und Dehtár), die Blätter waren an Herbarpflanzen bis etwa 13 mm breit. Die Rispen waren gewöhnlich mitteldicht, 140–200 mm lang, aber nicht selten auch locker gebaut, oft sehr lang (bis über 300 mm, bei einer Probe aus Matiaška (Nr. 188) beim Nachbau in Gatersleben sogar bis 420 mm) (Abb. 7). Lockere, lange Rispen, wie sie für *Avena fatua* typisch sind, hatten manche Pflanzen aus Matiaška (var. *pugnax*, Nr. 188, var. *mutica*, Nr. 187) und aus Hrčava (var. *mutica*, Nr. 229). Typische Fahnenhafer sahen wir in 3 Feldern in Sobotiště. In den anderen Feldern, wo Fahnenhafer gesammelt wurde, waren zugleich auch Steifrispen- und gewöhnliche Rispenhafer vorhanden. Fahnenhafer aus Matiaška (var. *flava*, Nr. 191) hatte beim Nachbau in Gatersleben 1975 typische Fahnenrispen, bei der Kultur in Brno waren die ersten Rispen der Pflanzen typische Fahnenrispen, die Rispen der Bestockungstriebe nur Steifrispen. Beim Anbau in Gatersleben waren bei Fahnenhafern aus Matiaška (Nr. 188) und Tisovské Lazy (Nr. 105) auch die ersten Rispen fahnenförmig, die Rispen der Bestockungstriebe aber nur Steifrispen. Die Rispenhafer aus Sobotiště hatten in den Rispen etwa 100 Ährchen. Die oberen Blattscheiden, die Halme unter den Rispen und die Hüllspelzen waren in höheren Lagen oft violett getönt (viele Pflanzen in Močiar, Muránska Zdychava, Matiaška, Klubina, Hutisko Solanec). In den Ährchen waren 2 (–3) fertile Blüten. Bei einigen Pflanzen herrschten jedoch Doppelkörner mit nur einer fertilen (oberen) Blüte vor (Málinec-Hámor Nr. 135, 149, Močiar Nr. 154, Matiaška var. *flava*, var. *mutica*, Nr. 188, Klubina Nr. 225, Hrčava Nr. 232). Alle Ährchen begrannt waren bei den Formen von var. *aristata*, var. *montana*, und var. *pugnax*. Davon stellte var. *aristata* manchmal eine deutliche Beimischung im Bestand dar, die anderen Sippen lagen nur als Einzelpflanzen vor. Die Endährchen der Rispenäste waren am Außenkorn in manchen Proben oft begrannt (z. B. Hutisko Solanec, Herb. Nr. 318). An Pflanzen aus Hutisko Solanec (Herb. Nr. 325) waren die Endährchen im unteren Teil der Rispen begrannt. Var. *aristata* aus Matiaška Nr. 187 hatte beim Anbau in Brno 1975 oft nur wenig begrannte spätere Rispen (aus den Bestockungstrieben). Die Hüllspelzen waren recht einheitlich lang, die untere etwa 19 mm mit (7) 8–9 Adern, die obere 19–21 mm mit 9–10 (–12) Adern, aber verschieden breit (die untere 4,7–6,5, die obere 6,3–6,5 mm). Größere Abweichungen traten selten auf.

Große Hüllspelzen gab es bei var. *aristata* aus Hrčava (Nr. 232, untere Hüllspelze 24×7 mm, obere 26×5,9 mm), bei var. *pugnax* aus Matiaška (bis 28 mm lang), bei var. *grisea* aus Matiaška (bis 30 mm) und bei var. *brunnea* aus Matiaška (bis 33 mm lang). Kleine Hüllspelzen waren zu beobachten bei var. *mutica* aus Matiaška (Nr. 188, untere 20×4,5 mm, obere 19×4,5 mm), bei var. *aurea* aus Kapušany (Nr. 178, untere 15×5,3, obere 18×5,8 mm). Die bespelzten Körner sind zum größten Teil mitteldick (Außenkorn 14–16×2,6–2,8×2,1–2,3 mm, z. B. Kapušany Nr. 178) bis schlank (15–17×2,2–2,3×1,7 mm z. B. Málinec-Hámor Nr. 135, Muránska Zdychava Nr. 170, 172). Breite Körner wurden festgestellt in einigen Proben der var. *aurea* (Málinec-Hámor Nr. 140, Zuchtsorte, 14×3,4 mm; Málinec-Hámor Nr. 146, 13×3,1×2,2; Stará Huta Herb. Nr. 122, 15×3,0; Klubina, Herb. Nr. 295, 14–23×3,2; Matiaška Nr. 188, 14×3,0; Nr. 199, 14,5×3,0×2,5; Horní Paseky Nr. 234, 14×3,2×2,4 mm), der var. *flava* und *obtusata* (Sobotiště Nr. 13, 11×3,1 mm). Lange Deckspelzen (20 mm) hatten einzelne Pflanzen in Matiaška (Nr. 188, var. *mutica*).

Die Länge der Rhachilla des unteren Korns betrug z. B. 2,4 mm, sie war in einigen Fällen kurz behaart (Hutisko Solanec Nr. 316, 318, Málinec-Hámor Nr.

135, Matiaška Nr. 202). Beim Dreschen werden die Körner durch eine Fraktur vom Stiel abgebrochen, oft wurde aber auch eine Semi-Abscission festgestellt, gewöhnlich nur bei einem Teil der Population (meist in heterogenen Populationen oder im Hafer-Saatgut aus *Triticum dicoccon* oder *Pisum sativum* (Tisovské Lazy Nr. 105, 107, Dolné Strehová-Prieloh Nr. 125, Matiaška Nr. 188, Klubina Nr. 225, Hutisko Solanec Nr. 236). Die Basis der Deckspelze ist überwiegend ohne Haare, aber oft mit einzelnen, bis 3 mm langen Haaren, manchmal auch dicht und kurz behaart (Sobotiště, var. *obtusata*, Nr. 12; Tisovské Lazy, var. *aurea*, Nr. 105; Močiar, var. *aurea*, Nr. 153, 154; Matiaška Nr. 188, var. *mutica* und var. *pugnax*). Die Spelzenbehaarung war beim Nachbau in Gatersleben und in Brno oft schwächer ausgeprägt als am Sammelort. Die Grannen waren in Nr. 188, var. *mutica* (aus Matiaška), dicht gezähnt, bei Nr. 188, var. *montana*, jedoch mit einzelnen Haaren versehen. Die nackten Körner sind hell ockerfarbig, behaart, z. B. 8,5–9,7×1,9–2,3×1,8–2,0 mm groß (Außenkorn), die TKM der bespelzten Körner dieser Nummer schwankte zwischen 20,3 g und 35,4 g bei verschiedenen Varietäten (Spelzenanteil ± 30%).

Bei der Kultur in Gatersleben und in Brno 1975 waren besonders die schmalkörnigen Typen aus der Slowakei mehr als mitteleuropäische Zuchtsorten vom Vogelfraß betroffen. Bei den slowakischen Landsorten setzte die Bestockung in diesem Jahre oft spät ein und die Pflanzen hatten oft viele vegetative Triebe. Die ersten Rispen waren oft früher reif als die Bestockungstriebe. Die Hauptstengel waren in einigen Fällen wenig standfest.

Nach der ökologisch-geographischen Klassifikation von MORDVINKINA (1936) sind fast alle Landsorten aus der Slowakei (außer manchen dickkörnigen) in den Typ der balkanischen Formen mit kleinen Ährchen von ssp. *eu-sativa* Mordv. einzureihen, während die Fahnenhafer von Sobotiště dem Typ der tatarischen Fahnenhafer entsprechen. Besonders der Haferbestand Nr. 188 von Matiaška war durch eine Anzahl recht altertümlicher Formen charakterisiert: Zu seinem Formenspektrum gehörten var. *aurea*, var. *mutica* (z. T. mit stark behaarter Deckspelzenbasis, oft mit lockerer Rispe, Rispen zum Teil begrannt, die Grannen mit dichten Zähnchen, Pflanzen oft kleinkörnig mit nur 4,5 mm breiter Hüllspelze), var. *brunnea* (Hüllspelzen beim Nachbau in Gatersleben bis 33 mm lang), var. *montana* (Rispe locker, Grannen mit einzelnen Haaren, auch der Rücken der Deckspelze mit einzelnen Haaren), var. *grisea* (Rhachilla und Spelzenbasis mit einzelnen Haaren), var. *flava*, var. *obtusata* und var. *pugnax* (Rispen oft groß – 270 mm – lockerrispig, Spelzenbasis behaart, mit Semi-Abscission!).

Avena fatua L. × *A. sativa* L.
Sobotiště (Nr. 11).

Eine Pflanze eines Haferfeldes stellte eine intermediäre Form zwischen *A. fatua* und *A. sativa* dar und entspricht morphologisch *A. fatua* L. var. *glabrata* PETERM. subvar. *pseudobasifixa* THELL. mit Semi-Abscission. Die Ährchen waren zur Sam-

Tafel 3

oben: Wie die meisten anderen Sammelproben von *Phaseolus vulgaris* erwies sich auch eine aus Tisovské Lazy stammende Herkunft (Nr. 110) als eine Mischung der verschiedensten Samentypen; hier die Samen aus dem Nachbau der aus dem Originalmaterial ausgelesenen Linien, die Formen der oberen Reihe stellen die dominierenden Varianten dar

unten: Originalkolben der Maisproben Nr. 117 (var. *vulgata*), 116 (var. *vulgata*) und 118 (var. *microsperma*, v. l. n. r.) aus Dolná Strehová-Prieloh. Einige Körner wurden entfernt, um die Spindelfarben zu demonstrieren. Die Maise stellen keine reinen Typen dar, sondern es sind Einkreuzungen aus anderen Varietäten zu beobachten

melzeit zum Teil ausgefallen. Die Ablösungsstelle des Außenkorns ist klein und reißt von selbst nur von der Deckspelzenseite ab. An der Vorderseite bleibt die Ährchenachse erhalten. Das zweite Korn löst sich nicht ab. Von den erhaltenen Ährchen (23) besaß die Hälfte (12) am Außenkorn eine gekniete Granne. Von Formen der *A. sterilis* L. s. l. unterscheidet sich die Pflanze durch kleinere Ährchen und Grannen und durch die Abbruchstelle des zweiten Korns am oberen Ende der Rhachilla. Die Nachkommenschaft spaltete in *A. sativa* (braunspelzig, begrannt) und *A. fatua* var. *glabrata* (mit weißlichen und braunen Deckspelzen) auf.

Bemerkung:
In der ersten Aussaat der Proben von *Avena sativa* aus Matiaška, Nr. 188, (var. *brunnea*) und Nr. 192 (var. *krausei*) fanden sich je eine Pflanze mit Artikulation vom Charakter des Flughafers.

Sorghum dochna (FORSK.) SNOWD. var. *technicum* (KOERN.) SNOWD. Ein großes Feld dieser Kultur wurde südwestlich Lučenec beobachtet, wo die Pflanzen zur Herstellung der Rispenbesen genutzt wurden, die in Lučenec im Handel waren.

Zea mays L.
convar. *vulgaris* KÖRN.
var. *vulgata* KÖRN.:
Dolná Strehová-Prieloh (Nr. 116, 117)
convar. *microsperma* KÖRN.
var. *oryzoides* KÖRN.:
Dolná Strehová-Prieloh (Nr. 118)

Bestimmung nach dem Schlüssel von GREBENŠČIKOV (1949). Maisanbau war besonders ausgedehnt im südlichen Teil des Sammelgebietes zu beobachten. Er steigt aber auch in den Gebirgen noch bis in Höhen von 500 m NN (Ostrý Grúň) bzw. 600 m NN (Močiar, Muránska Zdychava). Meist wurde er auf kleineren Parzellen kultiviert, oder einzelne Pflanzen waren in andere Kulturen eingesprengt. Die Körner werden verfüttert, zuweilen wird auch der Grünschnitt als Viehfutter gereicht. Zum Zeitpunkt der Sammelreise war der Mais noch nicht reif. Deshalb war es nicht möglich, Kolben direkt von den Beständen zu sammeln. Aus den Saatgutvorräten von Einzelbauern im Gebiete südwestlich von Lučenec konnten drei Proben (siehe Tafel 3) entnommen werden. Das Material war gut ausgereift, die Kolben bei den Proben der var. *vulgata* sind mittelgroß und relativ vielkörnig. Bei var. *oryzoides* sind die Kolben für die Varietät relativ groß. Der gesammelte Mais stellt keine einheitlichen und reinen Varietäten dar, vielmehr sind Einkreuzungen aus anderen Varietäten bei allen drei Nummern zu beobachten. Nr. 116 zeigt Merkmale von Zahnmais. Nr. 117 spaltete im Nachbau in Hart- und Zahnmaistypen auf, Formen mit roter und weißer Spindel waren zu beobachten.

Nr. 118 hat mehr oder weniger spitzige Körner, die nicht dem reinen Typ von var. *oryzoides* entsprechen. Bei den Maisen handelt es sich um im Sammelgebiet schon lange kultiviertes Material, das eine große Variabilität verkörpert und für die Züchtung frühreifer Körnermaissorten in der DDR Bedeutung erlangen kann. Die Gebiete der Südslowakei wurden auf unserer Sammelreise, auch wegen des für den Mais zu frühen Reisetermins, nicht intensiv nach Körnermais abgesucht. Es läßt sich aber schon jetzt feststellen, daß hier und möglicherweise auch in der nicht bereisten Ostslowakei noch eine Reihe züchterisch wertvoller Körnermaisformen in kleinflächigem Anbau gefunden werden können (vgl. Hanelt und Hammer 1975).

Moraceae

Morus nigra L.
Selten und nur in den besonders wärmebegünstigten Teilen des Sammelgebiets anzutreffen, so bei Sobotiště und noch bei Ostrý Grúň; meist als Einzelbäume bei den Bauernhöfen gepflanzt, die abgefallenen Früchte oft als Schweinefutter genutzt.

Polygonaceae

Rumex rugosus Campd. (*R. acetosa* L. var. *hortensis* Dierb.)
Horný Tisovnik bei Tisovské Lazy (Nr. 114)

Diese alte Gemüse-Art wurde nur einmal in einem Hausgarten in der angegebenen Ortschaft gefunden, wo auch der Samen selbst herangezogen wurde. Die Blätter des Ampfers wurden als Kochgemüse und zu Frischsalaten verwendet. Die schwarzbraunen Nüßchen hatten eine Größe von 1,8–2,0×1,2–1,5 mm.

Rumex scutatus L.
SW-Rand des Orava-Stausees (Herb. Nr. 277); als Küchenkraut im Gemüsegarten der dortigen Försterei kultiviert und besonders wegen der sehr zeitig im Frühjahr austreibenden Blätter geschätzt.

Caryophyllaceae

Agrostemma githago L.
Málinec-Hámor (Nr. 143), Muránska Zdychava (Nr. 170), Matiaška (Nr. 203), Hutisko Solanec (Nr. 235g), w Banská Štiavnica (Herb. Nr. 112).

In den Getreidefeldern (Weizen, Roggen, Gerste, Hafer) der Einzelwirtschaften in den Gebirgslagen bis in Höhen von 900 m verbreitet und zusammen mit *Lolium temulentum* und *Bromus secalinus* als Indikator für Landsorten-Populationen zu betrachten. Vorzugsweise handelt es sich um die Sommergetreide begleitenden Sommerformen der Art; Nr. 143 stellt eine Winterform dar, die bei Frühjahrsaussaat in Gatersleben zwar auch noch zur Reife kommt, aber etwa 2 Wochen später als die Sommerformen blüht und mehr als 2 Wochen später reife Samen ausbildet. Diese Winterform ist außerdem von den 1-, selten 2-triebigen Sommerformen durch eine reiche basale Bestockung (meist 6–8 Triebe), etwas größere Wuchshöhen und geringere Samenzahl pro Kapsel unterschieden (25–30 gegenüber 32–40 Samen am Originalsammelmaterial).

Chenopodiaceae

Atriplex hortensis L.

Im Gebiet vor allem in den gebirgigen Lagen früher offensichtlich verbreitete Gemüsepflanze, heute nur noch Reliktkultur und selten zu beobachten, meist nur in wenigen Pflanzen in Gärten oder an Feldrändern; festgestellt bei Sobotiště (grünblättrige Form, die rotblättrigen dagegen auf der mährischen Seite der Weißen Karpaten als Zierpflanze gezogen), Ostrý Grúň und Horní Stefanov; 1975 auch in den Gebirgsdörfern in den polnischen Pieninen beobachtet.

Spinacia oleracea L.

var. *inermis* (Moench) Metzg.:

Ostrý Grúň (Nr. 77)

Der Spinatanbau spielte in den Gemüsegärten des Gebietes keine besondere Rolle und wurde nur selten notiert. Bei der vorliegenden, ziemlich einheitlichen Nummer handelt es sich um eine rundsamige Form, deren Fruchtknäuel sich leicht in die Einzelfrüchte lösen und deren Sprosse bei einer mittelhohen bis hohen Blattmasse relativ langwüchsig sind (0,50 m).

Beta vulgaris L. convar. *crassa* Alef. s. l.

var. *crassa*:

Östl. Prenčov (Nr. 85), Dolná Strehová-Prieloh (Nr. 119);

var. *conditiva* Alef.:

Kl'ak im Vtáčník-Gebirge, ca. 600 m (Herb. Nr. 94)

Rübenanbau ist im gesamten Gebiet verbreitet und sowohl kleine Felder mit Futterrüben als auch Gemüsebeete mit Roten Rüben sind allenthalben noch an den oberen Grenzen des Ackerbaues anzutreffen. Wie der Nachbau zeigte, handelt es sich bei den Runkelrüben um tonnenförmige, orangerote (Nr. 119) bzw. um walzliche, gelbe, nur leicht orange-überlaufene Typen (Nr. 85), die in sich relativ einheitlich sind und sich in der Ausbildung der Fruchtknäuel etwas unterscheiden (am Originalmaterial Nr. 85 aus 4 Einzelfrüchten, Nr. 119 aus 3, aber größeren Einzelfrüchten bestehend).

Die Rüben von Herb. Nr. 94 zeichneten sich durch uneinheitliche Färbung der Pflanzen des Bestandes und durch unterschiedlich intensive Rotfärbung der verschiedenen Zuwachszonen des Rübenkörpers aus. Der lokale Samenbau der Rüben war überall im bereisten Gebiet in Form einzelner Samenträger in den Gärten oder einiger, zur Samengewinnung ausgebrachter Pflanzreihen an Feldrändern nachweisbar.

Papaveraceae

Papaver somniferum L.
convar. *nigrum* (HAYNE) ALEF.

Schüttmohn

var. *pallidum* ROTHM.:
Nová Baňa (Nr. 42 z. T.), Málinec-Hámor (Nr. 138 a z. T., 138 b z. T.), Ratková (Nr. 160 z. T.), Matiaška (Nr. 206c z. T., 208b z. T.)

Schließmohn

var. *coerulescens* ROTHM.:
Nová Baňa (Nr. 26 z. T., 42 z. T., 52 z. T.), Stará Huta (Nr. 98 c z. T.), Tisovské Lazy (Nr. 103 z. T.), Málinec-Hámor (Nr. 138a z. T., 138b z. T., 139b z. T.), Ratková (Nr. 160 z. T.), Matiaška (Nr. 205a z. T., 205b z. T., 206a z. T., 207 z. T., 208a z. T., 208b z. T.)

var. *nigrum*:
Tisovské Lazy (Nr. 103 z. T.), Ratková (Nr. 160 z. T.) Matiaška (Nr. 205 a z. T., 207 z. T., 208a z. T.)

var. *serenum* DANERT:
Nová Baňa (Nr. 26 z. T., 52 z. T.), Stará Huta (Nr. 98c z. T.), Tisovské Lazy (Nr. 103 z. T.) Málinec-Hámor (Nr. 139a z. T.), Matiaška (Nr. 208a z. T.)

convar. *rotundilobum* DANERT

Schüttmohn

var. *glaucescens* (ROTHM.) Danert:
Málinec-Hámor (Nr. 138a z. T., 138b z. T.), Ratková (Nr. 160 z. T.)

Schließmohn

var. *livens* VES.:
Nová Baňa (Nr. 26 z. T.), Ostrý Grúň (Nr. 53 z. T.), Málinec-Hámor (Nr. 138b z. T., 139b z. T.), Matiaška (Nr. 205b z. T., 206a z. T.)

var. *sigillatum* DANERT:
Nová Baňa (Nr. 26 z. T.), Ostrý Grúň (Nr. 53 z. T.), Stará Huta (Nr. 98c z. T.), Matiaška (Nr. 206b z. T.)

Mohn wird im gesamten Sammelgebiet angebaut. Man findet ihn meist in Gärten oder auf kleineren Feldern, wo er auch oft in nur wenigen Exemplaren in andere Kulturen eingestreut ist. In höheren Gebirgslagen kommt er nur als Gartenpflanze vor, hier hat er bei etwa 600 m NN seine obere Anbaugrenze erreicht. Seine Samen werden zu Kuchen verbacken oder dienen als Zugabe zu bestimmten Speisen (Nudeln). Manche Formen sind wohl vorzugsweise als Zierpflanze in Kultur (Nr.42).

Die Variabilität des Mohnes ist sehr hoch, weil es durch Fremdbefruchtung immer wieder zur Verkreuzung innerhalb der aus unterschiedlichen Formen zu-

Abb. 8 Zuweilen konnte noch der Anbau des seltengewordenen Schüttmohns nachgewiesen werden, wie z. B. in Nová Baňa (Nr. 42 z. T., var. *pallidum*)

sammengesetzten einzelnen Populationen kommt. In Málinec-Hámor (Garten der P. Satarová bei 400 m NN) wurde das besonders deutlich. Dort wurden Schütt- und Schließmohne vorgefunden. Dem Schließmohn galt der eigentliche Anbau, während der Schüttmohn (Abb. 8) in Form einer weniger geschätzten Halbkultur auf wenigen Quadratmetern – sich durch ausgefallene Samen selbst regenerierend – heranwuchs und zur Reifezeit mitgeerntet wurde (bevorzugt vielleicht Pflanzen mit etwas festerem Porenschluß der Kapseln). In jedem Jahr sind deshalb Kreuzungen zwischen Schließ- und Schüttmohnen wieder möglich. Die dort gefundenen Mohne gehören den Varietäten *pallidum*, *glaucescens* (Schüttmohne) sowie *coerulescens*, *serenum*, *livens* (Schließmohne) an (Nr. 138, 139). Insgesamt war der Schüttmohn nur noch selten in Kultur; so in Nová Baňa (Nr. 42 z. T.), Ratková (Nr. 160 z. T.) und Matiaška (Nr. 206 c z. T., 208b z. T.). Bei der vorherrschenden gartenmäßigen Kultur in den Anbaugebieten wird er sich offensichtlich noch einige Zeit im Anbau halten können. In varietätenreichen Populationen, so z. B. in der sehr große Formenvielfalt aufweisenden Population von Matiaška (Nr. 205–208, 6 Varietäten), ist er immer in ± großem Umfang vertreten.

Aber nicht nur durch die Einkreuzung von Schüttmohnen sondern auch von Sippen der sehr formenreichen Schließmohne sehen die Populationen recht bunt und interessant aus. Es ist uns z. B. nicht gelungen, nur auf Grund der beim Sammeln eingebrachten Originalkapseln eine genaue Trennung nach Convarietäten vorzunehmen. So konnten im Nachbau in Gatersleben aus solchen nach dem Originalmaterial aufgetrennten Nummern vier (Nr. 26, 160) oder drei (Nr. 98c, 138a, 206b, 208a) verschiedene Varietäten bestimmt werden. Als häufigste Varietät wurde var. *coerulescens* ermittelt, die seltenste Varietät war var. *glaucescens*, von der nur noch Fundorte im Slowakischen Erzgebirge nachgewiesen werden konnten.

Einige Merkmale, die nicht zur Bestimmung der Varietäten nach dem System von Danert (1958) Verwendung finden, sollen im folgenden noch diskutiert werden. Die Jungpflanzenbestände können kurz nach dem Auflaufen gelb- oder blaugrün gefärbt sein. Dabei besteht häufig eine Übereinstimmung zwischen der Farbe der Jungpflanzenbestände und dem Wachsbezug der reifen Kapseln. Blaugrüne Jungpflanzenbestände bringen im Alter stark blau bereifte Kapseln hervor. Mischungen in der Bereifung der Kapseln kann man so schon an jungen Pflanzen erkennen (z. B. Nr. 103, 138a, 207). Die Bereifung der Kapseln kann ganz unterschiedlich sein. Häufig ist bei unseren Formen ein starker blaugrüner Wachsbezug zu beobachten, bei Nr. 160 hat die Bereifung einen rötlichen Anflug ebenso bei einigen Pflanzen der Nr. 208a, während bei Nr. 138a und einigen Pflanzen der Nr 205a ein grüner Wachsbezug (an den noch nicht reifen Kapseln) auftritt. Nr. 138a fiel besonders durch die starke Verzweigung der Stengel auf. Dieses Merkmal scheint mit dem Schüttmohncharakter gekoppelt zu sein. Jedenfalls waren beim Nachbau vereinzelt in diesem Bestand auftretende Schließmohne wesentlich weniger verzweigt (möglicherweise durch Einkreuzung von Formen der Nr. 139).

Bei der Kapselform konnten von fast runden (Nr. 206c z. T.) bis zu lang-gestreckten Kapseln (Nr. 139b z. T.) alle Übergänge gefunden werden. Die größten Kapseln haben einen Durchmesser von 5 cm bei 5,5 cm Höhe (Nr. 139a z. T.), die kleinsten sind 1,5 cm dick und 2 cm hoch (Nr. 138a + b z. T.). Bei Kapselform und Größe kommen auch wieder sehr große Unterschiede innerhalb einer Population (so bei Nr. 53, 98c, 103, 139b, 206b, 207, 208a, 208b). Das Foto einer Parzelle des Nachbaus in Gatersleben soll diese Aussage dokumentieren (Abb. 9).

Es würde hier zu weit führen, alle variablen Merkmale auch nur kurz zu disku-

Abb. 9 Nachbau einer Mohnprobe (Nr. 205a) aus Matiaška, bestehend aus var. *coerulescens* und var. *nigrum*, der die Vielgestaltigkeit der Kapselformen sowie die Unterschiede in der Pflanzenhöhe und der Kapselgröße veranschaulicht

tieren, deshalb sollen einige wichtige von ihnen nur noch aufgezählt werden: Pflanzenhöhe, Beborstung der Stengel, Knospenfärbung, Ausformung der Narbenlappen (Feinheiten, die über die zur systematischen Gliederung verwendeten Merkmale hinausgehen) und Blattform. Die Variabilität der Merkmale und das Auftreten primitiver Mohne (Schüttmohn) zeigen, daß es sich bei den Mohnformen unserer Sammelreise um charakteristische Landsorten handelt, die ein anschauliches Beispiel für die Evolution der völlig domestizierten Kulturmohne liefern können. Zur endgültigen Identifizierung bzw. Heraustrennung einiger Formen wird das Material in Gatersleben weiter bearbeitet werden.

Cruciferae

Brassica oleracea L.

convar. *capitata* (L.) Alef var. *capitata*:

Málinec-Hámor (Nr. 134), Breza (Nr. 215), Horní Stefanov sw des Orava-Stausees (Herb. Nr. 266), oberhalb Stará Huta (Herb. Nr. 121).

Der Anbau von Kopfkohlen in Gärten oder auf kleinen Feldparzellen war vor allem in den regenreicheren Lagen im Slowakischen Erzgebirge sowie in den Slowakischen und Mährisch-Schlesischen Beskiden zu beobachten, von wo auch fast alle angegebenen Proben stammen. Es handelt sich dabei um einen sehr charakteristischen Kohl-Typ, dessen Eigenständigkeit durch den lokalen Samenbau mit Hilfe einiger überwinterter Samenträger in den Hausgärten dokumentiert wird. Dieser Typ scheint zumindest in den westlichen Gebirgen des Karpaten-Systems weiter verbreitet zu sein; 1975 konnten übereinstimmende Formen auch in den Dörfern des Pieninen-Gebirges und der Podhale-Region in Südpolen beobachtet werden. Diese Kopfkohle stellen sogenannte Strunkkohle dar, wie sie bereits Helm aus dem Gebiet der ČSSR angab (1963); die Strünke können dabei eine Länge bis zu 60–70 cm erreichen (Abb. 10). Die Ausbildung der ± kugeligen Köpfe ist relativ schwach (Kopfhöhe von Nr. 134 und 215 im Nachbau ca. 15 cm), Umblätter sind reichlich entwickelt. In der Färbung der Köpfe und Blätter nehmen sie eine Mittelstellung zwischen Rot- und Weißkohlen ein, manche der Herkünfte tendieren mehr zum Weißkohl (Nr. 215 – Blätter graugrün, schwach anthocyangefärbt, Köpfe gelbgrün), andere (Herb. Nr. 121 – Blätter rot mit dunkelroten Adern) nähern sich durch intensivere Anthocyanfärbung eher den Rotkohlen. Ein Primitivmerkmal dieser Formen ist die deutliche Entwicklung eines Blattstiels auch bei den oberen Stengelblättern (Herb. Nr. 121 – Stiel: Spreite = 17 : 18 cm!). Diese Kohle stellen ausgesprochene Spätkohle dar, zur Zeit der Reise, noch Mitte August, war die Kopfbildung gerade erst eingeleitet, im Nachbau 1975 wurde die Nutzungsreife (Pflanztermin 21. 5.) in der ersten September-Dekade erreicht.

Unterschiede können zwischen den Herkünften die Außenstrunkhöhe, die Färbung, Blattgröße usw. betreffen; die von uns nachgebauten Formen waren in der Intensität der Anthocyanfärbung deutlich unterschieden sowie in der Ausgeglichenheit des Bestandes (Nr. 134 stellte hinsichtlich der Kopfform eine bunte Population dar). In Strunkhöhe (ca. 30 cm) und Kopfgröße (800–900 gr) stimmten sie dagegen sehr gut überein. Für mitteleuropäische Verhältnisse sind derartige Formen z. B. schon auf Grund des geringen Kopfgewichts ohne wirtschaftliche Bedeutung; diese hochwüchsigen Strunkkohle scheinen aber besonders gut an einen Anbau in niederschlagsreichen Gebieten angepaßt zu sein; im Sortiment des

Abb. 10 Nachbau-Parzelle der Kopfkohl-Herkunft (Nr. 134) von Málinec-Hámor; auf Grund des außerordentlich trockenen Somers 1975 blieb die Strunklänge hinter den an den Beständen in den slowakischen Gebirgsdörfern gemessenen Werten weit zurück

VIR konnten in Puškin bei Leningrad 1973 sehr ähnliche, aus dem sowjetischen Fernen Osten stammende Formen notiert werden.

Die reiche Stengelblatt-Bildung führt zur Nutzung dieser Blätter vor der Kopfreife, die Blätter werden sukzessiv von unten nach oben geerntet und als Kochgemüse verzehrt.

Brassica oleracea L.

convar. *oleracea* var. *gemmifera* DC.:

Nová Baňa (Nr. 47)

Rosenkohl war außerordentlich selten anzutreffen. Der Nachbau von einem zur Saatguteigenproduktion angebauten Samenträger aus einem Hausgarten ergab einen vor allem hinsichtlich Wuchshöhe und Erreichung der Nutzungsreife sehr unausgeglichenen Bestand. Es handelt sich generell um eine niedrigwüchsige Form (Sproßhöhe 45–60 cm) mit hellgraugrünen Blättern und einem mittelstarken Besatz an „Röschen", die sich stets durch eine sehr lockere Beschaffenheit ohne festen Knospenschluß und durch relativ geringe Größe (bis 3 cm) auszeichneten. Mittlere und untere Stengelblätter fallen relativ früh ab, so daß sich die „Röschen" größtenteils am blattlosen Strunk entwickeln.

Brassica rapa L.

ssp. *rapa* var. *rapa*:

Breza (Nr. 217), Oravská Lesná (Nr. 220, Herb. Nr. 300).

ssp. *sylvestris* (LAM.) JANCHEN (*Br. campestris* L.):

Muránska Zdychava (Herb. Nr. 210).

Der Anbau der Stoppelrübe konnte in allen Teilen der Slowakischen Beskiden in Form von kleinen Feldpartien oder einzelnen Pflanzenreihen am Rande von Kartoffeläckern bis in Höhenlagen von 800 m beobachtet werden. Vielfach waren die Bestände ein Gemisch aus weiß- und violettknolligen Formen, die Pflanzen zeichneten sich durch gefiederte Rosettenblätter mit 3 Paar Fiedern und Zwischenfiedern aus. Samenbau mit Hilfe einzelner Samenträger wurde in den Hausgärten, seltener an Feldrändern betrieben. Die Pflanzen des Nachbaues entwickelten sich so schlecht, daß eine Bonitur nicht möglich war.

Die Wildform der Art (ssp. *sylvestris*) war früher von KÜHN (1968) bereits für die Sudeten nachgewiesen worden; nun liegt auch ein Fund aus dem Slowakischen Erzgebirge vor, wo die Pflanzen in etwa 700 m Höhe als Unkraut in einem Kartoffelfeld gesammelt wurden.

Brassica napus L.

var. *napobrassica* (L.) RCHB.:

Hutisko Solanec (Nr. 238), bei Oravská Lesná (Herb. Nr. 267).

In den Slowakischen Beskiden sowie in den Gebirgen Nordost-Mährens ist der Anbau von Kohlrüben recht verbreitet, kleine Parzellen sowie einzelne Samenträger in den Gemüsegärten zur Saatgutgewinnung konnten allenthalben beobachtet werden. Bei Herb. Nr. 267 handelt es sich um blühende Pflanzen, die einer kleinen Parzelle entnommen waren, die vielleicht zur Grünfuttergewinnung dienen sollte. Die Blütenfarbe der Pflanzen variierte von gelb bis matt-orange; auffallenderweise wurden die Blütenknospen in den Blütenständen von den geöffneten Blüten überragt, ein sonst für *Br. rapa* charakteristisches Merkmal. Leider stand von dieser interessanten Form kein Saatgut zur Verfügung, auch das von Nr. 238 erwies sich als nicht keimfähig. Herb. Nr. 267 besitzt gefiederte Blätter mit 3–4 Paar Fiedern, bei den in Hutisko Solanec beobachteten Beständen konnte jedoch hinsichtlich der Blatteilung eine große Variabilität festgestellt werden, die von fast ungeteilten bis fiederig-leierförmigen Blättern reichte. Auch die Einbeziehung der basalen Internodien des Hauptsprosses in den Rübenkörper war sehr unterschiedlich ausgeprägt. Von diesen Pflanzen wurden vor der Nutzungsreife der Rüben auch die Blätter als Gemüse genutzt.

Sinapis arvensis L.
Kapušany no Prešov (Nr. 181), bei Matiaška (Herb. Nr. 240)

Häufiges Unkraut in Getreidefeldern. Der Nachbau von Nr. 181 ergab eine Aufspaltung in kahl- und behaartfrüchtige Pflanzen, auch bei Herb. Nr. 240 handelt es sich um die durch kurz-borstige Behaarung der Schoten gekennzeichnete var. *orientalis* (L.) Koch et Ziz, die in diesem Gebiet offensichtlich vorherrscht, 1975 wurde sie auch in dem angrenzenden südpolnischen Pieninen-Gebirge oft beobachtet.

Raphanus raphanistrum L.
Tisovské Lazy (Nr. 108c), Dolná Strehová-Prieloh (Nr. 127a–c), Málinec-Hámor (Nr. 150a–b), Hutisko Solanec (Nr. 235h); Ostrý Grúň (Herb. Nr. 76), w Banská Štiavnica (Herb. Nr. 111), Močiar (Herb. Nr. 199).
Der Hederich ist ein verbreitetes, bis an die oberen Grenzen des Ackerbaues vorkommendes Unkraut sowohl von Getreide als auch von Hackfrüchten und Gemüsekulturen; z. T. wurden die Proben aus Saatgut verschiedener Kulturarten ausgelesen. Auffallend ist die große Polymorphie in Form, Größe und Zerfallsgrad der Schoten, die für manche Bestände dieser Art in der Slowakei charakteristisch war. Besonders ausgeprägt erscheinen in dieser Hinsicht Nr. 127 und Herb. Nr. 76 (vgl. Abb. 11). Bei Dolná Strehová-Prieloh kommen z. B. nebeneinander Pflanzen mit undeutlich voneinander getrennten Fruchtgliedern, solche mit rosenkranzartigen Schoten und schließlich einige mit schmalen, rillenförmigen Vertiefungen zwischen den Schotengliedern vor. Auffallend sind auch Formen (Nr. 150a), die stielartige Verlängerungen der Zwischenpartien der Fruchtglieder aufweisen und bei denen die Fruchtglieder stark kantig-gerippt sind, sowie solche (Herb. Nr. 111, 76 z. T.), bei denen das zweiklappige Basalglied der Schote sehr deutlich ausgebildet und fertil ist sowie den folgenden Gliedern gegenüber abgesetzt erscheint und das sich nicht – im Gegensatz zu diesen – vom Fruchtstiel löst (Abb. 11). Leider konnte der getrennte Nachbau der unterschiedlichen Fruchttypen nicht hinsichtlich Konstanz der Fruchtformen beurteilt werden, da die Pflanzen sich durch Verbiss und Schädlingsbefall außerordentlich schlecht entwickelten. Es hat aber den Anschein, als würde im Nachbau der Auslesen wieder eine starke Aufspaltung auftreten, was andererseits bei einer derartigen allogamen Sippe nicht überrascht.

Rosaceae

Sorbus domestica L.

Sobotiště (Herb. Nr. 21), in diesem Ort mehrfach als Einzelbäume bei den Höfen oder in alten Obstplantagen beobachtet, Früchte 1,7 cm lang, rundlich-obovat

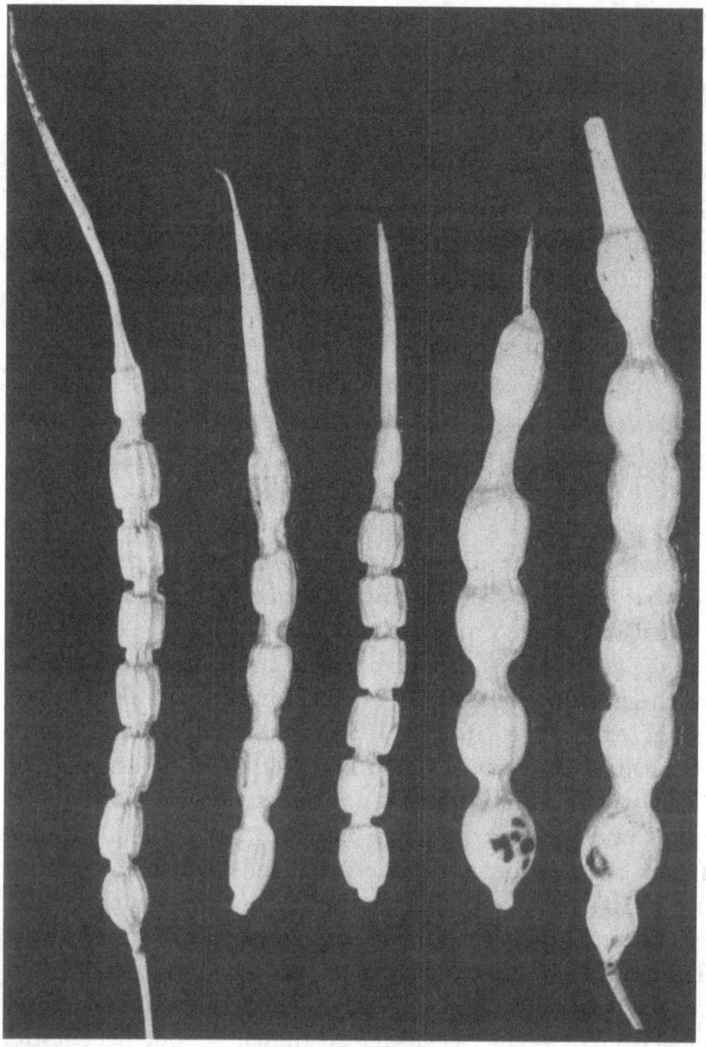

Abb. 11 Unkräuter aus Landsortenbeständen von Kulturpflanzen zeigen oft ebenfalls eine beachtliche Variabilität, hier Fruchttypen von *Raphanus raphanistrum* (Nr. 150) aus einem Gerstenfeld bei Málinec-Hámor, zu beachten ist die Frucht rechts außen mit einem zweiklappigen fertilen Basalglied, das normalerweise nicht ausgeprägt ist!

(var. *pomifera* HAYNE); es sollen hier aber auch großfrüchtigere Bäume anzutreffen sein. Die gedörrten, vermahlenen Früchte werden als Zutat beim Kuchenbacken verwendet.

Leguminosae

Cicer arietinum L.

Dolné Mladunice sw Senohrad (Nr. 92a–b), Stará Huta (Nr. 100), Dolná Strehová-Prieloh (Nr. 122a–b, 247a–b, 248), Točnica n Lučenec (Nr. 132a–b), Cinobaňa n Lučenec (Nr. 133a–b).

Der Anbau der Kichererbse hat wie der von *Lathyrus sativus* im Sammelgebiet ebenfalls den Charakter einer Reliktkultur, er ist auf die wärmebegünstigten Lagen der Südslowakei und des Berglands von Krupina beschränkt, außer den angegebenen Orten wurde die Art noch in Nová Baňa beobachtet. Stets erfolgte die Kultur nur auf kleinen Parzellen oder in wenigen Beetreihen in Gärten oder am Ortsrand; auch hier ist ein wesentlich häufigerer Anbau noch vor etwa zwei Jahrzehnten vor dem Beginn der genossenschaftlichen Bewirtschaftung der Ackerflächen üblich gewesen, was aus den Informationen der Bauern, denen die Pflanze in den genannten Gebieten vielfach noch bekannt war, hervorging. Die Verwendung entspricht der der Saatplatterbse, reife Samen werden zu Kichererbsen-Suppen gebraucht.

Die Variabilität der slowakischen Kichererbsen insgesamt ist relativ unbedeutend, es herrscht ein Pflanzentyp vor, der sich durch aufrecht-buschigen Wuchs mit einer Wuchshöhe von 50–75 cm (Nachbau), weiße Blütenfarbe, 1–2-samige, strohfarbene, seltener etwas dunklere Hülsen und gelblich-weiße (erbsenfarbene), rundliche, ± glatte Körner (Samentyp G nach VAN DER MAESEN 1972) mit einer kurzen Spitze oberhalb des Nabels (Eulenkopf-Form) auszeichnet. Mit Ausnahme von Nr. 248 ist in allen Proben ein Teil (bei Nr. 132 sogar die Mehrzahl) der Samen ± kantig-eckig und mit ± runzeliger Oberfläche versehen (Übergang zur eigentlichen bekannten Widderkopf-Form); es gibt aber wiederum alle Übergänge zwischen diesen beiden Samentypen und im Nachbau spalten fast regelmäßig aus den eulenkopfförmigen Samennachkommen Pflanzen mit Widderkopf-Samen heraus und umgekehrt. Es erscheint vorerst fraglich, ob eine saubere Trennung der beiden Korn-Typen möglich sein wird. Die TKM der meisten Nummern lag im Nachbau zwischen 220 und 250 g, nur Nr. 122b war kleinkörnig (TKM 173 g, evtl. anomale Entwicklung). Die im Originalmaterial zwischen 7,5 und 9,0 mm hohen Samen waren im Nachbau meist etwas kleiner (um 1–1,5 mm). Die Mehrzahl der Formen entsprach in der Erreichung der Körnerreife den mit im Anbau befindlichen Formen aus dem Balkan, Italien und Mittelasien, als besonders frühreif erwiesen sich Nr. 122b und 132a, deren Reife mindestens 14 Tage vor den übrigen slowakischen und den anderen genannten Formen einsetzte.

Nach der Monographie von *Cicer arietinum* von G. M. POPOVA (1937) gehören unsere Formen zur ssp. *eurasiaticum* G. POP. Die bei dieser Sippe aufgeführte und der geographischen Herkunft nach in Frage kommende prol. *bohemicum* G. POP. unterscheidet sich von unserem Sammelmaterial aber sehr stark durch abweichenden Wuchs, rosa-rote Blütenfarbe, dunklere und kleinere Samen. Die oben beschriebenen Nummern zeigen dagegen eine sehr gute Übereinstimmung mit der prol. *transcaucasicum* G. POP., die von POPOVA aber nur aus dem Kaukasus-Gebiet, der Krim und der Ukraine angegeben wurde. In der neuen Monographie von VAN DER MAESEN (1972) werden diese Formen als Rasse *eurasiaticum* Unterrasse *transcaucasium* bezeichnet.

Vicia villosa ROTH

Málinec-Hámor (Nr. 142h)

Das Saatgut wurde aus einer Weizen-Roggen-Mischprobe ausgelesen; der Feldbestand zeichnete sich gleichzeitig durch einen relativ hohen Anteil der Zottelwicke aus, so daß eine beabsichtigte Aussaat anzunehmen ist. Auch im Vtáčník-Gebirge bei Ostrý Grúň konnte ein Roggen-Zottelwicken-Mischanbau als Futtergemenge beobachtet werden. Die Samen der Probe sind braun-oliv und fast stets stark dunkelbraun marmoriert und gefleckt (TKM im Nachbau 36,7 g); der Anteil der dunkelmarmorierten Samen war im Nachbau bedeutend höher als im Originalmaterial.

Vicia angustifolia GRUFB.

ssp. *segetalis* (THUILL.) GAUD.:

Sobotiště (Nr. 10), Dolná Strehová-Prieloh (Nr. 128); w Tisovské Lazy (Herb. Nr. 137), bei Važec (Herb. Nr. 256)

Diese Sippe ist in den niederen und mittleren Lagen ein charakteristisches Getreideunkraut. Das Material ist relativ einheitlich, es handelt sich um Pflanzen mit breit-lanzettlichen Fiedern und Samen (3,2–3,5 mm im Durchmesser, TKM 21–23 g) mit einer graugrünen Grundfarbe, brauner Marmorierung und dunkelblauer Fleckung, ein geringer Teil der Samen ist rein dunkelblau. Das Saatgut des Nachbaues stimmt mit dem Originalmaterial gut überein, im Nachbau von Nr. 10 fehlten allerdings Samen mit fehlender Marmorierung, die zu etwa 10% im Sammelgut vorhanden waren. Einzelne Pflanzen von Nr. 128 verharrten noch Ende Juli in einem rosettenartigen Wuchs und blühten nicht (Winterformen?)

ssp. *angustifolia:*

Bei Matiaška (Nr. 204), Hutisko Solanec (Nr. 236e); bei Močiar (Herb. Nr. 192), Oravská Lesná (Herb. Nr. 301)

Auch diese Sippe trat im Gebiet als typisches Getreideunkraut auf, vorzugsweise aber in den montanen Lagen; sie herrscht auch im benachbarten polnischen Pieninen-Gebirge gegenüber der ssp. *segetalis* in den Getreidefeldern vor.

Die Proben erwiesen sich als ± einheitlich, in der Samenfärbung stimmten sie mit den beschriebenen *segetalis*-Formen überein, der Anteil der rein dunkelblauen Samen war sehr gering. In der Samengröße besteht ein deutlicher Unterschied zur ssp. *segetalis* (TKM 7–9 g, Durchmesser 2,3–2,4 mm), dagegen ist die Samenzahl pro Hülse bei diesen slowakischen Formen beider Unterarten ± identisch (10–12). Nachbau und Originalmaterial stimmt weitgehend überein. Die Herbar-Nr. 301 zeichnet sich durch ungewöhnlich lange Fiedern aus (2–3 cm).

Vicia sativa L.

convar. *sativa:*

Tisovské Lazy (Nr. 105g); Horné Hámre n Nová Baňa (Herb. Nr. 64), Tisovské Lazy (Herb. Nr. 135), bei Matiaška (Herb. Nr. 244).

Die Art wurde meist als Getreideunkraut gesammelt, Nr. 105 g und Herb. Nr. 135 stammt aus Emmersaatgut bzw. aus einem Emmerbestand; gelegentlich wird die Art als Futterpflanze kultiviert, so bei Stará Huta, auch Herb. Nr. 64 stellt wohl eine absichtliche Beimengung des Haferschlages dar, aus dem sie gesammelt wurde; sie erinnerte durch ihre großen, obovaten Fiedern an die in Mitteleuropa angebauten Sorten.

Die Emmerunkrautform besaß dagegen sehr schmale Blättchen. Die wenigen aus der Probe von *Triticum dicoccon* ausgelesenen Samen waren bereits in Form, Farbe und Größe der Samen uneinheitlich. Das bestätigte sich beim Nachbau: Es wurden ein Typ mit mittelgroßen Samen (Durchmesser 4,8 mm, TKM 48 g), braun-olivener Grundfarbe, brauner Sprenkelung bzw. dunkelbrauner Fleckung mit braunem Nabel, ein kleinsamiger Typ (Durchmesser 3,8 mm) mit einfarbig grau-olivenen Samen und hellem Nabel und ein mittelgroßkörniger Typ (Durchmesser 5,3 mm, TKM 41,3 g) mit abgeflachten, gelb-olivenen Samen und hellem Nabel ausgelesen. Diese letzte Form stellt auf Grund der relativ flachen Samen (nur 2,9 mm dick) einen Vertreter der var. *platysperma* Barul. dar, eigentlich einem charakteristischen Linsen-Unkraut. Typische Formen dieser Varietät besitzen im allgemeinen eine noch ausgeprägtere „Linsen-Form" der Samen, man kann sich aber ihre Selektion als ausgesprochene Linsen-Begleiter aus derartigen, oben beschriebenen Formen, die als Varianten in den Getreideunkruat-Populationen der Art auftreten, gut vorstellen.

Vicia faba L.

ssp. *minor* (Peterm. em Harz) Rothm.:

Nová Baňa (Nr. 33 z. T., Nr. 39a), Ostrý Grúň (Nr. 76v z. T.), Hrčava (Nr. 228)

ssp. *faba:*

Sobotiště (Nr. 24a–b), Nova Baňa (Nr. 33 z. T., 39b), Ostrý Grúň (Nr. 76v z. T.).

Nach den *Phaseolus*-Bohnen und Erbsen stellt *Vicia faba* im Sammelgebiet die dritt-wichtigste Körnerleguminose dar, wenn auch ihre Bedeutung deutlich hinter den genannten Kulturen zurücktritt. Die Art wurde fast stets nur auf kleineren Beeten in den Gärten gezogen, oft waren einzelne Pflanzen oder Pflanzreihen in Maisfeldern oder Kartoffeläckern zu beobachten, wo die Samen an Fehlstellen der Hauptkultur nachträglich ausgelegt worden waren (ähnlich wie dies mit anderen Hülsenfrüchtlern mitunter geschah). Auch ein Mischanbau mit diesen wurde praktiziert, so z. B. in Ostrý Grúň, wo unsere Probe aus *Phaseolus*-Material ausgelesen wurde. Das Sammelgut war meist nicht ganz ausgereift, so daß sich die Trennungen an ihm und seine taxonomische Einordnung beim Nachbau oft nicht bestätigte. Das Material war stets sehr heterogen, aus den meisten Proben spalteten dann auch verschiedene Typen heraus. Fast alle Muster erwiesen sich als

Mischungen der kleinkörnigen ssp. *minor* mit den mittelgroß- und großkörnigen Typen von ssp. *faba* bzw. von den verschiedenen Varietäten der ssp. *faba* (var. *equina* Pers. und var. *faba*): Der Nachbau von Nr. 24 ergab bei beiden Aufteilungen des Originalmaterials (a und b) jeweils etwa Dreiviertel echte Puffbohnen (var. *faba* subvar. *faba* f. *megalosperma* Alef. nach den Bearbeitungen von Muratova 1937 und Hanelt 1972) und den Rest Pferdebohnen (var. *equina* subvar. *equina* f. *equina*); in jeder der beiden Aufteilungen trat je eine Pflanze mit runzeligen, nicht-platzenden Hülsen auf, deren Merkmalskonstanz nochmals geprüft werden muß, die aber vermutlich zu den mediterranen Typen der var. *faba* subvar. *clausa* Murat. bzw. var. *equina* subvar. *rugosa* Murat. eingeordnet werden müßten. Bei Nr. 33 überwiegen *equina* f. *equina*-Pflanzen, allerdings mit einer Samengröße, die am unteren Ende der Variationsbreite dieser Varietät liegt (16,7 mm lang), der Rest sind kleinkörnige *minor*-Pflanzen des mitteleuropäischen Typs. In Nr. 39a dominieren dagegen Formen, die zwar noch zu der kleinsamigen Varietät gehören, aber in der Samengröße bereits deutliche Anklänge an die var. *equina* besitzen, aber weniger abgeflacht sind. Die übrigen Pflanzen dieser Nummer sind ebenfalls wieder mitteleuropäische Typen der var. *minor*. Nr. 39b lieferte im Nachbau nur sehr wenig, meist anomal ausgebildetes Saatgut, das zur var. *equina* zu stellen ist, sich aber durch einen stärker hervortretenden grünlichen Ton der Samenschalenfarbe auszeichnete. Die Nr. 228 war einheitlich var. *minor*, sie besaß im Nachbau eine Beimischung von etwa einem Viertel hellnabeliger Samen gegenüber den sonst vorherrschenden dunkelnabeligen Typen; diese Nummer zeichnete sich auch durch eine relativ hohe Blütenzahl pro Traube (6—9) aus. Die wenigen aus der Bohnenprobe Nr. 76 ausgelesenen Ackerbohnen-Samen spalteten dann wiederum in Formen der var. *equina* mit einer geringeren Beimischung von var. *minor*, deren Samen durch stärker grünliche Färbung auffielen. Bei allen diesen slowakischen und mährischen Ackerbohnen handelt es sich um mehrtriebige, basal bestockte, relativ hochwüchsige (Ausnahme Nr. 39b: nur 85 cm) Wuchstypen mit meist 3–4 Trieben. Es sind mittel- bis spätreife Formen, die vielfach erst nach der in unserem Gebiet im Anbau vorherrschenden Sorte „Fribo" zur Reife kommen (z. T. bis 2 Wochen verspätet wie Nr. 24). Als um eine Woche frühreifer erwies sich dagegen Nr. 76v. Auffallende Samenfarb- oder Hülsenvarianten (mit Ausnahme der Nr. 24) waren nicht zu beobachten.

Lathyrus sativus L.

Sobotiště (Nr. 20), Dolné Mladunice sw Senohrad (Nr. 87, 88a–d, 89a–c), Tisovské Lazy (106a–c).

Der Anbau der in der Slowakei als Reliktkultur zu bezeichnenden Saatplatterbse[1] wurde an den genannten Orten in den Weißen Karpathen und im Bergland von Krupina (Abb. 12) beobachtet, wozu noch ein Nachweis bei Močiar im Randgebiet des Slowakischen Erzgebirges hinzuzufügen wäre, wo diese Art in einer

[1] (im Slowakischen interessanterweise cicer genannt).

Höhenlage von ca. 650 m kultiviert wurde. Aus den Angaben der Bauern war zu entnehmen, daß die Kultur ehemals noch vor wenigen Jahrzehnten eine wesentlich weitere Verbreitung besessen hatte. Heute wird die Pflanze auf kleinen Feldstücken oder in einzelnen Parzellen innerhalb der Gemüsegärten für den Eigenverbrauch gezogen; die reifen Samen dienen der Herstellung von Suppen.

Bei der überwiegenden Mehrzahl der Pflanzen handelt es sich um hellblaublühende Formen (Fahne weißlich, bläulich geadert, Mitte violett bis bläulich, zum

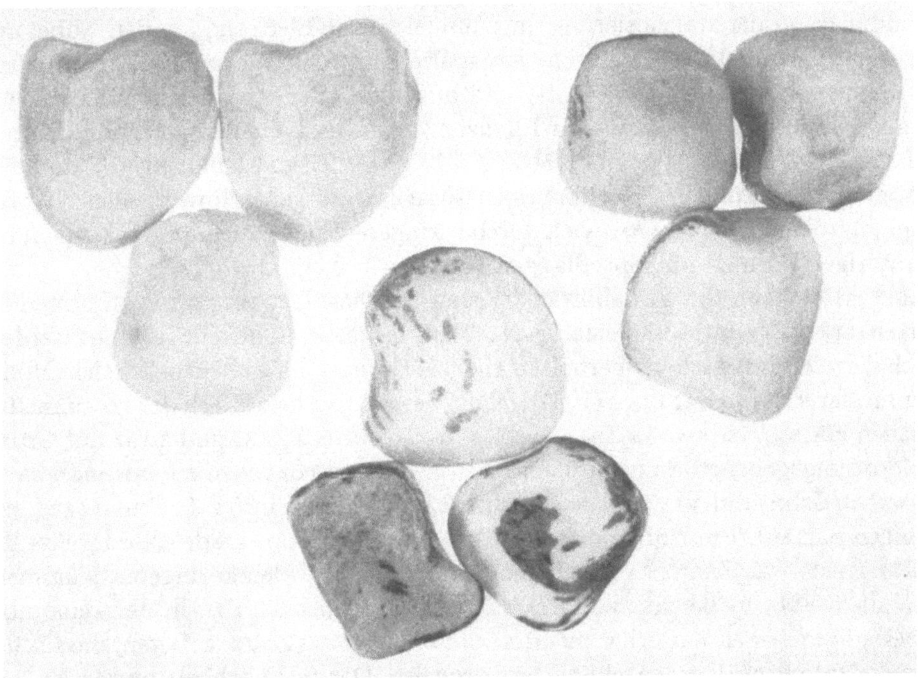

Abb. 12 Samentypen der Nr. 106 (a—c) aus Tisovské Lazy von *Lathyrus sativus* (Originalprobe), die gezeichneten Samen (Mitte unten und rechts oben) ergeben die hellblaublühenden Formen

Rand hin hellblau-violettlich überlaufen, Flügel hellblau, zum unteren Rand hin verblassend) mit den charakteristischen keilförmigen Samen, die auf ihrer weißlich-gelblichen Grundfarbe um den Nabel eine dunkelbraune Punktierung und Fleckung zeigen, die sich von hier aus nach beiden Seiten entlang des Samenkiels erstreckt und dabei bis zu $^4/_5$ der Peripherie des Kiels einnehmen kann; meist ist aber nur die unmittelbare Nabelregion gezeichnet. Die Samen haben eine TKM von 260 bis 360 g (Nachbau), selten sind sie kleiner. Fast in allen Proben ist eine Beimengung von vollkommen ungezeichneten, rein weißlichen Samen enthalten (mit Ausnahme der einheitlichen Nr. 87), die dann rein weißblühende Pflanzen liefern. In den beobachteten Beständen fielen weißblühende Pflanzen allerdings nicht auf, sie sind wohl das Produkt einer Herausspaltung rezessiver Formen. Bei den Sammelnummern 89 und 106 war der Anteil dieser Formen besonders hoch (ca. 40%). Ein sehr geringer Prozentsatz der Nummern 88 und 106 zeichnete sich durch eine stärkere Fleckung der Samen aus, die auch auf deren Flanken übergreift und meist die gesamte Oberfläche der Körner erfaßt. Dieser Samentyp blieb auch im Nachbau konstant, von einigen herausspaltenden oben beschriebenen Normaltypen abgesehen. Ein Samentyp, der bei der Bonitierung des Sammelmaterials nicht aufgefallen war und der durch eine dunklere, bräunlich-gelbe Grundfarbe, graue Marmorierung und dunkelbraune Fleckung um den Nabel und auf dem Samenkiel charakterisiert ist, spaltete aus den Proben 106a (Normaltyp der Samen, ca. 1% des Ernteguts) und aus 106c (stärker gefleckter Samentyp) heraus, vermutlich gehören dazu Pflanzen mit intensiver blau-gefärbten Blüten. Relativ kleinkörnige Typen (TKM 230–240 g) stellen die Nummern 87 und 88b dar; die Samengröße des Nachbaues entsprach dabei generell weitgehend der der Originalproben. Die Nr. 106c wich durch geringere Wuchshöhen (85 cm) gegenüber den übrigen Formen mit Sproßlängen von 120–140 cm ab.

Insgesamt kann die Variabilität der slowakischen *Lathyrus sativus*-Formen als mittelstark ausgeprägt und sich im Nachbau bestätigend gekennzeichnet werden. Nach der zwar inzwischen überholten aber als Bezugsquelle unentbehrlichen Monographie der Art von Zalkind (1937) gehört der überwiegende Teil der gesammelten Formen zur ssp. *europaeus* Zalk. prol. *mediterraneus* Zalk. und zwar auf Grund der dort angegebenen Samengrößen und -färbungen vor allem zu var. *marginato-depressus* Zalk. und var. *leuco-depressus* Zalk. (Typen mit gefleckten bzw. einfarbigen Samen). Ein Anbau dieser südeuropäischen Sippe an der Nordgrenze des Kulturareals war Zalkind (1937) nicht bekannt. Die kleinkörnigeren Nummern (vor allem 88b, vielleicht auch 87) müßten dagegen nach den in der genannten Arbeit angegebenen Kriterien zur prol. *medio-europaeus* Zalk. gehören, die für das extra-mediterrane Europa charakteristisch ist. Der im Nachbau in der Nr. 106 aufgetretene dunklersamige Typ stellt einen Vertreter der ssp. *asiaticus* Zalk. prol. *pseudo-asiaticus* Zalk. dar, der von dem genannten Autor bereits eine Übergangsstellung zur ssp. *europaeus* und ein sporadisches Vorkommen innerhalb des Areals dieser Unterart zugeschrieben wurde. Ein Vorkommen für die Slowakei war allerdings bisher nicht bekannt.

Pisum sativum L. s. l. ssp. *sativum*

convar. *speciosum* (Dierb.) Alef. (Felderbsen):

Ostrý Grúň (Nr. 76u, 62a z. T., 62b), östl. Banská Štiavnica (Nr. 84a), Tisovské Lazy (Nr. 105d z. T., 106e, 107a–b, d–g, 108b), Uhorná (Nr. 176), Horní Stefanov (Nr. 214), Klubina (Nr. 223);

convar. *sativum* (Trockenspeise-, Schalerbsen):

Sobotiště (Nr. 18, 19), Nová Baňa (Nr. 40b), östl. Banská Štiavnica (Nr. 83, 84b), östl. Žarnovica (Nr. 86a–b), Stará Huta (Nr. 97a–c), Tisovské Lazy (Nr. 106d, 107c, 108a, 105d z. T.), Dolná Strehová-Prieloh (Nr. 121), Močiar (Nr. 156), Ratková (Nr. 159a);

convar. *medullare* ALEF., (Markerbsen):
Nová Baňá (Nr. 32, 34, 38b–c, 40a, c), Dolná Strehová-Prieloh (Nr. 123), Točnica n Lučenec (Nr. 131a–b), Ratková (Nr. 159b);

convar. *axiphium* ALEF. (Zuckererbsen):
Nová Baňa (Nr. 28, 30, 38a, 44, 45), Ostrý Grúň (Nr. 62a z. T., 75), Horný Tisovnik b. Tisovské Lazy (Nr. 113a–b).

Erbsen sind nach den Bohnen die zweitwichtigste Hülsenfrucht, sie fehlen wohl in keinem Dorf des Sammelgebiets. Eine gewisse geographische Differenzierung des Materials der Art hinsichtlich der Verbreitung der Konvarietäten ist erkennbar, ein Schwerpunkt der Felderbsen-Herkünfte liegt in den montanen Gebieten besonders der Nordslowakei, während die Markerbsen vorzugsweise aus den südlicheren Teilen des Landes stammten. Die Zuckererbsen wurden in einem relativ begrenzten Raum vor allem in Nová Baňa und um Tisovské Lazy gesammelt, ihr Anbau reicht aber auch in höhere Lagen hinein und sehr entsprechende Typen wurden 1975 z. B. auch in den polnischen Gebirgsdörfern in den Pieninen beobachtet. Trockenspeiseerbsen sind dagegen verbreitet. Der Anbau erfolgt ähnlich wie bei den Bohnen in den Gemüsegärten und auf kleinen Feldparzellen, z. T. auch in Mischkultur mit anderen Leguminosen, Felderbsen sind öfter Bestandteil von Getreidefeldern (Abb. 13).

Der überwiegende Teil der Sammelnummern (21 von 30) ist hinsichtlich der Konvarietäten einheitlich, vor allem betrifft das die zur Gemüsenutzung angebauten Zucker- und Markerbsen (*axiphium*: Nr. 28, 30, 44, 45, 75, 113, *medullare*: Nr. 32, 34, 123, 131, diese beiden convar. gemischt: Nr. 38), die kaum in Mischungen mit anderen Konvarietäten vorliegen (Ausnahmen: *sativum* und *medullare*: Nr. 159; *speciosum* und *axiphium*: Nr. 62; *medullare* und *sativum*: Nr. 40). Öfters sind dagegen Mischproben zwischen den convar. *sativum* und *speciosum* vorhanden (Nr. 106, 108, 84, 105, 107), was darauf schließen läßt, daß auch die Felderbsen wie Trockenspeiseerbsen verwendet werden; in manchen Fällen, z. B. bei 62, 107, wurde das von den betreffenden Bäuerinnen, denen stets die Pflege der Gemüsegärten und -parzellen oblag, aus-

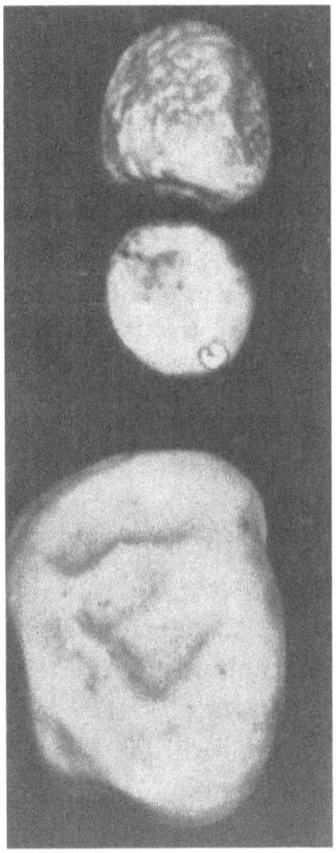

Abb. 13 Die Variabilität des slowakischen Erbsenmaterials ist nicht unbeträchtlich, hier zum Vergleich Same einer Zuckererbse, convar. *axiphium*, von Nová Baňa (Nr. 30) und Samen einer der für die nördlichen Gebirgsgebiete typischen Peluschken, convar. *speciosum*, von Horní Stefanov (Nr. 214)

drücklich bestätigt. Ein Mischanbau von den oben genannten Gemüse-Konvarietäten mit convar. *sativum* deutet daraufhin, daß in diesen Fällen (Nr. 40, 159) die *sativum*-Formen ebenfalls unreif als Schalerbsen gennutzt werden.

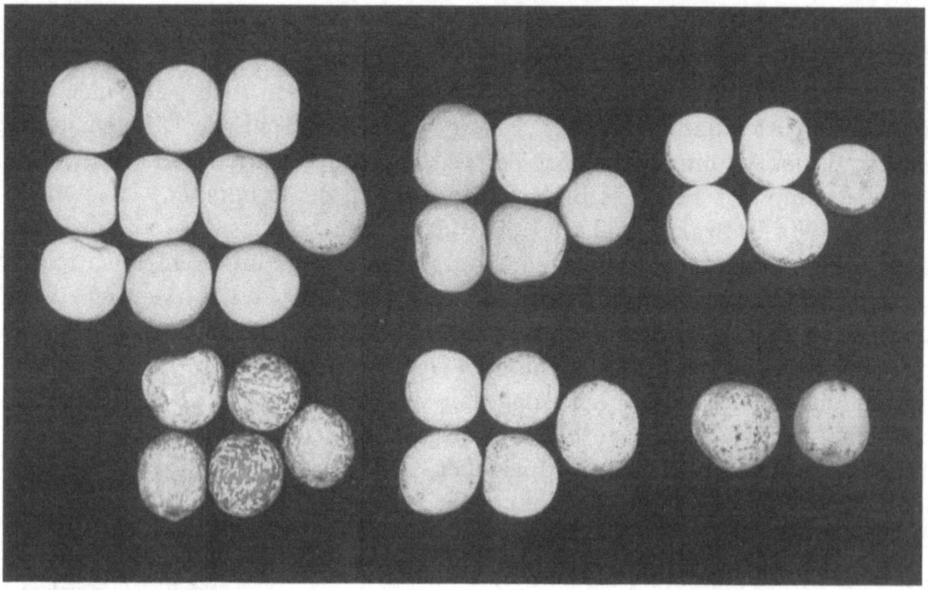

Abb. 14 Samen aus dem Nachbau der am stärksten variablen Erbsen-Probe (Nr. 107, a–d, g, von Tisovské Lazy), alles Formen von convar. *speciosum* (unten links z. B. var. *thebaicum*, rechts daneben var. *zeylanicum*) bis auf convar. *sativum* var. *superfluens* rechts oben (c)

Obwohl das Erbsenmaterial der Reise nummernmäßig umfangreicher als die *Phaseolus*kollektion ist, ist es insgesamt etwas weniger variabel; als relativ formenreich haben sich die Proben aus dem Gebiet von Tisovké Lazy (Abb. 14) erwiesen; hier setzte sich z. B. Nr. 107 aus 7 verschiedenen Varietäten zweier Konvarietäten zusammen. Die aus der Emmerherkunft desselben Orts ausgelesenen Erbsen ergaben übrigens ein damit fast identisches Formenspektrum. Die Mehrzahl der Sammelnummern enthält dagegen nur 1–2 Varietäten im Sinne des Systems von Lehmann (1954).

Da bei dieser Klassifikation auch quantitative Merkmale, wie TKM, Wuchshöhe, als diagnostische Merkmale berücksichtigt sind, zu deren Einschätzung man meist wenigstens zwei Vegetationsperioden benötigt, ist eine Bestimmung der Varietäten in einer Reihe von Fällen vorerst noch nicht oder nicht sicher möglich gewesen, vor allem trifft das auf Aufspaltungen zu, die im Nachbau auftraten und für die auch andere Merkmale, wie Blattfiederzähnelung u. a. noch nicht erfaßt werden konnten. Folgende Einschätzung der Konvarietäten hinsichtlich ihres Bestandes an botanischen Varietäten läßt sich aber bereits jetzt geben: Trotz des relativ hohen Anteils von convar. *axiphium* am Sammelmaterial zeichnen sich die

Zuckererbsen durch eine sehr geringe Variabilität aus, sie sind fast ausschließlich durch die var. *compocarpum* ALEF. vertreten, die zu den Formen mit (unreif) bis mehrere Zentimeter breiten sogenannten Schwerthülsen gehört, (die übrigens auch in den Pieninendörfern des polnischen Grenzgebiets auffielen). Nur einmal (Nr. 113b) waren in einer Probe Pflanzen mit perlschnurartigen schmalen Hülsen vorhanden, die zur var. *bretonicum* KÖRN. zu stellen sind. Ein Teil der Zuckererbsen (z. B. Nr. 45, 75) hatte noch eine schwach entwickelte Pergamentschicht.

Die convar. *medullare* ist im Hinblick auf ihre Gesamtvariabilität (bei LEHMANN 1954 werden 10 Varietäten geführt) recht formenreich mit vermutlich 5–6 Varietäten im Material enthalten. Dabei ist var. *schneebergeri* ALEF. s. l. am häufigsten, sie ist in wenigstens 3 Nummern vorherrschend oder ausschließlich vorhanden (34, 40, 131); im übrigen waren nachweisbar: var. *pervicax* Alef. s. l. (32, 159b), var. *balticum* ALEF. s. l. (40c?, 131b), var. *unionis* ALEF. s. l. (38b) und vermutlich var. *reginae* ALEF. s. l. (123). Die Nr. 38b gehörte zu den Markerbsenformen mit nur schwach-gedrückt bis eingedellten Samen, die nur auf Grund der Stärkekorn-Struktur von convar. *sativum* zu unterscheiden sind!

Die convar. *sativum* ist im Vergleich zu den Markerbsen dagegen auf Grund der stärkeren Gesamtvariabilität relativ formenarm, es überwiegt eindeutig die klein- und gelbsamige var. *superfluens* ALEF. s. l., die öfters in Mischung mit der großkörnigeren var. *ponderosum* ALEF. vorliegt. Daneben treten auf: var. *nanoviride* ALEF. s. l. (18, 86a), var. *waterlooense* ALEF. s. l. (97a), var. *episcopi* ALEF. s. l. (159a) und var. *glaucospermum* (ALEF.) GOV. (40b).

Am formenreichsten ist im Material wie auch insgesamt die convar. *speciosum* entwickelt, wobei gerade hier auf Grund der angeführten Ursachen ein beachtlicher Anteil noch nicht endgültig eingeordnet werden konnte. Es sind auch mitunter Merkmalskombinationen ausgeprägt, die in der genannten Klassifikation noch nicht berücksichtigt sind. Es sind mindestens 15 verschiedene Sippen im Material vertreten, von denen nur folgende sicher determinierbar waren: var. *thebaicum* (WILLD.) ALEF. s. l. (Nr. 62b, 107d, 105 z. T.), var. *capucinorum* ALEF. (Nr. 84a, vielleicht 62a z. T.), var. *zeylanicum* ALEF. (Nr. 107e, 105 z. T.), var. *arvense* (L.) ALEF. (Nr. 223); die ersten 3 Varietäten sind relativ großkörnige Sippen, die meist als Trockenspeiseerbsen genutzt wurden.

Interessant sind vor allem die in den Gebirgslagen gesammelten Felderbsen, die als Beimischung von Sommerroggen (Nr. 176), von Hafer (Nr. 214) oder mitunter von Gerste wuchsen, und die wie bei Úhorná in einer Höhe von über 900 m an der oberen Grenze des Ackerbaues auftraten. Es handelt sich hierbei um kleinhülsige Formen (Hülsen 3,5–5,0 cm lang) mit extrem kleinen Samen[1] (größter Durchmesser z. T. weniger als 4 mm, TKM bei Nr. 176 im Nachbau 55,7 g, bei Nr. 214 62,3 g) und die nicht nur hinsichtlich der Samenfarbtypen sondern auch anderer Merkmale stark variierten. In ein und derselben Population traten sehr verschiedene Blüten-

1 Einen deutlichen Gegensatz dazu bilden die *speciosum*-Trockenspeiseerbsen von Tisovské Lazy mit einer TKM von ca. 160 g.

farbvarianten auf, bei Horní Stefanov z. B. wurden bei den Felderbsen der dortigen Haferfelder neben rein purpurnen Typen solche mit hellvioletter, mitunter fast weißer Fahne und purpurnem Flügel bzw. mit rotbrauner Fahne und purpurnem Flügel beobachtet (Herb. nr. 268), die Herkunft von Úhorná (Herb. nr. 235) war durch ungewöhnlich lange Trauben (fruchtend bis 15 cm lang!) charakterisiert! In der Wuchsentwicklung erinnerten diese beiden Herkünfte im Nachbau in Gatersleben an Wintererbsen, die Begleit-Kultur stellte jedoch stets Sommergetreide dar. Derartige kleinkörnige und auch kleinblütige Formen sind offensichtlich für den westlichen Teil der gesamten Karpathen typisch, sie wurden 1975 auch im Pieninen-Gebirge (meist in Gerste oder Hafer) beobachtet; hier wurden oft die unreifen Samen dieser Erbsen von den Bauern während der Feldarbeit gegessen

Im Nachbau erwies sich der größte Teil der slowakischen Erbsen als hochgradig anfällig gegenüber Virosen, z. T. auch gegen Pilzkrankheiten, so daß der züchterische Wert dieses Materials vermutlich begrenzt ist. Immerhin fiel unter den Nummern eine Reihe frühreifer Herkünfte der convar. *sativum* (z. B. aus Stará Huta, Močiar, Žarnovica) auf, die möglicherweise von Interesse sein könnten. Extrem spätreif waren dagegen die meisten *speciosum*- und *sativum*-Linien von Tisovské Lazy. Die Zuckererbsen zeichneten sich durch gute geschmackliche Qualität und mitunter durch besondere Wüchsigkeit aus.

Phaseolus vulgaris L. var. *vulgaris* (Stangenbohnen)

Virides mit Fäden:

Sobotiště (Nr. 21a z. T., 21b, 21c z. T., 21d; 22a, 22b z. T.; 23b, 23d), Nová Baňa (Nr. 25b, ?25i, 25c, 25m), Ostrý Grúň (Nr. 60b–f, 60h, ?60i–j; 61c, 76a–b, 76d, 76f z. T., 76i, 76k, 76m–o), Tisovské Lazy (Nr. 110a z. T., 110b, 110e–g, 110h z. T., 110i–j, 110 l–n), Dolná Strehová-Prieloh (Nr. 126a–b);

Virides ohne Fäden:

Nová Baňa (Nr. 25a, 25d, 25k–l), Ostrý Grúň (Nr. 76j, 76l), Tisovské Lazy (Nr. 110c–d);

Lutei mit Fäden:

Ostrý Grúň (Nr. 76c, 76g), Dolné Mladunice (Nr. 90b z. T.);

Phaseolus vulgaris L. var. *nanus* (JUSL.) ASCHERS. (Buschbohnen)

Virides mit Fäden:

Sobotiště (Nr. 21a z. T., 22b z. T.), Ostrý Grúň (Nr. 60a, Nr. 76e, 76f z. T., Verunreinigung aus Nr. 66), Nová Baňa (Nr. 25f), Dolné Mladunice (Nr. 91g), Tisovské Lazy (Nr. 110h z. T.);

Virides ohne Fäden:

Ostrý Grúň (Nr. 61a, 61b z. T.), Tisovské Lazy (Nr. 110a z. T., 110f z. T.);

Lutei mit Fäden:

Sobotiště (Nr. 21c z. T., 23a), Nová Baňa (Nr. 25e, 25g–h, 25j), Dolné Mladunice (Nr. 90a, 90b z. T.), Tisovské Lazy (Nr. 110k?);

Lutei ohne Fäden:
Sobotiště (Nr. 23c), Ostrý Grúň (Nr. 61b z. T., 76h).

Phaseolus-Bohnen sind die wichtigsten Körnerleguminosen im Sammelgebiet, sie müssen in beachtlichem Maße zur Ernährung der dortigen bäuerlichen Bevölkerung beitragen. Dabei überwiegt in den wärmeren kollinen Lagen der Anbau von *Ph. vulgaris*, während in den niederschlagsreichen montanen und submontanen Gebieten die Bedeutung von *Ph. coccineus* zunimmt. Diese Bohnenkulturen sind überall in den Gemüsegärten und auf kleinen Feldparzellen zu beobachten, Stangenbohnen werden teils an Stäben gezogen, teils können sie sich in Mischkulturen, besonders mit Mais, an einer natürlichen Unterlage emporwinden, z. T. pflanzt man sie auch ohne Stütze, dann bilden sie lang-kriechende Triebe vor allem am Rande anderer Feldkulturen. Sie werden auch als Einzelpflanze an Fehlstellen in Hackfruchtkulturen eingebracht. Häufig war ein Mischanbau von *Ph. vulgaris* und *Ph. coccineus*, aber auch von *Phaseolus*-Bohnen mit anderen Leguminosen (*Vicia faba*, *Pisum sativum*, vgl. z. B. die im Vtáčník-Gebirge erhaltene Samenprobe Nr. 76) zu beobachten.

Verwendet werden die Bohnen sowohl als Gemüse, so vor allem die Wachsbohnen, vorwiegend aber wohl als Trockenspeisebohnen.

Ph. vulgaris ist nicht nur die wirtschaftlich wichtigste sondern zugleich die variabelste Körnerleguminose unseres Sammelmaterials (vgl. Tafel 3), darauf wurde bereits in dem vorjährigen Reisebericht hingewiesen (Hanelt u. Hammer 1975). Insgesamt wurden nur 10 Saatgutproben von *Phaseolus* erhalten; abgesehen von den Feuerbohnen wurden daraus jedoch 69 nach Farbe, Form und Größe unterschiedene Samenvarianten ausgelesen, die im Nachbau, von einigen wenigen Ausnahmen abgesehen, erstaunlich konstant nicht nur hinsichtlich der qualitativen Merkmale sondern auch der Samengröße blieben, (bei relativ wenigen Nummern war eine geringfügige Zunahme der Samengröße im Nachbau bemerkbar). Acht der getrennten Linien erwiesen sich als Mischungen von Busch- und Stangenbohnen, einige waren auch Mischungen von fädigen und fadenlosen Typen, und in einzelnen Linien spalteten zusätzliche Samenvarianten heraus. Als extrem variabel erwies sich die genannte Nr. 76, aus der 16 verschiedene Linien von *Ph. vulgaris*, 3 von *Ph. coccineus* und je eine Erbsen- bzw. Ackerbohnenprobe ausgelesen wurden. Besonders variantenreich waren generell die in Nová Baňa und Ostrý Grúň erhaltenen Nummern; abgesehen von den Nr. 22, 90 und 126 enthielten alle mindestens drei verschiedene Samentypen.

In dem Material herrschen insgesamt die Stangenbohnen vor, wenn auch nur drei Originalnummern ausschließlich aus solchen bestanden (22, 110, 126), Nr. 61 war eine einheitliche Buschform, die übrigen stellten Gemische beider Typen dar; mehrfach waren kurz-windende Übergangsformen zu beobachten. Extrem niedrige, nur 20–25 cm hohe und mit gestauchten Internodien versehene Pflanzen stellten die Nr. 23c, 25j, 61b und 21a (z. T.) dar. Eine auffallende Variabilität herrschte auch in anderen vegetativen Merkmalen: Die Fiedergröße schwankte

z. B. von extrem kleinblättrigen Formen (Mittelfieder 6–7 cm lang, Nr. 21b, 76j, 110c) zu Herkünften mit einer Mittelfieder-Länge von 20–25 cm (Nr. 23d, 60c, 76i, 110m). Die Beblätterung kann durchschnittlich oder ausgesprochen gering entwickelt sein, mitunter sind die Blattgrößen der vegetativen Seitenzweige auffallend von denen des Haupttriebs unterschieden (sehr klein, Nr. 60b). Weitere Unterschiede beziehen sich auf das Vorhandensein oder Fehlen einer Anthozyan-färbung der jungen Stengel sowie auf das von Stipellen der Blattfiedern.

Die Blütenfarbe ist etwa zu gleichen Teilen weiß bzw. ±violett, wobei die violette Farbe bei manchen Formen nur an den Fahnenrändern ausgebildet ist oder bei anderen (Nr. 25c) die Fahnen mehr blauviolett gefärbt sind; es gibt einige einheitlich-weißblütige Sammelnummern (Nr. 21, 22), eine rein violettblütige (Nr. 90), die übrigen stellen wiederum Gemische der verschiedenen Blütenfarbtypen dar. Für die Art ungewöhnlich lange Blüten- und Fruchttrauben besaßen die Nr. 76b und 110m (10–15 cm).

Größe und Form der Hülsen war ebenfalls sehr unterschiedlich ausgeprägt; ein geringer Anteil von meist fädigen Wachsbohnen (*Lutei*-Typen, s. o.) ist meist nur als Beimischung in einzelnen Nummern enthalten, einheitlich in dieser Hinsicht war nur Nr. 90. Ebenso sind fadenlose Formen in der Minderheit (s. o.). Die Hülsengrößen schwankten von etwa 8 cm Länge und 8 mm Breite bei den kleinhülsigen Formen mit einem meist kreisrunden Hülsenquerschnitt (z. B. 21a, 21c) im Extrem bis zu Formen mit 15–19 cm Länge und 15–20 mm Breite, die meist eine starke seitliche Abflachung und eine größere Breite im vorderen Drittel der Frucht zeigten (z. B. Nr. 110j, 76f, 76b, 25c). Hülsen können gerade oder ± geschwungen sein. Meist ist eine Pergamentschicht in der Fruchtwand vorhanden, manche Formen sind dann auch ausgesprochen leicht platzend (Nr. 22a u. a.); weniger oft treten Formen mit pergamentschicht-losen, bei der Reife schrumpelig-runzeligen, platzfesten Hülsen auf (z. B. Nr. 110n, 76j, 21d). Auffallend sind Formen mit rotfleckigen Hülsen, deren Färbung auch noch an den reifen Hülsen sichtbar sind. Im Nachbau erwiesen sich vor allem die Linien der Sammelnummern 76, 110 und 126 als derartig gezeichnet. Interessant waren Stangenbohnen mit einer starken Anthozyanfärbung, die sich besonders an den zur Zeit der Grünreife intensiv dunkelviolett-gefärbten, langen (–20 cm), flachen Hülsen ausprägte; reif sind die Hülsen dann nur noch blauviolett überlaufen (Nr. 25c). Derartige Typen fielen bereits während der Reise in den Gärten von Nová Baňa und Ostrý Grúň auf, sie sind – wie Beobachtungen aus dem Jahre 1975 zeigten – auch für die polnischen Pieninen-Dörfer typisch und entsprechen dem früher im deutschen Raum angebauten Sortentyp „Blauer Speck". Die Samen der genannten Linie sind jedoch nicht intensiv gefärbt (einfarbig-beige mit dunklerem Nabelring).

Besonders groß ist wie erwähnt die Variabilität der Samen, besonders ihrer Färbung. Länglich-ellipsoidische, gefärbte Formen herrschen vor, jedoch ist nicht nur keine Originalsammelnummer hinsichtlich des Samens einheitlich, auch die in den Proben vorherrschenden Samentypen sind stets verschieden. Die dominierenden Samenvarianten sind bei den einzelnen Nummern wie folgt:

Nr. 21 hellgelb, breit-ellipsoidisch, nicht abgeflacht, 11 mm lang
22 weiß, breit-ellipsoidisch, nicht abgeflacht, 11 mm lang
23 beige, rotviolett gezeichnet, schmal-ellipsoidisch bis nierenförmig, etwas abgeflacht 14 mm lang
25 weiß, ellipsoidisch bis nierenförmig, abgeflacht, 15 mm lang
60 beige-gelblich, nierenförmig, nicht abgeflacht, 14 mm lang
61 hellbraun bis beige, schmal-ellipsoidisch, nicht abgeflacht, 13 mm lang
76 dunkelbraun, schmal-ellipsoidisch bis nierenförmig, nicht abgeflacht, 15 mm lang
90 dunkelblau (schwarz), ellipsoidisch bis nierenförmig, nicht abgeflacht, 11 mm lang
110 kein vorherrschender Typ, beige-braune Varianten am häufigsten
126 rosa-beige, rotviolett gefleckt, oval-ellipsoidisch, nicht abgeflacht, 11 mm lang

Darüber hinaus kommen die unterschiedlichsten Varianten vor, z. B. in den verschiedenen Braun- und Beige-Tönen, dann kugelig-ellipsoidische, weiße (33d), ebensolche aber braun-marmorierte (25d), z. T. mit brauner Fleckung nur um den Nabel und die Raphe entlang (25e) oder aber mit Dreiviertel der Oberfläche einnehmender Braunzeichnung (60i), rein rotviolette (90b), weiße mit blauschwarzer Fleckung (60c), ellipsoidische oder trapezoide graue, violett überlaufene (25 m bzw. 76j) oder beige-farbene, sehr fein schwarz punktierte und grob dunkel-gefleckte Typen (60f) usw. Einen Eindruck von der Vielfalt der Samentypen und gleichzeitig der Variabilität einer dieser slowakischen Populationen soll das Farbbild vermitteln, auf dem alle, auch im Nachbau bestätigten Samenvarianten der Nr. 110 enthalten sind.

Dieses Bohnenmaterial machte im Anbau einen sehr günstigen, gesunden Eindruck, vor allem die Buschbohnen zeichneten sich vielfach durch einen sehr guten Behang aus; relativ frühreife Formen sind mehrfach vertreten (besonders innerhalb der Herkünfte von Sobotiště und Tisovské Lazy), es stellt daher für die Züchtung zweifelsohne ein wertvolles und der näheren Prüfung würdiges Ausgangsmaterial dar.

Phaseolus coccineus L.

var. *coccineus*:

Nová Baňa (Nr. 25o), Ostrý Grúň (Nr. 60k, 76t), Dolné Mladunice (Nr. 91a–b)

var. *bicolor* (Vellozo) van Eselt.:

Nová Baňa (Nr. 25p), Ostrý Grúň (Nr. 60g, 60l, 76r), Dolné Mladunice (Nr. 91d–f)

var. *albiflorus* (Dc.) Bail.:

Nová Baňa (Nr. 25n), Dolné Mladunice (Nr. 91c).

Über Verbreitung und Anbau dieser Art gelten die bei *Ph. vulgaris* gemachten Bemerkungen; die Aufzählung der Sammelorte täuscht über die wirkliche Verbreitung des Anbaues der Feuerbohne, der wesentlich ausgedehnter ist und sich vor allem in den montanen Lagen des Gebiets bemerkbar macht. Hier ist die Art dann auch im Reinanbau anzutreffen, während sie in den tieferen Lagen wohl stets im Mischanbau mit *Ph. vulgaris* vorzufinden ist. Dem entsprechen auch die Saatgutproben, die während der Reise erhalten wurden, (für das Sammeln vom Bestand war der Zeitpunkt der Reise zu früh): Alle Formen der Feuerbohnen stammen aus Mischproben mit der Gartenbohne, meist sind sie dabei als Beimengungen zu betrachten, nur in einem Falle (Nr. 91, Abb. 15) überwog der Anteil von *Ph. coccineus*. Beim gesamten Sammelmaterial der Art handelt es sich um Stangenformen, niedrigere buschartige Typen, z. B. Herb. Nr. 68 von Ostrý Grúň, erwiesen sich bei näherer Analyse nur als schwach windende Pflanzen und nicht als echte Buschbohnen mit begrenztem Wachstum der Hauptachse. Alle Sammelnummern setzten sich aus verschiedenen Blüten- und Samenfarbvarianten zusammen, dabei fällt der hohe Anteil oder das Vorherrschen der zweifarbigen var. *bicolor* in allen Proben auf, die sich durch hellrote bis rote Fahnen, weißliche, rot bis rosa gestreifte Flügel und meist hellrote, an der Spitze dunklere Schiffchen auszeichnet. Das Dominieren dieses Blütentyps in den Sammelnummern entspricht den Feldbeobachtungen, wo diese Variante stets ebenfalls neben der einfarbig-roten auffiel (übrigens auch 1975 im Pieninen-Gebirge). Im Gegensatz zu der autogamen *Ph. vulgaris* spalteten bei der allogamen *Ph. coccineus* im Nachbau die nach Samenform und -farbe getrennten Linien vielfach auf (etwa zur Hälfte), wobei im Nachbau dieser Isolate meist auch die anderen Samentypen der Originalnummer auftraten; es dürfte also noch ein mehrfacher Anbau not-

Abb. 15 Die Sammelnummer 91 (a–g) von Dolné Mladunice ist die einzige Bohnenprobe, in der *Ph. coccineus* im Anteil *Ph. vulgaris* (nur durch einen Samen unten rechts, g, vertreten) weit übertraf; von *Ph. coccineus* sind alle der 5 Samenfarbvarianten vorhanden, allerdings sind die violettsamigen Typen der var. *coccineus* (oben links, a, b) von denen der var. *bicolor* (s. Text, oben rechts, d, unten links, e) auf dem Schwarzweiß-Foto nicht unterscheidbar, der einfarbig-dunkle Samen der unteren Reihe (f) ergab im Nachbau einheitlich Samen des Typs 91d

wendig werden, um zu einheitlichen Beständen zu kommen. Die Samengröße war in vielen Fällen im Nachbau gegenüber der Originalprobe erhöht, die TKM schwankten zwischen 1000 und 1100 g, nur Nr. 91e wies eine deutlich niedrigere TKM von 850 g auf.

Der bekannte Zusammenhang zwischen Blütenfarbe und Samenfärbung bestätigte sich an dem slowakischen Material. Die weißblütige var. *albiflorus* besitzt rein-weiße Samen, die gleichmäßig intensiv-rot gefärbte var. *coccineus* besitzt Samen mit einer violett-rosa Grundfarbe, auf der entweder eine zerstreute schwarzviolette Fleckung oder eine stark ausgeprägte, insbesondere um die Nabelzone herum zu einer ± einheitlich schwarz-violetten Zone verlaufene Zeichnung vorhanden ist. Beide Samenfarbtypen sind (im Gegensatz zur selteneren var. *albiflorus*) in allen oben aufgeführten Sammelnummern vertreten. Die zweifarbige var. *bicolor* hat Samen mit einem beigefarbenen Grundton, auf dem wiederum entweder eine spärliche, dunkelbraune Zeichnung (Nr. 25p, 60l, 76r z. T., 91e) oder eine wie bei dem violetten Typ beschriebene starke dunkelbraune „Sattelfleckung" ausgeprägt ist (Nr. 60g, 76r z. T., 76s, 91d u. f).

In ihrer Spätreife unterscheiden sich die slowakischen Herkünfte in keiner Weise von den im deutschen Raum kultivierten Formen dieser Art.

Rutaceae

Ruta graveolens L. var. *vulgaris* WILLK.
Málinec-Hámor (Herb. nr. 166), auch in Hausgärten von Ostrý Grúň beobachtet; das Herbarmaterial stammt aus einem an den verschiedensten Heilpflanzen reichen Hausgarten in der für die Art beachtlichen Höhenlage von etwa 500 m.

Malvaceae

Malva crispa L.
Málinec-Hámor (Herb.nr. 167), zusammen mit der vorigen Art als Heilpflanze angebaut; sonst während der Reise nicht beobachtet, dagegen in den grenznahen polnischen Pieninen-Dörfern regelmäßig in den Hausgärten angebaut.

Cucurbitaceae

Cucumis sativus L.
Nová Baňa (Nr. 27).
Der Gurkenanbau spielt in den Gemüsegärten des bereisten Gebietes keine große Rolle. Bei der gesammelten Nummer handelt es sich um eine hinsichtlich der

Blatt- und Fruchtmerkmale relativ einheitliche Herkunft, die mittelgroßen Früchte sind walzlich mit einer geringen Verschmälerung zum Stielansatz hin; zur Zeit der Samenreife sind sie hell-bronzefarben.

Cucurbita pepo L.
convar. *giromontiina* GREB.:
Nová Baňa (Nr. 36);
convar. *pepo*:
Ostrý Grúň (Nr. 66).

Kürbisse fielen nur im Süden des Untersuchungsgebietes als regelmäßige Bestandteile der Gemüsegärten auf, sie wurden meist in Form von wenigen Einzelpflanzen am Rand von Gemüseparzellen gezogen. Busch- und Rankenkürbisse wuchsen oft nebeneinander, so z. B. in Nová Baňa: Nr. 36 stellt einen buschförmigen Gemüsekürbis, eine mittelgroße bis große Cocozelle, dar, die beim Nachbau in Blattform und Fruchtfarbe etwas variierte; vom begleitenden Rankenkürbis konnte wegen mangelnder Ausbildung des Saatguts kein Nachbau erfolgen. Nr. 66 ist ein langtriebiger Rankenkürbis mit starker Verzweigung, deutlich gelappten (nicht wie bei Nr. 36 nur wenig eingeschnittenen) Blättern und mittelgroßen, leuchtend-orangefarbenen, in der Form etwas variierenden, im allgemeinen breit-walzlichen Früchten; seine Samen sind größer als die von Nr. 36 (24 resp. 16–17 mm lang).

Umbelliferae

Angelica archangelica L.
ssp. *archangelica* var. *sativa* (MILL.) RIKLI:
Málinec-Hámor bei Málinec (Nr. 137).

Während der Reise wurde diese Art nur an dem angegebenen Ort in dem Gemüsegarten eines in ca. 450 m Höhe gelegenen Einzelhofes (zusammen mit einem reichen Sortiment verschiedener Heil- und Gewürzpflanzen) gefunden. Die Früchte wurden von der Bäuerin als Gurkengewürz benutzt. Die Teilfrüchte zeichneten sich durch ungewöhnliche Größe (9–10, 5×5–6 mm) aus. Ein Nachbau mißlang 1975 wegen mangelnder Keimkraft des Saatguts.

Levisticum officinale KOCH

Nur einmal nördlich Klubina in einem Gemüsegarten gefunden, hier als Würzpflanze genutzt, die frischen, gehackten Blätter zu Eierspeisen und Suppen beigefügt.

Peucedanum ostruthium (L.) KOCH

In den Mährisch-Schlesischen Beskiden in Hrčava in Bauerngärten gepflanzt, als Mittel gegen eiternde Wunden verwendet.

Pastinaca sativa L.
ssp. *sativa* var. *sativa*:
SW-Rand des Orava-Stausees (Nr. 246).

Pastinakenanbau war während der Unternehmung selten und nur in den gebirgigen Lagen anzutreffen. Abgesehen von der angegebenen Nummer, die aus dem Hausgarten der Försterei der Oravská Magura stammte, konnte diese Art auch bei Gehöften von Močiar, Lokca (Orava-Stausee) und Sobotiště angetroffen werden. Die wenigen, im ersten Jahr noch nicht zur Blüte gelangten Pflanzen des Nachbaues erlauben noch keine Beurteilung der Rübe.

Labiatae

Mentha×*gentilis* L.
Ostrý Grúň (Herb.nr. 104), in einem abseits der Höfe gelegenen Gemüsegarten in Form einer kleinen Parzelle angebaut.

M. spicata L.
SW-Rand des Orava-Stausees (Herb.nr. 176), in dem Garten der dortigen Försterei als Arzneipflanze kultiviert.

Satureja hortensis L.
Nová Baňa, Ortsteil Morac Dolina (Herb.nr. 60), im Hausgarten eines Einzelhofes als Gewürzpflanze kultiviert.

Nepeta pannonica L.
Močiar (Herb.nr. 182), in dem Hausgarten eines Einzelgehöfts als Heilpflanze kultiviert.

Nepeta cataria L.
Dolné Mladunice sw Senohrad (Nr. 93, Herb.nr. 115; Form mit weißlichen, rotgezeichneten Blüten). – In einem Hausgarten gesammelt, dort als Heil- und Gewürzpflanze kultiviert; das Kraut wurde zum Würzen von Eierspeisen verwendet. In Kultur auch in Klubina beobachtet.

Valerianaceae

Valeriana officinalis L. s. l.
In dem mehrfach erwähnten Hausgarten in Málinec-Hámor als kultivierte Heilpflanze beobachtet.

Compositae

Inula helenium L.
Močiar (Herb.nr. 183), als Relikt früherer Kultur im Hofgelände eines Weilers angetroffen, heute nicht mehr genutzt.

Chrysanthemum balsamita L.
Málinec-Hámor (Herb.nr. 164), Močiar (Herb.nr. 181), an den genannten Orten je einmal als Heilpflanze angebaut vorgefunden.

Artemisia abrotanum L.
Málinec-Hámor (Herb.nr. 165), ebenfalls aus dem genannten Hausgarten von P. Šatarova stammend, in den gebirgigen Gebieten der Slowakei und des benachbarten Polens vielleicht noch öfter gepflanzt, im Pieninen-Gebirge 1975 mehrfach beobachtet.

Carthamus tinctorius L.
var. *inermis* SCHWEINF.:
Sobotiště (Nr. 16); bei Ratková (Herb. nr. 203).

Ein Safloranbau konnte nur an den beiden angegebenen Orten nachgewiesen werden; die Kultur erfolgte in Form einzelner Pflanzen in einem Obstgarten (Nr. 16) oder als einzelne Pflanzreihen am Rande von Gemüseparzellen. In beiden Fällen handelt es sich um kräftig orange-rot blühende Typen, Nr. 16 hat breitelliptische bis obovate, vorn abgerundete Involukralblätter und ± ganzrandige, vorn spitzliche obere Stengelblätter, während Herb.nr. 203 zwar auch zur stachellosen var. *inermis* gehört, aber lanzettlich-ovale, dornig-zugespitzte Involukral- und ebensolche, am Rande schwach gezähnte Stengelblätter besitzt. Die Pflanzen werden des Blütenfarbstoffs wegen kultiviert, der zum Färben von Speisen verwendet wird.

Im Nachbau erwies sich Nr. 16 im Vergleich zu den anderen Formen der Art von unterschiedlicher geographischer Herkunft als spätblühender und relativ spätreifer Typ.

Lactuca serriola TORNER
Lučenec, Ruderalstellen am Straßenrand (Nr. 115, Saatgut nicht keimfähig); auch sonst im Gebiet in den niederen Lagen häufig und oft in unmittelbarer Nähe von Samenträger-Pflanzen von *L. sativa*!

Lactuca virosa L.
Nová Baňa, ruderale Vegetation an einem Bachrand (Herb.nr. 29), Form mit fiederteiligen Stengelblättern.

Lactuca saligna L.
Dolná Strehová-Prieloh, Wegränder im Dorf (Herb.nr. 141); auch sonst gelegentlich in wärmebegünstigten Bezirken.

Lactuca sativa L.
var. *crispa* L.:
Nr. 31 b u. 35 b (Nová Baňa), 120 (Dolná Strehová-Prieloh)

var. *capitata* L. nidus *tenerrima* HELM (Buttersalat):
Nr. 31 a u. 35 a (Nová Baňa), 98 a (Stará Huta), 130 a u. b (Točnica), 162 (Ratková)

var. *capitata* L. nidus *jaggeri* HELM (Krachsalat):
Nr. 99a (Stará Huta) (vgl. HELM 1954)

Salat wird überall im bereisten Gebiet in den Gärten auf kleinen Parzellen oder zu wenigen Pflanzen gezogen, nur in den höheren Lagen ist er nicht mehr anzutreffen (nur selten über 500 m). Der nutzungsreife Zustand dieser Salate konnte erst im Nachbau beurteilt werden, da zur Zeit der Reise sich die Pflanzen bereits im blühenden und fruchtenden Zustand befanden. Die Mehrzahl der Aufsammlungen stellten Gemische verschiedener Typen dar (Abb. 16). Mitunter bestanden sie zu etwa den gleichen Teilen aus Schnitt- und Kopfsalaten (var. *crispa* und var. *capitata*, Nr. 31, 35); in einem Falle (Nr. 99) setzten sie sich

Abb. 16 *Lactuca sativa* von Nová Baňa (Nr. 31); die Saatgutprobe ergab im Nachbau eine Mischung von var. *crispa* (obere Reihe) und mehreren, in Blattfärbung und Blattstruktur unterschiedenen Formen des Kopfsalats, var. *capitata*

größtenteils aus Krachsalat mit einer geringen Beimischung eines weiteren, wegen mangelnder Keimfähigkeit des Saatguts unbekannt gebliebenen Typs zusammen; z. T. handelte es sich um Mischproben verschiedener Kopf (Butter)-salat-Formen, die sich hinsichtlich Blattfarbe (z. T. rötlich überlaufen), Blattrand, Welligkeit der Blätter u. a. unterschieden. Einige Nummern erwiesen sich im Nachbau als relativ einheitliche Bestände (98, 120). Ein Kopfsalat zeichnete sich durch auffallend geringe Höhe der geschoßten Sprosse aus (60 cm, Nr. 98). Bereits an den Pflanzen im slowakischen Anbaugebiet wurde beobachtet, daß die Stengelblätter sich oft durch Vertikalstellung kennzeichnen, das konnte an den meisten Nummern im Nachbau bestätigt werden (31, 35, 120, 130, 162); vielleicht drückt sich in diesem Merkmal die Abstammung von *Lactuca serriola* aus, es könnte sich dabei aber auch um rezente Merkmalsintrogressionen aus dieser Art, die vielfach in unmittelbarer Nachbarschaft der Gärten als Ruderalpflanze auftritt, handeln.

In dem Saatgut konnte häufig eine Mischung aus rein silberig-weißen und gefleckten graubraunen Achänen festgestellt werden, im Anbau erwiesen sich die weißen Achänen stets als var. *capitata*, die graubraunen mit einer Ausnahme (Nr. 130a, var. *capitata*) als var. *crispa*. Die Pflanzen des Gaterslebener Anbaues waren gesund und normal entwickelt und scheinen in der Produktivität den mitteleuropäischen Formen zu entsprechen.

Zusammenfassung

Das während einer Reise in die ČSSR, über die kurz bereits früher berichtet wurde (Hanelt u. Hammer 1975), gesammelte Kulturpflanzenmaterial wurde an Hand der Originalproben und der Prüfung des Nachbaues botanisch ausgewertet. Es handelt sich dabei überwiegend um autochthone Landsorten-Populationen, die vielfach eine äußerst variable Zusammensetzung zeigen und deren Anbau rapide zurückgeht. An Primitivformen oder Reliktkultur-Sippen verdienen besondere Erwähnung *Triticum dicoccon, Avena nuda*, nacktkörniges *Hordeum vulgare, Secale cereale* var. *multicaule*, kleinfrüchtige Schüttmohne (*Papaver somniferum*), *Cicer arietinum, Lathyrus sativus* und *Carthamus tinctorius*. Weitere besondere indigene Formen waren auch in den Populationen von *Triticum aestivum, Hordeum vulgare, Secale cereale, Avena sativa, Brassica oleracea, Papaver somniferum, Pisum sativum, Phaseolus* spp., *Vicia faba* und *Lactuca sativa* festzustellen. Ferner wird das Material durch eine beträchtliche Zahl von Arznei-, Gewürzpflanzen und Küchenkräutern charakterisiert. Vor allem die gebirgigen Teile der Slowakei erwiesen sich als bedeutendes Erhaltungsgebiet autochthoner Kulturpflanzensippen, die auch von züchterischem Wert sein dürften.

Summary

Botanical results of a trip to ČSSR 1974 for the collection of indigenous land races of cultivated plants

The material of a collection trip to Moravia and Slovakia, already having been dealt with shortly earlier (HANELT and HAMMER 1975), has been analyzed botanically by studying the original samples as well as their progenies grown up in 1975. The material represents indigenous land races mostly which are often very variable phenotypically; their area of cultivation decreases very rapidly. Primitive types or relic cultigens especially worth mentioning are *Triticum dicoccon, Avena nuda, Hordeum vulgare* with naked grains, *Secale cereale* var. *multicaule, Papaver somniferum* with small shattering capsules, *Cicer arietinum, Lathyrus sativus* and *Carthamus tinctorius.*

Further distinct local types could be observed within the populations of *Triticum aestivum, Hordeum vulgare, Secale cereale, Avena sativa, Brassica oleracea, Papaver somniferum, Pisum sativum, Phaseolus* spp., *Vicia faba* and *Lactuca sativa.* The collection is characterized by a considerable number of medicinal and spice plants too. The mountaineous areas of Slovakia can be recognized as an important refugial region for indigenous taxa of many cultivated plants which may be also interesting for breeding purposes.

Краткое содержание

Ботанические результаты экспедиции в ЧССР 1974 г. для сборов автохтонных местных сортов культурных растений

Обработка материала культурных растений, собранных экспедицией в Моравию и Словакию, о которой вкратце уже сообщалось (ХАНЕЛЬТ и ХАММЕР, 1975), после пересмотра оригинальных образцов, высева в поле и проч. дала следующие результаты. В большинстве случаев образцы происходят из автохтонных популяций местных сортов, часто очень пестрого состава, возделывание которых доживает свои последние годы. Среди примитивных форм или форм реликтовой культуры особого упоминания заслуживают: *Triticum dicoccon*, *Avena nuda*, голозерный *Hordeum vulgare*, *Secale cereale* var. *multicaule*, мелкоплодный, с раскрывающейся коробочкой *Papaver somniferum*, *Cicer arietinum*, *Lathyrus sativus*, *Carthamus tinctorius*. Особенные местные формы нашлись и в попульяциях *Triticum aestivum*, *Hordeum vulgare*, *Secale cereale*, *Avena sativa*, *Brassica oleracea*, *Papaver somniferum*, *Pisum sativum*, *Phaseolus* spp., *Vicia faba*, *Lactuca sativa*. Кроме того в материале находится большое число лекарственных, пряных и растений для кухонной зелени. Значительной областью резервации автохтонных форм культурных растений, которые могут иметь селекционную ценность, оказалась, главным образом, гористая часть Словакии.

Den Mitarbeitern des Kulturpflanzenweltsortiments in Gatersleben, insbesondere B. Fouquet, B. Kohl, H. Lehmann, H. Nultsch, Chr. Schmidt, H. Selbig, K. Köhler und K. Matthias sind wir für die Anzucht, Pflege und Aufarbeitung des Pflanzenmaterials sowie gleichzeitig für die Mitarbeit bei der Varietäten-Bestimmung sehr dankbar. Dipl. agr. J. Weiss stellte Bonituren der Kopfkohlsippen zur Verfügung. Die Anfertigung der Fotos verdanken wir der bewährten Arbeit von G. Terpe und I. Kuntze.

Literatur

Danert, S., 1958: Zur Systematik von *Papaver somniferum* L. – Kulturpflanze *6*, 61–88.

Freisleben, R., 1940: Die Gersten und Weizen der Deutschen Hindukusch-Expedition 1935. – Angew. Botanik *22*, 105–132.

Grebenščikov, I., 1949: Zur morphologisch-systematischen Einteilung von *Zea mays* L. unter besonderer Berücksichtigung der südbalkanischen Formen. – Züchter *19*, 302–311.

Hanelt, P., 1972: Die infraspezifische Variabilität von *Vicia faba* L. und ihre Gliederung. – Kulturpflanze *20*, 75–128.

Hanelt, P., und K. Hammer, 1975: Bericht über eine Reise nach Ostmähren und der Slowakei 1974 zur Sammlung autochthoner Sippen von Kulturpflanzen. – Kulturpflanze *23*, 207–215.

Helm, J., 1954: *Lactuca sativa* L. in morphologisch-systematischer Sicht. – Kulturpflanze *2*, 72–129.

– 1963: Morphologisch-taxonomische Gliederung der Kultursippen von *Brassica oleracea* L. – Kulturpflanze *11*, 92–210.

Kühn, F., 1960: Vývoj našich obilnin podle archeologických nálezů. – Scripta medica *1960*, 283–285.

– 1968: Planá řepice (*Brassica rapa* L. subsp. *sylvestris* (Lam.) Janchen) dosud přehlíženy plevel. – Zprávy čs. bot. spolešn. *III*, 3, 108–109.

– 1970: Das Ausklingen der Emmerkultur in der Tschechoslowakei. – Acta Univ. Agric., fac. agron. *18*, 4, 587–594.

– 1972: Hafer in den westlichen Karpaten. – Acta Univ. Agric., fac. agron. *20*, 3, 355–362.

– 1974: Genové zdroje místních plodin v Československu. – In: Genetické zdroje v šlechtěni rostlin, 685–694. – Praha.

Lehmann, Chr. O., 1954: Das morphologische System der Saaterbsen (*Pisum sativum* L. sens. lat. Gov. ssp. *sativum*). – Züchter *24*, 11/12, 316–337.

Lewicka, A., 1972: Brandwirtschaft und Brandrodung im 19. und 20. Jahrhundert in den Polnischen Karpaten. – In: I. Balassa (Herausgeber), Getreidebau in Ost- und Mitteleuropa, 119–142. – Budapest.

Maesen, L. G. van der, 1972: *Cicer* L., a monograph of the genus with special reference to the chickpea (*Cicer arietinum* L.) its ecology and cultivation. – Meded. Landbouwhogesch. Wageningen *72*, 10, 342 pp.

Mansfeld, R., 1950: Das morphologische System der Saatgerste, *Hordeum vulgare* L. s. l. – Züchter *20*, 8–24.

Mansfeld, R., 1951: Das morphologische System des Saatweizens, *Triticum aestivum* L. s. l. – Züchter *21*, 41–60.
Mordvinkina, A. I., 1936: Oves. – *Avena* (Tourn.) L. – In: Kul'turnaja Flora SSSR *II*, 333–436. – Moskva-Leningrad.
Muratova, V. S., 1937: *Vicia* L. – Vika. – In: Kul'turnaja Flora SSSR *IV*, 75–124. – Moskva-Leningrad.
Orlov, A. A., 1936: Jačmen'. – *Hordeum* L. – In: Kul'turnaja Flora SSSR *II*, 97–332. – Moskva-Leningrad.
Podolák, J., 1972: Alte Brandrodungsverfahren und Brandwirtschaft in der Slowakei. – In: I. Balassa (Herausgeber), Getreidebau in Ost- und Mitteleuropa, 143–177. – Budapest.
Popova, G. M., 1937: *Cicer* (Tourn.) L. – Nut. – In: Kul'turnaja Flora SSSR *IV*, 25–71. – Moskva-Leningrad.
Sawicki, J., 1974: Ocena produktywności rodów jęczmienia jarego przy dwu poziomach nawożenia mineralnego. – Acta agraria et silvestria (series agraria) *14*, 89–112.
Vavilov, N. I., 1964: Mirovye resursy chlebnych zlakov – pšenica. – Moskva.
Zalkind, F. L., 1937: *Lathyrus* L. – Čina. – In: Kul'turnaja Flora SSSR *IV*, 171–227. – Moskva-Leningrad.

Anhang

Original-Liste des während der Reise zum Studium von Landsorten in verschiedene Gebiete von Mähren und der Slowakei gesammelten Saatgut-Materials

Hrubá Vrbka, Weiße Karpaten, 31. 7. 74

1 *Avena fatua*, Unkraut aus einem Gerstenfeld
2 *Avena sativa*, Beimengung in einem Gerstenfeld
3 *Hordeum vulgare distichon*
4 *Hordeum vulgare distichon* (3 u. 4 – zwei benachbarte Schläge)
5 *Avena fatua* evtl. *meridionale*, Unkraut im Gerstenfeld

Sobotiště, Weiße Karpaten, 31. 7. 74

6 *Triticum dicoccon*, Beimischung eines Haferfeldes
7 *Triticum dicoccon*, aus einer Strohscheune im W-Teil des Ortes ausgelesen
8 *Secale cereale*, Landsorte
9 *Hordeum vulgare distichon*, langährige Form aus einem Gerstenfeld
10 *Vicia angustifolia segetalis*, Unkraut in einem Weizenfeld im W-Teil des Dorfes
11 *Avena fatua*, intermediäre Form zu *A. sativa*, aus einem Haferfeld des Bauern P. Šiška
12 *Avena sativa*, Hauptkultur des Feldes von Nr. 11
13 *Avena sativa*, hellbraun u. bereifte Ährchen, aus dem Feld von Nr. 12
14 *Avena fatua*, Unkraut im Feld von Nr. 12
15 *Avena sativa*, aus dem Saatgutvorrat von P. Šiška, Sobotiště no. 22
16 *Carthamus tinctorius*, aus dem Saatgutvorrat von P. Šiška
17 *Avena fatua glabrata*, Unkraut
18 *Pisum sativum commune* (als Trockenspeiseerbse genutzt), aus dem Saatgutvorrat von P. Šiška, vgl. oben
19 *Pisum sativum commune* (Futtererbse), aus dem Saatgutvorrat von P. Šiška, vgl. oben

20 *Lathyrus sativus*, aus dem Saatgutvorrat von T. Vráblic, Sobotiště-Hradištná no. 150
21 *Phaseolus vulgaris*, gelbsamig, aus dem Saatgutvorrat von T. Vráblic
22 *Phaseolus vulgaris*, weißsamig, Trockenspeisebohne, aus dem Saatgutvorrat von T. Vráblic
23 *Phaseolus vulgaris*, aus dem Saatgutvorrat von T. Vráblic
24 *Vicia faba*, als Gemüseform gebaut, aus einem Garten von K. Hárbanec, Sobotiště no. 217

Nová Baňa, 1. 8. 74 (ab Nr. 48 – 2. 8. 74)

25 *Phaseolus*-Mischprobe (zusammen in Hausgärten kultiviert), aus dem Saatgutvorrat von L. Tušinský, Nová Baňa no. 244
26 *Papaver somniferum*, aus dem Garten von L. Tušinský
27 *Cucumis sativus*, aus Saatgutvorrat von L. Tušinský
28 *Pisum sativum saccharatum*, aus Saatgutvorrat von L. Tušinský
29 *Allium cepa*, aus Saatgutvorrat von L. Tušinský
30 *Pisum sativum*, Gemüsegarten von A. Buri, Nová Baňa no. 246
31 *Lactuca sativa*, aus Saatgutvorrat von A. Buri
32 *Pisum sativum*, weißblütig, großkörnig, aus Gemüsegarten von A. Buri
33 *Vicia faba minor*, Gemüsegarten von A. Buri
34 *Pisum sativum*, großkörnig, weißblütig, Garten von A. Buri
35 *Lactuca sativa*, aus Saatgutvorrat von A. Bartoš, Nová Baňa – Štále no. 245
36 *Cucurbita pepo*, Buschtyp, aus Saatgutvorrat von A. Bartoš
37 *Cucurbita pepo*, rankend, Saatgutvorrat von A. Bartoš
38 *Pisum sativum saccharatum*, rotblütig, Gemüsegarten von L. Štrbová, Nová Baňa no. 252
39 *Vicia faba faba*, als Gemüse kultiviert (zus. m. Erbsen), Gemüsegarten von L. Štrbová
40 *Pisum sativum medullare*, niedrig, weißblütig, Gemüsegarten von L. Štrbová
41 *Delphinium ajacis*, Zierpflanze, Garten der L. Štrbová
42 *Papaver somniferum*, fl. pl., Schüttmohn, Zierform, Garten der L. Štrbová
43 *Bromus* sp., Ruderalplätze am Staudamm
44 *Pisum sativum saccharatum*, Gemüsegarten von M. Palatinusová, Nová Baňa-Horné Hamre no. 227
45 *Pisum sativum saccharatum*, rotblütig, Gemüsegarten von J. Osladič, Nová Baňa-Morac Dolina no. 315
46 *Triticum aestivum*, Gemisch mehrerer Felder, Nová Baňa – Horné Hamre
47 *Brassica oleracea gemmifera*, Gemüsegarten von L. Štrbová, vgl. oben, Samenträger
48 *Secale cereale*, gedrungene Ähren, aus einem *Secale-Triticum*-Mischbestand, Nová Baňa-Horné Hamre
49 *Secale cereale*, Normaltyp, Feld wie Nr. 48
50 *Triticum aestivum*, Feld wie Nr. 48
51 *Triticum aestivum*, Weizenfeld von M. Palatinusová, vgl. oben
52 *Papaver somniferum*, Garten des J. Osladič, vgl. oben

Ostrý Grúň, Vtáčník-Gebirge, 2. 8. 74

53 *Papaver somniferum*, niedrig, frühreif, östl. des Ortes
54 *Triticum aestivum*, Population, u. a. m. var. *milturum*, östl. des Ortes, Hanglagen
55 *Avena sativa*, östl. des Ortes, Hanglage
56 *Avena sativa*, frühreif, östl. des Ortes, Hanglage

57 *Hordeum vulgare distichon*, östl. des Ortes, Hanglage
58 *Hordeum vulgare distichon*, z. T. dunkle Ähren, sonst wie vor
59 *Triticum aestivum*, frühreif (bereits gemäht), östl. des Ortes, Hanglage
60 *Phaseolus coccineus*, Population, Saatgutvorrat von M. Repická, Ostrý Grúň no. 110
61 *Phaseolus vulgaris*, Saatgutvorrat von M. Repická
62 *Pisum sativum speciosum*, Trockenspeiseerbse, Saatgutvorrat von M. Repická
63 *Hordeum vulgare distichon* mit Beimengung von etwas Weizen, Saatgutvorrat von M. Repická
64 *Hordeum vulgare distichon*, dunkle Spelzen, oberes Ende des Ortes
65 *Hordeum vulgare distichon*, dunkle Spelzen, oberes Ende des Ortes
66 *Cucurbita pepo*, großsamig, Saatgutvorrat von M. Repická, vgl. oben
67 *Secale cereale*, So-Form, Talgrund des Ortes
68 *Secale cereale*, So-Form, mit Beimengung von Gerste und Weizen, Feld bei 540 m
69 *Triticum aestivum*, aus dem Feld von Nr. 68
70 *Hordeum vulgare*, aus dem Feld von Nr. 68
71 *Secale cereale*, Einzelpflanzen aus einem Weizenfeld m. gutem Ansatz, Talgrund des Ortes
72 *Triticum aestivum*, So-Form, mit Beimengungen von Gerste und Roggen
73 *Secale cereale*, So-Form, Feld in 570 m Höhe
74 *Hordeum vulgare distichon*, Feld in 580 m Höhe (höchstgelegener Acker des Dorfes!)
75 *Pisum sativum*, großhülsig, mit Pergamentschicht, rotblütig, Gemüsefeld von A. Debnár, Ostrý Grúň no. 161
76 *Phaseolus-Vicia-Pisum*-Mischung, Saatgutvorrat von A. Debnár
77 *Spinacia oleracea inermis*, Gemüsefeld des A. Debnár

Östlich Žarnovica, 3. 8. 74

78 *Hordeum vulgare distichon*, vielkörnige *nutans*-Form, aus Gerstenfeld ausgelesen
79 *Hordeum vulgare distichon*, aufrechte Ähren mit lückigem Ansatz, wie vor
80 *Triticum aestivum*, So-Form, aus einem Gerstenfeld ausgelesen
81 *Lolium multiflorum*, Unkraut im Gerstenfeld
86 *Pisum sativum*, aus abgeernteten Erbsengarben entnommen

Štiavnické-Gebirge östl. Banská Štiavnica, 3. 8. 74

82 *Hordeum vulgare distichon*, hochgelegener Acker bei ca. 700 m, (Feld des P. Těrem, Banská Štiavnica no. 295)
83 *Pisum sativum*, hell- u. großkörnig, Saatgutvorrat des P. Těrem
84 *Pisum sativum*, dunkel- und hellsamige Gemüseformen, Saatgutvorrat des P. Těrem

Östlich Prenčov, 3. 8. 74

85 *Beta vulgaris*, Rüben-Samenträger, Gemüsefeld entlang der Hauptstraße

Dolné Mladunice südwestl. Senohrad, 3. 8. 74

87 *Lathyrus sativus*, einem kleinen Feldstück entnommen
88 *Lathyrus sativus*, Saatgutvorrat von M. Kapec, Dolné Mladunice no. 404
89 *Lathyrus sativus*, aus dem Saatgutvorrat von M. Matějková, Dolné Mladunice no. 20 (großkörnige Form)

90 *Phaseolus vulgaris*, Wachsbohne ohne Fäden, Saatgutvorrat von M. Matějková
91 *Phaseolus coccineus* mit etwas *Ph. vulgaris*, Saatgutvorrat von M. Matějková
92 *Cicer arietinum*, Population, Saatgutvorrat von E. Ferancová, Dolné Mladunice no. 33
93 *Nepeta cataria*, aus einem Hausgarten, gebaut als Heil- und Würzpflanze f. Eierspeisen

Slatinské Lazy, 4. 8. 74

94 *Triticum aestivum* und *Secale cereale*, aus einem Weizenfeld m. Beimischung von Roggen

Zwischen Slatinské Lazy und Stará Huta, 4. 8. 74

95 *Triticum aestivum*, Wi-Form, Feld auf dem Berg oberhalb der Straße
96 *Avena sativa* u. *Hordeum vulgare*, Mischfeld beider Kulturen, wie vor
101 *Secale cereale*, So-Form, Feld auf dem Berg, wie vor

Stará Huta, 4. 8. 74

97 *Pisum sativum*, Gemüsegarten des J. Gonda, Stará Huta no. 46
98 *Lactuca sativa*, Saatgutvorrat von A. Zachynská, Stará Huta no. 37
99 *Lactuca sativa*, nicht-kopfbildend, Saatgutvorrat von K. Zachynská, Stará Huta no. 34
100 *Cicer arietinum*, Saatgutvorrat von A. Zachynská, vgl. oben

Tisovské Lazy, 4. 8. 74

102 *Secale cereale*, So-Form?, Feld oberhalb des Ortes
103 *Papaver somniferum*, Saatgutvorrat von J. Beňo, Tisovské Lazy no. 162
104 *Triticum dicoccon*, Saatgutvorrat von J. Beňo
105 *Triticum dicoccon*, Saatgutvorrat von M. Štěváková, Tisovské Lazy no. 159
106 *Lathyrus sativus* (mit etwas *Pisum sativum*), Saatgutvorrat von M. Štěváková
107 *Pisum sativum speciosum* (als Trockenspeiseerbse genutzt), Saatgutvorrat von M. Štěváková
108 *Pisum sativum medullare*, weißblütig, hellkörnig, Saatgutvorrat von A. Čiesková, Tisovské Lazy no. 161
109 *Triticum aestivum*, So-Form, Feld oberhalb des Ortes
110 *Phaseolus vulgaris*, Population, Saatgutvorrat von M. Koreňová, Tisovské Lazy no. 165
111 *Triticum aestivum*, So-Form, Feld oberhalb des Ortes
112 *Hordeum vulgare distichon* m. *Secale* (So-Form), *Avena fatua*, *A. sativa*, aus einem Gerstenfeld oberhalb des Ortes

Horný Tisovnik (Ortsteil Holý Vršok) bei Tisovské Lazy, 4. 8. 74

113 *Pisum sativum saccharatum*, breite Hülsen, aus einem Gemüsegarten
114 *Rumex rugosus*, Gemüsegarten von P. Rajčok, Horný Tisovnik no. 226, als Frisch- und Kochgemüse gebaut

Lučenec, 5. 8. 74

115 *Lactuca serriola*, Ruderalplätze am Straßenrand

Dolná Strehová-Prieloh südwestl. Lučenec, 6. 8. 74

116 *Zea mays vulgare*, Saatgutvorrat von M. Uhrinová
117 *Zea mays dentata*, Saatgutvorrat von J. Mužík, Dolná Strehová- Prieloh no. 8
118 *Zea mays*, Puffmais, Saatgutvorrat von J. Mužík
119 *Beta vulgaris*, Futterrübe, von Samenträgern aus dem Garten von M. Uhrinová abgenommen
120 *Lactuca sativa* (Blätter in N-S-Stellung!), von Samenträgern aus dem Garten von Zachynský, Doln. Strehová-Prieloh no. 12
121 *Pisum sativum commune*, aus dem Gemüsegarten von E. Žilka, Doln. Strehová-Prieloh no. 21
122 *Cicer arietinum*, aus dem Garten von E. Žilka
123 *Pisum sativum commune*, Gemüsegarten der M. Uhrinová
124 *Triticum aestivum-Secale cereale*-Gemisch, von frisch geerntetem Getreidestapel abgenommen
125 *Hordeum vulgare distichon* und *Avena sativa*, vom Feld abgenommen
126 *Phaseolus vulgaris*, Buschbohne, Hülse rotfleckig, am Rand eines Maisfelds kultiviert
127 *Raphanus raphanistrum*, Feldränder
128 *Vicia sativa* s. l., Feldrain
129 *Dorycnium pentaphyllum*, Trockenrasen
247 *Cicer arietinum*, Saatgut der Ernte von 1974, erhalten von J. Mužík, s. o. (Sept. 1974)
248 *Cicer arietinum*, wie vor, im Gemüsegarten von J. Mužík geerntet

Točnica nördl. Lučenec, 6. 8. 74

130 *Lactuca sativa*, Blätter in N-S-Stellung, aus Saatgutvorrat von J. Trstanská, Točnica no. 100
131 *Pisum sativum commune*, Gemüsegarten von J. Trstanská
132 *Cicer arietinum*, Gemüsegarten von J. Trstanská

Cinobaňa nördl. Lučenec, 6. 8. 74

133 *Cicer arietinum*, Hausgarten von O. Chudová, Cinobaňa no. 143

Málinec-Hámor bei Málinec, 6. 8. 74

134 *Brassica oleracea capitata*, hochstrünkige Form, von Samenträgern aus dem Gemüsegarten von P. Satarová abgenommen (Málinec-Hámor no. 32)
135 *Avena sativa*, Feld von P. Satarová, zusammen mit *A. strigosa* kultiviert
136 *Avena strigosa*, aus dem Feld von Nr. 135
137 *Angelica officinalis*, Gemüsegarten von P. Satarová, als Heilpflanze und Würzpflanze gebaut
138 *Papaver somniferum*, Schüttmohn, Blüten rotviolett und rosa, Garten von P. Satarová
139 *Papaver somniferum*, Schließmohn, Feldstück von P. Satarová beim Gehöft
140 *Avena sativa*, Zuchtsorte, Feld der unteren Lagen der Gemarkung
141 *Triticum aestivum*, Feld in ca. 450 m Höhe
142 *Triticum aestivum*, *Secale cereale* u. *Vicia* sp., Mischfeld in 450 m Höhe
143 *Agrostemma githago*, Wi-Form, Unkraut des Feldes von Nr. 142
144 *Hordeum vulgare distichon*, Feld in 460 m Höhe
145 *Triticum aestivum*, Population, Wi-Form, Feld in 480 m Höhe

146 *Avena sativa, A. strigosa, Triticum aestivum, Hordeum vulgare distichon* aus einem Haferfeld nw des Ortes mit den genannten Beimischungen
147 *Triticum aestivum*, Wi-Form, mit Beimischung von *Hordeum vulgare distichon*, Feld in den unteren Lagen
148 *Triticum aestivum*, Feld nördl. des Ortes
149 *Hordeum vulgare distichon* mit *Avena sativa*, Feld nördl. des Ortes
150 *Raphanus raphanistrum*, NW des Ortes als Unkraut in Gerste

Močiar nordwestl. Kokava n. Rimavicou, 7. 8. 74 (südl. Ausläufer des Slowakischen Erzgebirges)

151 *Avena sativa*, Feld bei 700 m Höhe
152 *Avena strigosa*, aus dem Feld von Nr. 151
153 *Avena sativa*, untere Lagen
154 *Avena sativa*, Feld bei 750 m Höhe
155 *Secale cereale*, Wi-Form, Feld bei 760 m Höhe
244 *Avena sativa* mit Beimischung von *A. strigosa*, Feld der Südhänge
245 *Avena sativa* mit Beimischung von *A. strigosa*, Feld des Plateaus
156 *Pisum sativum commune*, mittelhoch, Gemüsebeete zw. Getreide
157 *Anthyllis vulneraria*, Kulturform?, Weiden in 700 m Höhe

Ratková, Südrand des Slowakischen Erzgebirges, 7. 8. 74

158 *Triticum aestivum*, Population, Wi-Form, aus Garben eines abgeernteten Feldes
159 *Pisum sativum commune*, mittelhoch, aus einem Gemüsebeet am Ort
160 *Papaver somniferum*, frühreif, z. T. Schüttmohn, Mohnparzelle
161 *Hordeum vulgare distichon*, vom Feld geerntet
162 *Lactuca sativa*, Saatgutvorrat von J. Kováčová, Ratková no. 43

Muránska Zdychava nördl. Revúca, Slowakisches Erzgebirge, 7. 8. 74

163 *Secale cereale*, Wi-Form, groß- u. mittelkörnige Typen enthaltend, Feld bei 600 m Höhe
164 *Secale cereale*, Wi-Form, klein- und großkörnige Typen, ob *multicaule* enthaltend? Juni-Aussaat versuchen, Feld in 600 m Höhe
165 *Avena sativa*, Feld bei 600 m Höhe
166 *Hordeum vulgare distichon*, Feld bei 600 m Höhe
167 *Avena sativa, A. strigosa, A. fatua, Hordeum vulgare distichon*, aus einem Haferfeld (*A. sativa*) bei 600 m mit den genannten Beimischungen
168 *Secale cereale*, vermutl. So-Form, aus einem Haferfeld bei 650 m
169 *Bromus secalinus*, Unkraut im Roggenfeld von Nr. 163
170 *Agrostemma githago*, So-Form, aus Gerstenfeld bei 650 m Höhe
171 *Hordeum vulgare distichon*, dunkle Spelzen, Feld bei 650 m Höhe
172 *Hordeum vulgare distichon, Secale cereale* (Wi-Form), *Avena sativa*, Mischung verschiedener Felder in 700 m Höhe
173 *Hordeum vulgare distichon*, Feld bei 700 m Höhe

Úhorná, nordöstl. Rožňava, Slowakisches Erzgebirge, 8. 8. 74

174 *Secale cereale*, Wi-Form, klein- und großkörnige Typen, in 920 m Höhe nahe des Ortes
175 *Secale cereale*, So-Form, Feld bei 940 m Höhe
176 *Pisum sativum speciosum*, Beimischung in Sommerroggen, Feld bei 920 m Höhe

Kapušany nordöstl. Prešov, 9. 8. 74

177 *Avena fatua*, hellspelzig, Unkraut
178 *Hordeum vulgare distichon*, sehr niedrige Form, mit *Avena sativa* als Beimischung, Feld auf vernäßtem Boden
179 *Triticum aestivum*, Population, etwas *Secale cereale* als Beimischung, Feld in Ortsnähe
180 *Avena fatua*, Unkraut im Weizenfeld von Nr. 179
181 *Sinapis arvensis*, Unkraut in Gerste
182 *Hordeum vulgare distichon*, Feld in Ortsnähe, Wuchs höher als Nr. 178

Matiaška, ono von Prešov, 9. 8. 74

183 *Triticum aestivum*, Wi-Form, Population, Feld oberhalb des Ortes
184 *Secale cereale*, Wi-Form, Feld oberhalb des Ortes
185 *Triticum aestivum*, Auslese aus Weizenbestand oberhalb des Ortes
186 *Avena sativa*, Feld oberhalb des Ortes
187 *Avena sativa* mit wenig *Hordeum vulgare* als Beimischung, oberhalb des Ortes
188 *Avena sativa*, Population, u. a. mit Schwarzhafer, Feld oberhalb des Ortes
189 *Hordeum vulgare distichon*, dunkle Körner, Feld oberhalb des Ortes
190 *Triticum aestivum* m. *Secale cereale*, *Bromus secalinus*, aus Weizenfeld oberhalb des Ortes
191 *Avena sativa*, Fahnenhafer, aus einem Haferfeld ausgelesen
192 *Avena sativa* m. *Hordeum vulgare distichon* als Beimischung, Haferfeld oberhalb des Ortes
193 *Triticum aestivum*, Population eines Feldes oberhalb des Ortes
194 *Secale cereale*, Wi-Form, oberhalb des Ortes
195 *Triticum aestivum*, oberhalb des Ortes
196 *Triticum aestivum*, oberhalb des Ortes
197 *Triticum aestivum*, oberhalb des Ortes
198 *Triticum aestivum*, Doppelähre, aus einem Feld ausgelesen
199 *Hordeum vulgare distichon* m. *Avena sativa* als Beimischung, aus einem Gerstenfeld oberhalb des Ortes
200 *Hordeum vulgare distichon* mit *Avena fatua* als Unkraut, oberhalb des Ortes
201 *Hordeum vulgare distichon*, Feld oberhalb des Ortes
202 *Avena sativa*, *verunkrautet* m. *Lolium temulentum* und *Agrostemma*, oberhalb des Ortes
203 *Agrostemma githago*, So-Form, aus dem Feld von Nr. 202
204 *Vicia angustifolia angustifolia*, aus Gerste
205 *Papaver somniferum*, rotblütig, violette Kapseln, kleine Parzellen in Gemüsegärten des Ortes
206 *Papaver somniferum*, Schüttmohn enthaltend, Gemüsegarten des Ortes
207 *Papaver somniferum*, schmale Kapseln, Feldstück an der Straße vor dem Ortseingang
208 *Papaver somniferum*, sehr große Kapseln, Gärten in Ortsnähe

Westl. Prešov, 10. 8. 74

209 *Hordeum vulgare distichon*, Feld nahe der Tankstelle

Vážec westl. Svit 10. 8. 74

210 *Hordeum vulgare distichon*, dunklere Körner (als Beimischung Fahnenhafer und Peluschken!), Gerstenfeld nahe der Chaussee

Valaská Dubová, 10. 8. 74

211 *Secale cereale* (langährig) und *Hordeum vulgare distichon*, aus einem Gerstenfeld in Ortsnähe

Horní Stefanov südwestl. des Orava-Stausees, 10. 8. 74

212 *Hordeum vulgare distichon*, schartige Ähren, Gerstenfeld oberhalb des Ortes, ca. 600 m Höhe
213 *Hordeum vulgare distichon breve*, Einzelpflanze aus dem Feld von Nr. 212
214 *Pisum sativum*, Peluschke, als Beimengung im Haferfeld, ca. 600 m

SW-Rand des Orava-Stausees, 11. 8. 74

246 *Pastinaca sativa*, Gemüsegarten der Försterei am Stausee, als Gemüse kultiviert

Breza, südöstl. Vorland der Slowakischen Beskiden, 11. 8. 74

215 *Brassica oleracea capitata*, hochstrünkige Form, von Samenträgern aus einem Hausgarten
216 *Brassica oleracea capitata*, hochstrünkig, aus dem Gemüsegarten von A. Dudašiková, Breza no. 254
217 *Brassica rapa rapa*, Saatgutvorrat von A. Dudašiková
218 *Secale cereale*, Wi-Form, kleines Feld innerhalb eines Grundstücks
219 *Avena sativa* mit *Hordeum vulgare distichon*, aufgelesen im Hof von A. Dudašiková (Hühnerfutter)

Oravská Lesná, Rand der Slowakischen Beskiden, 11. 8. 74

220 *Brassica rapa rapa*, von Samenträgern am Feldrand abgenommen
221 *Hordeum vulgare distichon*, Feld der unteren Lagen
222 *Hordeum vulgare di-* und *tetrastichon*, Mischbestand von 800 m Höhenlage

Klubina, Rand der Slowakischen Beskiden, 11. 8. 74 (Nr. 226–12. 8.)

223 *Pisum sativum speciosum*, aus einem Haferfeld m. reicher Beimischung von Erbsen und *Vicia* sp. bzw. anderen Getreiden
224 *Hordeum vulgare distichon*, aus dem Haferfeld von Nr. 223
225 *Avena sativa* (m. etwas Gerste), Haferfeld von Nr. 223
226 *Hordeum vulgare tetra-* u. *distichon* mit etwas *Avena sativa* u. *Triticum aestivum*, Mischfeld an der Försterei nördl. des Ortes

Hrčava, östl. des Jablunka-Passes, Mährisch-Schlesische Beskiden, 12. 8. 74

227 *Triticum aestivum*, So-Form, Feld in 600 m Höhe
228 *Vicia faba*, Saatgutvorrat von M. Šabranová, Hrčava no. 8

229 *Avena sativa*, Feld in ca. 600 m Höhe
230 *Hordeum vulgare distichon* m. 1 Pflanze v. 4-zeiliger Gerste, Feld in etwa 600 m Höhe
231 *Hordeum vulgare distichon*, Population mit *erectum*-Typen, Feld bei etwa 600 m
232 *Avena sativa*, Feld bei etwa 600 m Höhe

Horní Paseky, Pass der Mährisch-Schlesischen Beskiden nno Rožnov, 13. 8. 74

233 *Hordeum vulgare distichon*, Feld bei 500 m Höhe
234 *Avena sativa* mit Beimischung von Gerste, Feld bei 500 m Höhe

Hutisko Solanec, Vsetínské Vrchy NW Vel. Karlovice, 13. 8. 74

235 *Hordeum vulgare*, Nacktgersten, mit Beimischung von etwas So-Weizen, Saatgutvorrat von F. Zázvorka, Hutisko Solanec no. 129
236 *Secale cereale* mit Beimengungen, Saatgutvorrat von J. Třetina, Hutisko Solanec no. 179
237 *Triticum aestivum*, Wi-Form, Feld in 600 m Höhe
238 *Brassica napus napobrassica*, Schoten von Pflanzen in Gemüsegärten abgenommen
239 *Hordeum vulgare distichon*, nackte Form, Beimengung eines Haferfeldes auf Soláň, ca. 650 m
240 *Secale cereale*, Wi-Form, Feld in 650 m Höhe
241 *Secale cereale*, Doppelähren, aus dem Feld von Nr. 240 ausgelesen
242 *Hordeum vulgare distichon*, Nacktgerste, Feld von A. Valková, Hutisko Solanec no. 165, im Tal
243 *Hordeum vulgare distichon*, *erectum*-Typen aus einem Mischfeld von Gerste und Hafer im Tal des Ortes ausgelesen

Kulturpflanze XXIV · 1976 · S. 349–364

Untersuchungen zur Entwicklung der apomiktischen Fortpflanzungsweise bei Futtergräsern II. Hybrideffekt und Fertilität von Art- und Gattungsbastarden

KURT GRÖBER, FRITZ MATZK und MARTIN ZACHARIAS

(Eingegangen am 7. Februar 1976)

1. Einleitung

In der ersten Mitteilung dieser Reihe (GRÖBER, MATZK, ZACHARIAS 1974) wurden die theoretischen Möglichkeiten zur Entstehung der apomiktischen Fortpflanzungsweise bei sexuellen Futtergräsern erörtert. Aus den vorliegenden genetischen und cytogenetischen Analysen apomiktischer Arten (GUSTAFSSON, 1946; STEBBINS, 1968 u. a.) geht hervor, daß spontane Bastardierungen zwischen verschiedenen Arten bzw. Gattungen als erster wesentlicher Schritt zur Herausbildung der apomiktischen Fortpflanzung angesehen werden müssen. Wahrscheinlich haben sich die mehr oder weniger samensterilen Bastarde mit positivem Selektionswert zunächst vegetativ fortgepflanzt und sind durch weitere Evolutionsschritte, wohl in erster Linie über Gen- und Ploidiemutationen, zur apomiktischen Samenausbildung gelangt. In Abhängigkeit von dem durch Bastardierung entstandenen neuen genetischen Hintergrund, ist die evolutive Entstehung apomiktischer Arten sicherlich unterschiedlich verlaufen. Darauf weisen u. a. die verschiedenen Ploidiestufen unter den Apomikten hin, die von Diploidie bis zu hohen Valenzstufen reichen.

Diese Gesichtspunkte veranlaßten uns, durch Art- und Gattungskreuzungen zwischen verschiedenen *Lolium-* und *Festuca-*Arten ein möglichst umfangreiches Bastardmaterial zu entwickeln, das hinsichtlich der Fertilitätsverhältnisse, des Ploidiegrades, der vegetativen Leistung und anderer Merkmale eine gute Selektionsbasis liefert.

Für die weiteren Arbeiten zur Entwicklung der apomiktischen Fortpflanzungsweise bei sexuellen Futtergräsern sind u. a. genauere Kenntnisse über die Fertilitätsverhältnisse und die vegetative Leistung der Art- und Gattungsbastarde erforderlich.

Die Analyse dieser Merkmalskomplexe ist nicht nur aus genetischer und evolutionistischer Sicht interessant, sondern auch aus methodischen Gründen zur Auswahl geeigneter Bastarde für die Durchführung und Auswertung der vorgesehenen Mutationsversuche.

In dieser Arbeit werden die Ergebnisse der Untersuchungen über die Fertilitätsverhältnisse und die vegetative Leistung von etwa 2000 F_1-Bastarden aus 48 verschiedenen Kreuzungskombinationen mitgeteilt.

2. Material und Methode

Zur Bewertung der vegetativen Leistung wurden die F_1-Bastarde jeweils in 20 Klonteile zerlegt und im Abstand von 10 cm in einer Reihe ausgepflanzt. Damit konnte die mehrjährige Prüfung unter saatähnlichen Bedingungen durchgeführt werden. Die Bonitur der vegetativen Leistung an den verklonten Bastarden wurde in verschiedenen Entwicklungsstadien bzw. Aufwüchsen vorgenommen (Note 1 = höchste vegetative Leistung, Note 9 = schlechteste vegetative Leistung).

Zur Ermittlung der Fertilität wurde von jedem Bastard ein Klonteil getrennt ausgepflanzt. Die Bestimmung des Prozentsatzes der Pollenfertilität erfolgte an einer Pollenprobe aus 20–25 reifen Antheren aus verschiedenen Regionen mehrerer Blütenstände einer Pflanze. Die Qualität der Pollen wurde nach der Karminessigsäure-Methode bestimmt. Die Zuverlässigkeit dieser Methode erwies sich für die erste Bewertung des Materials als ausreichend.

Weitere Aussagen über die Fertilität der F_1-Bastarde ermöglichte die Ermittlung der keimfähigen Karyopsen je Pflanze nach freier Abblüte im Vergleich zu den Ausgangsarten.

3. Ergebnisse

Die in den Tabellen 1–3 zusammengefaßten Ergebnisse der F_1-Bastarde geben Auskunft sowohl über die ermittelten Durchschnittswerte aller Bastarde einer Kombination, als auch über die aufgetretenen Extremwerte, die einen Eindruck von der Variationsbreite der untersuchten Merkmale vermitteln. Da die Anzahl der erzeugten F_1-Bastarde aus den verschiedenen Kombinationen sehr unterschiedlich und dadurch die Aussagekraft der ermittelten Werte nicht gleich ist, wird für jede Kombination auch die Anzahl untersuchter Bastarde angegeben.

Die in drei Prüfjahren ermittelten Werte für die vegetative Leistung der F_1-Bastarde sind aus den Tabellen 1 und 2 ersichtlich. Hinsichtlich der Wüchsigkeit bestehen zwischen den Bastarden der verschiedenen Kombinationen große Unterschiede. Bei genügend hoher Anzahl untersuchter F_1-Bastarde ließ sich aber auch innerhalb der einzelnen Kombinationen eine starke Variabilität der Einzelwerte feststellen. Ebenso traten große Differenzen zwischen den Bastarden der einzelnen Kombinationen in ihrer vegetativen Leistung in den verschiedenen Aufwüchsen bzw. Entwicklungsstadien auf. So zeigten beispielsweise die 25 Bastarde der Kombination *L. perenne* $2n = 14 \times$ *F. arundinacea* $2n = 42$ im 1. Prüfungsjahr eine schnelle Jugendentwicklung und einen guten 1. Aufwuchs, im 2. und 3. Prüfungsjahr waren die Bastarde jedoch relativ schwachwüchsig.

Trotz der z. T. starken Schwankungen zwischen den einzelnen Aufwüchsen erwiesen sich aus etwa 20 interspezifischen Kombinationen die F_1-Bastarde ihren

Abb. 1 Erster Aufwuchs im 2. Nutzungsjahr vom Standard *F. pratensis* 2n = 28 (1. Reihe von links) und von drei F_1-Bastarden der Kombination *F. pratensis* 2n = 14 × *L. multiflorum* 2n = 28 (2.–4. Reihe von links)

Elternarten in der vegetativen Leistung deutlich überlegen. Dies betrifft insbesondere die Bastarde der folgenden Kombinationen:
F. pratensis 2n = 14 bzw. 2n = 28 × *L. multiflorum* 2n = 28 (Abb. 1),
F. pratensis 2n = 28 × *L. hybridum* bzw. *L. perenne* 2n = 28,
L. multiflorum 2n = 14 bzw. 2n = 28 × *F. pratensis* 2n = 28 (Abb. 2)
L. multiflorum 2n = 14 bzw. 2n = 28 × *F. arundinacea* 2n = 42.

Die Bonituren auf Mehltaubefall (*Erysiphe graminis* D. C.) ergaben, daß nur in wenigen Kombinationen einzelne feldresistente F_1-Bastarde vorhanden sind. Die Bastarde der Kombinationen mit *F. pratensis* 2 $\bar{\bar{x}}$ bzw. 4 $\bar{\bar{x}}$ und *F. arundinacea* 6 $\bar{\bar{x}}$ als mütterliche Eltern waren im Durchschnitt weniger von Mehltau befallen als die Ausgangssorten (Tab. 2).

Für die weiteren Untersuchungen sind Kenntnisse über die Fertilität der einzelnen Bastarde von besonderer Bedeutung. Wie aus der Tabelle 3 entnommen werden kann, bestehen zwischen den Bastarden verschiedener interspezifischer Kombinationen große Unterschiede in der Fertilität. Die Durchschnittswerte der Bastarde der verschiedenen Artkombinationen variieren sowohl für „Pollenfertilität“ als auch für „keimfähige Karyopsen je Pflanze“ etwa zwischen 0 und 85%. Ebenso zeigen die Bastarde innerhalb der meisten Kombinationen eine erstaunliche Variabilität, die z. T. von 0–90% reicht. Bei etwa 15 Artkombi-

Abb. 2 Erster Aufwuchs im 2. Nutzungsjahr von zwei F_1-Bastarden der Kombination *L. multiflorum* 2n = 14 × *F. gigantea* 2n = 42 (1. und 2. Reihe von links), vom Standard *L. multiflorum* 2n = 28 (3. Reihe von links, neben Meßlatte) und von zwei F_1-Bastarden der Kombination *L. multiflorum* 2n = 28 × *F. pratensis* 2n = 28 (4. und 5. Reihe von links)

nationen konnte jedoch eine relative Einheitlichkeit zwischen den Artbastarden ermittelt werden, da die F_1-Pflanzen fast ausschließlich voll steril waren.

Die in der Tabelle 3 angeführten Durchschnittswerte, die auf eine größere Anzahl untersuchter Bastarde zurückgehen, stimmen für die einzelnen interspezifischen Kombinationen in den beiden Prüfjahren gut überein. Außerdem ist hier zwischen den Merkmalen „Pollenfertilität" und „keimfähige Karyopsen" eine klare Beziehung zu erkennen. Demgegenüber bestehen bei den ermittelten Einzelwerten große Differenzen zwischen den zwei Prüfjahren und den beiden Merkmalen. Wegen dieser großen Zufallsstreuung der Einzelwerte ist eine sichere Einschätzung der Fertilität bzw. Sterilität von bestimmten F_1-Bastarden nur nach mehrjähriger Prüfung möglich. Dagegen scheint eine allgemeine Beurteilung der Fertilitätsverhältnisse von bestimmten Genomkombinationen bereits durch die Prüfung einer größeren Anzahl von F_1-Pflanzen nach einem Jahr möglich zu sein. Hierfür sind die Werte für „keimfähige Karyopsen je Pflanze" aussagekräftiger als für „Pollenfertilität".

Die höchste Fertilität weisen die tetraploiden F_1-Bastarde auf, die von zwei autotetraploiden Arten abstammen. Die tetraploiden Bastarde aus Kreuzungen zwischen hexaploiden und diploiden Arten zeichnen sich dagegen durch eine niedrige Fertilität aus.

Tabelle 1

Vegetative Leistung der F_1-Art- und Gattungsbastarde in den einzelnen Kombinationen im 1. und 2. Nutzungsjahr (Bonitur 1–9)

Kombination		Anzahl F_1-Bast.	1. Nutzungsjahr				2. Nutzungsjahr					
			Jugend-entwicklung		1. Aufwuchs		Frühjahrs-entwicklung		1. Aufwuchs		2. Aufwuchs	
			x̄	von–bis	x̄	von–bis	x̄	von–bis	x̄	von–bis	x̄	von–bis
***Festuca pratensis* 2n = 14**												
× *F. arundinacea*	2n = 42	132	5,2	2 – 8	4,8	2 – 9	5,0	3 – 9	4,1	2 – 8	4,3	1 – 9
× *F. gigantea*	2n = 42	17	4,5	4 – 6	3,6	2 – 5	4,1	3 – 5	3,5	2 – 5	2,6	1 – 5
× *L. perenne*	2n = 14	22	3,2	2 – 5	3,4	1 – 5	3,5	2 – 5	3,6	3 – 5	2,8	1 – 5
× *L. perenne*	2n = 28	10	4,0	2 – 7	4,2	3 – 8	4,5	3 – 6	3,9	3 – 6	2,4	1 – 6
× *L. multiflorum*	2n = 14	1	–	4	–	4	–	4	–	3	–	4
× *L. multiflorum*	2n = 28	7	2,0	1 – 3	2,4	1 – 4	2,8	1 – 4	3,1	2 – 5	2,2	1 – 4
× *L. hybridum*	2n = 28	64	–	–	2,7	1 – 5	–	–	–	–	–	–
Std. *F. pratensis*	2n = 14		4,9	4 – 6	4,1	1 – 7	5,7	–	4,3	–	4,3	–
***Festuca pratensis* 2n = 28**												
× *F. arundinacea*	2n = 42	177	3,9	2 – 9	4,0	1 – 8	4,7	2 – 8	4,1	1 – 9	4,7	2 – 9
× *F. gigantea*	2n = 42	26	3,2	2 – 5	3,6	2 – 5	4,2	3 – 6	4,1	2 – 6	4,9	4 – 6
× *L. perenne*	2n = 14	3	4,0	3 – 5	3,7	3 – 4	4,3	4 – 5	3,7	3 – 4	5,3	2 – 7
× *L. perenne*	2n = 28	6	3,3	2 – 4	2,8	2 – 4	3,8	3 – 4	2,7	2 – 3	4,0	3 – 5
× *L. multiflorum*	2n = 14	2	–	–	4,0	3 – 5	–	–	–	–	–	–
× *L. multiflorum*	2n = 28	7	2,3	2 – 3	3,4	3 – 4	2,4	1 – 3	2,3	1 – 5	4,7	4 – 6
× *L. hybridum*	2n = 28	17	2,5	1 – 4	3,8	2 – 6	4,1	1 – 7	4,3	1 – 8	4,9	1 – 8
Std. *F. pratensis*	2n = 28		4,6	4 – 6	4,2	2 – 7	4,0	–	5,0	–	6,5	–
***Festuca arundina cea*2n = 42**												
× *F. pratensis*	2n = 14	101	4,4	3 – 9	4,2	1 – 8	4,5	3 – 8	4,1	2 – 8	4,5	3 – 8
× *F. pratensis*	2n = 28	126	3,8	2 – 6	3,4	1 – 6	4,3	2 – 7	3,8	2 – 8	4,5	2 – 8
× *F. gigantea*	2n = 42	97	4,4	3 – 6	4,0	2 – 9	5,2	3 – 8	3,8	2 – 8	4,5	3 – 7
× *L. perenne*	2n = 14	2	4,0	4 – 4	2,0	2 – 2	4,0	4 – 4	2,5	2 – 3	3,5	3 – 4
× *L. multiflorum*	2n = 28	7	4,9	4 – 6	4,6	4 – 6	5,3	4 – 7	3,7	3 – 6	4,7	3 – 8
Std. *F. arundinacea*	2n = 42		–	–	3,4	1 – 6	4,0	–	3,2	–	3,7	–

Tabelle 1 (Fortsetzung)

Kombination		Anzahl F_1-Bast.	1. Nutzungsjahr				2. Nutzungsjahr					
			Jugend-entwicklung		1. Aufwuchs		Frühjahrs-entwicklung		1. Aufwuchs		2. Aufwuchs	
			$\bar{x}$	von–bis	$\bar{x}$	von–bis	$\bar{x}$	von–bis	$\bar{x}$	von–bis	$\bar{x}$	von–bis
***Festuca gigantea* 2n = 42**												
× *F. pratensis*	2n = 14	44	4,9	4 – 8	4,4	2 – 7	4,1	3 – 6	3,2	1 – 6	4,8	3 – 7
× *F. pratensis*	2n = 28	140	4,1	3 – 6	4,0	2 – 7	3,9	2 – 6	3,5	1 – 6	4,9	3 – 8
× *F. arundinacea*	2n = 42	306	4,4	2 – 7	3,8	1 – 6	5,1	2 – 9	4,1	2 – 8	3,5	1 – 7
× *L. perenne*	2n = 28	1	–	3	–	4	–	8	–	6	–	3
× *L. multiflorum*	2n = 14	2	2,5	2 – 3	2,0	1 – 3	4,5	4 – 5	2,5	2 – 3	2,5	2 – 3
× *L. hybridum*	2n = 28	3	3,7	3 – 4	4,3	3 – 5	8,3	7 – 9	4,3	2 – 6	3,3	2 – 4
Std. *F. gigantea*	2n = 42		–	–	5,0	3 – 8	6,0	–	4,8	–	5,5	–
***Lolium perenne* 2n = 14**												
× *F. pratensis*	2n = 14	2	4,0	4 – 4	3,5	3 – 4	4,5	4 – 5	4,0	4 – 4	3,5	3 – 4
× *F. pratensis*	2n = 28	71	3,3	1 – 6	4,0	3 – 6	4,9	3 – 9	3,9	2 – 8	3,9	2 – 8
× *F. arundinacea*	2n = 42	25	3,7	1 – 8	3,7	1 – 7	6,3	2 – 9	5,1	2 – 9	5,0	1 – 9
× *F. gigantea*	2n = 42	47	4,1	2 – 6	4,6	3 – 7	6,3	4 – 9	5,2	3 – 9	4,8	3 – 9
Std. *L. perenne*	2n = 14		4,1	3 – 5	3,9	3 – 6	6,5	–	5,5	–	5,2	–
***Lolium perenne* 2n = 28**												
× *L. multiflorum*	2n = 14	3 – 7	4,1	3 – 5	4,4	3 – 6	4,2	4 – 5	3,9	3 – 5	4,0	3 – 5
× *L. temulentum*	2n = 14	1 – 2	6,5	5 – 8	–	5	–	9	–	9	–	6
Std. *L. perenne*	2n = 28		4,1	3 – 5	4,2	3 – 6	4,5	–	4,5	–	5,5	–
***Lolium multiflorum* 2n = 14**												
× *F. pratensis*	2n = 14	1 – 2	1,5	1 – 2	5,5	2 – 9	–	3	–	4	–	6
× *F. pratensis*	2n = 28	150	3,4	1 – 5	2,7	1 – 8	4,0	2 – 8	3,3	1 – 7	4,1	2 – 9
× *F. arundinacea*	2n = 42	252	3,8	1 – 8	3,7	1 – 9	4,1	1 – 8	3,5	1 – 7	3,4	1 – 8
× *F. gigantea*	2n = 42	50	4,2	3 – 7	3,8	2 – 7	6,2	4 – 9	4,2	2 – 8	3,7	2 – 6
× *L. perenne*	2n = 28	2	5,0	4 – 6	5,5	4 – 7	4,5	4 – 5	4,5	4 – 5	–	7
Std. *L. multiflorum*	2n = 14		2,6	1 – 4	4,6	4 – 6	3,9	–	3,9	–	6,2	–

***Lolium multiflorum* 2n = 28**												
× *F. pratensis*	2n = 14	1 – 24	–	2	2,4	1 – 5	–	7	–	6	–	4
× *F. pratensis*	2n = 28	3	3,0	3 – 3	4,0	3 – 6	5,0	4 – 7	3,7	1 – 7	5,3	3 – 8
× *F. arundinacea*	2n = 42	12	3,4	1 – 6	5,3	1 – 9	3,7	2 – 6	4,2	1 – 7	5,2	3 – 8
Std. *L. multiflorum*	2n = 28		2,8	2 – 4	4,5	4 – 6	3,5	–	2,5	–	7,0	–
***Lolium hybridum* 2n = 28**												
× *F. pratensis*	2n = 14	5	3,4	1 – 7	5,3	4 – 8	6,2	4 – 9	5,0	3 – 8	5,2	3 – 8
Std. *L. hybridum*	2n = 28		3,6	3 – 5	4,6	3 – 6	6,5	–	3,5	–	4,5	–
***Lolium remotum* 2n = 14**												
× *F. pratensis*	2n = 14	3	3,0	3 – 3	4,7	4 – 5	8,7	8 – 9	8,0	8 – 8	9,0	9 – 9
× *F. pratensis*	2n = 28	1	–	4	–	–	–	8	–	9	–	8
× *L. hybridum*	2n = 28	1	–	2	–	4	–	tot				
Std. *L. remotum*	2n = 14		2,6	2 – 3	6,1	5 – 8	–	tot				
***Lolium temulentum* 2n = 14**												
× *F. pratensis*	2n = 14	18	2,9	1 – 6	3,6	2 – 6	7,5	5 – 9	6,3	4 – 9	6,5	5 – 9
× *F. pratensis*	2n = 28	11	3,2	2 – 5	4,6	4 – 6	8,0	6 – 9	5,7	3 – 8	6,6	4 – 8
× *L. perenne*	2n = 28	1 – 3	2,3	2 – 3	4,0	3 – 5	–	6	–	5	–	8
× *L. multiflorum*	2n = 14	1	–	1	–	4	–	tot				
× *L. multiflorum*	2n = 28	2 – 6	2,7	1 – 7	3,8	3 – 5	5,0	5 – 5	6,0	5 – 7	7,5	7 – 8
Std. *L. temulentum*	2n = 14		2,6	1 – 3	5,7	4 – 9	–	tot				

Tabelle 2

Vegetative Leistung im 2. Nutzungsjahr (3. Aufwuchs) und im 3. Nutzungsjahr (insgesamt) sowie Mehltaubefall der F_1-Art- und Gattungsbastarde in den einzelnen Kombinationen (Bonitur 1–9)

Kombination		Anzahl F_1-Bast.	2. Nutzungsjahr				3. Nutzungsjahr					
			3. Aufwuchs		Mehltau		Frühjahrs-entwicklung		1. Aufwuchs		2. Aufwuchs	
			$\bar{x}$	von–bis	$\bar{x}$	von–bis	$\bar{x}$	von–bis	$\bar{x}$	von–bis	$\bar{x}$	von–bis
***Festuca pratensis* 2n = 14**												
× *F. arundinacea*	2n = 42	130	4,3	2 – 8	5,9	2 – 9	5,6	4 – 8	4,1	2 – 8	4,4	1 – 9
× *F. gigantea*	2n = 42	15	4,2	4 – 5	5,8	2 – 8	6,1	6 – 7	5,1	4 – 6	4,2	3 – 6
× *L. perenne*	2n = 14	17	5,0	2 – 7	4,7	3 – 9	6,3	4 – 8	5,1	4 – 7	6,6	3 – 9
× *L. perenne*	2n = 28	9	5,0	4 – 8	5,1	2 – 9	5,8	5 – 7	4,2	3 – 5	4,2	2 – 7
× *L. multiflorum*	2n = 14	1	–	–	–	6	–	7	–	8	–	tot
× *L. multiflorum*	2n = 28	6	3,8	3 – 5	5,8	3 – 8	4,5	4 – 5	2,6	2 – 4	3,3	1 – 6
Std. *F. pratensis*	2n = 14		4,5	–	6,7	–	7,0	–	6,5	–	4,5	–
***Festuca pratensis* 2n = 28**												
× *F. arundinacea*	2n = 42	172	5,0	3 – 9	5,3	2 – 9	5,9	4 – 9	4,7	3 – 8	4,6	1 – 9
× *F. gigantea*	2n = 42	26	5,6	5 – 7	4,5	2 – 8	5,8	5 – 7	4,3	3 – 6	5,6	3 – 7
× *L. perenne*	2n = 14	3	7,0	7 – 7	6,7	5 – 8	6,0	6 – 6	5,0	5 – 5	5,5	5 – 7
× *L. perenne*	2n = 28	6	6,2	5 – 8	3,0	2 – 4	5,9	5 – 7	4,0	3 – 5	3,8	3 – 5
× *L. multiflorum*	2n = 28	7	6,0	5 – 7	4,6	2 – 8	4,5	4 – 5	3,3	2 – 4	1,9	1 – 3
× *L. hybridum*	2n = 28	10	5,8	4 – 8	3,1	2 – 5	5,4	5 – 6	4,0	3 – 5	3,8	2 – 6
Std. *F. pratensis*	2n = 28		6,2	–	7,0	–	6,8	–	5,5	–	6,0	–
***Festuca arundinacea* 2n = 42**												
× *F. pratensis*	2n = 14	96	4,6	2 – 9	5,7	2 – 9	5,6	4 – 7	3,8	2 – 6	3,9	1 – 8
× *F. pratensis*	2n = 28	126	5,0	2 – 7	6,0	2 – 9	5,5	5 – 7	4,1	2 – 8	3,8	1 – 7
× *F. gigantea*	2n = 42	95	5,1	4 – 7	6,5	1 – 9	6,9	5 – 7	4,8	3 – 8	3,5	1 – 7
× *L. perenne*	2n = 14	2	4,0	4 – 4	6,5	5 – 8	5,5	5 – 6	3,5	2 – 5	3,8	2 – 5
× *L. multiflorum*	2n = 28	6	4,2	4 – 7	6,3	2 – 8	5,7	5 – 7	4,6	3 – 8	3,3	2 – 5
Std. *F. arundinacea*	2n = 42		4,0	–	6,5	–	3,0	–	2,5	–	2,8	–
***Festuca gigantea* 2n = 42**												
× *F. pratensis*	2n = 14	44	5,1	4 – 7	6,8	4 – 8	5,7	5 – 7	4,5	3 – 6	4,1	2 – 7
× *F. pratensis*	2n = 28	139	5,2	4 – 9	6,8	2 – 9	5,8	5 – 9	3,7	1 – 8	5,3	2 – 8

× *F. arundinacea*	2n = 42	300	4,9	2 – 8	5,9	2 – 9	5,1	4 – 7	3,8	1 – 8	3,5	1 – 7
× *L. perenne*	2n = 28	1	–	4	–	4	–	5	–	4	–	4
× *L. multiflorum*	2n = 14	2	–	–	6,5	6 – 7	–	–	–	–	–	–
× *L. hybridum*	2n = 28	3	4,7	4 – 5	3,3	3 – 4	4,5	4 – 5	4,2	3 – 6	2,3	2 – 3
Std. *F. gigantea*	2n = 42		7,5	–	4,0	–	7,5	–	7,5	–	6,0	–
***Lolium perenne* 2n = 14**												
× *F. pratensis*	2n = 14	2	6,0	6 – 6	9,0	9 – 9	5,0	5 – 5	4,5	4 – 5	6,5	6 – 7
× *F. pratensis*	2n = 28	69	5,0	4 – 7	7,0	2 – 9	4,8	4 – 6	4,6	2 – 7	3,8	2 – 7
× *F. arundinacea*	2n = 42	25	5,6	4 – 9	6,4	3 – 9	5,4	4 – 8	5,9	2 – 9	4,7	1 – 9
× *F. gigantea*	2n = 42	47	4,7	3 – 9	7,0	3 – 9	5,1	4 – 8	4,4	2 – 9	3,8	2 – 9
Std. *L. perenne*	2n = 14		5,0	–	8,0	–	5,0	–	4,8	–	5,0	–
***Lolium perenne* 2n = 28**												
× *L. multiflorum*	2n = 14	3	5,2	5 – 6	7,3	2 – 9	5,0	5 – 5	2,7	2 – 3	3,2	2 – 4
× *L. temulentum*	2n = 14	tot										
Std. *L. perenne*	2n = 28		6,5	–	7,0	–	7,0	–	6,0	–	5,0	–
***Lolium multiflorum* 2n = 14**												
× *F. pratensis*	2n = 14	1	–	6	5,0	4 – 6	–	5	–	4	–	6
× *F. pratensis*	2n = 28	148	4,9	3 – 9	7,1	2 – 9	5,0	4 – 8	3,8	1 – 9	3,3	1 – 8
× *F. arundinacea*	2n = 42	252	4,7	1 – 9	4,5	1 – 9	4,7	1 – 8	3,4	1 – 8	3,2	1 – 9
× *F. gigantea*	2n = 42	48	5,0	4 – 7	5,1	1 – 9	5,0	4 – 6	4,6	3 – 8	3,9	2 – 7
× *L. perenne*	2n = 28	tot										
Std. *L. multiflorum*	2n = 14		7,0	–	7,0	–	6,5	–	6,5	–	5,0	–
***Lolium multiflorum* 2n = 28**												
× *F. pratensis*	2n = 28	3	5,8	4 – 8	9,0	9 – 9	5,7	5 – 6	5,5	3 – 7	5,7	4 – 7
× *F. arundinacea*	2n = 42	5	4,9	4 – 6	3,7	3 – 6	5,5	4 – 6	3,6	3 – 4	4,6	3 – 6
Std. *L. multiflorum*	2n = 28		8,0	–	5,5	–	6,0	–	4,5	–	6,0	–
***Lolium hybridum* 2n = 28**												
×. *F. pratensis*	2n = 14	2	7,0	6 – 8	8,5	8 – 9	7,0	6 – 8	8,0	7 – 9	7,5	7 – 8
Std. *L. hybridum*	2n = 28		5,5	–	2,5	–	5,0	–	3,8	–	4,0	–
***Lolium remotum* 2n = 14**												
× *F. pratensis*	2n = 14	1 – 3	9,0	9 – 9	7,3	5 – 9	–	6	–	6	–	4
× *F. pratensis*	2n = 28	tot										
***Lolium temulentum* 2n = 14**												
× *F. pratensis*	2n = 14	15	7,1	5 – 9	7,4	2 – 9	7,3	6 – 8	7,2	7 – 8	7,5	6 – 9
× *F. pratensis*	2n = 28	10	7,0	5 – 9	5,2	3 – 9	7,2	6 – 9	7,7	6 – 9	6,5	5 – 8
× *L. perenne*	2n = 28	1	–	7	–	4	–	8	–	7	–	8
× *L. multiflorum*	2n = 28	2	7,0	7 – 7	5,0	2 – 8	7,5	7 – 8	7,0	7 – 7	8,0	8 – 8

Tabelle 3

Fertilitätsverhältnisse bei den F_1-Art- und Gattungsbastarden von zwei Erntejahren beim Anbau auf dem Feld und im Gewächshaus

Kombination		Anzahl F_1-Bast.	Pollenfärbbarkeit in %				Keimfähigkeit in %					
			1973 (Feld)		1974 (Feld)		1973 (Feld)		1974 (Feld)		1974 (Haus)	
			$\bar{x}$	von–bis	$\bar{x}$	von–bis	$\bar{x}$	von–bis	$\bar{x}$	von–bis	$\bar{x}$	von–bis
***Festuca pratensis* 2n = 14**												
× *F. arundinacea*	2n = 42	90	0,1	0 – 2	2,2	0 – 60	< 0,1	0 – < 1	< 0,1	0 – < 1	0	0 – 0
× *F. gigantea*	2n = 42	17	1,6	0 – 20	4,0	0 – 55	3,7	0 – 60	0,6	0 – 6	3,1	0 – 50
× *L. perenne*	2n = 14	20	2,9	0 – 15	8,0	0 – 50	1,5	0 – 4	0,4	0 – < 1	0,5	0 – 2
× *L. perenne*	2n = 28	9	62,0	40 – 90	53,8	20 – 80	25,1	0 – 60	0,7	< 1 – 2	1,7	0 – 2
× *L. multiflorum*	2n = 14	1	–	10	–	4	–	5	–	3	–	1
× *L. multiflorum*	2n = 28	2 – 7	69,4	50 – 96	82,8	70 – 88	49,2	27 – 80	13,0	5 – 25	2,0	1 – 3
Std. *F. pratensis*	2n = 14		87,7	75 – 98	–	–	72,3	20 – 100	68,4	13 – 100	–	–
***Festuca pratensis* 2n = 28**												
× *F. arundinacea*	2n = 42	154	1,3	0 – 15	0,6	0 – 10	0,4	0 – 5	0,7	0 – 50	1,4	0 – 70
× *F. gigantea*	2n = 42	25	28,3	0 – 60	59,0	5 – 90	36,0	2 – 95	7,3	0 – 40	33,0	< 1 – 90
× *L. perenne*	2n = 14	3	1,3	0 – 2	0,2	0 – < 1	0,5	0 – 1	0,3	0 – < 1	0,3	0 – < 1
× *L. perenne*	2n = 28	6	54,0	0 – 85	69,3	10 – 98	77,5	70 – 85	54,2	45 – 65	43,3	10 – 80
× *L. multiflorum*	2n = 28	7	78,5	40 – 96	73,8	1 – 98	77,1	60 – 90	84,2	75 – 95	–	–
× *L. hybridum*	2n = 28	9	39,9	2 – 96	34,0	1 – 95	50,0	10 – 85	36,7	5 – 75	–	–
Std. *F. pratensis*	2n = 28		92,0	65 – 99	–	–	74,2	25 – 100	89,2	75 – 100	–	–
***Festuca arundinacea* 2n = 42**												
× *F. pratensis*	2n = 14	50	0,4	0 – 18	0,3	0 – 3	0,2	0 – 1	0,2	0 – 5	< 0,1	0 – < 1
× *F. pratensis*	2n = 28	115	4,6	0 – 28	3,4	0 – 85	0,3	0 – 3	0,4	0 – 8	1,4	0 – 50
× *F. gigantea*	2n = 42	91	1,1	0 – 10	1,4	0 – 60	< 0,1	0 – < 1	0,4	0 – 18	0,1	0 – 10
× *L. perenne*	2n = 14	2	0	0 – 0	0	0 – 0	0	0 – 0	0	0 – 0	0	0 – 0
× *L. multiflorum*	2n = 28	7	7,1	0 – 50	0	0 – 0	0	0 – 0	0	0 – 0	0	0 – 0
Std. *F. arundinacea*	2n = 42		80,0	45 – 99	–	–	35,7	20 – 55	39,7	5 – 95	–	–
***Festuca gigantea* 2n = 42**												
× *F. pratensis*	2n = 14	44	0,2	0 – 10	0,2	0 – 4	< 0,1	0 – < 1	0,2	0 – 10	0	0 – 0
× *F. pratensis*	2n = 28	132	44,0	0 – 95	48,0	0 – 90	40,0	0 – 100	39,4	0 – 100	19,2	0 – 90
× *F. arundinacea*	2n = 42	288	0,2	0 – 20	0,1	0 – 1	< 0,1	0 – 1	< 0,1	0 – < 1	< 0,1	0 – 5
× *L. perenne*	2n = 28	1	–	10	–	10	–	70	–	–	–	–
× *L. multiflorum*	2n = 14	2	0,5	0 – 1	0,5	< 1 – < 1	0,2	0 – < 1	0,2	0 – < 1	0	0 – 0
× *L. hybridum*	2n = 28	3	11,0	0 – 25	45,0	45 – 45	15,3	3 – 40	16,7	15 – 20	0	0 – 0
Std. *F. gigantea*	2n = 42		90,1	80 – 98	–	–	41,5	10 – 75	30,1	3 – 90	–	–

***Lolium perenne* 2n = 14**												
× *F. pratensis*	2n = 14	2	1,0	0 – 2	0	0 – 0	3,0	2 – 4	3,5	1 – 6	0	0 – 0
× *F. pratensis*	2n = 28	68	0,5	0 – 10	0,4	0 – 2	0,5	0 – 3	0,6	0 – 8	< 0,1	0 – < 1
× *F. arundinacea*	2n = 42	19	0,2	0 – 3	0,3	0 – 1	< 0,1	0 – < 1	< 0,1	0 – < 1	0	0 – 0
× *F. gigantea*	2n = 42	40	< 0,1	0 – 1	6,4	0 – 90	< 0,1	0 – < 1	< 0,1	0 – < 1	0	0 – 0
Std. *L. perenne*	2n = 14		78,6	20 – 98	–	–	84,0	70 – 100	97,8	90 – 100	–	–
***Lolium perenne* 2n = 28**												
× *L. multiflorum*	2n = 14	6	46,4	0 – 95	44,0	1 – 99	32,2	< 1 – 100	31,9	0 – 90	0,5	0 – 1
× *L. temulentum*	2n = 14	1 – 2	70,0	45 – 95	–	–	–	60	–	–	–	–
Std. *L. perenne*	2n = 28		–	–	–	–	77,0	60 – 95	80,0	70 – 90	–	–
***Lolium multiflorum* 2n = 14**												
× *F. pratensis*	2n = 14	2	11,5	0 – 23	–	–	2,5	0 – 5	–	–	–	–
× *F. pratensis*	2n = 28	130	9,0	0 – 75	7,6	0 – 80	3,4	0 – 35	1,3	0 – 15	< 0,1	0 – 1
× *F. arundinacea*	2n = 42	150	1,4	0 – 85	0,4	0 – 3	1,0	0 – 1	0,4	0 – 15	< 0,1	0 – < 1
× *F. gigantea*	2n = 42	45	0,2	0 – 2	0,3	0 – 1	0,2	0 – 2	0,1	0 – < 1	0	0 – 0
× *L. perenne*	2n = 28	1 – 2	96,0	95 – 97	–	–	–	–	–	10	–	–
Std. *L. multiflorum*	2n = 14		92,0	60 – 98	–	–	73,8	30 – 100	91,7	80 – 100	–	–
***Lolium multiflorum* 2n = 28**												
× *F. pratensis*	2n = 14	1	–	–	–	–	–	–	–	6	–	< 1
× *F. pratensis*	2n = 28	3	48,3	0 – 85	31,0	1 – 90	5,2	0 – 15	6,7	0 – 20	–	–
× *F. arundinacea*	2n = 42	10	72,6	45–98	–	–	–	10	70,9	10 – 100	–	–
Std. *L. multiflorum*	2n = 28		89,0	75–97	–	–	85,6	75 – 100	84,0	60 – 100	–	–
***Lolium hybridum* 2n = 28**												
× *F. pratensis*	2n = 14	1 – 5	79,0	68 – 90	64,0	30 – 98	–	0	19,3	0 – 80	29,0	0 – 90
Std. *L. hybridum*	2n = 28		71,4	55 – 80	–	–	52,6	3 – 100	87,8	80 – 100	–	–
***Lolium remotum* 2n = 14**												
× *F. pratensis*	2n = 14	1 – 3	0	0 – 0	–	1	0	0 – 0	–	0	0	0 – 0
× *L. hybridum*	2n = 28	1	–	25	–	20	–	10	–	< 1	–	–
Std. *L. remotum*	2n = 14		90,3	85 – 98	–	–	48,0	30 – 70	100,0	100 – 100	–	–
***Lolium temulentum* 2n = 14**												
× *F. pratensis*	2n = 14	12	0,3	0 – 2	0,5	0 – 1	0,1	0 – 1	0,1	0 – < 1	0	0 – 0
× *F. pratensis*	2n = 28	2 – 7	0,7	0 – 4	5,3	1 – 10	< 0,1	0 – < 1	0	0 – 0	0	0 – 0
× *L. perenne*	2n = 28	1	–	83	–	–	–	90	–	70	–	–
× *L. multiflorum*	2n = 14	1	–	0	–	10	–	50	–	30	–	–
× *L. multiflorum*	2n = 28	1 – 4	82,5	75 – 90	–	–	10,5	0 – 30	–	90	–	–
Std. *L. temulentum*	2n = 14		92,6	80 – 99	–	–	78,0	40 – 100	85,0	80 – 90	–	–

Die hexaploiden F_1-Bastarde aus den Kreuzungen der beiden allohexaploiden Arten *F. arundinacea* und *F. gigantea* sind ebenso wie die diploiden Art- und Gattungsbastarde weitgehend steril. Erstaunlicherweise hatten triploide Bastarde mehrerer Kombinationen eine relativ hohe Fertilität, und auch bei pentaploiden Bastarden aus der Kreuzung zwischen *F. pratensis* $2n=28$ und *F. gigantea* $2n=42$ und reziprok sowie zwischen *L. multiflorum* $2n=28$ und *F. arundinacea* $2n=42$ trat hohe Fertilität auf. In weiteren Untersuchungen soll geklärt werden, worauf die unerwartet hohe Fertilität der triploiden Bastarde zurückzuführen ist.

4. Diskussion

Die tabellarisch zusammengefaßten Ergebnisse von zwei- bzw. dreijährigen Untersuchungen der Merkmalskomplexe „vegetative Leistung" und „Fertilität" an über 2000 F_1-Bastarden aus 48 Kombinationen verschiedener Lolium- und Festuca-Arten vermitteln nur ein unvollständiges Bild von der Mannigfaltigkeit des entstandenen Materials. Die teilweise erheblichen Unterschiede in der Ausprägung der untersuchten Merkmalskomplexe zwischen verschiedenen F_1-Familien einer Artkombination zeigen, daß neben den arttypischen Unterschieden die individuellen genetischen Unterschiede der jeweiligen Kreuzungseltern der allogamen Arten einen erheblichen Einfluß auf die Merkmalsausprägung der F_1-Bastarde haben. Darauf wurden bereits die unterschiedlichen Kreuzungserfolge bei verschiedenen Artkombinationen zurückgeführt (GRÖBER, MATZK, ZACHARIAS, 1974). Da die Ausprägung der Merkmalskomplexe „vegetative Leistung" und „Fertilität" gleichfalls noch in mehr oder weniger starkem Maße von den Umweltbedingungen der verschiedenen Prüfjahre beeinflußt wurde, können Rückschlüsse über die Eignung bestimmter Artkombinationen für züchterische oder andere Zwecke nur nach Verwendung mehrerer genetisch stark divergierender Kreuzungseltern und mehrjährigen Untersuchungen der F_1-Bastarde gezogen werden. So lassen sich möglicherweise einerseits die z. T. widersprechenden Ergebnisse verschiedener Autoren und andererseits die bisher noch bescheidenen züchterischen Erfolge durch Art- und Gattungskreuzungen bei Futtergräsern erklären, die zwar an vielen Orten, in der Mehrzahl der Fälle aber nur mit ungenügend umfangreichem Ausgangsmaterial durchgeführt wurden (HERTZSCH 1966, HOVIN und BUCKNER 1966).

Als Ausgangsmaterial für die praktische Züchtung scheinen uns vor allem die relativ gut fertilen und stark wüchsigen Bastarde der Kombinationen *F. pratensis* 2n bzw. 4n × *L. multiflorum* 4n bzw. *L. hybridum* 4n und *L. multiflorum* 4n × *F. arundinacea* 6n geeignet zu sein. Inwieweit Bastarde mit hohem Hybrideffekt und niedriger Fertilität züchterisch genutzt werden können, z. B. aus den Kombinationen *F. pratensis* 2n × *F. gigantea* 6n, *F. gigantea* 6n × *F. arundinacea* 6n u. a., kann nur durch weitere Untersuchungen an den F_2-Bastarden und weiteren Generationen ermittelt werden.

Die Kombinationen innerhalb der verschiedenen Genomstufen zwischen *L. multiflorum* und *L. perenne*, von denen bekannt ist, daß sie im allgemeinen leicht gelingen und die Bastarde gut fertil sind, wurden bei diesen Untersuchungen nicht berücksichtigt.

Es wurde bereits darauf hingewiesen, daß das vorliegende Bastardmaterial in erster Linie die Selektionsbasis für geeignetes Ausgangsmaterial für weiterführende Versuche zur experimentellen Entwicklung der apomiktischen Fortpflanzungsweise liefern soll. Unter diesem Gesichtspunkt wurden 155 Art- und Gattungsbastarde aus 16 verschiedenen Kombinationen selektiert, die sich durch einen ausgeprägten Hybrideffekt und volle Sterilität auszeichnen. Hierbei wurden triploide, tetraploide, pentaploide und hexaploide F_1-Bastarde berücksichtigt, um die vorgesehenen Mutationsversuche auf eine möglichst breite Ausgangsbasis zu stellen. Die Verwendung vollsteriler Bastarde gewährleistet, daß die möglicherweise durch mutagene Behandlung induzierte apomiktische Samenbildung relativ sicher erfaßt werden kann.

Für die wertvolle Hilfe bei der technischen Durchführung und Auswertung der Versuche danken wir den technischen Assistenten Isburga Hoffmann, Maria Reese und Herta Waldert.

Zusammenfassung

Von etwa 2000 F_1-Bastarden aus 48 verschiedenen Kombinationen zwischen *Lolium-* und *Festuca*-Arten wurden die Merkmalskomplexe „vegetative Leistung“ (Heterosiseffekt) und „Fertilität“ ermittelt und tabellarisch zusammengestellt. Die Untersuchungen führten zu folgenden Ergebnissen:

1. Große Merkmalsunterschiede bestanden nicht nur zwischen F_1-Bastarden verschiedener interspezifischer bzw. intergenerischer Kombinationen, sondern auch innerhalb der einzelnen Kombinationen zwischen Bastarden verschiedener F_1-Familien.
2. Bastarde mit hohem Hybrideffekt wurden innerhalb von 20 Artkombinationen gefunden. Die vegetative Leistung variierte zwischen den einzelnen Aufwüchsen und verschiedenen Prüfungsjahren stark.
3. Die ermittelten Werte für Pollenfertilität (Karminessigsäure-Methode) und keimfähige Karyopsen je Pflanze nach freier Abblüte wiesen eine lose Beziehung zueinander auf. Bei beiden Merkmalen traten starke umweltbedingte Schwankungen auf.
4. Bastarde mit relativ hoher Fertilität konnten aus folgenden Kombinationen selektiert werden:

   F. pratensis $2n = 28 \times$ *L. multiflorum* bzw. *L. perenne* $2n = 28$,
   F. gigantea $2n = 42 \times$ *F. pratensis* $2n = 28$,
   L. multiflorum $2n = 28 \times$ *F. arundinacea* $2n = 42$

   Ferner waren Bastarde verschiedener Kombinationen zwischen diploiden und tetraploiden Arten relativ gut fertil.

Bei einer Reihe anderer Kombinationen erwiesen sich alle Bastarde, bis auf wenige Ausnahmen, als vollsteril, z. B.:

F. pratensis 2n = 14 × *F. arundinacea* 2n = 42,
L. gigantea 2n = 42 × *F. arundinacea* 2n = 42,
F. perenne 2n = 14 × *F. gigantea* 2n = 42,
F. arundinacea 2n = 42 × *L. multiflorum* 2n = 28.

Innerhalb einer größeren Anzahl weiterer interspezifischer Kombinationen traten sowohl teilfertile als auch über mehrere Jahre vollsterile Bastarde auf.

Summary

Studies on the development of apomictic reproduction in forage grasses.
II. Hybrid effects and fertility in interspecific and intergeneric hybrids

In about 2000 F_1 hybrids out of 48 different cross combinations between *Lolium* and *Festuca* species, characters "vegetative growth" (heterosis) and "fertility" were studied. The results which were tabulated are the following:

1. Large differences were observed not only between F_1 hybrids of various interspecific or intergeneric combinations but also within the combinations, i. e. between hybrids of several F_1 families.
2. Hybrids with high heterotic effects were found in 20 interspecific combinations. The vegetative growth varied very much between different cuts and years.
3. The values obtained for pollen fertility (staining with acetocarmine) and for viable seeds per plant were correlated weakly. Both characters showed high environmental variation.
4. Hybrids with relatively high fertility could be selected out of the following combinations:

F. pratensis 2n = 28 × *L. multiflorum* bzw. *L. perenne* 2n = 28,
F. gigantea 2n = 42 × *F. pratensis* 2n = 28,
L. multiflorum 2n = 28 × *F. arundinacea* 2n = 42

and several combinations between diploid and tetraploid species.

In diverse other combinations all the hybrids, apart from a few exceptions, were completely sterile, e. g.

F. pratensis 2n = 14 × *F. arundinacea* 2n = 42,
F. gigantea 2n = 42 × *F. arundinacea* 2n = 42,
L. perenne 2n × 14 × *F. gigantea* 2n = 42,
F. arundinacea 2n = 42 × *L. multiflorum* 2n = 28.

Both partially fertile and completely sterile hybrids, observed over some years, occurred in many further interspecific combinations.

Краткое содержание

Опыты по индукции апомиксиса у кормовых трав. II. Эффект гетерозиса и фертильность у межвидовых и межродовых гибридов

На основании материала 2000 гибридов первого поколения от 48 различных комбинаций скрещиваний между видами *Lolium* и *Festuca* учитывались и сводились в таблицы главные комплексы признаков, „вегетативная производительность“ (эффект гетерозиса) и „фертильность“. Исследования привели к следующим результатам.

1. Сильные различия признаков обнаружились не только между гибридами F_1 различных межвидовых и межродовых комбинаций, но и внутри этих комбинаций, между гибридами различных семей первого поколения.
2. Гибриды с высокой степенью гетерозиса были найдены внутри потомств 20 видовых комбинаций. Вегетативная продуктивность сильно варьировала между отдельными укосами и различными годами.
3. Данные, полученные при оценке фертильности пыльцы (методом „кармин – уксусная кислота“) и количества всхожих семян, собранных со свободно цветших метёлок, показали слабую взаимосвязь. Значения обоих признаков подвержены сильным колебаниям под влиянием среды.
4. Гибриды с относительно высокой фертильностью могли быть отобраны из следующих скрещиваний:

   F. pratensis 2n = 28 × *L. multiflorum* или *L. perenne* 2n = 28,
   F. gigantea 2n = 42 × *F. pratensis* 2n = 28,
   L. multiflorum 2n = 28 × *F. arundinacea* 2n = 42,

   а также из различных скрешиваний между диплоидными и тетраплоидными видами.

   От целого ряда скрещиванищ все гибриды, за небольшим исключением, оказались вполне стерильными, напр.:

   F. pratensis 2n = 14 × *F. arundinacea* 2n = 42,
   F. gigantea 2n = 42 × *F. arundinacea* 2n = 42,
   L. perenne 2n = 14 × *F. gigantea* 2n = 42,
   F. arundinacea 2n = 42 × *L. multiflorum* 2n = 28.

   В потомствах большого числа других межвидовых скрещиваний были найдены как частично фертильные, так и вполне стерильные гибриды, которые оставались таковыми в течение нескольких лет.

Literatur

GRÖBER, K., F. MATZK und M. ZACHARIAS, 1974: Untersuchungen zur Entwicklung der apomiktischen Fortpflanzungsweise bei Futtergräsern. I. Art- und Gattungskreuzungen. – Kulturpflanze *22*, 159–180.

GUSTAFSSON, A., 1946: Apomixis in higher plants. I. The mechanism of apomixis. – Lunds Univ. Arsskr. N. F. Avd. 2. *42*, 1–66.

HERTZSCH, W., 1966: Intergeneric and interspezific hybrids between *Lolium* und *Festuca*. – Proc. X. Internat. Grassland Congress, Helsinki, 683–685.

HOVIN, A. W. and R. C. BUCKNER, 1966: Interspecific and intergeneric hybridisation in breeding of *Festuca arundinacea*. – Proc. X. Internat. Grassland Congress, Helsinki, 686–688.

STEBBINS, G. L., 1968: Evolutionsprozesse. – Jena, 192 S.

Kulturpflanze XXIV · 1976 · S. 365–378

Beobachtungen an Langzeitkulturen von *Vaucheria*, Wachstumsintensität und Wasserspeicherung

Alfred Rieth

Eingegangen am 31. Januar 1976)

Messungen über das Wachstum von *Vaucheria*-Rasen und ihre Wasserhaltekapazität liegen bisher nicht vor. Es sollen deshalb einige Daten, die an über längere Zeiträume (bis zu fast 15 Jahren) gelaufenen artreinen Kulturen gewonnen wurden, mitgeteilt werden.

Material und Methoden

Die Untersuchungen wurden mit einem im Juli 1960 in Borok (bei Rybinsk, USSR) gesammelten und in Kultur genommenen Stamm von *Vaucheria woroniniana* Heering 1907 (*V. canalicularis* (L.) Christensen 1968) durchgeführt. Näheres zur Isolierung des Stammes bei Sagromsky und Rieth 1972).

Als Grundmedium diente eine fernerhin als „Knop alkal." bezeichnete Lösung folgender Zusammensetzung:

$Ca(NO_3)_2$	1,000 g	Erdlösung:	
$MgSO_4 \cdot 7H_2O$	0,250 g	$KHCO_3$	2,250 g
K_2HPO_4	0,250 g	$FeSO_4 \cdot 7\,H_2O$	1,250 g
KNO_3	0,250 g	EDTA (Aethylendiamintetraessigsäure	
Erdlösung	20 ml		1,750 g
Mit Aqua bidest. auf 1000 ml aufgefüllt		Mit Lauberdedekokt auf 1000 ml aufgefüllt	

In der Regel wurde diese Lösung in $^3/_4$ Konzentration verwendet. Als Zusatz bewährte sich „Erd-Artern-Schreiber-Lösung" („E. A. Schr.")

Erd-Artern-Schreiber-Lösung:

K_2HPO_4	0,020 g	
KNO_3	0,100 g	Mit Arternsole (Solequelle im Friedhof Artern
Erdlösung	20 ml	b/ Sangerhausen) auf 1000 ml aufgefüllt.

Die Kulturen wurden meist zunächst in Kantkölbchen 100 ml angesetzt und je nach Versuchsdauer mit zunehmendem Volumen der Thalli steril in Kantkolben 250 ml, 500 ml, dann in Fernbachkolben 750 ml (alle Gefäße aus JENAer Geräteglas) überführt. Die Erneuerung der Nährlösung erfolgte durch Abgießen der alten und Zufügen der frischen Lösung gleicher Zusammensetzung wie sie bei den einzelnen Versuchen, ebenso wie die Anzahl dieser Wechsel, angegeben ist.

Die Kulturen standen z. T. in einem nach Norden gerichteten Doppelfenster bei Raumtemperatur unter natürlichen Tageslichtbedingungen (Kurzbezeichnung in den Tabellen: „N. F."), z. T. in einem Raum dessen Temperatur auf +13 °C gehalten wurde, unter Hochspannungs-Leuchtstoffröhren „Rot" in 12 : 12 Stunden Licht : Dunkel Wechsel (Kurzbezeichnung: „K. R.").

Alle Ansätze liefen mit mindestens 2 Parallelen, also dreifach, meist jedoch fünf-, gelegentlich zehnfach.

Als Maß für den Ertrag wird die produzierte Trockengewichtsmenge durch Wägung des bei 70 °C bis zur Gewichtskonstanz getrockneten Materials der einzelnen Kultur bestimmt.

Absolute Werte können in Anbetracht der über lange Zeiträume nicht identisch zu haltenden Umweltbedingungen, der verschiedenen Laufzeiten und der unterschiedlichen Menge der verbrauchten Lösung der Ansätze, nur innerhalb des einzelnen Versuchs verglichen werden. Um Beziehungen zwischen den Ergebnissen der verschiedenen Versuchsreihen herstellen zu können lief in der Regel bei jedem Versuch eine Kontrolle mit „Grundlösung", außerdem ist die Ausbeute auf 1 Tag und 1000 ml Lösung bezogen angegeben. Weitere Erläuterungen finden sich soweit erforderlich bei der Schilderung der einzelnen Versuche.

Die Versuche

1. Die Wirkung von Spurenstoffen

Wie der Tabelle 1 zu entnehmen ist, kann durch Zugabe von Spurenstofflösung eine Steigerung der Ausbeute erreicht werden, obgleich die Grundlösung bereits Lauberdedekokt und Arternsole enthält.

2. Wirkung einer organischen Kohlenstoffquelle

Kulturen am Licht erfahren durch Zugabe von Natriumzitrat oder Natriumazetat, nicht aber von Glukose (Tabelle 4) eine gewisse Förderung. Sie klingt jedoch bei längerer Kultur in solchen Lösungen etwas ab, wie ein Vergleich der Spalten 1–3, Tabelle 2, mit den Spalten 4–6, Tabelle 3 zeigt. Die der Tabelle 2 zugrunde liegenden Kulturen sind aus Stammröhrchen (Agar-Agarböden mit Grundlösung) beimpft, während die Ansätze, welche die Werte für die Spalten 4–6, Tabelle 3, lieferten, aus den entsprechenden Kulturen für die Spalten 2 und 3, Tabelle 2, beimpft wurden, das Impfmaterial also in einem der Versuchslösung entsprechenden Medium vorkultiviert war. Im Dunkeln jedoch kann *Vaucheria woroniniana* auch bei Vorhandensein einer organischen Kohlenstoffquelle nicht leben, sie stirbt ab. (Die in Tabelle 3 für dunkel gehaltene Kulturen angegebenen Trockengewichte stammen von totem Material, wie folgender Versuch zeigt.) Je ein Kölbchen der Dunkelreihe (Tab. 3) kam nach den 462 Dunkeltagen zur Kontrolle des Überlebens für 130 Tage ans Tageslicht (Nordfenster). In keinem Falle erfolgte eine Erholung, es haben danach also auch keine Dauerformen überlebt.

Tabelle 1

Wirkung von Spurenstoffen

Grundlösung:	3 Teile Knop alk. +1 Teil Aqua dest. +80 ml E.A.Schr. auf 1000 ml „3/4 Knop alk".		1 T. Knop +1T. Aqua dest. +80 ml E.A.Schr. „1/2 Knop alk."	1 T. Knop alk. +3 T. Aqua dest +80 ml E.A.Schr. „1/4 Knop alk."
Zusätze (auf 1000 ml)	ohne	Spurenstofflösung** 1,0 ml	0,1 ml	0,1 ml
Versuchsdauer Gebotene Lösung	839 Tage Nordfenster 300 ml (4 Wechsel)			
Trockengewicht	0,2925(0,2661–0,3168)g	0,5278(0,4941–0,5732)g	0,3296(0,3064–0,3601)g	0,2381(0,2000–0,2745)g
Zuwachs pro Tag	0,3486 mg	0,6291 mg	0,3928 mg	0,2837 mg
pro Tag und 1000 ml	1,1620 mg	2,0970 mg	1,3093 mg	0,9456 mg

** je 1 ml bzw. 0,1 ml folgender Lösungen:

I.	Chelaplex II	5,000 g
	KOH	2,600 g
	Aqua bidest. ad	100 ml
II.	H_3BO_3	1,150 g
	Aqua bidest. ad	100 ml
III.	$FeSO_4$	0,500 g
	Aqua bidest.	99,9 ml
	H_2SO_4 conc.	0,1 ml
IV.	$ZnSO_4 \cdot 7H_2O$	0,850 g
	$MnCl_2 \cdot 4H_2O$	0,150 g
	MoO_3	0,070 g
	$CuSO_4 \cdot 5H_2O$	0,160 g
	$Co(NO_3)_2$	0,050 g
	Aqua bidest.	99,9 ml
	H_2SO_4 conc.	0,1 ml

Tabelle 2

Wirkung einer organischen Kohlenstoffquelle

Grundlösung	3 Teile Knop alkal. +1 Teil Aqua bidest. +80 ml E.A.Sch. auf 1000 ml		
Zusätze (auf 1000 ml)	ohne	0,16 g Na-Citrat	0,16 g Na-Citrat 0,16 ml Hefeextrakt*
Versuchsdauer Gebotene Lösung		426 Tage, Nordfenster 150 ml (2 Wechsel)	
Trockengewicht (Mittel aus 4 Kolben)	0,0736(0,0558–0,0775)g	0,1481(0,1387–0,1553)g	0,1554(0,1386–0,1683)g
Aplanosporen	0,2 ml	0,6 ml	0,8 ml
Zuwachs pro Tag	0,1728 mg	0,3476 mg	0,3648 mg
Zuwachs pro Tag und 1000 ml Lösung	1,1520 mg	2,3173 mg	2,4320 mg
	1	2	3

* 250 g Bäckerhefe + 500 ml Aqua bidest.
Kurz auf 80° erwärmt, 2 Tage stehen lassen, dann durch Columbitfilter, anschließend durch Bakterienfilter.

3. Zur Frage einer Selbsthemmung durch Ausscheidungsprodukte bei Kultur über längere Zeiträume

Zur Klärung dieser Frage wurde die beim Nährlösungswechsel nach 180-tägiger Nutzung aus mehrjährigen Kulturen in „3/4 Knop. alk." gewonnene alte „verbrauchte" Lösung wieder mit dem vollständigen Satz an Nährsalzen und Zusätzen versehen, sterilisiert und erneut beimpft. Um die Möglichkeit, daß etwa vorhandene Hemmstoffe durch Hitze inaktiviert wurden, zu prüfen, liefen zu dem im Autoklav sterilisierten Ansatz Kontrollen, die durch Sterilfiltration (Glasfilter G5, Schott Jena) keimfrei gemacht waren. Ein Unterschied im Ergebnis zeigte sich nicht: Die Kulturen weisen selbst bei zweimaliger Verwendung alter Kulturlösung keine Schädigung auf. Von der Alge werden danach Selbsthemmstoffe, wie sie z. B. in alten Kulturen von *Chlorella vulgaris* gefunden wurden (PRATT, 1940; PRATT 1944; PRATT and FONG 1940; PRATT, ONETO and PRATT 1945), in das Medium nicht ausgeschieden.

Damit bietet die Verwendung solcher Lösungen auch die Möglichkeit zu prüfen, welcher Stoff der Nährlösung zuerst ins Minimum gerät. Es ist dazu erforderlich, die erschöpfte Nährlösung, die ohne Zusatz bei erneuter Beimpfung kaum mehr Wachstum ermöglicht (Tabelle 5 und 6, jeweils 1. Spalte), in getrennten Ansätzen mit den einzelnen Bestandteilen bzw. Bestandteilkombinationen der vollständigen Nährlösung zu versehen und die dann ermöglichten Erträge festzustellen.

Es zeigte sich dabei (Tabelle 5 und 6[1]) eindeutig, daß Phosphat im Minimum war. Als alleiniger Zusatz gegeben, ermöglicht es bereits rund 65% des Maximalwachstums (Tabelle 6, Spalte 3), während sein Fehlen den Ertrag auf rund 30% senkt (Tabelle 6, Spalte 4). Bemerkenswert ist auch das Ergebnis, daß ohne Magnesiumsulfatzugabe die Ausbeute etwas höher liegt als bei Einsatz der vollständigen Lösung (Tabelle 5, Spalte 3 und 6; Tabelle 6, Spalte 2 und 6). Es besagt dies, daß augenscheinlich eine Überversorgung mit diesem Salz zu einer gewissen Hemmung führt.

4. Zur Nutzbarkeitsdauer der Nährlösung

Die in Tabelle 7 zusammengefaßten Ansätze zeigen, daß bei 14-tägigem Wechsel der Nährlösung zwar der absolute Ertrag größer ist als bei einer Erneuerung nur alle drei Monate. Bezieht man aber die Ausbeute auf die insgesamt gebotene Nährstoffmenge, so ergibt sich, daß die Produktivität bei einer Verweildauer von drei Monaten vier mal größer ist. Nach 14 Tagen ist die Nährlösung noch nicht aus-

1 Die Versuchsreihe der Tabelle 5 wurde mit Thallusstückchen aus einer Kultur mit vollständiger Lösung (Grundlösung „3/4 Knop alk.") beimpft. Dabei ist eine geringe Übertragung von Nährstoffen möglich. Deshalb wurde bei den Ansätzen, die der Tabelle 6 zugrundeliegen, von Aplanosporen aus der jeweils entsprechenden Versuchsreihe der Tabelle 5 ausgegangen. Die Aplanosporen kamen so immer aus einer Lösung, die in ihrer Zusammensetzung derjenigen entsprach, in die sie geimpft wurden.

Tabelle 3

Wirkung einer organischen Kohlenstoffquelle am Licht und im Dunkeln

Grundlösung	3 Teile Knop alk. +1. Teil Aqua bidest. +80 ml E.A.Sch. auf 1000 ml		
Zusätze (auf 1000 ml)	ohne	Natriumacetat	
		200 mg	400 mg
Versuchsdauer Gebotene Lösung	462 Tage, Nordfenster 150 ml (2 Wechsel)		
Trockengewicht			
Dunkel	0,0206 (0,0199 – 0,0213) g	0,0197 (0,0192 – 0,0202) g	0,0203 (0,0190 – 0,0217)
Hell	0,0787 (0,0646 – 0,0962) g	0,0887 (0,0872 – 0,0926) g	0,1099 (0,0916 – 0,1292)
Zuwachs pro Tag	0,1703 mg		
pro Tag u. 1000 ml	1,1353 mg		
	1	2	3

genutzt. Dabei ist allerdings zu berücksichtigen, daß die hier über die gesamte Versuchslaufzeit summiert gefaßte „Nutzbarkeitsdauer" in Wirklichkeit kein fester Wert ist, sondern sich dynamisch mit der zunehmenden Masse des kultivierten Materials ändert.

5. Ertrag und Wasserspeicherkapazität in Abhängigkeit von der Kulturdauer

Die zur Klärung dieser Frage in Grundlösung „3/4 Knop alkal." angesetzten Kulturen liefen über die der Tabelle 8 zu entnehmenden Zeiten, während derer ihnen die ebenfalls angegebenen Nährlösungsmengen zur Verfügung standen. Die Auswertung geschah in der Weise, daß die Kultur mit dem Algenmaterial nach Abgießen der Nährlösung und 5 Minuten Abtropfen gewogen wurde, das „Naßgewicht" (A) ergibt sich nach Abzug des Kolbengewichtes. Die zwischen den Thallusfäden exogen festgehaltene Flüssigkeit wurde auf gewogenen Filtern abgesaugt und das „Feucht-" oder „Frischgewicht" (B) ermittelt. Die anschließend im Trockenschrank bei +70 °C bis zur Gewichtskonstanz getrockneten Rasen lieferten das „Trockengewicht" (C). In Tabelle 8 ist die aus diesen Werten zu errechnende Wasserhaltekapazität der Polster, bezogen auf Trockengewicht $\left(\frac{A-B}{C}\right)$ sowie die im Thallus selbst enthaltene Feuchtigkeit, ebenfalls bezogen auf das Trockengewicht $\left(\frac{B-C}{C}\right)$, angegeben sowie die durchschnittliche Trockenmasse-Produktion pro Tag und 1000 ml Nährlösung. Die Zahlen zu A, B und C stellen jeweils Mittelwerte aus mindestens 3 Kolben dar.

Natriumcitrat 180 mg	Natriumcitrat 350 mg	180 mg Hefeextrakt 0,16 ml
0,0206 (0,0199 – 0,0213) g 0,1050 (0,0908 – 0,1190) g	0,0195 (0,0184 – 0,0205) g 0,1091 (0,1027 – 0,1127) g	0,0321 (0,0296 – 0,0355) g 0,1045 (0,0983 – 0,1117) g
4	5	6

Die in Tabelle 8 zusammengefaßten Ergebnisse aus acht Versuchsreihen zeigen, daß die Wasserhaltekapazität der *Vaucheria*-Rasen mit zunehmendem Alter der Kulturen abnimmt. Es kommt dies dadurch zustande, daß mit zunehmendem Alter der Anteil abgestorbenen Materials wächst, der ins Trockengewicht eingeht, während der entstehende Filz aus dicht verwobenen toten Fäden weniger Wasser bindet als das lockere Geflecht lebender Fäden. Dieses wenige Wasser wird aber so festgehalten, daß es durch Absaugen nur unvollkommen zu entfernen ist, das „Feuchtgewicht" daher etwas zu hoch ausfällt. MÄGDEFRAU und WUTZ (1951) haben für ihre Untersuchungen an Moosrasen und Flechten, wobei jedoch „stets nur der obere lebende Teil der Moosdecke zur Untersuchung" kam, den Begriff „spezifische Wasserkapazität" für den Quotienten $\frac{\text{aufgenommene Wassermenge}}{\text{Trockengewicht}}$ verwendet. Dabei wird nicht wie von uns zwischen exogen (kapillar) und endogen, in der Pflanze vorhandenem Wasser unterschieden, denn „die Menge des aufgesaugten Wassers ergibt sich als Differenz „Gewicht des wassergesättigten Rasens" minus „Gewicht des lufttrockenen Rasens". Auch der Begriff „Trockengewicht" ist etwas verschieden gefaßt, nicht absolut, sondern als Luft-trocken bei 60% relativer Raumfeuchtigkeit. Aus den Werten unserer Versuche ergibt sich die „spezifische Wasserkapazität" aus $\frac{A-C}{C}$. Dieser Quotient zeigt für die Nordfenster-Versuchsreihen mit zunehmendem Kulturalter fallende Tendenz, von 46,6 bei 356 Tagen bis zu 23,1 bei 5265 Tagen. Insgesamt hat *Vaucheria* eine größere spezifische Wasserkapazität als Laubmoose, für die als Maximalwert 15,0 bei *Sphagnum acutifolium* angegeben ist (MÄGDEFRAU u. WUTZ l. c.).

Tabelle 4

Grundlösung	3 T. Knop alkal. +1Teil Aqua bidest. +80 ml E.A. Schr. auf 1000 ml „$^3/_4$ Knop alkal."		
Zusätze (auf 1000 ml)	ohne	100 mg Na_2S	750 mg Glukose
Versuchsdauer	595 Tage		
Gebotene Lösung	150 ml (2 Wechsel)		
Trockengewicht			
Dunkel	–	–	0,0132 g
Hell	0,1045 (0,1018 – 0,1099) g	0,0898 (0,0766 – 0,1022) g	0,0988 (0,0965 – 0,1010) g
Zuwachs			
pro Tag	0,1756 mg	0,1509 mg	0,1660 mg
pro Tag u. 1000 ml	1,1706 mg	1,1060 mg	1,1066 mg
Versuchsdauer	607 Tage		
Gebotene Lösung	150 ml		
Trockengewicht			
Dunkel	–	–	
Hell	0,1188 (0,1048 – 0,1362) g	0,0902 (0,0835 – 0,1014) g	
Zuwachs			
pro Tag	0,1957	0,1486	
pro Tag u. 1000 ml	1,3046	0,9906	

Tabelle 5

Grundlösung	Alte, erschöpfte Kulturlösung* 2 Teile + Aqua bidest. 1 Teil					
	1	2	3	4	5	6
Zusätze (auf 1000 ml						
$Ca(NO_3)_2$	–	–	0,750 g	–	0,750 g	0,750 g
$MgSO_4$	–	0,1875 g	–	–	0,1875 g	0,1875 g
KH_2PO_4	–	0,1875 g	0,1875 g	0,1875 g	0,1875 g	0,1875 g
KNO_3	–	0,1875 g	0,1875 g	0,1875 g	0,1875 g	0,1875 g
Erdlösung	–	15 ml	15 ml	15 ml	–	15 ml
E. A. Schr.	–	80 ml	80 ml	80 ml	80 ml	80 ml
Versuchsdauer	472 Tage					
Gebotene Lösung	400 ml (3 Wechsel)					
Impfmaterial	Thallusstücke aus einer Kultur mit vollständiger Nährlösung „$^3/_4$ Knop alkal."					
Trockengewicht (mg)	79	254	349	235	271	312

* „3/4 Knop alk." s. Tab. 1

Tabelle 6

Grundlösung	Alte, erschöpfte Kulturlösung* 2 Teile + Aqua bidest. 1 Teil							
	1	2	3	4	5	6	7	8
Zusätze (auf 1000 ml)								
$Ca(NO_3)_2$	–	0,750 g	–	0,750 g	–	0,750 g	–	–
$MgSO_4$	–	0,1875 g	–	0,1875 g	0,1875 g	–	–	–
KH_2PO_4	–	0,1875 g	0,1875 g	–	0,1875 g	0,1875 g	0,1875 g	–
KNO_3	–	0,1875 g	–	0,1875 g	–	0,1875 g	0,1875 g	–
Erdlösung	–	15 ml	–	15 ml	15 ml	15 ml	–	15 ml
E. A. Schr.	–	80 ml	80 ml	80 ml	80 ml	80 ml	80 ml	80 ml
Versuchsdauer	440 Tage							
Gebotene Lösung	150 ml (1 Wechsel)							
Impfmaterial	Aplanosporen einem gleichartigen Versuch nach 165 Tagen Laufzeit entnommen							
Trockengewicht (mg)	39	230	164	70	176	250	141	52

* „3/4 Knop alk." s. Tab. 1

Tabelle 7

Grundlösung	3 Teile Knop alk. +1 Teil Aqua bidest. + 80 ml E.A. Schr. auf 1000 ml	
Versuchsdauer	356 Tage, Westfenster	370 Tage, Westfenster
Gefäße	Kantkolben (Jena) 1000 ml	
Anzahl	5	10
Nährlösung je Kolben	250 ml	
Wechsel nach	jeweils 3 Monaten	jeweils 14 Tagen
Zahl der Wechsel	3	23
Gesamtverbrauch	1000 ml	6000 ml
Trockengewicht (mg)	192	290
Zuwachs		
pro Tag	0,54	0,78
pro Tag u. 1000 ml	0,54	0,13

Bei allen Ansätzen ist die Masseproduktion (Trockengewicht) bei Kultur unter konstanten Bedingungen (+13 °C, 12 : 12 Stunden Licht : Dunkelwechsel, Rotlicht), wie zu erwarten, deutlich größer als im Nordfenster (Tabelle 8). Die dort gewonnenen Werte dürften aber den Verhältnissen im Freiland näher kommen, während Versuche unter konstanten Bedingungen ein klareres Bild hinsichtlich des zu prüfenden Einzelfaktors ergeben. Es ist jedoch zu betonen, daß die Versuche nicht auf Erzielung eines Maximalzuwachses hin angelegt waren. Bei Anpassung der Intervalle der Lösungswechsel an die jeweiligen Thallusgrößen und optimale Zusammensetzung des Nährstoffangebotes sind höhere Zuwachsraten erzielbar.

Zusammenfassung

Kulturversuche mit *Vaucheria woroniniana* HEERING ergaben:

1. Spurenstoffe steigern den Ertrag selbst bei Vorhandensein von Erdlösung.
2. Organische Kohlenstoffquellen werden im Dunkeln nicht genutzt.
3. Eine Ausscheidung von Stoffen, die das eigene Wachstum hemmen, findet nicht statt.
4. In der gebotenen Nährlösung kommt Phosphat zuerst ins Minimum.
5. Die spezifische Wasserkapazität nimmt mit dem Kulturalter ab.

Tabelle 8

Grundlösung	3 Teile Knop alkal. +1 Teil Aqua bidest. +80 ml E.A. Schr. auf 1000 ml							
Versuchsreihe	1	2	3	4	5	6	7	8
Versuchsdauer (Tage)	356	2112		2145		3125		5265
Gebotene Lösung (ml)	1000	6125		4600		11300		12600
Anzahl der Wechsel	3	8	8	12	12	24	24	20
Standort	W.F.	N.F.	K.R.	N.F.	K.R.	N.F.	K.R.	N.F.
Naßgewicht A (g)	9,140	250,00	395,00	138,50	237,17	108,60	163,33	218,00
Feuchtgewicht B (g)	2,979	53,10	76,35	41,64	57,55	60,22	110,78	155,17
Trockengewicht C (g)	0,192	5,617	7,513	3,431	4,334	3,927	7,466	9,046
$\frac{A-B}{C}$	32,100	35,05	42,41	27,91	41,44	12,32	7,04	6,95
$\frac{B-C}{C}$	14,524	8,45	9,16	11,04	12,280	14,33	13,84	16,15
Ertrag pro Tag u. 1000 ml	0,539	0,435	0,581	0,348	0,439	0,111	0,211	0,136
Spezifische Wasserkapazität $\frac{A-C}{C}$	46,6	43,5	51,6	39,4	53,7	26,6	20,9	23,1

Summary

Studies on cultures of *Vaucheria* kept over larger periods. Intensity of growth and water-holding capacity.

Experiments with cultures of *Vaucheria woroniniana* Heering (*V. canalicularis* (L.) Christensen revealed:
1. Addition of micro nutrient elements augmented the yield even if the culture solution contained soil extract solution.
2. Organic carbon sources (acetate, citrate, glucose) can not sustain growth in darkness.
3. A secretion of an auto-inhibitor does not take place.
4. In the nutrient solution used, phosphate limits the growth.
5. The "spezifische Wasserkapazität" (water-holding capacity) decreases with the age of the cultures.

Краткое содержание

Наблюдения над длительными культурами *Vaucheria*. Интенсивность роста и накопление воды

Опыты с культурой *Vaucheria woroniniana* Heering дали следующие результаты:
1. Вещества, содержащиеся в очень малых количествах, повышают продукцию вещества даже при наличии земляного отвара.
2. Органические источники углерода не используются в темноте.
3. Выделения веществ, тормозящих рост собственной особи, не происходит.
4. В предложенном растворе, фосфат оказывается первым в минимуме (ограничивающий фактор).
5. Удельная ёмкость воды снижается при старении культуры.

Literatur

Biebl, R., 1962: Protoplasmatische Ökologie der Pflanzen. Wasser und Temperatur in: Protoplasmatologica, Handbuch der Protoplasmaforschung *12*, Wien.

Lewin, Ralph A. (Editor), 1962: Physiology and Biochemistry of Algae. – New York and London.

Mägdefrau, K. and A. Wutz, 1951: Die Wasserkapazität der Moos- und Flechtendecken des Waldes. – Forstwiss. Centralbl. *70*, 103–117.

Pratt, R., Oneto, J. F., and J. Pratt, 1945: Studies on *Chlorella vulgaris*. X. Influence of the Age of the Culture on the Accumulation of Chlorellin. – Am. J. Botany *32*, 4ß5.

PRATT, R., 1940: Influence of the Size of the Inoculum on the Growth of *Chlorella vulgaris* in Freshly Prepared Culture Medium. – Amer. J. Bot. *27*, 52–56.

PRATT, R., 1944: Studies on *Chlorella vulgaris.* IX. Influence on Growth of *Chlorella* of Continuous Removal of Chlorellin from the Culture Solution. – Amer. J. Bot. *31*, 418 –421.

PRATT, R. and J. FONG, 1940: Studies on *Chlorella vulgaris.* II. Further Evidence that *Chlorella* Cells form a Growth-inhibiting Substance. – Amer. J. Bot. *27*, 431–436.

SAGROMSKY, H. und A. RIETH, 1972: Chlorophyll c bei *Vaucheria woroniniana* HEERING 1907. – Arch. Protistenk. *114*, 46–50.

II. Das Institut im Jahre 1975

A. Kolloquien; Vortragsabende

28. 01. 1975 Dr. E. Klozová, Institut für Experimentelle Botanik der ČSAV, Praha/ČSSR: Untersuchungen an Proteinen höherer Pflanzen mit Hilfe serologischer Methoden.

15. 04. 1975 Prof. Dr. P. Langen, Zentralinstitut für Molekularbiologie, Berlin-Buch: Neuere Ergebnisse aus Untersuchungen über Fluorzucker-haltige und andere Nucleosid-Analoga.

20. 05. 1975 Dr. G. Künzel und Dr. F. Scholz: Arbeiten zur Entwicklung genetischer Systeme für die Hybridsaatguterzeugung bei Gerste

27. 05. 1975 Dr. Chaleff, R. S., John Innes Institute, Norwich/Großbritannien: Somatic cellgenetics of higher plants.

27. 05. 1975 Dr. A. Müller und Dr. R. Grafe: Nitratreduktasedefekte Mutantenzellstämme bei *Nicotiana tabacum*.

03. 06. 1975 Dr. A. Pusztai, The Rowett Research Institute, Bucksburn, Aberdeen/Großbritannien: Proteins and Glycoproteins of *Phaseolus vulgaris* L. A Protein Chemist's Approach to Plant Biochemistry and Nutrition.

04. 06. 1975 Prof. Dr. B. K. Vig, University of Nevada, Department of Biology, Reno/USA: Chromosome Alterations induced in Human Leucocytes by Antileucemic Daunomycin and Adriamycin.

10. 06. 1975 Dr. E. Serfling: Synthese von messenger-RNA in Zellen höherer Organismen.

17. 06. 1975 Prof. Dr. J. Kaczkowski, Akademia Rolnicza w Warszawie, Instytut Genetyki i Hodowli Roslin, Warszawa/VR Polen: Kleberproteine als Träger der technologischen und biochemischen Eigenschaften des Weizens.

24. 06. 1975 Prof. Dr. Takumi Tsuchiya, Colorado State University, Department of Agronomy, Fort Collins, Colorado/USA: Problems in Triticale Breeding with Special Reference to Cytological Stability.

14. 07. 1975 Prof. Dr. P. Matile, Eidgenössische Technische Hochschule, Institut für Allgemeine Botanik, Zürich: Zellwandauflösung bei höheren Pflanzen.

23. 09. 1975 Dr. R. Krauspe, Institut für Biochemie der Pflanzen, Halle: Translationskontrolle durch Aminoacyl-tRNA- und Aminoacyl-tRNA-Synthetasen.

14. 10. 1975 Dr. Ch. Coutelle, Zentralinstitut für Molekularbiologie, Berlin-Buch: mRNS und prä-mRNS aus Eukaryotenzellen.

21. 10. 1975 Dr. sc. med. P. Bohley, Martin-Luther-Universität Halle-Wittenberg, Physiologisch-chemisches Institut, Halle: Intrazellulärer Proteinabbau.

28. 10. 1975 Dr. Chr. Horstmann: Pflanzenlectine unter besonderer Berücksichtigung eines neuen Phytohämagglutinins aus *Vicia faba*.

11. 11. 1975 Prof. Dr. R. Lindigkeit' Zentralinstitut für Molekularbiologie, Berlin-Buch: Regulation der RNS-Synthese am Chromatin.

25. 11. 1975 Prof. Dr. K. Müntz: Regulative Funktion des Perikarps bei der Samenentwicklung der Ackerbohnen.

16. 12. 1975 Dr. K. Hammer, Dr. P. Hanelt, Dipl.-Math. H.-W. Jank und Dr. A. Rudolph (vorgetragen von Dr. P. Hanelt und H.-W. Jank): Erste Auswertung des biochemischen screenings am *Vicia faba*-Sortiment.

Bereichskolloquien

03. 10. 1975	Prof. Dr. med. habil. SCHULER, Budapest: Chromosomen-Mutationsuntersuchungen bei Patienten, die mit INH bzw. verschiedenen Zytostatika behandelt wurden.
29. 10. 1975	B. KAINA: Untersuchungen zur Wirkung von Nitrosomethylharnstoff auf nicht-etablierte, in vitro kultivierte menschliche Zellen von normalen und Spendern mit Down-Syndrom.
17. 11. 1975	Dipl.-Fachlehrer W. FRÖHLICH: Zur Klassifizierung der Embryosäcke bei ausgewählten Gattungen der Gramineen.
15. 12. 1975	Dipl.-Biol. R. FRITSCH: Wurzelanatomische Untersuchungen bei *Triticum* und *Aegilops*.

Ausstellungen

14. bis 23. 01. 1975	Textiles Gestalten (Absolventen der Spezialschule zur Ausbildung von Zirkelleitern)
11. bis 24. 04. 1975	Hallesche Kunst VIII Fotis ZAPRASIS, Claus-Lutz GAEDICKE Malerei, Grafik, Plastik
18.06. bis 03.07.1975	Malerei, Textil, Plastik Zirkel des Zentralinstituts Gatersleben
28. 11. bis 11. 12. 1975	Hallesche Kunst IX Fritz MÜLLER Malerei und Grafik

Vortragsabende

29. 01. 1975	Konzert mit dem Streichquartett der Komischen Oper Berlin
25. 02. 1975	Dr. P. HANELT und Dr. K. HAMMER (vorgetragen von Dr. P. HANELT): Bericht über eine Sammelreise in die Slovakei.
13. 03. 1975	Dr. C. TITTEL: Leningrad, Krim, Kaukasus.
26. 03. 1975	Konzert mit dem Kammertrio „aulos“.
23. 04. 1975	Liederabend: Katharina ESCHENBACH, Gesang, JÜRGEN SCHRÖDER, Klavier.
29. 04. 1975	W. TÜBKE, Gatersleben: Die Entwicklung Gaterslebens nach 1945.
22. 05. 1975	Dipl.-Ing.agr. I. GREBENŠČIKOV: Aus der Geschichte der sowjetischen Biologie.
18. 06. 1975	Musikabend der Kindermusikgruppe und des Hausmusikkreises des Zentralinstituts Gatersleben.
24. 09. 1975	Konzert mit den Hallenser Madrigalisten unter Leitung von Prof. Dr. Siegfried BIMBERG
22. 10. 1975	Liederabend: Roswitha TREXLER, Gesang, Am Flügel: Dr. Fritz HENNENBERG.
05. 11. 1975	Dr. J. KRUSE: Bericht über eine Forschungsreise nach Cuba.
17. 12. 1975	Konzert mit dem Kammerorchester der Komischen Oper Berlin.

B. Verzeichnis der Veröffentlichungen aus dem Institut 1975

DDR-Patentschrift WP Nr. 115320
Kl. 42 I, 6/01 82a, 1 IPK: B 04d, 11/00

ADLER, Klaus
Vorrichtung zur automatischen, photometerkontrollierten Entleerung von Zentrifugen-Dichtegradienten
3 S., 1 Anspruch.
Anmeldetag: 12. 12. 1974, Ausgabetag: 20. 09. 1975.

APEL, Peter, Hans-Wolfgang JANK und Christian-Otto LEHMANN: Beschreibung des Wachstums von Weizenkaryopsen mit Hilfe einer Wachstumsfunktion. Arch. Zücht.-Forsch. *5* (1975) S. 181–191.

BÖHME, Helmut: Ansprache anläßlich der Trauerfeier am 20. November 1973 in Quedlinburg. Kulturpflanze *22* (1974; ersch. 1975) S. 9–11.

– Gezielte Eingriffe in das genetische System –erste experimentelle Ansätze. Nova Acta Leopoldina *42* (1975) Nr. 218, S. 299–309.

– und Christian LEHMANN: Ilse NOVER – 60 Jahre. Arch. Zücht.-Forsch. *5* (1975) S. 179–280.

BRAUN, Rolf and Jörg SCHÖNEICH: The influence of ethanol and carbon tetrachloride on the mutagenic effectivity of cyclophosphamide in the host-mediated assay with *Salmonella typhimurium*. Mutat. Res. *31* (1975) S. 191–194.

– and Jörg SCHÖNEICH: The mutagenicity of dimethylnitrosamine, diethylnitrosamine and nitrosomorpholine in the host-mediated assay with *Salmonella typhimurium* G 46 and *Salmonella typhimurium* TA 1950. Biol. Zbl. *94* (1975) S. 669–677.

– and Jörg SCHÖNEICH: In vivo formation of mutagenic and carcinogenic N-nitrosamines from nitrite and amine and the detection on the host-mediated assay. Poster anläßlich der 5. Jahrestagung der EEMS (European Environmental Mutagen Society), Florenz, 21. bis 25. 10. 1975.

DANERT, Siegfried †, Franz FUKAREK, Peter HANELT, Johannes HELM, Joachim KRUSE, Christian O. LEHMANN und Jürgen SCHULTZE-MOTEL: Urania Pflanzenreich, Höhere Pflanzen 1, 2. Aufl. Leipzig, Jena, Berlin, 1975.

FRITSCH, Reinhard: Zytologische Untersuchungen an Bryophyten aus dem Harz. I. Chromosomenzahlen einiger Lebermoose aus dem Bodetal. Hercynia *12* (1975) S. 75–79.

GRAFE, Reinhard and Andreas MÜLLER: Mutant cell lines of *Nicotiana tabacum* deficient in nitrate reductase. Abstracts of the papers presented at the XIIth Internat. bot. Congr., Leningrad, 3. bis 10. 7. 1975, II (1975) S. 304.

– und Andreas MÜLLER: Assimiljacija nitrata v kletočnych stammach tabaka, čuvstvitel'nych i ustojčivych k chloratu. (Nitratassimilation in chloratresistenten Mutanten-Zellstämmen von *Nicotiana tabacum*. Poster anläßlich der II Vsesojuznaja konferencija po kul'turam kletok rastenij, Kiev (UdSSR), 14. bis 17. 4. 1975.

GREBENŠČIKOV, Igor: Zur Problematik der Schätzung des genotypischen Streuungsanteils am Beispiel von südbalkanischen Maisformen. Kulturpflanze *22* (1974; ersch. 1975) S. 77–86.

– Notulae cucurbitologicae VIII. Zur Frage der Reziprokenunterschiede bei den quantitativen Ertragsmerkmalen vom Kürbis. Kulturpflanze *23* (1975) S. 139–155.

GRÖBER, Kurt, Fritz MATZK und Martin ZACHARIAS: Untersuchungen zur Entwicklung der apomiktischen Fortpflanzungsweise bei Futtergräsern. I. Art- und Gattungskreuzungen. Kulturpflanze *22* (1974; ersch. 1975) S. 159–180.

HAMMER, Karl: Beobachtungen an *Datura meteloides* DUNAL. Kulturpflanze *23* (1975) S. 131–137.
– Die Variabilität einiger Komponenten der Allogamieneigung bei der Kulturgerste (*Hordeum vulgare* L. s. l.). Kulturpflanze *23* (1975) S. 167–180.
– Peter HANELT, Christian O. LEHMANN, Claus TITTEL und JÜRGEN WEISS: Auf der Suche nach selten gewordenen Sorten. Garten u. Kleintierzucht, Ausg. A, *14* (1975) 1. Januar-Heft, S. 11, 1. März-Heft, S. 11, 2. Mai-Heft, S. 11, 1. Juni-Jeft, S. 11, 2. Juni-Heft, S. 11.
HANELT, Peter: Die wissenschaftlichen Arbeiten Siegfried DANERTS. Kulturpflanze *22* (1974; ersch. 1975) S. 13–21.
– Überlegungen über die Beziehungen zwischen Ökologie und Systematik bei höheren Pflanzen. Mitt. Sekt. Geobot. u. Phytotaxon. biol. Gesellsch. DDR (1975) S. 37–47.
– Species definition and taxonomy of cultivated plants on the infraspecific level. Abstracts of the papers presented at the XIIth Internat. bot. Congr., Leningrad, 3. bis 10. 7. 1975, II (1975) S. 507.
– und Karl HAMMER: Bericht über eine Reise nach Ostmähren und der Slowakei 1974 zur Sammlung autochthoner Sippen von Kulturpflanzen. Kulturpflanze *23* (1975) S. 207–215.
– and Dieter METTIN: Speciation process within the genus *Vicia* L. Abstracts of the papers presented at the XIIth Internat. bot. Congr., Leningrad, 3. bis 10. 7. 1975, I (1975) S. 14.
KOBLITZ, Helmut: Methodische Aspekte der Zell- und Gewebezüchtung bei Gramineen unter besonderer Berücksichtigung der Getreide. Kulturpflanze *22* (1974; ersch. 1975) S. 95–158.
– Isolierung und Kultivierung von Protoplasten aus Kalluskulturen von *Catharanthus roseus*. Biochemie u. Physiol. Pflanzen *167* (1975) S. 489–499.
– Ursula SCHUMANN, Hartmut BÖHM und Joachim FRANKE: Gewebekulturen aus Alkaloidpflanzen. IV. *Macleaya microcarpa* (Maxim.) Fedde. Experientia, Basel *31* (1975) S. 768–769.
KRUSE, Joachim, Armin RUDOLPH, Bernhard SCHLESIER und Siegfried DANERT †: Verteilung einiger Aminosäuren in der Gerstenkaryopse. Kulturpflanze *23* (1975) S. 181–188.
KÜNZEL, Gottfried and Hristo NICOLOFF: Indications for a necessary revision of the barley karyogramme. Barley Genetics Newsletter *5* (1975) S. 23–26.
MACHOLD, Otto: On the molecular nature of chloroplast thylakoid membranes. Biochim. et Biophys. Acta *382* (1975) S. 494–505.
MANTEUFFEL, Renate and Günter SCHOLZ: Studies on seed globulins from legumes. V. Immunoelectrophoretic control of vicilin purification by gel filtration. Biochemie u. Physiol. Pflanzen *168* (1975) S. 277–285.
MÜNTZ, Klaus: Pflanzenproteine: Ihre wirtschaftliche Bedeutung und Nutzung. Kulturpflanze *23* (1975) S. 223–239.
– Wege zur Steigerung des Proteinertrages von Kulturpflanzen. Arch. Zücht.-Forsch. *5* (1975) S. 253–273.
– Stoffwechsel der Pflanzen. Köln: Aulis-Verlag Deubner & Co., 1975.
– Regulatory function of pericarp tissue at storage processes during seed development of *Vicia faba*. Abstracts of the papers presented at the XIIth Internat. bot. Congr., Leningrad, 3. bis 10. 7. 1975, II (1975) S. 366.
NÁTR, Lubomir und Peter APEL: Prispevek k fotosyntheticke characteristice osin u jarniho jecmene. (Ein Beitrag zur Photosynthese-Charakteristik von Grannen bei Sommergerste). Rostlinna výroba, Praha *21* (1975) S. 75–82.
NICOLOFF, Hristo, Rigomar RIEGER, Gottfried KÜNZEL and Arnd MICHAELIS: Non-random intrachromosomal distribution of chromatid aberrations induced by alkylating agents in barley. Mutat. Res. *30* (1975) S. 149–152.

NOVER, Ilse und Christian O. LEHMANN: Resistenzeigenschaften im Gersten- und Weizensortiment Gatersleben. 18. Prüfung von Sommergersten auf ihr Verhalten gegen Zwergrost (*Puccinia hordei* OTTH). Kulturpflanze *22* (1974; ersch. 1975) S. 25–43.

– und Christian O. LEHMANN: Resistenzeigenschaften im Gersten- und Weizensortiment Gatersleben. 19. Prüfung von Sommergersten auf ihr Verhalten gegen Gelbrost, *Puccinia striiformis* WEST., Rasse 24. Kulturpflanze *23* (1975) S. 75–81.

OHLE, Harald: Beiträge zur Kenntnis der als Obstpflanzen kultivierten *Passiflora*-Arten. Kulturpflanze *23* (1975) S. 107–129.

– Beiträge zur Taxonomie und Evolution der Gattung *Calendula* L. III. Revision der marokkanischen perennierenden Sippen unter Berücksichtigung einiger marokkanischer Annueller. Feddes Repert. *86* (1975) S. 1–17.

– Beiträge zur Taxonomie und Evolution der Gattung *Calendula* L. IV. Revision der algerisch-tunesischen perennierenden *Calendula*-Sippen unter Berücksichtigung einiger marokkanischer Annueller und der marokkanischen und südeuropäischen perennen Taxa. Feddes Repert. *86* (1975) S. 525–541.

PEISKER, Martin and Peter APEL: Influence of oxygen on photosynthesis and photorespiration in leaves of *Triticum aestivum* L. 1. Relationship between oxygen concentration, CO_2 compensation point, and intracellular resistance to CO_2 uptake. Photosynthetica *9* (1975) S. 16–23.

– and Peter APEL: The effect of O_2 on CO_2 gas exchange of wheat flag leaves at different times during the grain filling period. Abstracts of the papers presented at the XIIth Internat. bot. Congr., Leningrad, 3. bis 10. 7. 1975, II (1975) S. 410.

RIEGER, Rigomar: Heterochromatin and intrachromosomal clustering of induced chromatid aberrations in *Vicia faba*. Abstracts Symposium „Chromatin", Novosibirsk/UdSSR, 25. bis 27. 11. 1975.

– Arnd MICHAELIS, Ingo SCHUBERT, Peter DÖBEL and Hans-Wolfgang JANK: Non-random intrachromosomal distribution of chromatid aberrations induced by X-rays, alkylating agents and ethanol in *Vicia faba*. Mutant. Res. *27* (1975) S. 69–79.

RIETH, Alfred: Beiträge zur Kenntnis der Vaucheriaceen. XVII. Über *Vaucheria prolifera* DANGEARD 1939 aus dem Harz. Kulturpflanze *22* (1974; ersch. 1975) S. 45–60.

– Beiträge zur Kenntnis der Vaucheriaceen. XVIII. *Vaucheria pseudo-geminata* DANGEARD 1939 und eine bemerkenswerte Vaucheriengesellschaft aus dem Harz. Hercynia *12* (1975) S. 160–170.

– Zygnemataceen aus Kuba. Kulturpflanze *23* (1975) S. 83–106.

– *Sirocladium cubense* nov. spec. Arch. Protistenkd. *117* (1975) S. 276–287.

ROMEIKE, Anneliese: Versuche zur Veresterung von Tropin und Tropasäure an pflanzlichen Zellkulturen. Biochemie u. Physiol. Pflanzen *168* (1975) S. 87–92.

RUDOLPH, Armin, Peter HANELT, Christian O. LEHMANN, Klaus MÜNTZ und Friedrich SCHOLZ: Protein-screening am Weizen- und Ackerbohnen-Sortiment in Gatersleben. Nahrung *19* (1975) S. 793–807.

SAGROMSKY, Herta: Chlorophyllumwandlungen im lebenden Blatt unter dem Einfluß von KCN. Kulturpflanze *22* (1974; ersch. 1975) S. 87–94.

– Chlorophyllbestimmungen mittels eines Aceton-Diäthyläther-Methanol-Petroläther-Gemisches. Kulturpflanze *23* (1975) S. 217–221.

– Mutants as objects for investigations on the function of chlorophylls. In: Nasyrov, Yu. E. and J. Sesták (Eds.): Genetic Aspects of Photosynthesis. Den Haag: Junk, 1975, S. 247–253.

SCHLESIER, Bernhard und Günter SCHOLZ: Untersuchungen an Samenglobulinen von Leguminosen. IV. Disk-elektrophoretischer Vergleich der Globulinfraktionen einiger *Vicia*-Arten. Kulturpflanze *23* (1975) S. 157–166.

SCHÖNEICH, Jörg: Mutagenitätstestsystem und seine Bedeutung in der Arzneimittelforschung. Germed-REPORT, Journal der VVB Pharmazeutische Industrie der DDR zur Leipziger Frühjahrsmesse 1975, S. 9–11.

– und Rolf BRAUN: Die Prüfung von Arzneimitteln auf Mutagenität: Der host-mediated assay. Zbl. Pharm., Pharmakotherapie u. Labor.-Diagnostik *114* (1975) S. 689–698.

– Rolf BRAUN and Jürgen SCHUBERT: Hydrazine, the mutagenic principle of isoniazid. Abstracts 5. Tagung der Polnischen Pharmakologischen Gesellschaft, Szczecin, 24. bis 27. 9. 1975, S. 158.

SCHOLZ, Günter: Biosynthese pflanzlicher Speicherproteine, Proteinspeicherung und ihre Beeinflußbarkeit. Arch. Zücht.-Forsch. *5* (1975) S. 275–281.

– und Renate MANTEUFFEL: Untersuchungen an Samenglobulinen von Leguminosen. III. Über Samenglobuline der Ackerbohne (*Vicia faba* L.). Nahrung *19* (1975) S. 823–828.

– and Bernhard SCHLESIER: A crystalline, low molecular weight protein from the globulin fraction of *Vicia narbonensis*. Abstracts of the papers presented at the XIIth Internat. bot. Congr., Leningrad, 3. bis 10. 7. 1975, II (1975) S. 370.

SCHULTZE-MOTEL, Jürgen: Literatur über archäologische Kulturpflanzenreste (1972/1973). Kulturpflanze *22* (1974; ersch. 1975) S. 61–76.

– Literatur über archäologische Kulturpflanzenreste (1973/1974). Kulturpflanze *23* (1975) S. 189–205.

– Numerical taxonomy of Iranian wheats. Abstracts of the papers presented at the XIIth Internat. bot. Congr., Leningrad, 3. bis 10. 7. 1975, II (1975) S. 512.

SCHUBERT, Ingo: Vergleichende Untersuchungen zur Aberrationsinduktion durch verschiedene Arten ionisierender Strahlen und zum Zellzyklusverhalten an Wurzelspitzenmeristemen rekonstruierter Karyotypen der Ackerbohne *Vicia faba* L. Halle-Wittenberg, Martin-Luther-Universität, Diss., 1975, 124 S., 165 Lit.

SERFLING, Edgar, Vladimir I. MAJOROV, Nikolai I. MIKICHUR, Taissya G. POPOVA and Lev S. SANDAKCHIEV: DNA and RNA content of *Chironomus thummi* polytene chromosomes determined by micro column gel filtration. Cell Differentiat. *3* (1975) S. 361–370.

– Funktionelle Bedeutung der poly(A)-Sequenzen. Biochemie-Inform. biochem. Gesellsch. DDR *4* (1975) S. 114–116.

SKADOW, Klaus und Christian O. LEHMANN: Resistenzeigenschaften im Gemüsesortiment Gatersleben. 1. Prüfung von Gurken (*Cucumis sativus* L.) auf ihr Verhalten gegenüber der Eckigen Blattfleckenkrankheit [*Pseudomonas lachrymans* (SMITH et BRYAN) CARSNER]. Kulturpflanze *22* (1974; ersch. 1975) S. 181–187.

STEINBORN, Gerhard: Untersuchungen zur induzierten Mutagenese bei *Proteus mirabilis*. Halle-Wittenberg, Martin-Luther-Universität, Diss., 1975, 129 S., 177 Lit.

STUBBE, Hans: Neue Mutanten von *Anthirrhinum majus* L. Kulturpflanze *22* (1974; ersch. 1975) S. 189–213.

TRAVIESO, Alfredo und Klaus MÜNTZ: Der Gehalt, die Zusammensetzung und der Ertrag von Proteinen beim Reis (*Oryza sativa* L.) in Kuba. Kulturpflanze *23* (1975) S. 241–256.

– und Klaus MÜNTZ: Contenido, rendimiento y composition de las proteinas de arroz (*Oryza sativa* L.) en Cuba. Rev. Agric., La Habana *8* (1975) S. 7–17.

WIESLANDER, Lars, Bo LAMBERT and Ulrich WOBUS: The location of repeated DNA sequences in the chromosomes of *Chironomus tentans*. Chromosoma *52* (1975) S. 159–173.

WOBUS, Ulrich: Molecular characterization of an insect genome: *Chironomus thummi*. Eur. J. Biochem. *59* (1975) S. 287–293.

Nachtrag zum Verzeichnis der Veröffentlichungen aus dem Institut 1974

APEL, Peter: Wachstum von Weizenkaryopsen bei verschiedener CO_2-Konzentration. Biochemie u. Physiol. Pflanzen *166* (1974) S. 475–480.

BÖHME, Helmut: Moderne Erkenntnisse der genetischen Forschung und ihre Bedeutung für die sozialistische Gesellschaft. In: 20 Jahre Urania. Mater. 6. Tag. Präsidium Urania. Berlin, 1974, S. 79–84.

DANERT, Siegfried †, Jürgen SCHULTZE-MOTEL und Eckhard TABBERT: Beurteilung züchterischer Werteigenschaften an Weizenkollektionen aus Mannigfaltigkeitszentren. Tag.-Ber., Akad. Landwirtsch.-Wiss. DDR, Berlin (1974) Nr. 127, S. 129–135.

DANERT, Siegfried †, Franz FUKAREK, Peter HANELT, Johannes HELM, Joachim KRUSE, Christian O. LEHMANN und Jürgen SCHULTZE-MOTEL: Urania Novényvilág, Magasabbrendü mövények I, Budapest, 1974.

HAMMER, Karl: Die Variabilität der Komponenten der Allogamieneigung und Methoden zur gezielten Selektion auf Merkmale der Anemophilie bei der Kulturgerste (*Hordeum vulgare* L. s. l.). Halle-Wittenberg, Martin-Luther-Universität, Diss., 1974, 251 S., 308 Lit.

DDR-Patentschrift WP Nr. 107 054
Kl.: 12 p, 15 IPK: C 07 g, 7/00
C 07 g, 17/00
KOBLITZ, Helmut und Ernst-Ulrich SCHEUNERT: Automatische Vorrichtung zur enzymatischen Isolierung und Reinigung von pflanzlichen Protoplasten
7 S., 1 Anspruch.
Anmeldetag: 26. 06. 1973, Ausgabetag: 12. 07. 1974.

WOBUS, Anna Magdalene: Vergleichende Untersuchungen über die Induktion von Chromosomenaberrationen an cytogenetischen Testsystemen in vivo und in vitro im Rahmen von Mutagenitätsprüfungen. Halle-Wittenberg, Martin-Luther-Universität, Diss., 1974, 221 S., 260 Lit.

C. Vorträge von Mitarbeitern bei wissenschaftlichen Veranstaltungen anderer Institutionen

Dr. APEL, Peter: Einige neuere Ergebnisse über die photosynthetische CO_2-Fixierung und die Lichtatmung. – Kolloquium an der Pädagogischen Hochschule „Wolfgang Ratke", Köthen (15. Januar 1975).

– Die Photosyntheserate als Selektionskriterium in der Pflanzenzüchtung. – Eine Problemdiskussion. – RGW-Symposium „Die Bedeutung von Photosynthesekennzahlen für die Pflanzenzüchtung", Eberswalde (5. Februar 1975).

– Erfahrungen mit Klimakammern bei ertragsphysiologischen Untersuchungen an Getreide. – Tagung der Sektion Pflanzenphysiologie der Akademie der Landwirtschaftswissenschaften der DDR, Paulinenaue (13. März 1975).

– Wachstumsanalyse. – Weiterbildungsveranstaltung des Instituts für Getreideforschung Bernburg-Hadmersleben „Untersuchungsmethoden der Ertragsforschung", Gatersleben (6. Mai 1975).

– Photosynthese- und Atmungsmessung mittels Infrarot-Gasanalyse. – Weiterbildungsveranstaltung des Instituts für Getreideforschung Bernburg-Hadmersleben „Untersuchungsmethoden der Ertragsforschung", Gatersleben (6. Mai 1975).

Dr. APEL, Peter: Kleinphytotrone und deren Nutzung. – Weiterbildungsveranstaltung des Instituts für Getreideforschung Bernburg-Hadmersleben „Untersuchungsmethoden der Ertragsforschung", Gatersleben (7. Mai 1975).

Dr. BENEDIX, Erich Heinz: Pilzaspekte im Ostharzer Buchenwald. – Kulturbund der DDR, Fachgruppe Mykologie, Dresden (8. Januar 1975).

Dipl.-Phys. BORGWARDT, Herbert: Investigations on the chromosomal structure of *Vicia faba* root meristem cells by means of light and electron microscopical studies and EDAX analysis. – Biologisches Forschungszentrum der Ungarischen Akademie der Wissenschaften, Szeged/VR Ungarn (5. August 1975).

Dr. DÖBEL, Peter: Chromosomen-Banding und Chromosomenstruktur. – Tagung der Biologischen Gesellschaft der DDR, Sektion Genetik „Cytologische Methoden und ihre Bedeutung für die genetische Forschung", Halle, 20. bis 21. März 1975 (20. März 1975).

Dr. GRAFE, Reinhard: Entwicklungstendenzen der Genetik in vitro kultivierter Zellen höherer Pflanzen. – Weiterbildungsveranstaltung für Pflanzenzüchter an der Agraringenieurschule Quedlinburg (18. Februar 1975).

Dipl.-Biologie-Lehrer GROSSMANN, Ingrid: Wechselwirkungen von Phytohormonen und Simazin auf den Nukleinsäurestoffwechsel in isolierten Zellkernfraktionen von etioliertem *Zea mays* L. – Promotion A, Pädagogische Hochschule „Dr. Theodor Neubauer", Erfurt-Mühlhausen, Vortrag anläßlich der Verteidigung, Mühlhausen (21. März 1975).

Dr. HAMMER, Karl: Zur Allogamieneigung der Gerste. – Wissenschaftliche Vortragstagung und Weiterbildungsveranstaltung für Getreidezüchter der DDR, Institut für Getreideforschung Bernburg-Hadmersleben, Bernburg, 5. bis 7. Februar 1975 (6. Februar 1975).

Dr. HANELT, Peter: Species definition and taxonomy of cultivated plants at the infraspecific level. – XIIth International Botanical Congress, Leningrad/UdSSR, 3. bis 10. Juli 1975 (9. Juli 1975).

– Sortimentsarbeit und ihre Nutzung in der Züchtung. – Weiterbildungsveranstaltung für Leitungskader der VVB Saat- und Pflanzgut, Neugattersleben (19. November 1975).

Dr. KOBLITZ, Helmut: Zu Fragen der methodischen Grundlagen der pflanzlichen Zell- und Gewebezüchtung. – Kolloquium an der Pädagogischen Hochschule „Wolfgang Ratke", Köthen (10. April 1975).

Dr. KÜNZEL, Gottfried: Chromosomenmutationen – Hilfsmittel der genetischen Forschung bei Kulturpflanzen. – Tagung der Biologischen Gesellschaft der DDR, Sektion Genetik „Cytologische Methoden und ihre Bedeutung für die genetische Forschung", Halle, 20. bis 21. März 1975 (21. März 1975).

– Mutationen im Kern und ihre molekularen Ursachen, Teil II. – Weiterbildungsveranstaltung des Instituts für Getreideforschung Bernburg-Hadmersleben „Mutationszüchtung", Bernburg, 12. bis 13. November 1975 (12. November 1975).

– und Dr. Friedrich SCHOLZ: Arbeiten zur Entwicklung genetischer Systeme für die Hybridsaatguterzeugung bei Gerste. – Wissenschaftliche Vortragstagung und Weiterbildungsveranstaltung für Getreidezüchter der DDR, Institut für Getreideforschung Bernburg-Hadmersleben, Bernburg, 5. bis 7. Februar 1975 (6. Februar 1975).

Dr. LEHMANN, Christian O.: Genbank Gatersleben, Material und seine Nutzung. – Instituut de Haaff (SVP), Wageningen/Niederlande (23. Januar 1975).

– Die Nutzung der Weltkollektionen zur Erschließung neuer Resistenzquellen. – Plenartagung der Akademie der Landwirtschaftswissenschaften der DDR „Probleme der Resistenzforschung", Berlin (16. Mai 1975).

– Dr. Ilse NOVER and Dr. Friedrich SCHOLZ (vorgetragen von Dr. F. SCHOLZ): The Gatersleben barley collection and its evaluation. – 3rd International Barley Genetics Symposium, Garching/BRD, 7. bis 12. Juli 1975 (7. Juli 1975).

Dr. LEHMANN, Christian O. Prof. Dr. Klaus MÜNTZ, Dr. Armin RUDOLPH und Dr. Friedrich SCHOLZ (vorgetragen von Dr. Chr. O. LEHMANN): Eiweiß-screening am Gaterslebener Weizen- und Gerstensortiment. – Wissenschaftliche Vortragstagung und Weiterbildungsveranstaltung für Getreidezüchter der DDR, Institut für Getreideforschung Bernburg-Hadmersleben, Bernburg, 5. bis 7. Februar 1975 (6. Februar 1975).

– Prof. Dr. Klaus MÜNTZ, Dr. Armin RUDOLPH und Dr. Friedrich SCHOLZ (vorgetragen von Dr. F. SCHOLZ): Ergebnisse des Protein-screenings an der Gaterslebener Weizenkollektion 1970–1974. – Arbeitsberatung zum Thema 4 des KOZ Odessa, Odessa/UdSSR, 11. bis 13. März 1975 (12. März 1975).

Dr. MACHOLD, Otto, Dr. Armin MEISTER and Prof. Dr. Herta SAGROMSKY: Protein composition of thylakoid membranes of wild type barley chloroplasts and mutant chloroplasts lacking chlorophyll b. – RGW-Konferenz „Einfluß des Zustandes des Chlorophyll-Eiweiß-Komplexes auf Intensität und Produktivität der Photosynthese", Moskva/UdSSR, 27. bis 31. Oktober 1975 (28. Oktober 1975).

Dr. MEISTER, Armin: Pigmentanalyse in vitro. – Weiterbildungsveranstaltung des Instituts für Getreideforschung Bernburg-Hadmersleben „Untersuchungsmethoden der Ertragsforschung", Gatersleben (7. Mai 1975).

Prof. Dr. MÜNTZ, Klaus: Speicherproteine und Proteinspeicherung in Pflanzensamen – Biochemie und wirtschaftliche Nutzung. – Kolloquium an der Pädagogischen Hochschule „Dr. Theodor Neubauer" Erfurt/Mühlhausen, Mühlhausen (3. April 1975).

– Speicherproteine, Proteinspeicherung und -mobilisierung. – Kolloquium an der Pädagogischen Hochschule „Wolfgang Ratke", Köthen (23. April 1975).

– Regulatory function of pericarp tissue at storage processes during seed development of *Vicia faba*. – XIIth International Botanical Congress, Leningrad/UdSSR, 3. bis 10. Juli 1975 (4. Juli 1975).

– Wege zur Steigerung des Proteinertrages: Speicherproteine und Proteinspeicherung in Pflanzensamen. – Kolloquium im Institut für Züchtungsforschung, Quedlinburg (26. November 1975).

– Dr. Renate MANTEUFFEL, Dipl.-Chem. Manfred PÜCHEL and Dr. Günter SCHOLZ: Phasing of DNA-, RNA- and protein biosynthesis in developing seeds of the field bean (*Vicia faba* L., var. *minor*, cv. DORNBURGER). – Symposium „Biochemie pflanzlicher Nukleinsäuren", Szeged/Ungarische VR (14. Oktober 1975).

Dr. NICOLOFF, Hristo and Dr. Gottfried KÜNZEL: Reconstructed barley karyotypes as a tool in the analysis of intrachromosomal distribution of induced chromatid aberrations. – 3rd International Barley Genetics Symposium, Garching/BRD, 7. bis 12. Juli 1975 (8. Juli 1975).

Dr. PANITZ, Reinhard: Neuere Erkenntnisse zur Struktur und Funktion der Chromosomen. – Weiterbildungsveranstaltung für Pflanzenzüchter an der Agraringenieurschule Quedlinburg (18. Februar 1975).

– Neuere Vorstellungen über Struktur und Funktion des Eukaryotenchromosoms. – Tagung der Biologischen Gesellschaft der DDR, Sektion Genetik „Cytologische Methoden und ihre Bedeutung für die genetische Forschung", Halle, 20. bis 21. März 1975 (20. März 1975).

Dr. PEISKER, Martin: Zur Variabilität der Sauerstoffabhängigkeit des Photosynthesegaswechsels. – RGW-Symposium „Die Bedeutung von Photosynthesekennzahlen für die Pflanzenzüchtung", Eberswalde (6. Februar 1975).

– Bestimmung der Diffusionswiderstände. – Weiterbildungsveranstaltung des Instituts für Getreideforschung Bernburg-Hadmersleben „Untersuchungsmethoden der Ertragsforschung", Gatersleben (7. Mai 1975).

Dr. PEISKER, Martin: Bestimmung der Blattemperatur. – Weiterbildungsveranstaltung des Instituts für Getreideforschung Bernburg-Hadmersleben „Untersuchungsmethoden der Ertragsforschung", Gatersleben (7. Mai 1975).

– und Dr. Peter APEL: The effect of O_2 on CO_2 gas exchange of wheat leaves at different times during the grain filling period. – XIIth International Botanical Congress, Leningrad/UdSSR, 3. bis 10. Juli 1975 (9. Juli 1975).

Prof. Dr. SAGROMSKY, Herta: Grundprinzipien der Photosynthese und Anwendungsbeispiele der Photosyntheseforschung. – Weiterbildungslehrgang für Wissenschaftler der Akademie der Landwirtschaftswissenschaften der DDR, Eberswalde (9. Januar 1975).

– Methoden der Pigmentanalyse. – Weiterbildungsveranstaltung des Instituts für Getreideforschung Bernburg-Hadmersleben „Untersuchungsmethoden der Ertragsforschung", Gatersleben (9. Mai 1975).

– Some physiological characteristica of three mutants lacking chlorophyll b. – Symposium „Molekulare Organisation des Photosyntheseapparates" der Akademie der Wissenschaften der UdSSR, Moskva/UdSSR, 27. bis 31. Oktober 1975 (28. Oktober 1975).

Dr. SANDIG, K. R., Dr. Ullrich WILLNOW and Dr. Jörg SCHÖNEICH: Genetic risk for children treated with cytostatic agents. – Internationales Symposium „New Developments in mutagenicity testing of environmental chemicals", Zinkovy Castle/ČSSR, 13. bis 17. Oktober 1975 (16. Oktober 1975).

Dr. SCHÖNEICH, Jörg: Some problems of environmental mutagenesis. Institute of Genetics, Lund/Schweden (13. März 1975).

– Mutagene in unserer Umwelt und ihre Erkennung. – URANIA-Referentenkonferenz „Aktuelle Probleme der Humangenetik", Berlin (14. Mai 1975).

– Stand und Perspektive in der Humangenetik. – URANIA-Referentenkonferenz „Aktuelle Probleme der Humangenetik", Berlin (14. Mai 1975).

– Safety evaluation based on microbial assay procedures. – Internationales Symposium „New Developments in mutagenicity testing of environmental chemicals", Zinkovy Castle/ČSSR, 13. bis 17. Oktober 1975 (15. Oktober 1975).

Dr. SCHOLZ, Friedrich: Zur Frage der Kombination von hohem Eiweißgehalt mit hohem Kornertrag bei Gerste. – Wissenschaftliche Vortragstagung und Weiterbildungsveranstaltung für Getreidezüchter der DDR, Institut für Getreideforschung Bernburg-Hadmersleben, Bernburg, 5. bis 7. Februar 1975 (6. Februar 1975).

– Problems of breeding for high protein yield in barley. – 3rd International Barley Genetics Symposium, Garching/BRD, 7. bis 12. Juli 1975 (10. Juli 1975).

– Experiences and opinions on using induced mutants in cross-breeding. – FAO/IAEA Advisory Group Meeting on Induced Mutations in Cross-Breeding. IAEA, Wien/Österreich, 13. bis 17. Oktober 1975 (13. Oktober 1975).

Dr. SCHOLZ, Günter and Dipl.-Biol. Bernhard SCHLESIER: A crystalline low molecular weight protein from the globulin fraction of *Vicia narbonensis*. – XIIth International Botanical Congress, Leningrad/UdSSR, 3. bis 10. Juli 1975 (9. Juli 1975).

Dr. SCHULTZE-MOTEL, Jürgen: Numerical taxonomy of Iranian wheats. – XIIth International Botanical Congress, Leningrad/UdSSR, 3. bis 10. Juli 1975 (9. Juli 1975).

Dr. SERFLING, Edgar: Characterization of high molecular weight RNA isolated from defined regions of polytene chromosomes. – 4th European Nucleolar Worksshop, Varna/VR Bulgarien, 15. bis 20. September 1975 (18. September 1975).

– Balbiani rings and the synthesis of high molecular weight RNA in salivay gland cells of *Chironomus thummi*. – IV. Allunions-Symposium „Structure and Function of the Cell Nucleus", Novosibirsk/UdSSR, 25. bis 27. November 1975 (27. November 1975).

Dipl.-Biol. STEINBORN, Gerhard: Untersuchungen zur induzierten Mutagenese bei *Proteus mirabilis*. – Promotion A, Martin-Luther-Universität Halle-Wittenberg, Sektion Biowissenschaften, Vortrag anläßlich der Verteidigung, Halle (24. September 1975).

Dipl.-Biol. SÜSS, Karl-Heinz, Dipl.-Biol. Oskar SCHMIDT and Dr. Otto MACHOLD: Basis structures of chloroplast thylakoid membranes achieved by the action of proteolytic enzymes. – RGW-Konferenz „Einfluß des Zustandes des Chlorophyll-Eiweiß-Komplexes auf Intensität und Produktivität der Photosynthese", Moskva/UdSSR, 27. bis 31. Oktober 1975 (28. Oktober 1975) sowie im Institut für Pflanzenphysiologie „K. A. Timirjazev" der Akademie der Wissenschaften der UdSSR, Moskva/UdSSR (4. November 1975).

Dr. TITTEL, Claus: Die Möglichkeiten der Langzeitlagerung von Saatgut. – 11. Arbeitstagung „Zu Problemen der Botanischen Gärten", Biologische Gesellschaft der DDR, Sektion Geobotanik und Phytotaxonomie; Interessengemeinschaft Botanische Gärten; Universität Rostock, Sektion Biologie, Rostock (23. September 1975).

WOBUS, Anna Magdalene: The clastogenic activity of cytosine arabinoside and 3'-deoxy-3'-fluorothymidine in EHRLICH ascites tumour cells in vitro. – 7th Annual Meeting of the Cytogenetic Section of the Czechoslovak Biological Society, Praha/ČSSR, 10. bis 13. Juni 1974 (13. Juni 1974).

– Vergleichende Untersuchungen über die Induktion von Chromosomenaberrationen an cytogenetischen Testsystemen in vivo und in vitro im Rahmen von Mutagenitätsprüfungen. – Promotion A, Martin-Luther-Universität Halle-Wittenberg, Sektion Biowissenschaften, Vortrag anläßlich der Verteidigung, Halle (11. Juli 1974).

Dr. WOBUS, Ulrich: Zur Sequenzorganisation des Eukaryotenchromosoms. Reassoziationskinetische Untersuchungen an DNA von *Chironomus*. – Kolloquium der Problemkommission Nukleinsäuren und Eiweiße, Berlin-Buch (5. Februar 1975).

– Über den Einsatz der in situ-Nukleinsäurehybridisierung in der Chromosomenfeinbauforschung. – Tagung der Biologischen Gesellschaft der DDR, Sektion Genetik „Cytologische Methoden und ihre Bedeutung für die genetische Forschung", Halle, 20. bis 21. März 1975 (20. März 1975).

– Molecular characterization of an insect genome: *Chironomus thummi*. – Symposium „Structure and Function of Chromatin", Varna/VR Bulgarien, 5. bis 9. Mai 1975 (5. Mai 1975).

– Zur Sequenzorganisation des Eukaryotenchromosoms. – Biologisches Kolloquium der Ernst-Moritz-Arndt-Universität Greifswald (14. Mai 1975).

Dr. ZACHARIAS, Martin: Die Bedeutung von Mutationen für die Evolution und Züchtung von Kulturpflanzen. – Erwin-Baur-Kolloquium, Quedlinburg (10. Juni 1975).

D. Vorträge von Mitarbeitern des Instituts anläßlich von Tagungen im Institut

1. Symposium „Structure and Structural Changes of Eukaryotic Chromosomes", Gatersleben, 16. bis 18. September 1975

Dr. PANITZ, Reinhard and Dr. Edgar SERFLING: RNA with messenger characteristics in cells with giant chromosomes. (17. September 1975).

Prof. Dr. RIEGER, Rigomar und Dipl.-Biol. Ingo SCHUBERT: Selective effects of mutagens and clustering of chromosome structural changes. (17. September 1975).

Dr. WOBUS, Ulrich: Analysis of an insect genome by hybridization techniques. (16. September 1975).

2. Nationaler Weiterbildungskursus für pflanzliche Zell- und Gewebezüchtung, Gatersleben, 27. bis 31. Oktober 1975

Dr. GRAFE, Reinhard: Die Anwendung von Zell- und Gewebekulturen in der Pflanzenzüchtung. (27. Oktober 1975).

Dr. KOBLITZ, Helmut: Begrüßung und Einführung in die pflanzliche Zell- und Gewebezüchtung. (27. Oktober 1975).

Dr. ROMEIKE, Anneliese: Über die Bildung sekundärer Pflanzenstoffe in Gewebekulturen aus höheren Pflanzen. (27. Oktober 1975).

Dipl.-Biol. SCHEUNERT, Ernst-Ulrich: Kallus- und Suspensionskulturen aus Explantaten höherer Pflanzen sowie Regeneration von Organen. (27. Oktober 1975).

Dipl.-Biol. SCHUMANN, Ursula: Isolierung und Kultivierung von Protoplasten aus höheren Pflanzen. (27. Oktober 1975).

Kolibri 360 GmbH
Ferdinand-Jühlke-Straße 7
99095 Erfurt, Deutschland
produktsicherheit@kolibri360.de